U0818108

INTERIOR DESIGN
DETAILS COLLECTION

室内细部设计资料集

楼梯栏杆(板)

中国建筑学会室内设计分会
主编：朱爱霞　李沙

中国建筑工业出版社

图书在版编目（CIP）数据

楼梯栏杆（板）/朱爱霞，李沙主编. —北京：中国建筑工业出版社，2012.2
室内细部设计资料集
ISBN 978-7-112-13883-8

Ⅰ.①楼… Ⅱ.①朱…②李… Ⅲ.①楼梯－栏杆－室内装饰设计：细部设计－图集 Ⅳ.①TU238-64

中国版本图书馆CIP数据核字（2011）第264273号

责任编辑：何　楠　王莉慧
责任校对：党　蕾　王雪竹

室内细部设计资料集
楼梯栏杆（板）
中国建筑学会室内设计分会
主编：朱爱霞　李　沙
*
中国建筑工业出版社出版、发行（北京西郊百万庄）
各地新华书店、建筑书店经销
北京嘉泰利德公司制版
北京中科印刷有限公司印刷
*
开本：880×1230毫米　1/16　印张：16¾　字数：516千字
2012年6月第一版　2012年6月第一次印刷
定价：78.00元（含光盘）
ISBN 978-7-112-13883-8
（21928）

《室内细部设计资料集》

总编辑委员会

顾　　问：邹瑚莹　张世礼　叶　红　李存东　沈立东　姜　峰
吴　晞　陈耀光　王兆明　谢　江

技术主审：詹庆旋　叶谋兆　李风松　顾伯岳　周燕珉　姜中光
李正刚　唐宗烈

主　　任：饶良修　沈元勤

副 主 任：王传顺　叶　铮　谢剑洪　李　劲　白海波

委　　员：王　叶　王　湘　朱爱霞　吕勤智　李　沙　周浩明
陈静勇　张　晔　张　磊　陈礼庆　郭晓明　饶　劢
矫苏平　黄　玲　戴向东　孙　恺　贺光宇

《楼梯栏杆（板）》

分编辑委员会

主　　编：朱爱霞　李　沙

副 主 编：王　湘

编　　辑：郭雅娟　黄旺兴　姚岳亮　赵新琳　段萌萌　纪晓静

参编人员：杨伟勤　聂洪涛　彭黄姬　曹文卿　董焕庆　孙　峰
杨　铮　陈海鹏　王　亮　李东梅　李伟欣　桂东海
张世琳　李添烟　许　跃　倪　婕　郑　宇　谭　訸
朱　靖　陶晓菲　来宝欣　贺玉杰　刘小清　杨　明
肖　林　赵　璐　任　璞　王延涛　李正杰　宋朝峥
郭　佳

主　　审：李正刚

主编单位：北京清水爱派建筑设计有限公司
北方工业大学

协编单位：广东坚朗五金制品股份有限公司

序　一

期待已久的《室内细部设计资料集》即将陆续与读者见面，这是我国室内设计界值得庆贺的一件大事。这一套由高等院校、施工单位和设计单位联合编写的丛书的面世，在我国室内设计界，不仅仅为设计师们，为教师们，为施工单位提供了一套符合我国国情的，有关室内细部设计的设计、教学、施工参考资料，这还是改革开放之后，我国新兴的室内设计专业正在逐渐走向成熟的一种标志。

室内设计从建筑设计中分离出来成为独立的新专业之后，在细部设计方面面临着许多新问题。从向书本学习，向国外学习到在实践中成长。中国的室内设计从业者们经历过摸索，经历过失败，也取得了成功。值得庆幸的是，众多的实践机会让我们在摸爬滚打中成长起来，我们终于有了自己的《室内细部设计资料集》。虽然它可能还有不足之处，但我相信不断的实践会让它更加充实，更加完美。

这部资料集汇集了我国室内细部设计方面的许多典型案例，是我国在室内设计实践中成功经验的总结，值得我们好好学习和运用。同时，事物也总是在发展的，建筑材料在不断更新，施工方法在不断变化，审美情趣在不断改变，这都需要室内细部设计不断寻找新的对策。我希望在这个资料集的基础上，有更多新的创造，新的发展。我相信我们会越做越好。

我国室内设计的老前辈，中国建筑学会室内设计分会的老副会长饶良修先生主持了这套资料集的编写工作，他为此付出了多年的不懈努力。室内设计学会还有不少设计单位、高校教师以及施工单位为此书的诞生也付出了辛勤劳动。在此，我对他们的无私奉献表示深深的谢意，并希望这套丛书能够为行业的发展作出应有的贡献。

邹瑚莹

序　二

《室内细部设计资料集》系列丛书在中国建筑工业出版社与中国建筑学会室内设计分会的共同组织下，经过众多专家学者数度春秋的艰辛努力终于即将陆续出版面世。

《室内细部设计资料集》是一套大型技术手册丛书。书中提供的室内细部构造设计案例，是特定形式的技术解决方案，技术条件执行我国现行的政策、法规、标准、规范、规程。案例是经过实践考验的、技术成熟、安全可靠的室内装修工程的经验总结。我们希望能对读者起到举一反三的作用。本套丛书是建筑设计、室内设计从业人员编制室内设计施工图文件，进行室内装修细部构造设计的首选参考资料；是高等院校室内设计专业的教师、学生工程技术实践教学的参考资料；也可以作为室内设计管理单位专业工程技术人员的培训参考教材。

《室内细部设计资料集》由综述与案例两个部分组成。综述部分以文字为主，包括涉及的新技术、新工艺，国家相关的规范、标准，设计要点，构造原理，选用方法等技术指导方面的内容。实例部分，案例照片对照详图构造结合文字说明编制，构造精确清晰。每本书后配有光盘，光盘中包含楼梯、栏杆（板）的常用设计说明，上百个实际案例及部分部品化栏杆（板）产品，与书中内容对照补充使用，方便实用。

《室内细部设计资料集》内容丰富、篇幅浩大，暂拟由9个相对独立的分册组成。

（1）《室内细部设计基础》：室内细部设计涉及的常用材料、技术资料；

（2）《内墙装修》：墙面装修形式与构造；

（3）《地面装修》：（楼）地面装修形式与构造；

（4）《室内吊顶》：吊顶形式与构造；

（5）《灯具与照明》：照明设计与灯具；

（6）《楼梯栏杆（板）》：楼梯栏杆（板）形式与构造；

（7）《卫浴间装修》：卫生间形式与构造；

（8）《家具》：固定家具与选型家具；

（9）《公共建筑导识系统》。

《室内细部设计资料集》尝试采用一种新的编纂形式，邀请了业内著名专家、学者参与策划、审校工作。由国内知名室内设计、教学、施工单位联合编写，集行业智慧与经验，服务于行业的发展需求。设计和施工单位，长期从事一线的室内装修工程，积累了大量的室内细部设计构造案例和资料；大专院校具有学术研究的传统与严谨的治学态度，他们善于将实践总结提升到理论高度，使读者不但知其然，亦知其所以然。

《室内细部设计资料集》是一套大型技术参考丛书，编制时间长，而室内设计时效性很强，技术发展很快，如果等到全部出齐，有的构造可能已经落后了，为了使图集尽早发挥作用，服务于行业的需求，采取分期分批出版。在编制大纲时，各个分册之间既有联系，又相对独立，故完成一本，就先出版一本，全套书全部出版后再出合订本。另外，随着时间的推移、技术的发展可以不断补充、修订。

我们期待《室内细部设计资料集》能对室内设计工作者有所帮助，在室内设计工程中发挥积极的作用。

饶良修

2011 年 9 月

序　三

关注建筑细部　实现建筑创新

中国建筑学会室内设计分会（CIID）的资深顾问、室内细部设计资料集主编饶良修先生给我打电话，请我为室内细部设计资料《楼梯栏杆（板）》一书写序，我想了几天不知从何谈起。这两天翻阅美国建筑师斯蒂文·霍尔的作品，受到一些启发，借此机会与同行们作个交流。

斯蒂文·霍尔六次获得AIA国家奖，七次获得建筑进步奖，他成功的原因正源于他概括自己的作品时所说的，是“一个集合的精神，一种独立思考的感觉，一种对细节的持续不断的准备和调整以及一种整体的连贯性。”他的建筑作品不但重视功能与场所的组织，也很重视用建筑细部创造富有诗意与生命力的环境，他把建筑设计看作成一种对建筑细部的持续不断的准备和调整的过程。

在斯蒂文·霍尔设计的每一项建筑作品中都设计了一二部风格独特、构思巧妙的楼梯栏杆栏板。如艾奥瓦大学艺术和历史系楼的中庭和楼梯，采用的是厅梯结合式的中庭，楼梯用悬挂结构吊在中庭里，楼梯的栏板采用的是与外立面相同的耐锈蚀钢板。

如维也纳朗恩罗斯镇葡萄酒庄园里的Loisium酒店门厅里的楼梯，一至二层为两折板的梯段，二至三层改用弧形梯段并与下边的梯段错位布置。新颖的楼梯结构设计极大地丰富了酒店门厅大堂的室内空间。如南京四方美术馆设在庭院里的疏散楼梯，从10m高空直泻而下的直跑钢梯与竖向折叠造型的主体建筑形成了强烈的对比效果。

又如纽约大学哲学系办公楼入口门厅里的楼梯，用折型楼梯和白色镂空的栏板为大厅构成了神秘的幕帐般的背景。

万物皆有精妙的细部，建筑也不例外，缺乏细部的空间就会黯然失色。建筑细部可以增强建筑物的整体表现力，可以表达思想、传达信息，使建筑具有亲切感和人情味。如果把建筑比喻为一株大树的树干的话，那么建筑细部就像是树叶，为了建筑之树的茂盛，细部之叶是必不可少的。

楼梯栏杆栏板是与人接触最密切的建筑细部构件。楼梯的扶手是人人都要用手去触摸的，楼梯的踏步是人人都要用脚去蹬踏的，所以楼梯是既可观赏又可以让人们亲自参与的造型艺术。无论是在室内还是在室外，因为楼梯的功能性备受人们关注，所以它在室内外各种空间中都具有中心性。一部成功的楼梯设计会给你的建筑作品增添亮点，增加情趣，提高品位，更有助于建筑师和室内设计师的建筑创作和室内设计水平的提高，激发你的创作欲望。

楼梯栏杆栏板正以它在平面布局上的灵活性、建筑造型上和室内空间布置上的可塑性、装饰装修材料应用上的多样性成为现代建筑师和室内设计师创造个性化空间的重要部件和手段。楼梯栏杆栏板也引起了现代艺术家的关注。瑞士巴塞尔的诺华园集团总部办公大楼中庭里的楼梯栏杆栏板就是著名艺术家阿力克斯·赫尔特设计的。铝合金的栏杆、橄榄木的扶手与高雅的中庭环境非常匹配，极具空间感。

中国人绝不缺乏聪明才智，缺的是对"精细"的执着，缺的是做好每个细节的认真精神。正如2008年普利茨克建筑奖得主法国建筑师让·努维尔所说："细部和整体一样，是一种机会，让我们去创造，并用它去丰富我们这个世界。"《室内细部设计资料》是一整套参考资料，是设计入门的指南，也是细部创新设计的启示，让我们充分利用它，抓住每一个机会，用我们辛勤的劳动，用新颖精美的细部去丰富建筑的内涵，去展示建筑的魅力和中国建筑师、室内设计师的聪明才智吧！

李正刚

前　　言

《楼梯栏杆（板）》是《室内细部设计资料集》系列丛书的其中一册。该项编制工作于 2007 年启动，历时四年。经过精心的编制，《楼梯栏杆（板）》终于与读者见面了。

本资料集内容包括楼梯踏步、栏杆及栏板装修构造。适用于新建、改建、扩建的民用建筑室内装修工程，谨供建筑师、室内设计师、高等和专科相关专业院校师生参考使用。

本书有以下几个特点：

第一，全书内容分为两章——概论和工程实例。概论讲述了楼梯、楼梯踏步、栏杆（板）的种类、组成、形式、设计原则、施工要求等；工程实例则按照栏杆、栏板、组合栏杆（板）编排，内容丰富，分类清晰，实用性强。

第二，它几乎涵盖了楼梯栏杆（板）的所有类型，有金属栏杆（板）、玻璃栏板、木栏杆、实体栏板、成品栏杆（板）等。

第三，栏杆（板）以材料分类，细部构造做法尽量详尽，大多选自实际工程案例，可供设计师参考或直接选用。

第四，随着现代室内装饰装修行业向工业化迈进，装饰工程正逐步实现工厂化、预制化、标准化、部品化、集成化和组装化。室内装修工业化部品越来越丰富，越来越成熟，这种工业化的部品已成为室内设计师的首选。本书第二章第三节组合栏杆（板），即为部品构件组成的楼梯栏杆，栏杆（板）形式花样繁多，适合多种场合选用。

本书在编写过程中得到了许多专家的指导和宝贵意见。

饶良修先生为编制工作做了全程指导，从总体内容、深度到构造做法，在编制过程中，甚至亲自参与一些很具体的编制工作，饶老对工作的专注和无私奉献精神令人感动，使编者得到极大的鼓舞和激励。

主审李正刚先生对本书编写提出了指导性意见，对把握整个资料集的编制方向起到了关键性的作用。在编制过程中，王惠春女士对构造做法逐一进行了审核，毫无保留地奉献出她的知识和经验。同时，北京清水爱派建筑设计有限公司董事长谢江先生、总经理王淑俭先生对本书的编写工作给予了高度重视和大力支持，在设计任务紧张的情况下，从人员配置到时间安排均给予了充分考虑。

本书在编写过程中也得到了兄弟单位的支持和帮助。中国建筑设计研究院环境艺术设计院、上海现代建筑设计（集团）有限公司、北京辛迪森设计公司、北京银坐标设计公司、北京点石98设计公司，以及广东坚朗五金制品股份有限公司等都为本书提供了珍贵的设计案例资料。

这里更要感谢我们的合作伙伴北方工业大学艺术学院的李沙先生和王湘女士，无论是资料收集、编排整理，还是CAD图绘制，若没有师生们的通力合作，这本书的编制就不会顺利完成。

这是我们首次尝试由高等院校与设计单位联合编写设计资料集，无论是合作方式、人力组织和时间安排，都遇到了一些问题。如高校的学生缺乏实践经验，设计院人员的时间又无法保证等。但双方都克服了困难，尽最大努力发挥各自的特长，去完成好这一编制工作。

最后，感谢所有参与本书的编制人员，没有他们持之以恒的辛勤努力，就没有今天的成果。在此出版之际，对所有支持本书编制工作的设计单位、个人以及为此无私奉献、付出辛勤劳动的各位专家表示最诚挚的感谢！

愿这本书的问世能为广大的建筑师、设计师以及相关专业的高校教师和学生提供一本具有实用价值的工具书，也期待着大家提出更多宝贵的意见和建议，供以后修订时参考借鉴。

朱爱霞

2011年9月

目　　录

第一章　概论

楼梯是现代建筑空间的重要组成部分，是联系上下空间的桥梁，其本身的形式、材质及色彩构成都与其周围空间与环境设计密不可分。本章着重介绍中国传统栏杆（板）及楼梯栏杆（板）的基本概念、基本形式、基本做法。

第一节　中国传统建筑中的栏杆（板）

一、传统建筑栏杆的作用

栏杆（板）的主要功能是围挡、分隔、防护、装饰。

栏杆原作“阑杆”，最初是指用木材组装而成的遮挡物，后来逐渐运用了石、砖、琉璃等不同材料制作。随着栏杆形式丰富多样和材料的发展变化，栏杆由最初的用作遮挡物，演变成了重要的装饰设置。

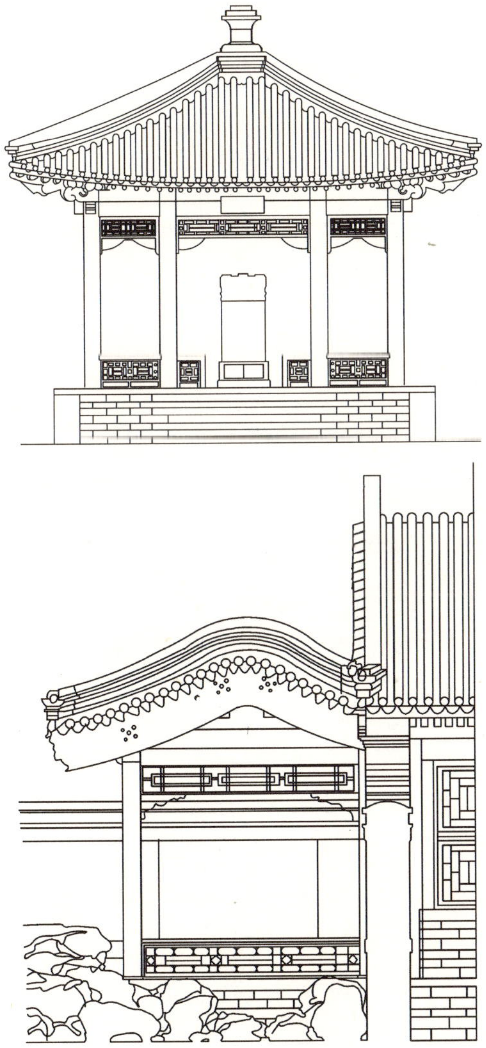

图 1　栏杆的作用

图片出处：参考冯建逵、杨令仪《中国建筑设计参考资料图说》[M]. 天津大学出版社，2002.1 重绘

栏杆是中国古建筑装修的一个重要类别，在建筑的台基、走廊处和池水边经常设有栏杆，厅堂、居室、亭、楼、水榭等处一般也都设置栏杆。栏杆在讲究布景、造景的园林中也起着重要的作用。在园林设计中，栏杆起到隔景与连景的作用，功能似漏窗，而形象类似花墙。

二、传统建筑栏杆的组成

1. 一般栏杆

一般栏杆是由寻杖、华板、望柱、地栿组成。

（1）寻杖：栏杆上部水平放置的构件。

（2）华板：栏杆中的栏板，置于望柱与望柱之间，是栏杆的重要组成部分，也是整个栏杆的各构件中雕饰最突出的一个。正因为栏板多用雕刻花纹作为装饰，非常漂亮华丽，所以也称为华板。

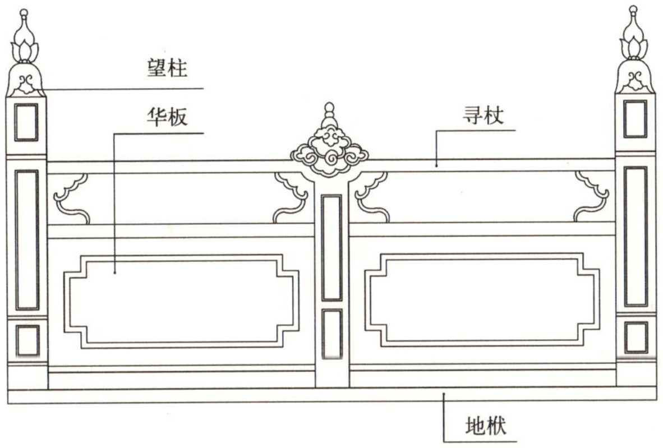

图 2　般栏杆

图片出处：参考武峰、尤逸南《CAD 室内设计施工图常用图块 1》[M]. 中国建筑工业出版社，2001.11

（3）望柱：栏杆中栏板与栏板之间的立柱，主要由柱头和柱身两部分组成。柱身比较简单，一般为方形石柱而不加雕饰，望柱的变化主要表现在望柱头。

1）望柱分类

望柱一般是根据望柱头的雕刻进行分类。最常见的望柱头形式有莲瓣头、复莲头、石榴头、二十四节气头、云纹、水纹、龙凤纹等。民间建筑中的柱头更是丰富多彩，采用水果、动物、人物故事乃至琴棋书画等作为装饰题材，突出地方特色和风格。

2）望柱头雕刻

望柱头雕刻有一定的讲究与等级之分，像龙凤装饰的望柱头，只有在重要的宫殿建筑中才可以用。因此，在官式建筑中只能使用规定的样式。而对于一般建筑上，望柱头雕刻形式则是丰富多样，它们在实际运用时较为灵活，突出地方风格并受建筑环境的影响。

（4）地栿：置于地面上，处在栏杆最下层的水平构件。

2. 重台钩栏

重台钩栏是宋式栏杆的一种，其特点是分为上下两层华板。重台钩栏由寻杖、云栱、瘿项、盆唇、华板、地霞、地栿组成。

寻杖、华板、地栿已作介绍，下面介绍云栱、瘿项、盆唇、地霞。

（1）云栱：处在寻杖之下用来支撑寻杖的构件。云栱多雕成云形又形似栱，所以称为云栱，多和瘿项相连使用。

（2）瘿项：是一个上下小、中间扁圆的鼓形构件，用来支撑上面的云栱。

（3）盆唇：在瘿项的下方、华板的上方，是一个枋形水平构件，与寻杖形象相仿，其下部的棱角处理成圆曲状，好像盆的口沿，因此得名。

（4）地霞：是重台钩栏下面的华板，其上饰有精美的雕饰，大部分带有云形雕饰，位置紧靠地面或地栿，因此称为地霞。

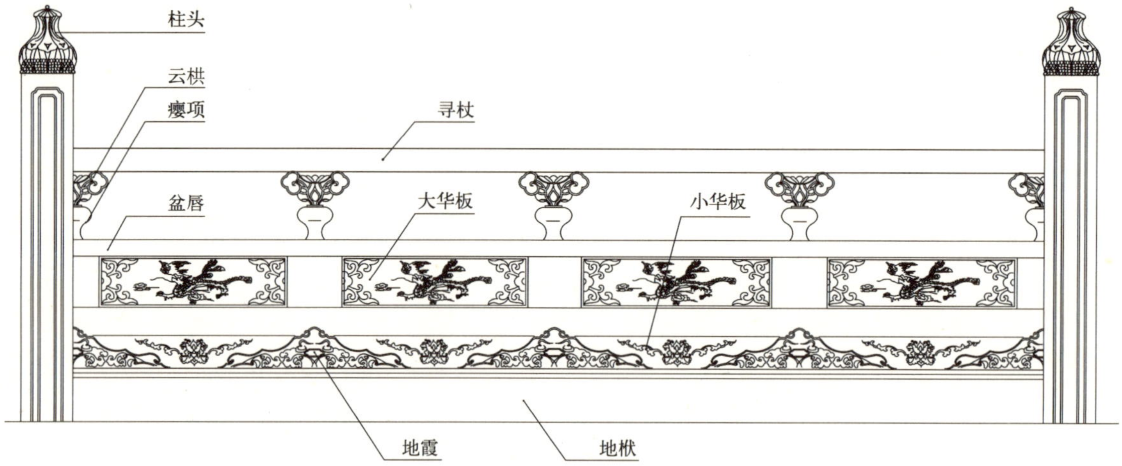

图 3　重台钩栏

三、传统栏杆种类

栏杆最早始于周代，到了汉代，栏杆已经运用较为普遍了，在南北朝时期，栏杆已基本具备后世所见栏杆的形制。之后，经过不断地发展演变，到了明清时期栏杆在装饰上越发繁复多样。

栏杆除了可以从不同材料来分类外，根据其结构的不同又可以细分为寻杖栏杆、垂带栏杆、直棂栏杆、花式栏杆等十几种形式。

1. 寻杖栏杆

寻杖栏杆由寻杖、望柱、华板、地栿等构件组成，又称巡杖栏杆，是一种比较常见的栏杆式样。寻杖栏杆的形制最早出现在南北朝，最初用木材制作，后来出现石制栏杆。

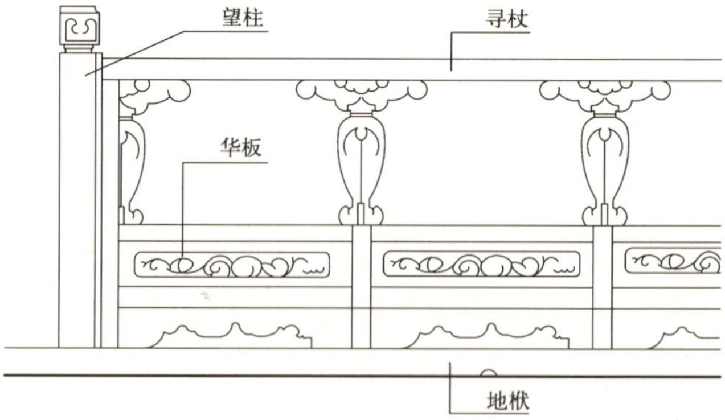

图 4　寻杖栏杆

图片出处：参考冯建逵、杨令仪《中国建筑设计参考资料图说》[M]. 天津大学出版社，2002.1 重绘

2. 垂带栏杆

垂带栏杆就是设置在台阶的踏跺两边垂带上的栏杆，现存常见的垂带栏杆主要是由寻杖、望柱、华板等构件组成。垂带栏杆与一般栏杆不同之处就是其整体形象是随着垂带倾斜的，它的最下面一根望柱的前端经常设置一抱鼓石。

抱鼓石一般情况下用在栏杆起始收头或门的两侧，是一种装饰性较强的建筑构件。它的雕刻图案，

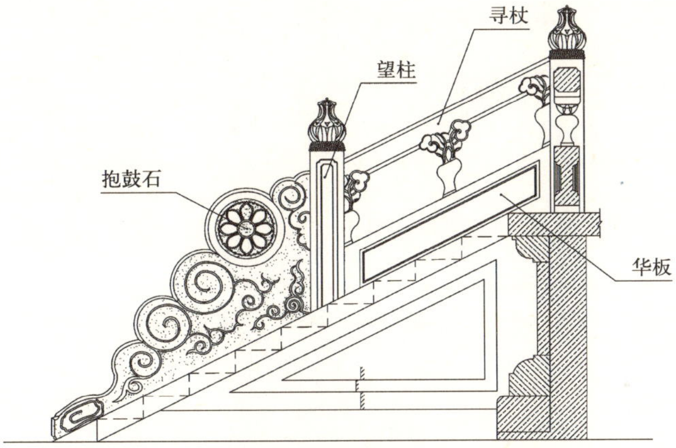

图 5　垂带栏杆

图片出处：参考武峰、尤逸南《CAD 室内设计施工图常用图块 1》[M]. 中国建筑工业出版社，2001.11 修改

一类多为花草虫鸟、吉祥图案，常见的有莲花、牡丹、宝相花、卷草等；另一类雕刻较为复杂，如狮子滚绣球、麒麟卧松、犀牛望月、松鹤延年等，雕刻图案丰富精美。抱鼓石用在栏杆中是一块雕刻成圆鼓形或云形的厚石，它支撑在垂带栏杆最下方一根望柱下面，起着稳定、固定的作用。

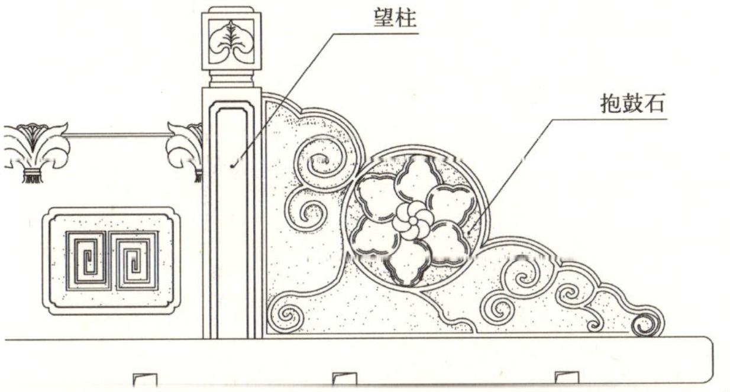

图 6　抱鼓石

图片出处：参考武峰、尤逸南《CAD 室内设计施工图常用图块 1》[M]. 中国建筑工业出版社，2001.11

3. 直棂栏杆

直棂栏杆造型比较简单，在其寻杖和地栿之间放置多条直立木条，直棂栏杆没有华板等构件。直棂栏杆如果高度高出一般栏杆的高度，它的主要作用则为遮挡功能。

4. 櫼子栏杆

若直棂条穿过上部的寻杖，那么直棂栏杆就变成了櫼子栏杆，也可以认为櫼子栏杆就是直棂栏杆的一种。一般情况下櫼子栏杆的棂条顶端削成尖形，这样对建筑可以起到更好的防护作用。

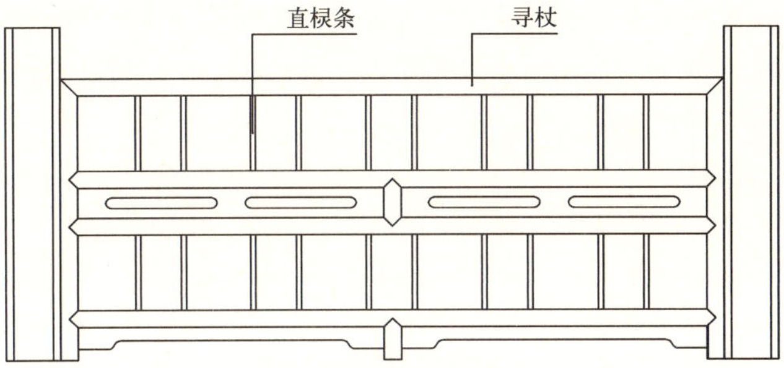

图 7　直棂栏杆

图片出处：参考王其钧《中国建筑图解词典》[M]. 机械工业出版社，2008.4 修改

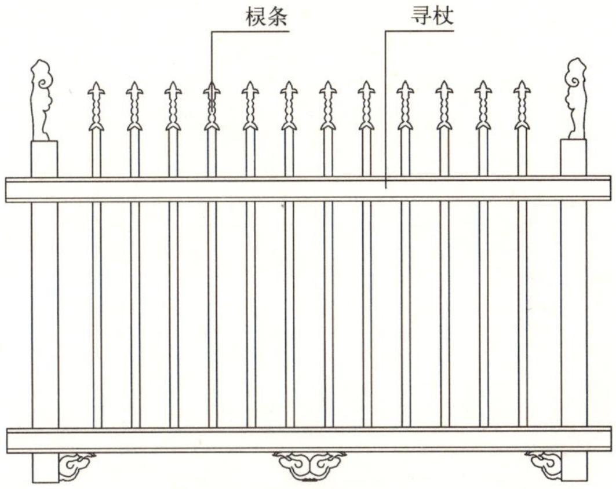

图 8　櫼子栏杆

图片出处：参考王其钧《中国建筑图解词典》[M]. 机械工业出版社，2008.4 重绘

5. 瓶式栏杆

瓶式栏杆也是直棂栏杆的一种变化形式，即将直棂栏杆中的直棂条，换成欧式花瓶形式而制成的栏杆。这种瓶式栏杆虽然造型简单，但与直棂栏杆相比则更富有意趣，在形象上更富有变化。在清代建筑中瓶式栏杆较为常见。

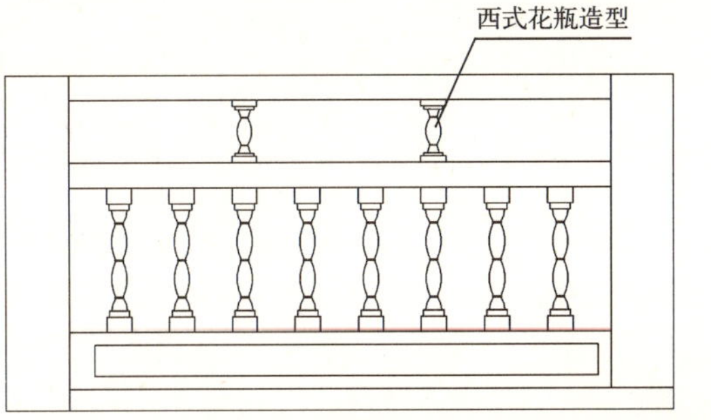

图 9　瓶式栏杆

图片出处：参考王其钧《中国建筑图解词典》[M]. 机械工业出版社，2008.4 重绘

6. 坐凳栏杆

坐凳栏杆是较矮的栏杆，在普通的矮栏杆上面放置一定宽度的木板，这样矮栏看起来就像是一个条凳，

多被安置在园林中，以供游赏园林的人随时坐下来休息，它既有栏杆的作用，又有凳子的功能。因此，称之为“坐凳栏杆”。

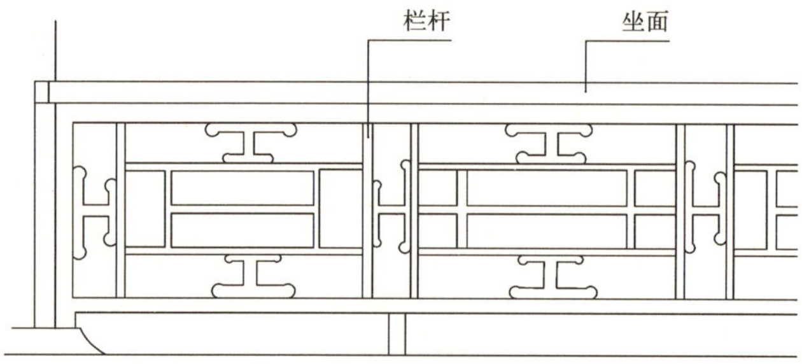

图 10　坐凳栏杆

图片出处：参考冯建逵、杨令仪《中国建筑设计参考资料图说》[M]. 天津大学出版社，2002.1 重绘

7. 靠背栏杆

靠背栏杆又称美人靠、吴王靠，是坐凳栏杆的一种延伸形式，即在坐凳栏杆的平板外侧安装上一段有曲线的矮栏，使靠背微微向外倾斜，更适合人们的倚靠。

在园林建筑中，特别是一些临水建筑，如亭、榭、阁、敞厅等处，多安放靠背栏杆和坐凳栏杆，这样可以方便园中游人倚坐观景或静坐休息。

靠背栏杆的靠背上常用一些吉祥雕刻图案装饰，精美的雕刻增加了园林意趣及艺术观赏的功能。

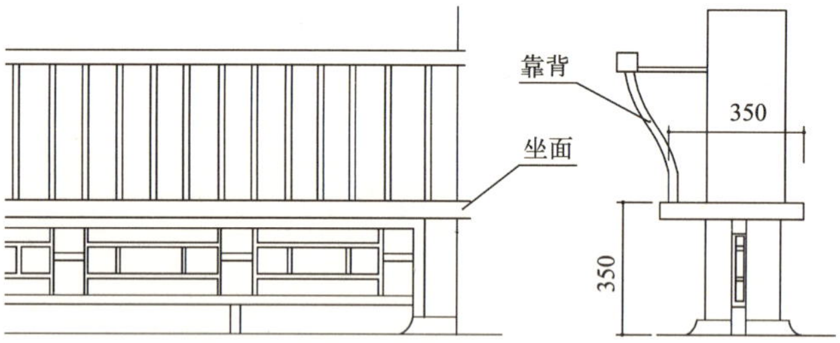

图 11　靠背栏杆

图片出处：参考冯建逵、杨令仪《中国建筑设计参考资料图说》[M]. 天津大学出版社，2002.1 修改

8. 花式栏杆

花式栏杆构件主要由望柱、花格棂条和横枋组成，枋下为花格棂条部分。花格棂条花样丰富，装饰性强，图案有盘长纹、云纹、冰裂纹、灯笼框纹、万字文、龟背锦纹、葵花纹等。

9. 单钩栏杆

宋代称栏杆为钩栏。单钩栏杆即只有一层华板的栏杆。在宋代《营造法式》中记载：上用寻杖，中间

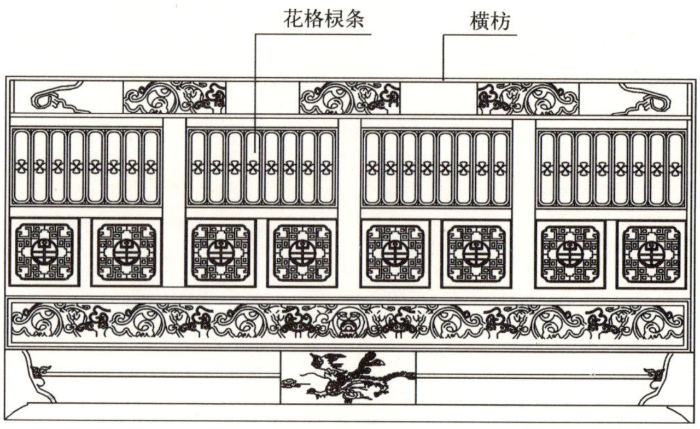

图 12　花式栏杆

图片出处：参考王其钧《中国建筑图解词典》[M]. 机械工业出版社，2008.4 重绘

盆唇，下用地栿；盆唇之下、地栿之上用透空或不透空的各种纹样作为装饰，以万字纹居多。

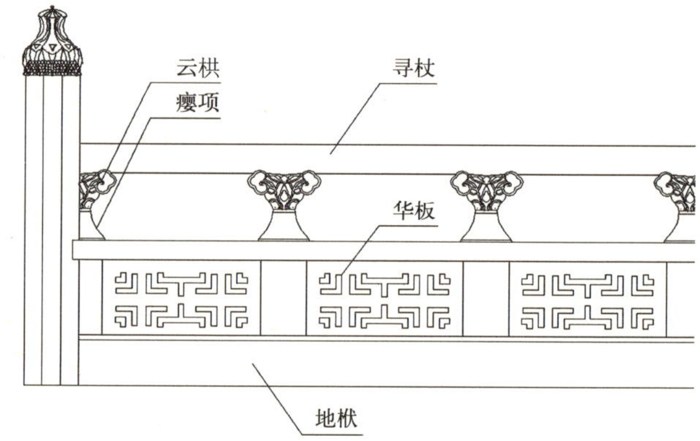

图 13　单钩栏杆

图片出处：参考中华人民共和国建筑工程部设计总局北京工业设计院编《中国古建筑参考图集栏杆 拱券 柱础 墙面装饰》[M]. 建筑工程出版社，1955.10 重绘

10. 栏板栏杆

栏板栏杆只有望柱及柱间的栏板，而没有寻杖等构件。栏板上的雕刻或浮雕或透雕，雕刻的花纹都非常美丽，这就增添了栏杆的艺术与欣赏性。不作雕刻的素面栏板，则是光洁素雅，虽不华美但也自有韵致。

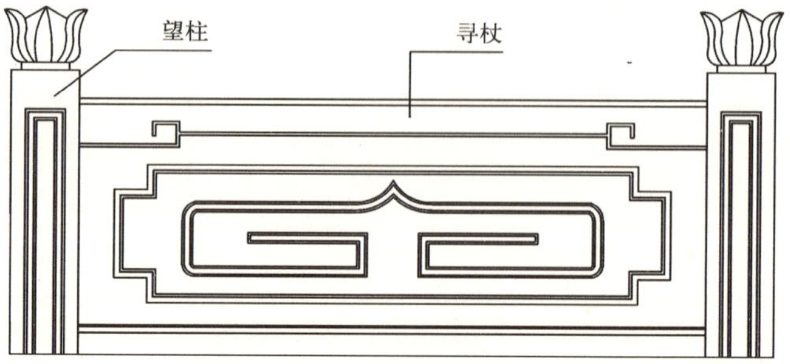

图 14　栏板栏杆

图片出处：参考武峰、尤逸南《CAD 室内设计施工图常用图块 1》[M]. 中国建筑工业出版社，2001.11

11. 罗汉栏板

罗汉栏板只用栏板而不用望柱，栏板的两头以抱鼓石结束，比栏板栏杆更为简洁、素雅。

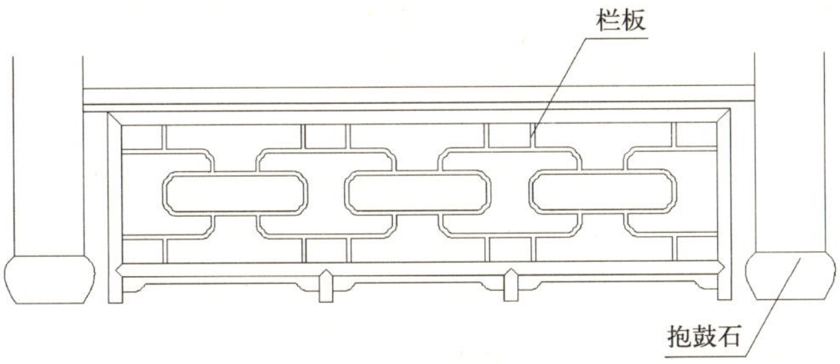

图 15　罗汉栏板
图片出处：参考王其钧《中国建筑图解词典》[M]．机械工业出版社，2008.4 修改重绘

12. 透瓶栏板

透瓶栏板是寻杖栏板中的一种，由禅杖、净瓶和面枋等几部分组成。禅杖位于栏板的最上部，横直如杖。栏板的下部是面枋，面枋上下心部皆称池子，可在上面做雕饰。而处在栏板中间连接禅杖和面枋的是净瓶。

标准式样的透瓶栏板，面枋上素作，不加雕饰。净瓶呈瓶形，下部为瓶身，瓶口上雕荷叶、云朵等花纹。在两个望柱之间一般有三个净瓶，中间是一个完整的瓶子，挨着望柱的则是半个瓶子。拐角处则多为两个半瓶。

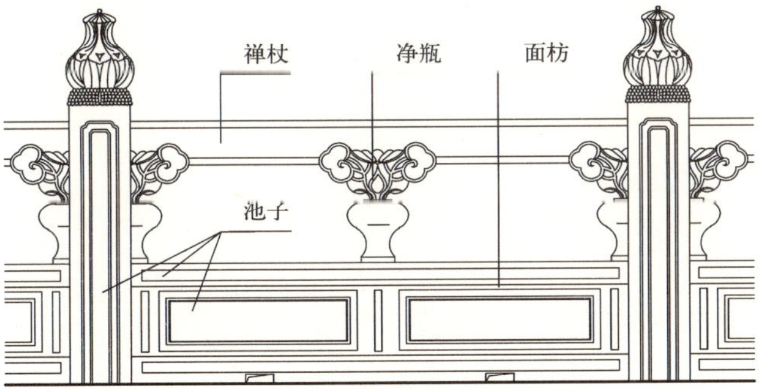

图 16　透瓶栏板
图片出处：参考武峰、尤逸南《CAD 室内设计施工图常用图块 1》[M]．中国建筑工业出版社，2001.11 修改

13. 束莲栏板

束莲栏板也是寻杖栏板中的一种，用束莲连接栏板中间禅杖和面枋。束莲上下为仰俯莲花，中为束带扎困的束腰形式，近似于雕着仰俯莲瓣的须弥座。标准式样的束莲栏板，除了用束莲代替净瓶外，其他方面没有变化。变化样式除了莲花本身外，还有一种是省略下部的面枋而将束莲装饰通至底边的做法。

图 17　束莲栏板
图片出处：参考王其钧《中国建筑图解词典》[M]．机械工业出版社，2008.4 中华人民共和国建筑工程部设计总局北京工业设计院编《中国古建筑参考图集栏杆 拱券 柱础 墙面装饰》．建筑工程出版社，1955.10 重绘

第二节　楼梯

一、楼梯功能

楼梯是楼房建筑的重要构件，是建筑楼层间上下联系的重要竖向交通设施，即使在以电梯、自动扶梯为主要垂直交通工具的多层和高层建筑中也必须设置楼梯。

楼梯具有影响建筑空间构成和建筑形式的作用，它的动感及其对视觉的冲击力，是建筑设计中最为活跃的因素之一，所以楼梯又被称为“小建筑”。

在室内装饰工程中，楼梯装修是重要的细部设计之一。

二、楼梯各部位名称

楼梯由梯段、平台（楼层平台）和栏杆（板）扶手三部分组成。楼梯各部位的名称如下：

1. 梯长：楼梯的最低和最高一级踏步间的水平投影距离为梯长。

2. 梯高：楼梯的垂直总高为梯高。

3. 梯段：梯段（又称梯跑），系指楼梯踏步起步到平台的水平投影。梯段的踏步步数在 3~18 级之间。

4. 平台：楼层平台与中间平台（休息平台）的总称。根据楼梯布置形式的不同，平台可分为不改变行走方向的直行平台及改变行走方向的转角（向）平台。

5. 坡度：楼梯的梯长与本梯段梯高之比为楼梯坡度。

6. 栏杆、栏板：栏杆、栏板总称为护栏。通常将通透的护栏称栏杆，把实体的护栏称栏板。栏杆栏板是建筑楼梯、休息平台、跑马廊、悬空连廊、观景平台的重要防护构件。在建筑装修工程中，栏杆栏板的

Section1
概论
中国传统建筑中的栏杆（板）
楼梯
楼梯踏步
栏杆（板）

形式与功能同等重要，它既是保障楼梯安全的功能构件，又是不可或缺的装饰构件。

7. 扶手：扶手是上、下楼梯和行走时供人握执的构件。

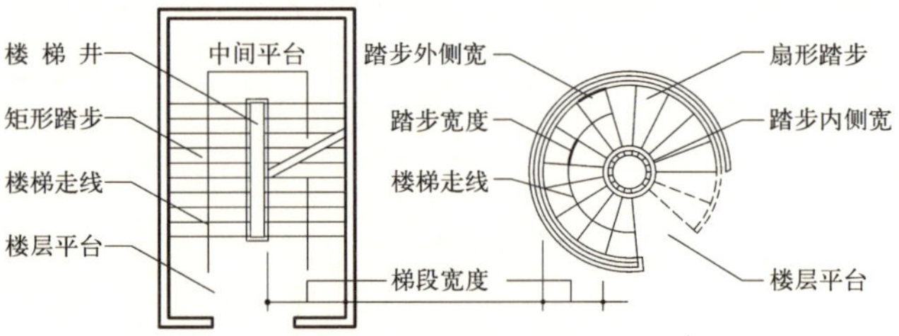

(*a*) 楼梯平面

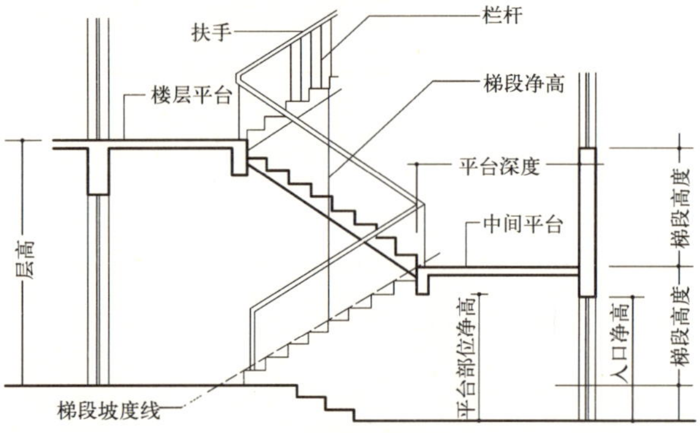

(*b*) 楼梯剖面

图 18　楼梯部位名称

图片出处：参考《建筑设计资料集》．中国建筑工业出版社，1994.6 第二版重绘

三、楼梯宽度及平台深度

1. 楼梯宽度：设计楼梯宽度时，先考虑人身的宽度，然后考虑人与人之间需保持的适当的距离。通常楼梯的宽度，单人通行楼梯宽度大于 900mm、双人通行楼梯宽约 1100 ~ 1400mm、三人通行楼梯宽度约 1650 ~ 2100mm。见图 19 楼梯宽度示意图。

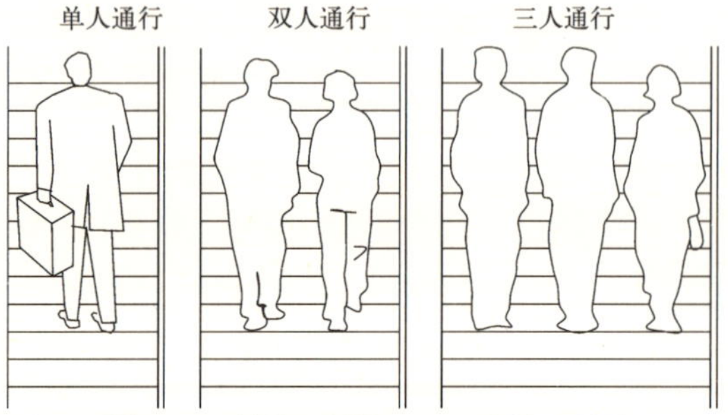

图 19　楼梯宽度示意图

图片出处：参考《建筑设计资料集》1．中国建筑工业出版社，1994.6 第二版重绘

2. 平台深度：平台起连接楼层、转向和休息的作用。一般最小深度宜在 850 ~ 1200mm 之间，相当于三个踏步宽度或一个步距加一个踏步宽度，搬运物件时一般需加大平台深度。其参考计算公式为：

$$D=100+\sqrt{(b/2)^2+a^2}$$

式中：D——梯段最小净宽（mm）；

a——物件宽度（mm）；

b——物件长度（mm）；

100——物件与建筑物间的空隙间距（mm）。

四、楼梯梯顶高度

楼梯的顶高应大于人手臂向上伸手指所达到的位置，一般是以踏步中心点到顶棚垂直距离为准。

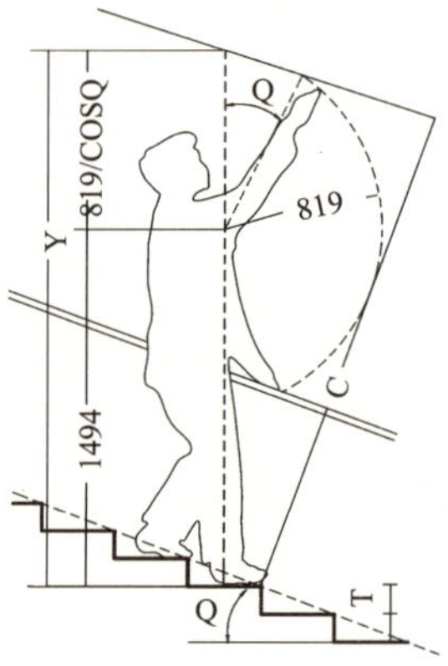

图 20　楼梯的顶高示意图

图片出处：参考《建筑设计资料集》1．中国建筑工业出版社，1994.6 第二版重绘

五、楼梯设计原则

楼梯的设置位置、数量、宽度、形式应严格遵循设计规范的相关规定，并应在设计中注意以下几个方面。

1. 结构坚固：作为上下通道的楼梯，楼梯的支撑必须坚固可靠，有较大的刚度。在 7 级以上抗震区，应考虑抗震设防问题。

2. 符合防火疏散的要求

（1）楼梯间距：楼梯间距应按《建筑设计防火规范》（GB50016—2006）的相关规定设计。

（2）疏散楼梯

1）建筑物内应设置供疏散用的疏散楼梯，楼梯间的设置应符合现行防火规范的规定和要求。

2）高层建筑楼梯间一般应设置耐火墙、防火门，还应有排烟装置。

（3）消防楼梯：为防火需要，有时还须设置专供消防人员使用的消防安全楼梯。

3. 保障使用人群的安全

（1）楼梯间照明：楼梯间最好采用自然采光，其采光面积不得小于楼梯间面积的1/12。楼梯间夜间应有人工照明，尤其是起步、止步处及踏步面的照明，以免行人判断失误。照明开关应安装在进入或离开楼梯方便的地方，可采用声控开关。楼梯和周围空间的照明亮度不应有过大差别，以免因明暗差异引起视觉不适，并注意避免眩光。

（2）楼梯踏面的安全：楼梯踏面材料要耐磨、防滑。在踏步前缘应安装防滑条，或具有明显提示高差的标识线。

（3）栏杆、栏板、扶手安全：楼梯的栏杆、栏板、扶手的形式及构造应有利于安全、方便、美观和耐久的要求。人员密集场所梯段高度超过1000mm时，宜设栏杆。梯段净宽在两股人流以下的一侧设扶手，梯段净宽达三股人流时应两侧设扶手，达四股人流时应加设中间扶手。各类建筑的楼梯栏杆高度，应符合单项建筑设计的有关规定。

4. 艺术表现力：楼梯是室内外空间中的活跃因素，是极具空间艺术表现力的建筑构件。尤其在公共建筑中，楼梯的造型、色彩、选用的材料以及栏杆扶手的式样等都会起到影响空间效果的作用。

六、楼梯分类

1. 按楼梯形式分

按平面形式可分为直跑楼梯、双跑楼梯、三跑楼梯、剪刀楼梯、交叉楼梯、弧形楼梯、螺旋楼梯、双分楼梯等。

（1）直跑楼梯：方向单一、贯通空间，适合于室外和中庭。

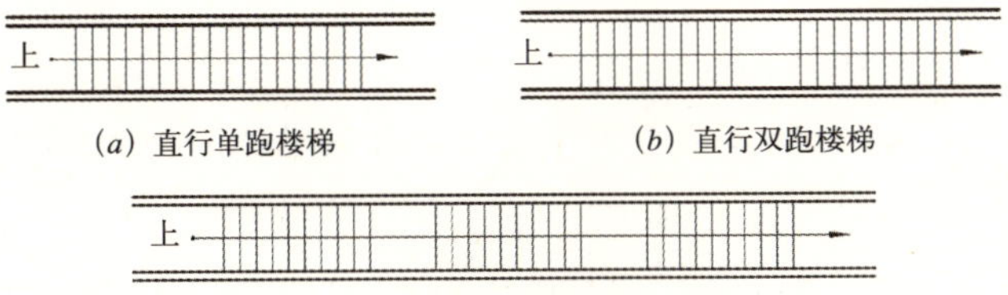

(*a*) 直行单跑楼梯　(*b*) 直行双跑楼梯

(*c*) 直行多跑楼梯

图21　直跑楼梯

（2）双跑楼梯：最为常见，有双跑直上、双跑曲折、双跑平行（对折）等形式，适用于一般民用及工业建筑。

（3）三跑楼梯：一般为三折式，多用于公共建筑。

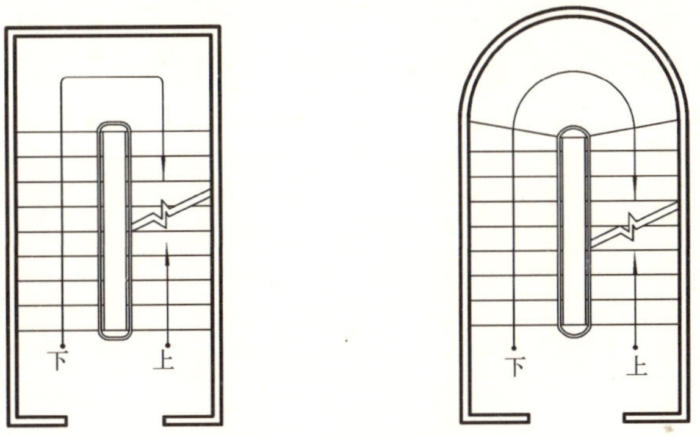

图22　双跑楼梯

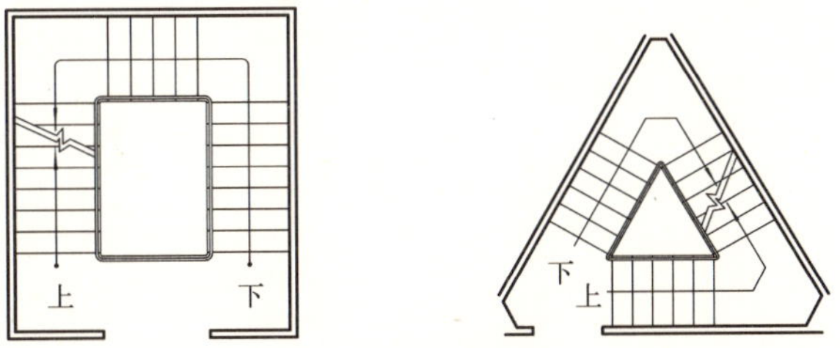

图23　三跑楼梯

（4）剪刀楼梯：由一对方向相反的双跑平行梯组成，其剖面呈交叉剪刀形，有节约空间及同时能通过较多人流的优点，常用于活动频繁、人流较多的公共建筑。

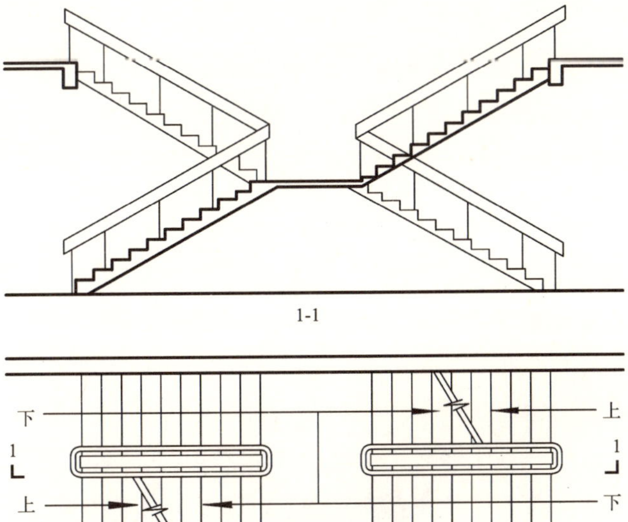

图24　剪刀楼梯

图片出处：参考《建筑设计资料集1》．中国建筑工业出版社，1994.6第二版重绘

（5）交叉楼梯：由一对互相重叠而又不连通的单跑直梯构成，有利于人流疏散，有效利用空间。

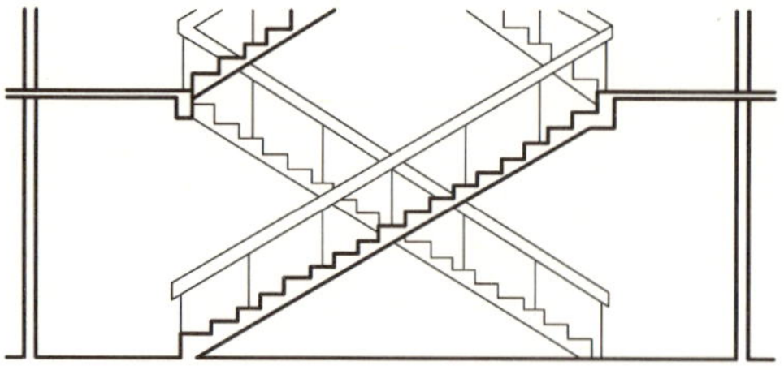

1-1

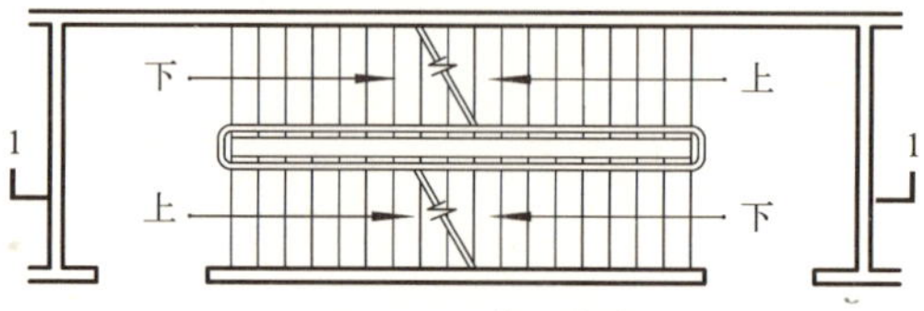

图 25　交叉楼梯
图片出处：参考《建筑设计资料集 1》. 中国建筑工业出版社，1994.6 第二版重绘

（6）弧形楼梯（圆形、半圆形楼梯）：由曲梁或曲板来支撑，踏步呈扇形，形式多样，造型活泼，富有装饰效果。

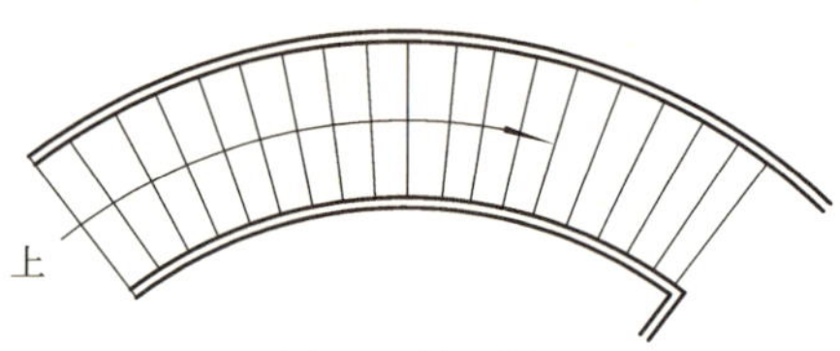

（*a*）弧形单跑楼梯

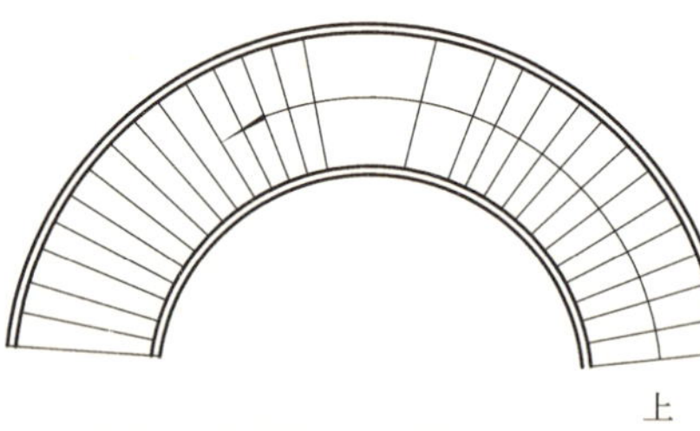

（*b*）弧形双跑楼梯（踏步宽 ≥ 230）

图 26　弧形楼梯
图片出处：参考《建筑设计资料集 1》. 中国建筑工业出版社，1994.6 第二版重绘

（7）双分平行楼梯和双分转角楼梯：均衡对称、典雅庄重。

（8）螺旋楼梯：以扇形踏步围绕一个中心布置的楼梯，它可以支承在中立柱上，也可不设中柱而以螺旋曲梁来支承。这种楼梯行走欠舒适，但可节省空间，活跃建筑空间气氛，且有一定的装饰效果，适用于人流较少、使用不频繁的场所。

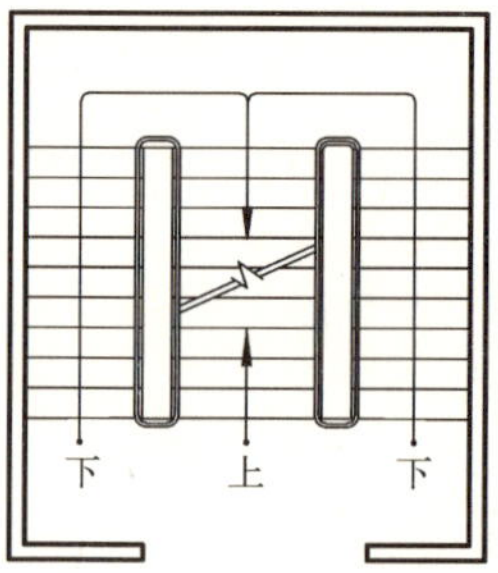

（*a*）双分平行楼梯

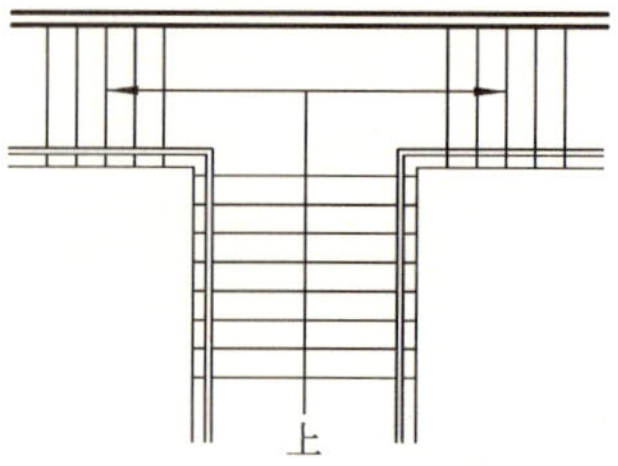

（*b*）双分转角楼梯

图 27　双分楼梯
图片出处：（*b*）图参考《建筑设计资料集 1》. 中国建筑工业出版社，1994.6 第二版重绘

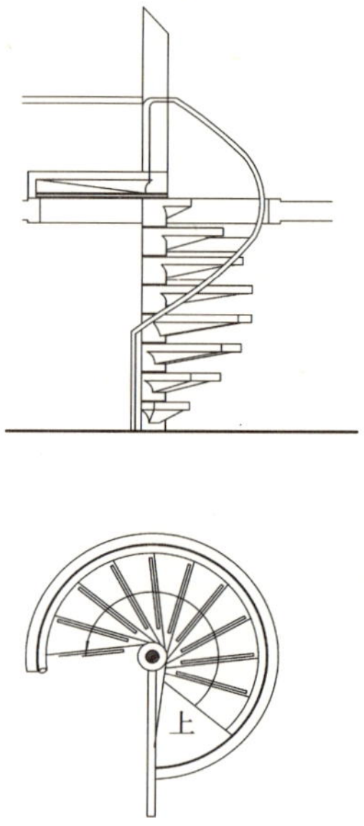

（*a*）有中柱螺旋楼梯

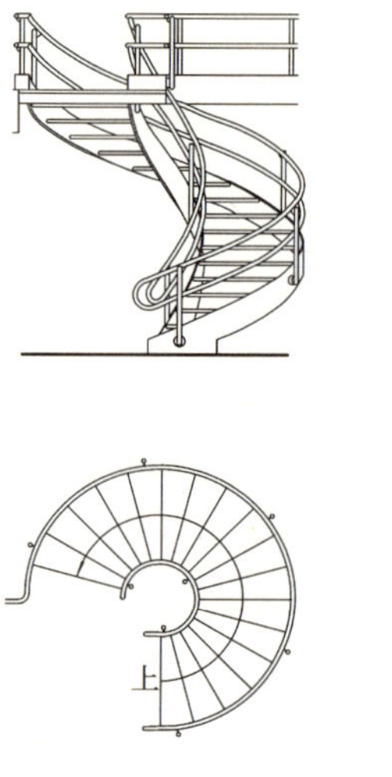

（*b*）无中柱螺旋楼梯

图 28　螺旋楼梯
图片出处：（*a*）参考武峰、尤逸南《CAD 室内设计施工图常用图块 1》. 中国建筑工业出版社，2001.11 修改；（*b*）参考《内装修室内（楼）地面及其他装修构造》03J502-3. 中国计划出版社，2004.5 修改

（9）其他形式的楼梯：

1）转角楼梯：扇形及矩形踏步相结合的楼梯。

2）错步楼梯：为节约用地而设置的左右踏步交错登高的楼梯。

3）爬梯：上下阁楼、进入屋顶检修用的楼梯，一般在通往不常使用的跃层存储空间设置爬梯。

4）折叠式楼梯：可收纳储藏的用于上下阁楼、屋顶的楼梯。

5）专用楼梯：专供老年人和残疾人使用的带有升降椅或升降平台（供放置轮椅用）的楼梯。

6）组合楼梯：由标准构配件、部件组成的楼梯，来解决室内空间上下的联系，多用于建筑室内空间的调整。

（*a*）错步楼梯案例一

（*b*）错步楼梯案例二

（*c*）错步楼梯案例三

（*d*）错步楼梯案例四

图 29　错步楼梯

图片出处：参考 Silvio San Pietro & Paola Gallo *Stairs Scale* Edizioni L'Archivolto，2001 修改

（*a*）楼梯预制件组合楼梯

（*b*）由成品部件组合的楼梯

图 31　组合楼梯

图片出处：参考 Silvio San Pietro & Paola Gallo *Stairs Scale* Edizioni L'Archivolto，2001

图 30　爬梯

图片出处：参考 Silvio San Pietro & Paola Gallo *Stairs Scale* Edizioni L'Archivolto，2001 修改

2. 按结构类型分

（1）梁式楼梯：梯梁承重，适用于层高及荷载较大的楼梯。有单梁挑板楼梯和双梁折板楼梯。

图 32　单梁挑板楼梯

单梁挑板楼梯：踏板悬挑承重，占室内空间少，适用于居住建筑或辅助楼梯。踏板可用钢筋混凝土、金属、木材或组合材料。

（2）板式楼梯：板承重，除搁板外，钢材及混凝土用量都比较多，自重也比较大，一般用于层高不大的预制或现浇钢筋混凝土楼梯。

（*a*）平板

图片出处：照片由丹麦卡尔福（Carl F）有限公司提供

（*b*）折板

图 33　板式楼梯

（3）悬挑式楼梯：踏板悬挑承重，占室内空间少，适用于居住建筑或辅助楼梯。

图 34　悬挑式楼梯

图片出处：饶良修，《中国室内设计年刊》

（4）悬挂式楼梯：踏板用金属拉杆悬挂在上部结构上，金属连接件较多，安装要求较高。

图 35　悬挂式楼梯

图片出处：参考 Silvio San Pietro & Paola Gallo *Stairs Scale* Edizioni L'Archivolto，2001 修改

3. 按材料分

按主体结构所用材料分类，可分为钢筋混凝土楼梯、金属楼梯、木楼梯、玻璃楼梯和组合楼梯。

第三节　楼梯踏步

一、楼梯踏步名称

组成梯段的踏步，其水平表面为踏步面，垂直部分为踏步踢板，踏步前端边缘为踏步前缘。

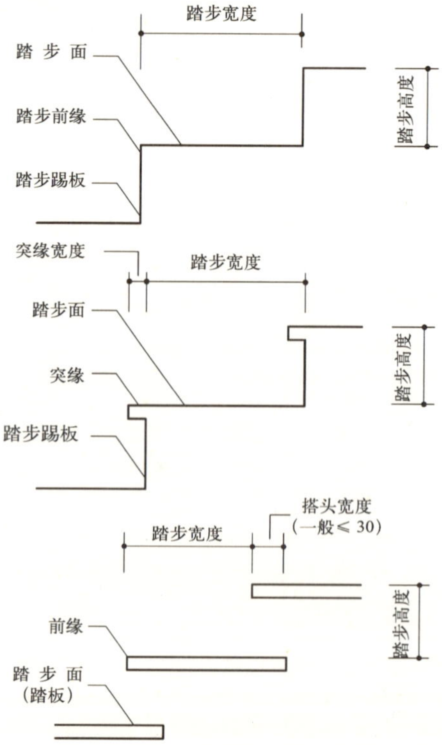

图 36　楼梯踏步名称

图片出处：参考《建筑设计资料集》1. 中国建筑工业出版社，1994.6 第二版重绘

二、楼梯踏步饰面材料选择

踏步面饰面材料的选择应根据建筑标准、使用要求、装修效果、施工条件等方面综合考虑，总的来说踏步面材料应耐磨、防滑、耐冲击，便于清洁，踏感舒适。楼梯踏步常用饰面材料及特性，见表 1 常用楼梯踏步饰面材料特性。

常用楼梯踏步饰面材料特性　　表 1

类型	饰面材料名称	材料特性						
		起尘性	耐水性	耐磨性	耐冲击	光滑度	消声度	清洁度
整体面层	水泥砂浆	△	△	△	△	△	△	△
	混凝土	□	△	△	△	△	△	□
	水磨石	○	○	○	○	△	□	○
板（块）材面层	水磨石板	○	○	○	○	△	□	○
	陶瓷马赛克	○	○	○	△	○	□	△
	红缸砖	○	△	△	△	△	△	△
	梯级砖	○	△	△	△	△	△	○
	劈开砖	△	△	△	△	□	△	□
	大理石板	○	○	○	△	○	□	○
	花岗石板	○	○	○	○	○	□	○
铺贴面层	橡胶板	○	○	□	□	○	○	○
	塑胶地材	○	○	□	□	○	○	○
	地毯	○	□	□	△	□	○	□
其他面层	木板	○	□	△	□	○	△	○
	金属	○	○	○	○	○	□	○

注：a. 图例说明：○性能优越；△性能较好；□性能差

b. 踏步饰面材料与垫层结合的做法，可参考《工程做法》05J909 楼地面做法。塑胶地材不适用于人流通过量较大的楼梯和室外楼梯，地毯不适用于室外楼梯。

c. 片材饰面材料常铺贴于其他材料表面，组成复合材料面层。为使踏感舒适也可在片材面层下增设约 3 ～ 4mm 厚的弹性塑胶垫层。

d. 金属楼梯常用于工业建筑或辅助楼梯。踏步面防滑常采用花纹钢板制作。

e. 楼梯踏步侧面应采取防止污染的措施，并注意装修效果的完整性。

三、楼梯踏步的舒适性与安全性

1. 楼梯爬梯及坡道的坡度

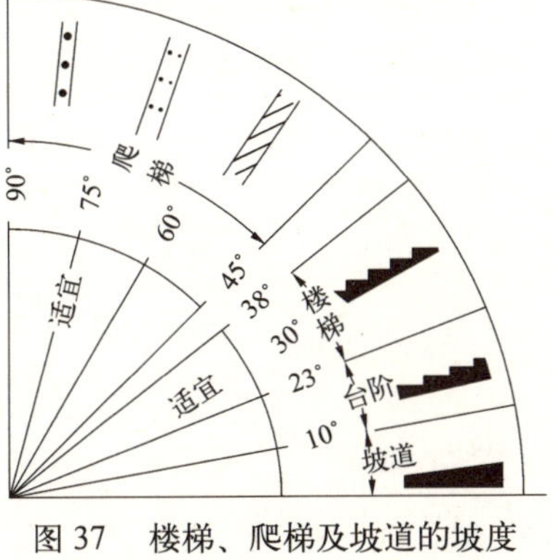

图 37　楼梯、爬梯及坡道的坡度

图片出处：参考《建筑设计资料集》1. 中国建筑工业出版社，1994.6 第二版重绘

2. 踏步高度与宽度的关系：一般成人行走时的平均步距为 600mm（600 ～ 620mm），抬高一步的距离为 300mm。若设定 R 为踏步高度，T 为踏步宽度，就成人而言踏步 R 值不宜大于 170mm，以 150mm 左右较为舒适；T 值不能小于 240mm，楼梯踏步的舒适宽度为 300mm 左右。同一楼梯的各个梯段，其踏步的高与宽不允许出现无规律的尺寸变化，必须保持坡度和步距关系不变。

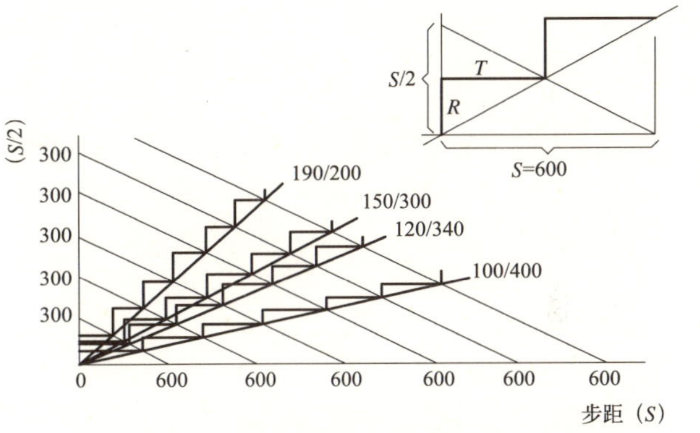

图 38　踏步高度与宽度关系示意图

图片出处：参考《建筑设计资料集》1. 中国建筑工业出版社，1994.6 第二版重绘

常用民用建筑楼梯的踏步尺寸可参照表 2 中的数值选择采用。

常用楼梯踏步设计参考尺寸（mm）　表 2

踏步尺寸	住　宅	一般公共建筑大中型公共建筑的次要楼梯	大中型公共建筑主要楼梯	幼儿园
R	150 ～ 175	140 ～ 160	130 ～ 150	120 ～ 140
T	250 ～ 300	280 ～ 300	300 ～ 350	260 ～ 280

注：R——踏步高度；T——踏步宽度

3. 楼梯踏步的一般性规定

（1）踏步数：《民用建筑设计通则》中规定，每个梯段的踏步不应超过 18 级，亦不应少于 3 级，踏步少于 3 级应设为坡道。踏步前缘应加设防滑条或有提示高差的措施。

（2）主要疏散楼梯及踏步：主要疏散楼梯不可采用螺旋楼梯，楼梯踏步面亦不宜采用扇形踏步。

（3）室外楼梯踏步排水：室外楼梯踏步面及楼梯平台，应考虑雨水的排除（坡度 1%～ 3% 为宜）。寒冷地区室外楼梯不宜设置金属防滑条，宜采用有一定摩擦阻力的面层，以利冰雪天气防滑。

（4）踏步面照明：为使用安全，楼梯应设置照明供夜间或采光条件较差时使用。照明的设置不仅能照亮踏步面，提示高差，还可以增加楼梯的观赏性、艺术性。

1）设在楼梯底板上的照明装置

图 39　设在楼梯底板上的照明装置
图片出处：由丹麦卡尔福（Carl F）有限公司提供

2）设在栏杆立柱上的照明装置

图 40　设在栏杆立柱上的照明装置

3）设在楼梯扶手上的照明装置

图 41　设在楼梯扶手上的照明装置

4）设在踏步上的照明装置

图 42　设在踏步上的照明装置

5）嵌在墙上的照明装置

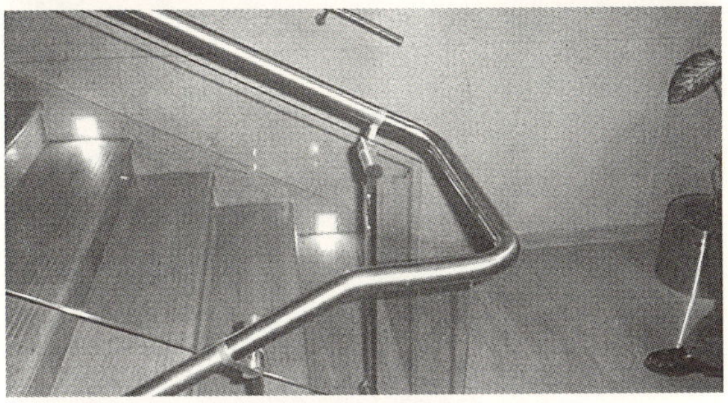

图片出处：由丹麦卡尔福（Carl F）有限公司提供

图 43　嵌在墙上的照明装置

4. 楼梯踏步饰面及防滑措施

踏步面的防滑是保障使用者人身安全的重要技术措施。

（1）水泥（含石渣类水泥）踏步面防滑：金刚砂防滑条。

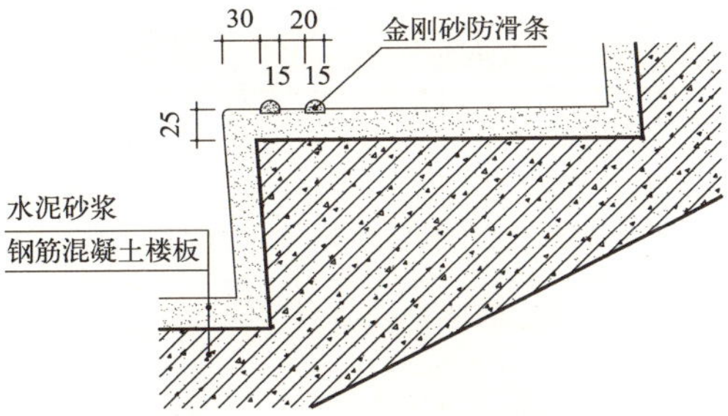

图 44　水泥踏步面防滑

图片出处：参考《内装修室内（楼）地面及其他装修构造》03J502−3. 中国计划出版社，2004.5 修改

（2）水磨石踏步面防滑：金刚砂防滑条、铜防滑条。

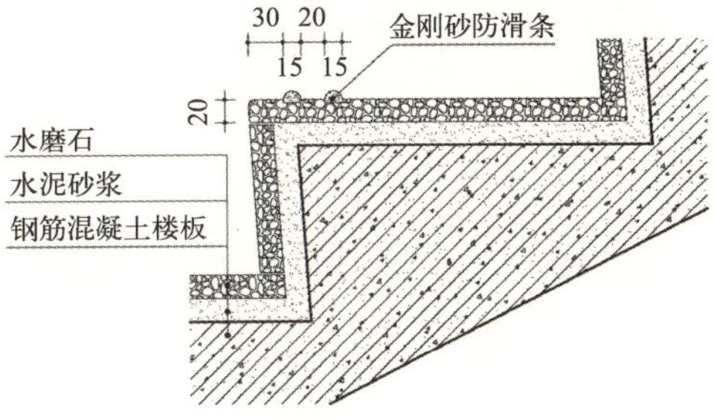

（*a*）水磨石踏步面嵌金刚砂防滑条

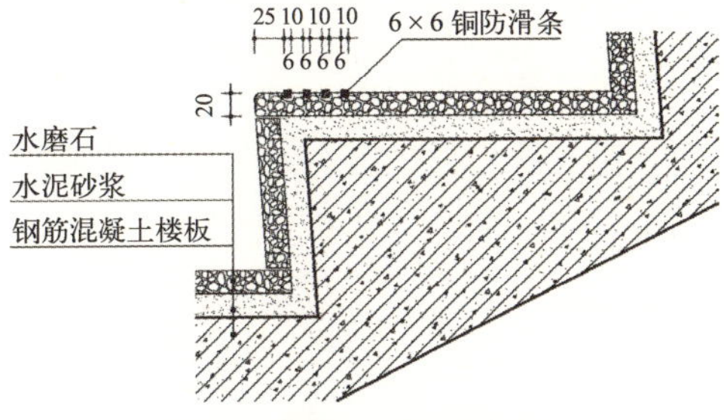

（*b*）水磨石踏步面嵌铜防滑条

图 45　水磨石踏步面防滑

（3）石板材（大理石、花岗石、水磨石、人造石）踏步面防滑：嵌防滑条、开防滑槽、烧毛。

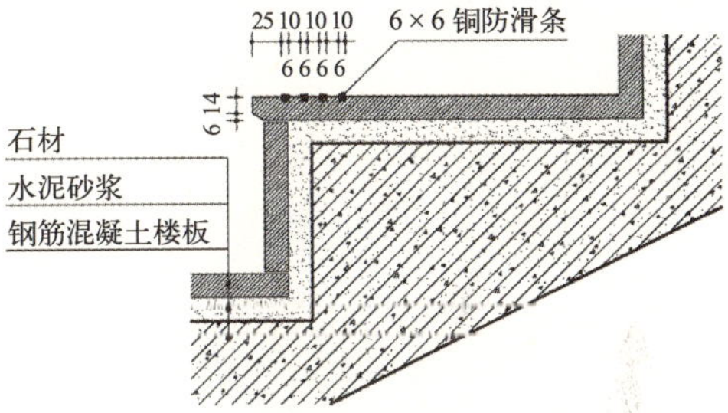

（*a*）石板材踏步面嵌铜防滑条

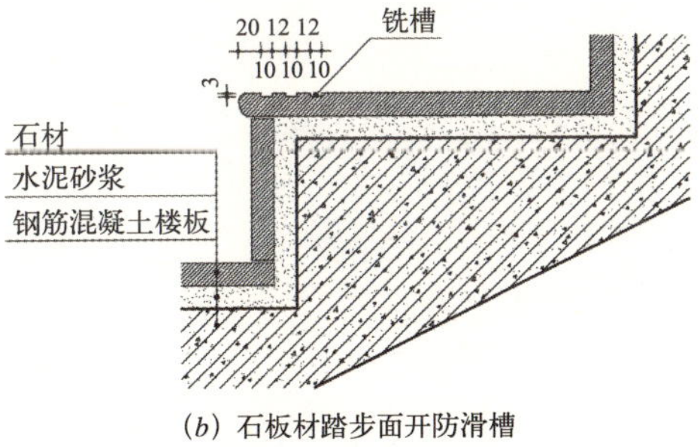

（*b*）石板材踏步面开防滑槽

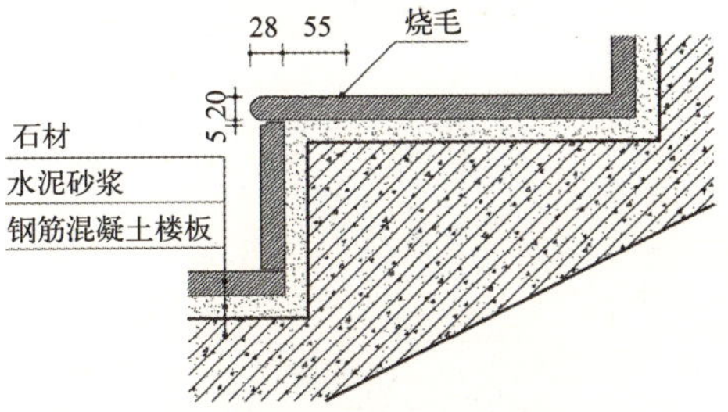

（*c*）石板材踏步面（焰）烧毛防滑

图 46　石板材踏步面防滑

图片出处：参考《内装修室内（楼）地面及其他装修构造》03J502−3. 中国计划出版社，2004.5 修改

（4）地砖踏步面防滑：防滑特型防滑砖。

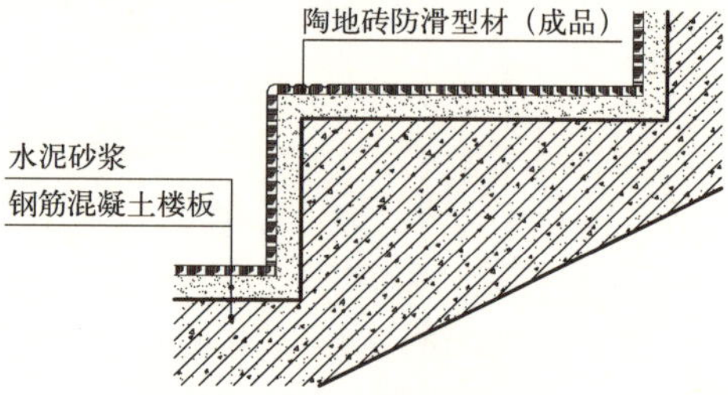

图 47　地砖踏步面防滑

（5）塑胶（PVC、橡胶、亚麻油地材）踏步面防滑：踏步面前端贴相同材料的防滑特型材、塑胶防滑条、金属防滑条。

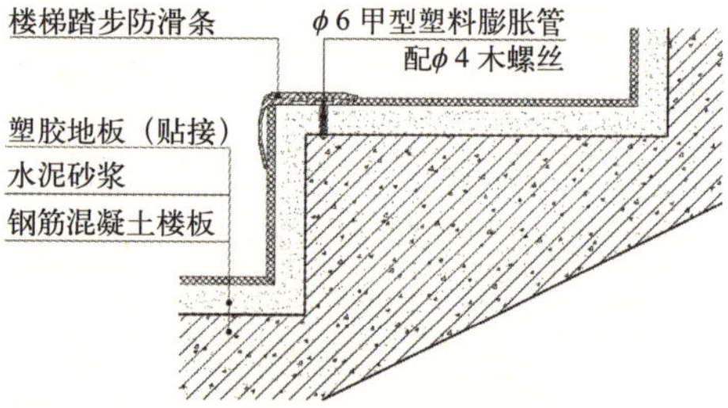

（*a*）塑胶踏步面特型防滑地材

图片出处：参考《内装修室内（楼）地面及其他装修构造》03J502-3．中国计划出版社，2004.5 修改

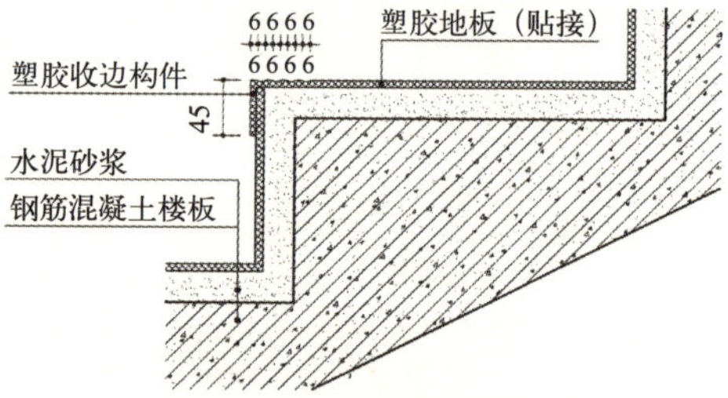

（*b*）塑胶踏步面特型防滑封边条

图 48　塑胶踏步面防滑

（6）地毯踏步面防滑：铝合金或铜防滑包角。

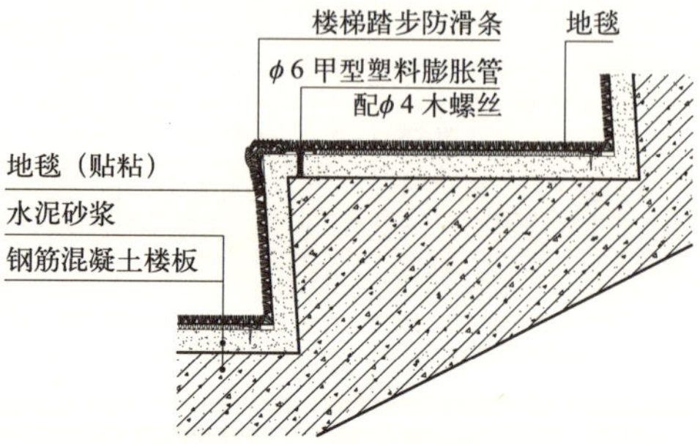

图 49　地毯踏步面防滑

图片出处：参考《内装修室内（楼）地面及其他装修构造》03J502-3．中国计划出版社，2004.5 修改

（7）木地板踏步面防滑

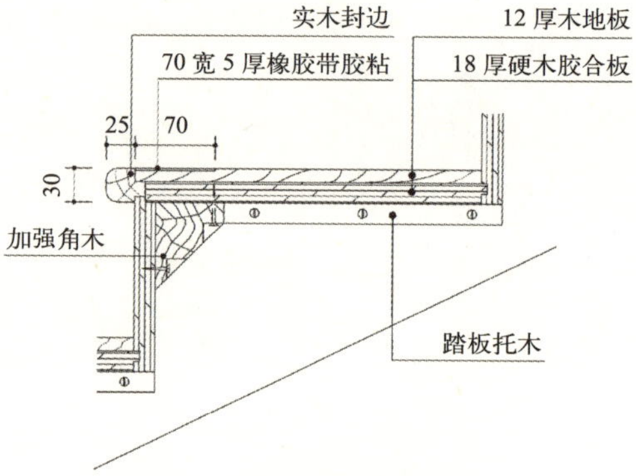

图 50　木地板踏步面防滑

（8）金属材料踏步面防滑

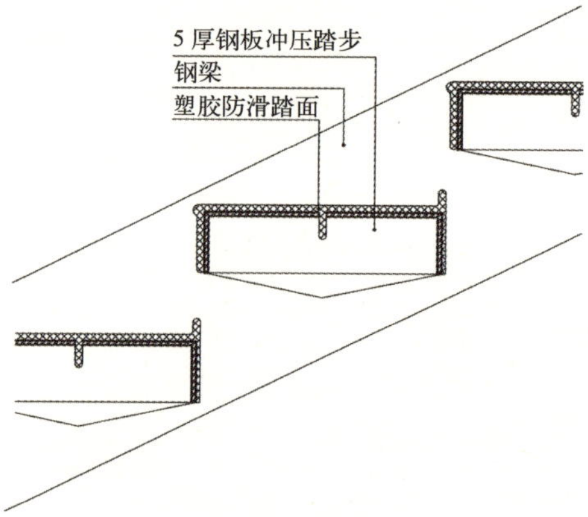

图 51　金属材料踏步面防滑

（9）玻璃踏步面防滑：贴防滑膜条、贴防滑钉。

第四节　栏杆（板）

一、栏杆（板）形式

栏杆（板）的基本形式为通透的栏杆和实体栏板。

二、栏杆（板）组成

栏杆（板）一般由立柱、栏杆或栏板、扶手三部分组成。

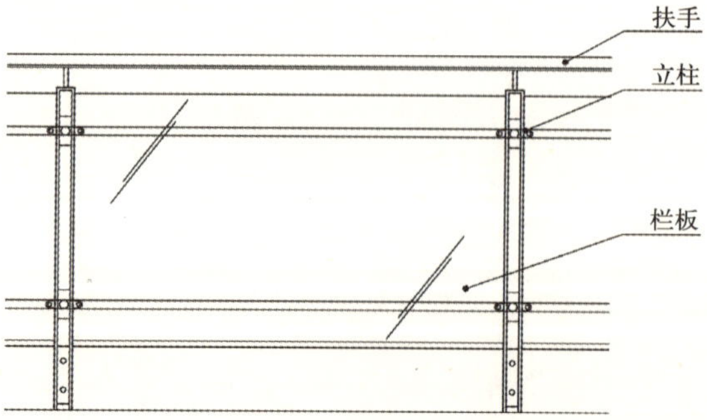

图 52　栏杆（板）的基本构成

1. 栏杆（板）立柱：立柱的固定和支撑作用。

（1）栏杆（板）立柱的固定

1）栏杆（板）立柱安装前要注意土建结构上是否设置了预埋件，如预埋件已设置，将立柱与预埋件连接最为牢固。

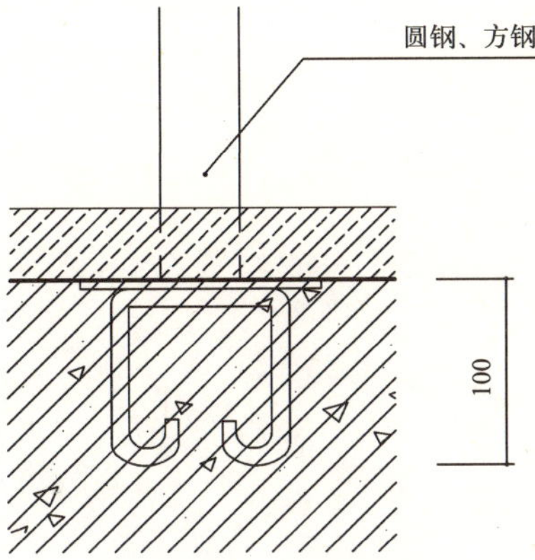

图 53　与埋件焊接固定

2）无预埋件时，可考虑采取后置式连接方式。后置式安装通常采用钢膨胀螺栓（或化学胀锚螺栓）紧固，立柱固定不得采用尼龙（塑料）胀管或射钉等方式。也可以在踏步面上打孔，用螺栓固定。

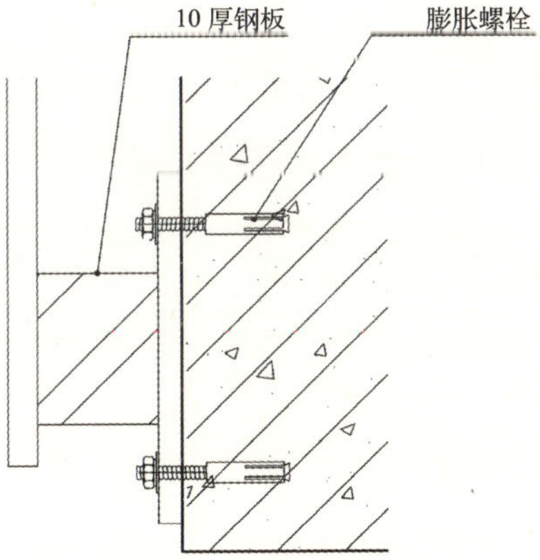

图 54　钢膨胀螺栓固定

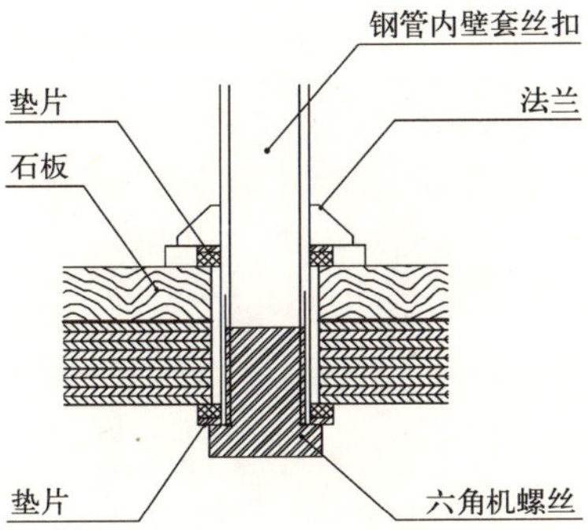

图 55　打孔机螺栓固定

3）打孔灌注植筋结构胶，将立柱锚固于结构钢筋混凝土构件中。

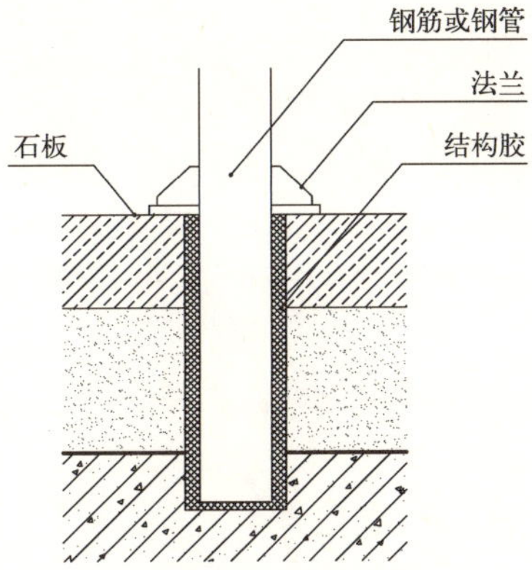

图 56　打孔用结构胶固定

4）栏杆立柱在不同材料上的固定方式见表 3。

栏杆立柱的固定方式　　表 3

基层材料	固定方式
钢筋混凝土	1. 预埋螺栓
	2. 预埋铁件或钢筋，焊接固定
	3. 预埋套管或预留孔，用插榫或螺栓固定
	4. 预留孔洞，用快凝水泥、环氧树脂或其他具有强度的固结填充料灌注
	5. 后钻孔用膨胀螺栓固定
厚的石材	6. 钻孔后用环氧树脂、快凝水泥、结构胶或其他具有强度的固结填允料灌注
	7. 钻孔后用螺栓或膨胀螺栓固定
木结构	8. 用木螺钉或螺栓固定
实心砖墙	9. 钻孔后用膨胀螺栓固定
空心砖墙	10. 钻孔，用伞形螺栓固定 11. 打孔灌注膨胀水泥，凝固后，钻孔用膨胀螺栓固定
加气混凝土墙	12. 留孔灌注混凝土，凝固后，用螺栓或膨胀螺栓固定
轻型墙体	13. 用螺钉或螺栓与加强龙骨固定
	14. 预设铁件或钢筋，焊接固定

（2）栏杆（板）的安装

1）安装在踏步（平台）面上。

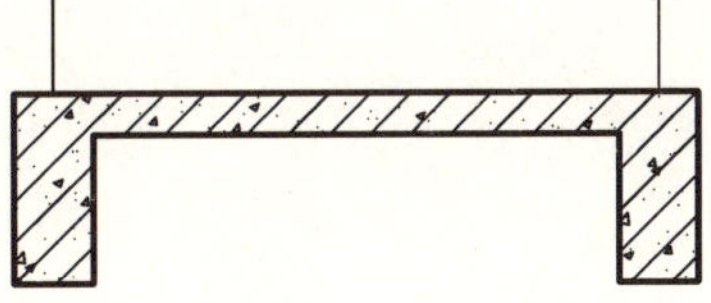

(*a*) 安装在踏步（平台）面上

2）安装在楼梯反梁上。

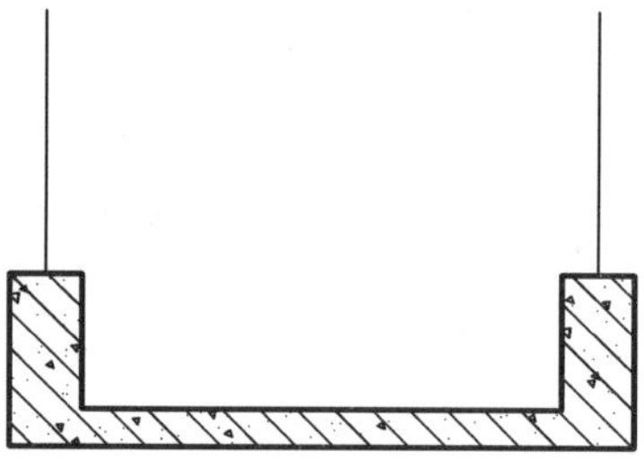

（b）安装在楼梯反梁上

3）安装在楼梯梁侧面。

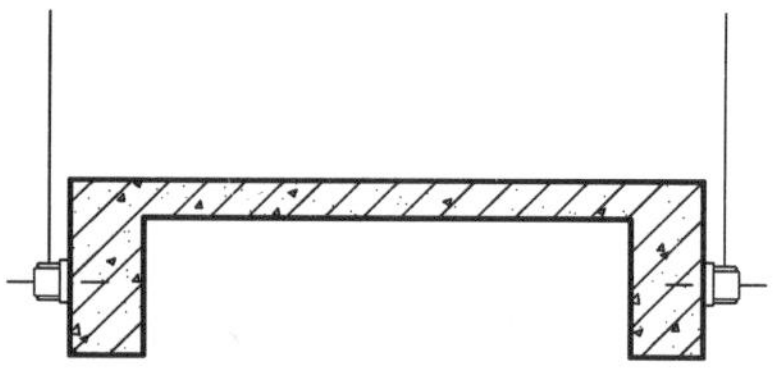

（c）安装在楼梯梁侧面上

图 57　栏板立柱的安装形式

2. 栏杆

（1）金属型材栏杆

1）金属型材栏杆：用方通、扁钢、圆钢管制作的栏杆，一般钢材焊接后挫平焊缝，涂刷防锈漆，最后饰以面漆。

a. 图案形栏杆：形式活泼多样。

（a）图案形栏杆

b. 竖向栏杆：形式严谨简洁。

（b）竖向栏杆

c. 横向栏杆：多用于政府机构、大型企业办公楼。

（c）横向栏杆

图 58　金属型材栏杆

2）不锈钢栏杆

a. 不锈钢栏杆实木扶手。

（a）不锈钢栏杆实木扶手

b. 不锈钢栏杆与扶手。

（b）不锈钢栏杆与扶手

图 59　不锈钢栏杆

（2）钢索栏杆。

图 60　钢索栏杆

图片出处：饶良修，《中国室内设计年刊》

（3）实木栏杆。

图 61　实木栏杆

3. 实体栏板

（1）金属筛板栏板。

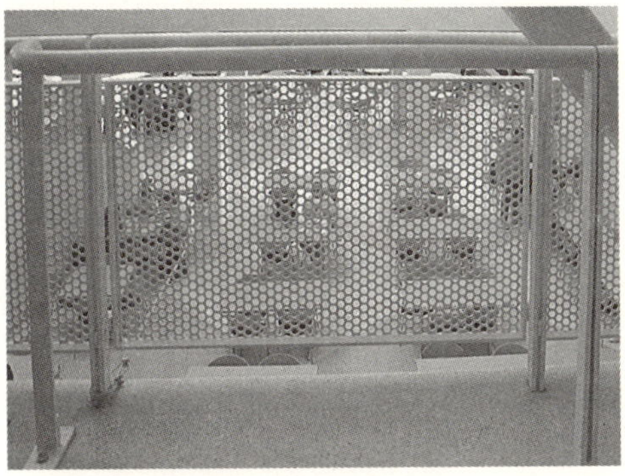

图 62　金属筛板栏板

（2）钢筋混凝土栏板。

图 63　钢筋混凝土栏板与石材饰面木扶手

（3）安全玻璃栏板。

1）玻璃栏板不锈钢立柱与不锈钢扶手。

图 64　玻璃栏板不锈钢立柱与不锈钢扶手

2）玻璃栏板实木立柱与实木扶手。

图 65　玻璃栏板实木立柱与实木扶手

3）玻璃栏板不锈钢立柱与实木扶手。

图 66　玻璃栏板不锈钢立柱与实木扶手

4）玻璃栏板与石扶手。

图 67　玻璃栏板与石扶手

（4）其他材料栏板。

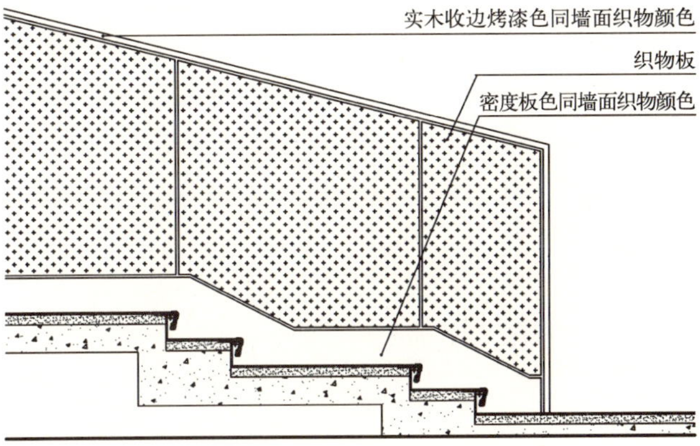

图 68　木扶手与软装饰栏板

4. 扶手

（1）起步的扶手

起步处扶手与踏步的关系有三种：扶手在踏步前收头、扶手与踏步平齐和扶手在踏步上收头。

1）踏步前收头。

优点：美观。

2）与踏步平齐。

3）踏步上收头。

优点：加工容易。

（a）踏步前收头　（b）与踏步平齐　（c）踏步上收头

图 69　扶手收头

（2）扶手收头

扶手的收头一般有三种类型：一是沿扶手方向直接收头，二是以水平方向收头，三是向下以垂直方向收头。

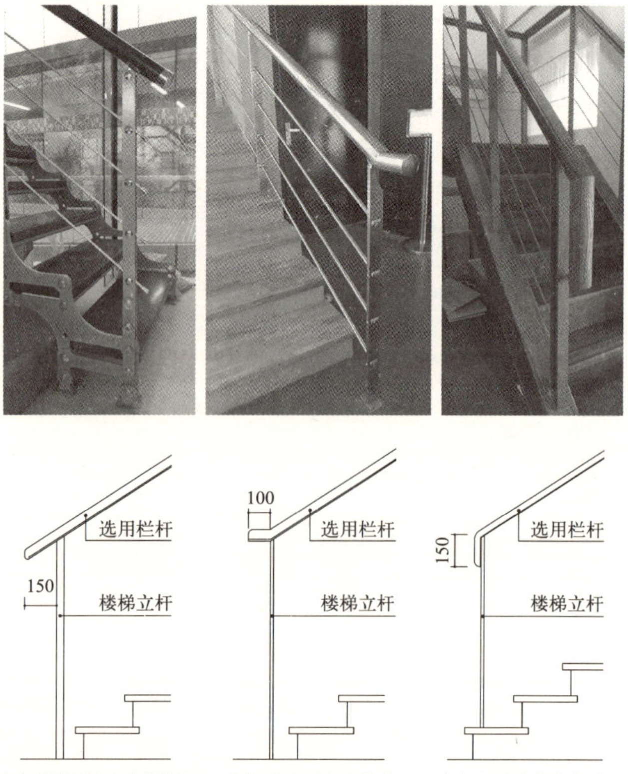

（a）沿扶手方向直接收头　（b）以水平方向收头　（c）以垂直方向收头

图 70　扶手收头

（3）扶手的位置

扶手的位置是指扶手与立柱的关系，一般分为三种：扶手在立柱上、扶手在立柱侧面及双扶手。

（a）扶手在立柱上　（b）扶手在立柱侧面　（c）双扶手

图 71　扶手位置

（4）首层起步处栏杆加强做法

楼梯首层踏步处扶手刚度最弱，所以需在此处设置加强做法。

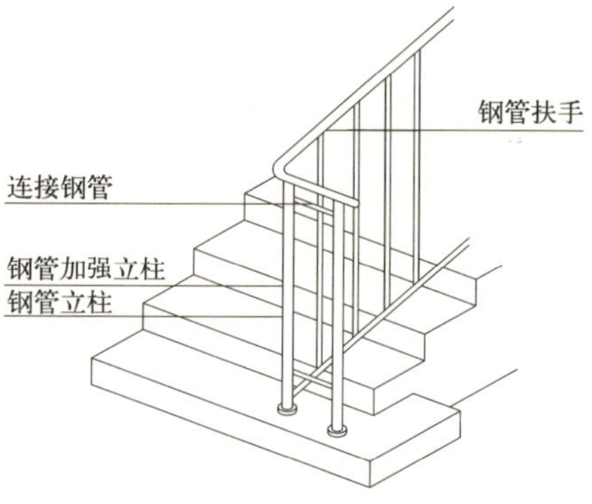

图 72　首层起步处栏杆加强做法

图片出处：参考《楼梯 栏杆 栏板（一）》06J403-1. 中国计划出版社，2006.12 重绘

（5）梯段到顶后与休息平台栏杆的交接

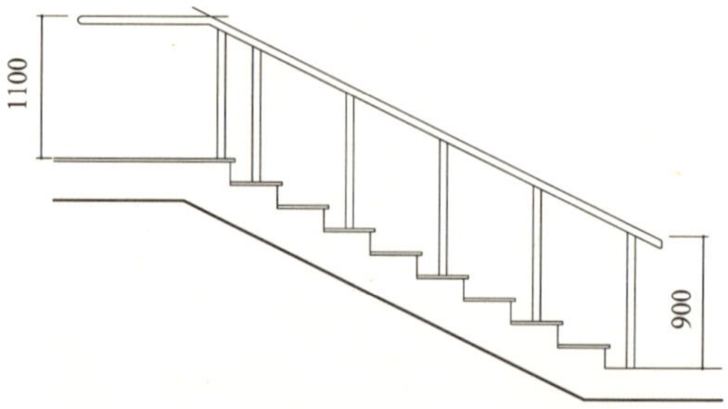

图 73　梯段到顶后与休息平台栏杆的交接

（6）楼梯休息平台转弯处扶手的构造

1）上下梯段平齐。

2）上下梯段错步。

3）扶手处理。

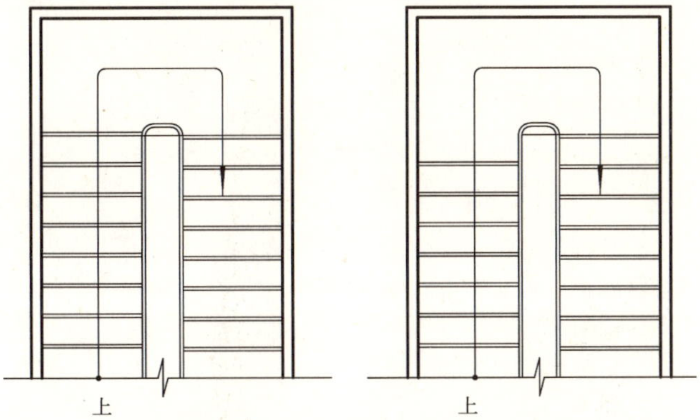

（*a*）上下梯段平齐　　（*b*）上下梯段差一步

图 74　楼梯休息平台处理

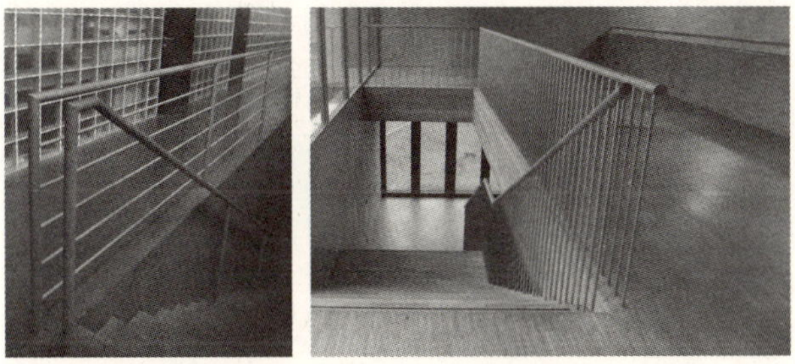

图 75　楼梯休息平台转弯处

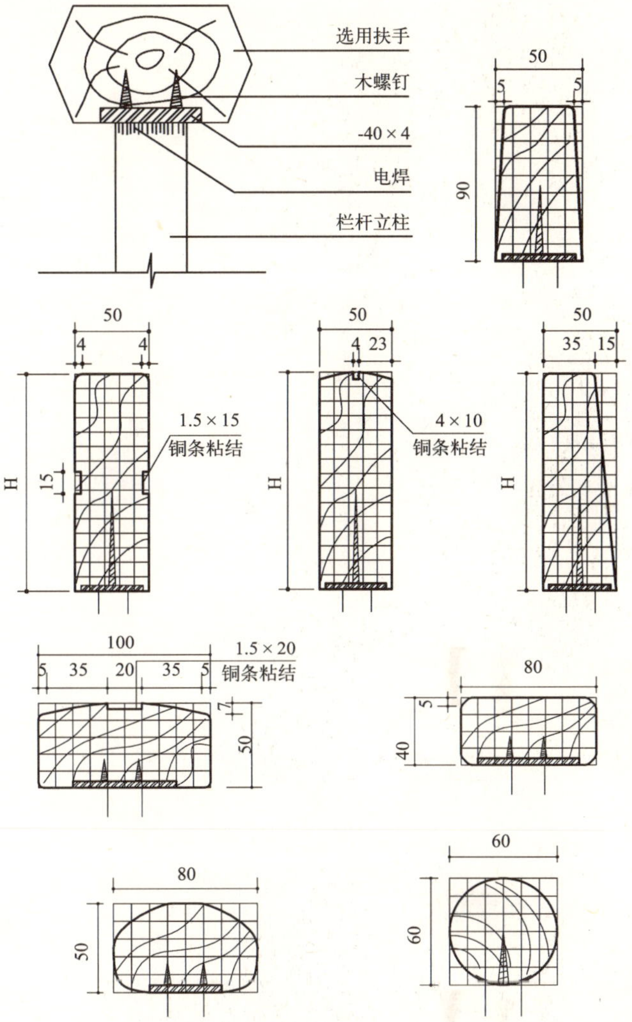

图 76　木扶手

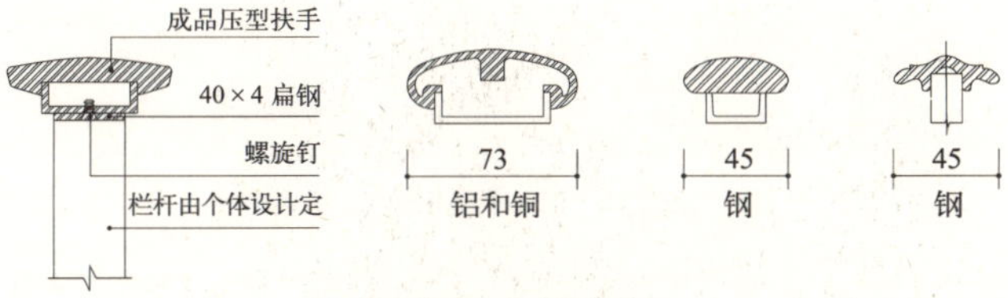

图 77　金属扶手

图片出处：参考《内装修室内（楼）地面及其他装修构造》03J502—3．中国计划出版社，2004.5 修改

（7）扶手用材

制作扶手的材料很多，一般手感较好的有木质的、塑胶的，而坚固耐久便于清洁耐气候的扶手经常选择金属材料制作。

扶手的断面与构造，圆形以直径 40 ～ 75mm 为宜。其他形状断面顶端宽度宜小于 90mm，靠墙扶手与墙面之间净距应大于 40mm。

1）木扶手

木扶手的倒角半径 *R* 除特别注明外一般均为 10mm，60mm 高的扶手用 30mm 长的木螺钉；100mm 高的用 50mm 长木螺钉，150mm 高的用 60mm 长木螺钉，需交叉固定，每步 2 个。

2）金属扶手

图 77 所示为典型的压型铝、铜及轧钢扶手的端面截面图，这类金属扶手多数可以固定于槽钢或平板上，用木螺钉从下安装固定。钢管扶手端头需封口。

3）塑料扶手

塑料扶手安装过程中，端部堵头的做法、转弯处理和对焊方法，均按生产厂家的安装说明书施工，如无配套说明的可参照以下做法：

a. 塑料扶手安装时先将扶手一侧勾住栏杆扁铁，用喷灯将另一侧均匀加热软化后卡于扁铁上。

b. 塑料扶手转弯时按图切割缺口，用喷灯加热转弯成型后，再用塑料粘结剂粘接或用塑料焊条焊接。

塑料扶手安装过程中必须保持产品原有的色泽质量，转弯接口处必须吻合，表面处理要求平直光洁。

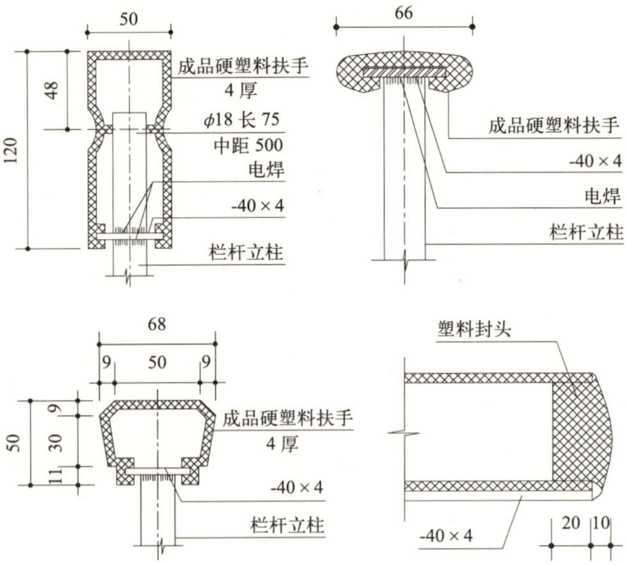

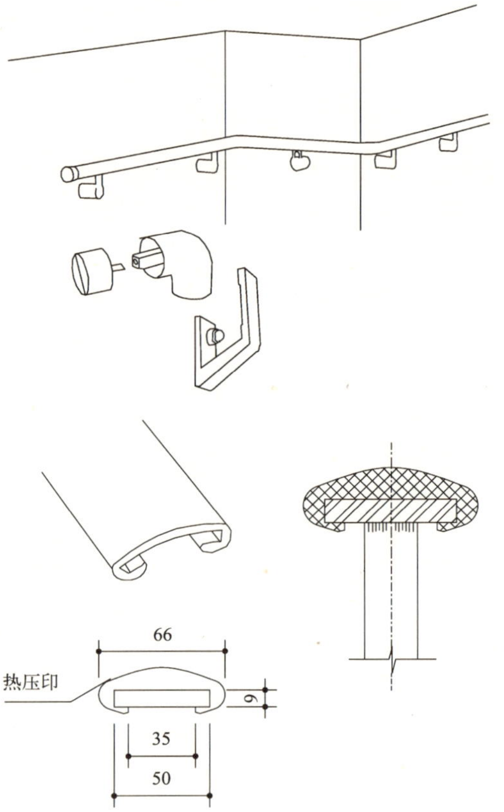

图 78　塑料扶手

（8）扶手结构

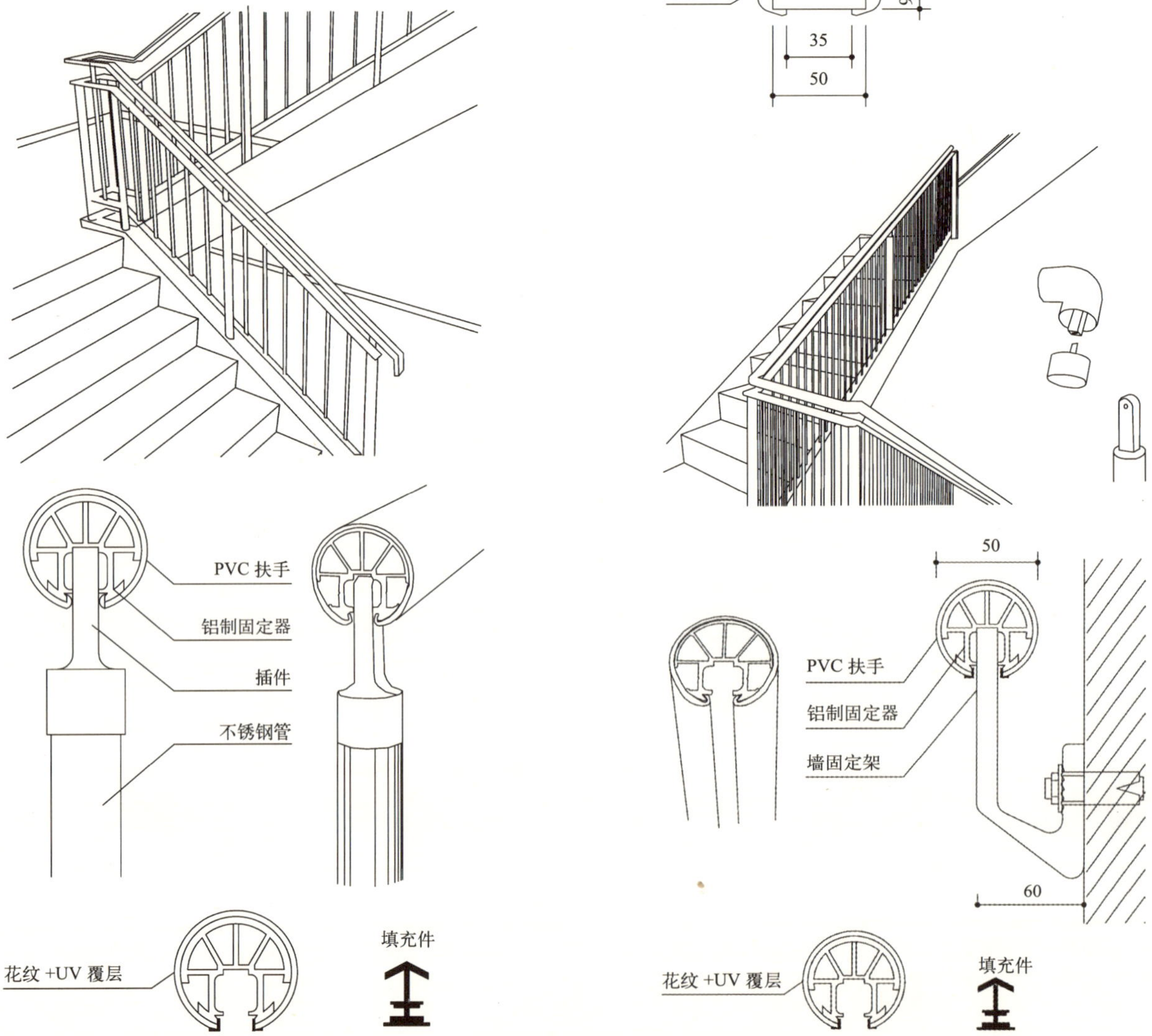

图 79　扶手结构

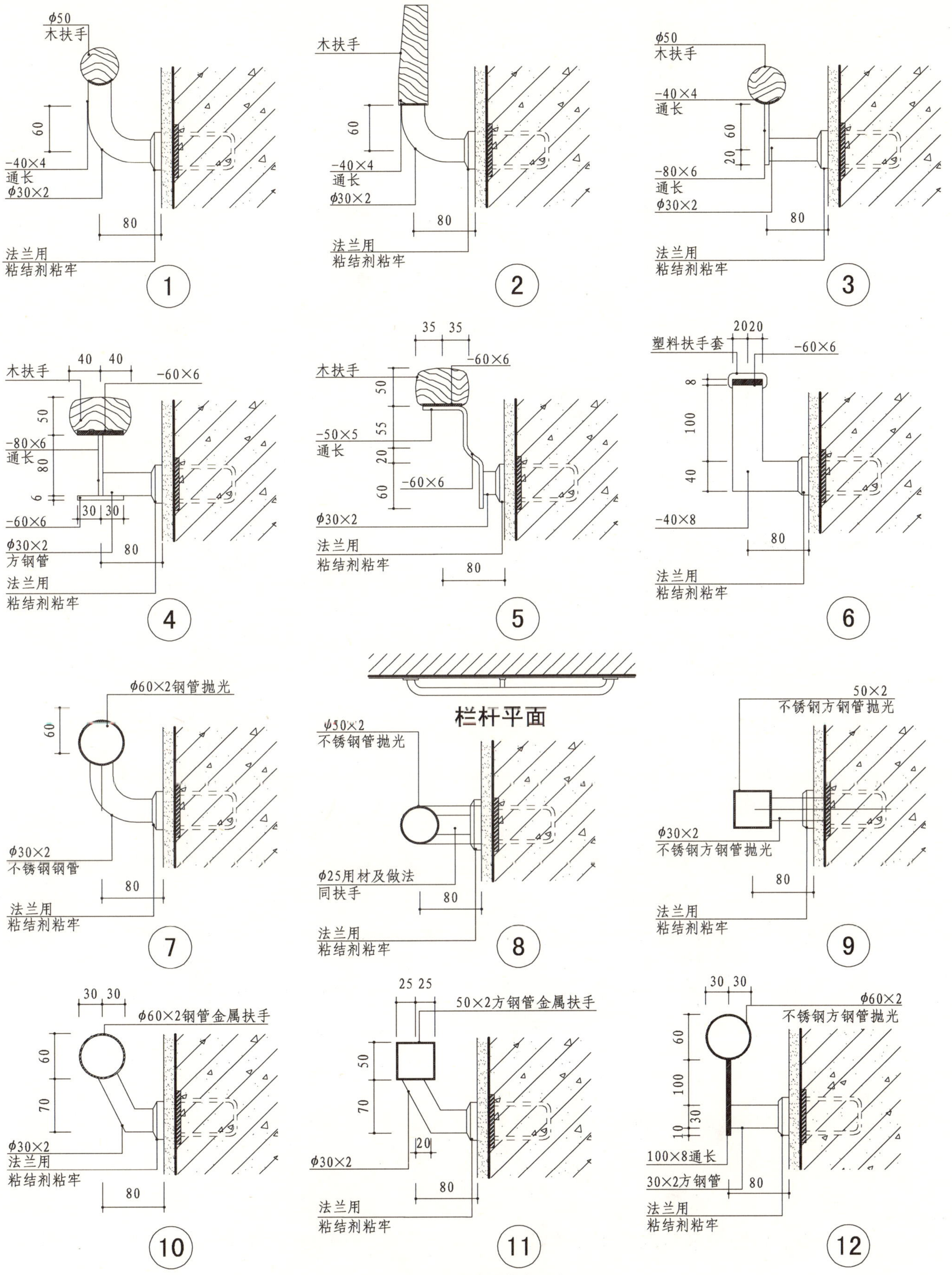

图 80　靠墙扶手基本形式

图片出处：参考《楼梯 栏杆 栏板（一）》06J403-1. 中国计划出版社，2006.12 重绘

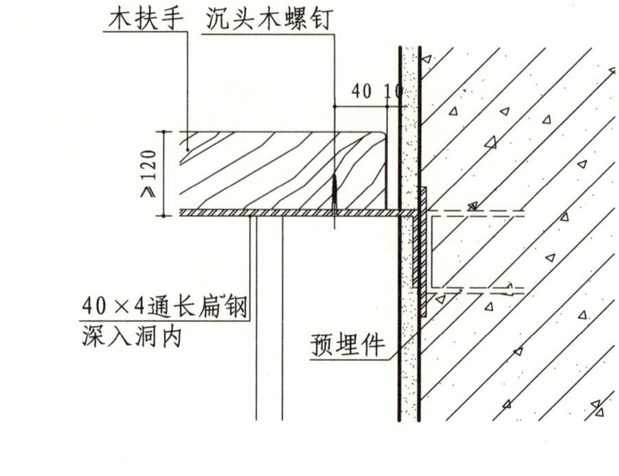

① 木扶手与混凝土墙连接

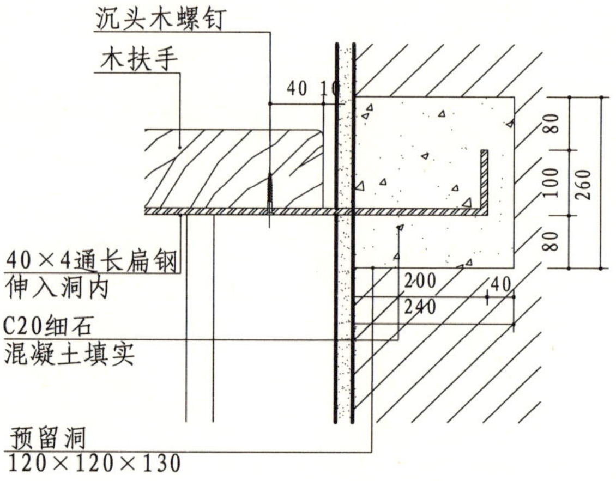

② 木扶手与砖墙连接

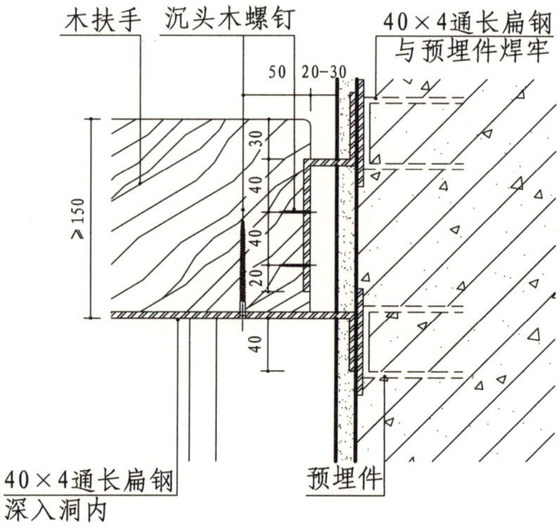

③ 木扶手与混凝土墙连接

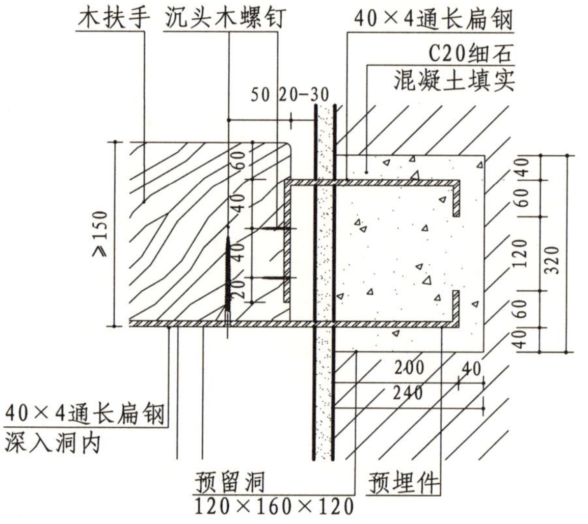

④ 木扶手与砖墙连接

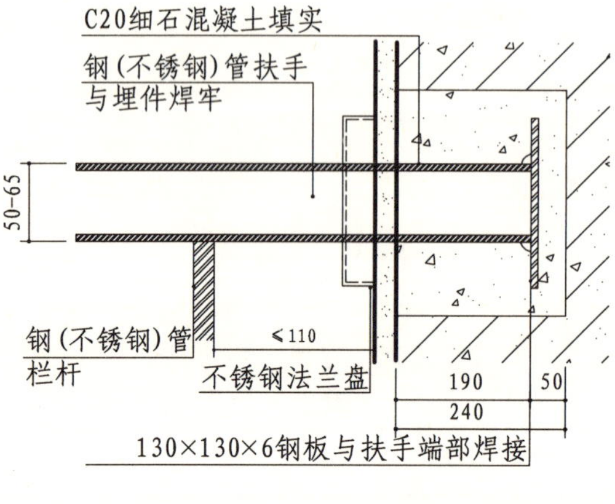

⑤ 金属扶手与混凝土墙连接

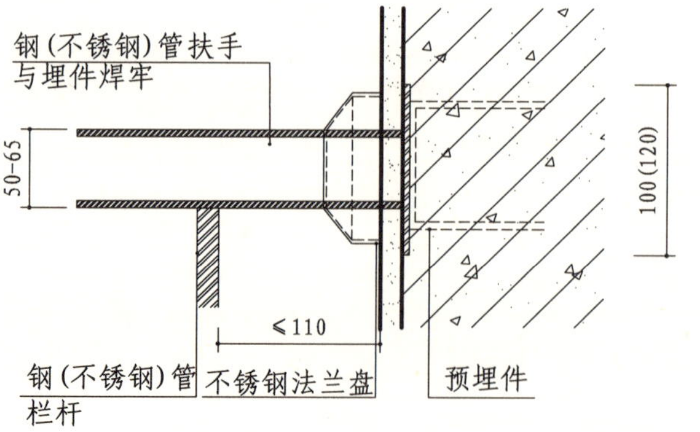

⑥ 金属扶手与混凝土墙连接

图 81　扶手末端与墙、柱连接

图片出处：①⑤⑥参考《楼梯 栏杆 栏板（一）》06J403−1. 中国计划出版社，2006.12 修改

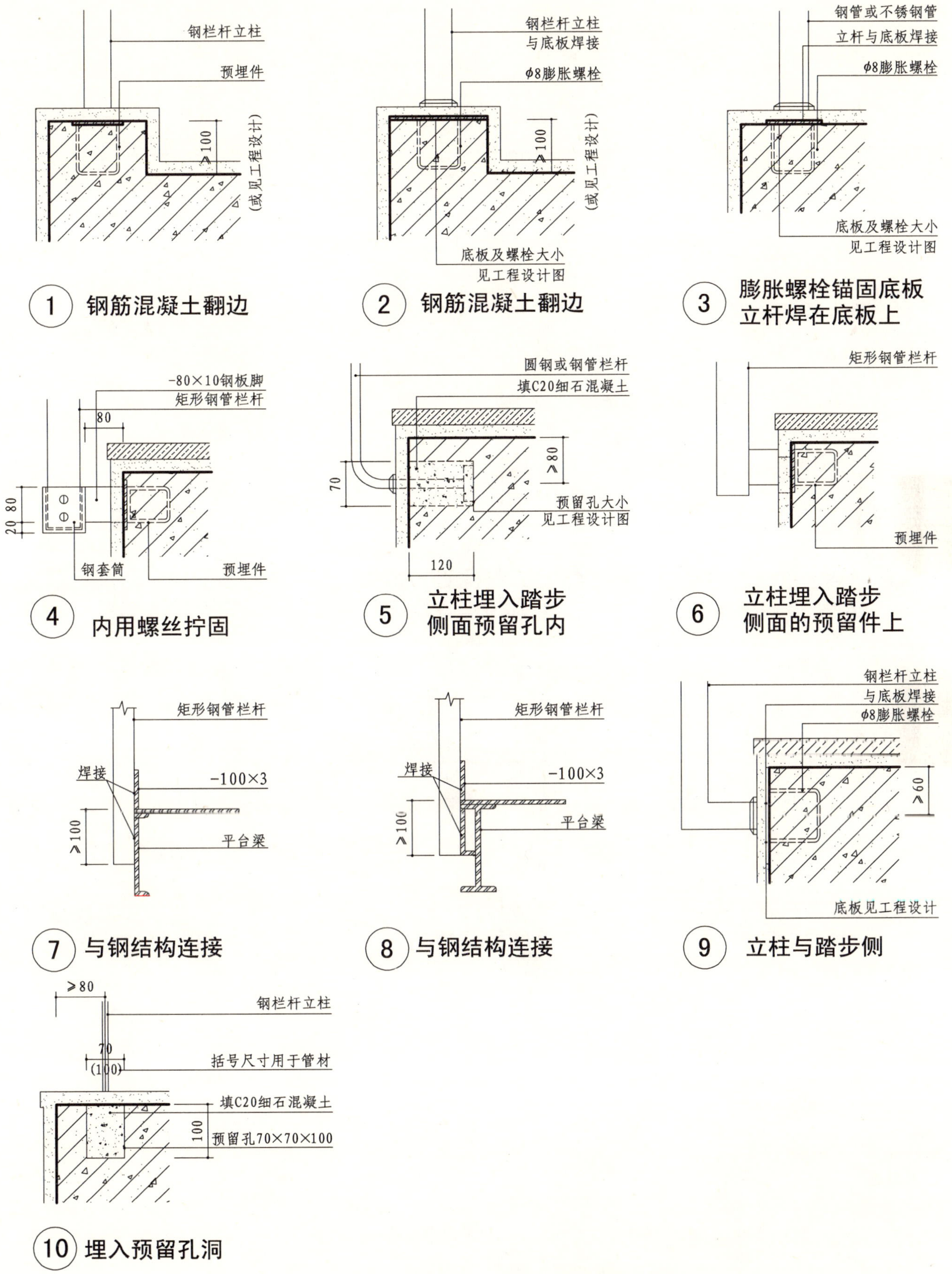

图 82　楼梯栏杆、平台栏杆固定详图

图片出处：参考《楼梯 栏杆 栏板（一）》06J403-1. 中国计划出版社，2006.12 修改

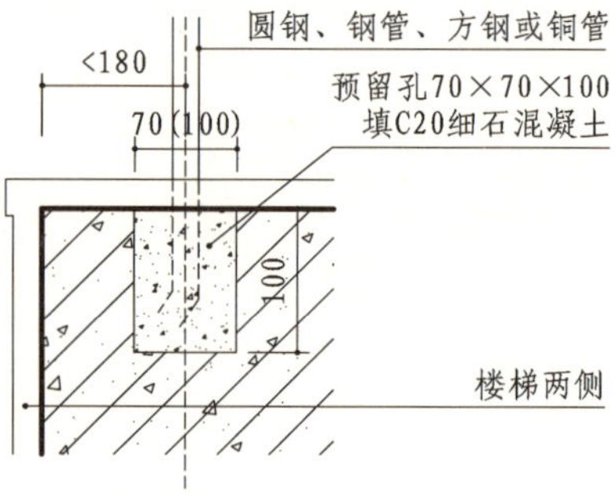

1 埋入预留孔洞

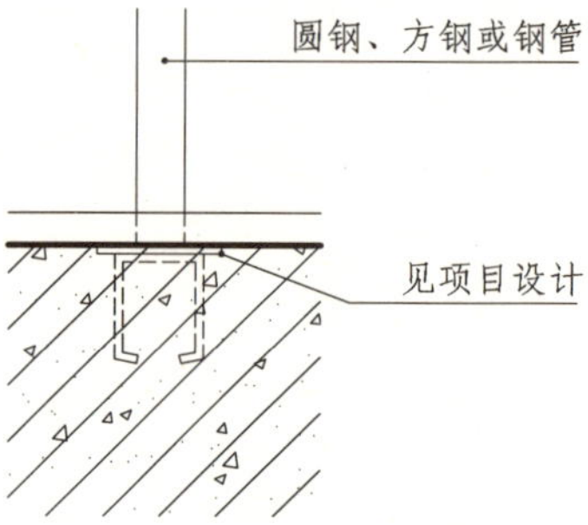

2 与预埋铁件焊接

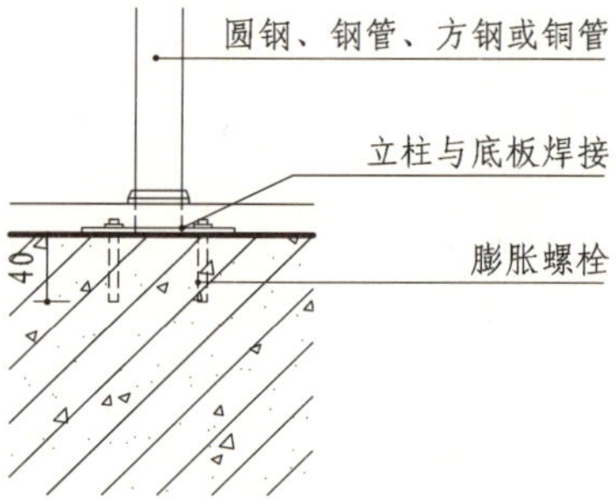

3 膨胀螺栓锚固底板
立杆焊在底板上

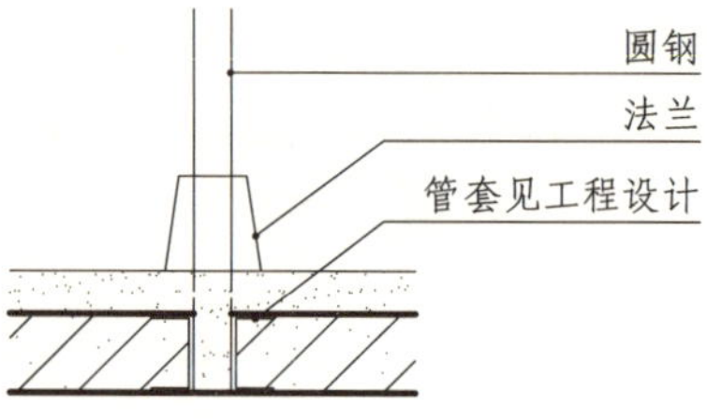

4 立柱底板与套管焊接
（适用于预制板楼梯）

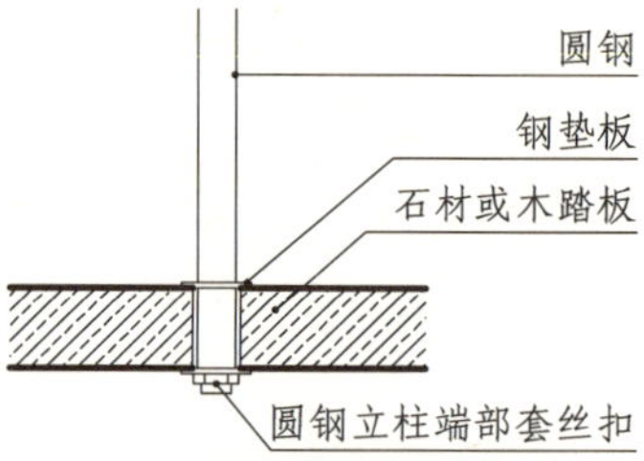

5 立柱穿过预留
孔用落幕拧固

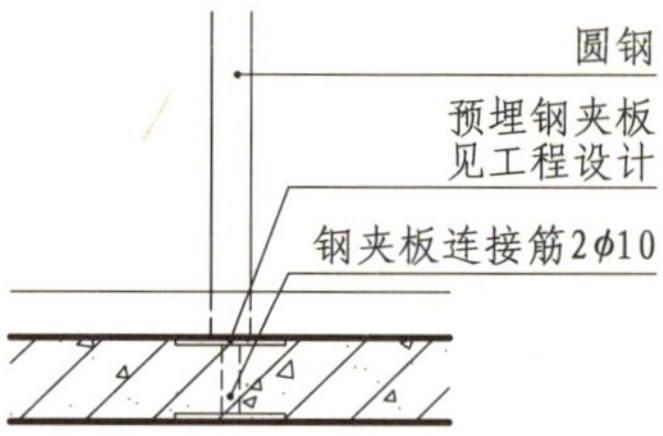

6 立柱与预埋夹板焊接

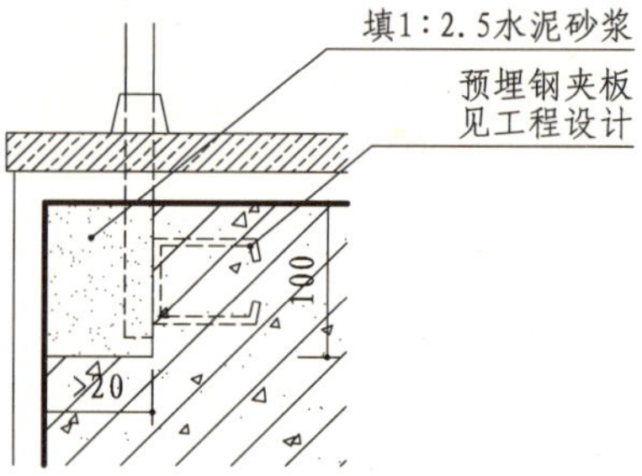

7 立柱固定在侧
面预留的凹口

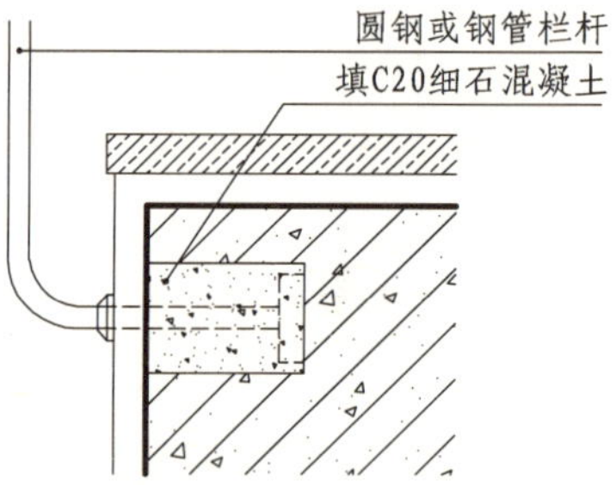

8 立柱埋入踏步
侧面预留孔内

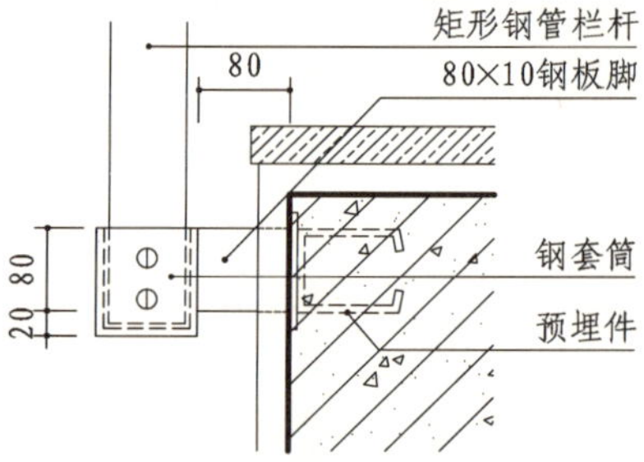

9 立柱插入钢套筒
内用螺丝拧固

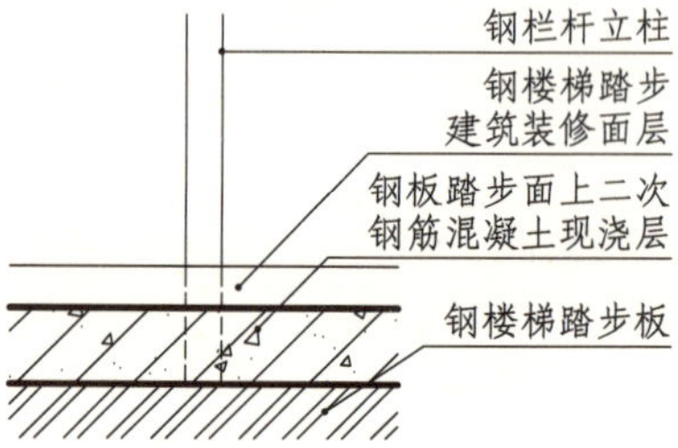

10 立柱与钢楼梯
踏步板的焊接

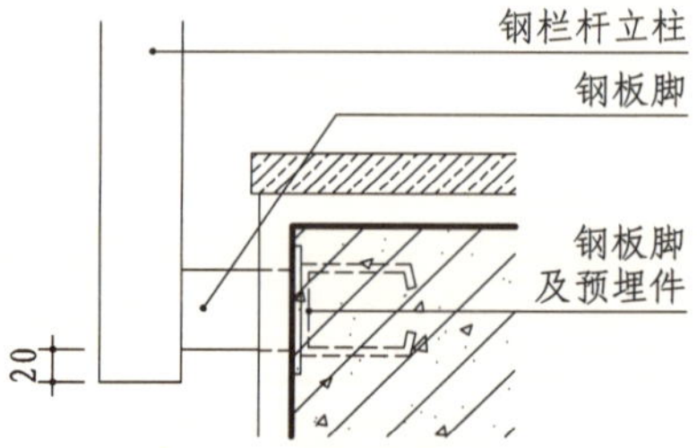

11 立杆焊在踏步
侧面的预埋件

图 83　楼梯栏杆与踏步的连接

三、栏杆（板）一般规定

1. 栏杆（板）的水平荷载：其水平荷载应符合《建筑结构荷载规范》（GB50009-2001）（2006 年版）的规定，栏杆（板）顶部水平荷载应按下列规定采用：

（1）住宅、宿舍、办公楼、旅馆、医院、托儿所、幼儿园，栏杆（板）顶部水平荷载应取 0.5kN/m。

（2）学校、食堂、剧场、电影院、车站、礼堂、展览馆或体育场，栏杆（板）顶部水平荷载应取 1.0kN/m。应注意：当采用荷载为准永久荷载时，可不考虑施工和检修荷载及水平栏杆（板）荷载。

2. 栏杆（板）形式的规定：公共建筑楼梯栏杆（特别是住宅、学校及有儿童活动场所）宜用竖向栏杆，栏杆净距≤ 110mm，不宜选用易攀登的横向分格栏杆，以免儿童攀登发生危险。

3. 玻璃栏板使用限定：公共建筑人流活动集中的场所、疏散楼梯、长度较长的平台、悬空廊道护栏不宜采用无立柱全玻璃栏板。立柱应采用带钢、钢管、方通或其他钢型材制作。

4. 起步处楼梯栏杆（板）处理：起步处楼梯栏杆必须有加强措施，保证楼梯起步梯段栏杆的侧向稳定。

5. 水平栏杆与墙的交接：楼梯水平栏杆与墙交接处，当为住宅、学校、托幼建筑时，应与墙连接固定牢固。

6. 非实体栏杆与地面之间不宜留空：宜做 100mm 高度的翻边，以防清扫时渣土或其他物体坠落。

7. 寒冷、严寒地区和高层建筑阳台宜采用实体栏板。

四、栏杆（板）高度规定

栏杆（板）高度应符合表 4 的规定。

栏杆（板）高度（单位 mm）　　表 4

类别	栏杆（板）高度
室内楼梯斜梯段	1000
室外楼梯斜梯段	1100
幼儿扶手	600
六层以下建筑阳台	应不低于 1050
六层以上建筑阳台	应不低于 1100
高层建筑阳台	应不高于 1200
低层、多层建筑上人屋面（女儿墙）	应不小于 1050
高层建筑上人屋面（女儿墙）	1100 ～ 1200
公共建筑低窗台防护栏	从窗台面起应不小于 800
住宅低窗台防护栏	从窗台面起应不小于 900

注：栏杆（板）高度是从地面至栏杆（板）扶手顶部的垂直高度。如底部有可踩踏部位时，应从可踩踏面开始计算。

五、栏杆（板）施工要求

1. 栏杆（板）各部位做法均应符合我国现行施工质量验收规范的有关规定。

2. 楼梯栏杆（板）属装饰性建筑配件，施工中应严格按照图纸要求施工，确保尺寸准确，加工精细。

3. 楼梯栏杆在施工安装中要注意定位准确，为避免土建施工的偏差，应以现场实测数据为准，栏杆扶手在拐弯处的定位要保证扶手能流畅转折。复杂栏杆施工前要绘制施工放样详图。

4. 楼梯栏杆（板）技术要求

（1）木质栏杆（板）

1）用材要充分干燥，其含水率应不大于 15%。

2）用材的外观要求：中、高档标准扶手及栏杆不允许含有结疤，一般标准扶手允许有少量结疤，但应用同种木材进行填补粘牢。

3）木活油漆：由个体工程选定。

（2）金属栏杆（板）

1）金属栏杆（板）外观要求：凡用型钢制作的栏杆（板）部件，其直线部位要求平直。曲线部位应流畅通顺，花型一致。采用钢板制作的部件，应保持边角整齐，切割部位须锉平磨光，不得有切割痕迹。采用不锈钢板制作的栏杆，表面应用铣床铣平，棱角挺直。要求加工尺寸精确，表面光洁。

2）栏杆（板）金属件焊接：型钢露明焊缝应均匀饱满，并锉平打磨抛光。不锈钢管焊缝处的打磨抛光必须严格按照有关操作工艺从粗到细逐步打磨，最后抛光，表面处理一致。不锈钢采用氩弧焊，焊接时应注意焊件厚度大致相同。镀钛不锈钢管的接头不宜采用焊接。

3）金属件的表面处理：型钢表面刷油漆前均应彻底除锈，并刷防锈漆。表面油漆品种和颜色由个体设计决定。如需喷氟碳涂料，应做好基层的酸洗磷化或镀锌处理，以确保漆膜光亮和避免漆面剥落。

4）金属栏杆（板）的金属管材的管壁厚：金属管材的管壁厚度以图中注明的为准，若图中未注明的非受力杆件，宜满足表 5 的要求：

金属管材栏杆杆件的管壁厚度（单位 mm）表 5

部位 \ 材料	不锈钢钢管
栏 杆（非受力）	≥ 1.0
扶 手	≥ 1.5

注：不锈钢管不应选用壁厚 <1.2mm 的卷管。
表格出处：参考《楼梯 栏杆 栏板（一）》06J403—1．中国计划出版社，2006.12

（3）玻璃栏板

1）玻璃栏板易受到人体冲击，因此采用的玻璃必须是安全玻璃，即钢化玻璃和夹层（胶）玻璃。对于临空、无立柱、易受撞击部位和人流较多部位的要慎用玻璃栏板。玻璃栏板应采用安全性要求更高的钢化夹层（胶）玻璃。

2）玻璃栏板所有外露边缘均要求磨边倒角抛光。需用螺栓固定的玻璃栏板要预先留孔，孔径要大于固定螺栓直径，在孔口与螺栓之间最好有护套，避免螺栓与玻璃直接接触。

3）针对具体工程，玻璃栏板选用何种建筑玻璃，玻璃的品种、规格尺寸、厚度，还应依据相关规范标准，通过计算比较稳妥。一般情况下，根据国家《建筑装饰装修工程质量验收规范》(GB50210-2001）的要求，栏板所用安全玻璃的厚度不得小于 12mm。玻璃的安装尺寸要符合《建筑玻璃应用技术规程》(JGJ113-2009）中的规定中最小安装尺寸，详见表 6。

玻璃最小安装尺寸（单位 mm） 表 6

玻璃厚度	12	15	19	25
嵌入深度	12	12	15	18
边缘空隙	5	8	10	10

表格出处：参考《楼梯 栏杆 栏板（一）》06J403—1．中国计划出版社，2006.12

4）玻璃栏板安装前应检查各种钢配件是否牢固，钢板卡槽是否平整，然后清除槽口内所有杂物、砂粒，铺垫弹性材料。在灌注玻璃密封胶前，应将注胶处槽口和玻璃擦干净，灌注后要保证胶缝的厚度符合要求，一般要≥ 3.5mm。

5. 栏杆（板）的做法

（1）栏杆（板）部品集成：现代建筑装修大部分楼梯栏杆（板）各部件、配件，都采用工业制成品。一些特殊造型的栏杆（板）也都是在工厂制作，现场装配安装的。这种做法使楼梯栏杆（板）的施工周期大大缩短，质量大大提高，但要求栏杆（板）在施工前必须先到现场进行精细测量放线，对土建施工偏差大的部位进行调整。

1）钢栏杆（板）饰面做法

a. 钢栏杆（板）饰面室内宜喷塑、室外宜油漆；

b. 不锈钢栏杆（板）表面通常的做法有：发纹、镜面抛光、亚光（喷砂）；

c. 木栏杆（板）及扶手饰面宜油漆，一般用清漆或色漆(混油),具体做法可参见《工程做法》(05J909)。

6. 扶手：楼梯扶手应沿梯段及休息平台的周边设置，扶手断面形式应便于手握。

（1）扶手高度

扶手的高度是以人的手臂所画圆弧与前方下一个踏步中点的垂线交点来确定的。栏杆扶手高度指从踏步面中心点至扶手上表面的垂直距离。扶手高度应满足有关规范要求，详见表 7。

楼梯栏杆（板）扶手高度规定（单位 mm）表 7

类 别	楼梯梯段扶手	平台扶手
室内楼梯	≥ 900	1050（学校 1100）
室外楼梯	≥ 1100	1100
户内楼梯	≥ 900	—
幼儿楼梯	≤ 600（靠墙扶手）	—

注：表中所注楼梯栏杆（板）扶手高度，自踏步前缘线量起至扶手上皮的垂线高。

（2）栏杆扶手材料及饰面做法

详见表 8。

主要栏杆（板）扶手材料及饰面做法 表 8

栏杆、扶手	饰面做法及要求
钢 管	油漆、喷塑、烤漆
不锈钢	抛光(亚光、镜面)、拉丝、镀钛
铸铁、锻铁	油漆
安全玻璃	钢化、夹胶玻璃
木	油漆

表格出处：参考《楼梯 栏杆 栏板（一）》06J403—1．中国计划出版社，2006.12 修改

①金属扶手：金属扶手表面应光滑流畅，色泽均匀一致，各部位接头处焊口应结合密实，焊口表面平整光洁，色泽同连接件一致，扶手转折处圆顺光滑，栏杆排列均匀有序。对于需要接长的钢扶手，连接对焊时宜附加内衬钢套管。扶手的安装坡度与梯段坡度应保持一致。

②木扶手：加工容易，质感亲切。

a. 木扶手应选用优质硬木，并选用同一树种的木材加工，其含水率一般为 8% ~ 18%。

b. 木扶手安装前，应先检查固定木扶手的扁钢是否平直牢固，并按要求间距预先钻好固定木螺丝的小孔，刷防锈漆后再由下向上进行安装，木螺钉要拧紧，钉头不宜外露，螺钉间距应符合要求。

c. 扶手过长需拼接时，要用专用开榫机开指接榫，加胶固定，但每一梯段的榫接头不应多于 1 个。拼接后的木扶手要平顺光滑。

d. 安装完成后的木扶手表面应平顺光滑，拐角方正，线角槽深一致，木纹接近，线条清晰，栏杆（板）与扶手的金属连接件无外露，相同的栏杆（板）花饰尺寸要一致。

③塑胶扶手：有多种成品供应，大多用于不太重要的场所。

④石材扶手：用于个性化高档装修，需用专用设备加工，价格昂贵。

第二章　工程实例

本章主要介绍一些工程实例，包括实例照片、工程做法、构造详图等内容。按照楼梯栏杆、栏板、组合栏杆（板）顺序进行排列。其中，栏杆有金属栏杆、木栏杆；栏板有玻璃栏板、实体栏板；组合栏杆（板）则以工业部品为主，由工厂加工，现场直接组合安装。

第一节　栏杆

一、金属栏杆（板）

1. 荷载取值

根据《建筑结构荷载规范》（GB50009-2001）中对栏杆顶部水平荷载要求，各类栏杆水平荷载标准值为：一类栏杆：用于学校、食堂、剧场、电影院、车站、礼堂、展览馆或体育场，应取 1.0kN/m。二类栏杆：用于住宅、宿舍、办公楼、旅馆、医院、托儿所、幼儿园，应取 0.5kN/m。

2. 材料

（1）栏杆立柱：Q235 钢或 HPB235 钢筋；Q345 钢或 HRB335 钢筋；

埋件钢板：Q235 钢

锚　　筋：Φ—HPB235，—HRB335（不得用冷加工钢筋）

焊　　条：当立柱材质为 Q235（HPB235）时用 E430 型。

当立柱材质为 Q345 时用 E50 型。

（2）钢构件表面装修：

1）各种钢构件在油漆前应彻底除锈，除锈等级不低于 sf2 级。

2）钢构件表面油漆作法可根据装修标准和设计要求在工程设计图中注明。

（3）各类金属构件表面应光滑，平直，无毛刺。安装后不应有歪斜，扭曲，变形等缺陷。

（4）钢板制作的装饰件应保持边角整齐，切割部位须锉平磨光，不得留有切割痕迹和毛刺。

（5）各种机加工件，要求尺寸精确，表面光洁。

3. 施工要求

（1）预埋件钢板与锚筋为 T 形接头，采用埋弧压力焊，其制作及检验应符合“钢筋焊接及验收规程”。

（2）栏杆立柱与预埋件采用手工电弧焊，周圈或双面满焊。

（3）栏杆立柱与预埋件连接端截面应铣平，焊接完成后应涂防腐漆两道。

（4）金属管材的管壁厚度以图中注明的为准，若图中未注明的非受力杆件宜满足如下要求：

单位（mm）

材料 / 部位	不锈钢、钢管
栏杆（非受力）	≥ 1.0mm
扶手	≥ 1.5mm

注：不锈钢管不应选用壁厚 <1.2mm 的卷管。

（5）楼梯栏杆在施工安装中要注意定位准确，为避免土建施工的偏差，应以现场测数据为准，栏杆扶手在拐弯处的定位要保证扶手能流畅转折。栏杆施工前要绘制施工放样详图。

（6）选用预埋件安装的栏杆，安装前要注意土建结构上是否设置了正确的预埋件，否则要考虑采取补救措施。

（7）栏杆、立柱固定主要以与预埋件连接为主，对于无预埋件的立柱，固定时不得采用尼龙（塑料）胀管螺栓和射钉等方式。

（8）金属管材间焊接应牢固，焊缝要均匀饱满，所有焊缝均应打磨抛光，不锈钢管焊缝处的打磨抛光必须严格按照有关操作工艺从粗到细逐步打磨，最后抛光。镀钛不锈钢管的接头不宜采用焊接。

(9) 钢栏杆面层做法：室内宜喷塑、室外宜油漆；具体做法详见 88J1-1《工程做法》K6 ~ K7（金属面油漆）。

(10) 立柱栏杆法兰的选用，要尽量与立柱材料一致。图集中有几种法兰盘的式样供参考，法兰盘一般用建筑胶粘剂粘结固定。

(11) 栏杆和扶手的构件尺寸应加工准确，安装牢固可靠位置符合设计要求。

(12) 金属扶手表面应光滑流畅，色泽均匀一致，各部位接头处焊口应结合密实，焊口表面平整光洁，色泽同连接件一致，扶手转折处圆顺光滑，栏杆排列均匀有序。对于需要接长的钢扶手，连接对焊时宜附加内衬钢套管。扶手的安装坡度与梯段坡度应保持一致。

二、木栏杆

1. 木构件要求

(1) 木扶手应选用优质硬木，并选用同一树种的木材加工，其含水率一般为 8% ~ 18%。

(2) 木扶手安装前，应先检查固定木扶手的扁钢是否平直牢固，并按要求间距预先钻好固定木螺丝小孔，刷防锈漆后再由下向上进行安装，木螺钉要拧紧，钉头不宜外露，螺钉间距应符合要求。

(3) 扶手过长需拼接时，要用专用开榫机开手指榫，加胶固定，但每一梯段的榫接头不应多于 1 个。拼接后的木扶手要平顺光滑。

(4) 安装完成后的木扶手表面应平顺光滑，拐角方向，线角槽深一致，木纹接近，线条清晰，栏杆（板）与扶手的金属连接件无外露，相同的栏杆（板）花饰尺寸要一致。

(5) 木活油漆，可根据装修标准和设计要求参考表 1 选用。

2. 木材表面装修做法

木材表面装修做法 表 1

涂料名称	各层涂料名称及涂刷遍数		成品颜色	适用范围
	底漆	面漆		
醇酸调和漆	1. 底油一道 2. 腻子刮平打磨	3. 调和漆二道	各色	低中级装修室内
		3. 调和漆三道	各色	
		3. 调和漆三道，磨退出亮	各色	
		3. 调和漆四道，磨退出亮	各色	
醇酸清漆	1. 刷底油 2. 腻子刮平打磨 3. 刷油色	4. 清漆二道	木底色	高级装修室内外
		4. 清漆四道 磨退出亮	木底色	
过氯乙烯磁漆	1. 过氯乙烯清漆一道 2. 腻子刮平打磨 3. 刷油色	4. 过氯乙烯磁漆四道	各色	高级装修室内外
过氯乙烯清漆	1. 过氯乙烯清漆一道 2. 腻子刮平打磨 3. 刷油色	4. 过氯乙烯清漆四道	各色	高级装修室内外
聚酯漆	1. 聚酯底漆一道 2. 腻子刮平打磨	3. 聚酯磁漆二道	各色	高级装修室内外
乙烯基酯漆	1. 乙烯基酯底漆一道 2. 腻子刮平打磨	3. 乙烯基酯磁漆二道	各色	高级装修室内外

三、实例照片（P_{35} ~ P_{42}）

四、工程实例（P_{43} ~ P_{103}）

右上角图片出处：参考 Silvio San Pietro & Paola Gallo *Stairs Scale* Edizioni L'Archivolto，2001.

3 LA
1 LAD
B1

某地铁站楼梯栏杆

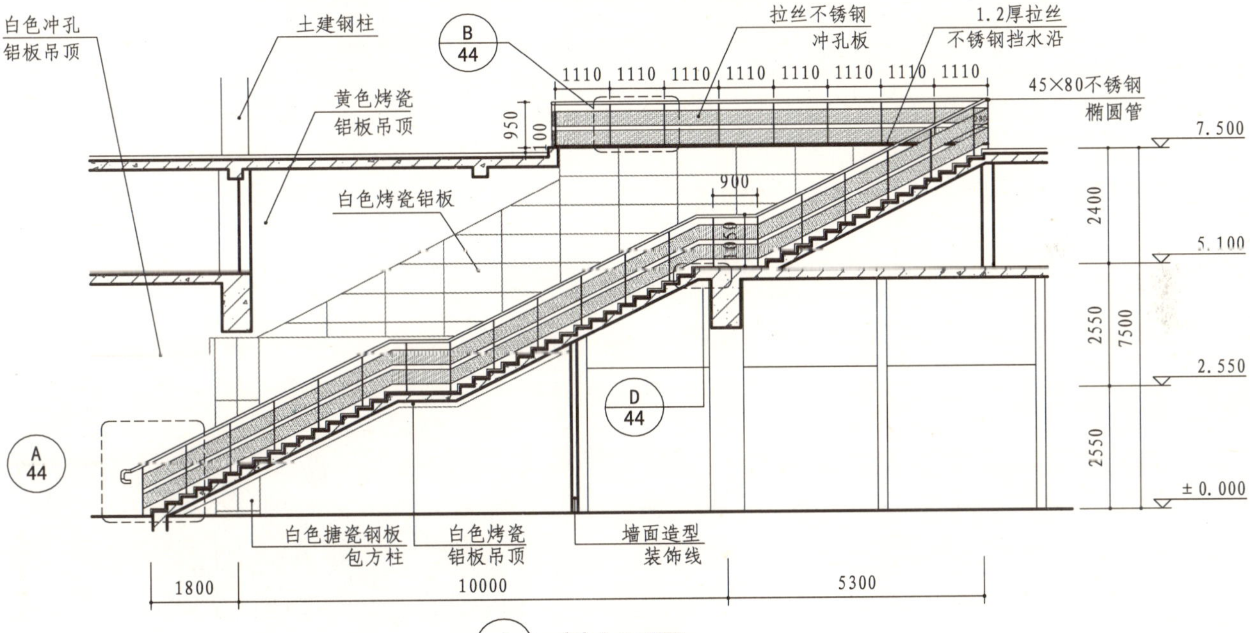

① 剖立面图

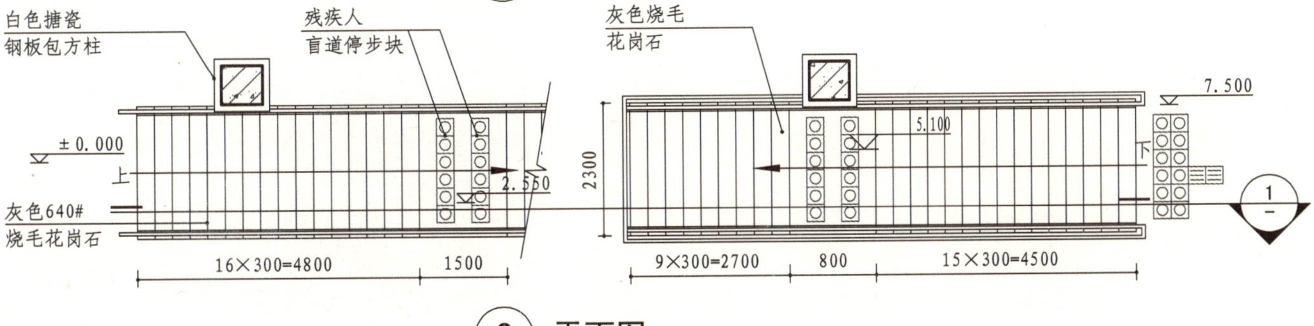

② 平面图

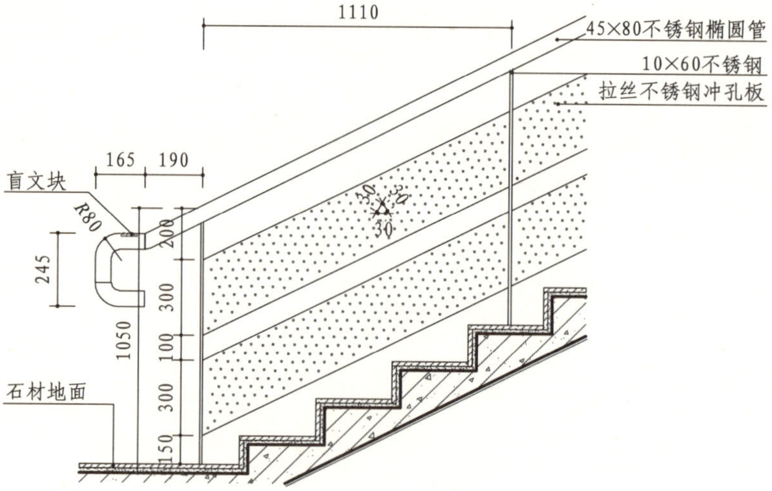

Ⓐ 楼梯栏杆大样图

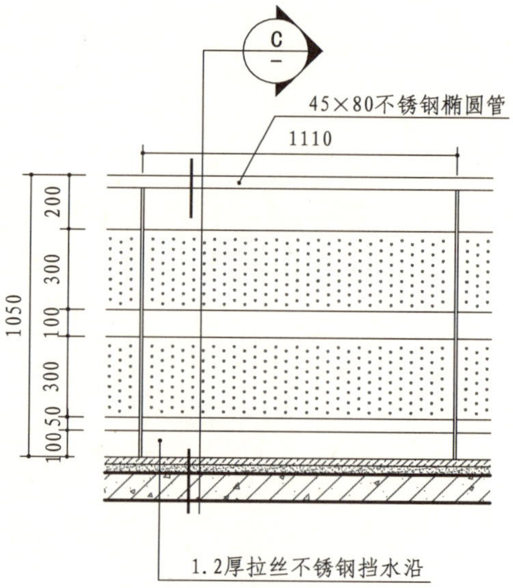

Ⓑ 楼梯栏杆大样图

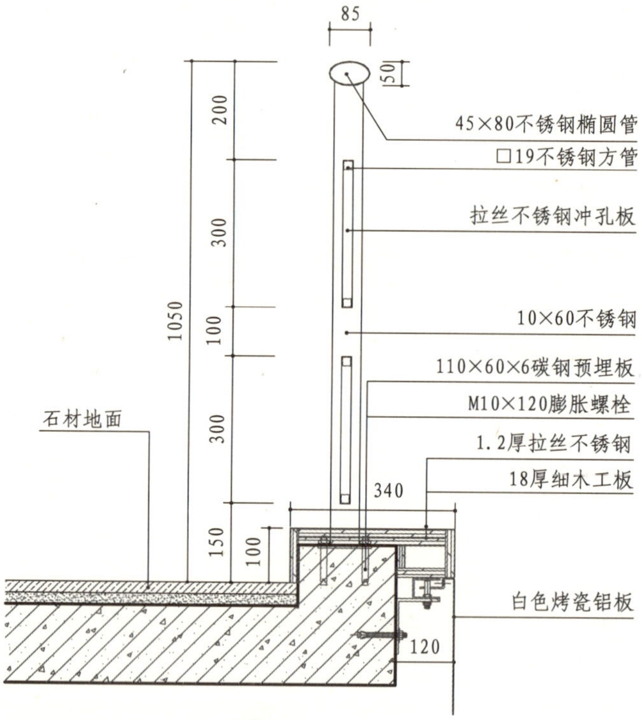

Ⓒ

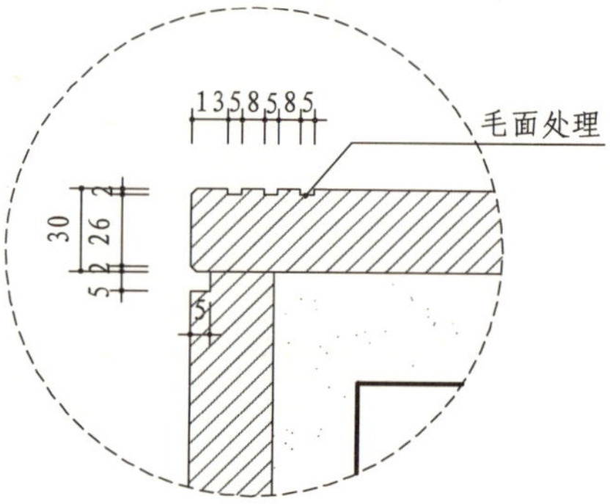

Ⓔ

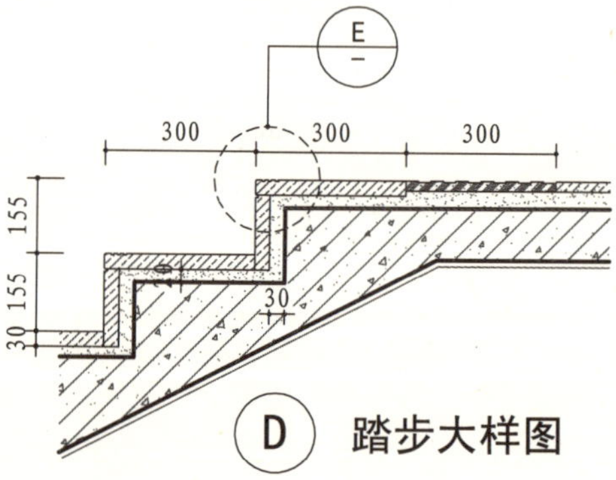

Ⓓ 踏步大样图

某地铁站栏杆

某地铁站楼梯栏杆

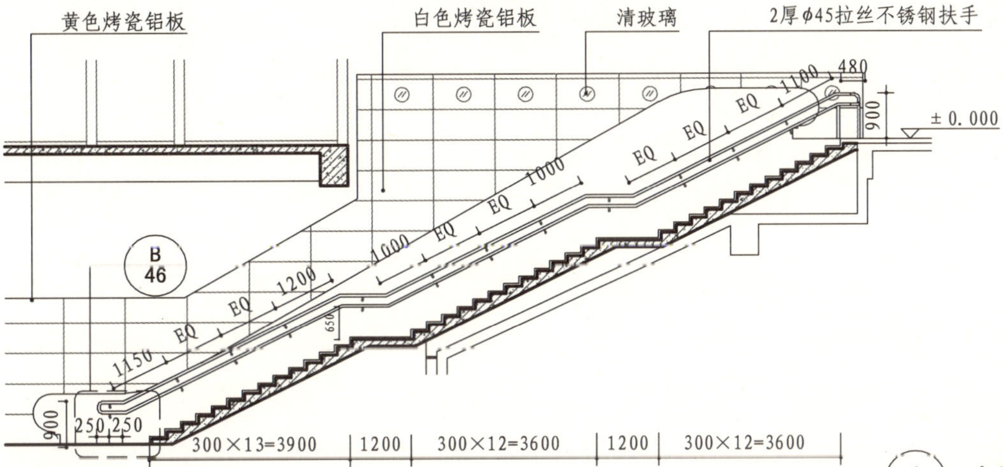

① 立面图一

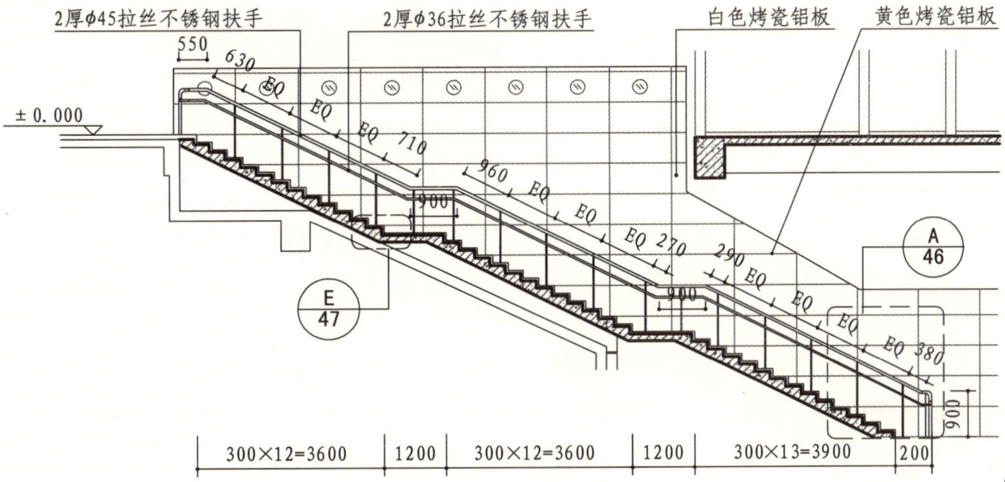

② 立面图二

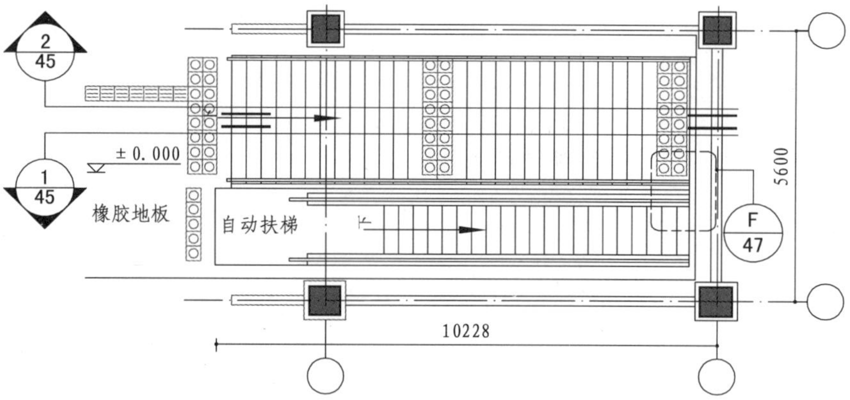

3 平面图

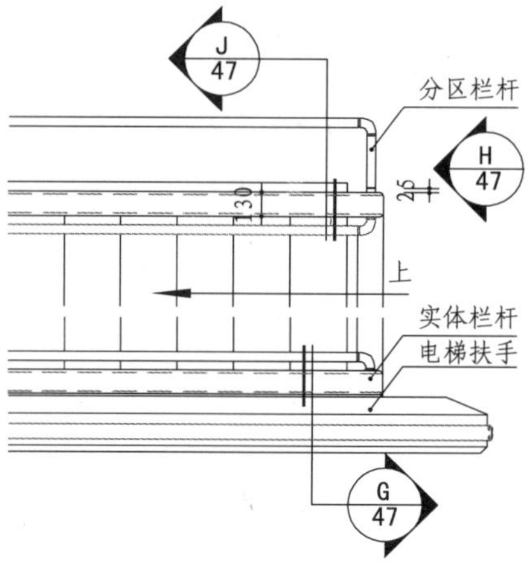

5 楼梯踢段大样图

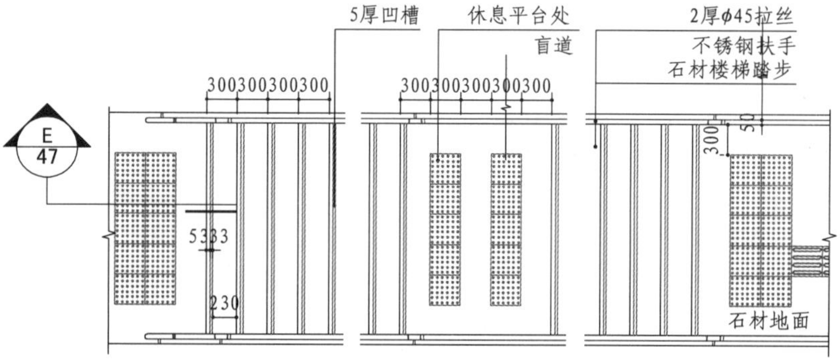

4 楼梯踢段大样图

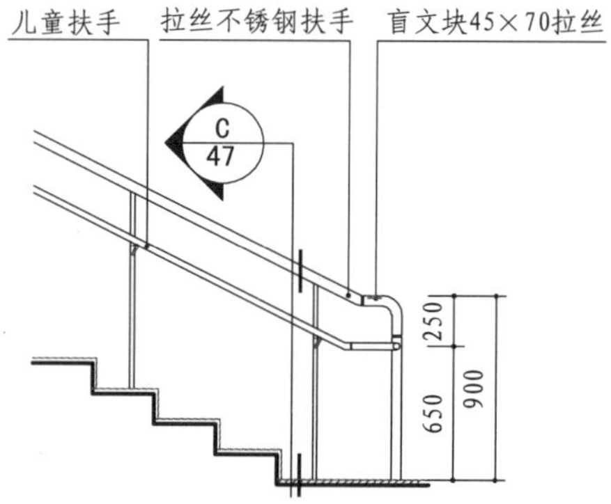

A 楼梯栏杆大样图

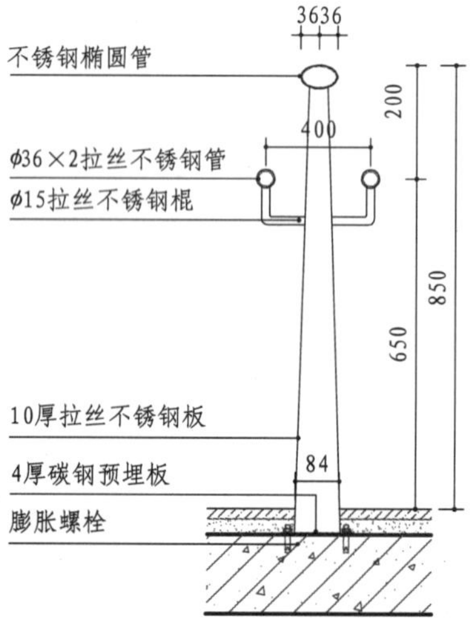

C 楼梯栏杆大样图

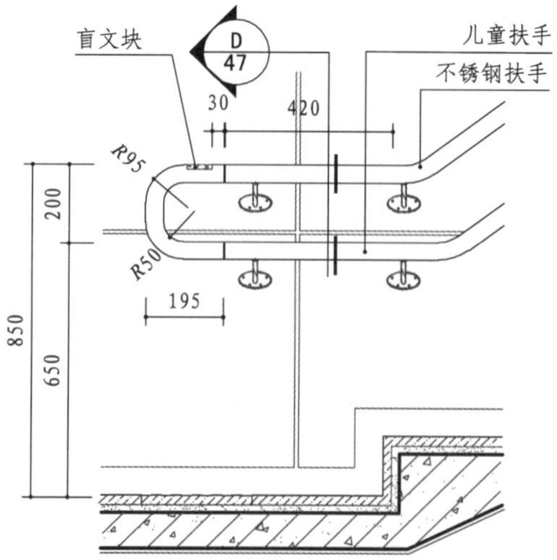

B 楼梯栏杆大样图

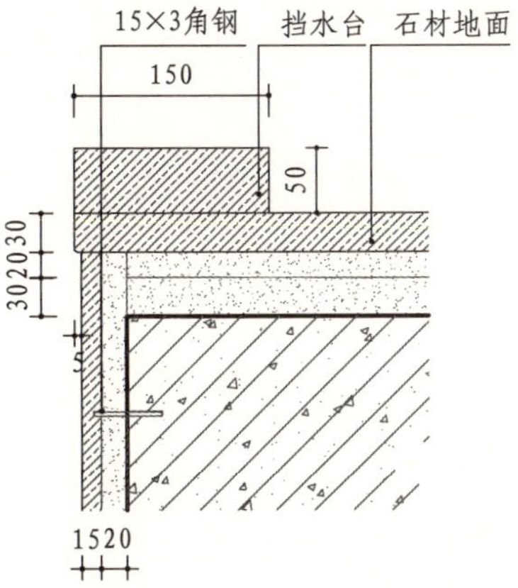

F 楼梯踏步大样图

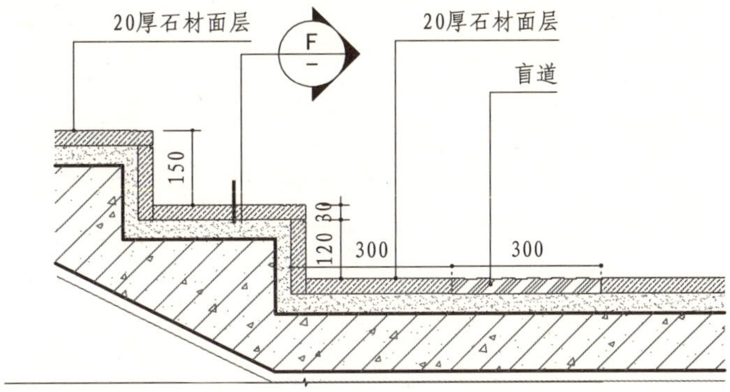

E 楼梯踏步大样图

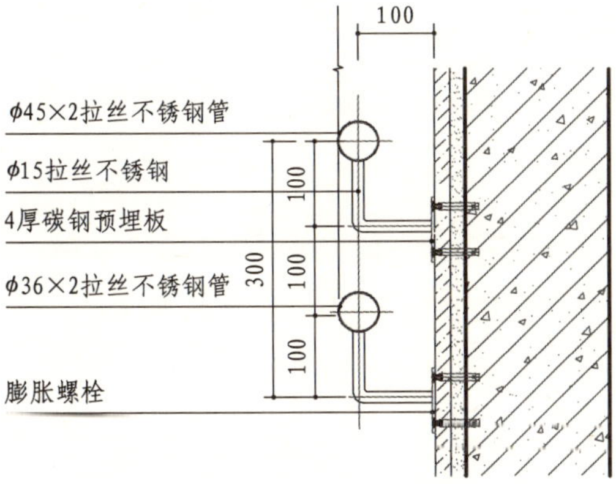

D 楼梯栏杆大样图

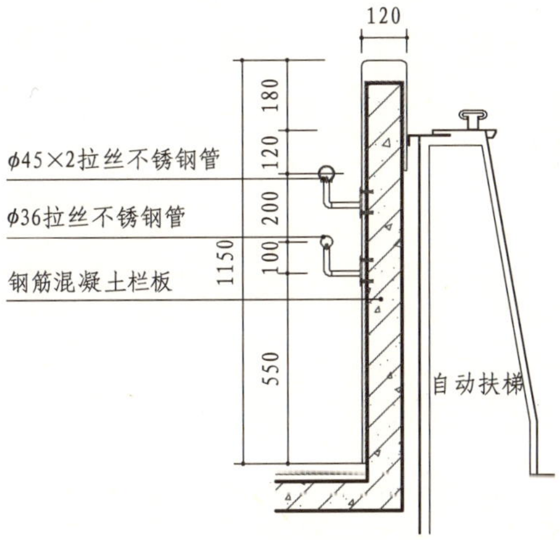

G 楼梯栏杆大样图

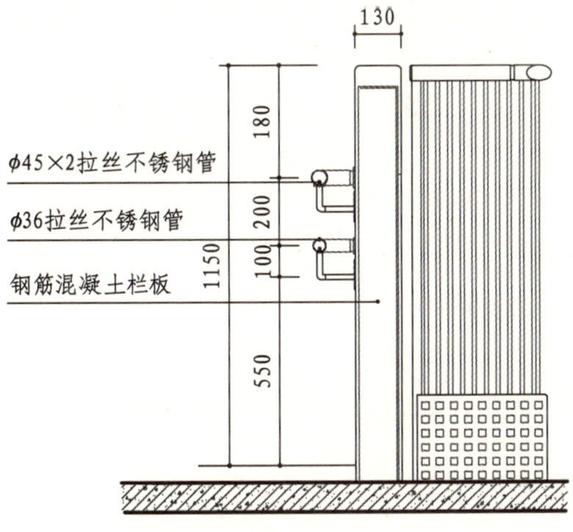

H 楼梯栏杆大样图

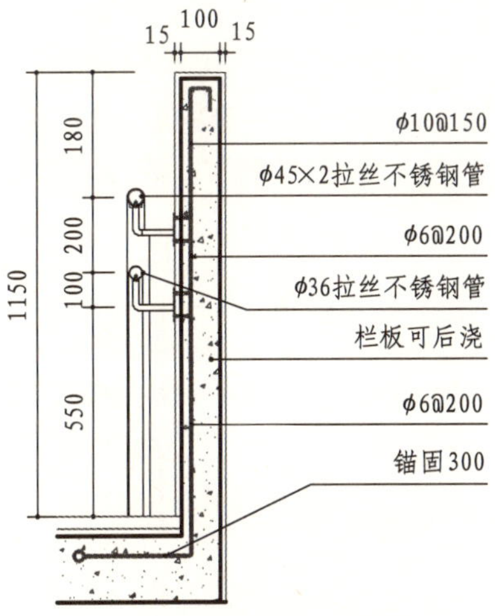

J 楼梯栏杆大样图

某办公门厅楼梯栏杆

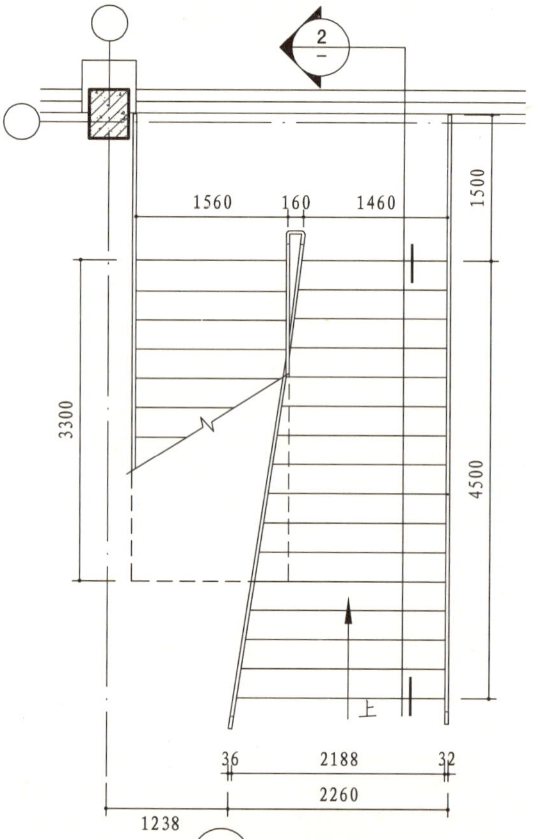

① 平面图

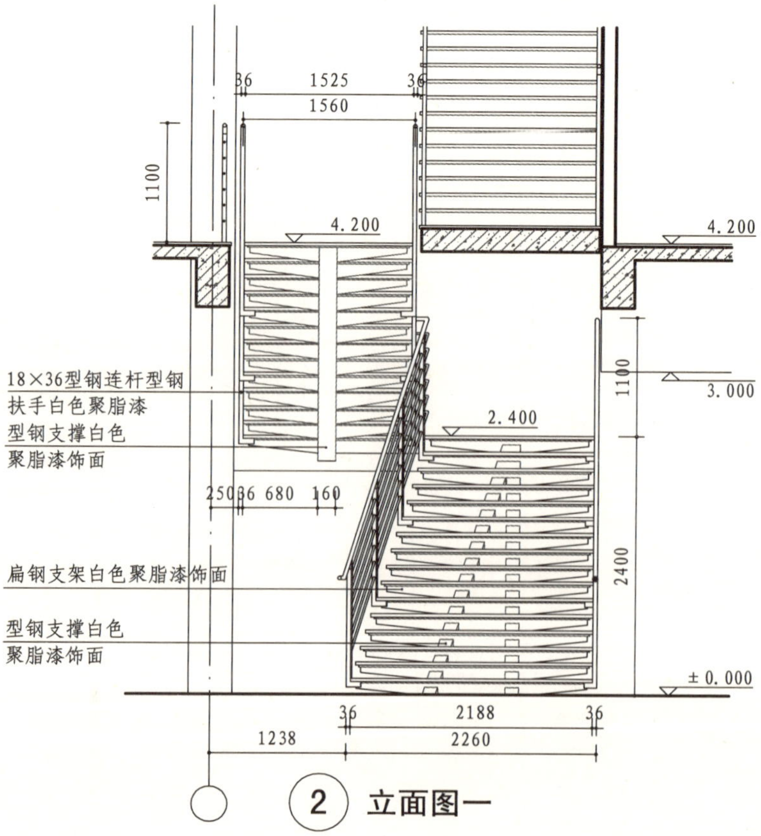

② 立面图一

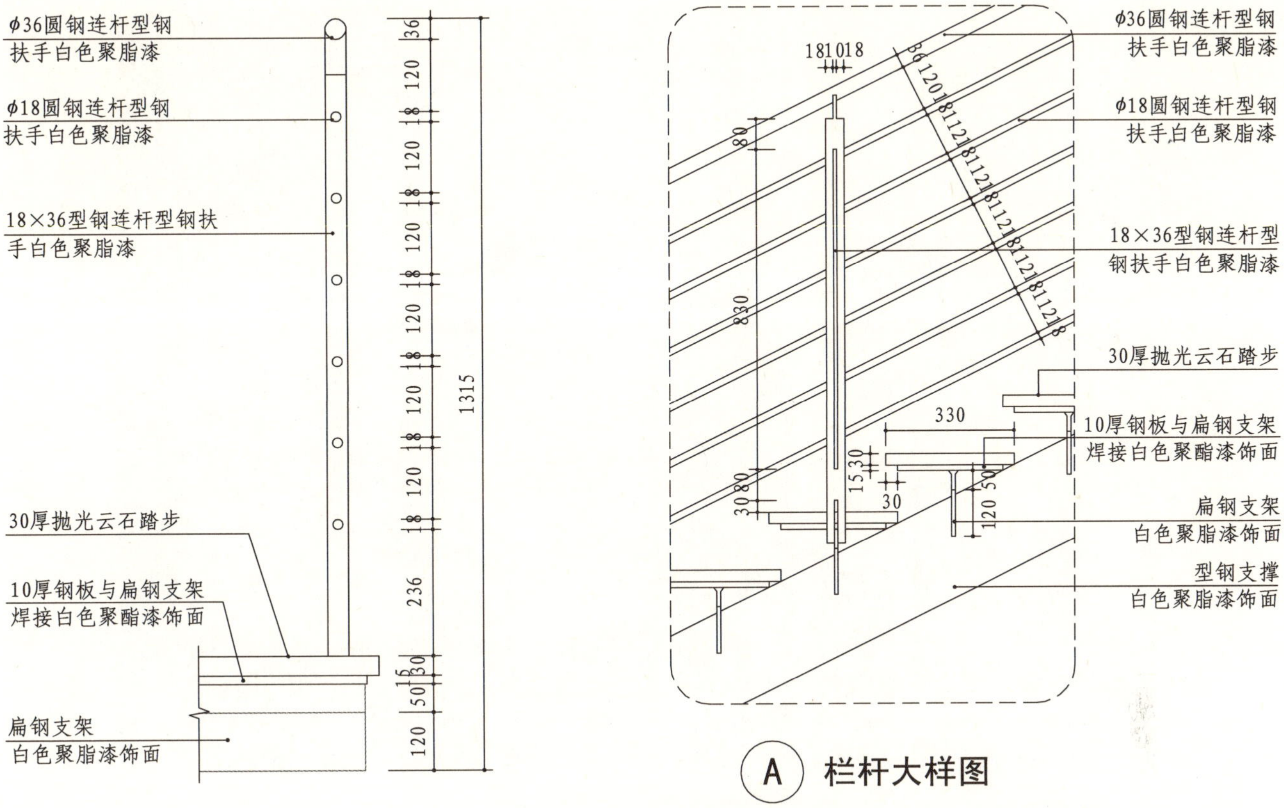

A 栏杆大样图

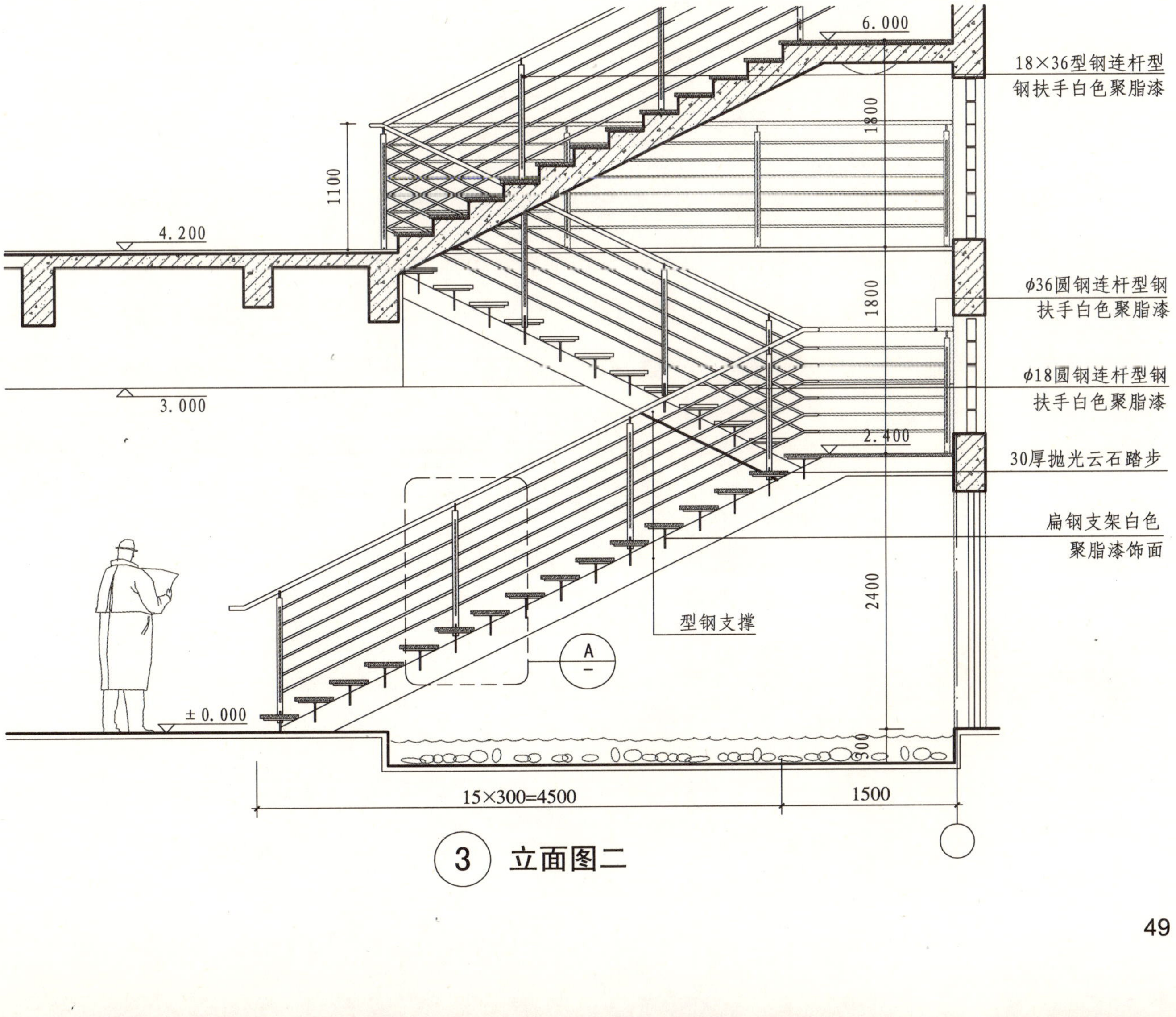

3 立面图二

某公共空间楼梯栏杆

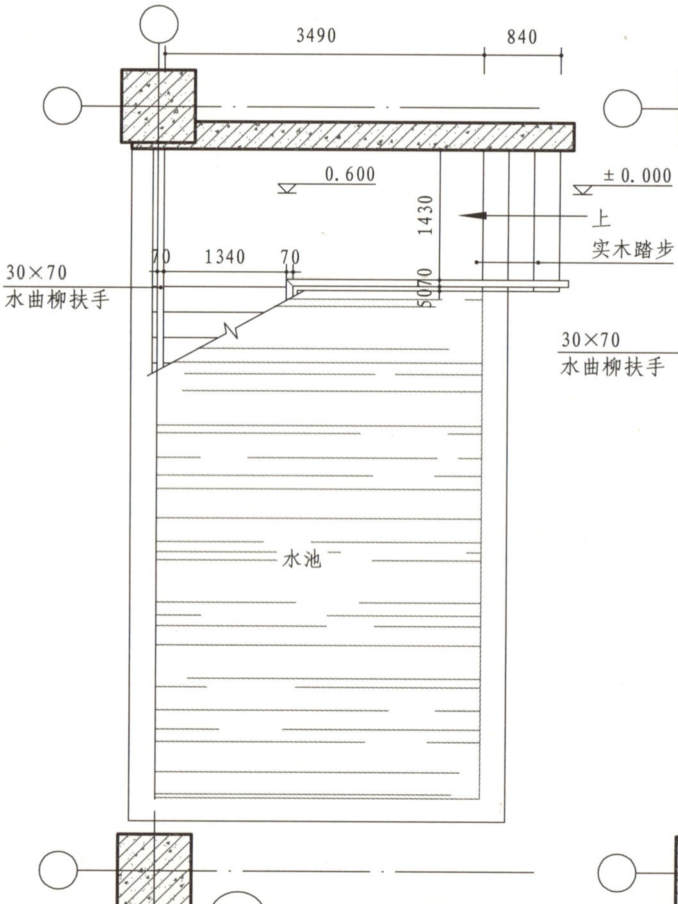

① 一层平面图

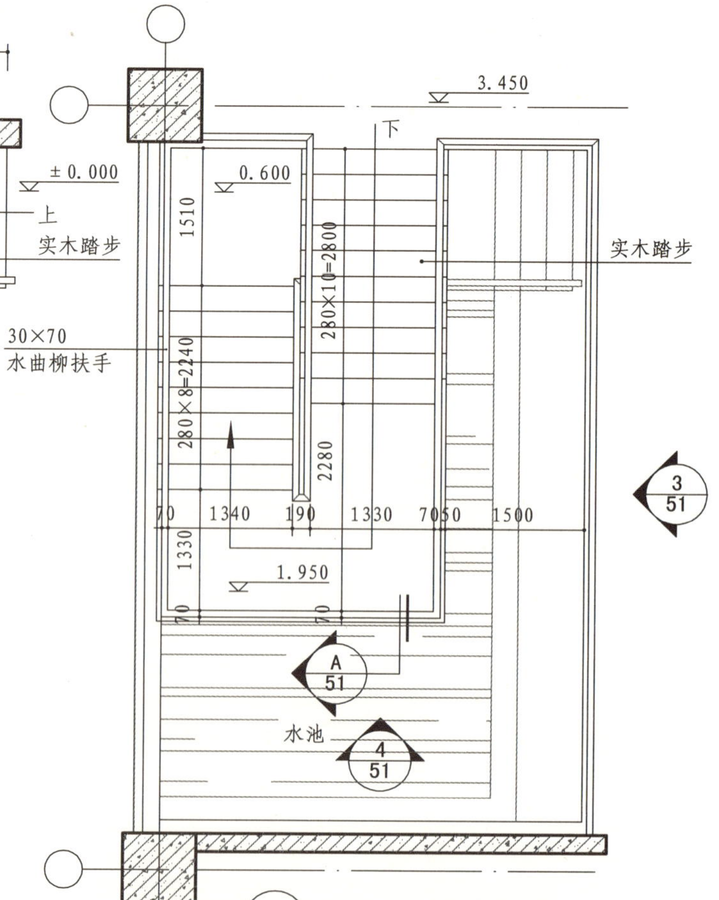

② 二、三层平面图

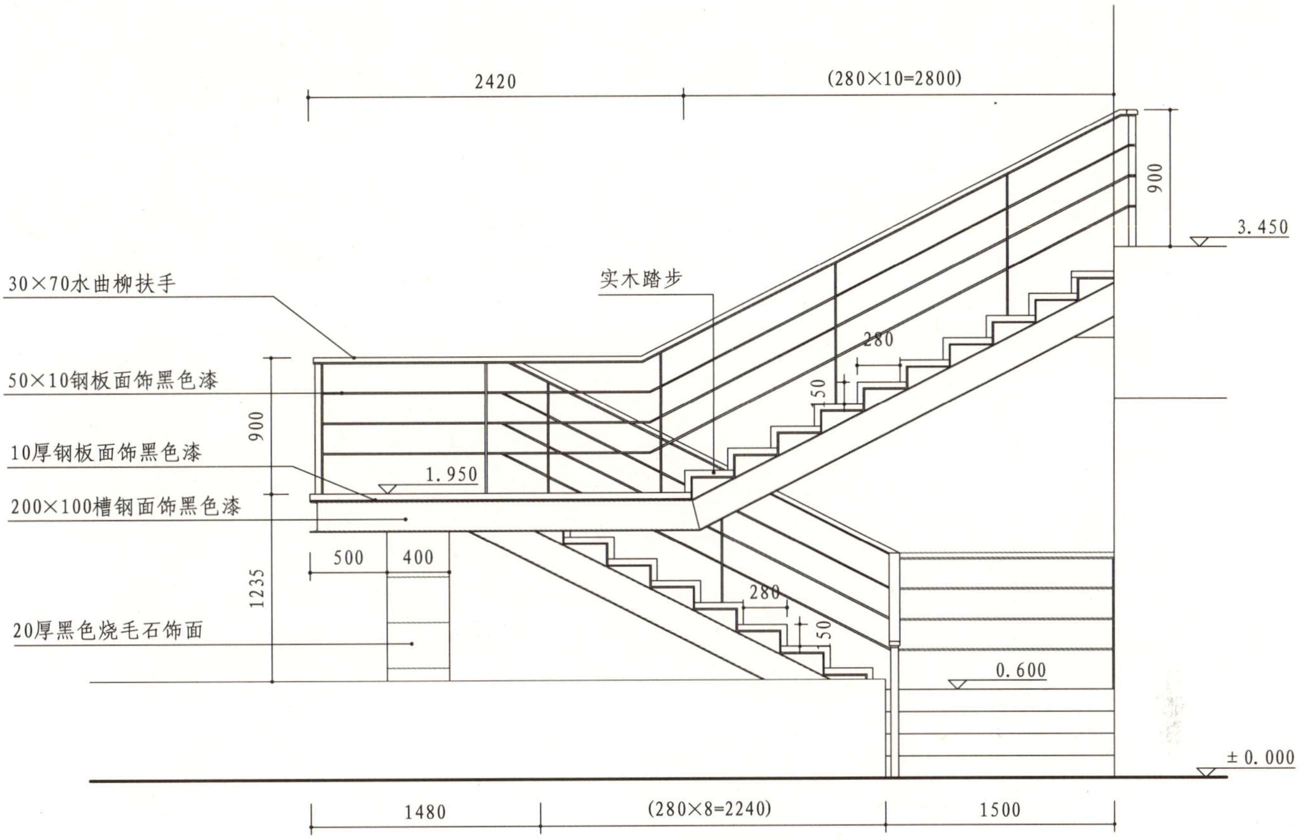

3 立面图一

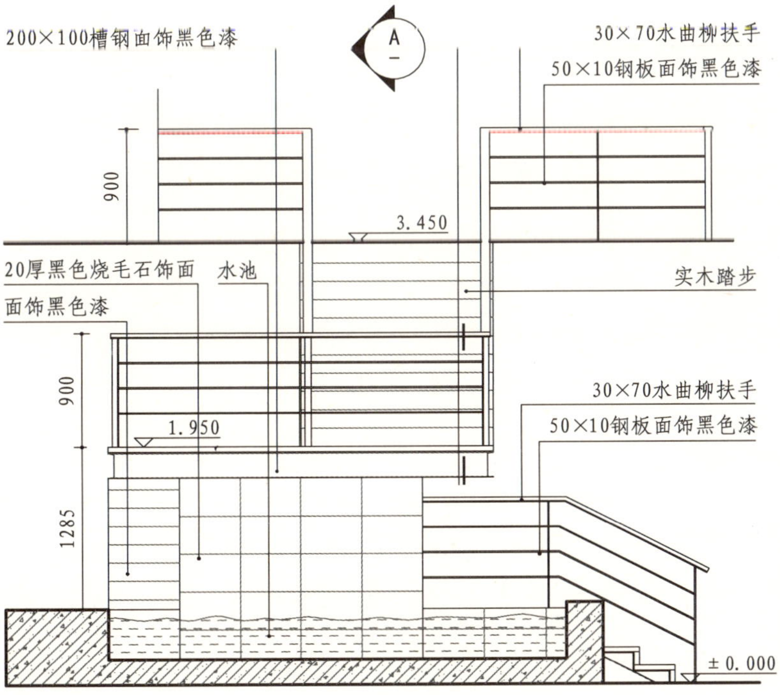

4 立面图二

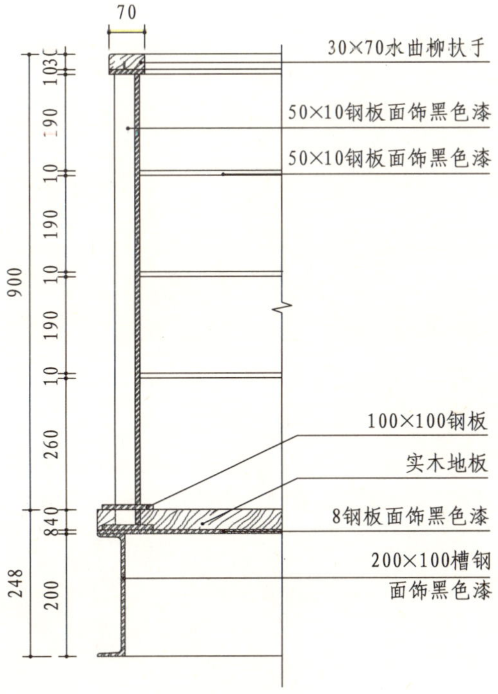

A 栏杆大样图

某活动中心门厅楼梯栏杆一

某活动中心门厅楼梯栏杆二

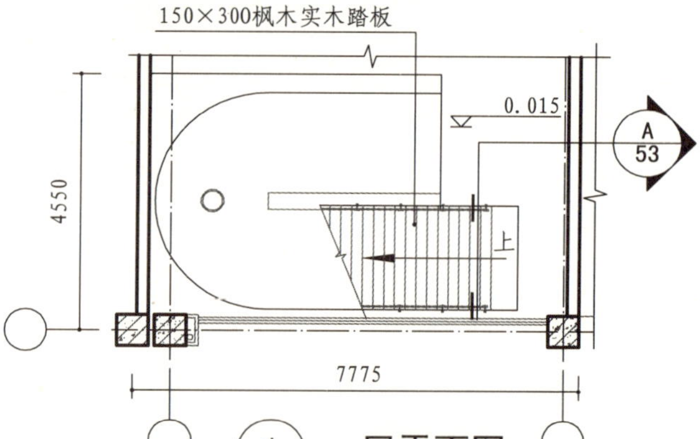

1 一层平面图

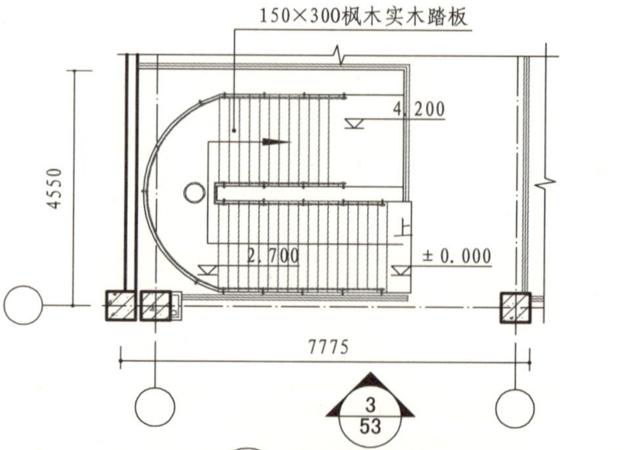

2 二层平面图

Section2
工程实例
栏杆
栏板
组合栏杆（板）

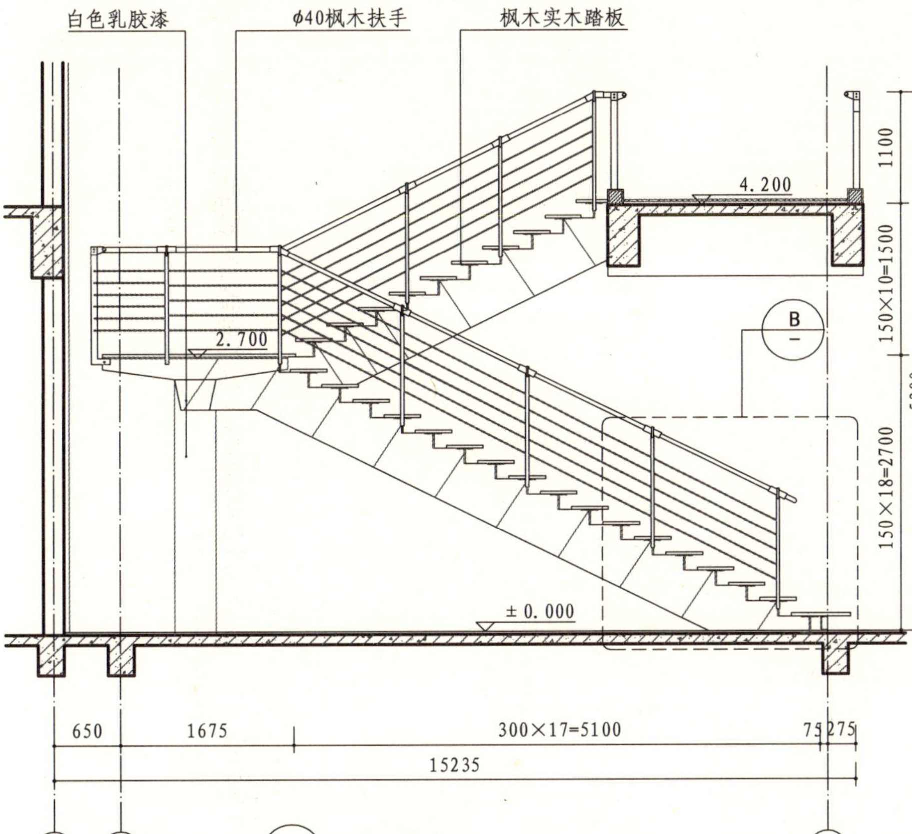

③ 立面图

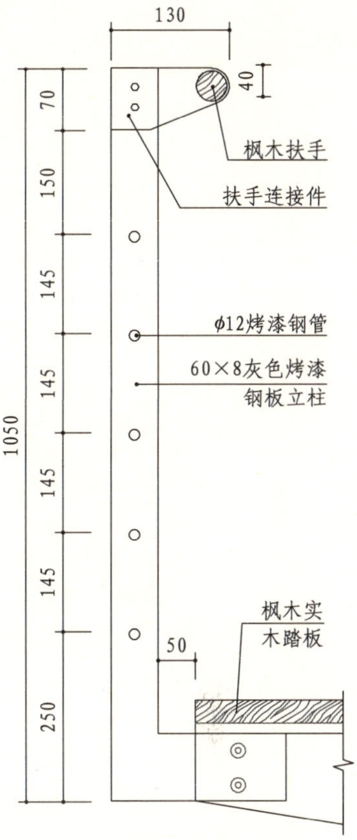

Ⓒ 栏杆大样图

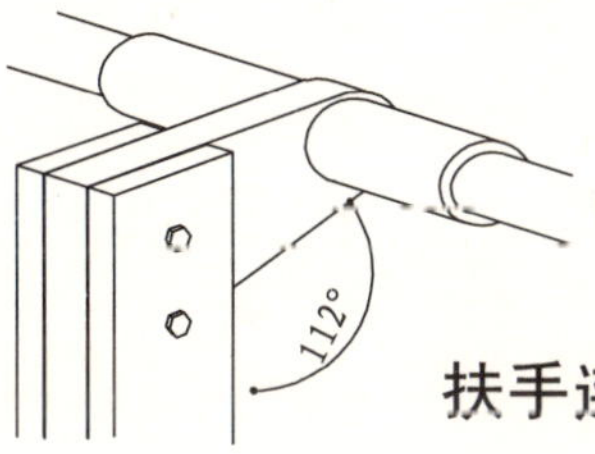

扶手连接件示意图

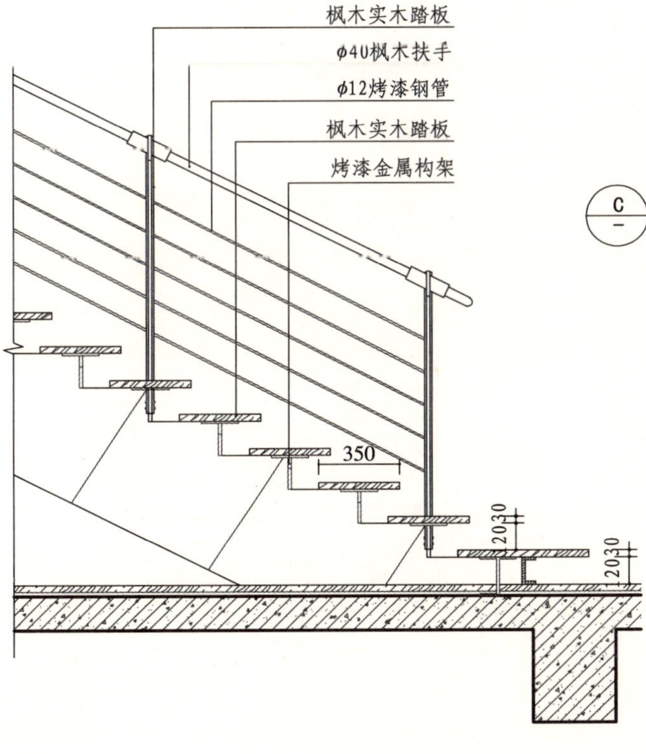

Ⓑ 栏杆大样图

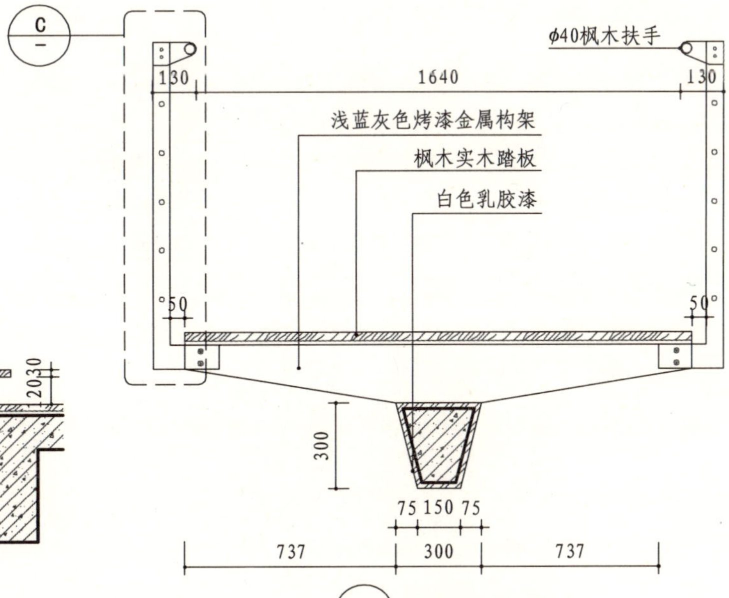

Ⓐ 栏杆大样图

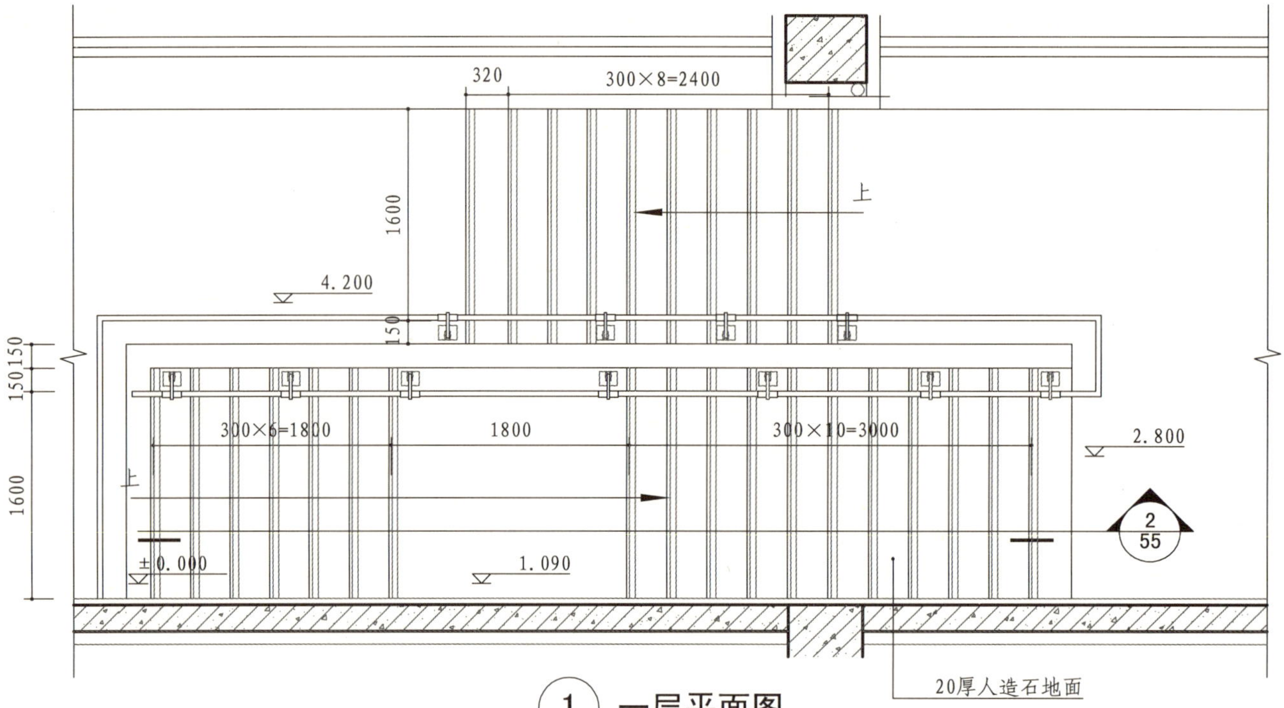

1 一层平面图

某办公空间楼梯栏杆

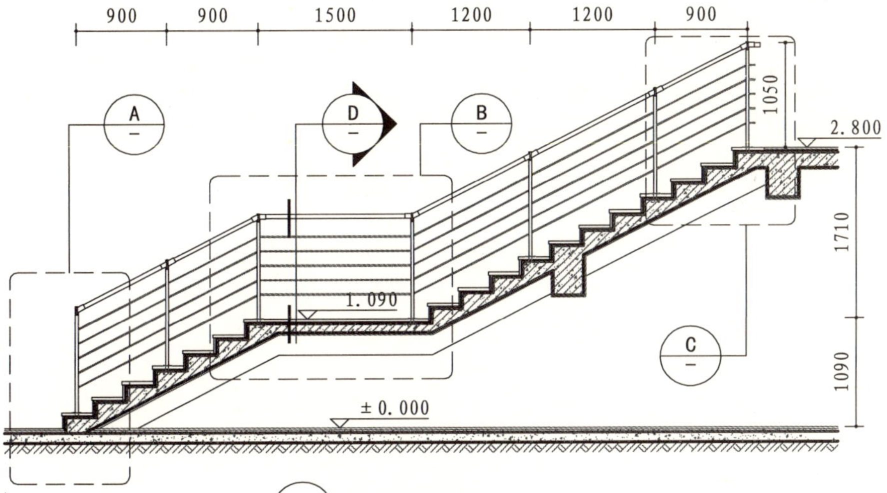

2 剖立面图

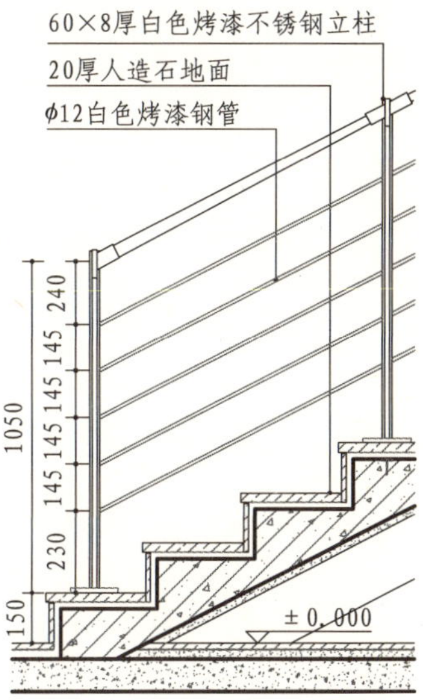

A 栏杆大样图

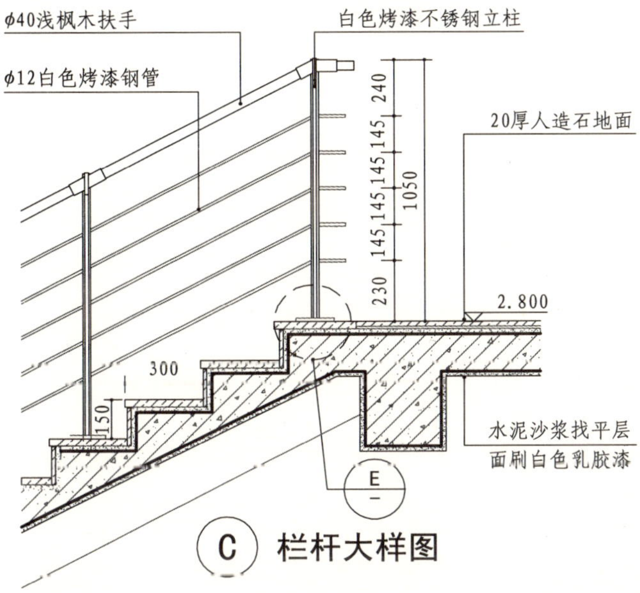

C 栏杆大样图

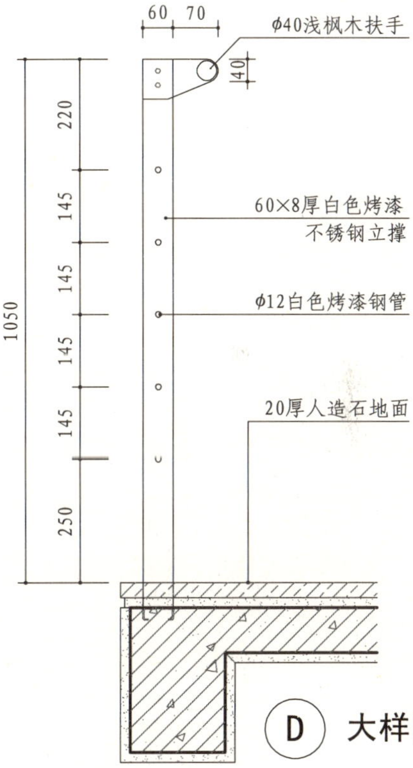

D 大样图

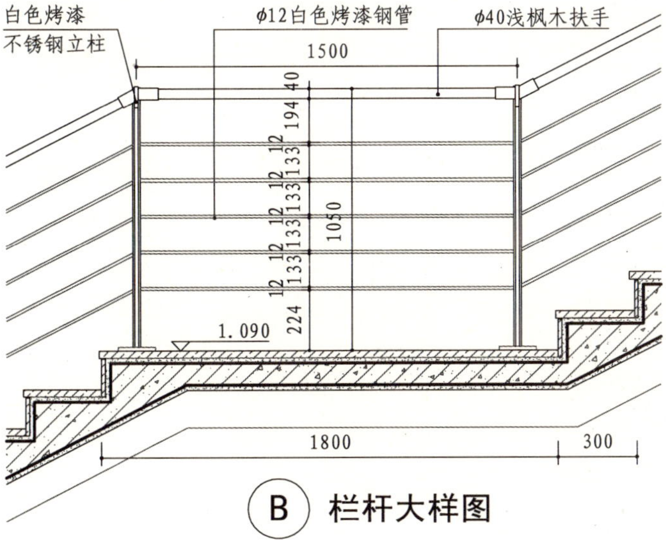

B 栏杆大样图

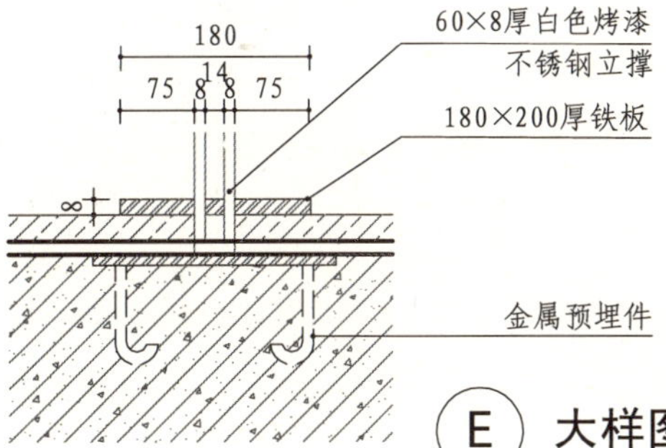

E 大样图

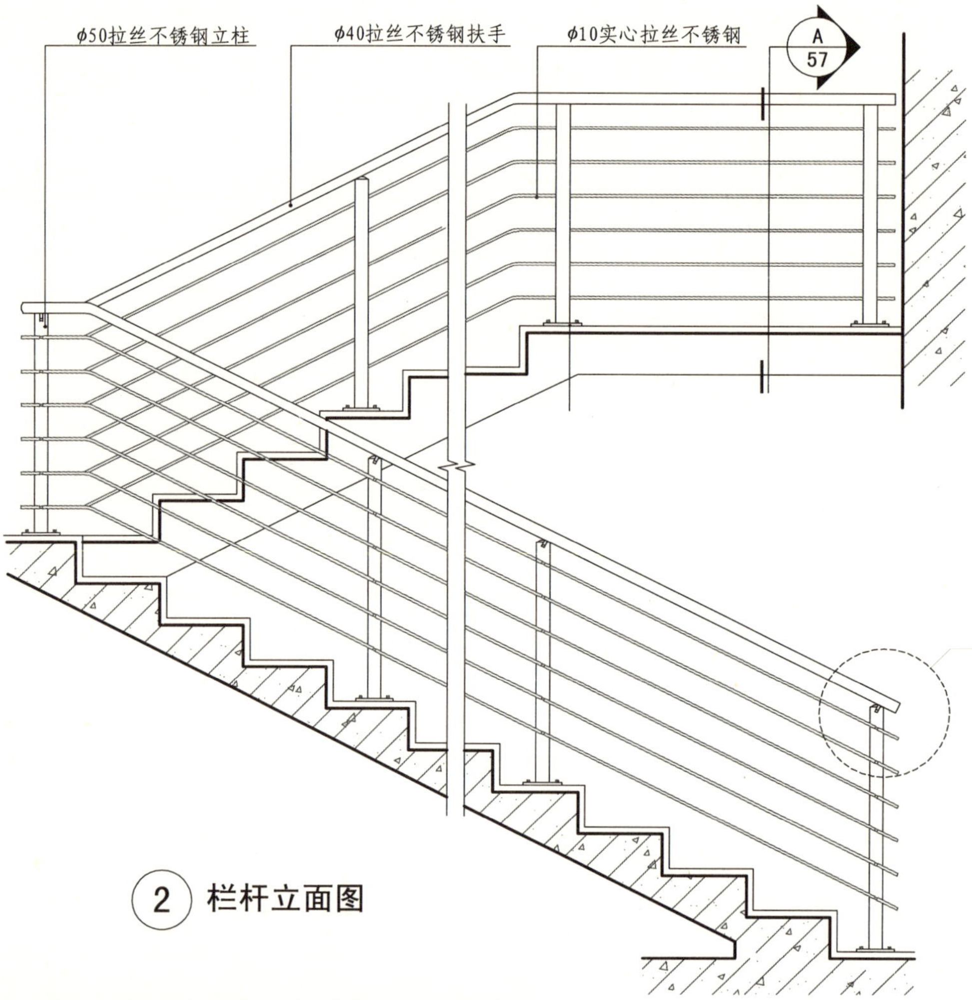

② 栏杆立面图

金属栏杆

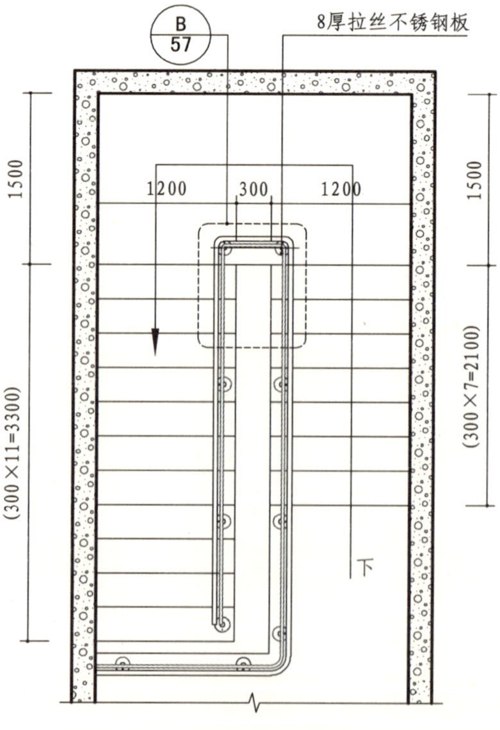

① 楼梯平面图

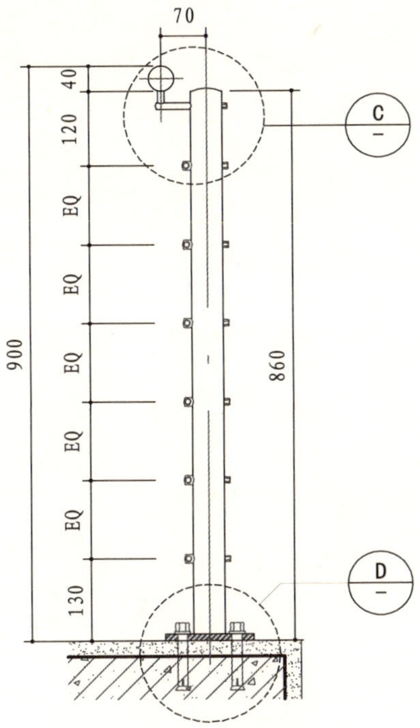

A 栏杆大样图

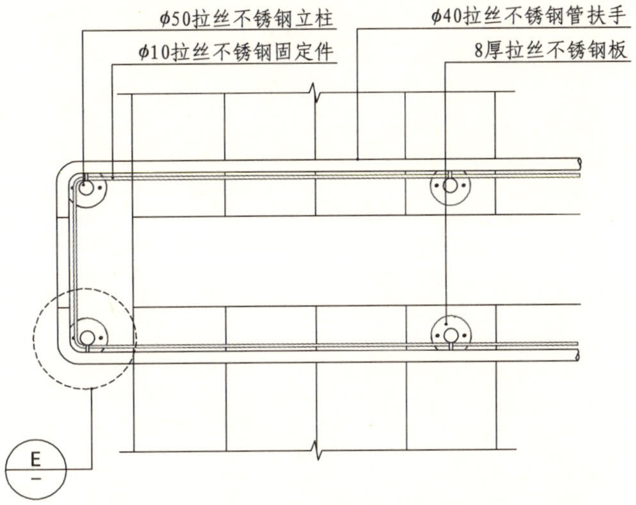

B 楼梯栏杆转角局部平面大样图

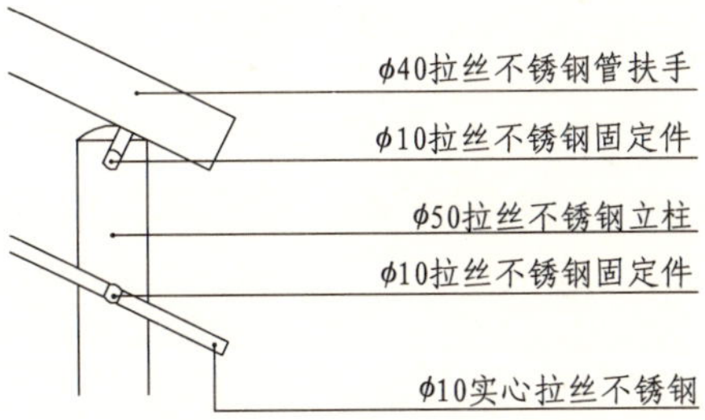

F 大样图

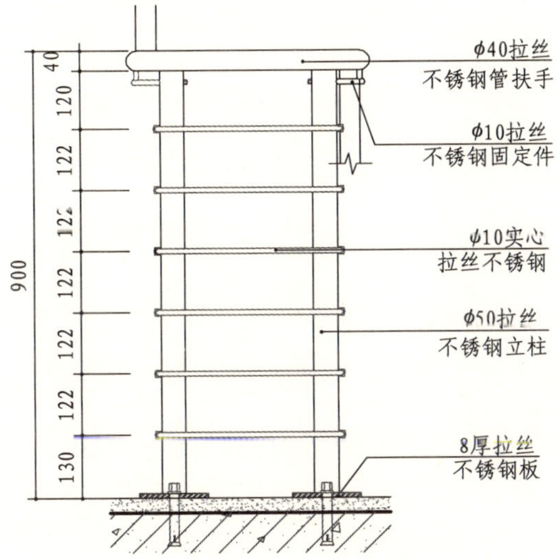

3 楼梯栏杆旋转角立面图

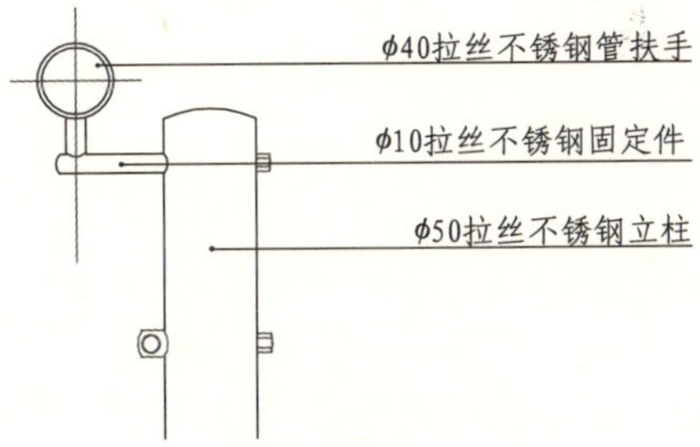

C 大样图

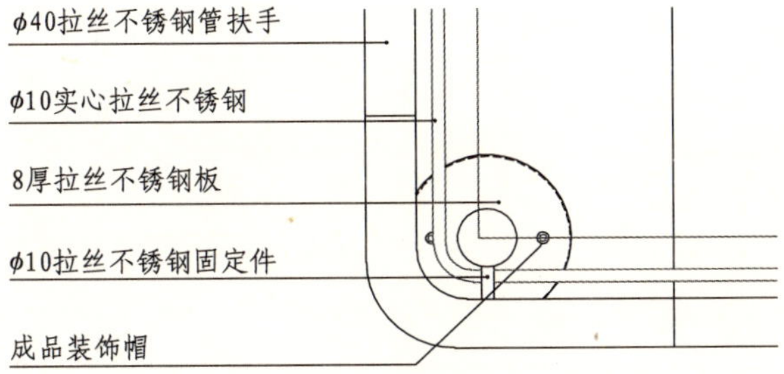

E 大样图

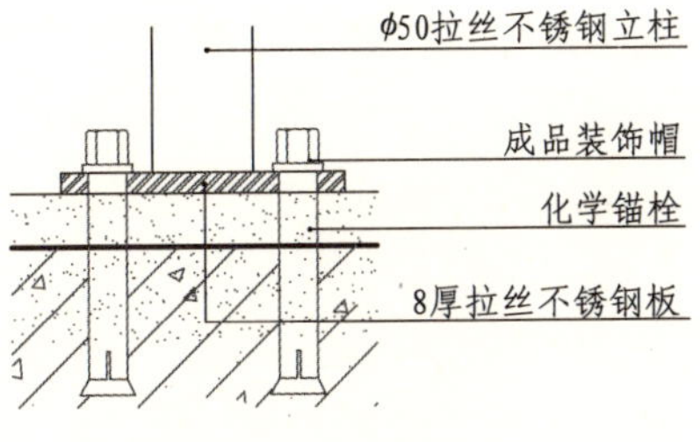

D 大样图

金属栏杆

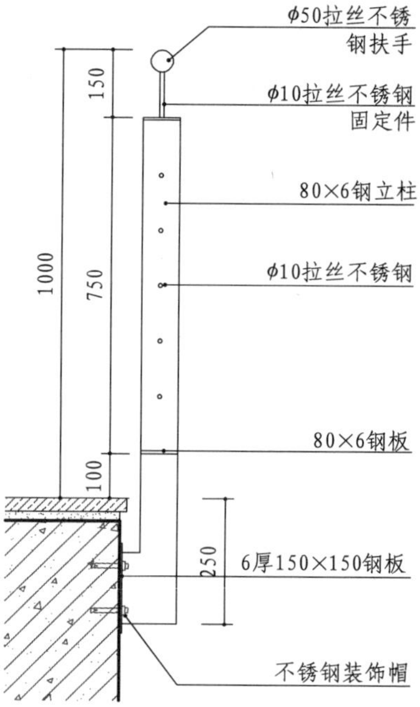

① 大样图

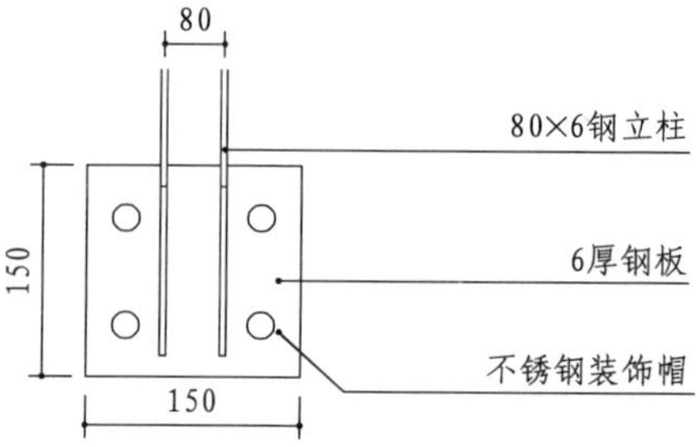

Ⓐ 大样图

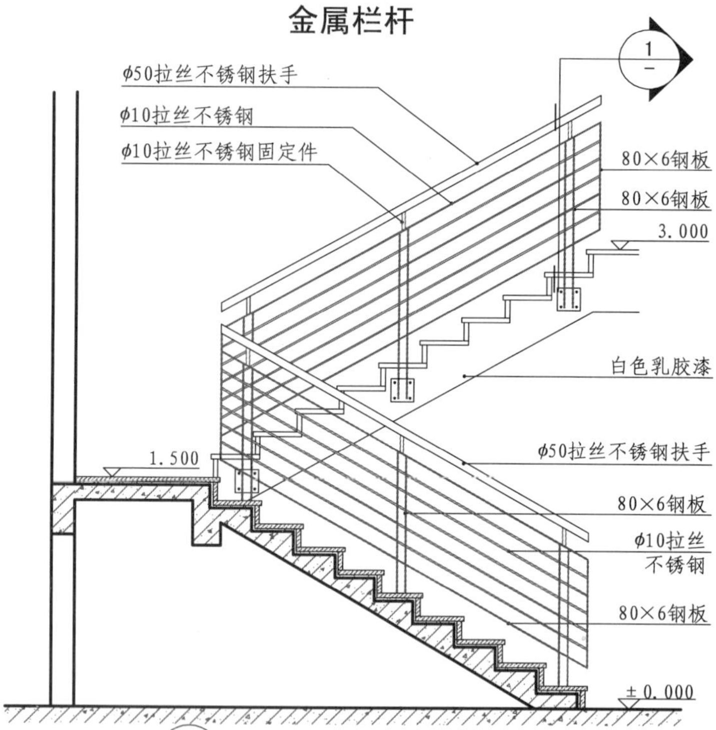

② 楼梯栏杆扶手立面

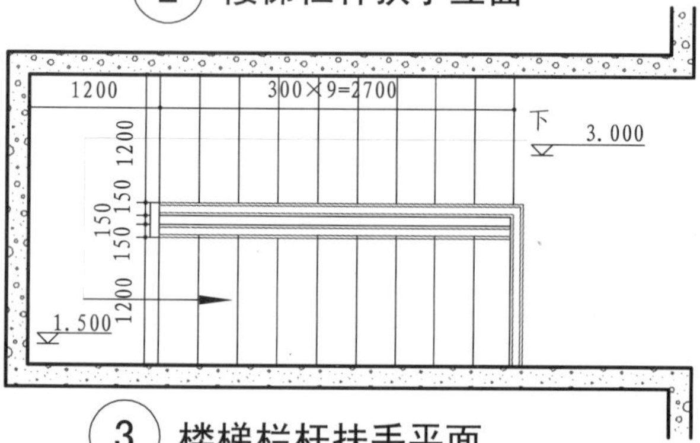

③ 楼梯栏杆扶手平面

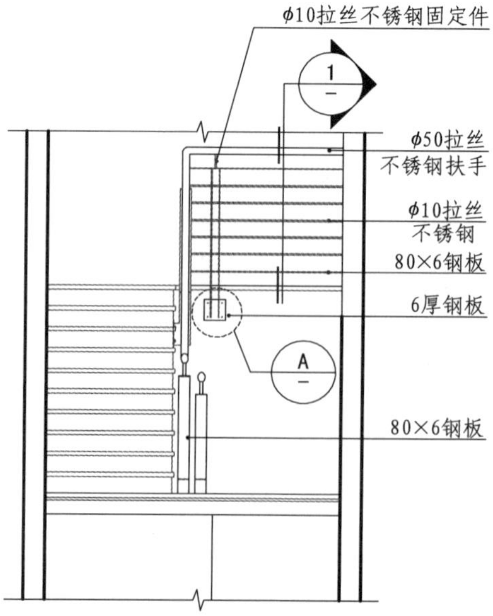

④ 楼梯栏杆扶手立面

某公共空间栏杆一

某公共空间栏杆二

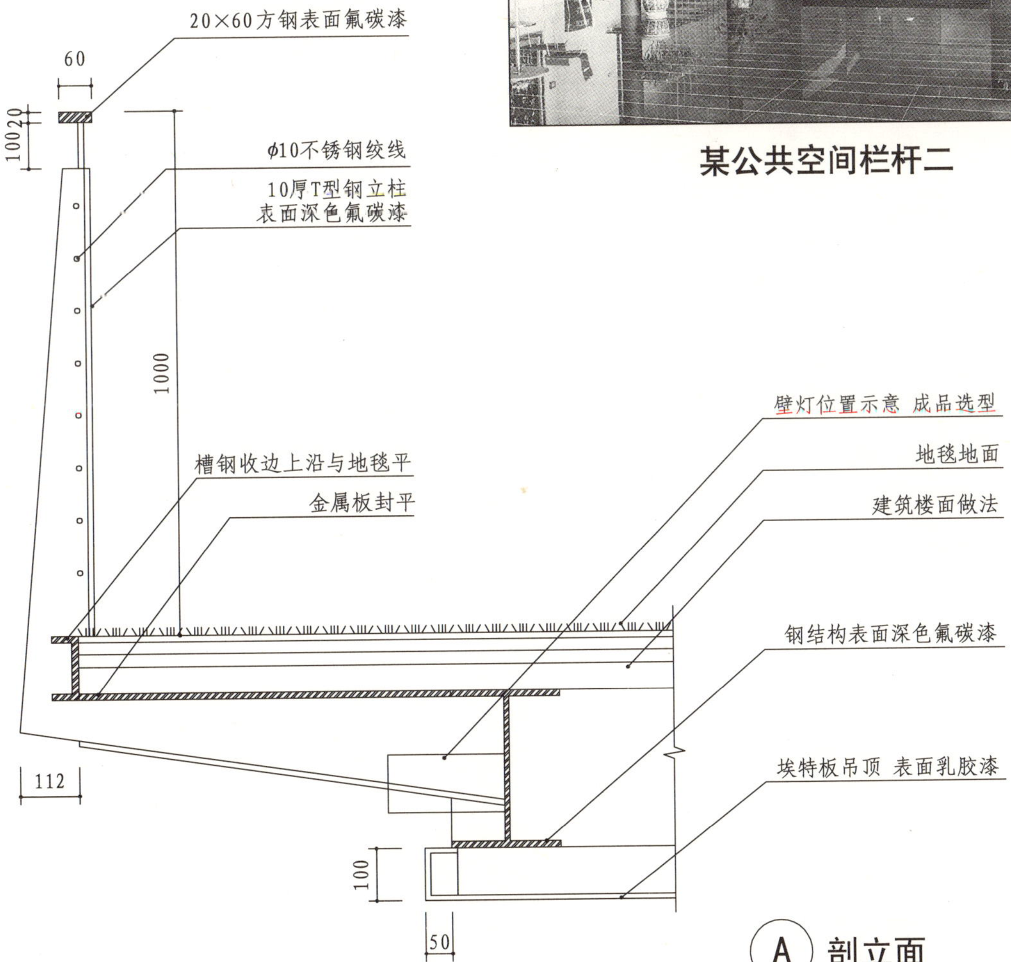

A 剖立面

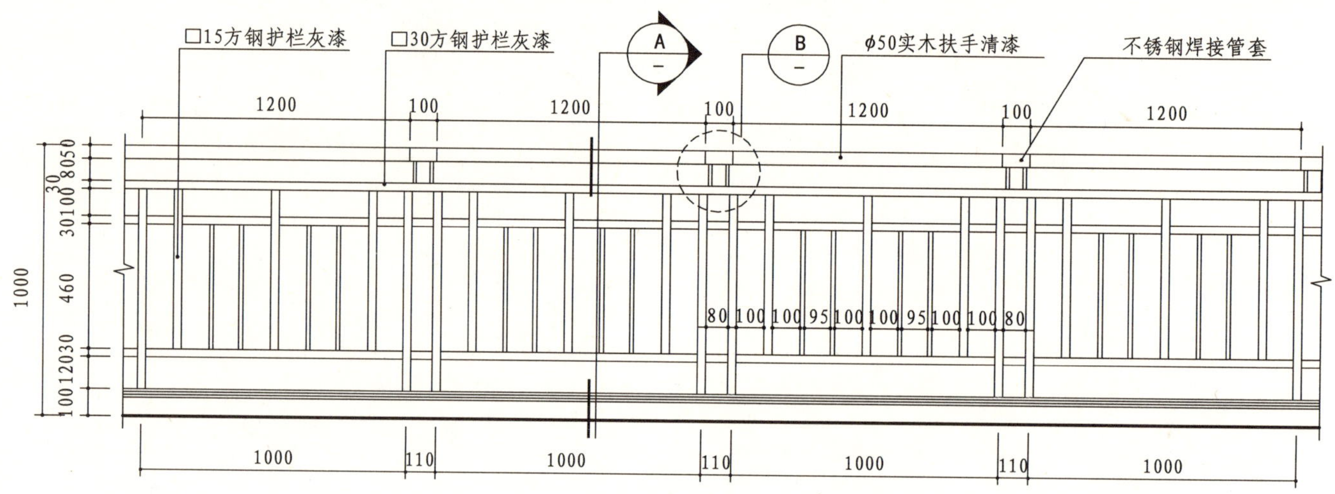

1 金属栏杆立面图

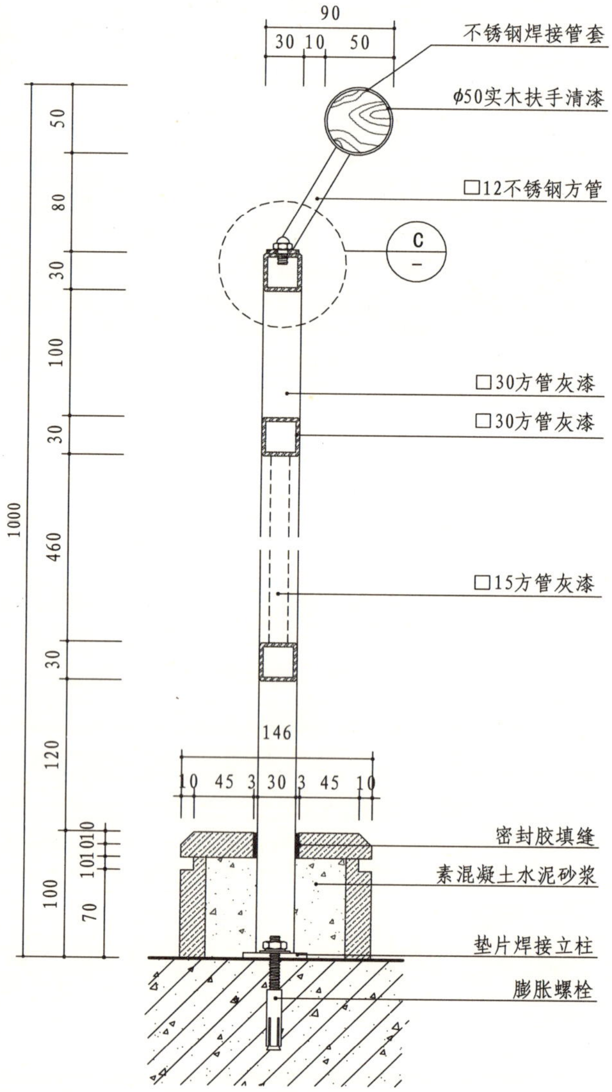

A 栏杆大样图

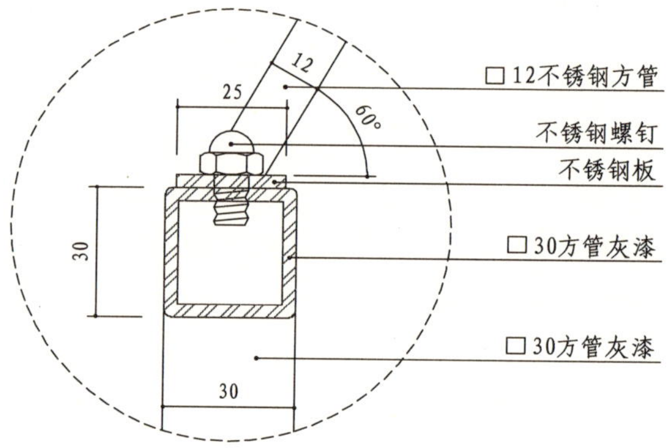

C 大样图

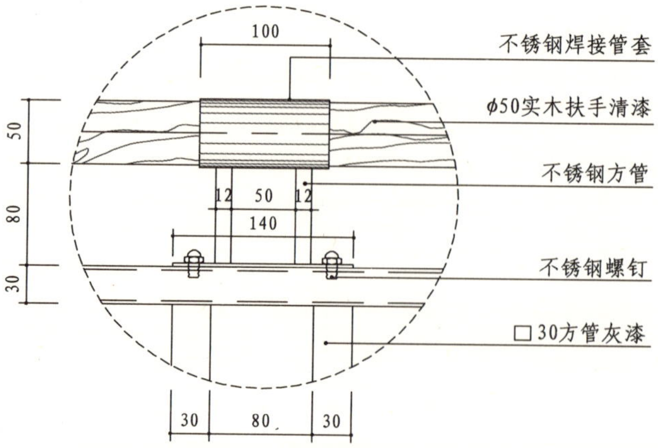

B 大样图

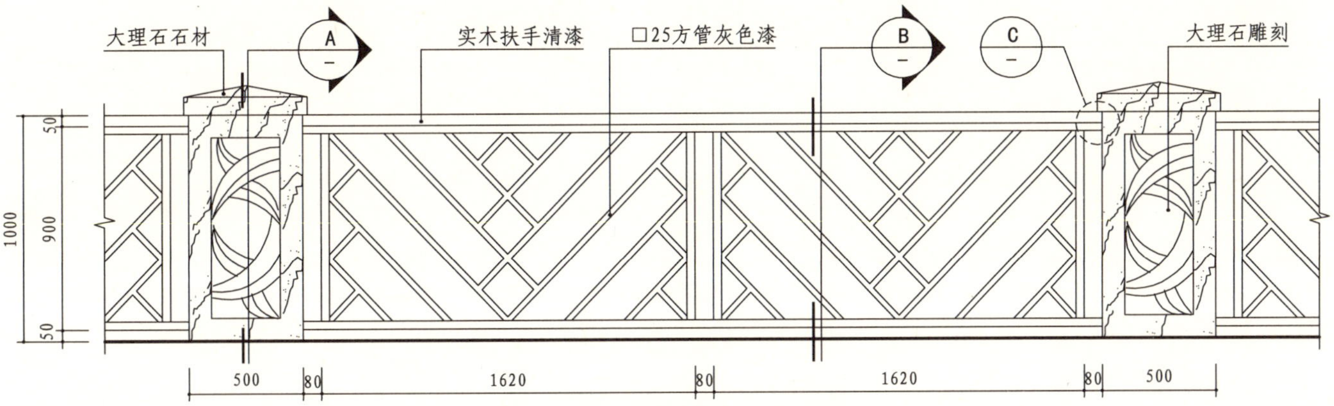

1 金属栏杆立面图

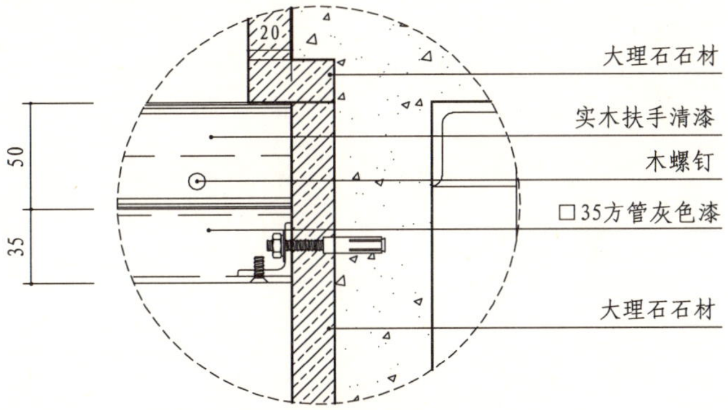

C 大样图

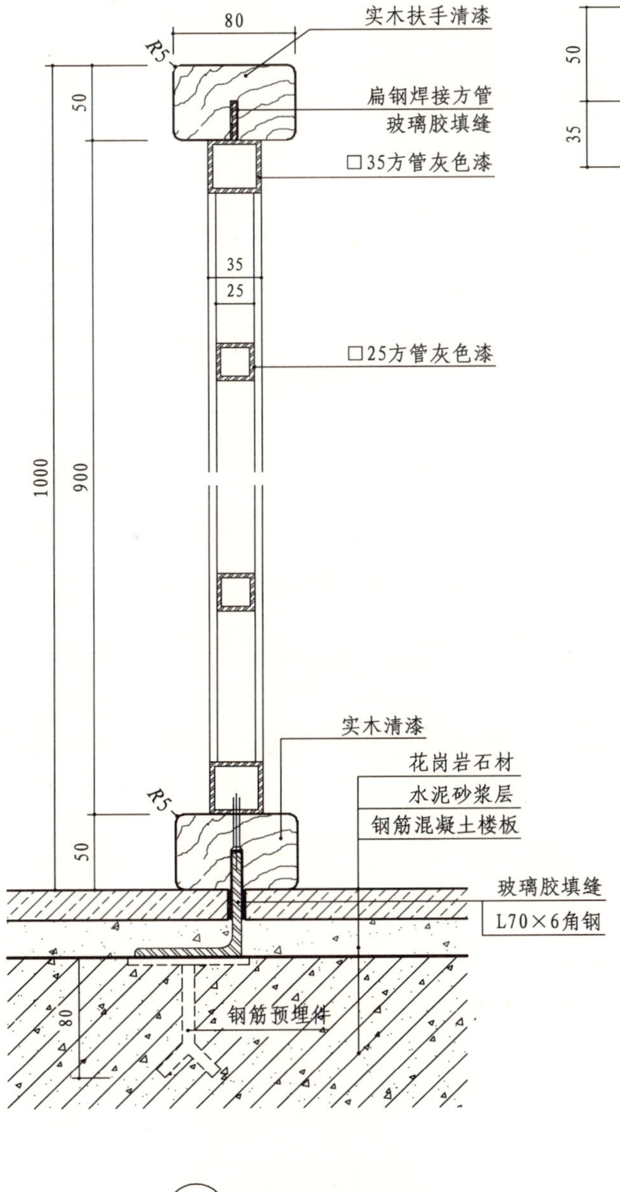

B 栏杆大样图

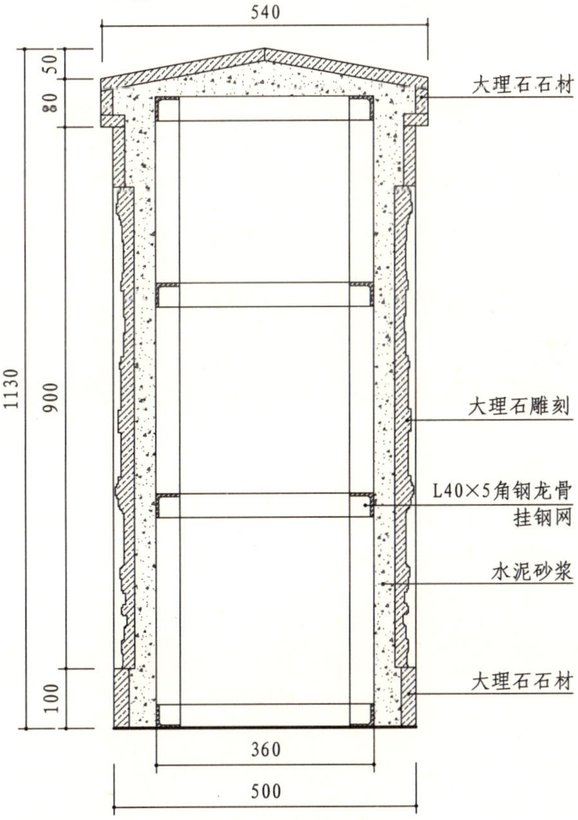

A 大样图

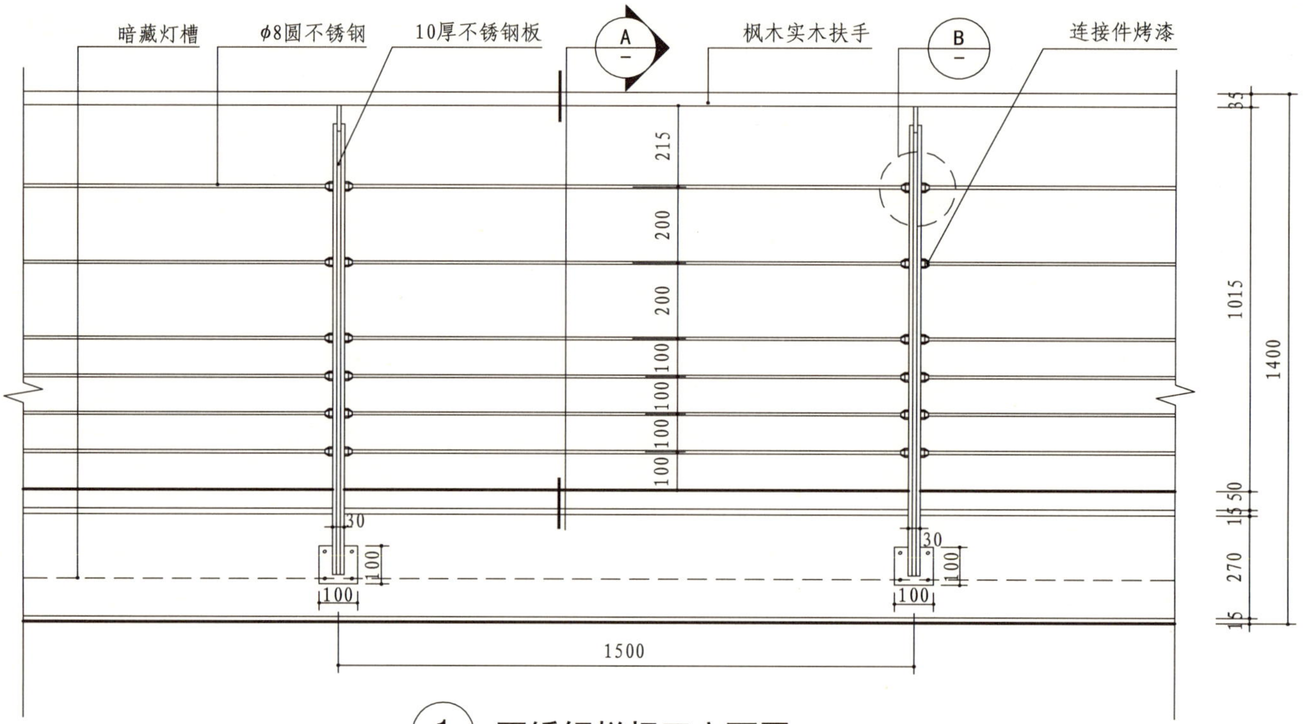

① 不锈钢栏杆正立面图

Section2
工程实例
栏杆
栏板
组合栏杆（板）

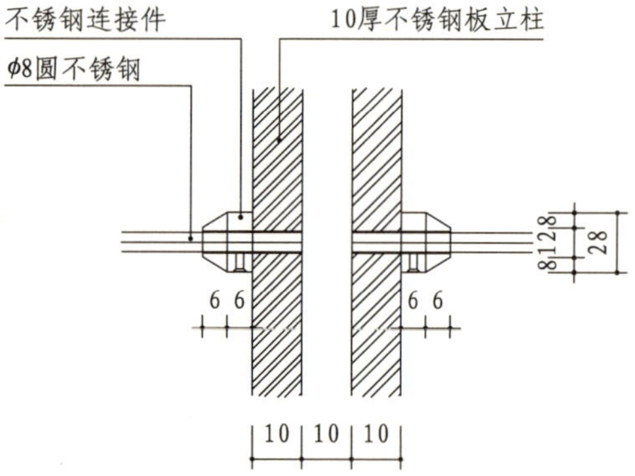

Ⓑ 大样图

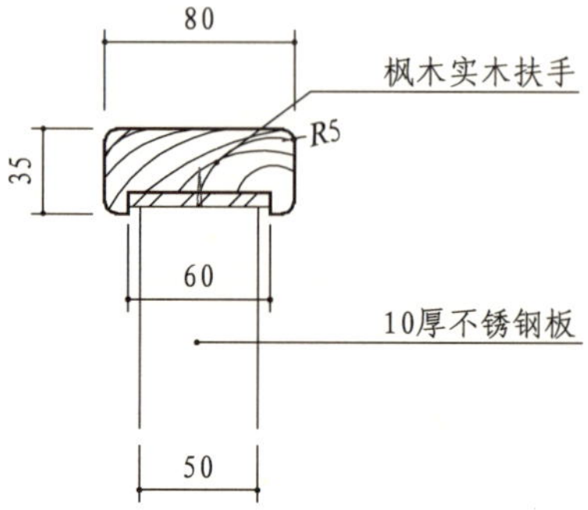

Ⓒ 大样图

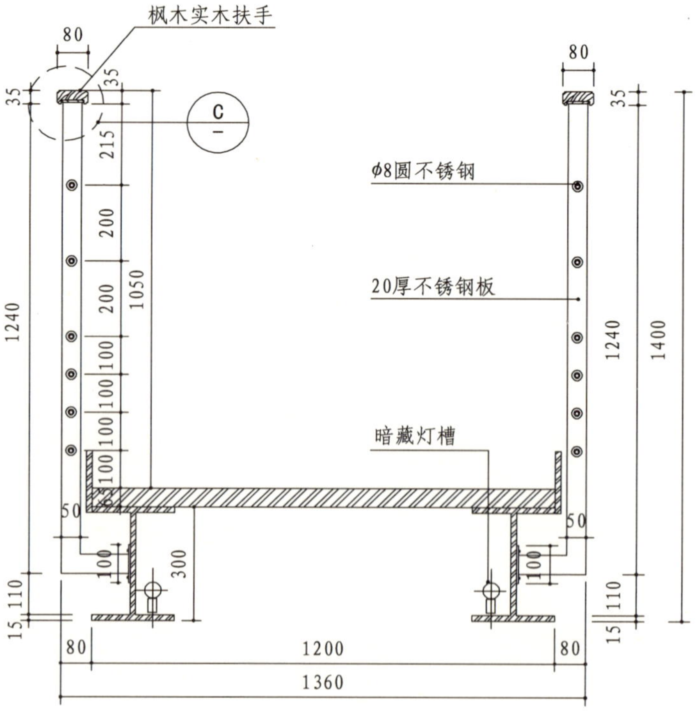

Ⓐ 剖面图

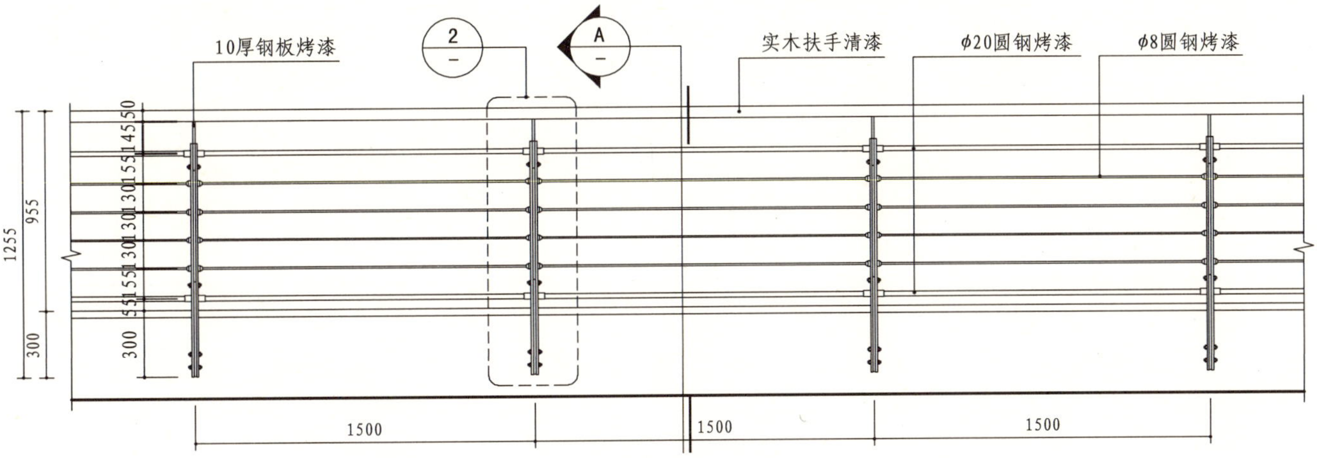

1 立面图

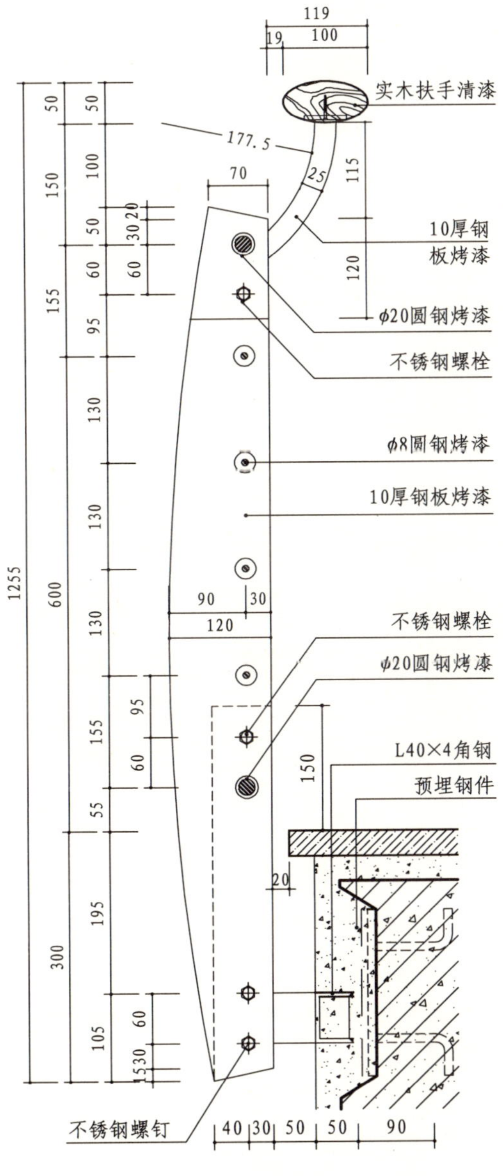

A 栏杆大样图

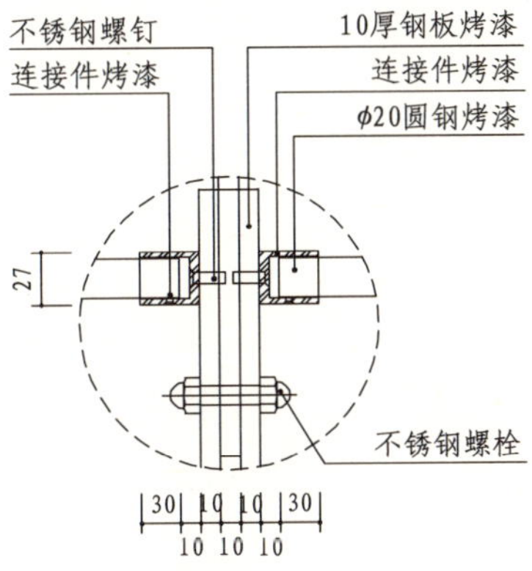

B 大样图

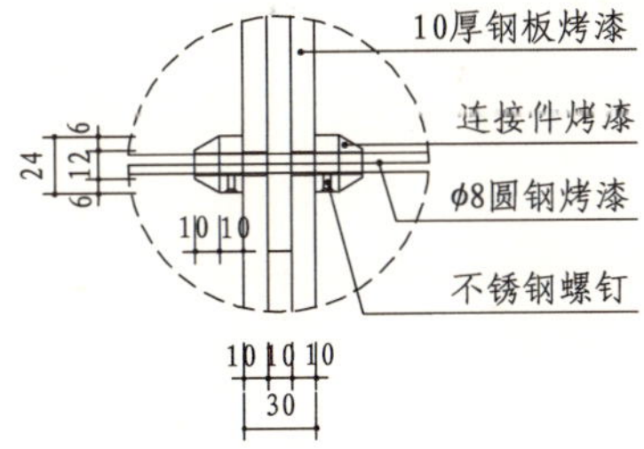

C 大样图

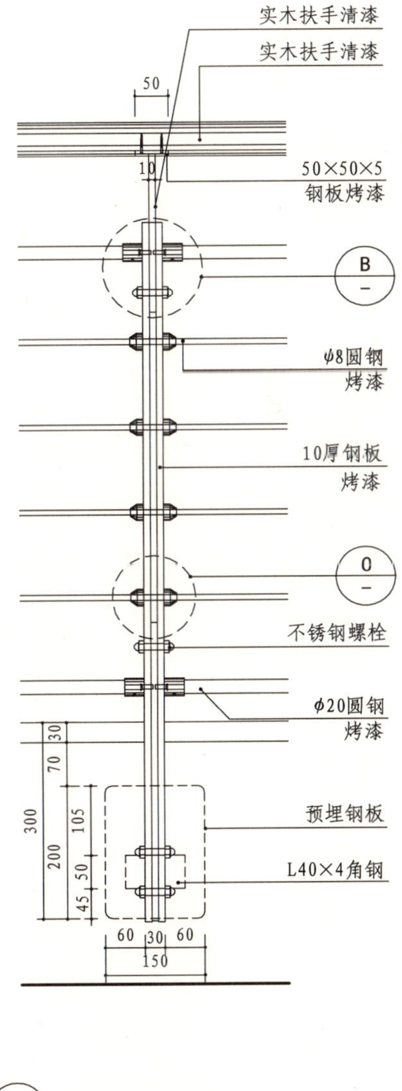

2 栏杆大样图

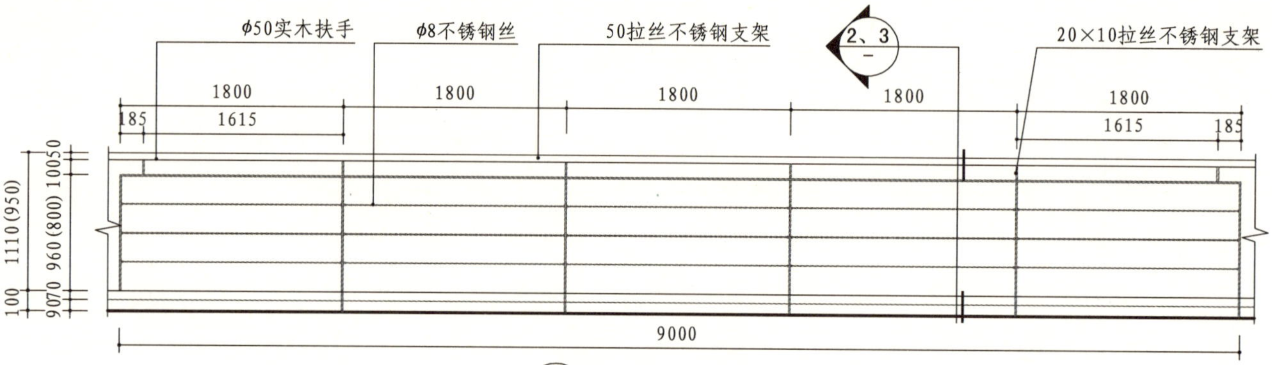

① 护栏立面图

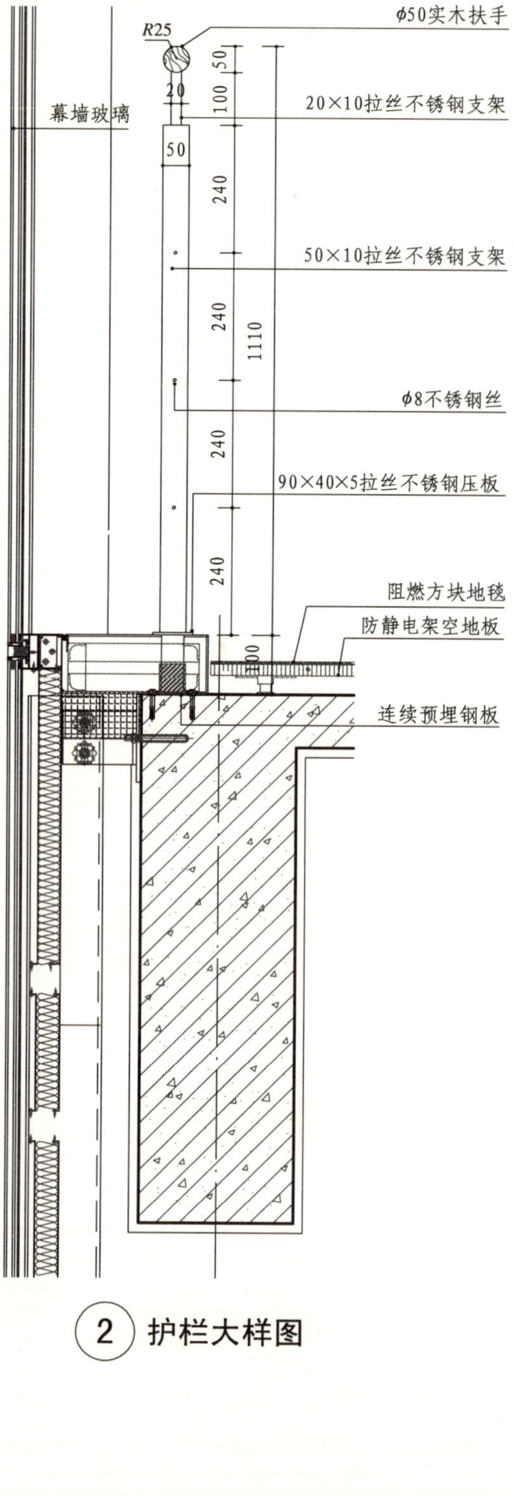

② 护栏大样图

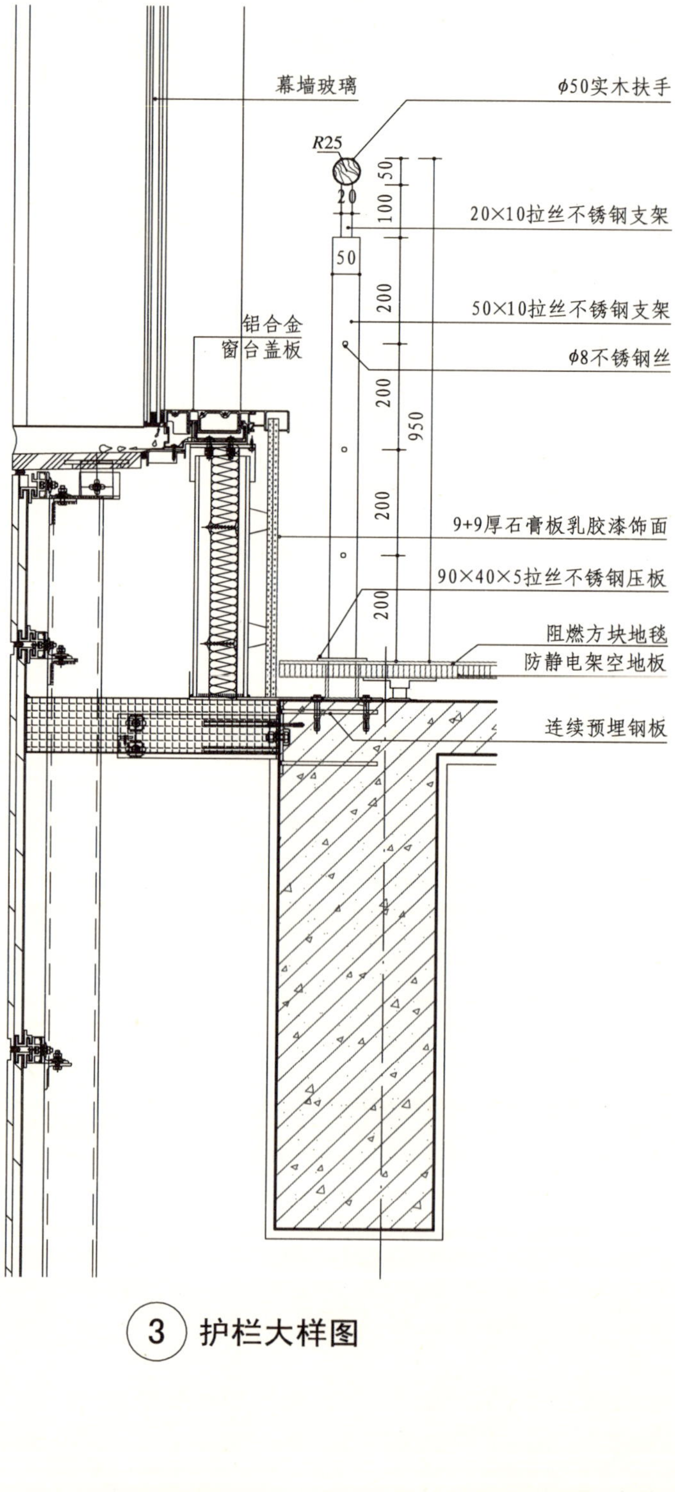

③ 护栏大样图

Section2
工程实例
栏杆
栏板
组合栏杆（板）

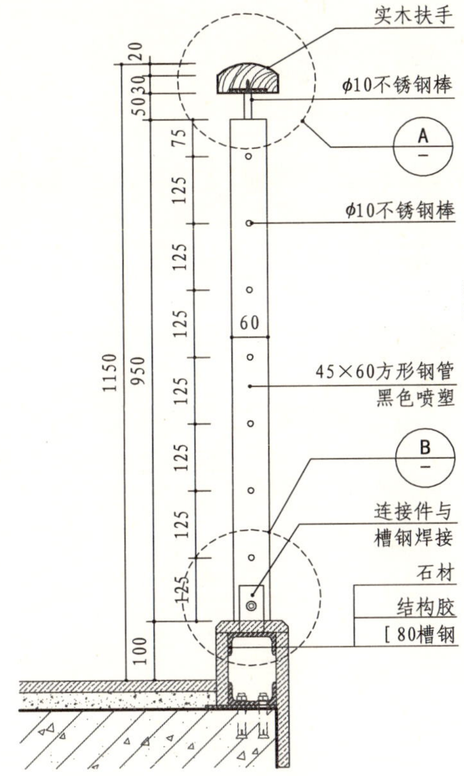

注：此形式不适用于儿童常去的地方。

2 栏杆大样图

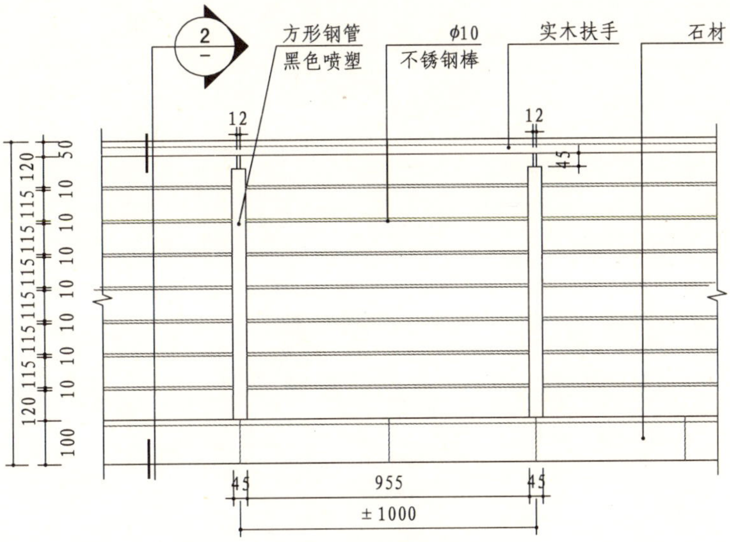

1 立面图一

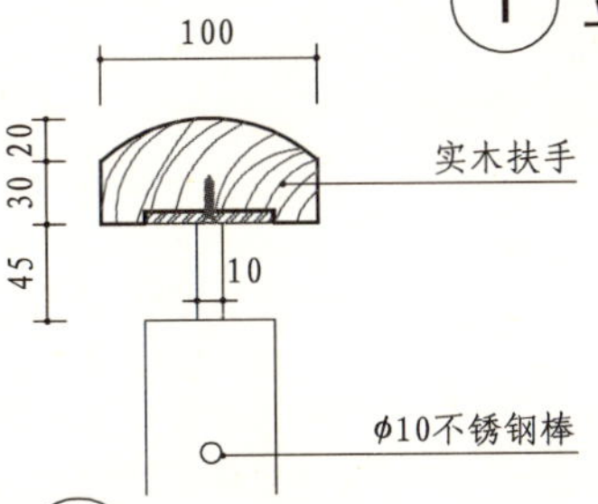

A 大样图

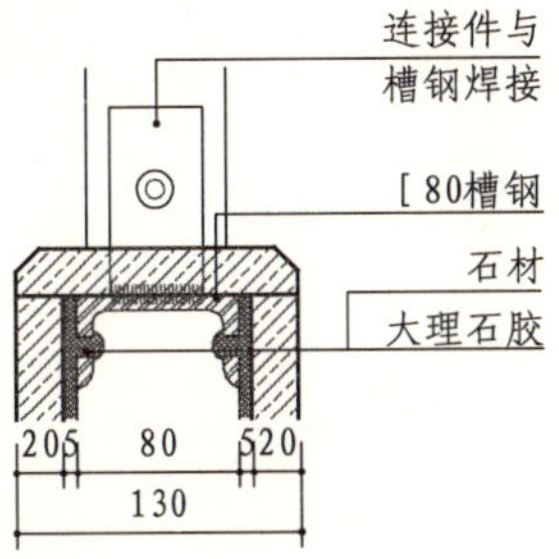

B 大样图

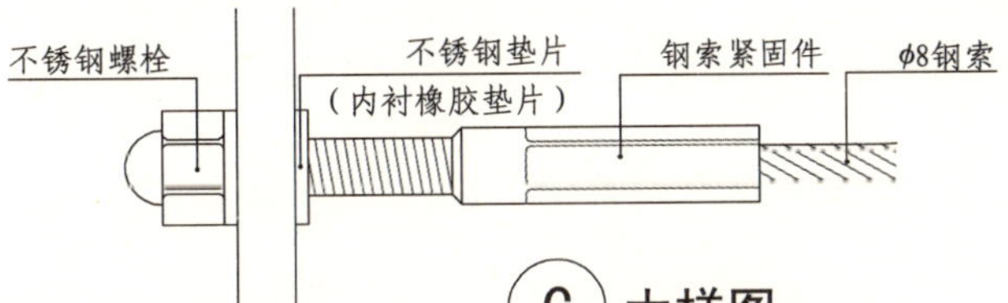

C 大样图

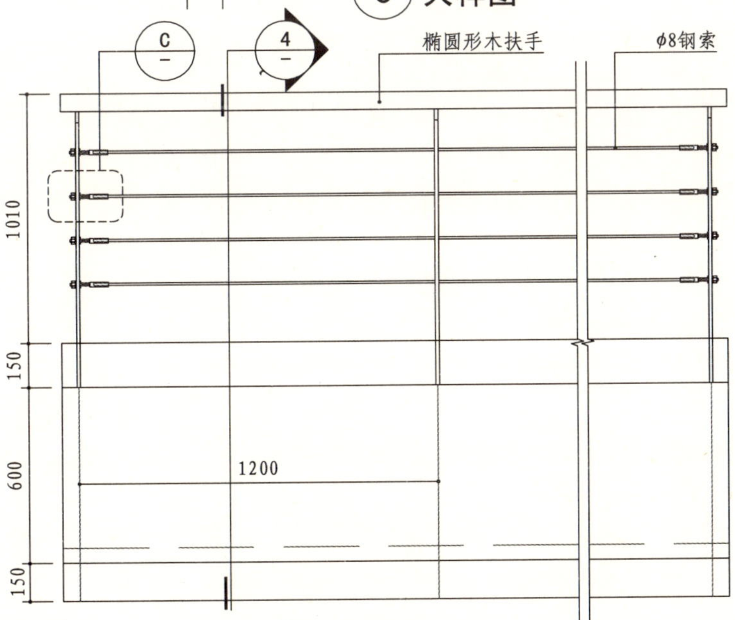

3 立面图二

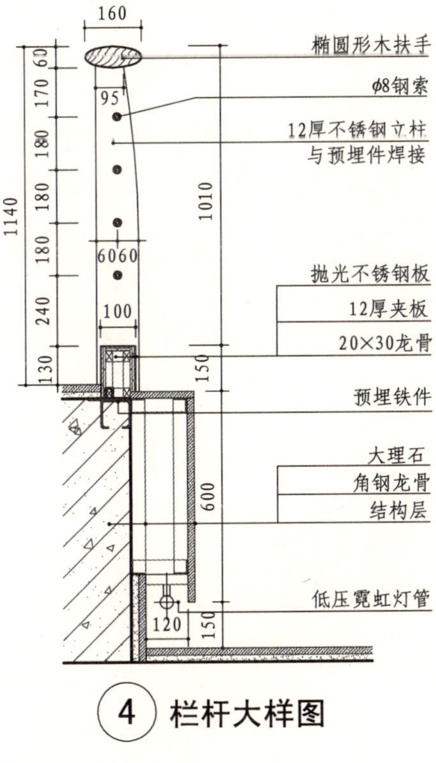

4 栏杆大样图

注：此形式不适用于儿童常去的地方。

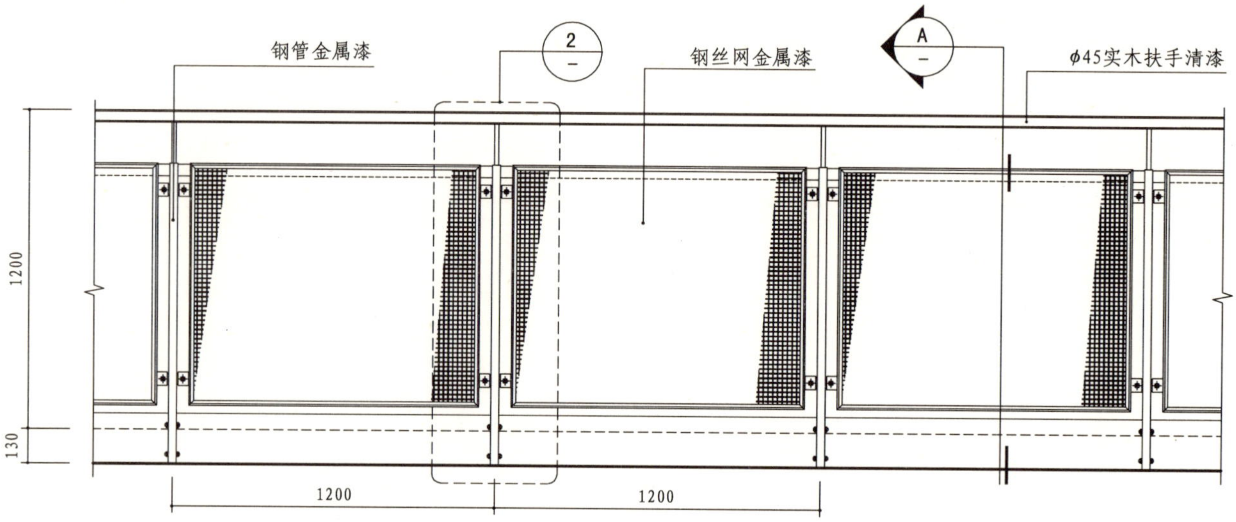

1 立面图

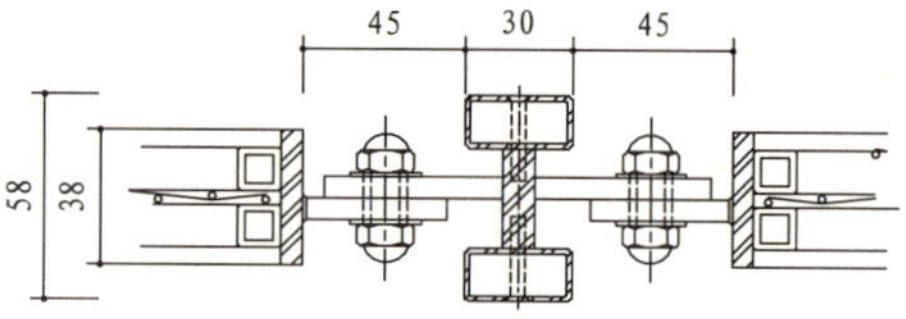

B 大样图

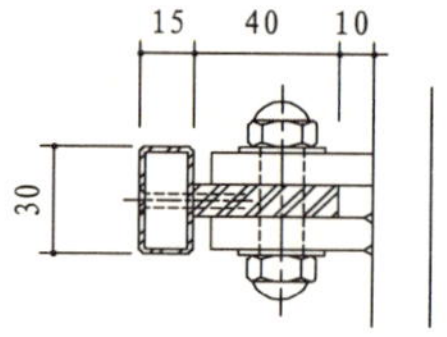

C 大样图

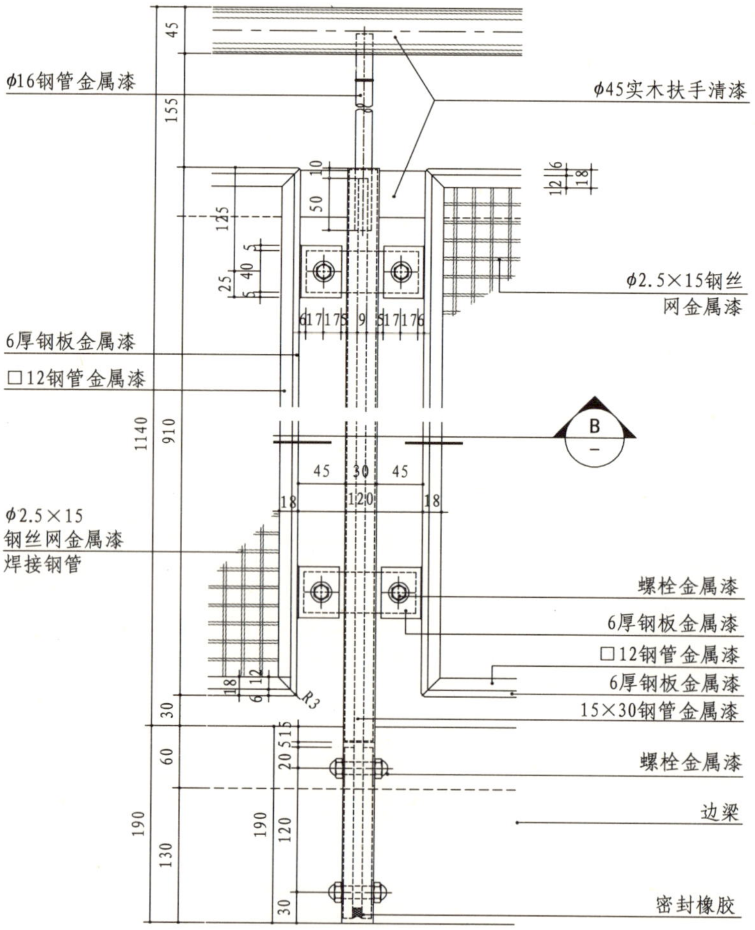

2 栏杆大样图

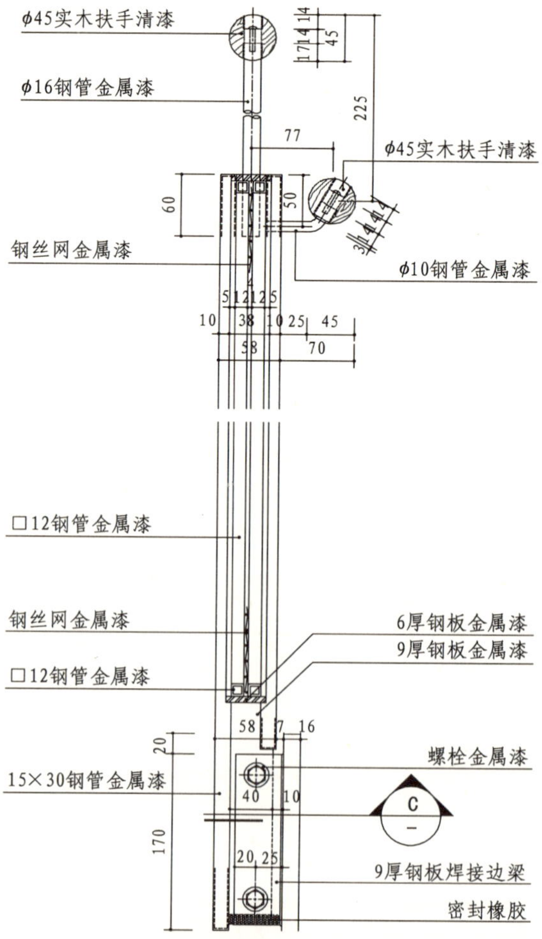

A 栏杆大样图

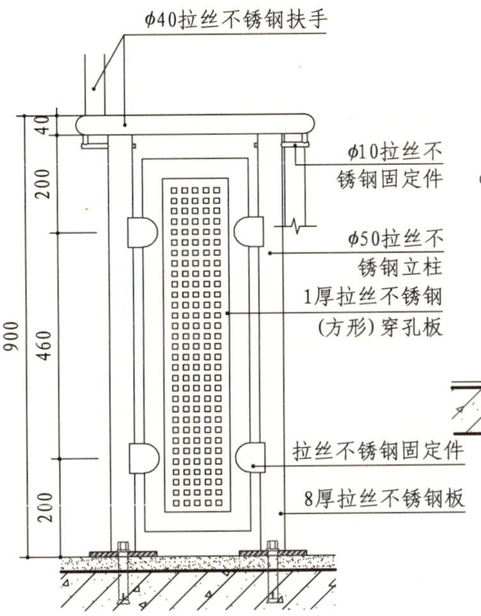

① 楼梯栏杆平台转角处立面图

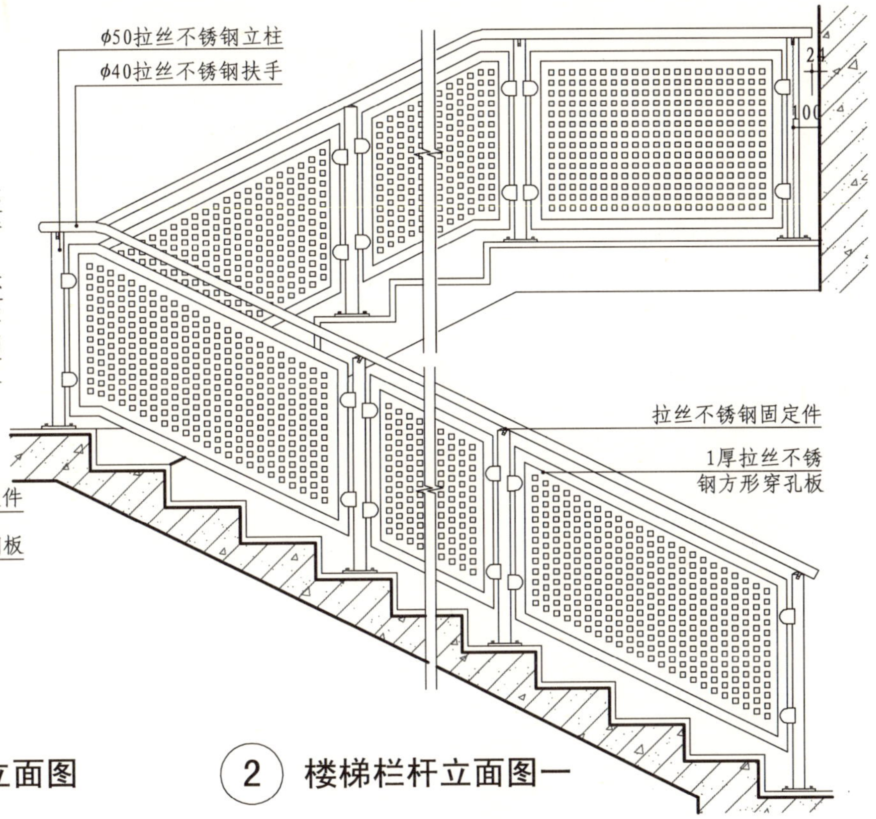

② 楼梯栏杆立面图一

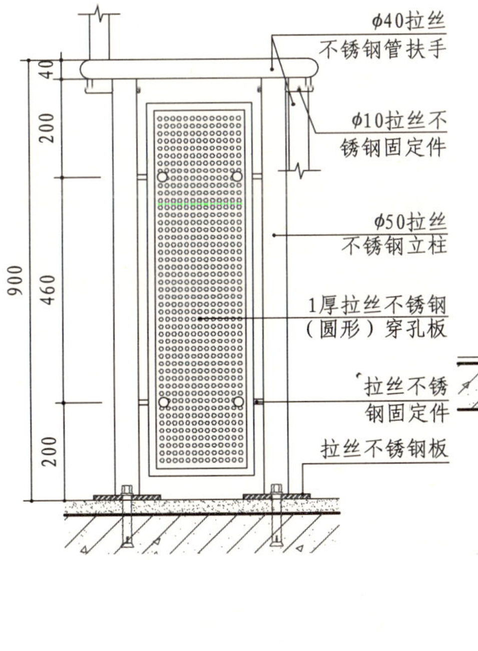

③ 楼梯栏杆平台转角处立面图

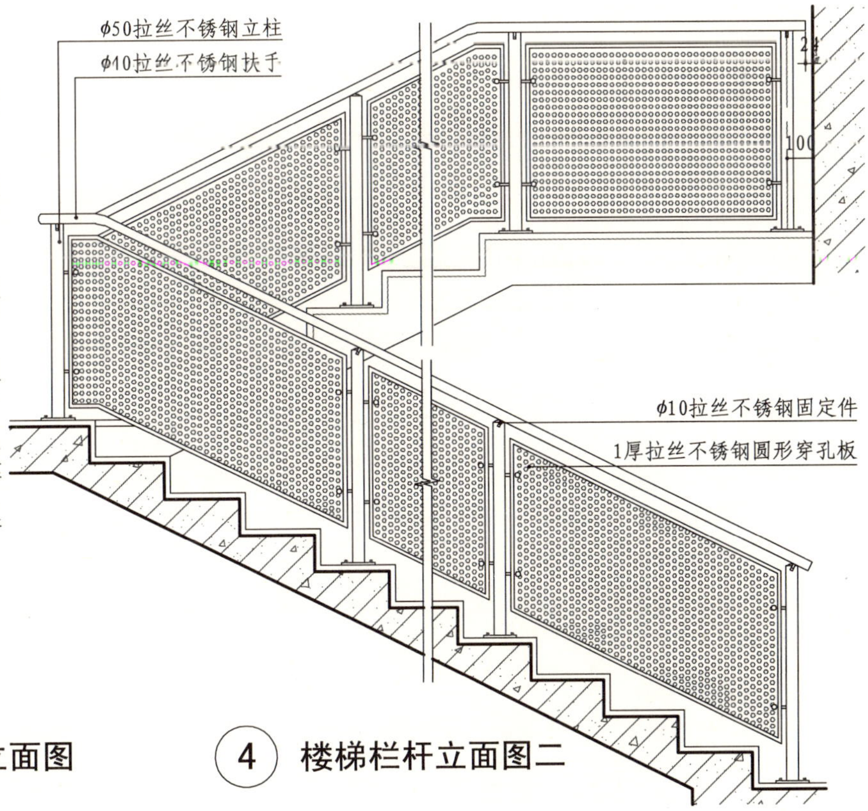

④ 楼梯栏杆立面图二

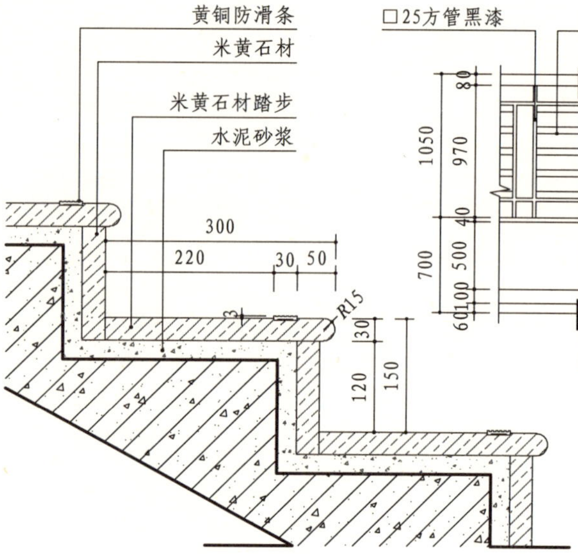

B 踏步大样图

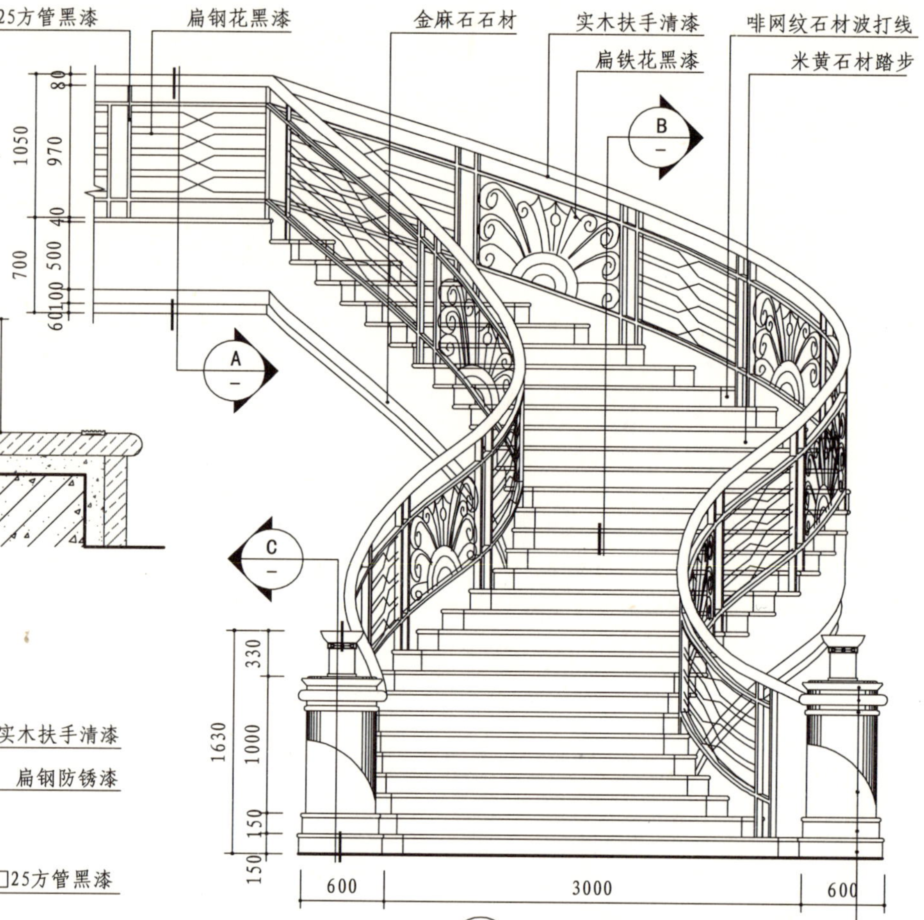

1 立面图

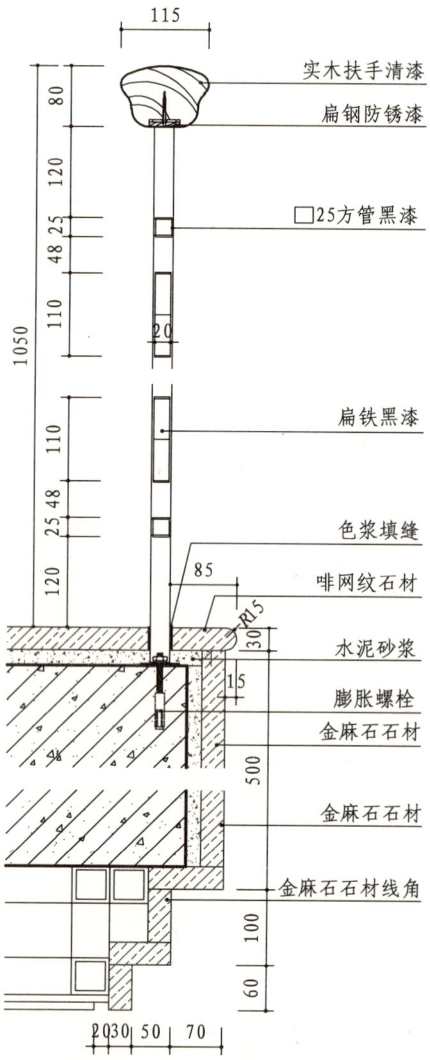

A 栏杆大样图

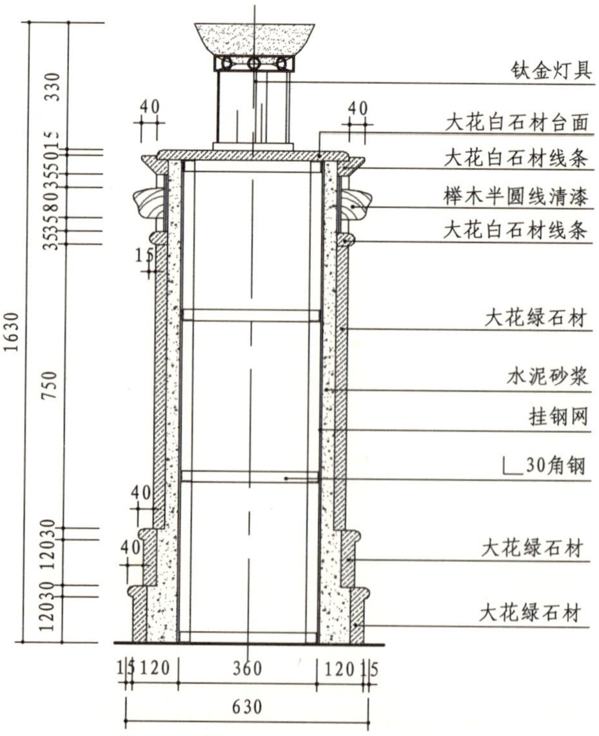

C 石材灯座大样图

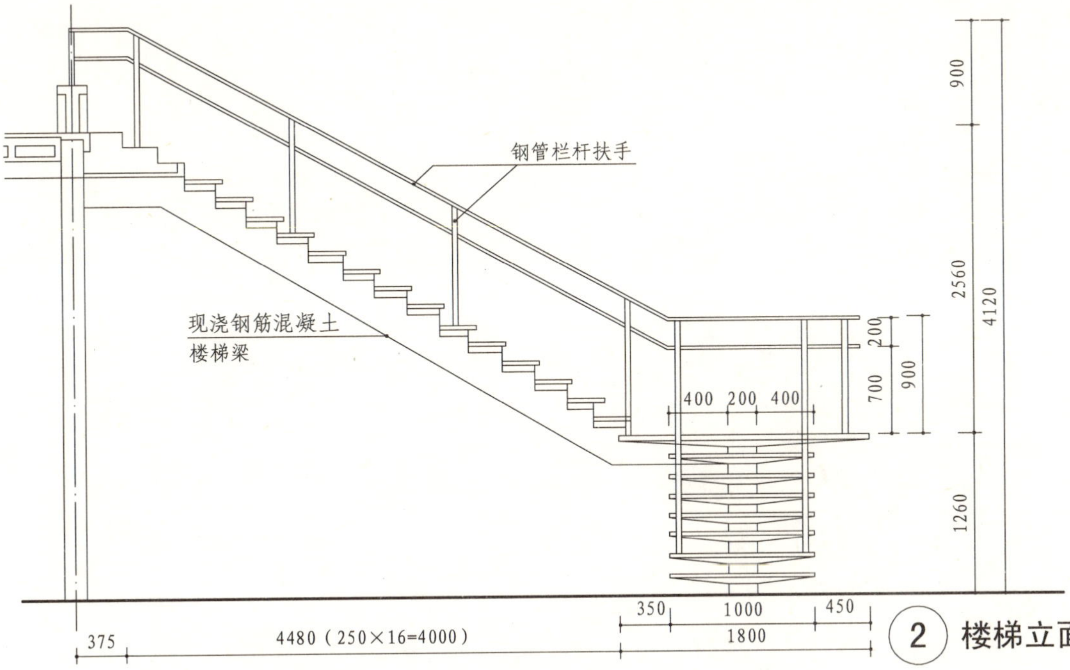

② 楼梯立面图一

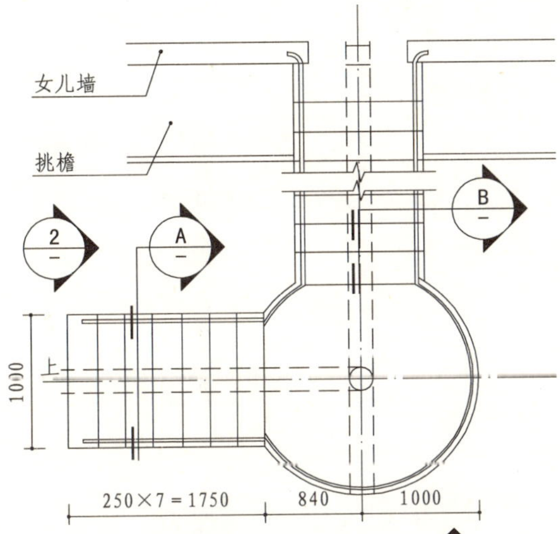

① 楼梯平面图

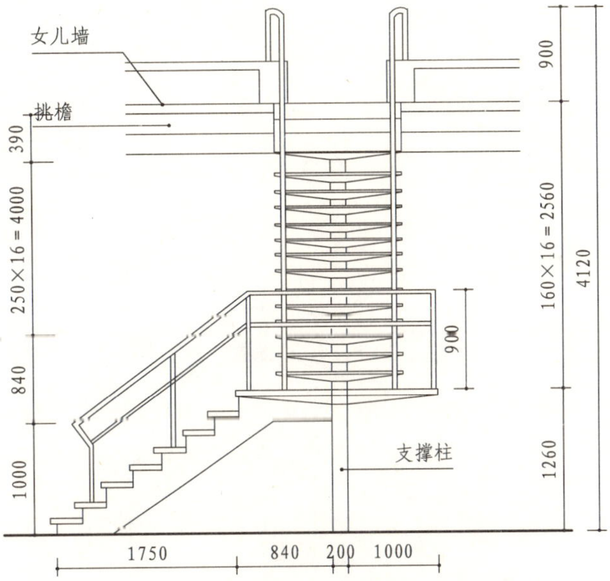

③ 楼梯立面图二

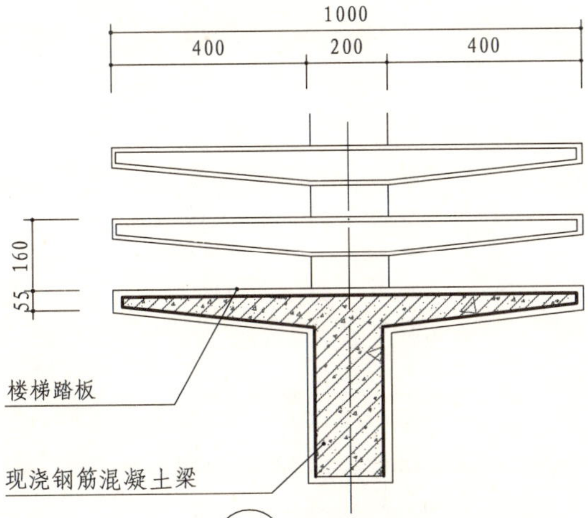

Ⓐ 楼梯踏步大样图

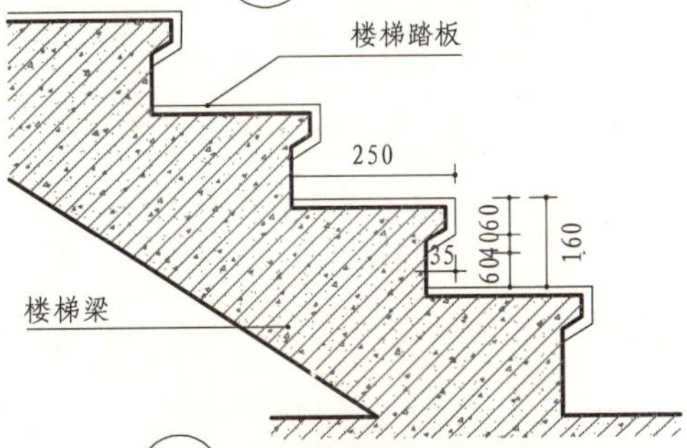

Ⓑ 楼梯踏步大样图

图为桂林一室外小庭院楼梯，通向屋顶平台。为现浇钢筋混凝土单梁悬挑踏步板结构。

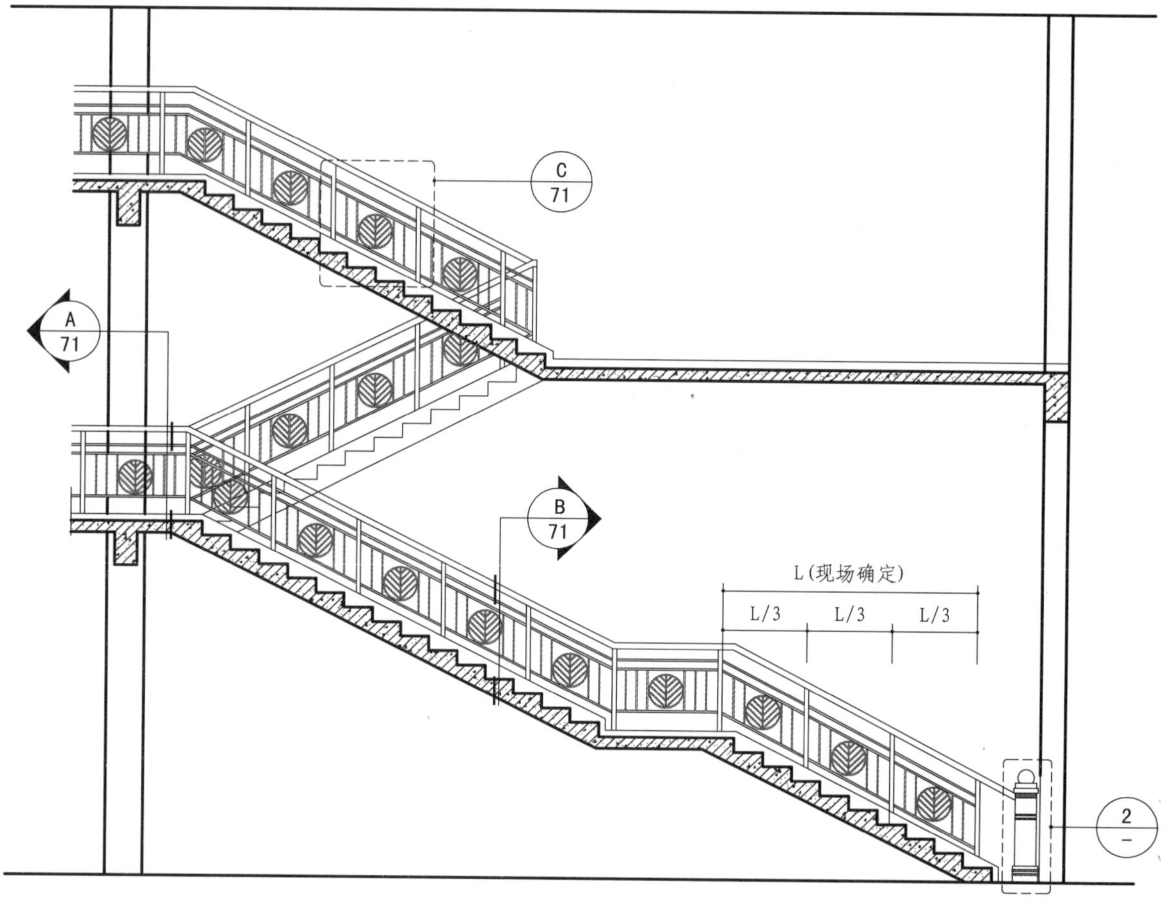

1 剖立面图

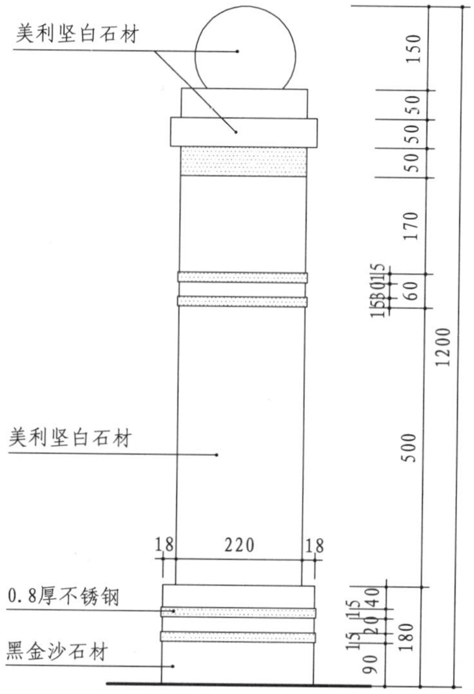

2 大理石柱立面

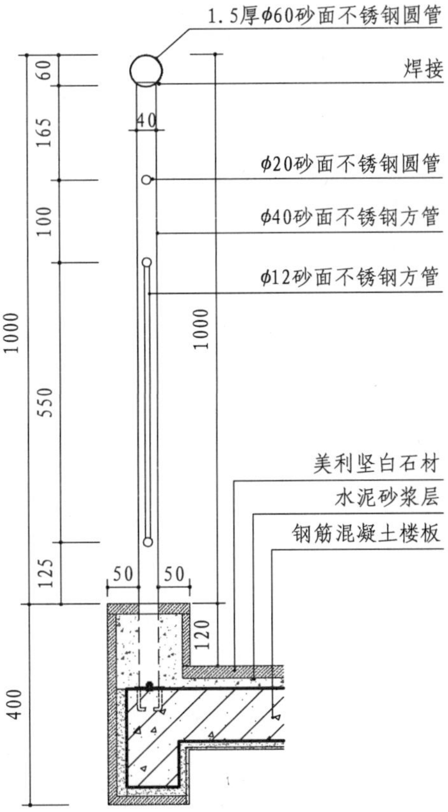

A 大样图

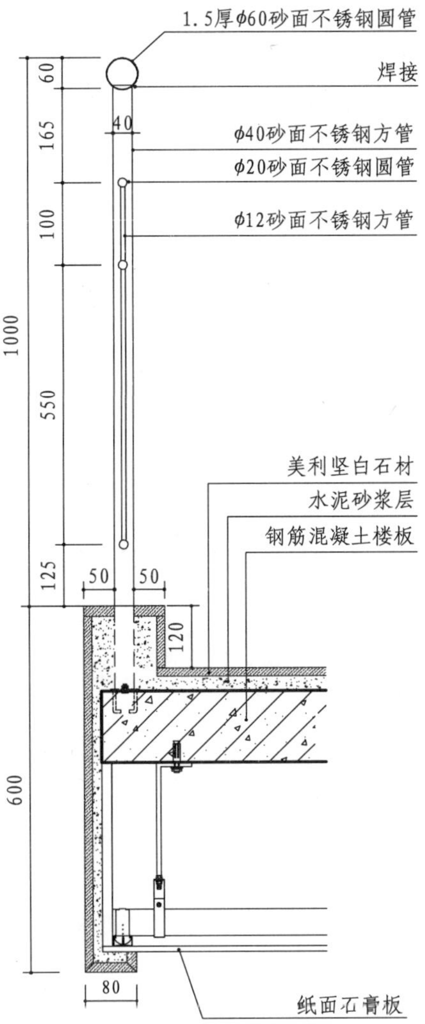

B 大样图

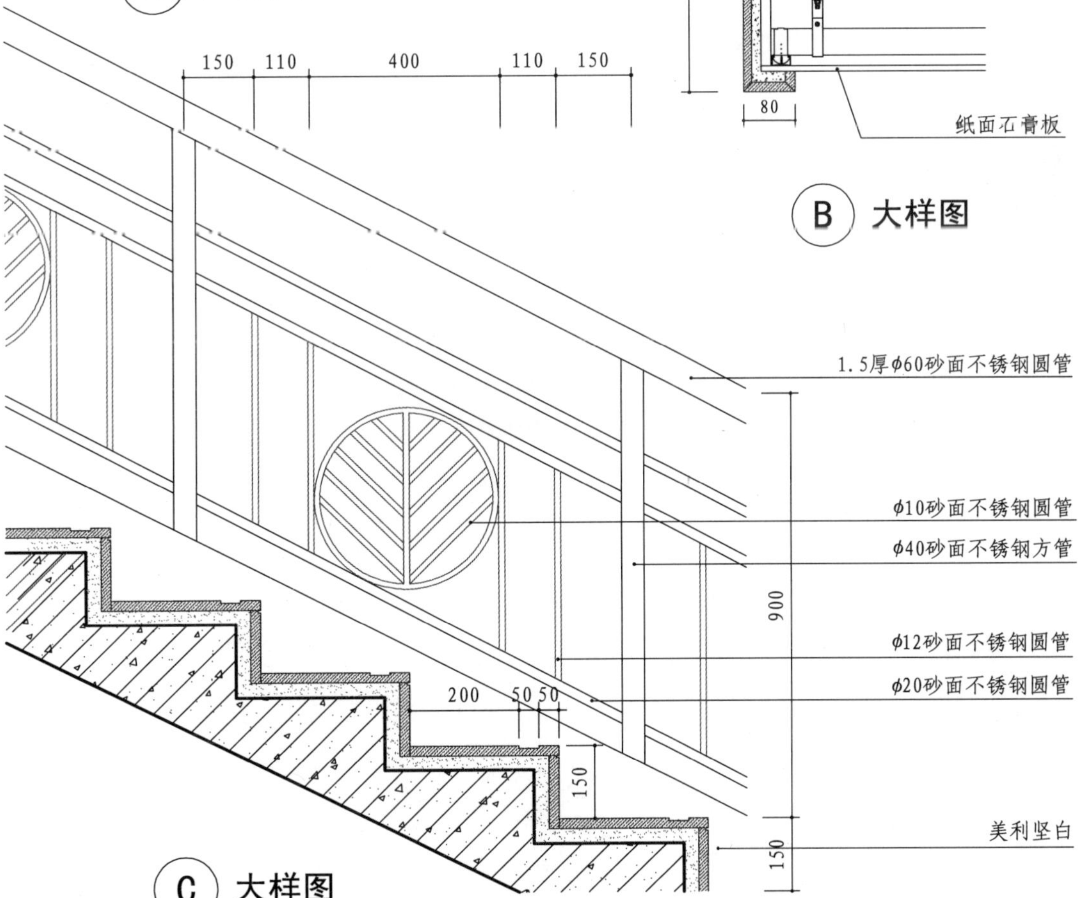

C 大样图

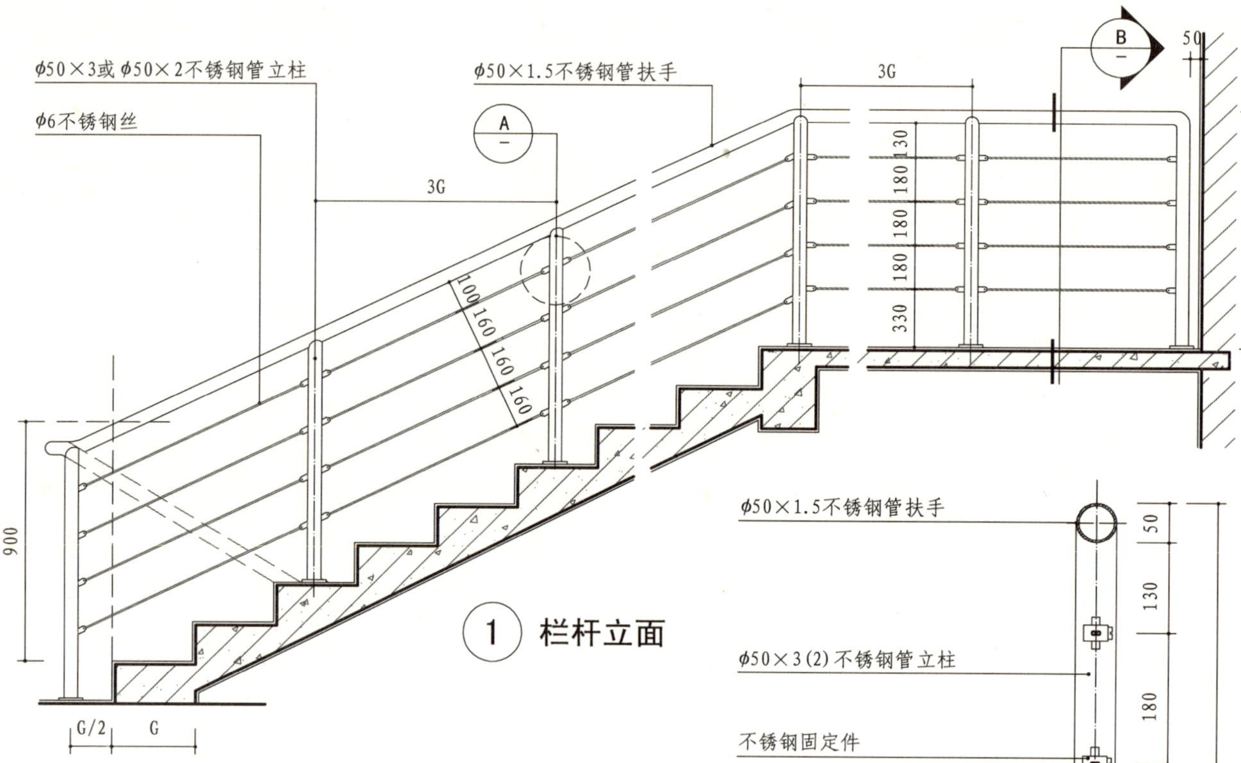

1 栏杆立面

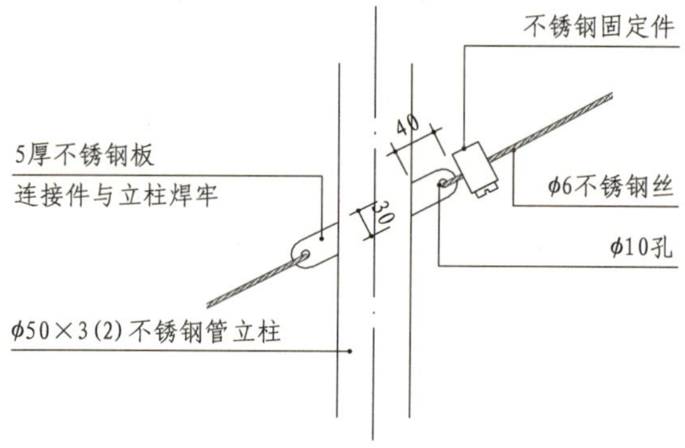

A 大样图

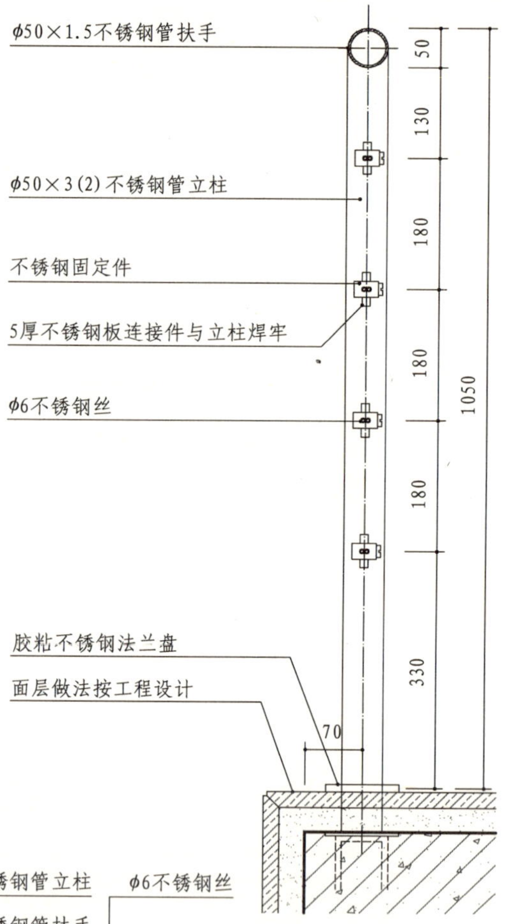

B 大样图

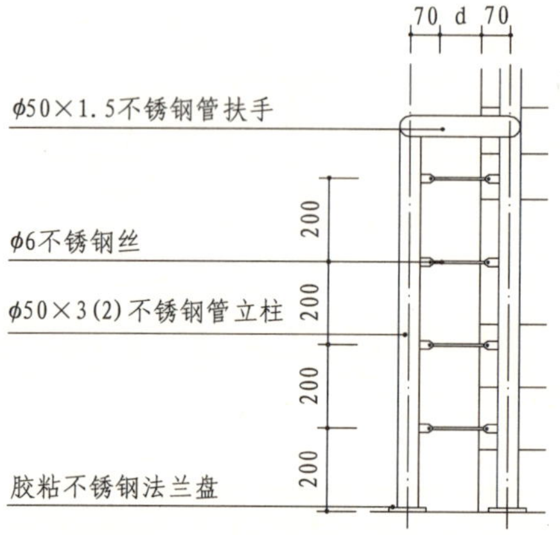

2 扶手转折处立面

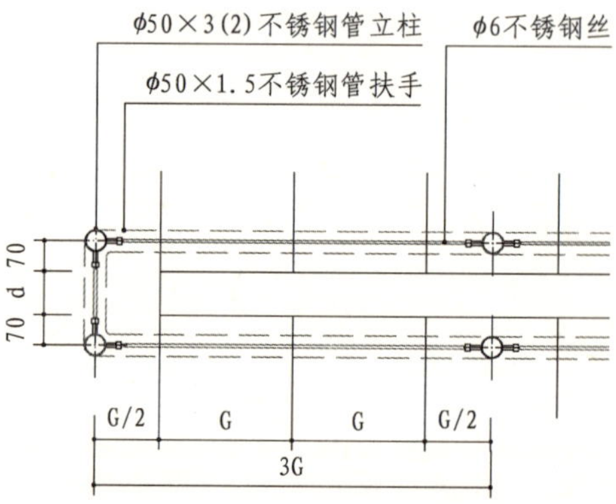

3 扶手转折处平面

(d按工程设计)

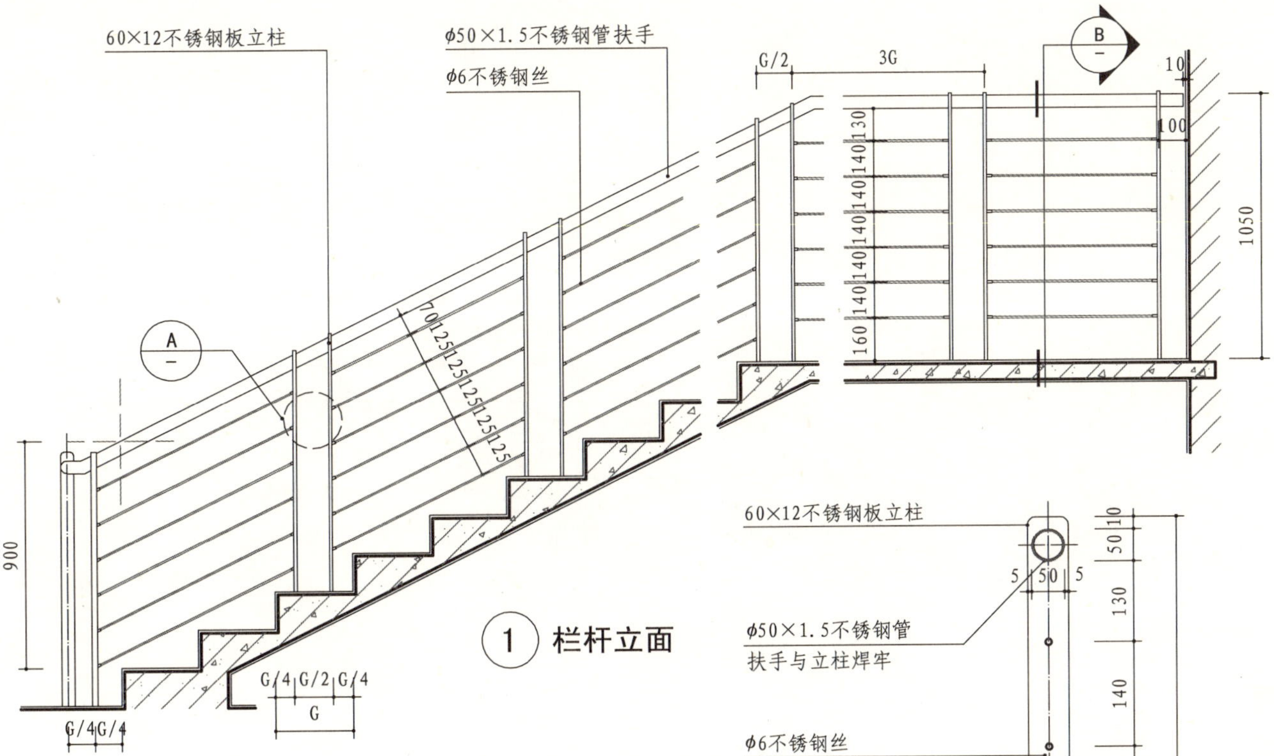

1 栏杆立面

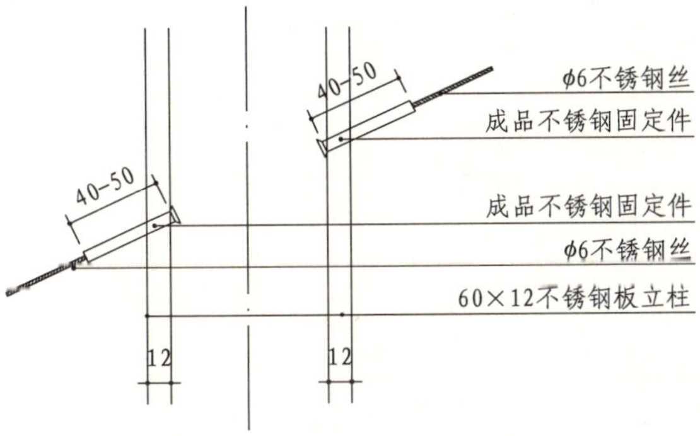

A 大样图

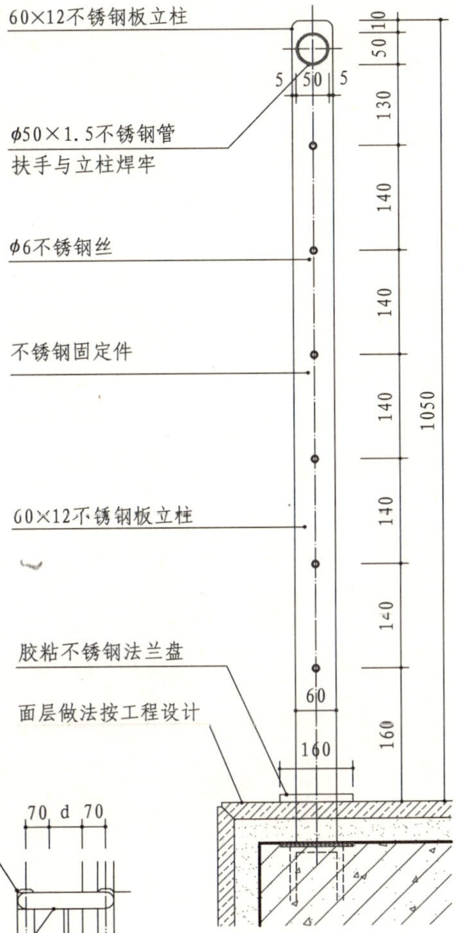

B 大样图

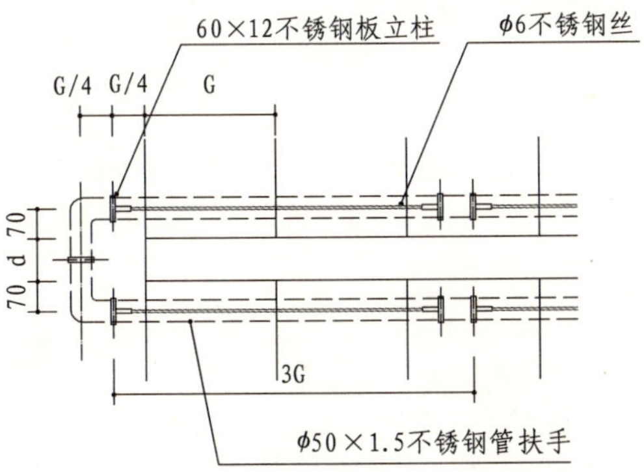

2 扶手转折处平面

(d按工程设计)

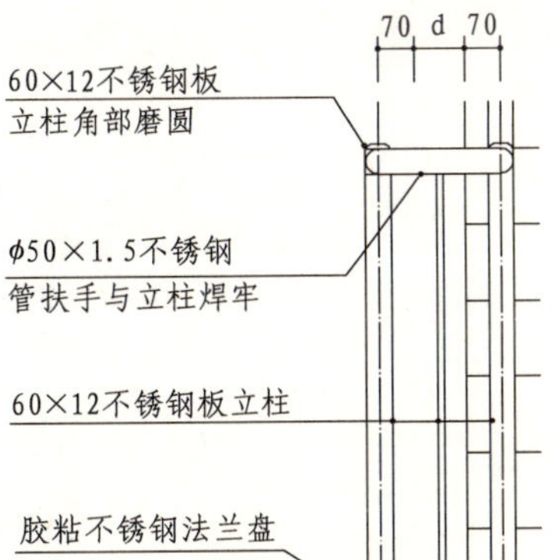

3 扶手转折处立面

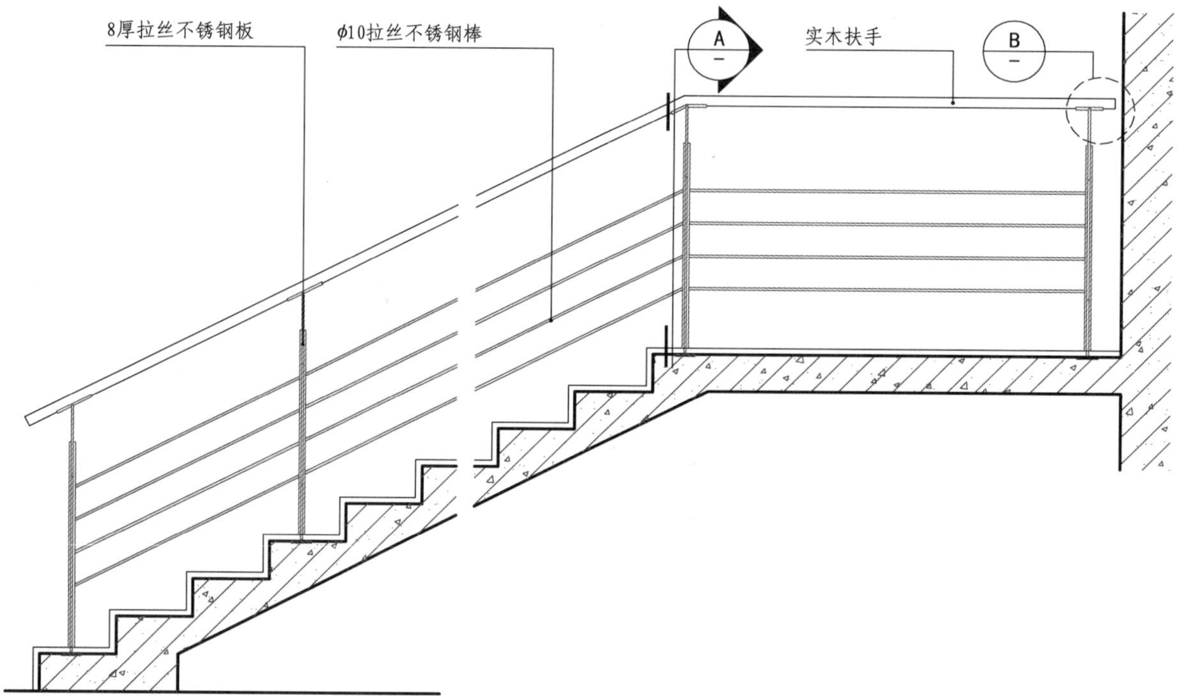

1 楼梯栏杆扶手立面

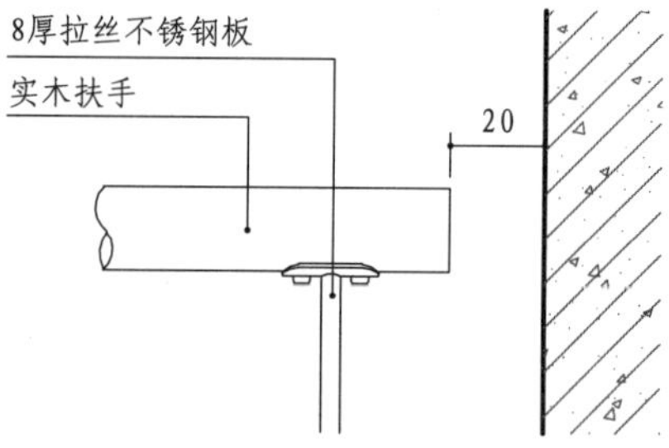

B 大样图

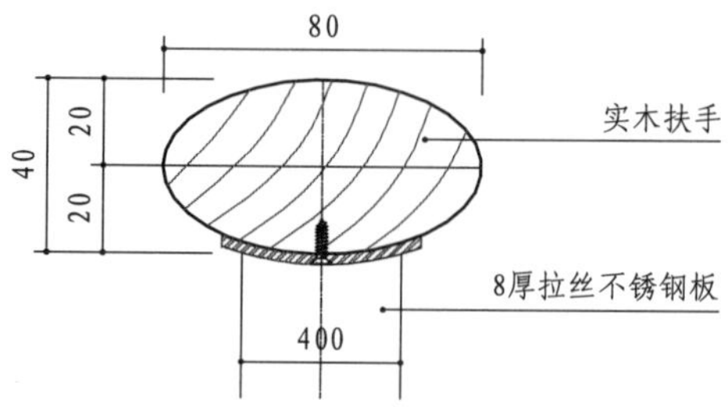

C 木扶手楼梯栏杆

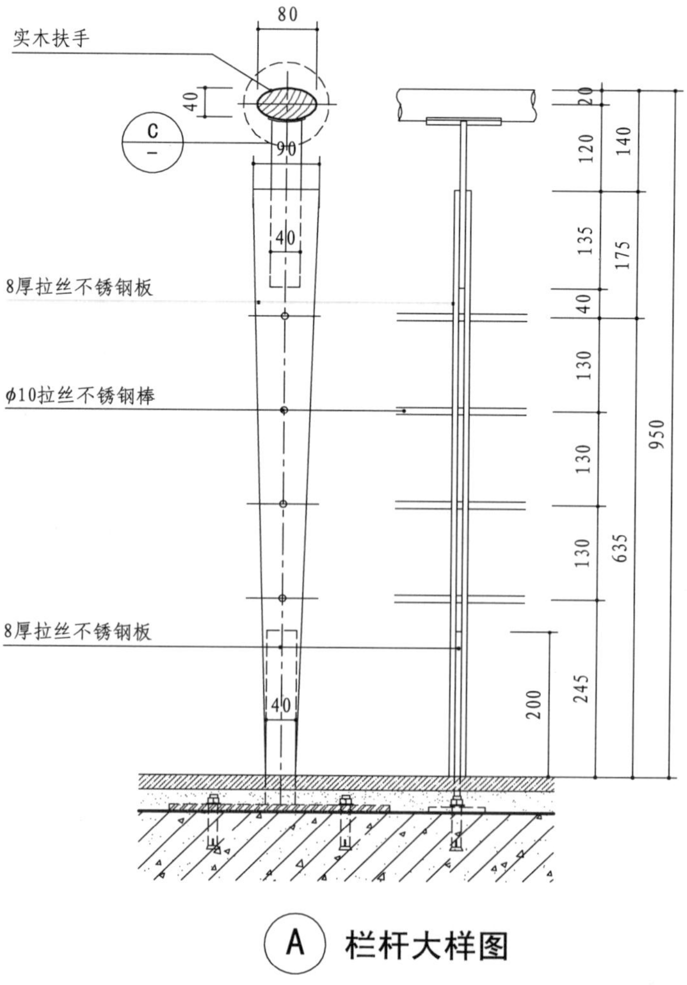

A 栏杆大样图

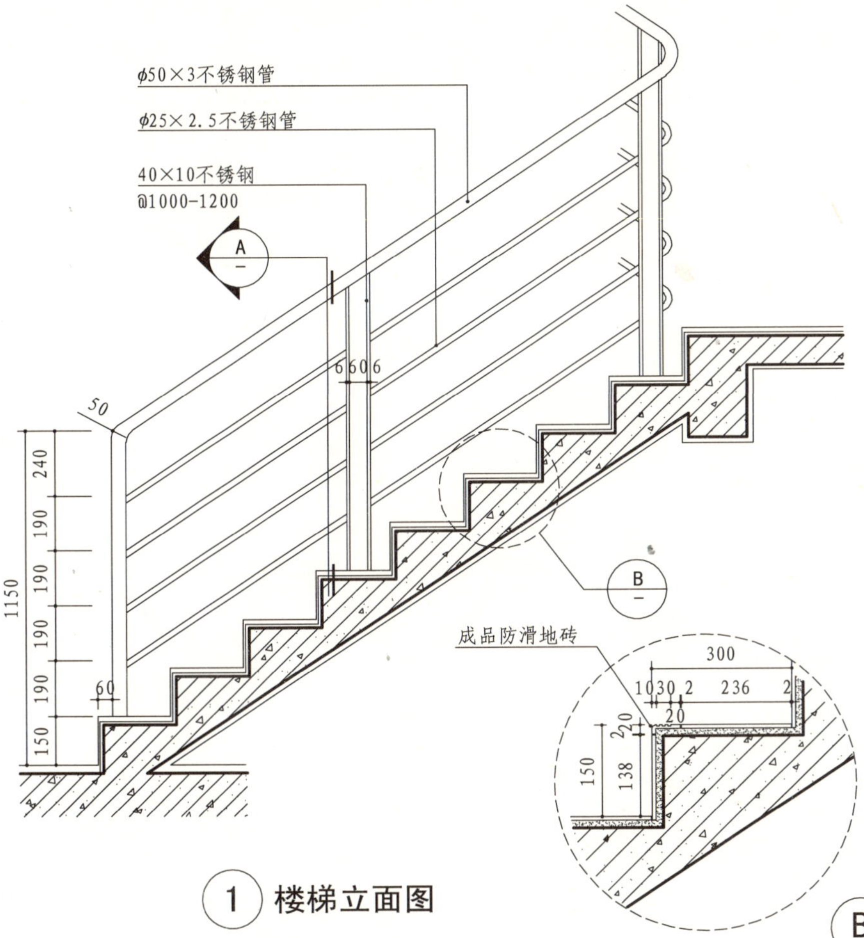

1 楼梯立面图

B 大样图

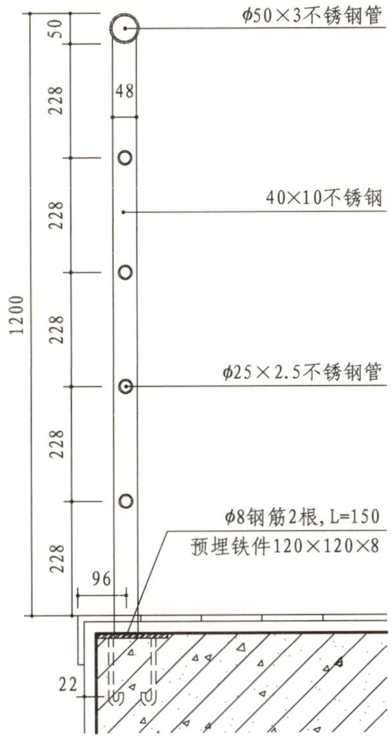

A 大样图

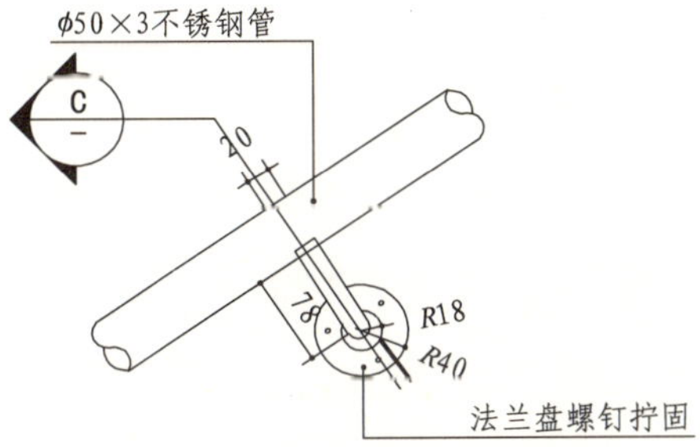

2 靠墙扶手大样图一

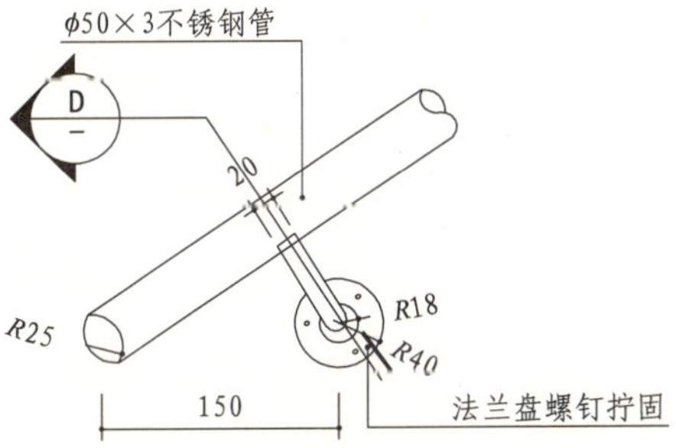

3 靠墙扶手大样图二

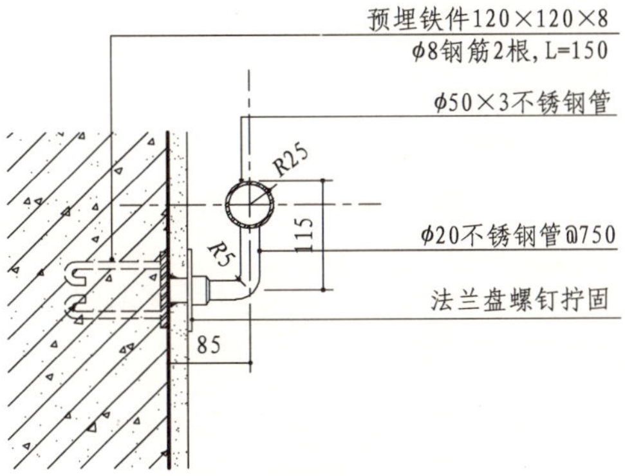

C 大样图

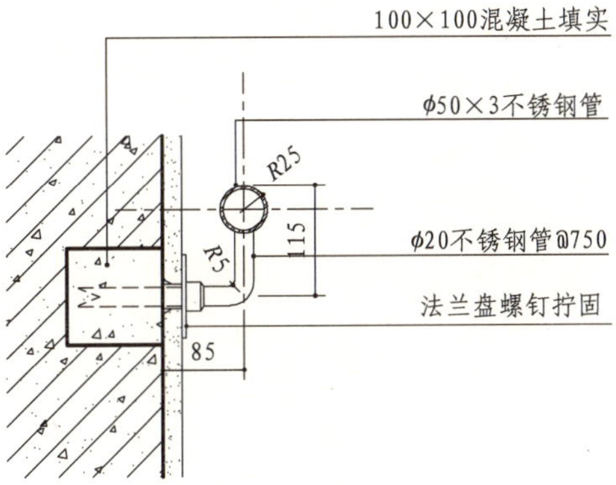

D 大样图

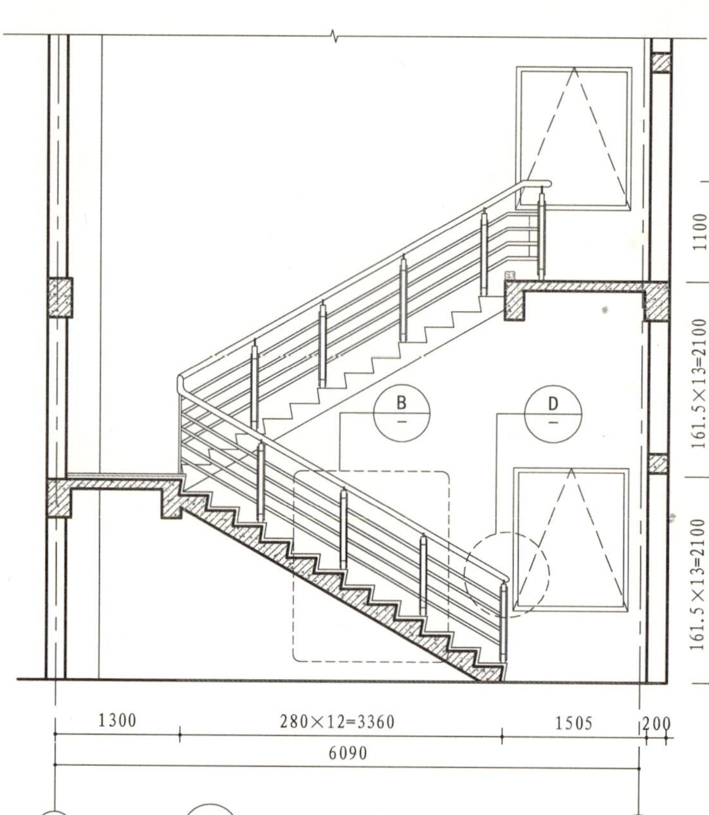

2 某门厅楼梯立面图

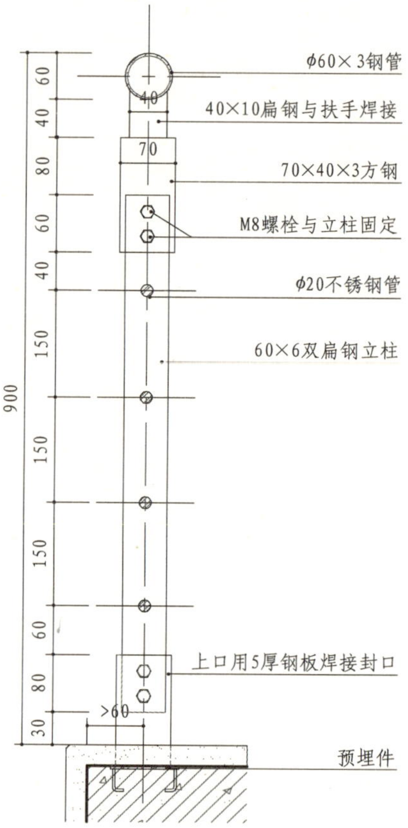

A 栏杆大样图

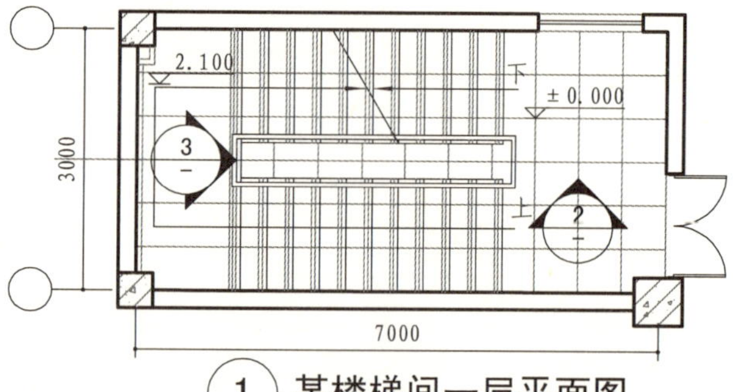

1 某楼梯间一层平面图

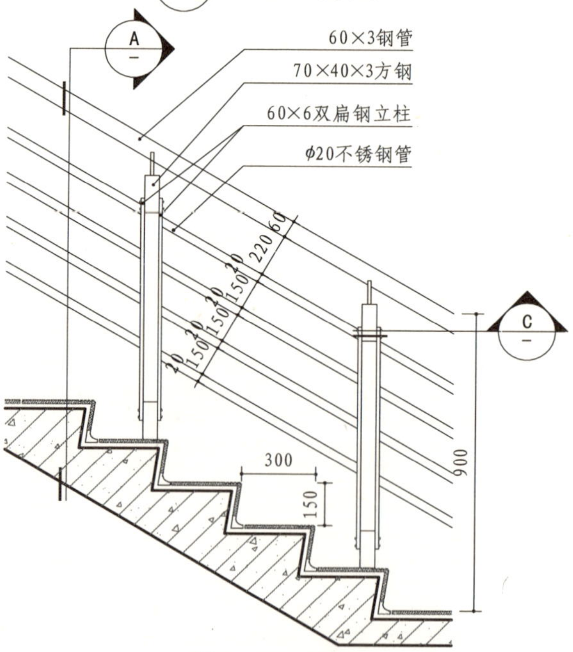

B 栏杆大样图

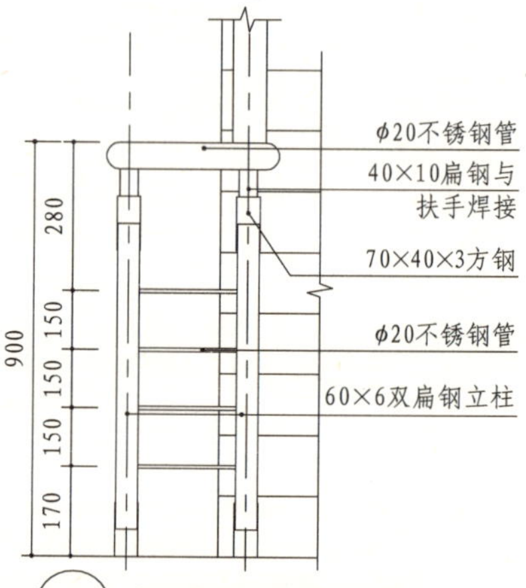

3 扶手转折处立面

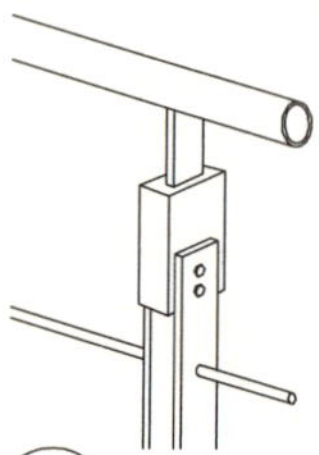

D 大样图

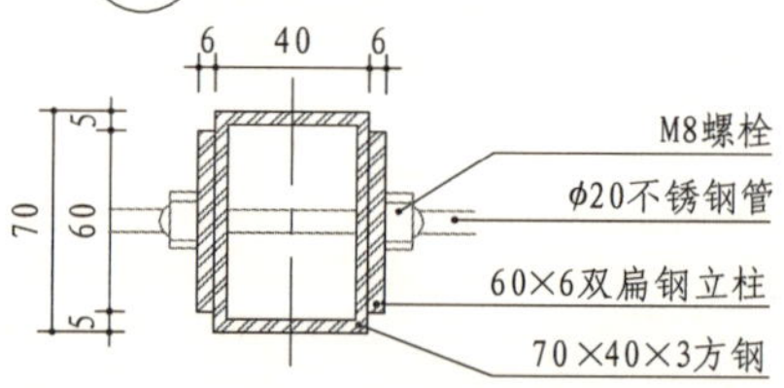

C 大样图

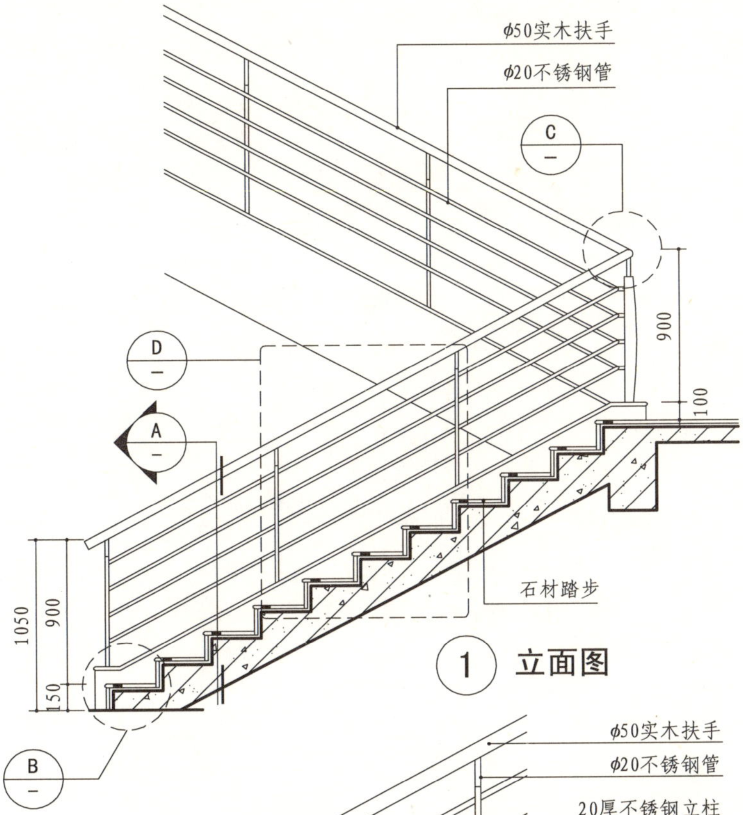

1 立面图

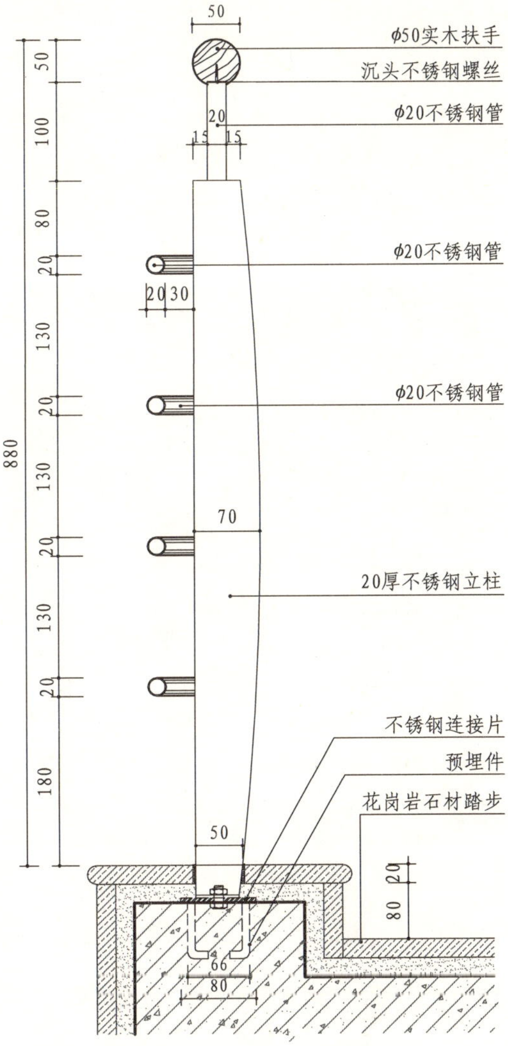

A 栏杆大样图

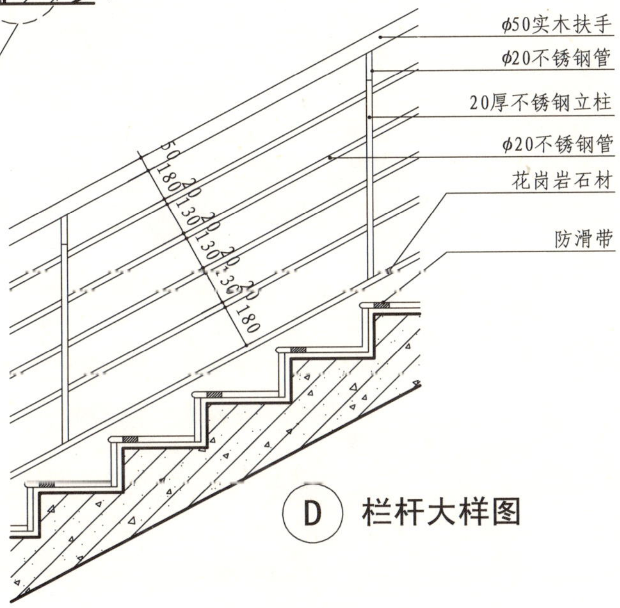

D 栏杆大样图

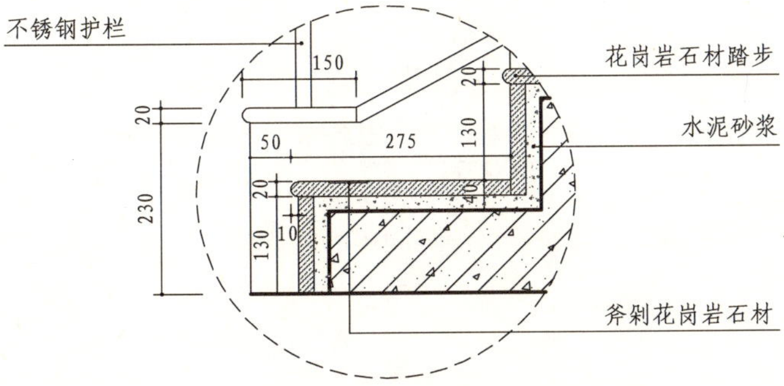

B 大样图

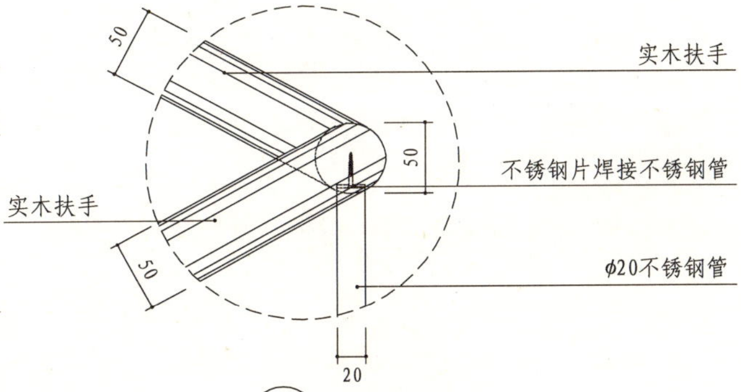

C 大样图

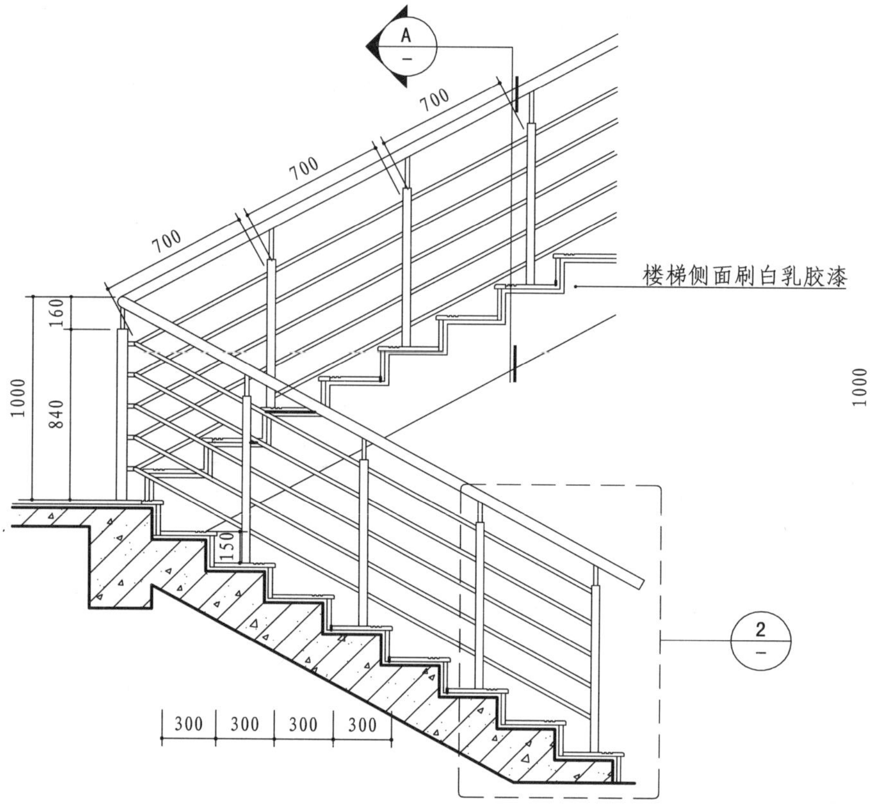

① 楼梯详图

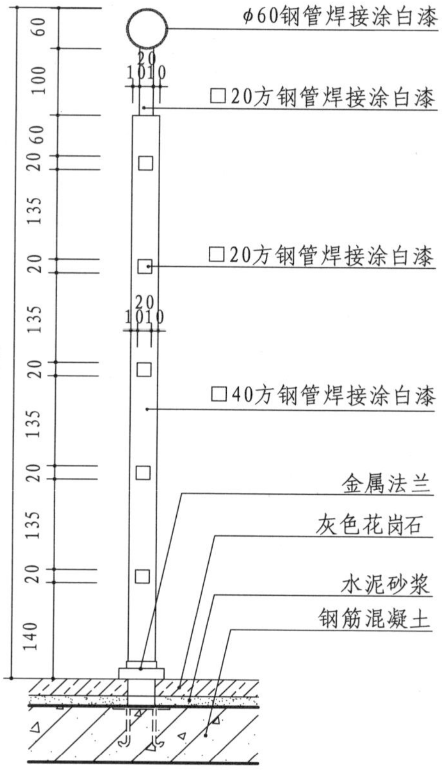

Ⓐ 楼梯栏杆详图

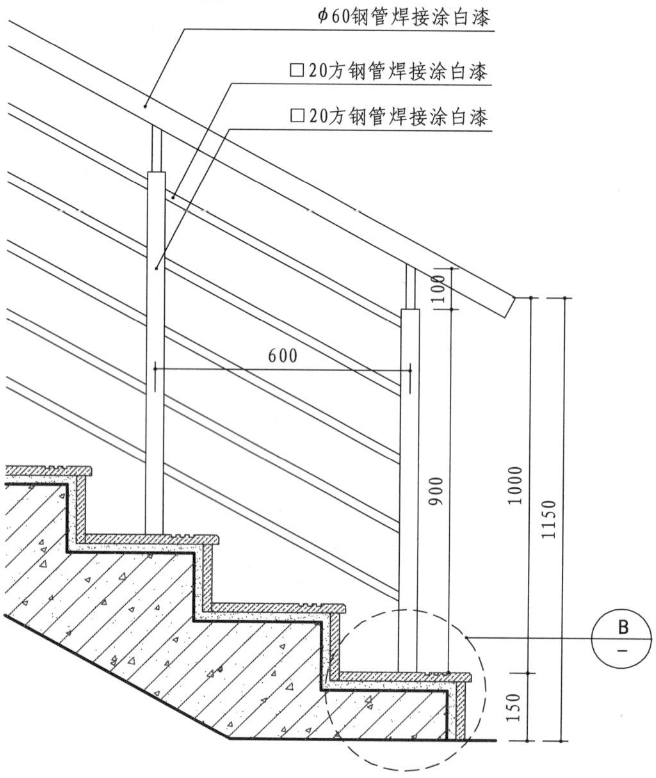

② 楼梯栏杆立面

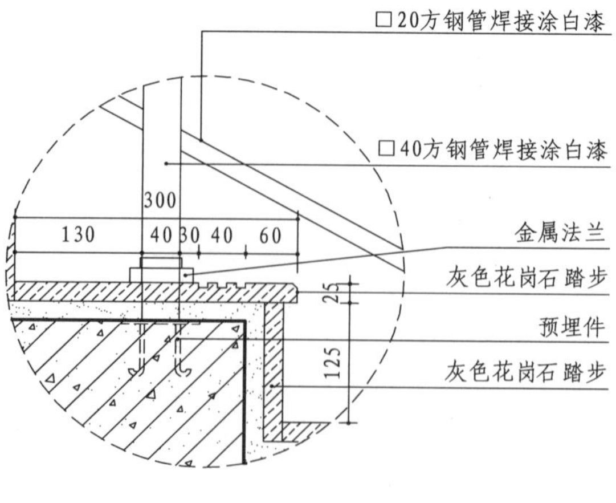

Ⓑ 大样图

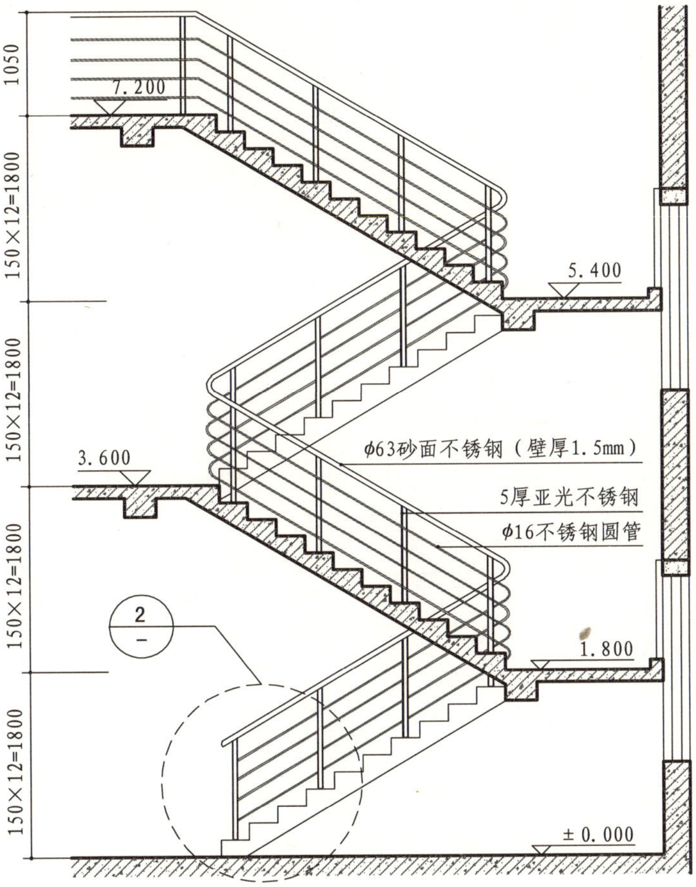

① 剖立面图（一）

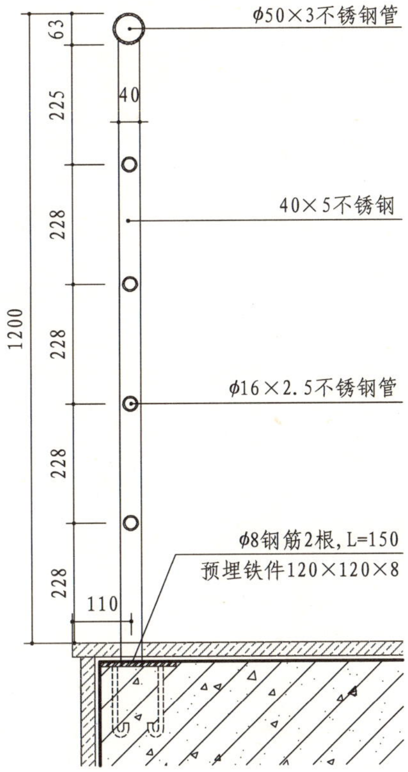

Ⓐ 大样图

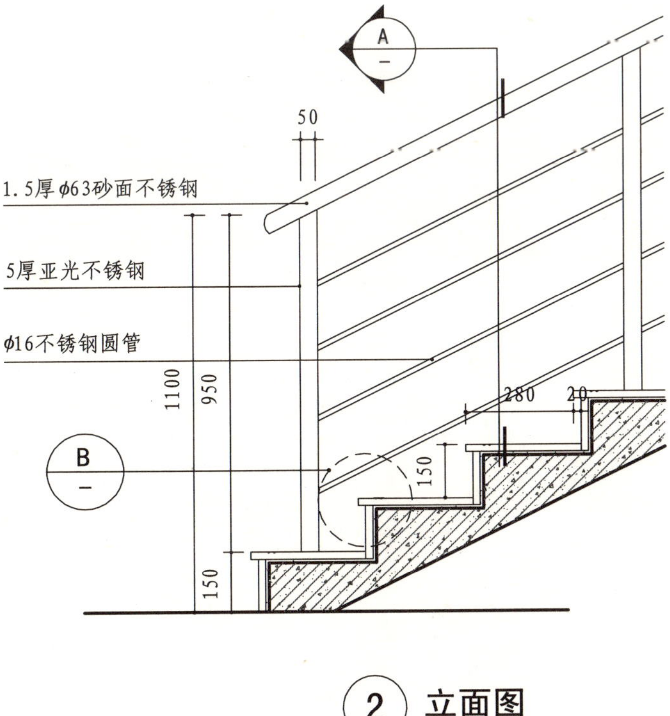

② 立面图

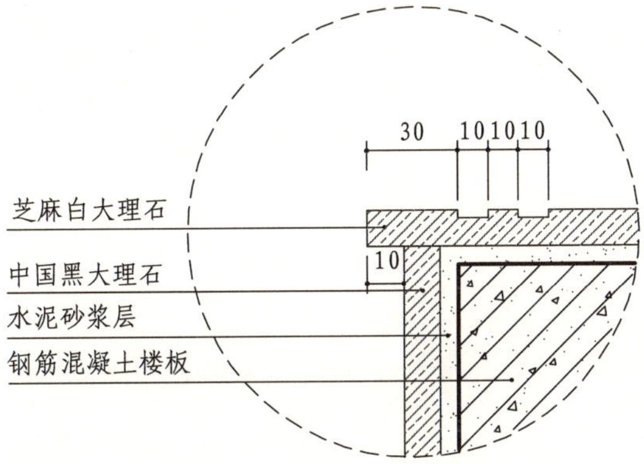

Ⓑ

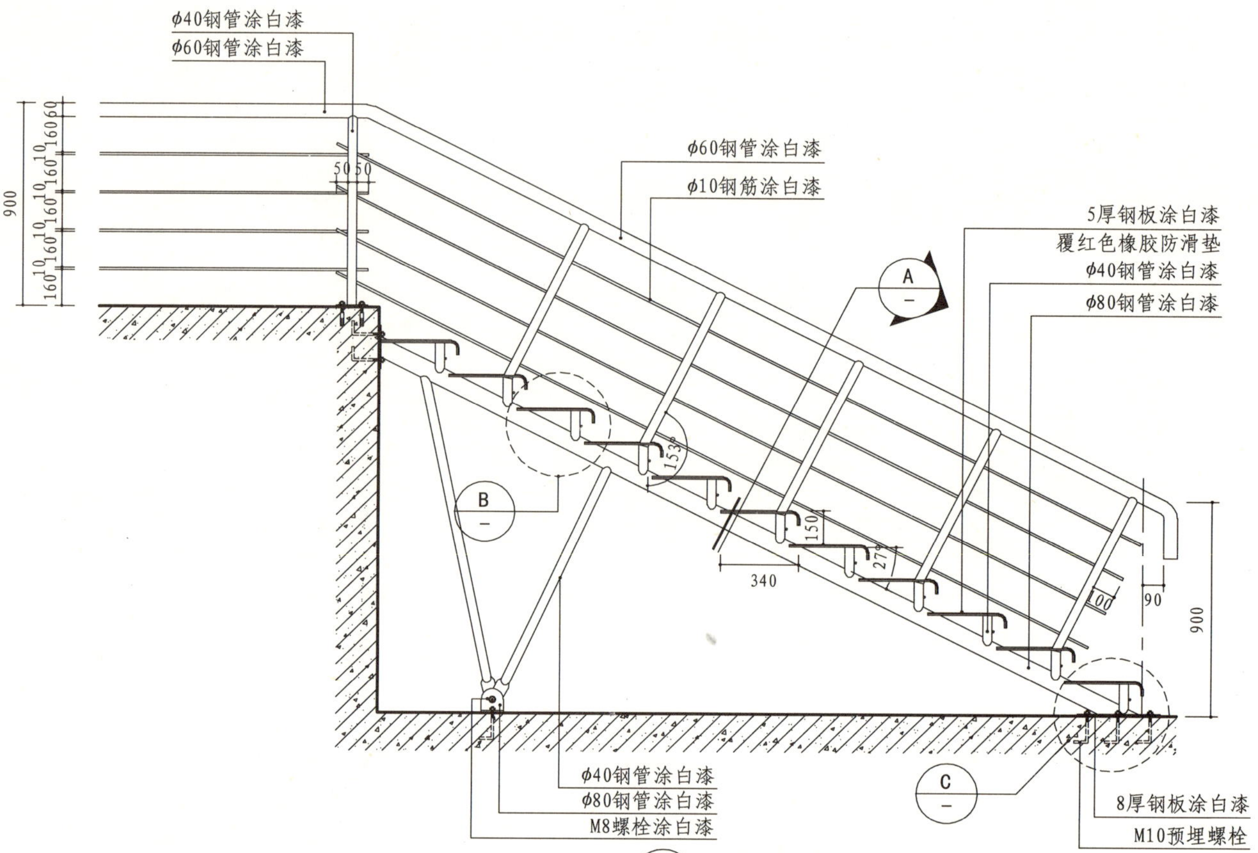

1 立面图

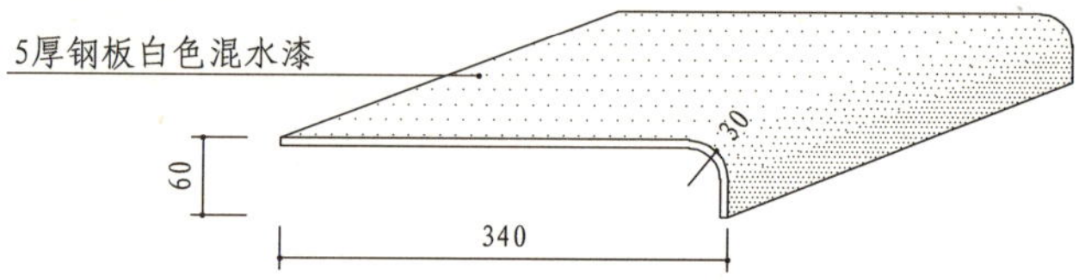

B 钢板踏步大样图

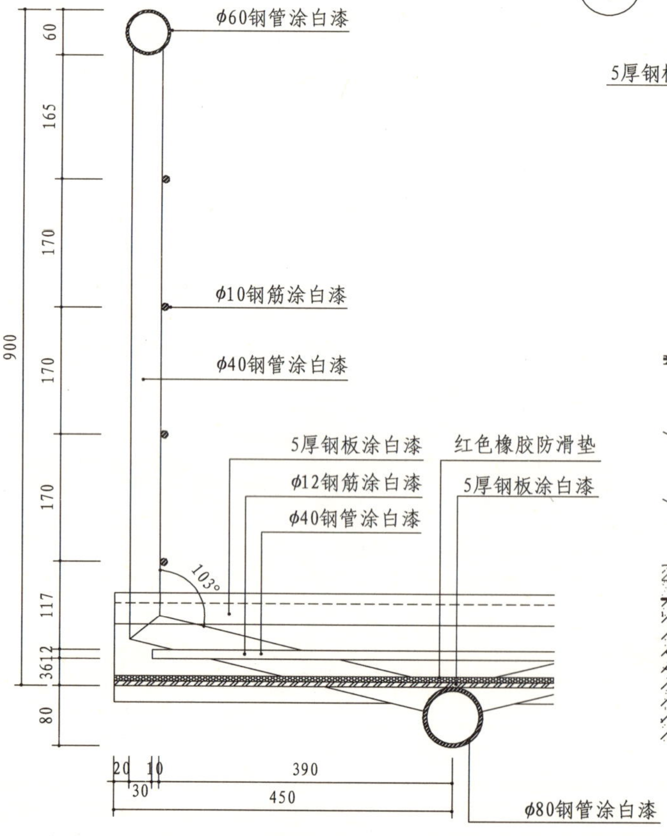

A 剖面图

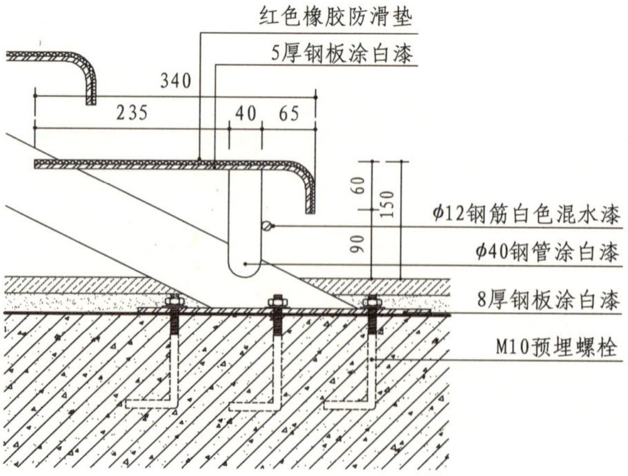

C 剖面图

Section2
工程实例
栏杆
栏板
组合栏杆（板）

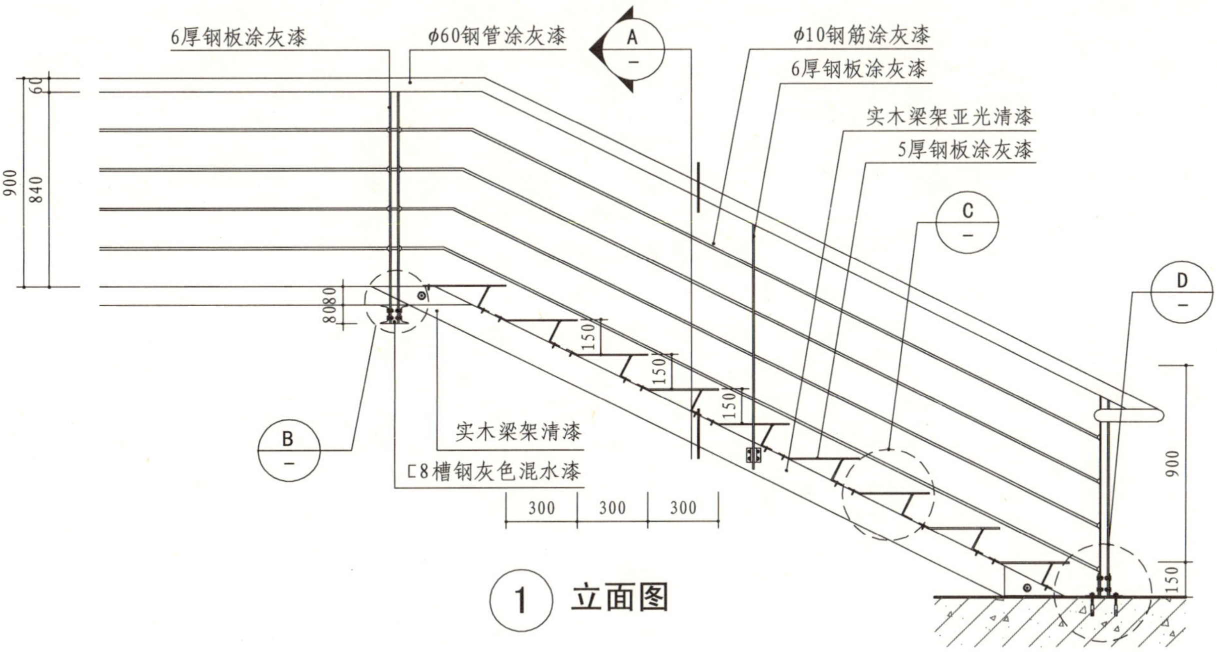

1 立面图

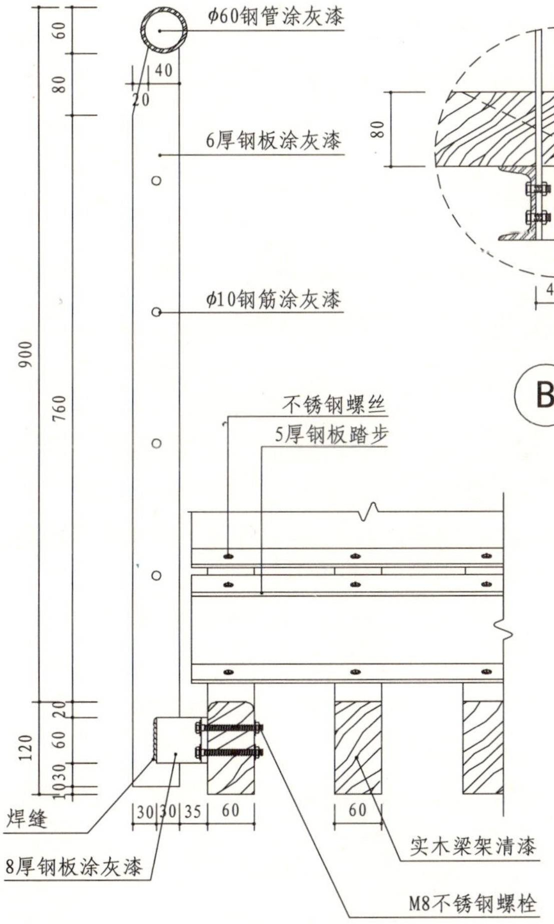

A 楼梯扶手剖面图

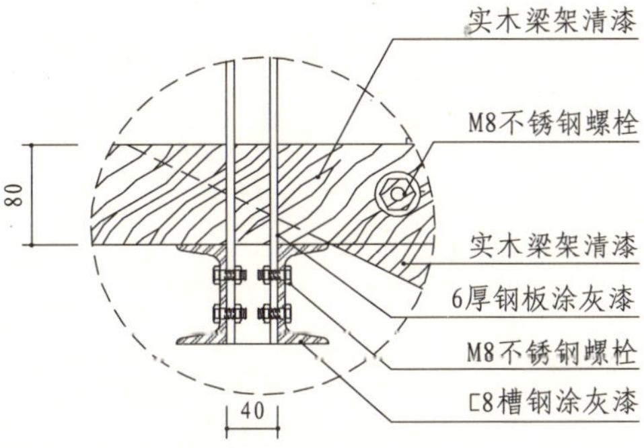

B 大样图

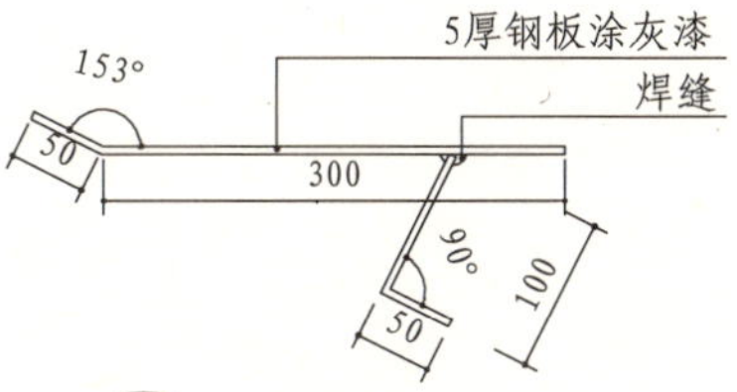

C 钢板踏步大样图

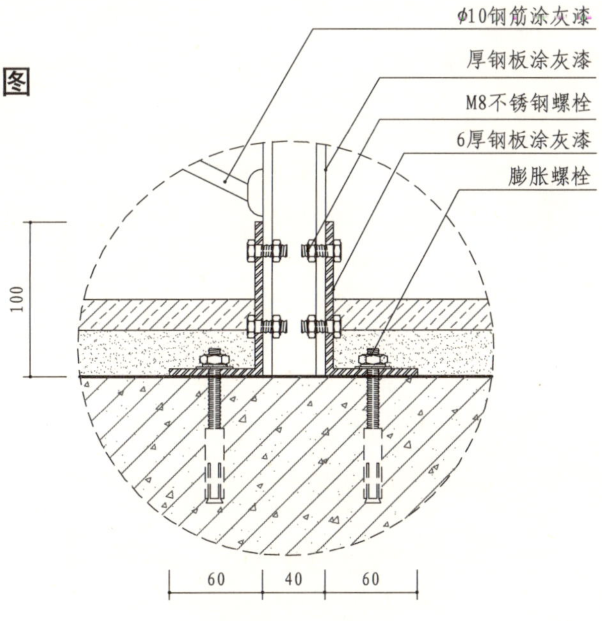

D 大样图

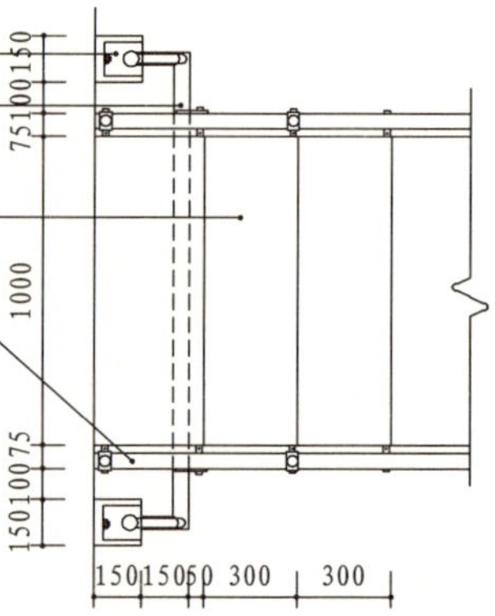

1 楼梯踏步平台处平面图

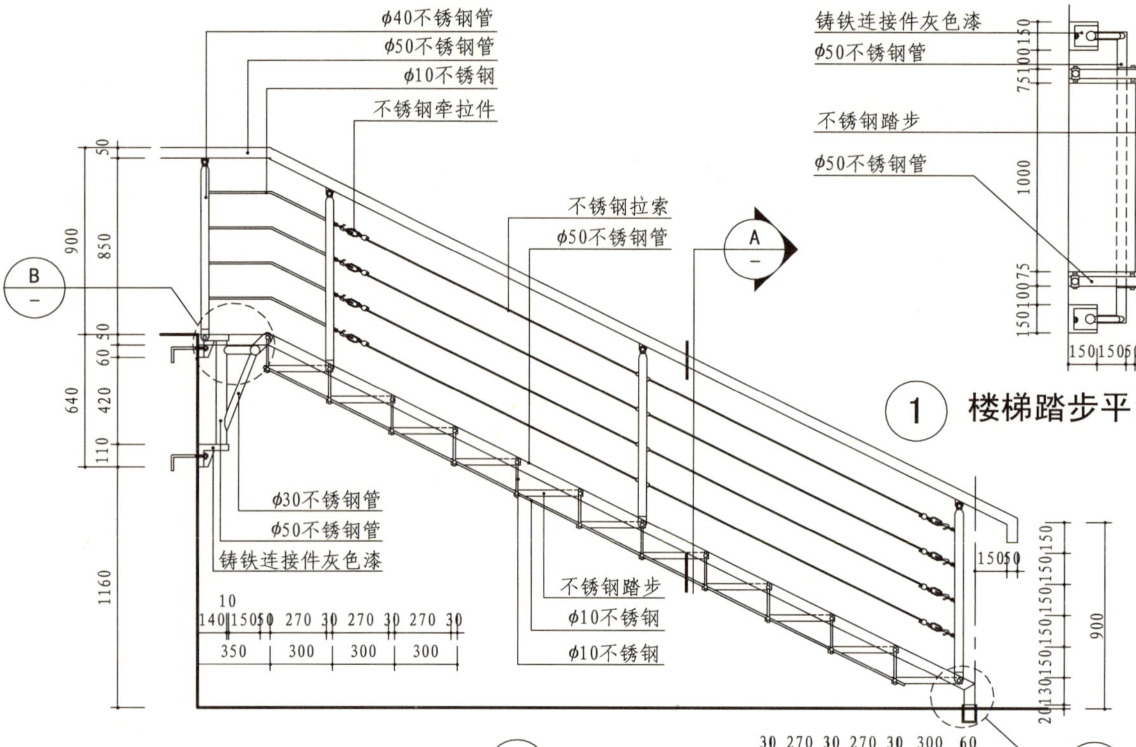

2 立面图

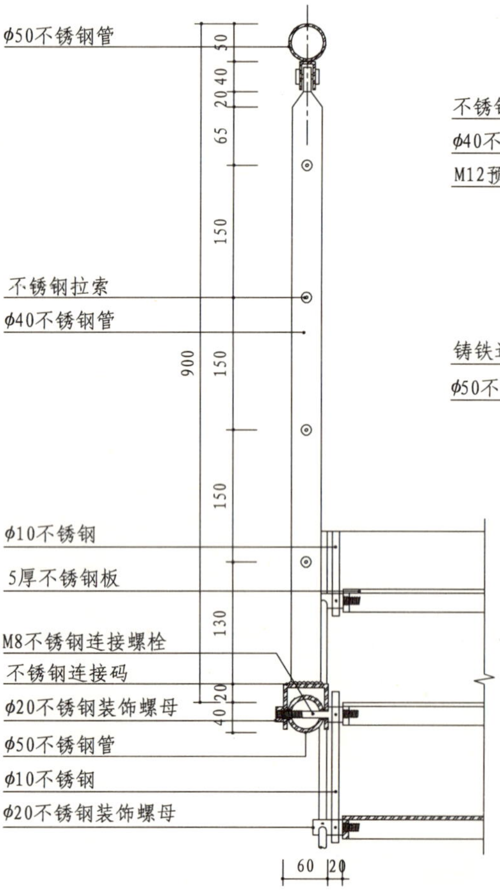

A 楼梯扶手剖面图

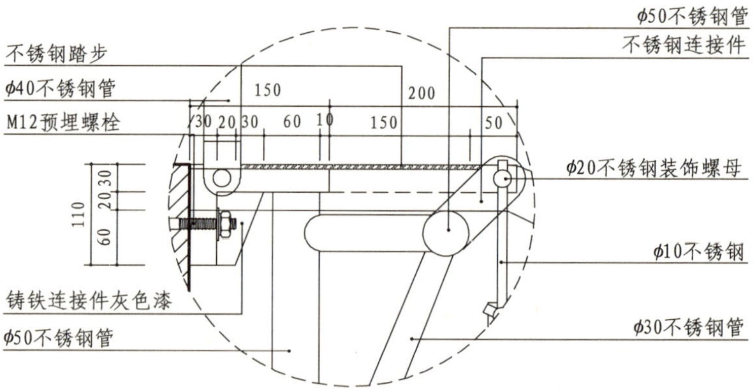

B 剖面图

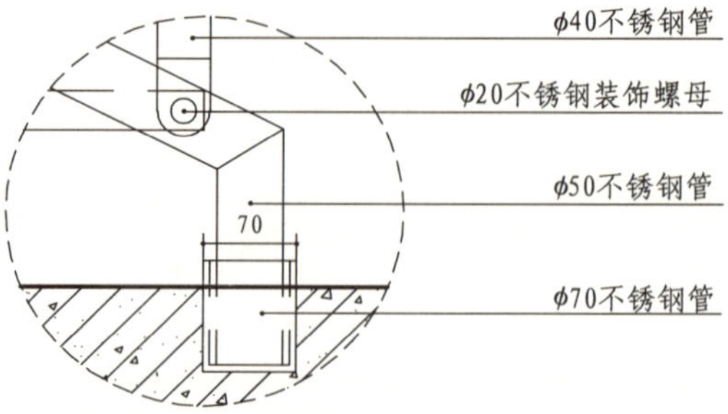

C 剖面图

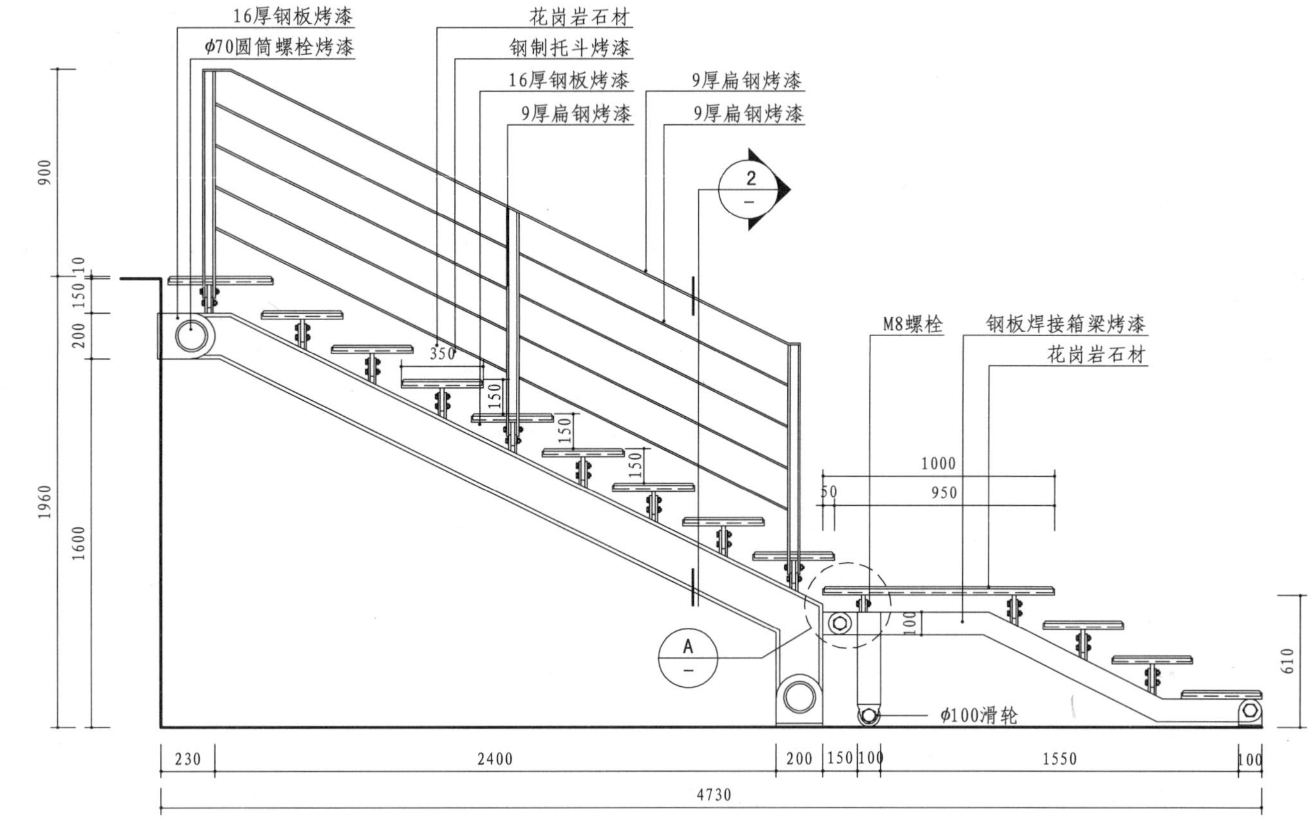

1 立面图

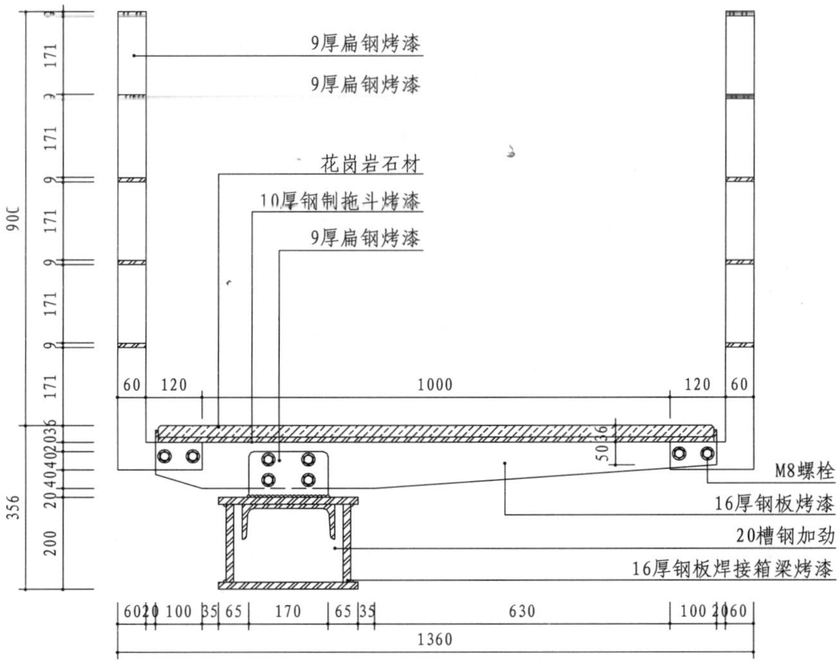

2 剖面图

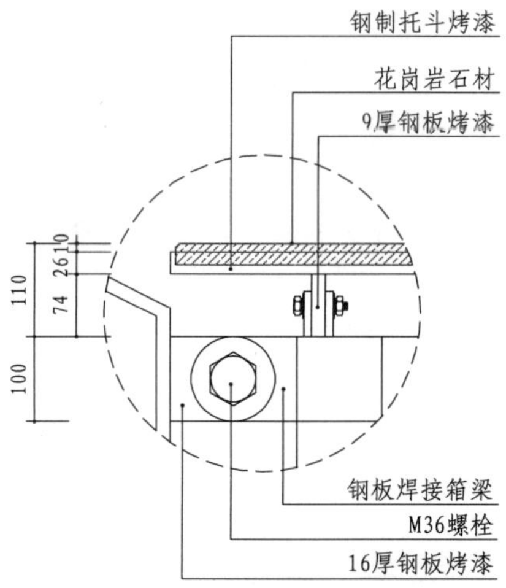

A 剖面图

Section2
工程实例
栏杆
栏板
组合栏杆（板）

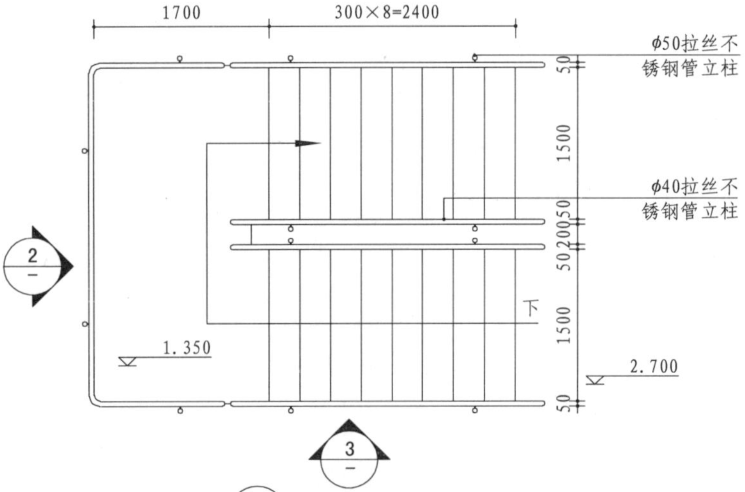

① 楼梯栏杆平面图

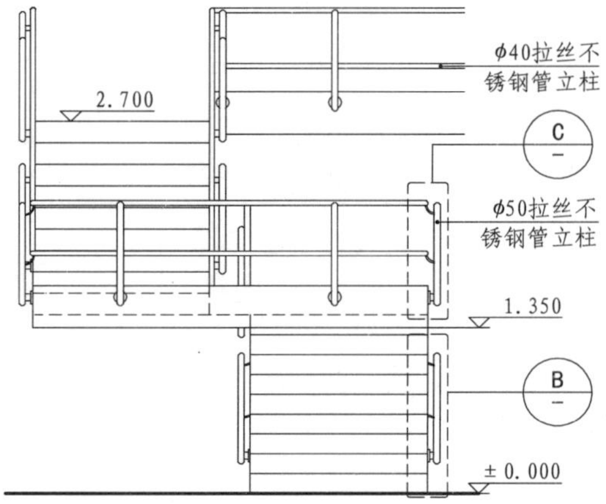

② 楼梯栏杆立面图一

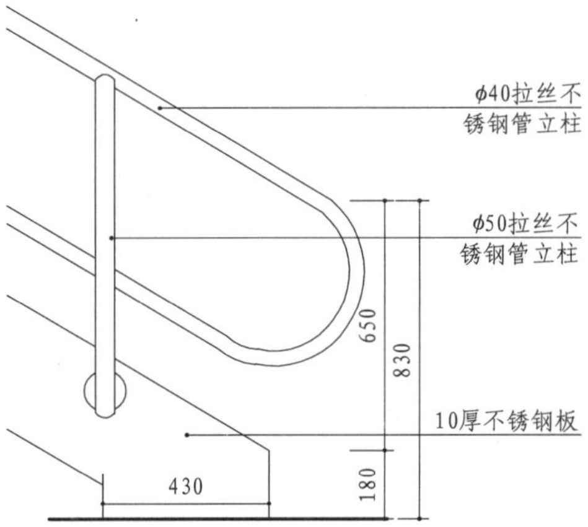

Ⓐ 大样图

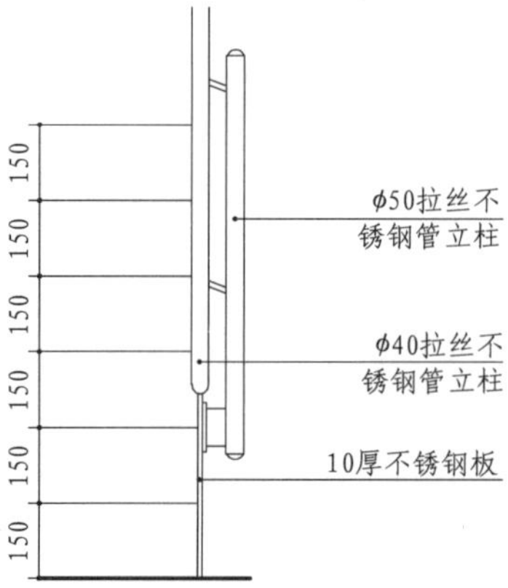

Ⓑ 大样图

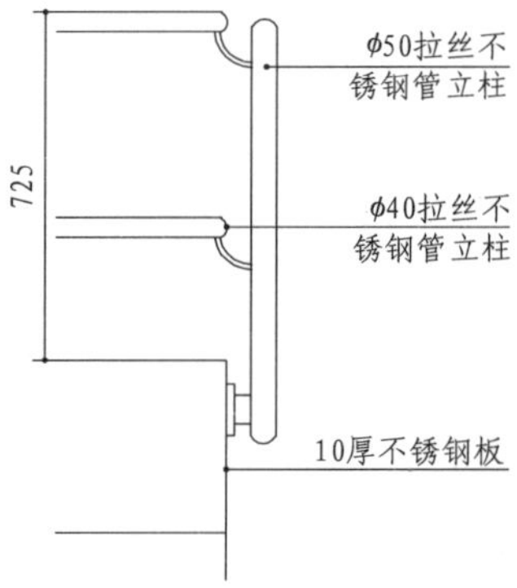

Ⓒ 大样图

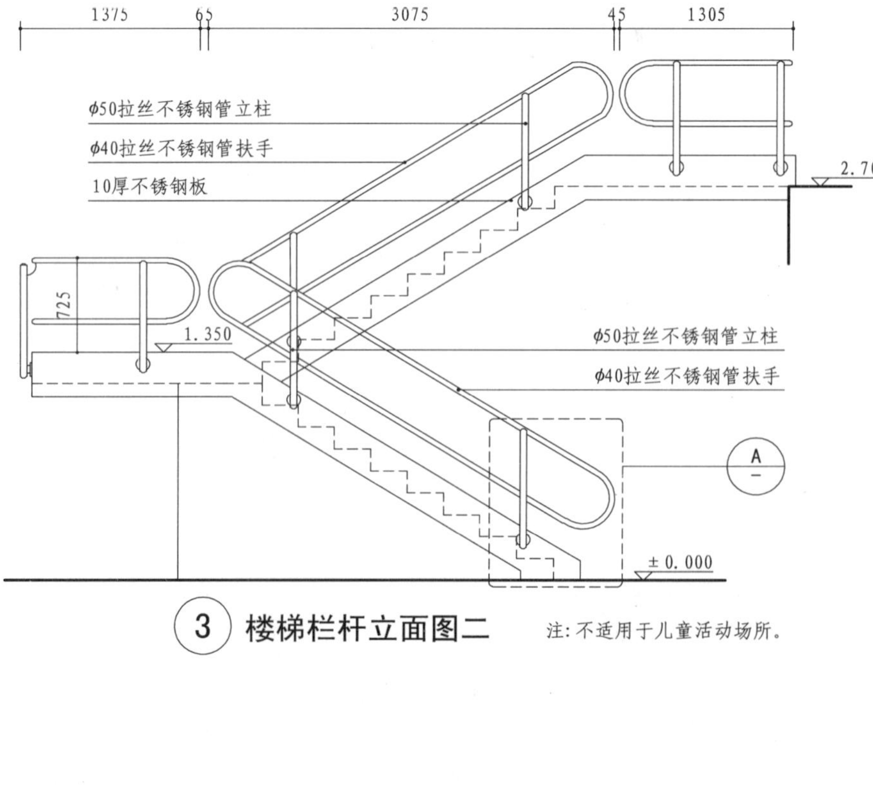

③ 楼梯栏杆立面图二

注：不适用于儿童活动场所。

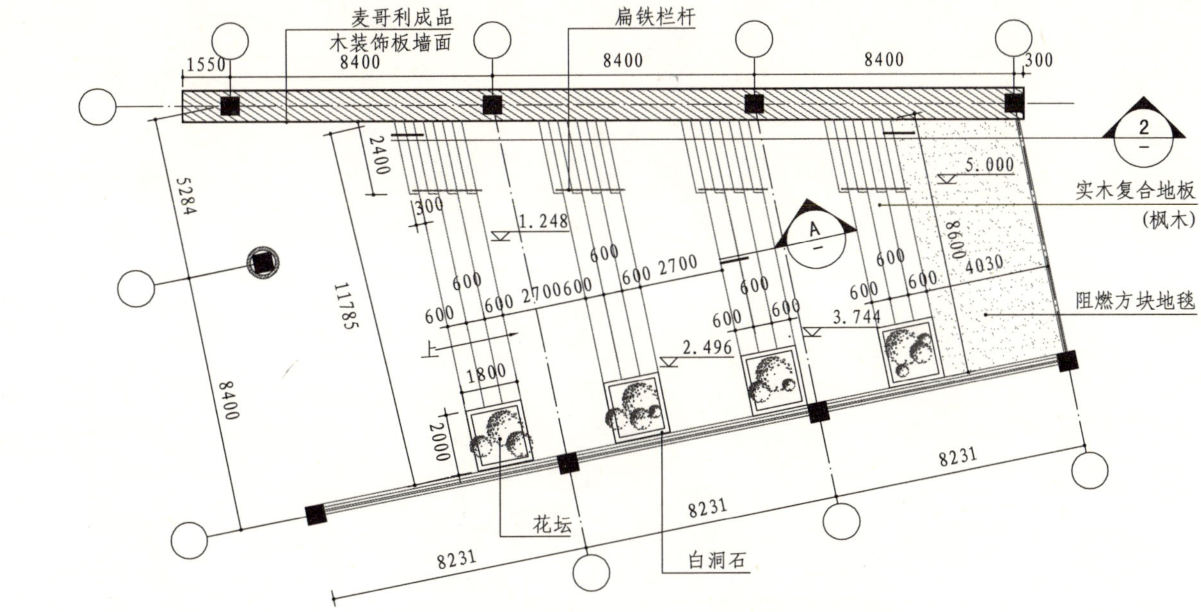

① 室外台阶及栏杆平面图

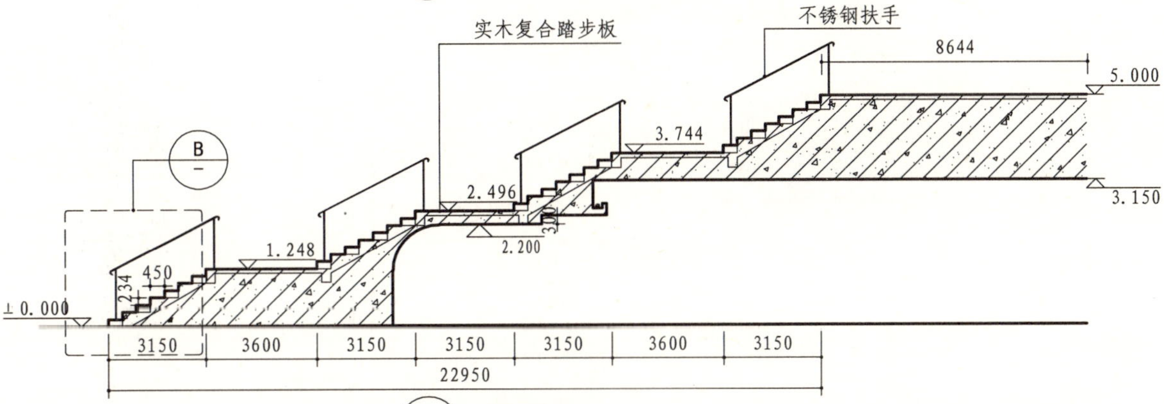

② 立面图

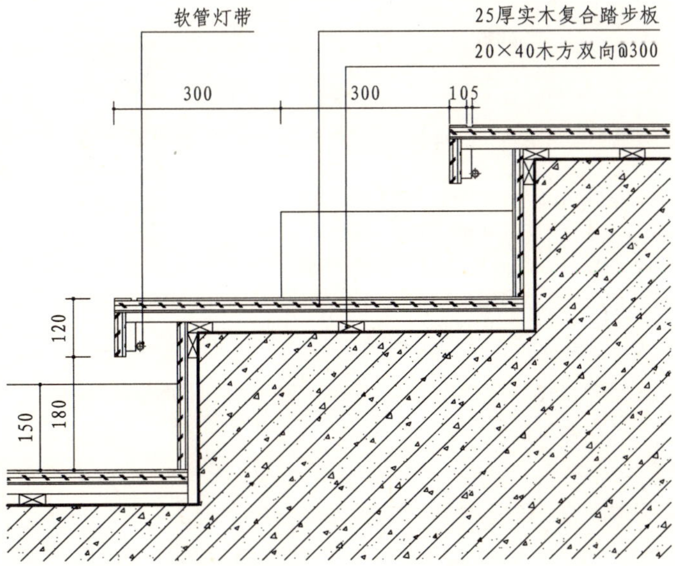

Ⓐ 踏步大样图

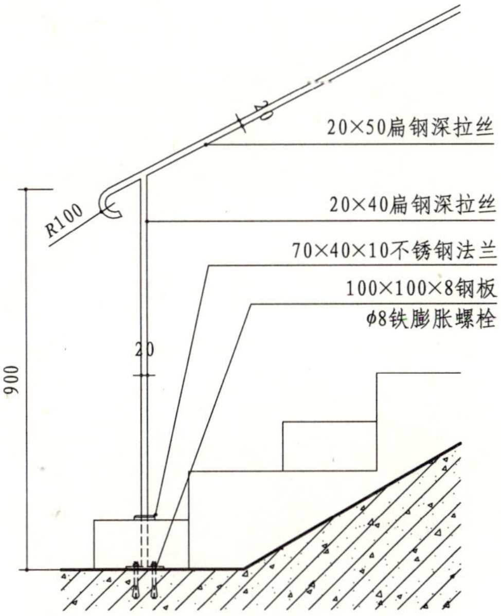

Ⓑ 栏杆大样图

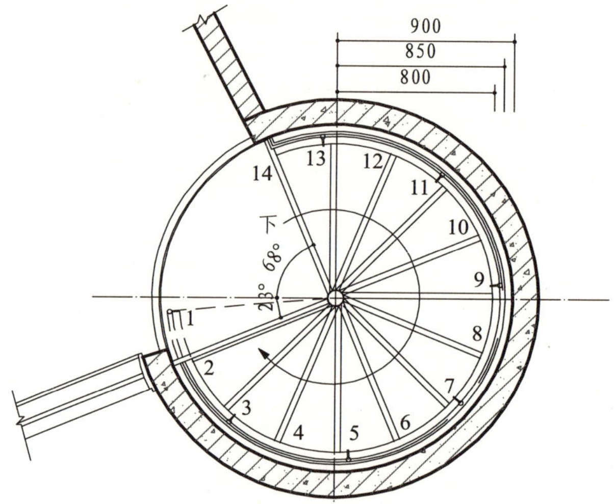
900
850
800
下
68°
23°
1
2
3
4
5
6
7
8
9
10
11
12
13
14

1 平面图

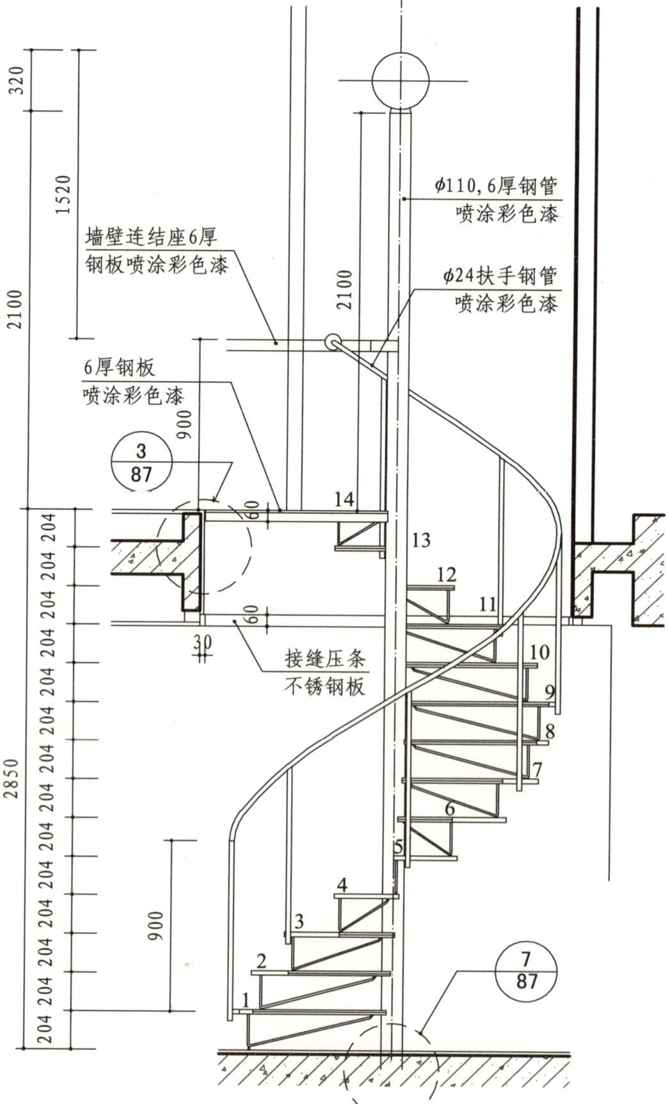
320
1520
2100
墙壁连结座6厚
钢板喷涂彩色漆
6厚钢板
喷涂彩色漆
φ110, 6厚钢管
喷涂彩色漆
φ24扶手钢管
喷涂彩色漆
2100
900
3
87
60
60
30
接缝压条
不锈钢板
2850
204
900
7
87
1
2
3
4
5
6
7
8
9
10
11
12
13
14

2 剖面图

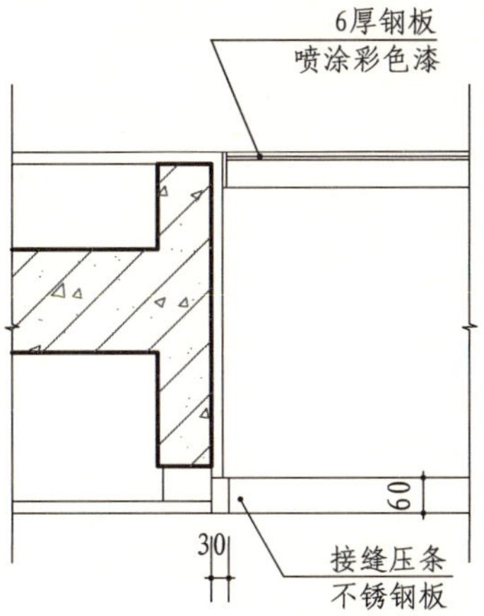

③ 节点详图

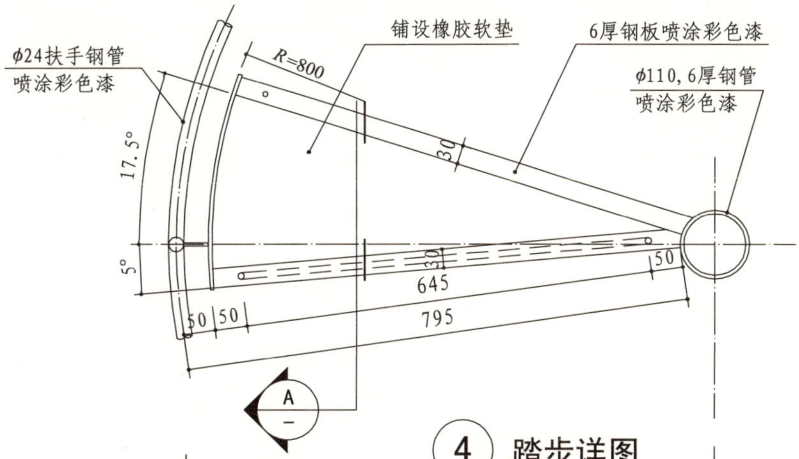

④ 踏步详图

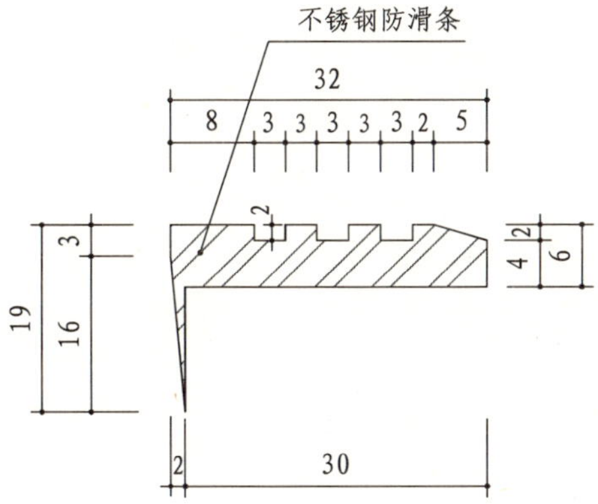

⑤ 节点详图

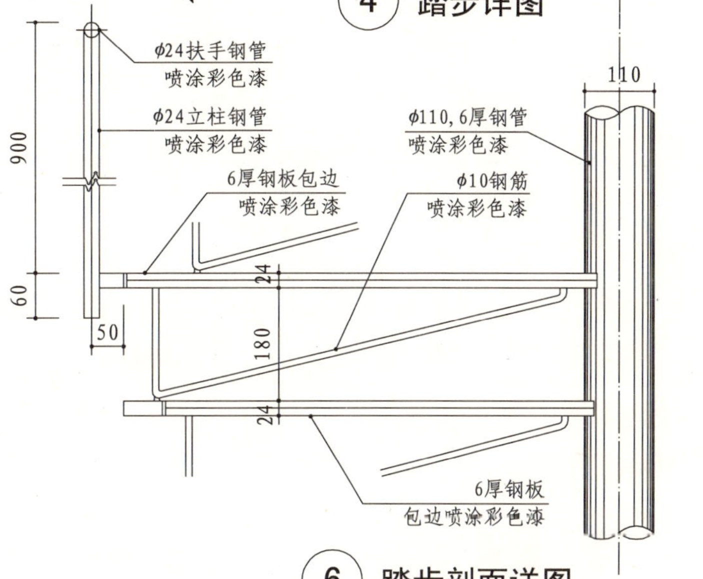

⑥ 踏步剖面详图

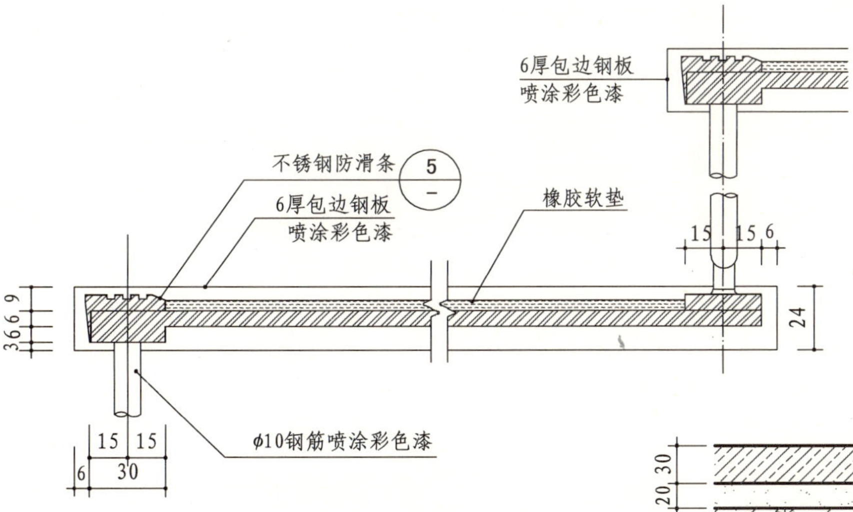

Ⓐ 踏步详图

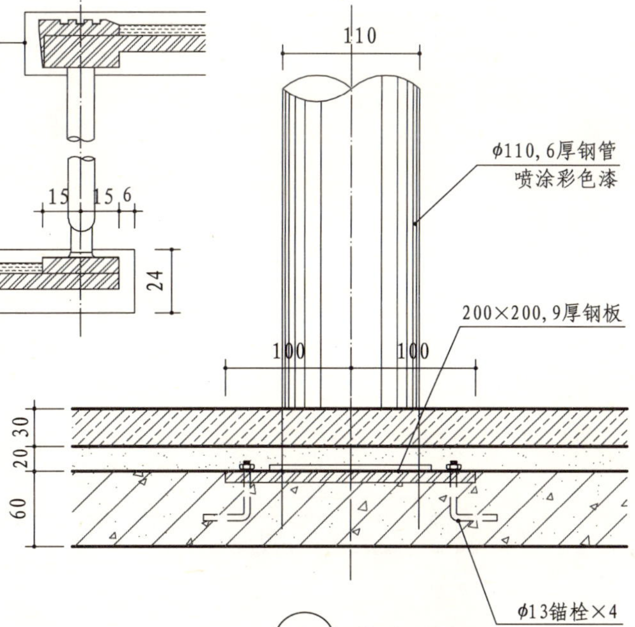

⑦ 节点详图

Section2
工程实例

栏杆

栏板

组合栏杆（板）

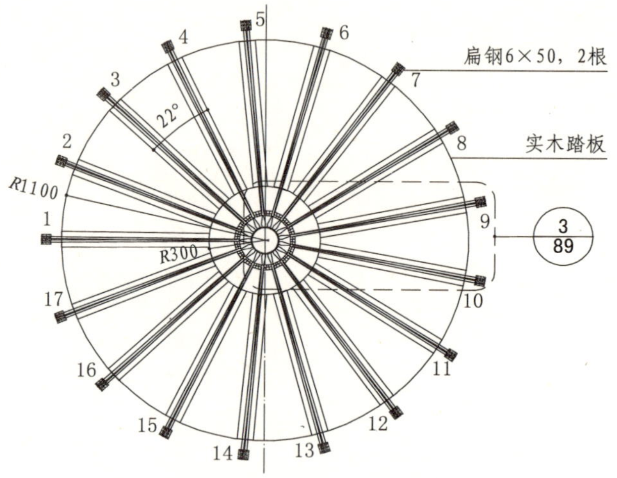

① 悬索钢楼梯平面图

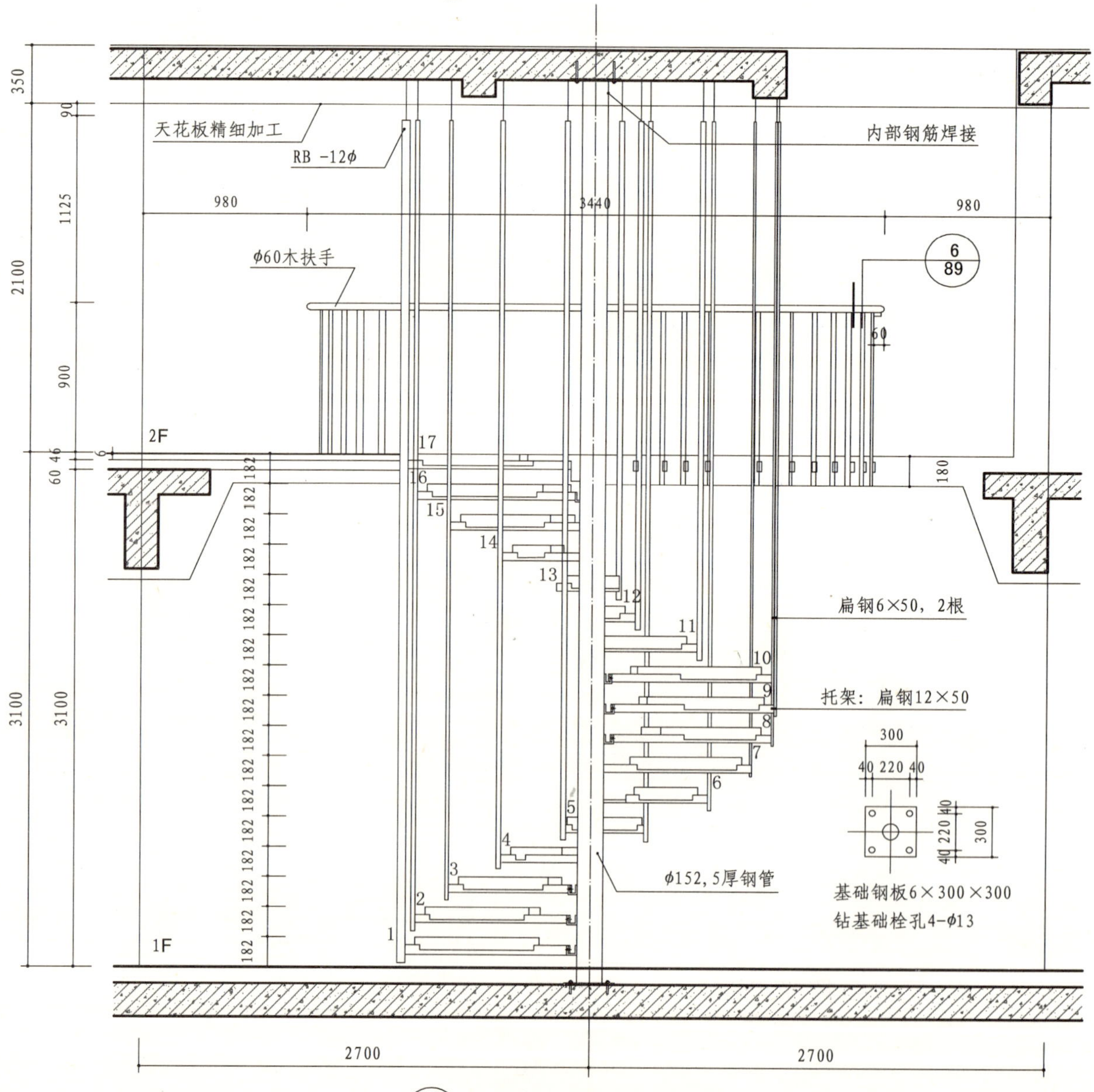

② 悬索钢楼梯立面图

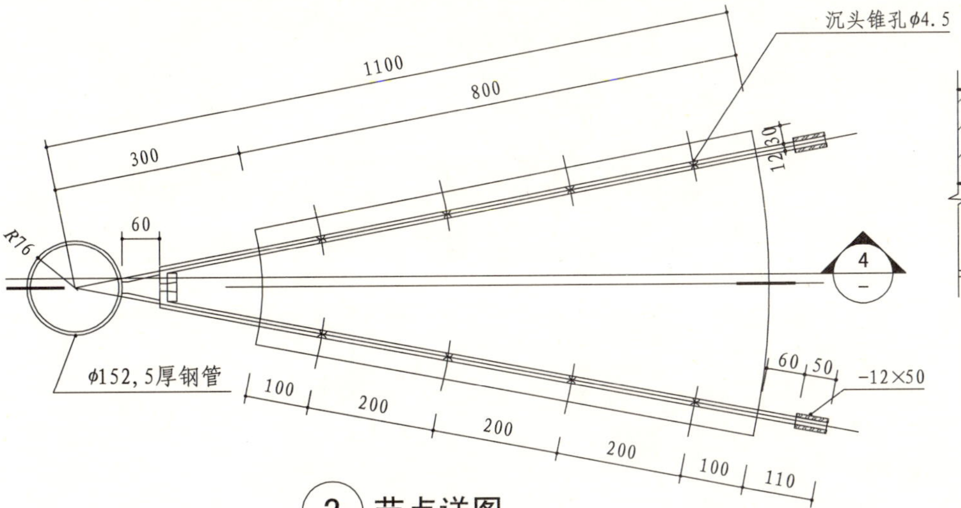

3 节点详图

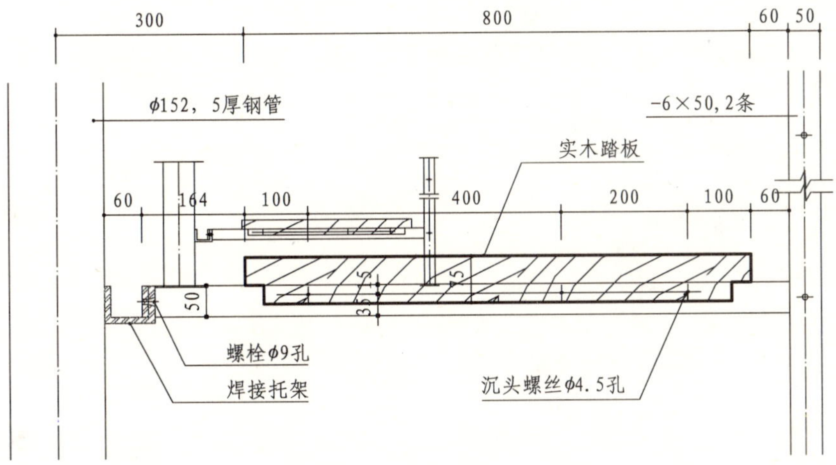

4 节点详图

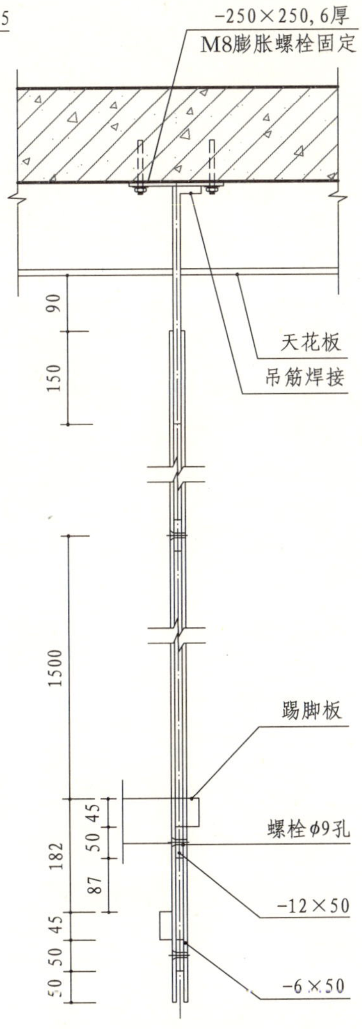

5 吊杆详图

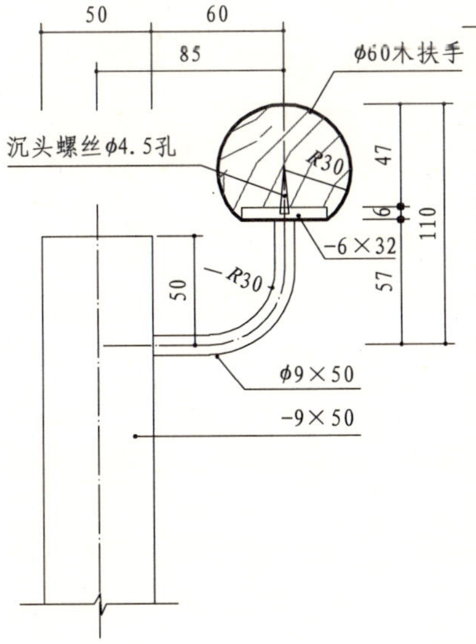

6 扶手详图

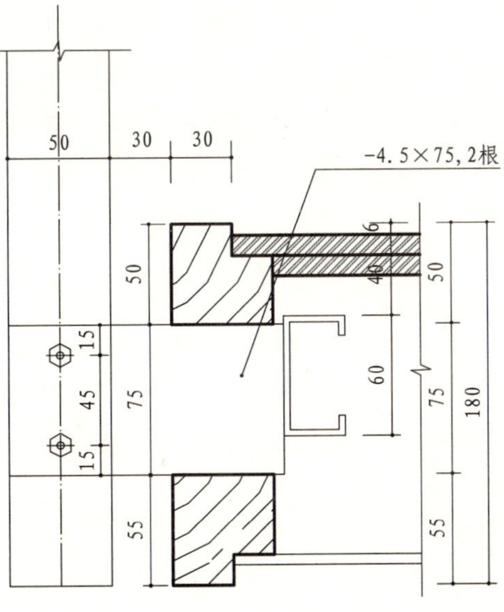

7 踏步详图

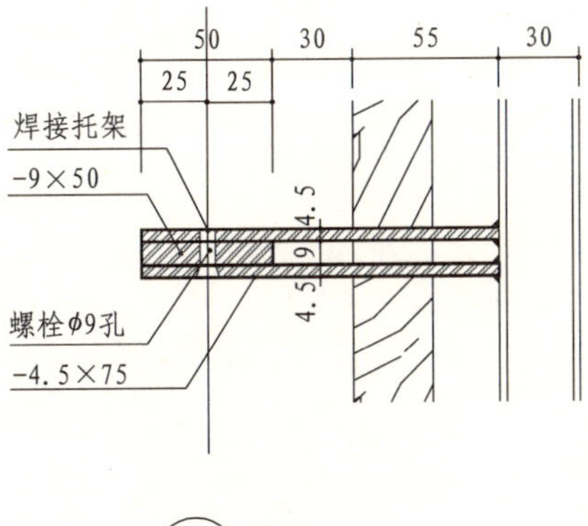

8 踏步详图

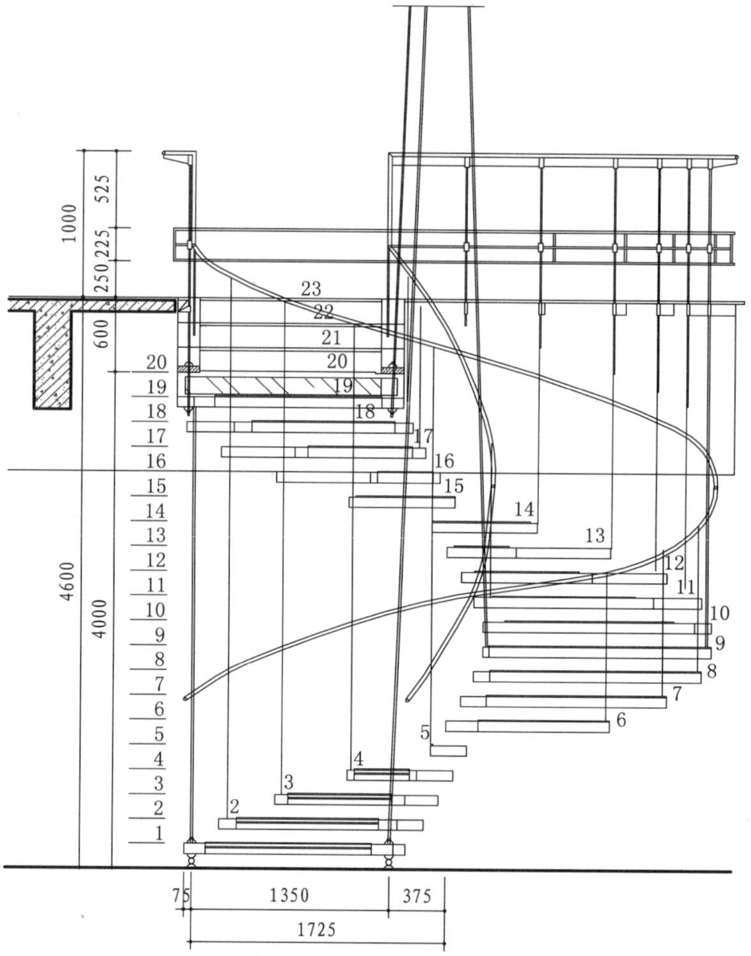

① 悬吊楼梯立面图

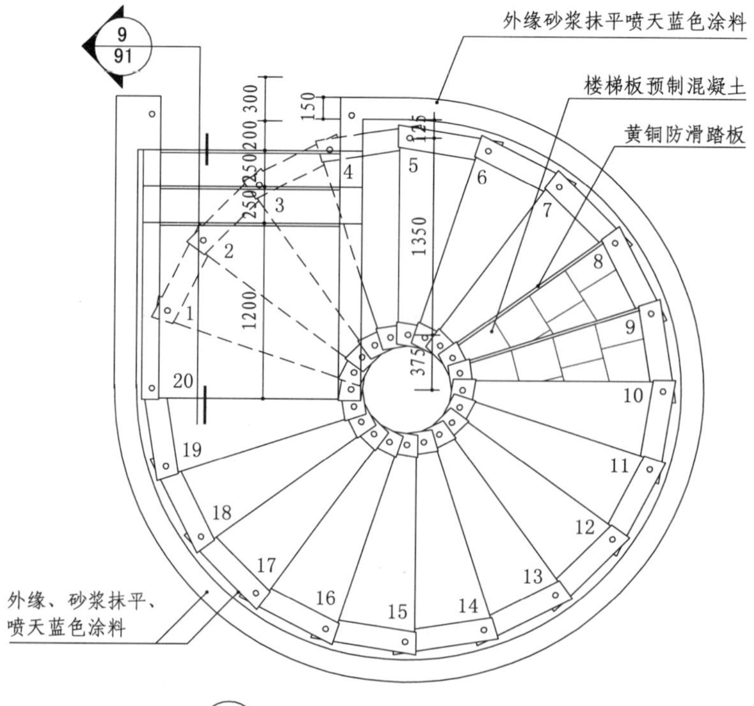

② 悬吊楼梯平面图

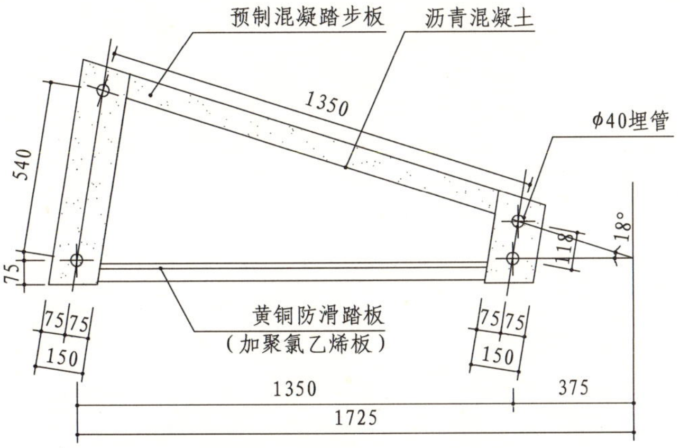

③ 楼梯踏步顶视图

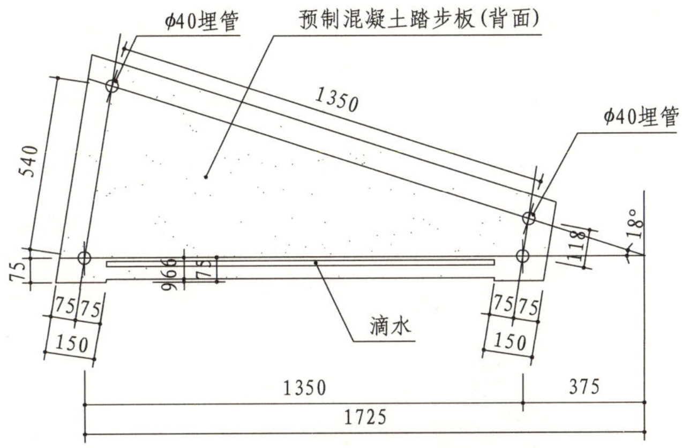

④ 楼梯踏步底视图

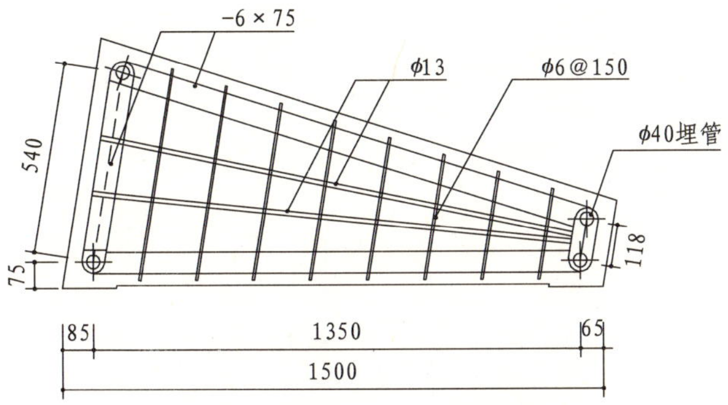

⑥ 楼梯踏步配筋图

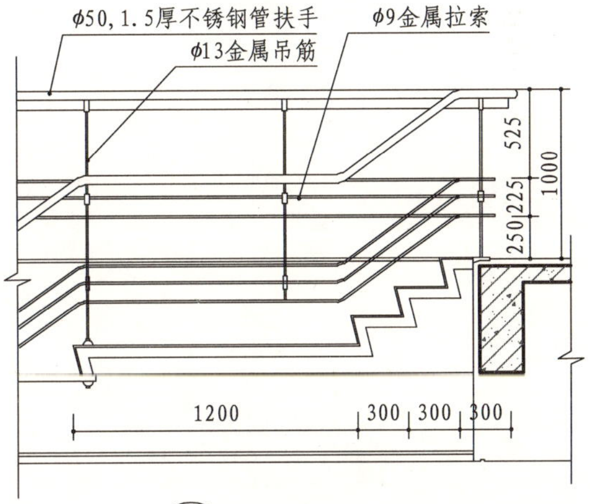

⑧ 楼梯缓步平台大样图

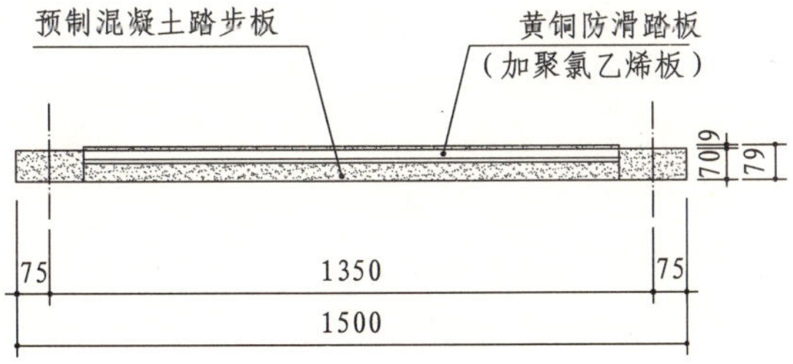

⑤ 楼梯踏步正立面

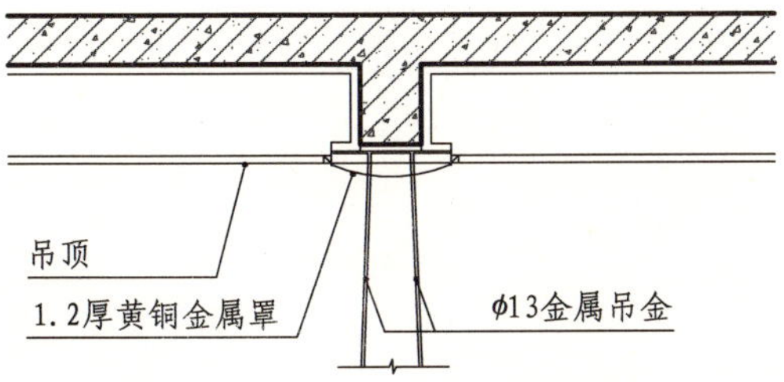

⑦ 吊索大样图

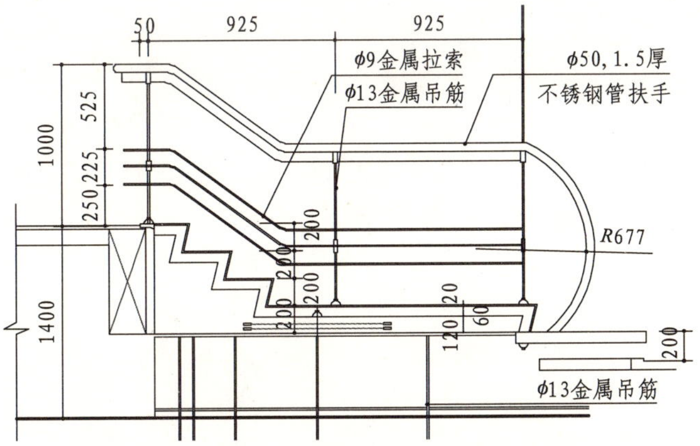

⑨ 楼梯缓步台大样图

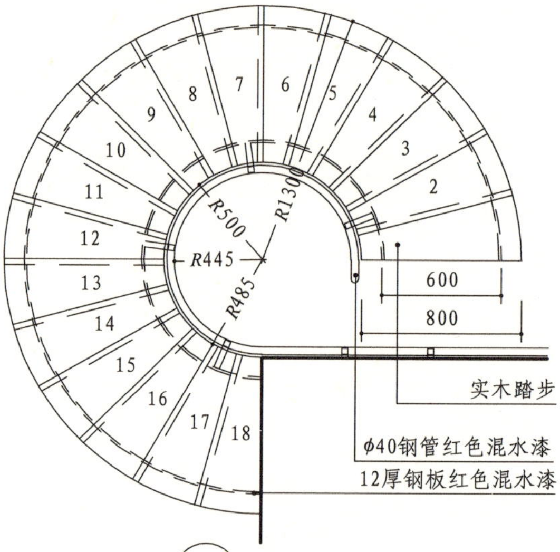

③ 平面图

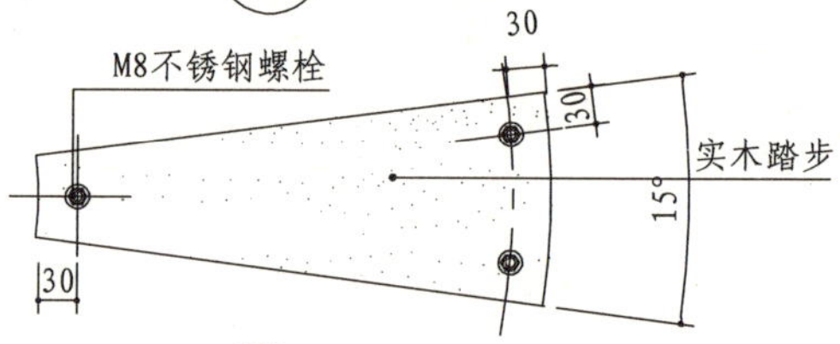

④ 大样图

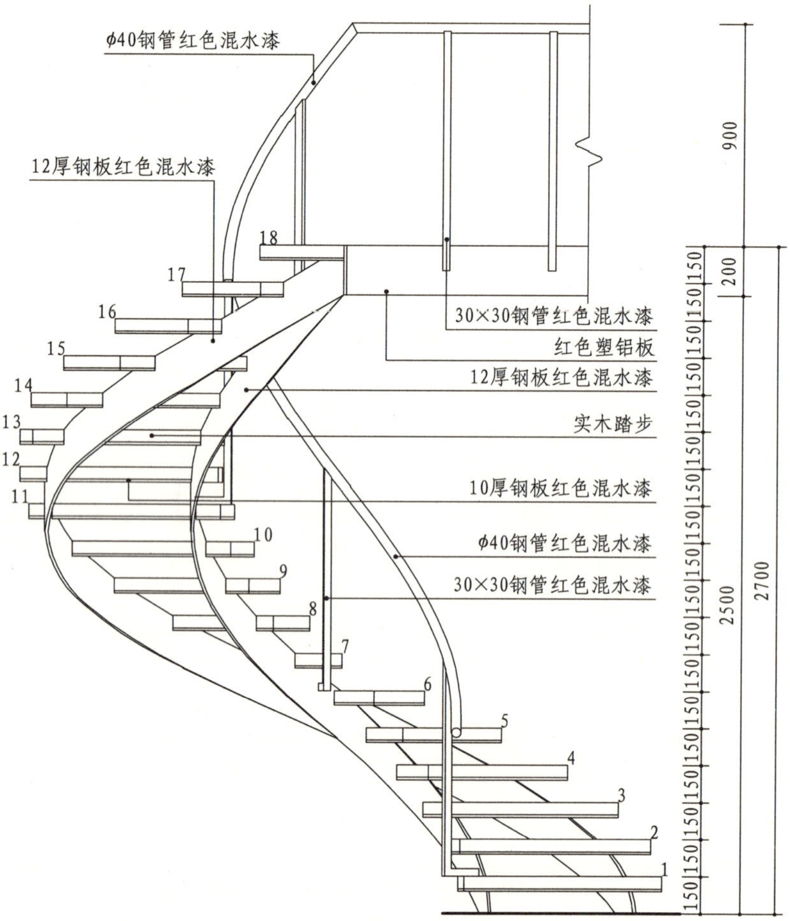

① 立面图

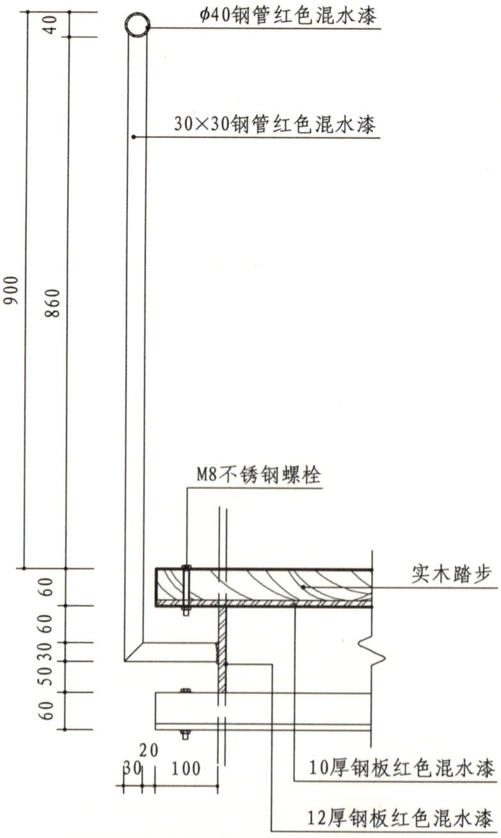

② 楼梯扶手剖面图

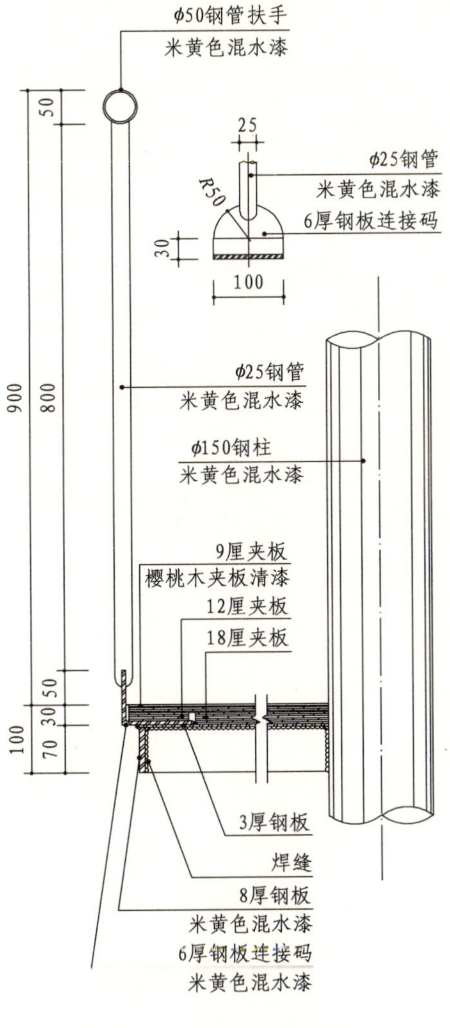

4 楼梯扶手剖面图

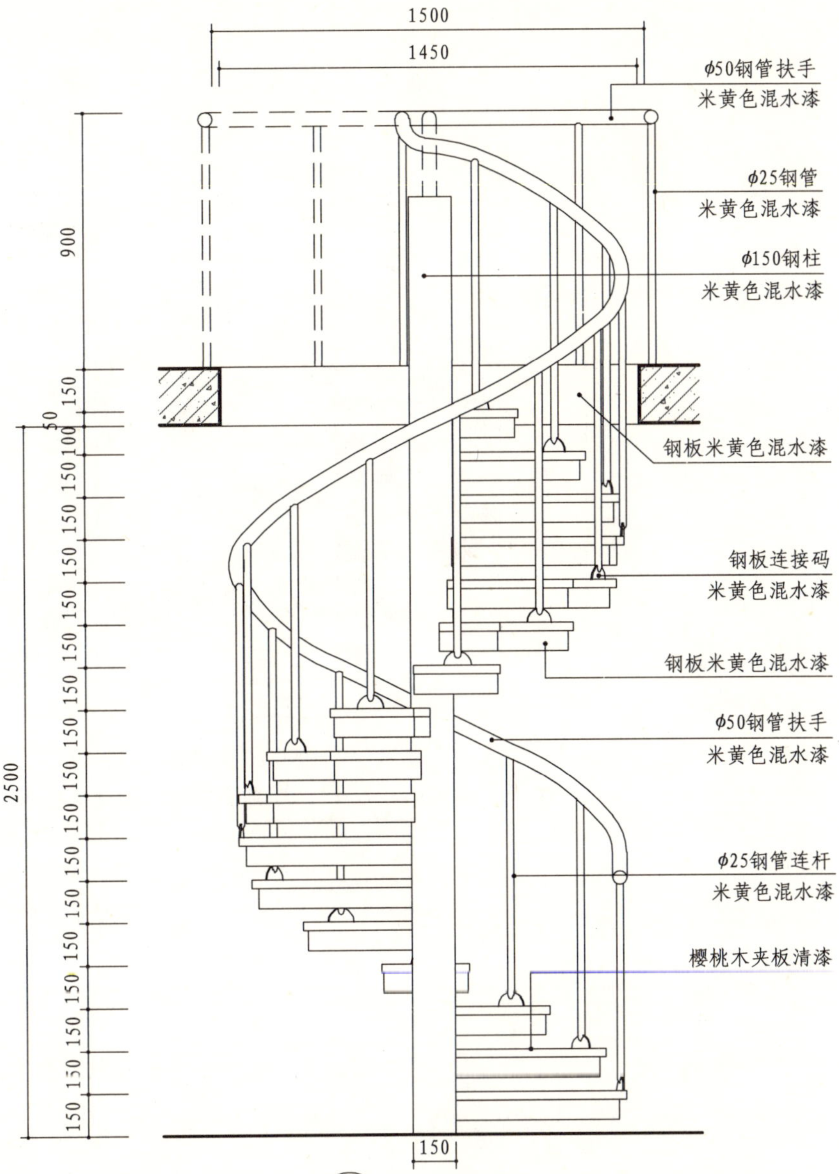

3 立面图

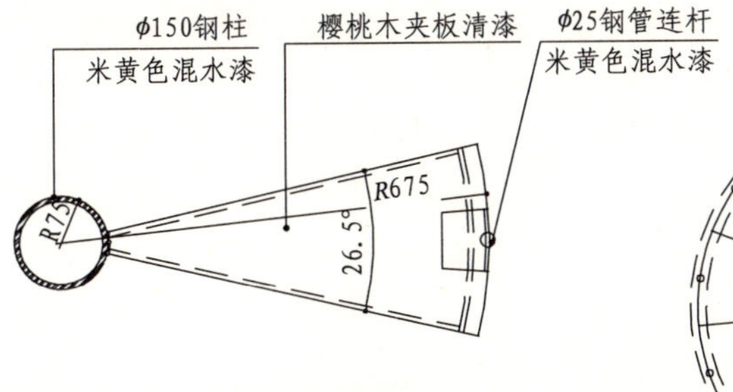

5 踏步大样图

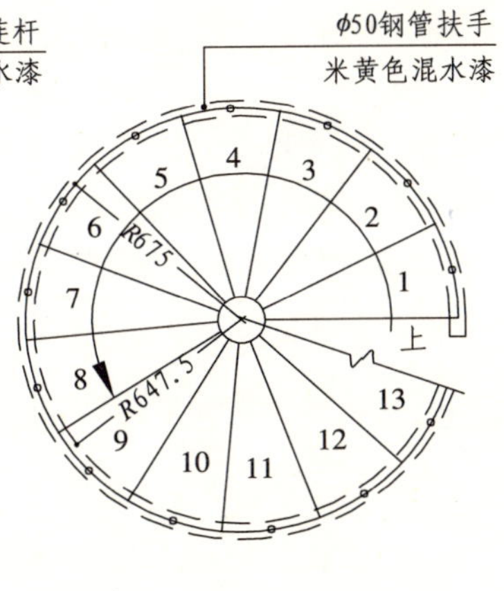

1 一层平面图

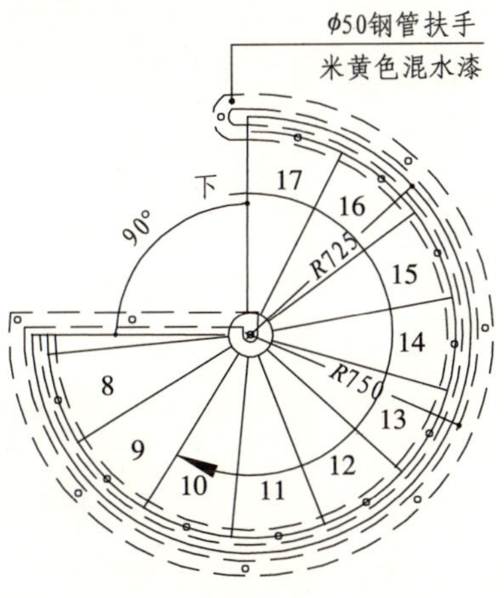

2 二层平面图

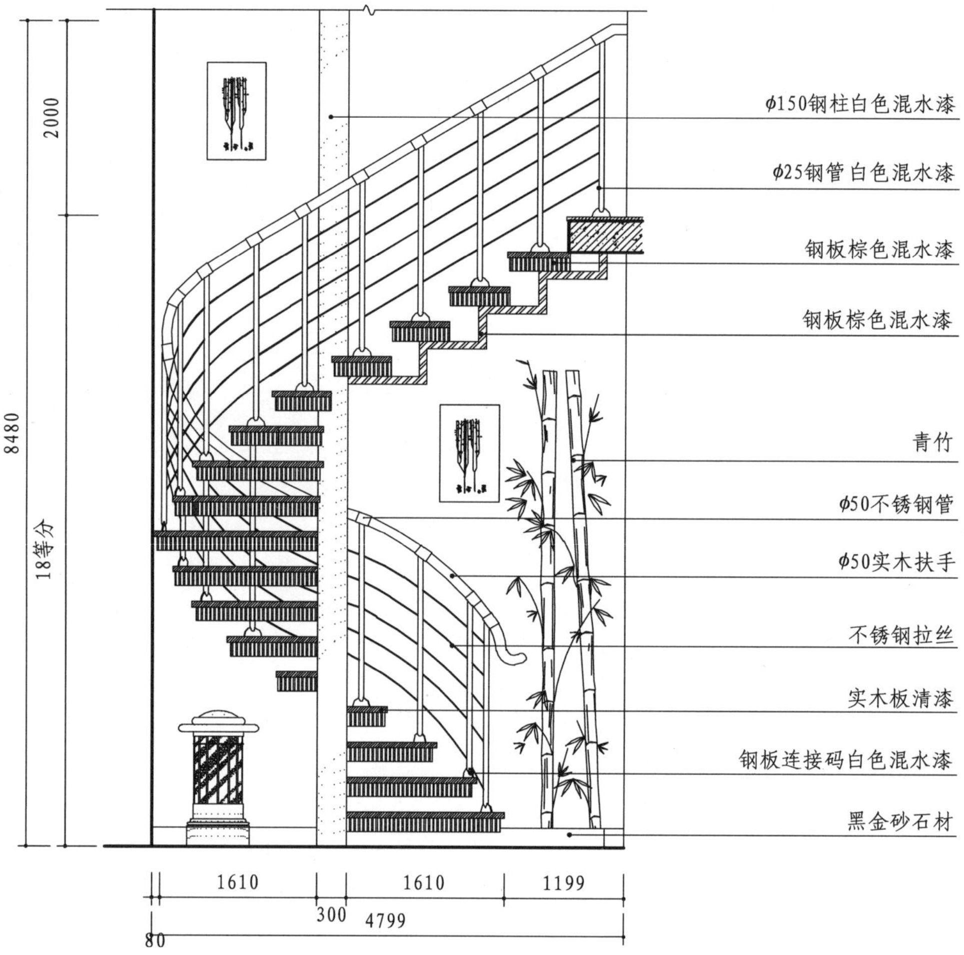

ϕ150钢柱白色混水漆
ϕ25钢管白色混水漆
钢板棕色混水漆
钢板棕色混水漆
青竹
ϕ50不锈钢管
ϕ50实木扶手
不锈钢拉丝
实木板清漆
钢板连接码白色混水漆
黑金砂石材
2000
8480
18等分
1610
1610
1199
300
4799
80

② 立面图

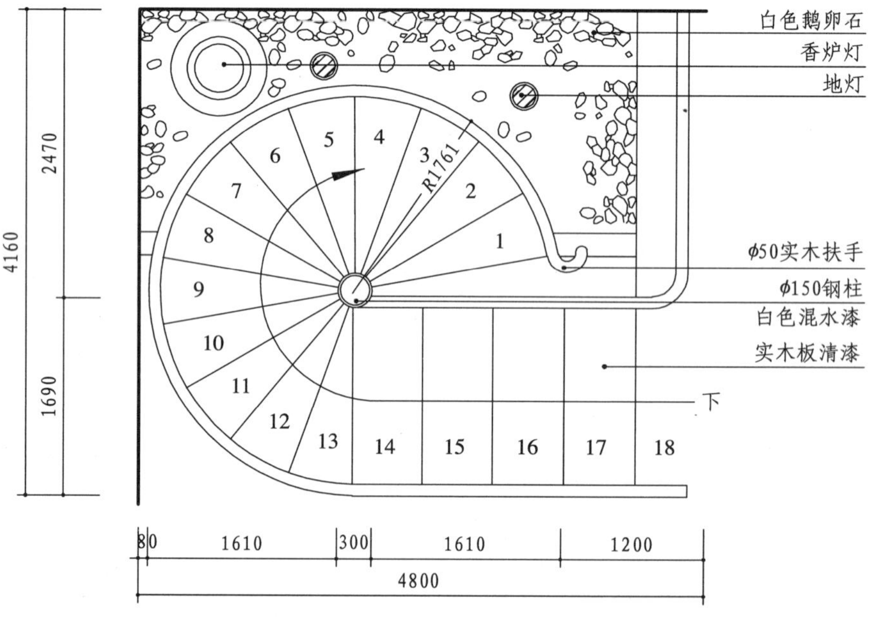

白色鹅卵石
香炉灯
地灯
ϕ50实木扶手
ϕ150钢柱
白色混水漆
实木板清漆
下
R1761
1
2
3
4
5
6
7
8
9
10
11
12
13
14
15
16
17
18
2470
4160
1690
80
1610
300
1610
1200
4800

① 平面图

金属栏杆玻璃踏步楼梯

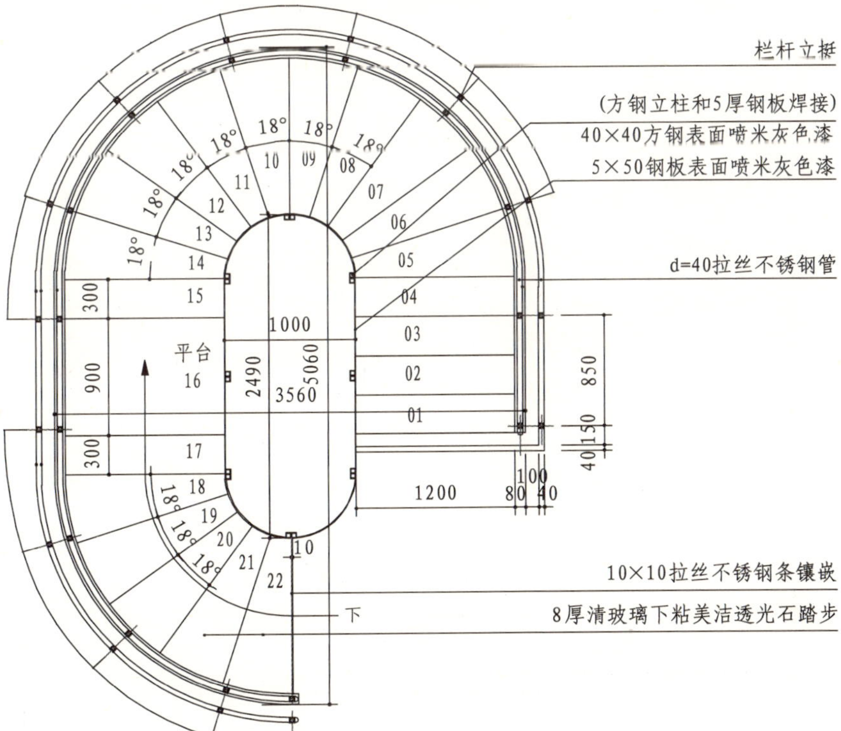

① 平面图

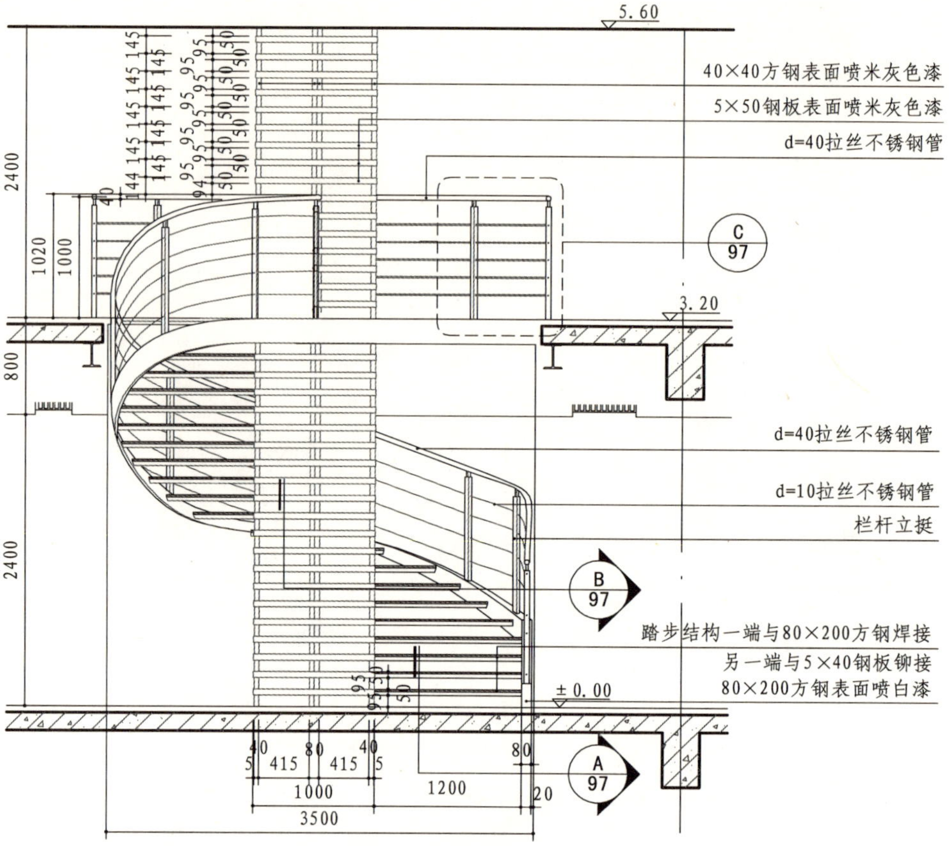
5.60
40×40方钢表面喷米灰色漆
5×50钢板表面喷米灰色漆
d=40拉丝不锈钢管
3.20
d=40拉丝不锈钢管
d=10拉丝不锈钢管
栏杆立挺
踏步结构一端与80×200方钢焊接
另一端与5×40钢板铆接
80×200方钢表面喷白漆
±0.00
2400
1020
1000
800
2400
415
1000
1200
3500
C 97
B 97
A 97

② 立面图一

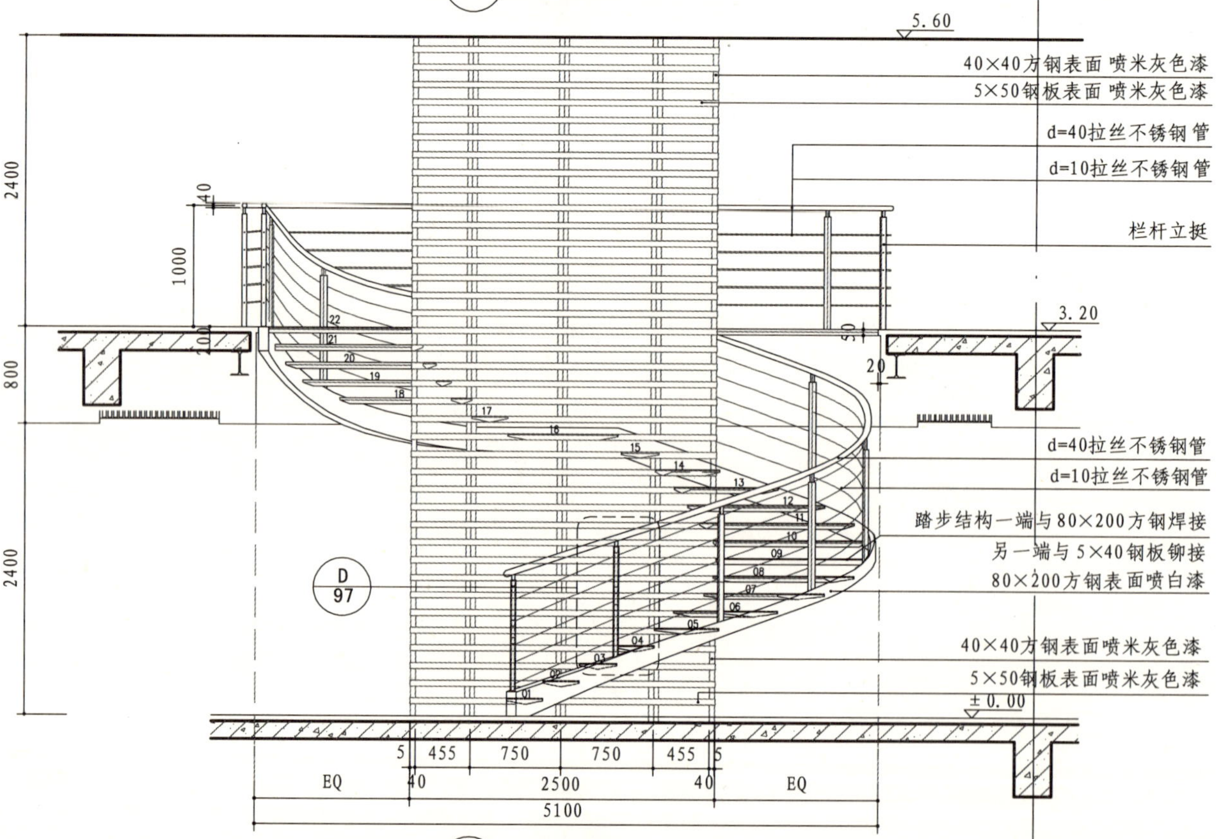
5.60
40×40方钢表面 喷米灰色漆
5×50钢板表面 喷米灰色漆
d=40拉丝不锈钢 管
d=10拉丝不锈钢 管
栏杆立挺
3.20
d=40拉丝不锈钢管
d=10拉丝不锈钢管
踏步结构一端与80×200方钢焊接
另一端与5×40钢板铆接
80×200方钢表面喷白漆
40×40方钢表面喷米灰色漆
5×50钢板表面喷米灰色漆
±0.00
2400
1000
800
2400
455
750
EQ
2500
5100
D 97

③ 立面图二

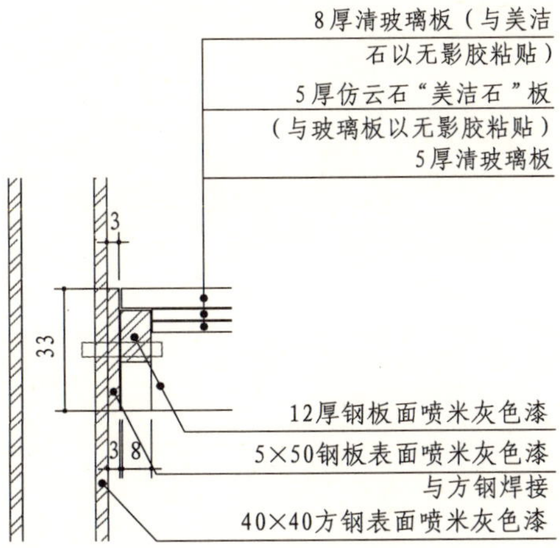

B 镂空立柱与踏步连接示意图

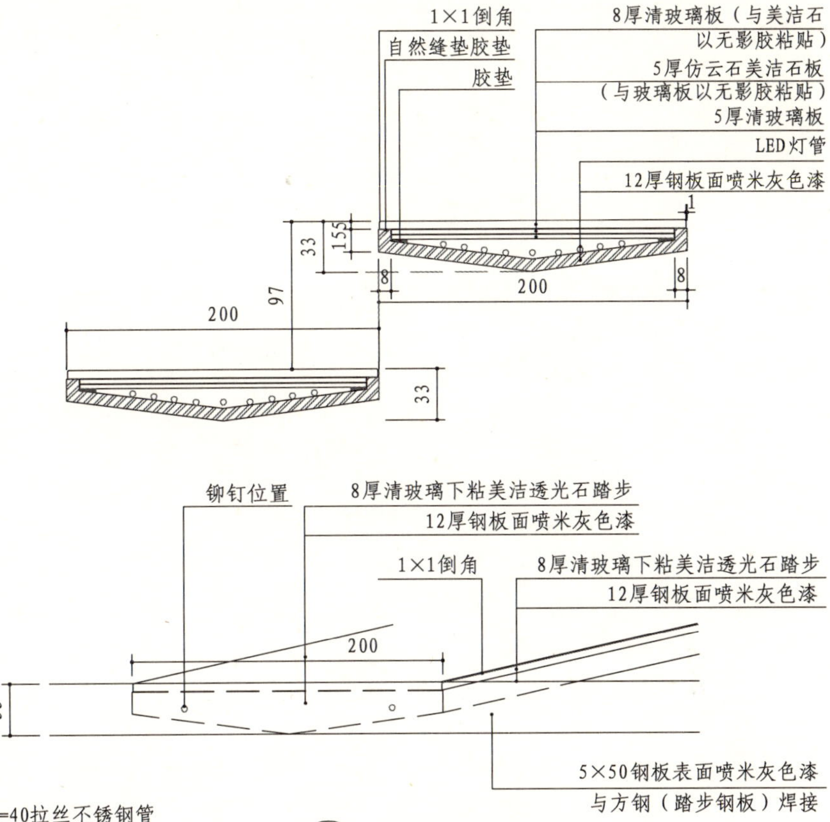

A 楼梯踏步详图

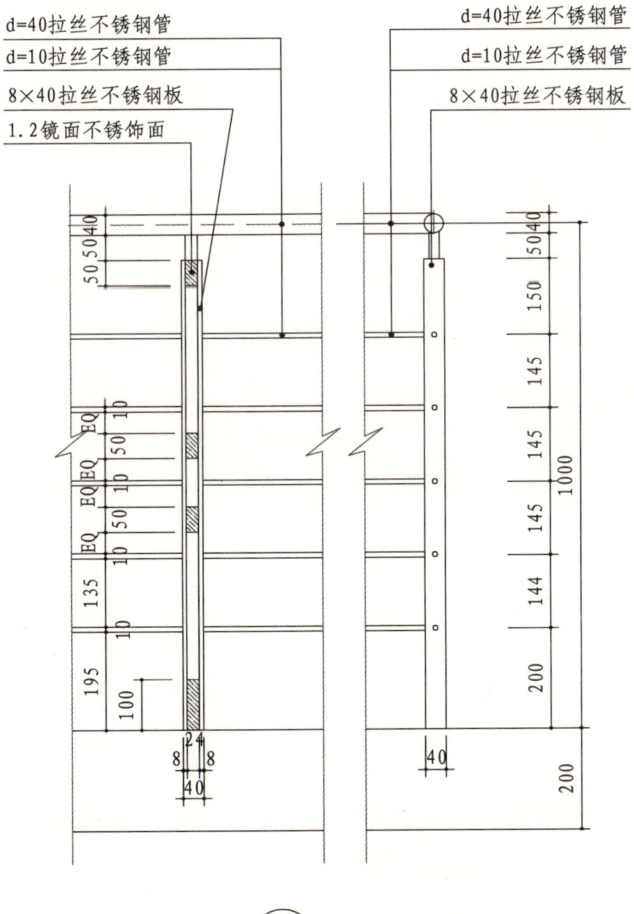

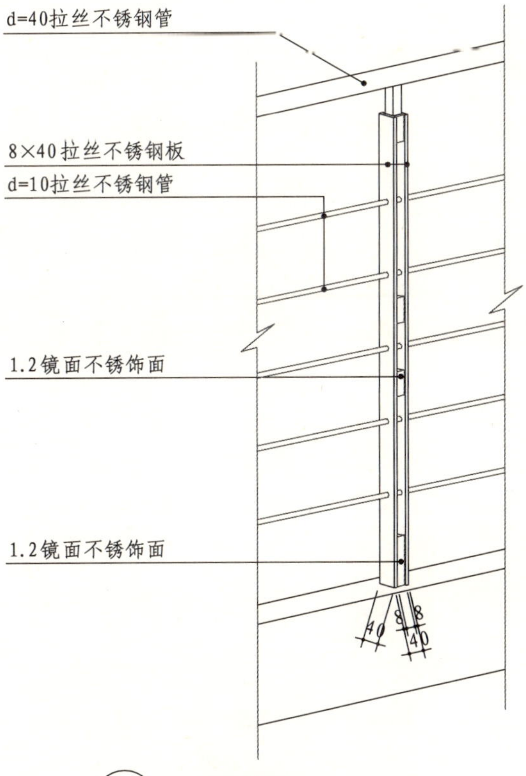

C 栏杆详图

D 栏杆详图

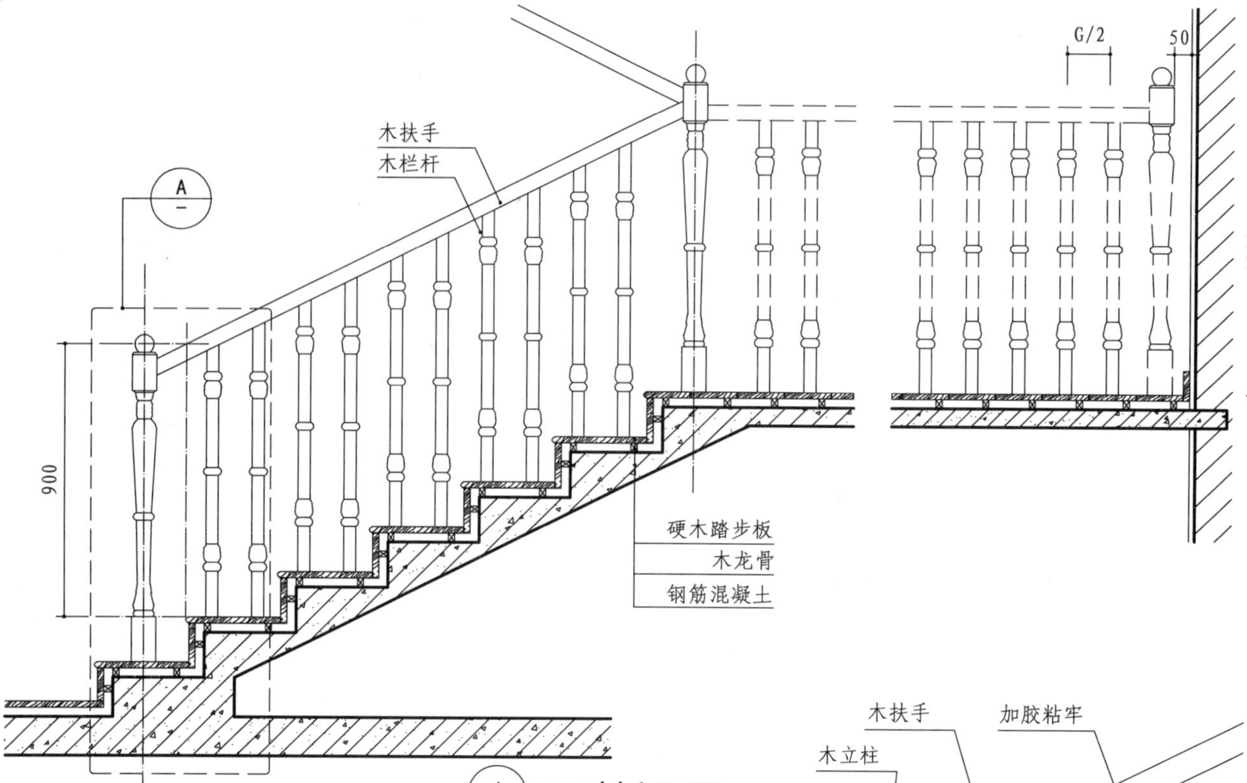

① 1-1剖立面图

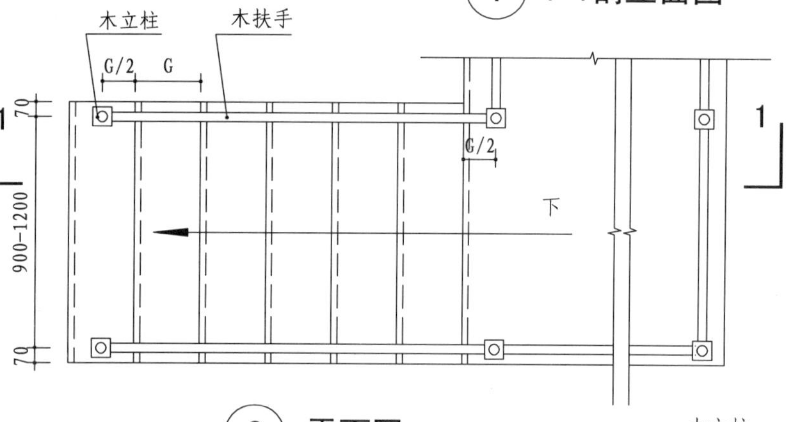

② 平面图

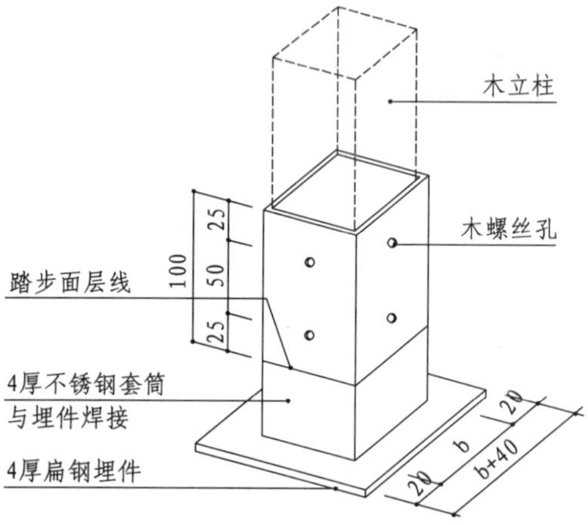

Ⓑ 扁钢套筒大样图

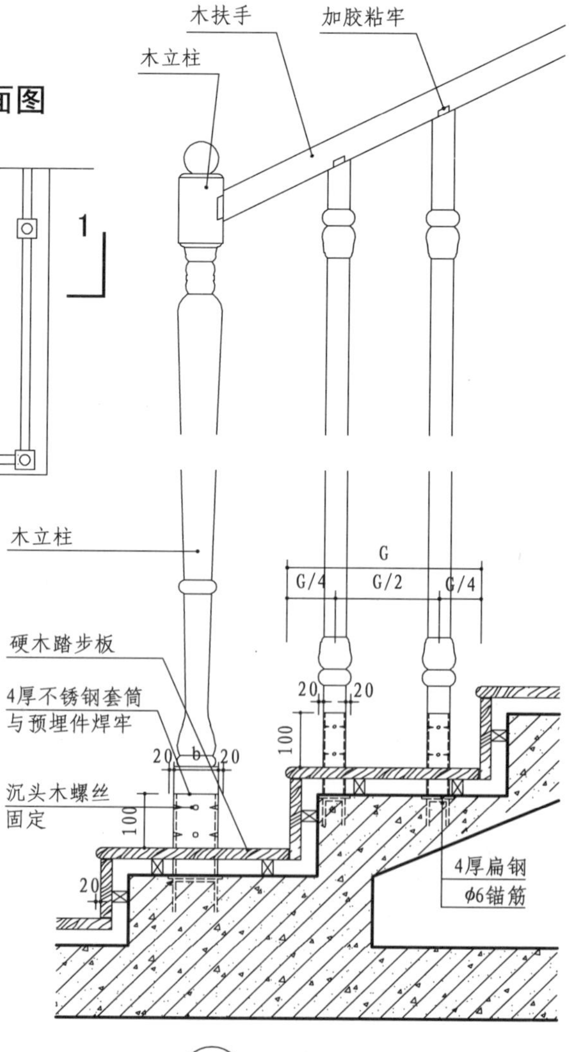

Ⓐ 木栏杆大样图

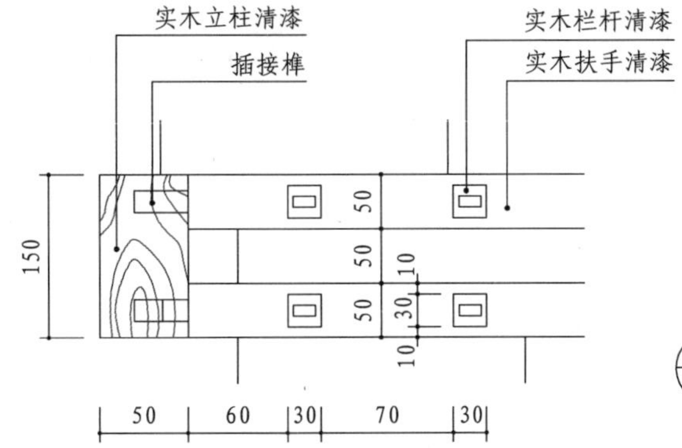

A

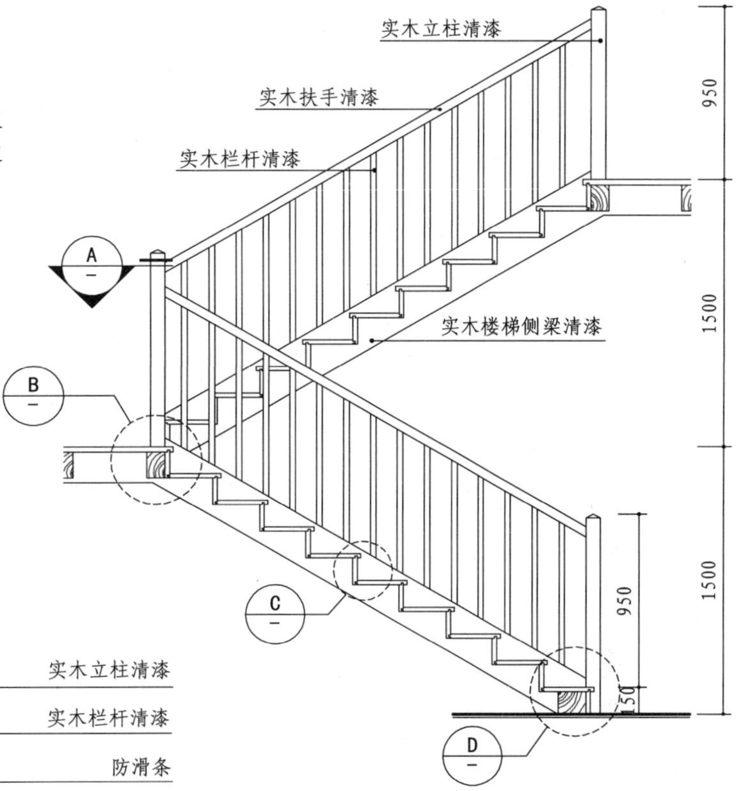

1 剖立面图

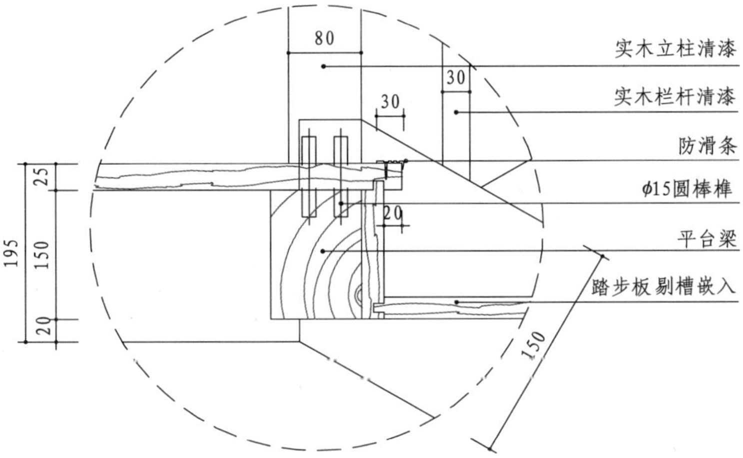

B 大样图

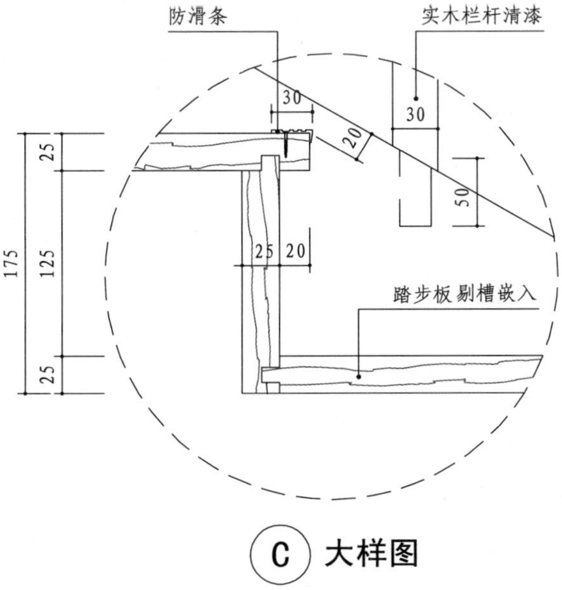

C 大样图

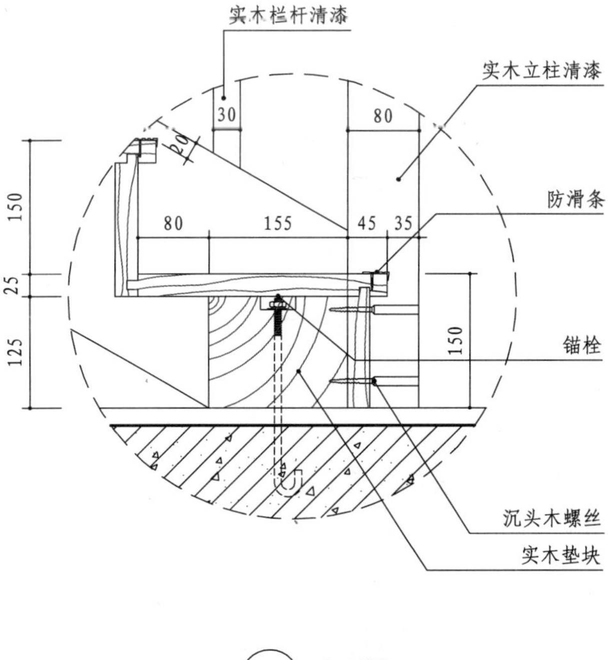

D 大样图

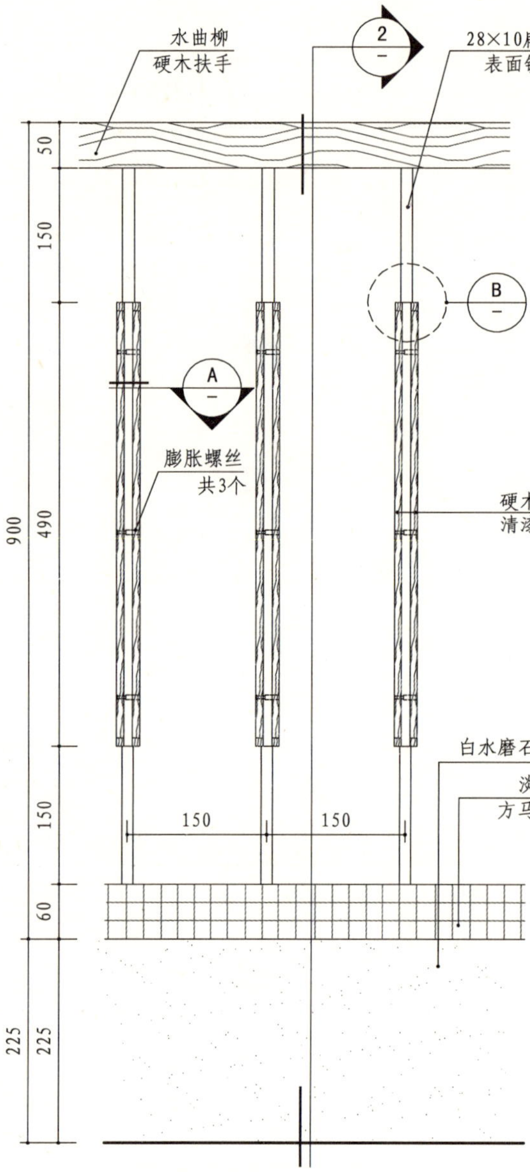

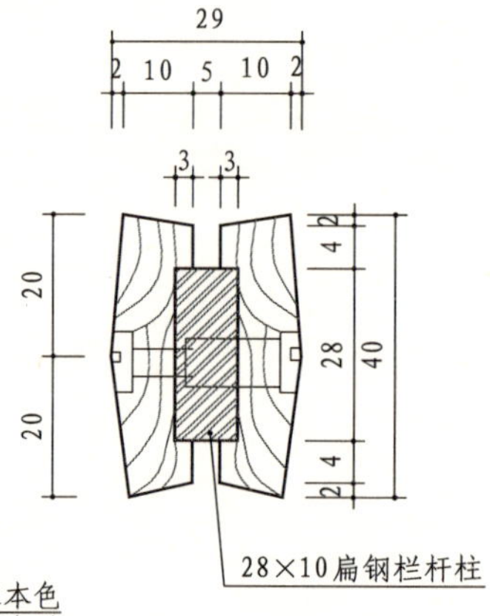

Ⓐ 大样图

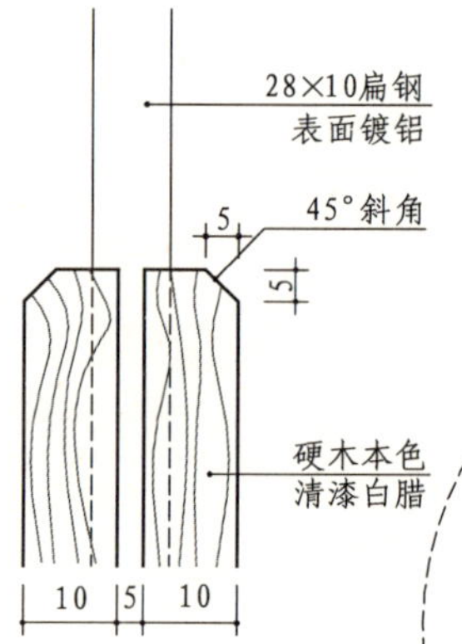

Ⓑ 大样图

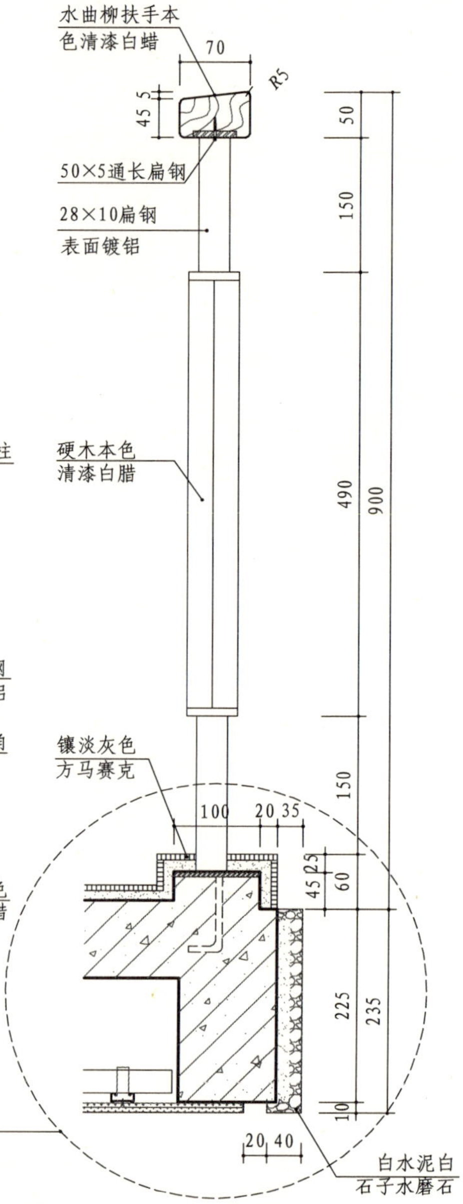

① 剖立面图

② 剖立面图

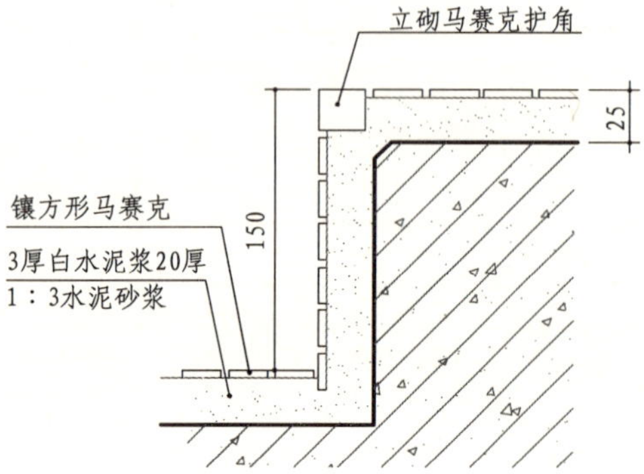

③ 踏步剖面图

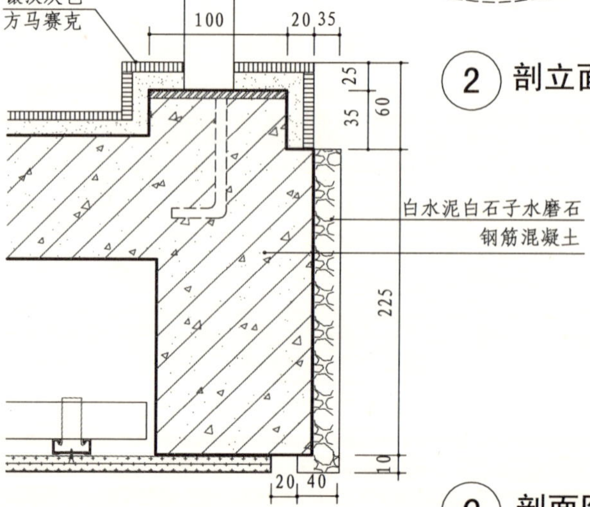

Ⓒ 剖面图

Section2
工程实例
栏杆
栏板
组合栏杆（板）

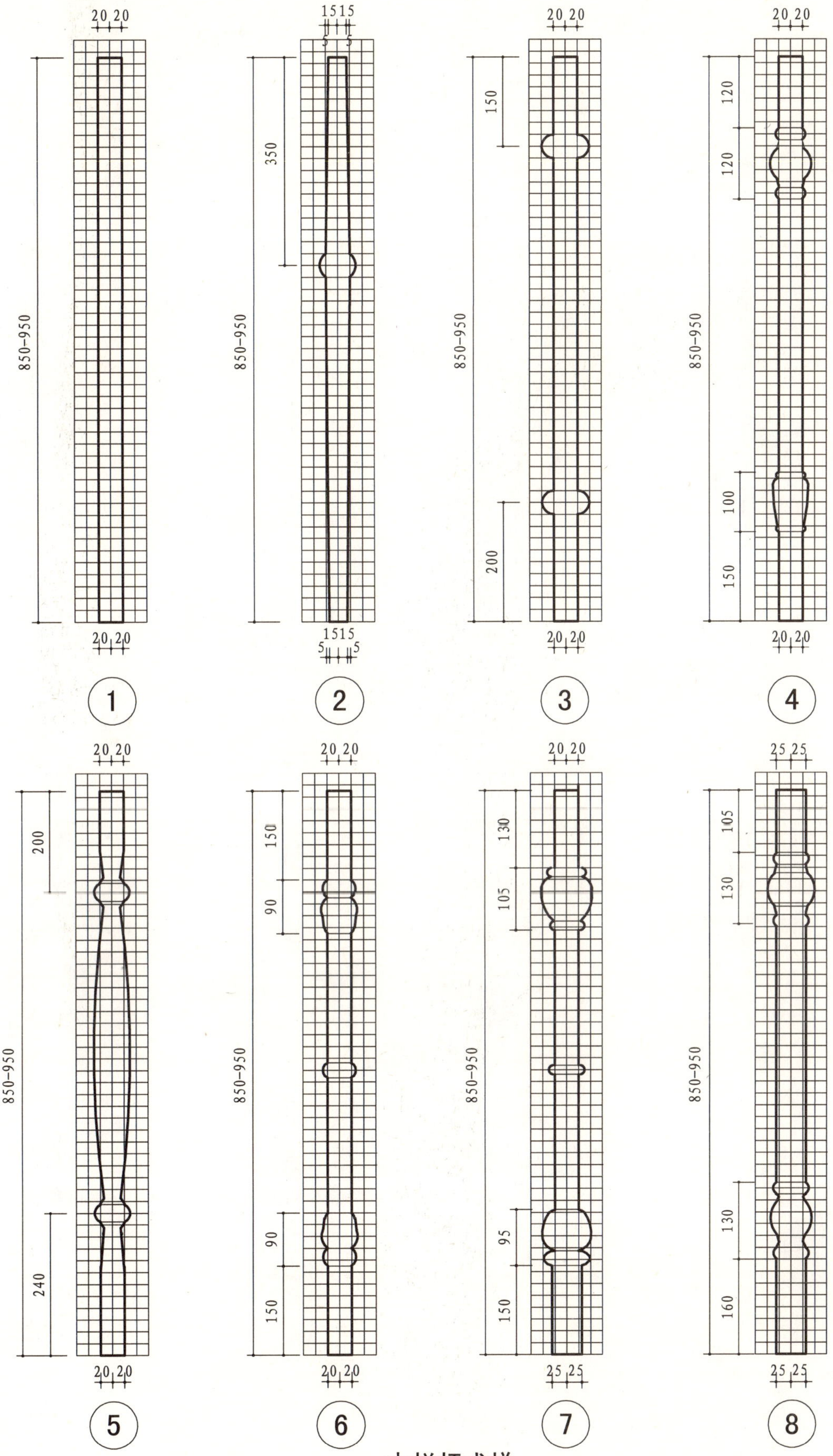
20 20
850-950
1
15 15
5 5
350
850-950
2
150
200
850-950
3
120
120
100
150
850-950
4
200
240
850-950
5
150
90
90
150
850-950
6
130
105
95
150
850-950
25 25
7
105
130
130
160
850-950
25 25
8

木栏杆式样

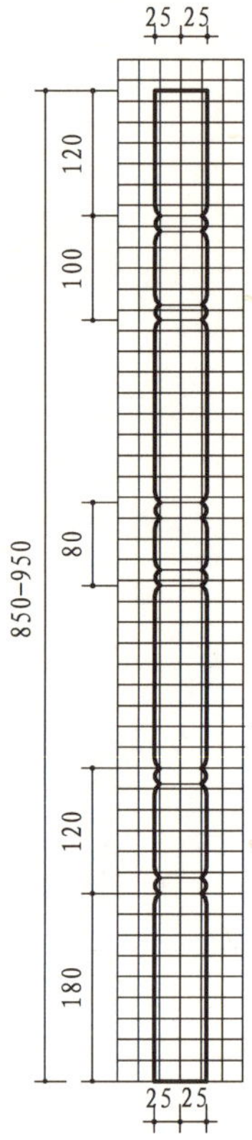

9

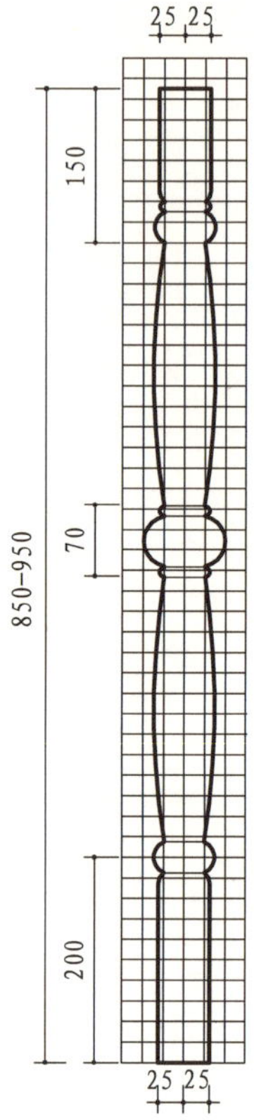

10

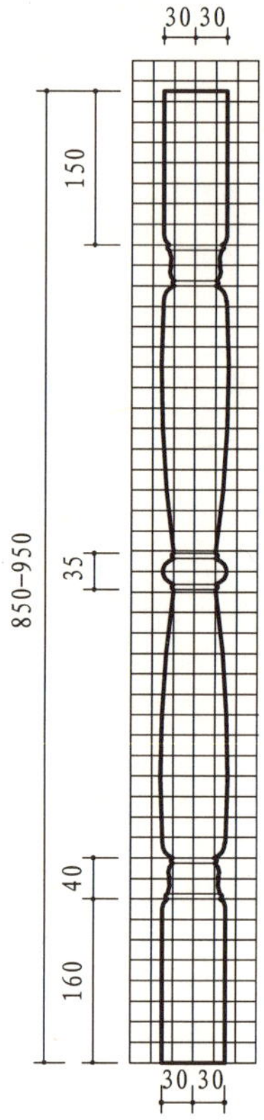

11

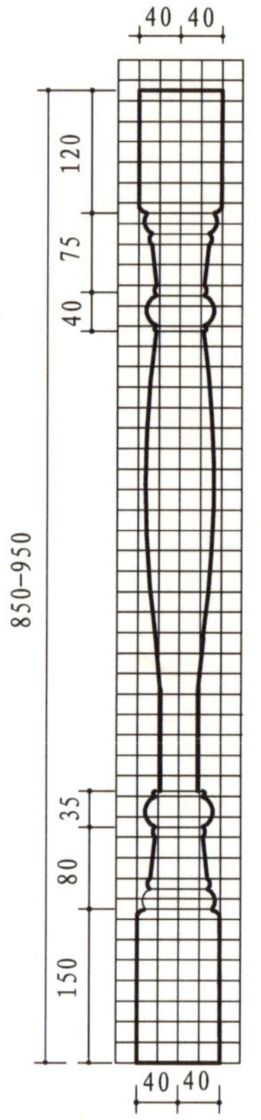

12

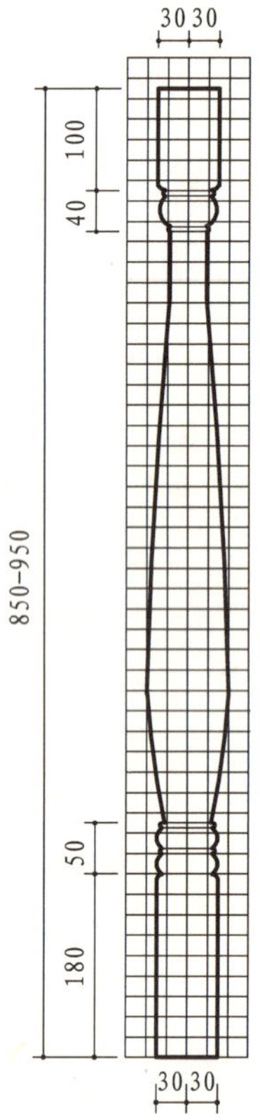

13

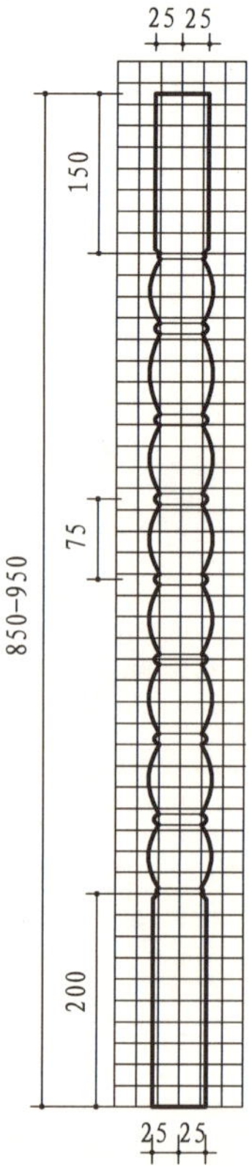

14

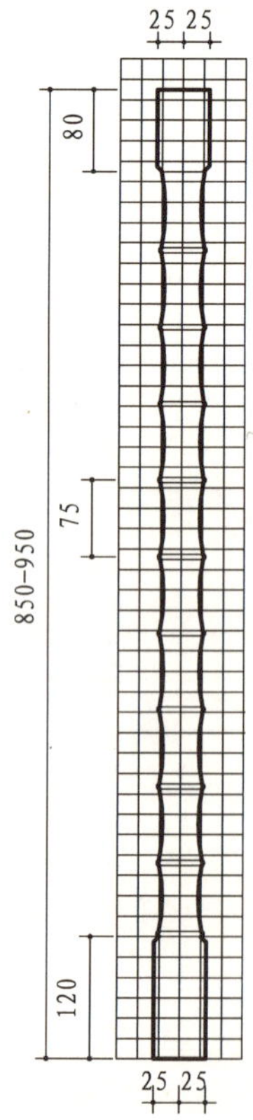

15

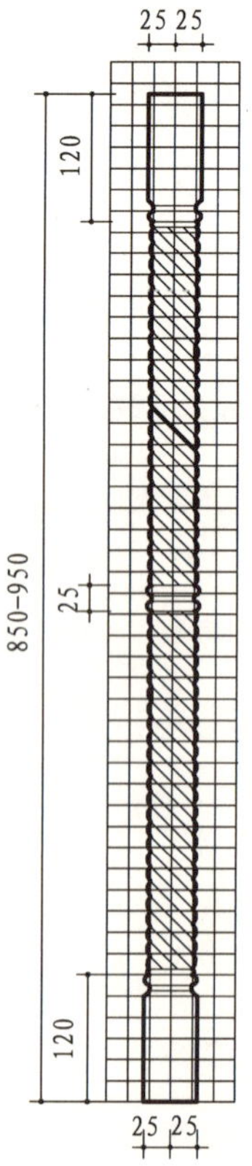

16

木栏杆式样

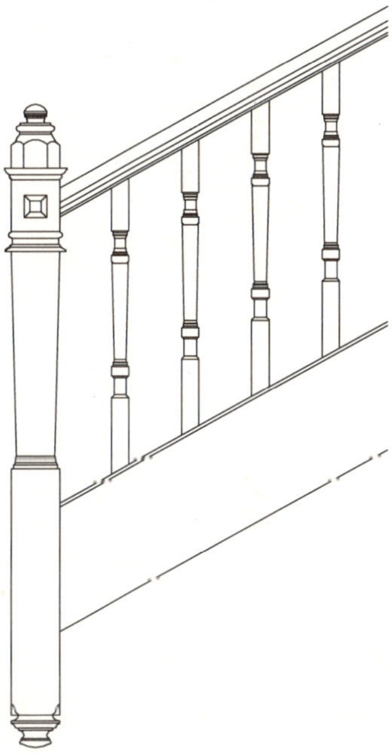

第二节　栏板

一、玻璃栏板［摘自《建筑玻璃应用技术规程》（JGJ113-2009）］

1. 建筑玻璃：应用于建筑物上的一切玻璃统称为建筑玻璃。建筑玻璃一般分为建筑外围护结构玻璃和内部玻璃，例如玻璃幕墙、玻璃屋面、玻璃门窗、玻璃雨篷、玻璃栏板、玻璃楼梯、玻璃地板、游泳馆水下观察窗等。建筑物采用的玻璃通常有平板玻璃以及由平板玻璃作为原片制作的深加工玻璃，如钢化玻璃、半钢化玻璃、夹层玻璃、夹丝玻璃、镀膜玻璃和中空玻璃、真空玻璃、压花玻璃等。

玻璃强度与玻璃种类、玻璃厚度、受荷载部位、荷载因素有关。

2. 玻璃强度

（1）玻璃强度分为中部强度、边缘强度和端面强度。这三种强度数值不同。

1）玻璃中部强度：荷载垂直玻璃板面，玻璃中部的断裂强度。例如在风荷载等均布荷载作用下，四边支撑矩形玻璃板最大弯曲应力位于中部，玻璃所表现出的强度称为中部强度，是玻璃强度最大的位置。

2）玻璃边缘强度：荷载垂直玻璃板面，玻璃边缘的断裂强度。例如在风荷载等均布荷载作用下，三边支撑或两对边支撑矩形玻璃板自由边位置，或单边支撑矩形玻璃支撑边位置，玻璃所表现出的强度称为边缘强度。

3）玻璃端面强度：（端面指玻璃切割后的横断面）荷载垂直玻璃端面，玻璃端面的抗拉强度。例如在风荷载等均布荷载作用下，全玻璃幕墙的玻璃肋两边位置；温差应力作用下，玻璃板边部位置，玻璃所表现出的强度称为端面强度。

（2）玻璃是脆性材料，在其表面存在大量微细裂纹，玻璃强度与微裂纹尺寸、形状和密度有关，通常玻璃边部裂纹尺寸大、密度大，所以玻璃边缘强度低。在澳大利亚国家标准《建筑玻璃选择与安装》（AS1288）中规定，玻璃边缘强度取中部强度的 80%，在《玻璃幕墙工程技术规范》（JGJ102-2003）中取玻璃端面强度为中部的 70%。

（3）实验结果表明，玻璃越厚，其强度越低。

（4）作用在玻璃上的荷载分短期荷载和长期荷载，风荷载和地震作用为短期荷载，而重力荷载和水平荷载等为长期荷载。短期荷载对玻璃强度没有影响，而长期荷载将使玻璃强度下降，原因是长期荷载将加速玻璃表面微裂纹扩展，使其强度下降。钢化玻璃表面存在压应力层，将起到抑制表面微裂纹扩张的作用；因此在长期荷载作用下，平板玻璃和钢化玻璃、半钢化玻璃强度下降值是不同的。通常钢化玻璃和半钢化玻璃在长期荷载作用下，其强度下降到原值的 50%左右，而平板玻璃将下降至原值的 30%左右。

3. 安全玻璃：符合现行国家标准规定的钢化玻璃和夹层玻璃以及由他们构成的复合产品，都统称为安全玻璃。玻璃是典型的脆性材料，作用在玻璃上的外力超过允许限度，玻璃就会破碎。这些外力包括风压、地震力、人体的冲击或飞来的物体等。为将玻璃给人体伤害降低到最小，定义钢化玻璃和夹层玻璃以及由它们构成的复合产品为安全玻璃，这是因为相比而言，钢化玻璃和夹层玻璃一般不会给人体带来切割伤害。

（1）钢化玻璃：钢化玻璃的强度一般可达平板玻璃强度的 3 倍以上，且其韧性较平板玻璃有极大的提高，抗冲击强度一般可达平板玻璃的 4-5 倍，因此钢化玻璃在正常使用过程中不易发生破裂。所以被定义为安全玻璃。另外，钢化玻璃破碎时，整块玻璃全部破碎成钝角小颗粒，一般不会给人体带来切割伤害。

（2）夹层玻璃：在碎裂的情况下，夹层玻璃碎片将牢固地粘附在透明的 PVB 胶片上而不飞溅或落下，所以也被定义为安全玻璃。另外，如果冲击力不是特别强，碎片整体会短时留在框架内不外落，一般不会伤人。

4. 建筑玻璃防人体冲击规定

（1）安全玻璃最大许用面积：应符合表 2 的规定。

安全玻璃最大许用面积 **表 2**

玻璃种类	公称厚度 (mm)	最大许用面积 (m²)
钢化玻璃	4	2.0
	5	3.0
	6	4.0
	8	6.0
	10	8.0
	12	9.0
夹层玻璃	6.38 6.76 7.52	3.0
	8.38 8.76 9.52	5.0
	10.38 10.76 11.52	7.0
	12.38 12.76 13.52	8.0

（2）有框平板玻璃、真空玻璃和夹丝玻璃的最大许用面积：应符合表 3 的规定。

有框平板玻璃、真空玻璃和夹丝玻璃的最大许用面积 **表 3**

玻璃种类	公称厚度 (mm)	最大许用面积 (m²)
有框平板玻璃 真空玻璃	3	0.1
	4	0.3
	5	0.5
	6	0.9
	8	1.8
	10	2.7
	12	4.5
夹丝玻璃	6	0.9
	7	1.8
	10	2.4

5. 栏板用玻璃的选择及规定

（1）室内栏板用玻璃的选择应符合下列规定：

（水平荷载是人体的背靠、俯靠和手推、拉等产生的荷载。）

1）不承受水平荷载的栏板玻璃应使用符合表 2 的规定、且公称厚度不小于 5mm 的钢化玻璃，或公称厚度不小于 6.38mm 的夹层玻璃。即两层 3mm 厚平板玻璃中间夹一层 0.38mm 厚的透明安全膜。

2）承受水平荷载的栏板玻璃应使用符合本规程表 3 的规定、且公称厚度不小于 12mm 的钢化玻璃，或公称厚度不小于 16.78mm 的钢化夹层玻璃。当栏板玻璃最低点离一侧楼地面高度在 3m 或 3m 以上、5m 或 5m 以下时，应使用公称厚度不小于 16.78mm 钢化夹层玻璃。当栏板玻璃最低点离一侧楼地面高度大于 5m 时，不得使用承受水平荷载的栏板玻璃。

（2）室外栏板玻璃除应符合上述第 3 条规定外，尚应进行玻璃抗风压设计。对有抗震设计要求的地区，尚应考虑地震作用的组合效应。

（3）未经处理的玻璃边缘非常锋利，外露边是人体容易接触和划碰的，锋利的边缘会造成割伤，因此玻璃栏板所有外露边缘均要求磨边、倒角、抛光。需用螺栓固定的玻璃栏板要预先留孔，孔径要大于固定螺栓直径，在孔口与螺栓之间最好有护套，避免螺栓与玻璃直接接触。

（4）针对具体工程，玻璃栏板选用何种建筑玻璃、玻璃的品种、规格尺寸、厚度，还应依据相关规范标准，通过计算比较稳妥。一般情况下，根据国家标准《建筑装饰装修工程质量验收规范》（GB50210-2001）的要求，栏板所用安全玻璃的厚度不得小于 12mm。

6. 玻璃栏板的使用限定：承受水平荷载栏板玻璃的安全性非常重要，因此对使用的玻璃品种、厚度和使用高度都有严格的限制。距离地面高度超过 5m 时，安全玻璃亦不能确保安全。

（1）公共建筑人流活动集中的场所、疏散楼梯、长度较长的平台、悬空廊道护栏不宜采用无立柱全玻璃栏板。

（2）玻璃栏板易受到人体冲击，因此必须采用安全玻璃，即钢化玻璃和夹层玻璃。

（3）对于临空、无立柱、易受撞击部位和人流较多部位的要慎用玻璃栏板。玻璃栏板应采用安全性要求更高的钢化夹层玻璃。

7. 玻璃栏板的安装

（1）玻璃栏板安装前应检查各种钢配件是否牢固，钢板卡槽是否平整，然后清除槽口内所有杂物、砂粒，铺垫弹性材料。在灌注玻璃密封胶前，应将注胶处槽口和玻璃擦干净，灌注后要保证胶缝的厚度符合要求，一般要≥ 3.5mm。

（2）玻璃是脆性材料，不能与边框直接接触，玻璃安装尺寸的要求是保证玻璃在荷载作用下，在框架内不与边框直接接触，并保证玻璃能够适当的变形。玻璃公称厚度越大，最小安装尺寸越大，这是因为玻璃公称厚度越大，玻璃板面可能越大，因此其变形量就越大，玻璃在框架内需要的变形环境就越大。其中前部余隙和后部余隙 a 是为了保证玻璃在水平荷载作用下玻璃不与边框直接接触；嵌入深度 b 为了保证玻璃在水平荷载作用下玻璃不与边框脱框；边缘间隙 c 为了保证玻璃在环境温差作用下不与边框接触，同时也保证玻璃在一定量建筑主体结构变形条件下玻璃不被挤碎。

（3）玻璃安装凹槽的宽度和深度与玻璃装配尺寸密切相关。玻璃的安装尺寸要符合《建筑玻璃应用技术规程》（JGJ113）中的规定中最小安装尺寸。详见表 4。

玻璃最小安装尺寸　单位（mm）　　表 4

玻璃厚度	12	15	19	25
嵌入深度 b	12	12	15	18
边缘空隙 c	5	8	10	10

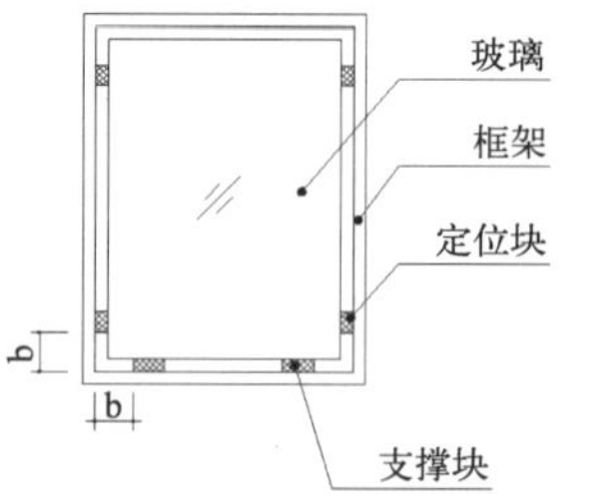

图 1　支撑块和定位块安装位置

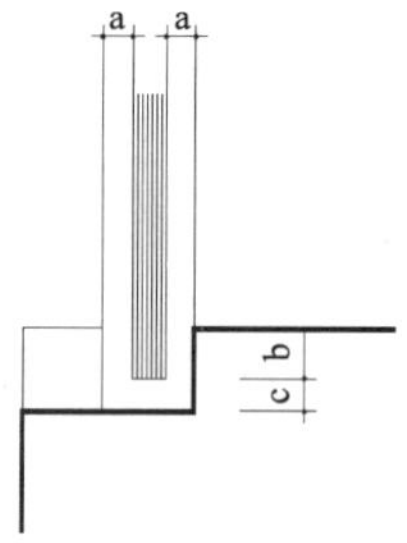

图 2　玻璃安装尺寸

支承块：起支承玻璃的作用

定位块：用于玻璃边缘，避免玻璃周边与框直接接触，使玻璃正确定位。

弹性止动片：通常与不凝固混合物或硫化型混合物一同使用，防止其受载时移动。

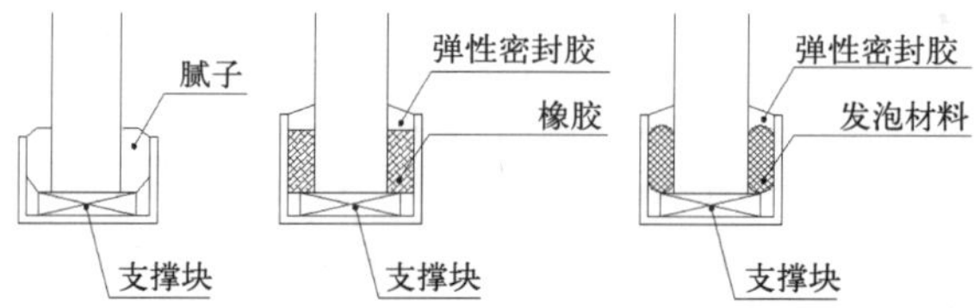

图 3　玻璃安装形式

（4）玻璃的抗剪切变形性能较差，在玻璃破坏之前，其本身的平面内变形是非常小的。由于楼层之间的变形而使框架变形时，框架和玻璃在间隙内的活动可以“吸收”变形，如果一点间隙都没有，即使楼层变形很小，也会使玻璃遭到破坏。

（5）地震引起的楼层变形所造成的框架变形，会将外力传递到玻璃上，造成玻璃破裂，所以应选用弹性密封材料以吸收这种外力。

二、实体栏板

实体栏板主要为钢筋混凝土栏板，饰面可用不同的装饰材料装饰，如粘贴石材、粉刷涂料、阻燃织物板饰面等。

三、实例照片（P_{108} ~ P_{119}）

四、工程实例（P_{120} ~ P_{181}）

MAKE A STATEME
AT WESTFIELD CHA

MUSEUM

图片出处：建筑创作杂志社编，国家大剧院 · 设计卷 . 天津：天津大学出版社，2008.8

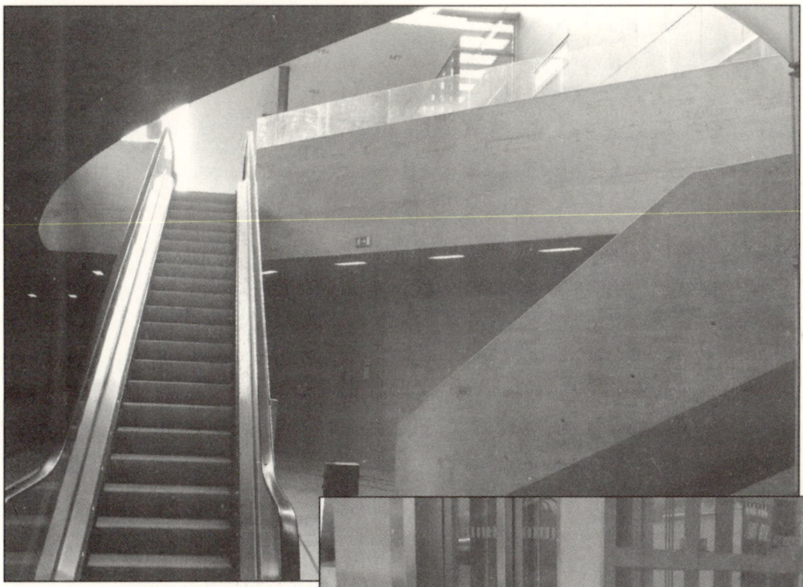

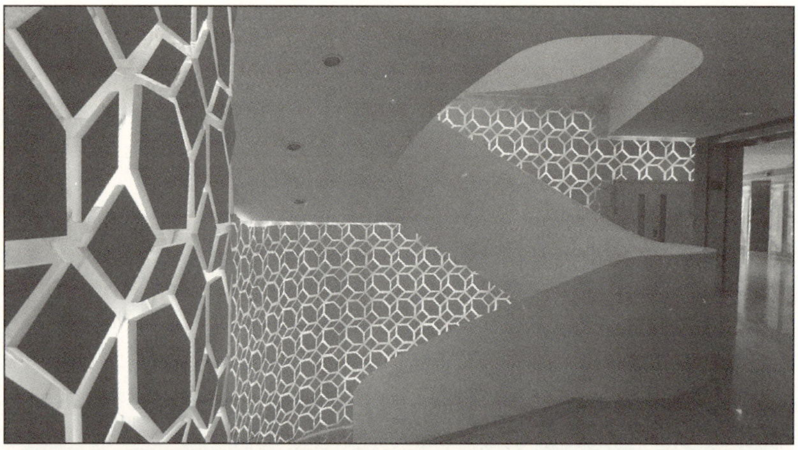

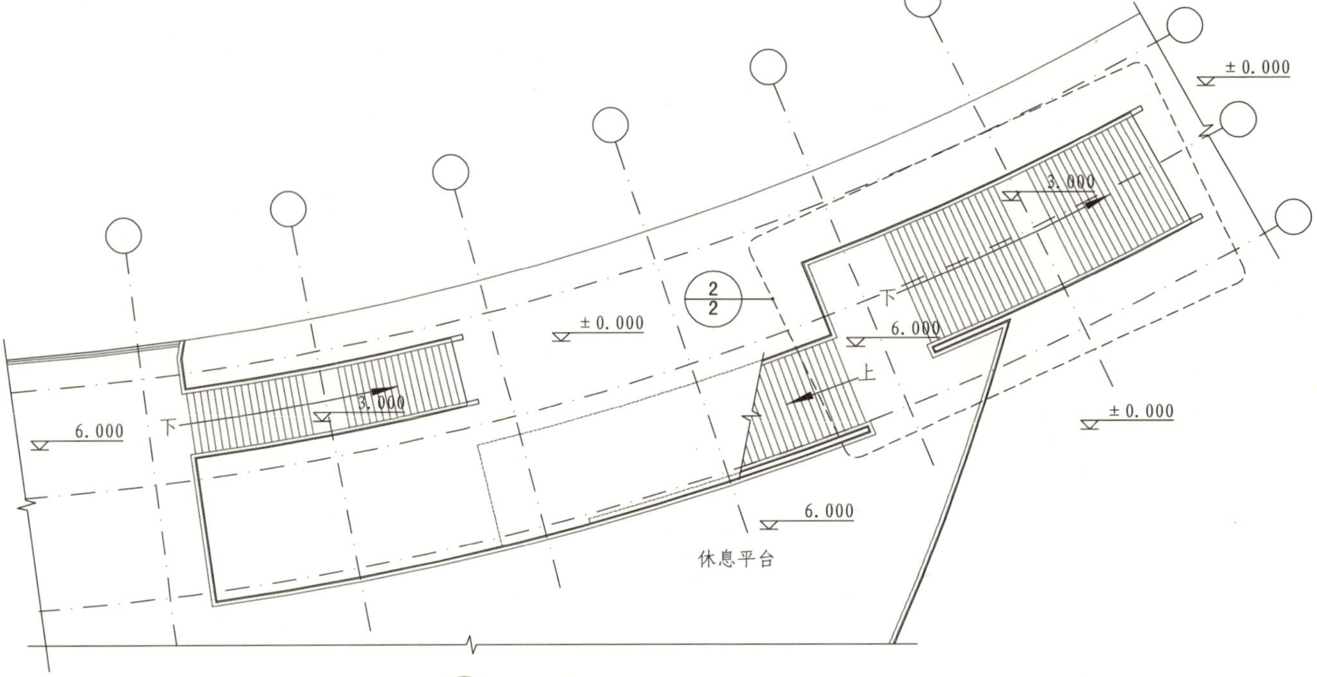

① 平面图

某剧院大厅楼梯玻璃栏板

某剧院大厅楼梯玻璃栏板

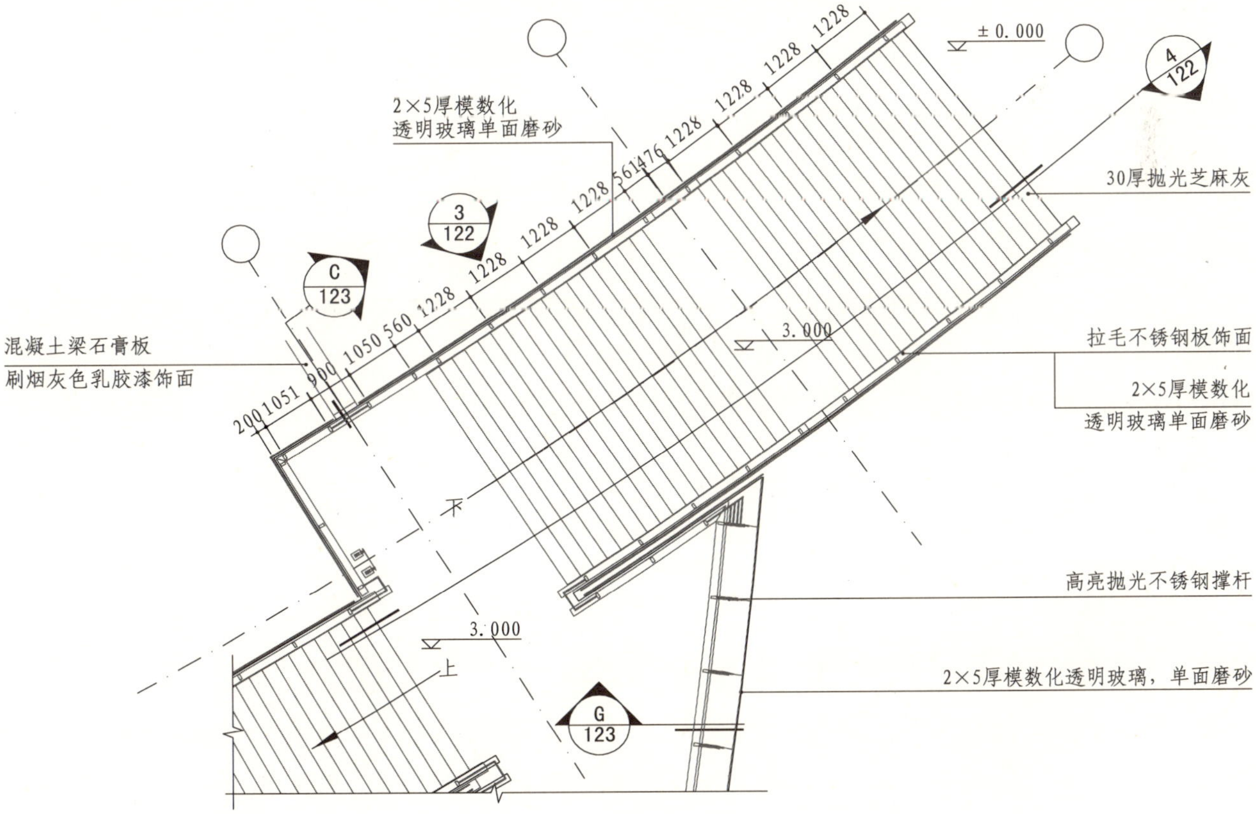

② 平面图

Section2
工程实例
栏杆
栏板
组合栏杆（板）

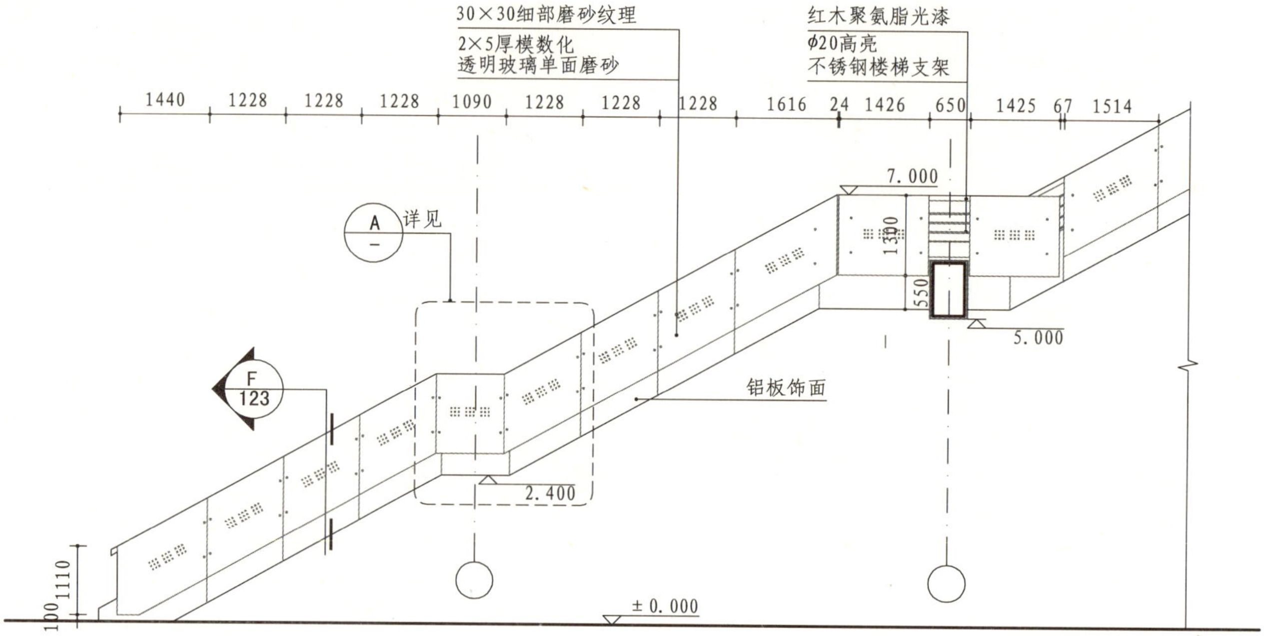

3 立面图

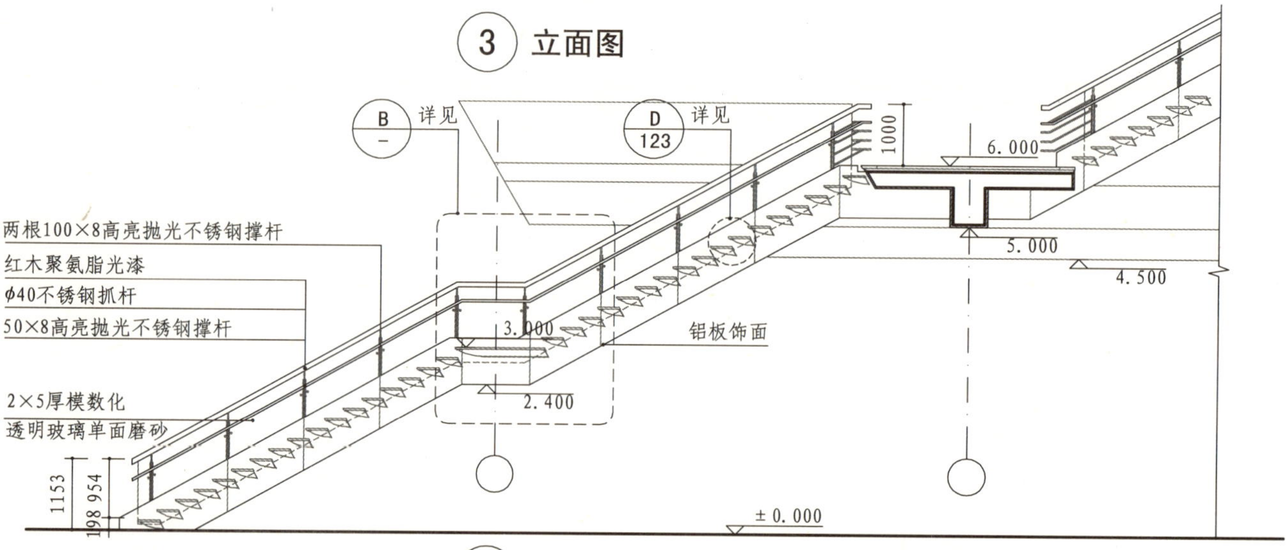

4 剖面图

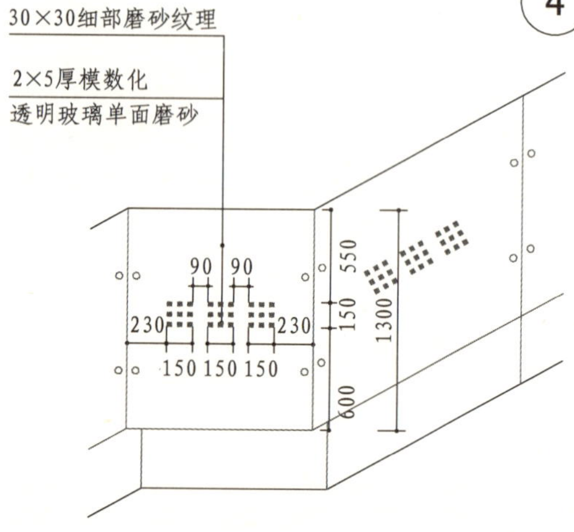

A 玻璃栏板大样图一

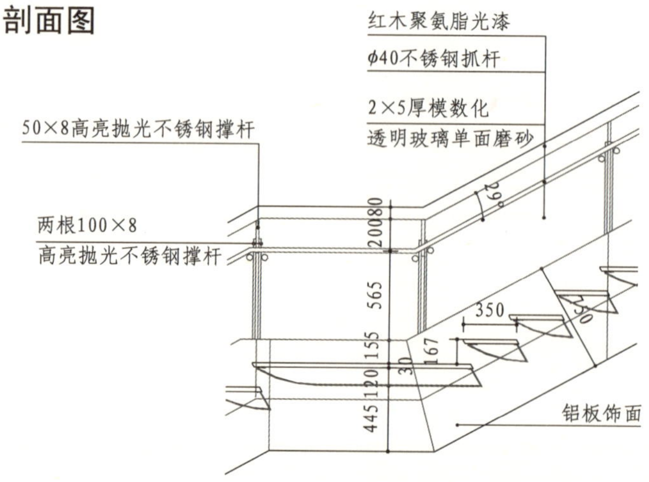

B 玻璃栏板大样图二

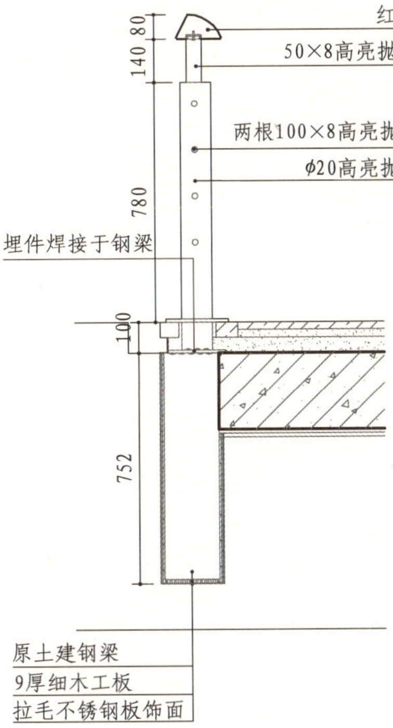

C 楼梯平台栏杆大样图一

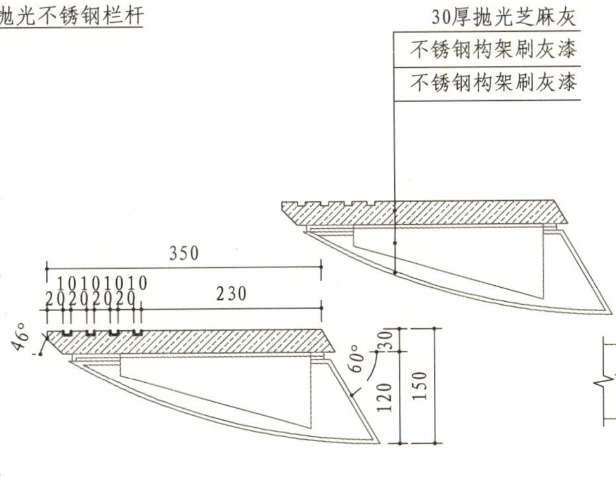

D 楼梯踏步大样图

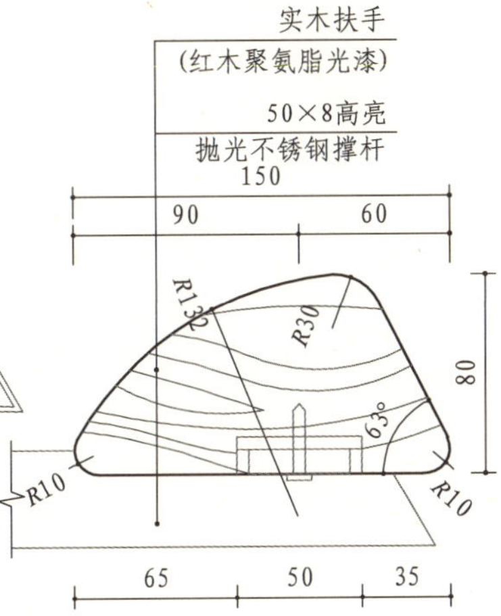

E 玻璃栏板扶手大样图

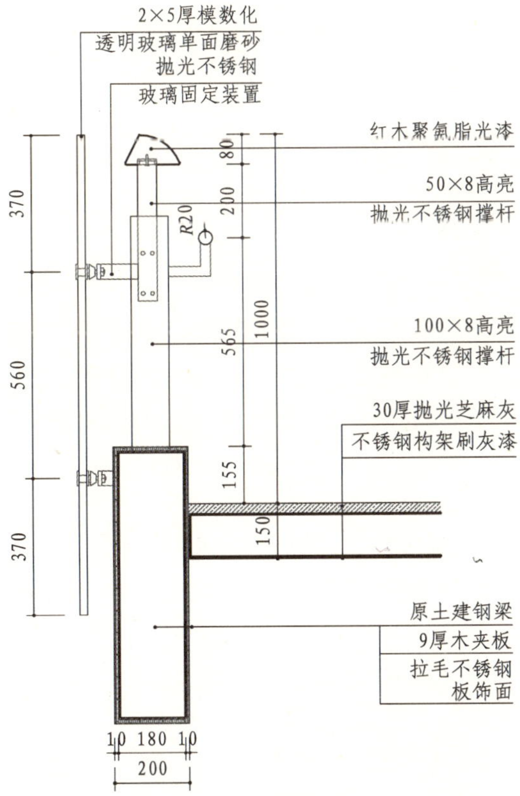

F 楼梯平台玻璃栏板大样图二

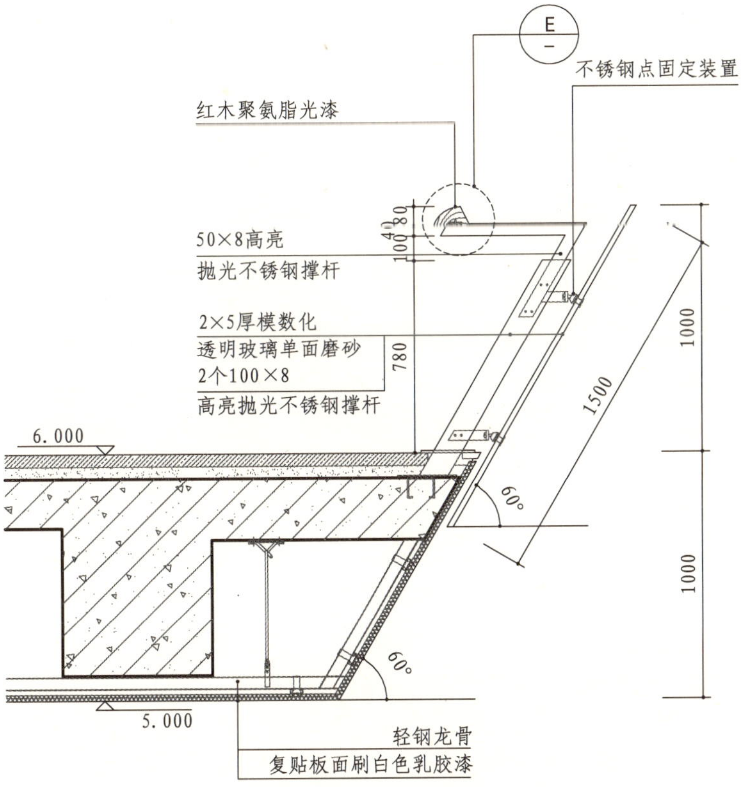

G 平台玻璃栏板大样图

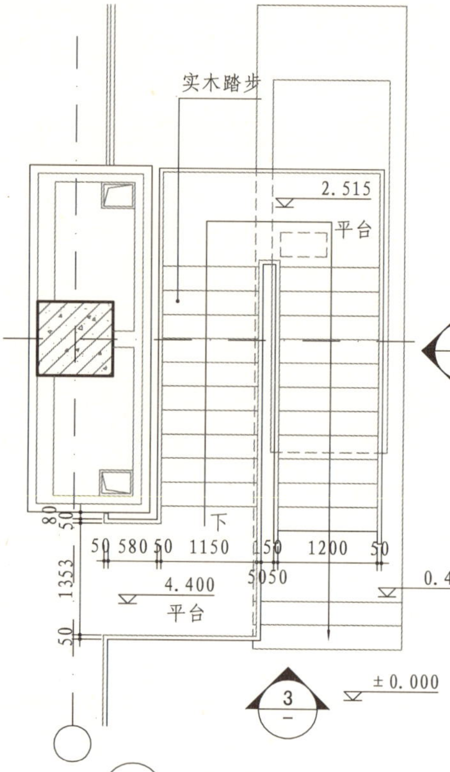

① 平面图

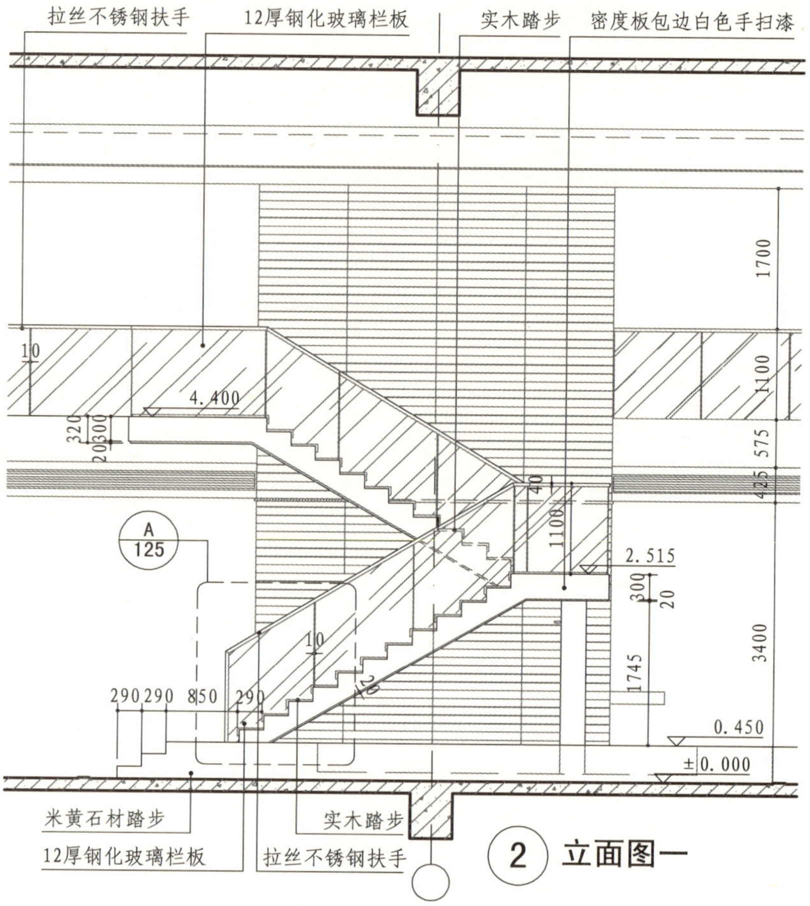

② 立面图一

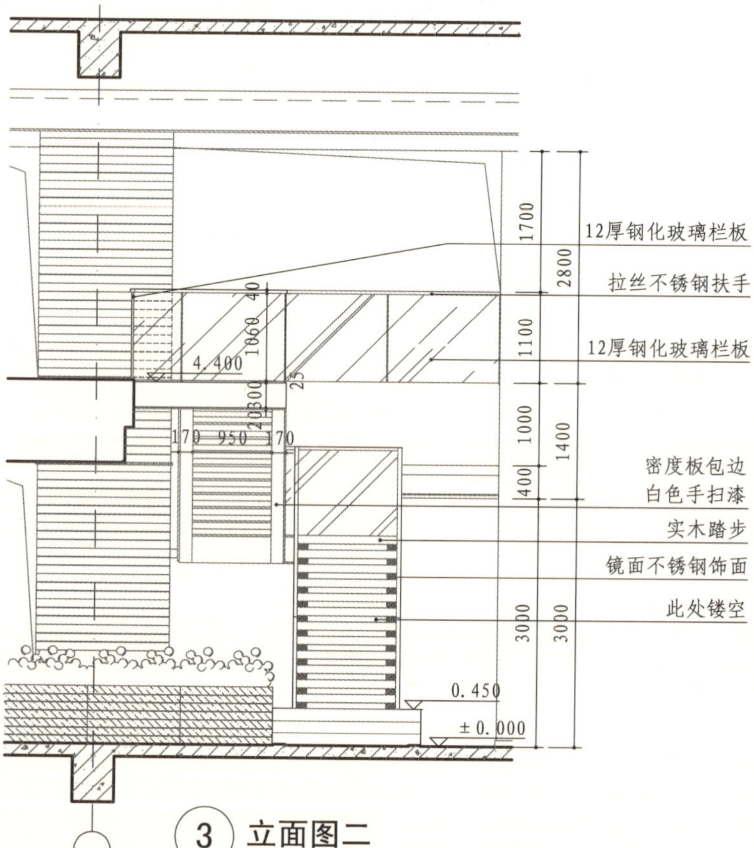

③ 立面图二

某办公门厅楼梯玻璃栏板

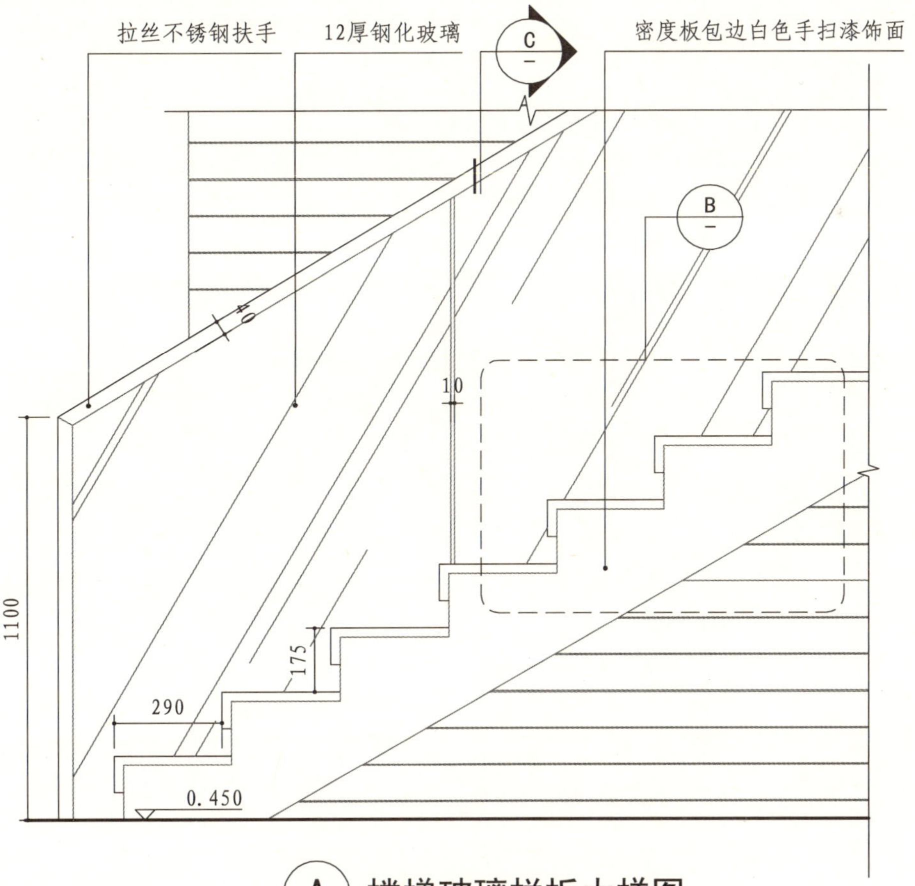

A 楼梯玻璃栏板大样图

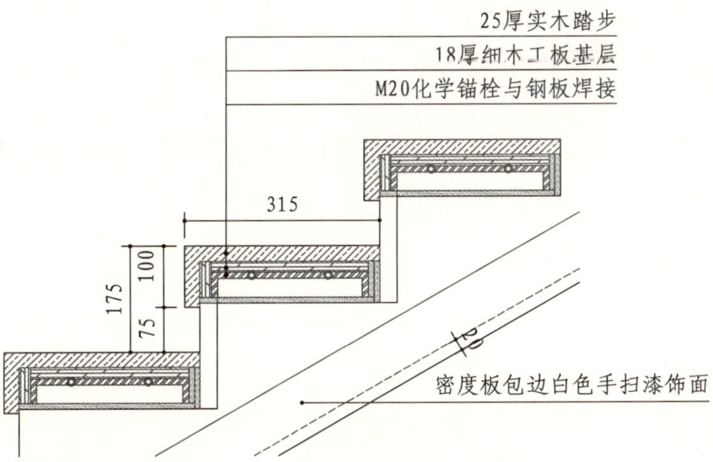

B 楼梯踏步大样图

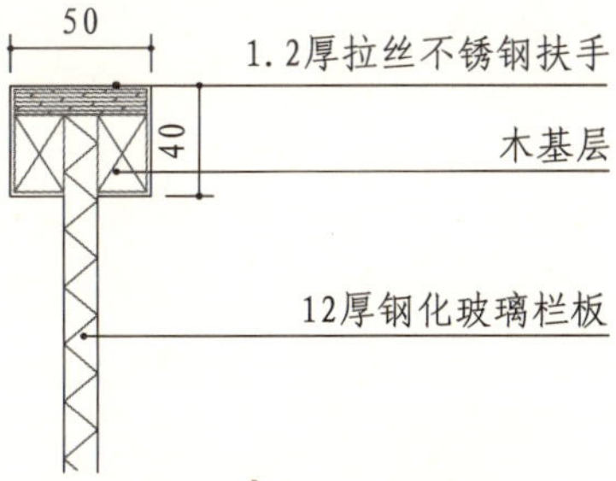

C 玻璃栏板扶手大样图

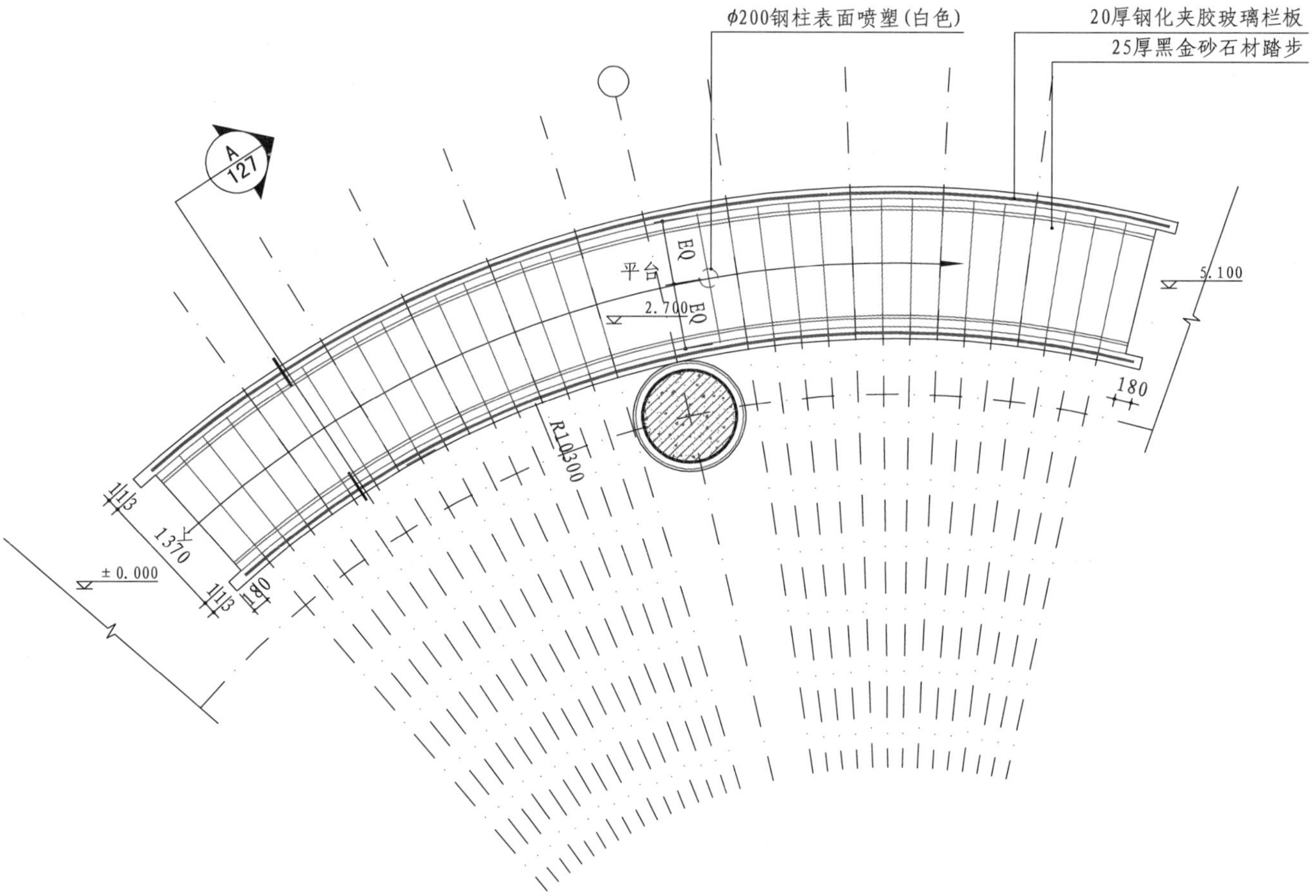
φ200钢柱表面喷塑(白色)
20厚钢化夹胶玻璃栏板
25厚黑金砂石材踏步
A
127
平台
EQ
EQ
2.700
5.100
180
R10300
1370
180
±0.000

1 平面图

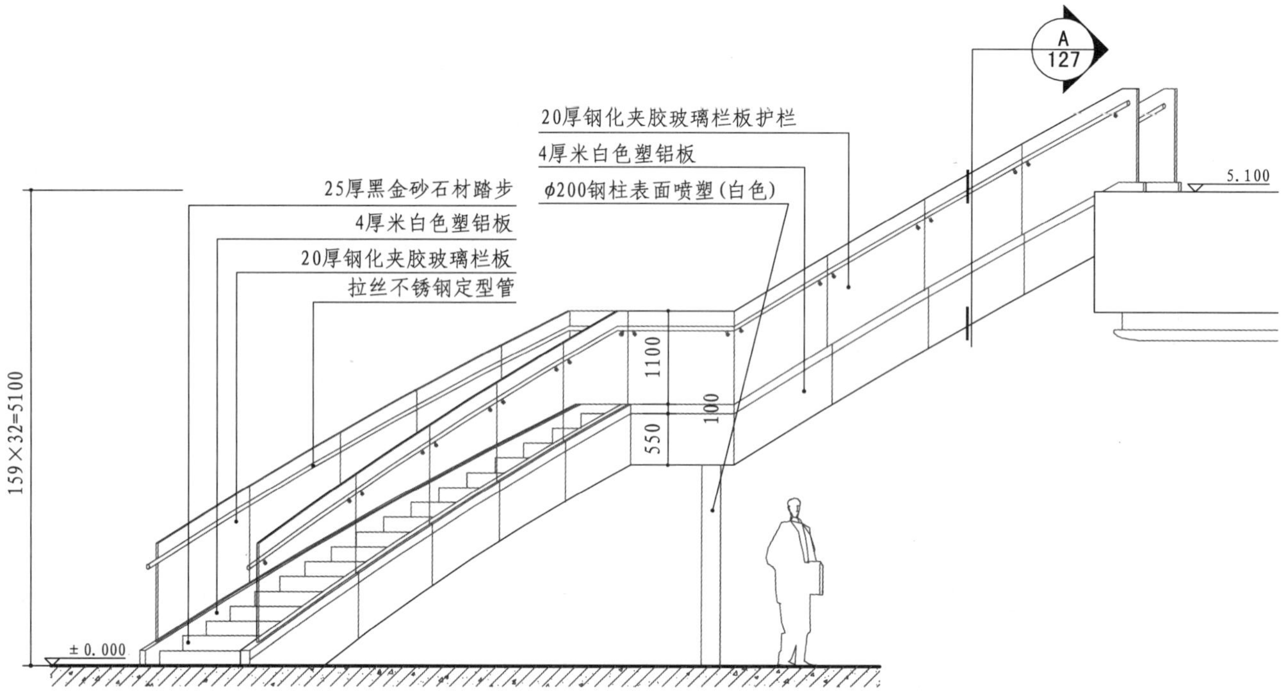
A
127
20厚钢化夹胶玻璃栏板护栏
4厚米白色塑铝板
φ200钢柱表面喷塑(白色)
25厚黑金砂石材踏步
4厚米白色塑铝板
20厚钢化夹胶玻璃栏板
拉丝不锈钢定型管
5.100
1100
550
100
159×32=5100
±0.000

2 立面图

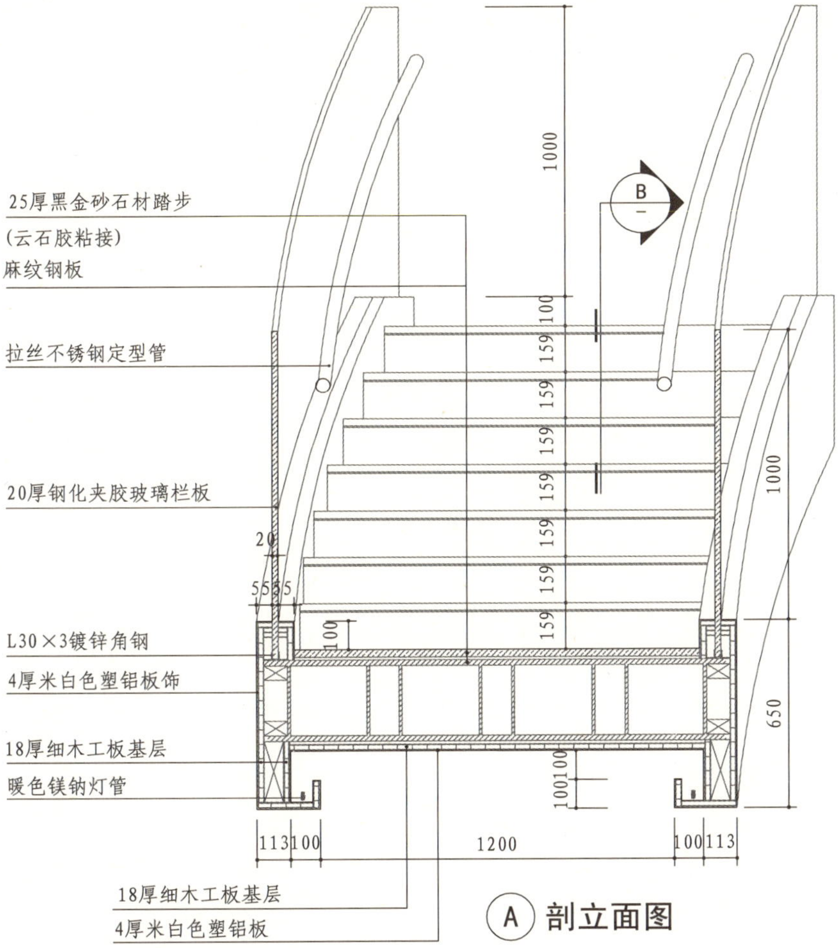

Ⓐ 剖立面图

某文化中心门厅楼梯玻璃栏板

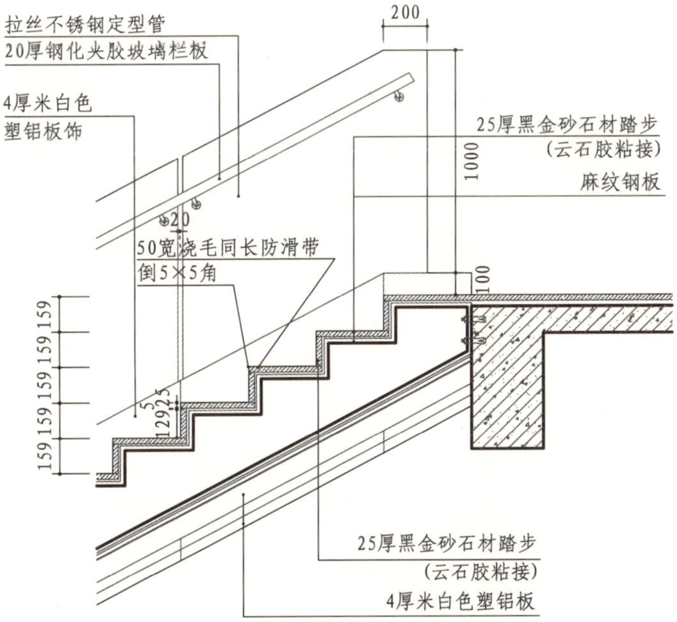

Ⓑ 楼梯踏步大样图

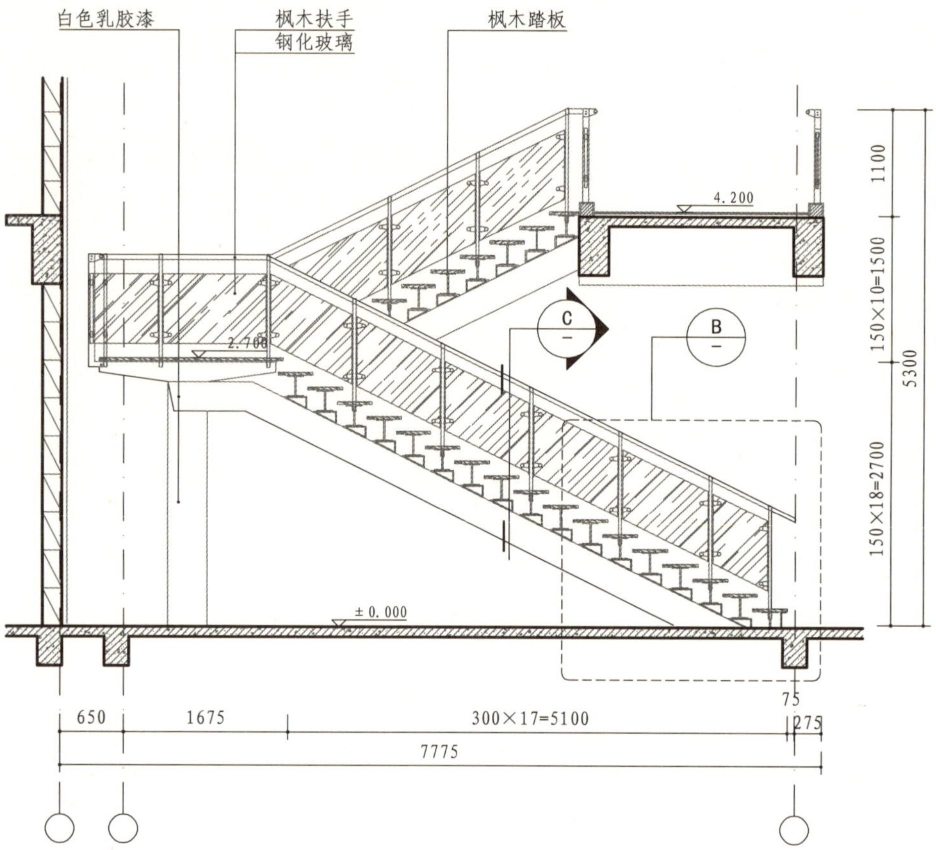

① 立面图

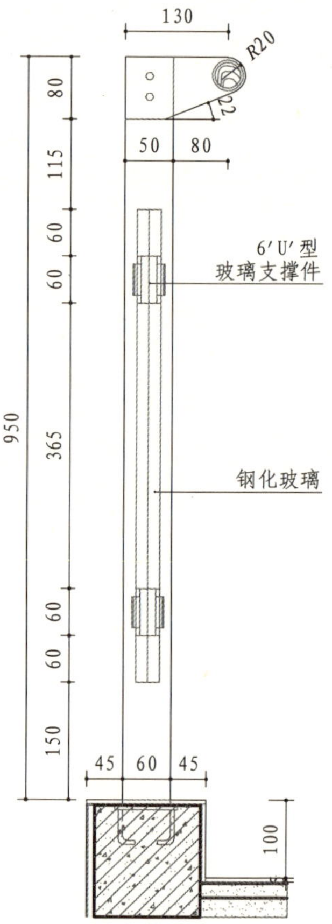

Ⓐ 玻璃栏板大样图

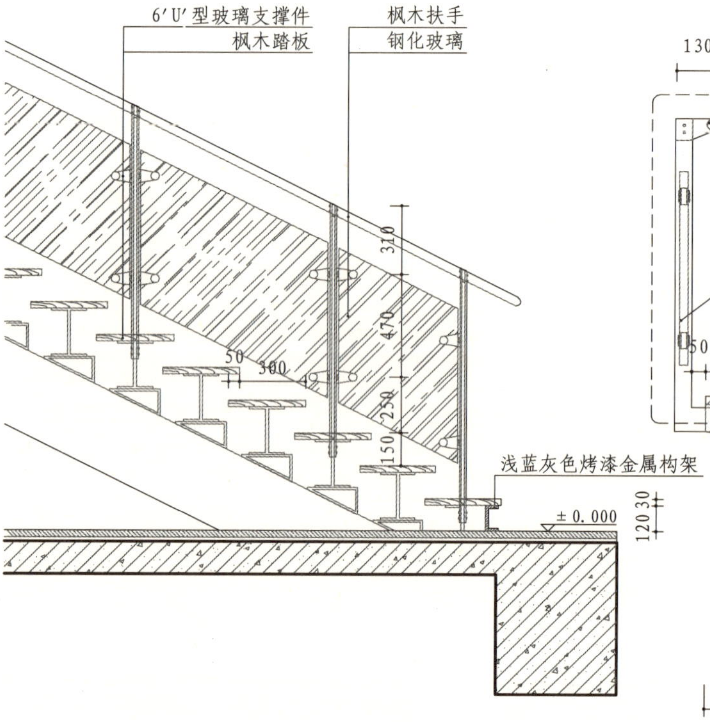

Ⓑ 楼梯踏步大样图

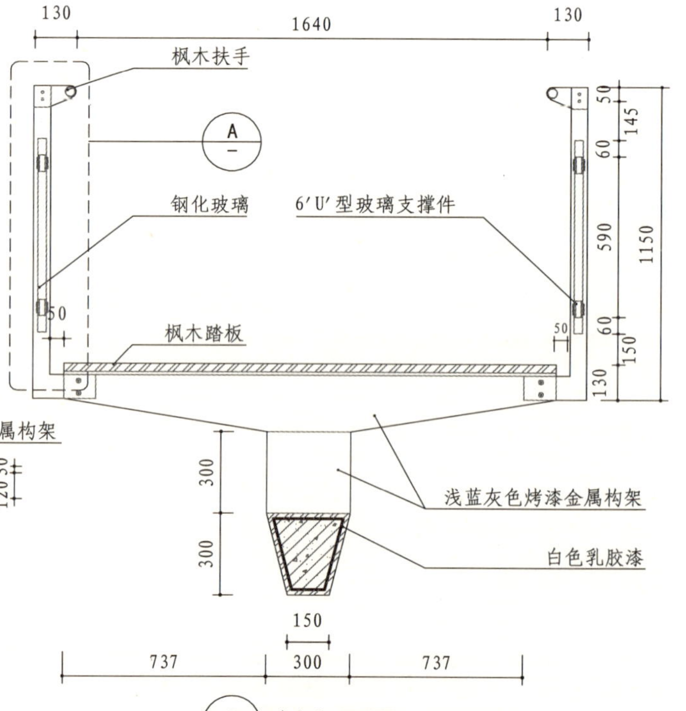

Ⓒ 剖立面图

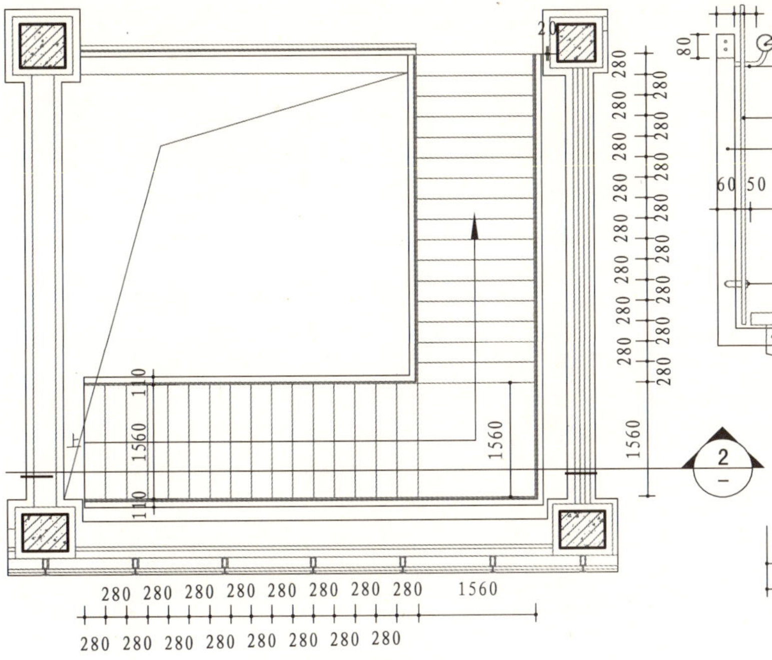

① 平面图

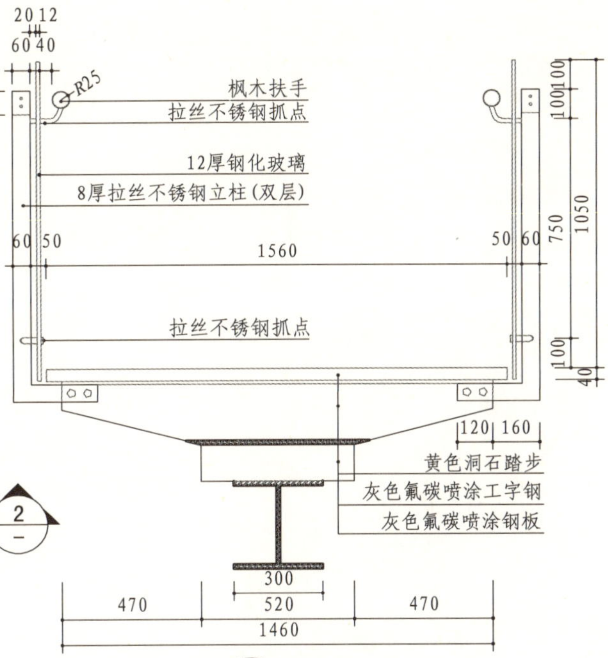

Ⓐ 剖面图

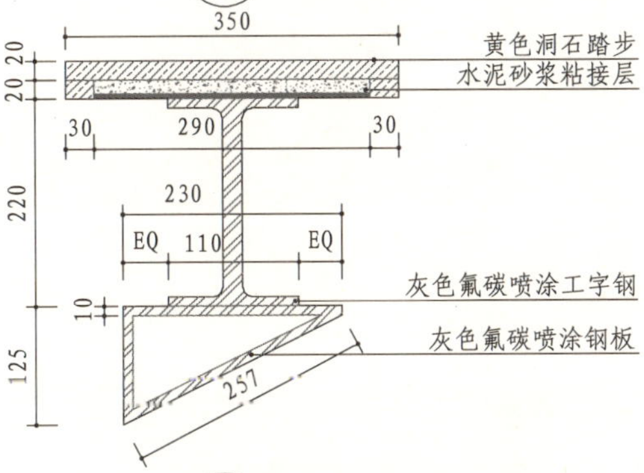

Ⓑ 楼梯踏步大样图

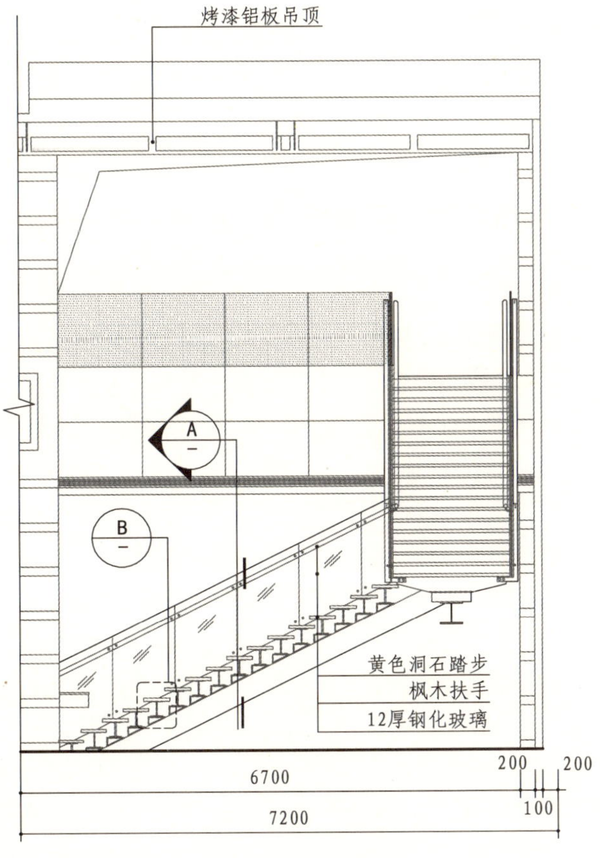

② 剖立面图

某银行办公门厅楼梯玻璃栏板

Section2
工程实例
栏杆
栏板
组合栏杆（板）

某办公楼中庭楼梯玻璃栏板一

某办公楼中庭楼梯玻璃栏板二

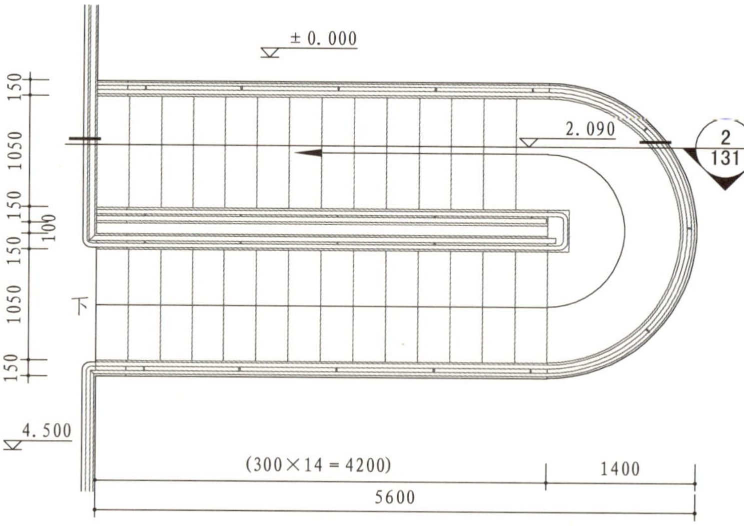

① 平面图

钢楼梯采用钢板悬挑结构，框架由矩形钢管和钢板构成。楼梯全长5.60m、宽2.80m、高5.75m。楼梯钢板踏步上外包蓝色PVC卷材。扶手由18厚钢化玻璃和拉丝不锈钢金属扶手组成。

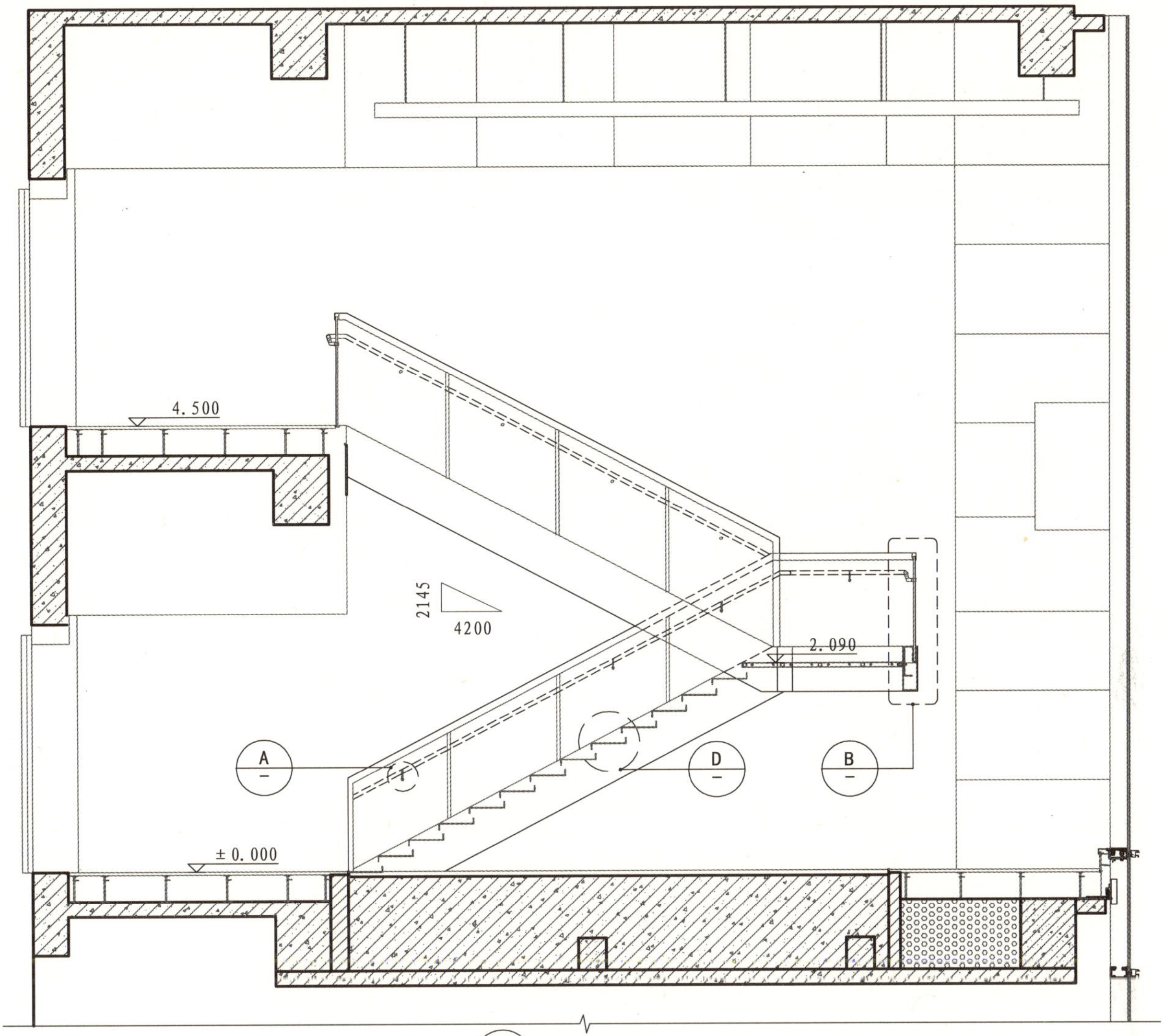

② 剖立面图

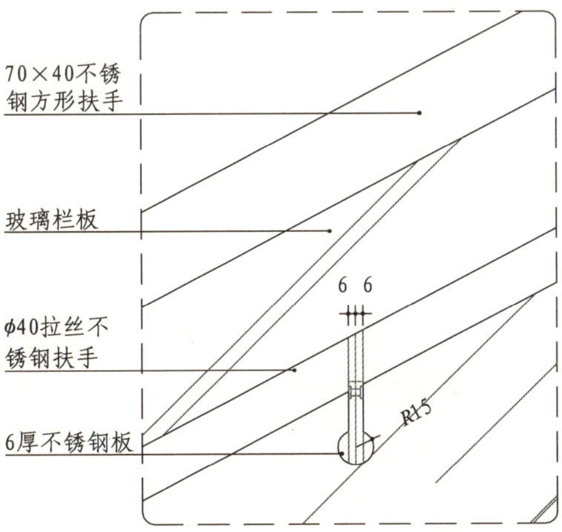

Ⓐ 玻璃栏杆扶手大样图

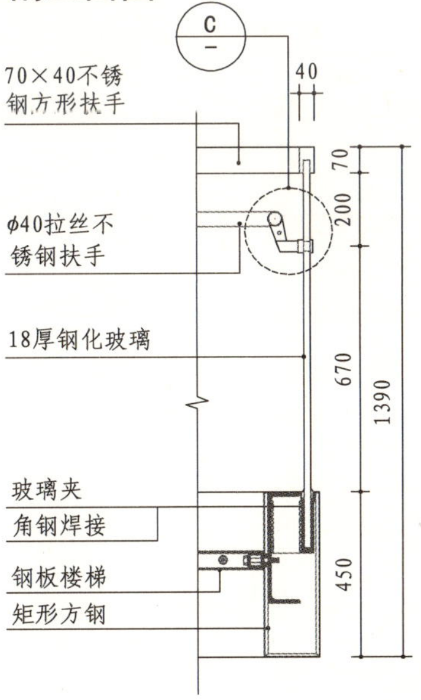

Ⓑ 楼梯平台栏杆大样图

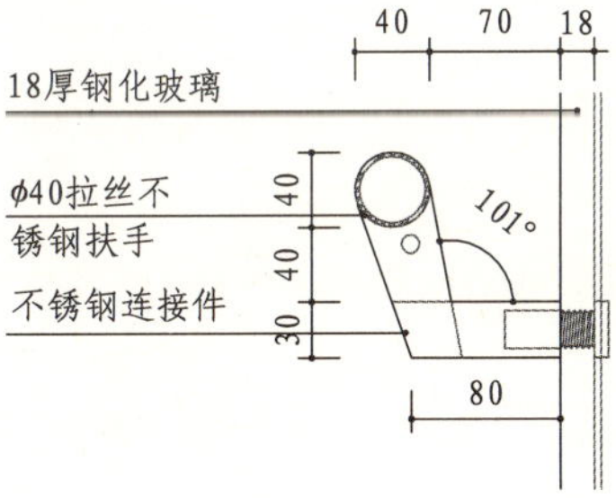

Ⓒ 玻璃栏杆扶手大样图

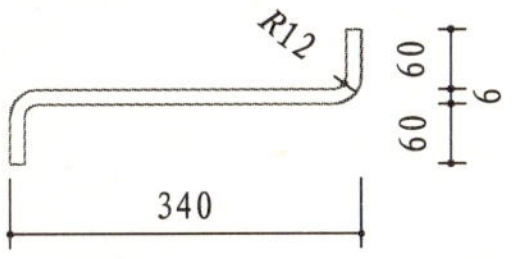

Ⓓ 楼梯踏步大样图

某办公门厅楼梯玻璃栏板

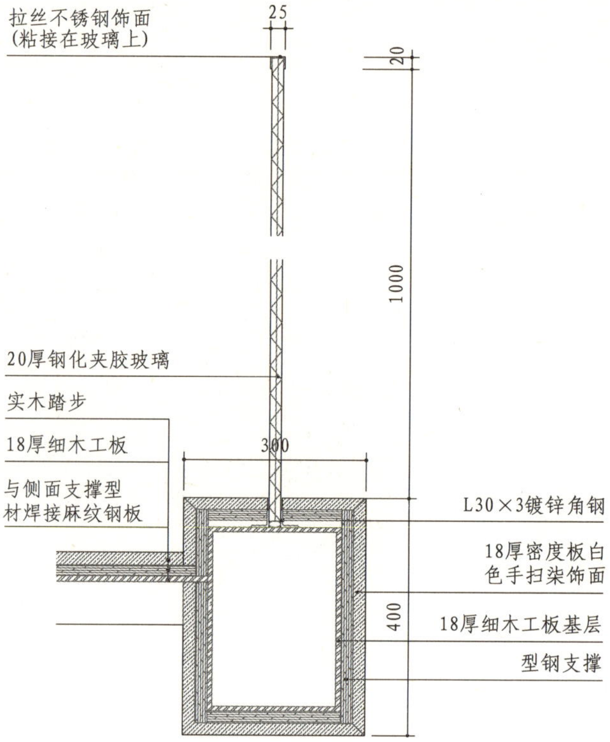

A 楼梯平台玻璃栏板大样图

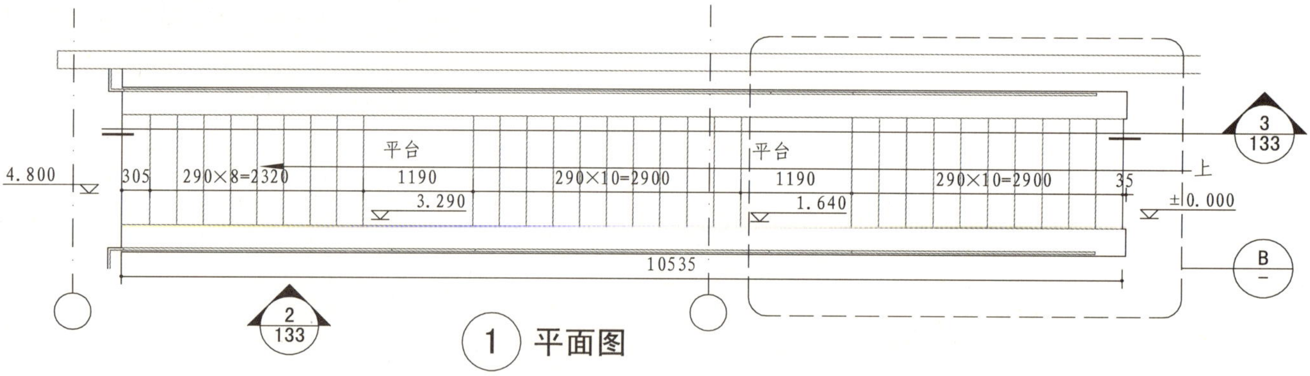

1 平面图

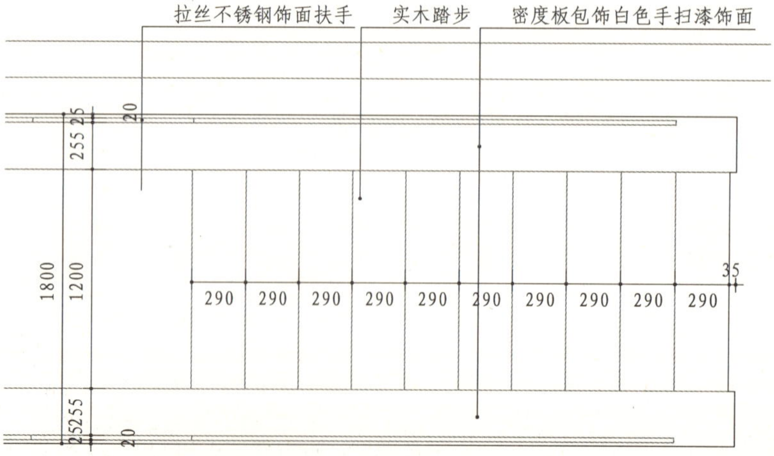

B

Section2
工程实例
栏杆
栏板
组合栏杆（板）

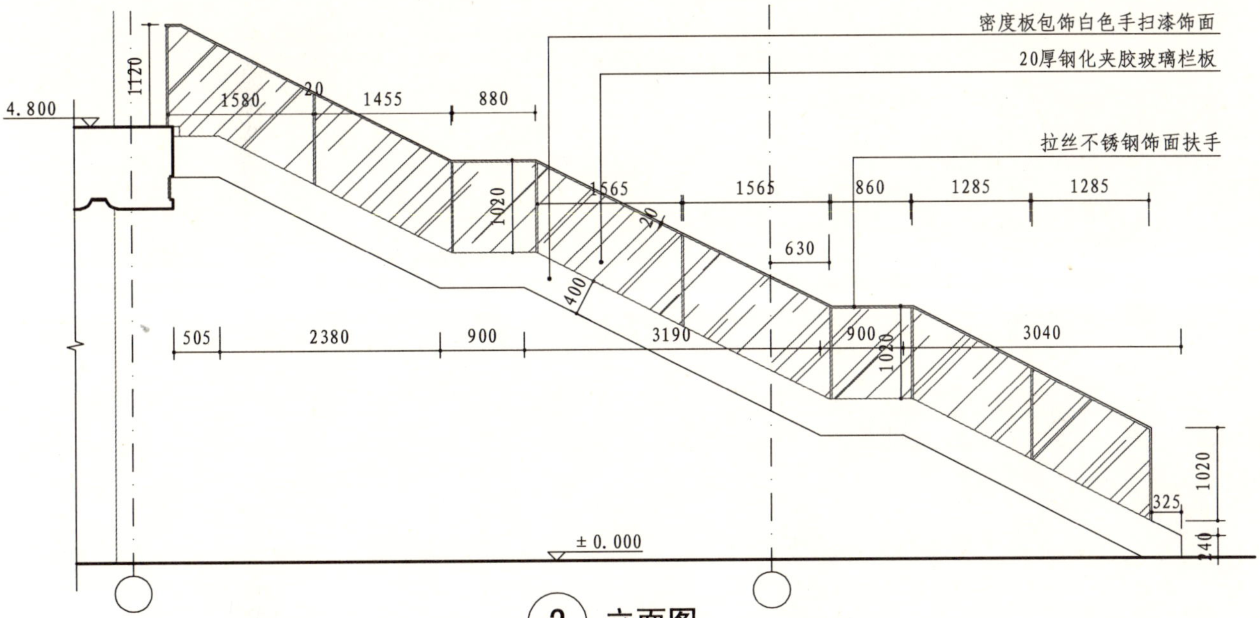

2 立面图

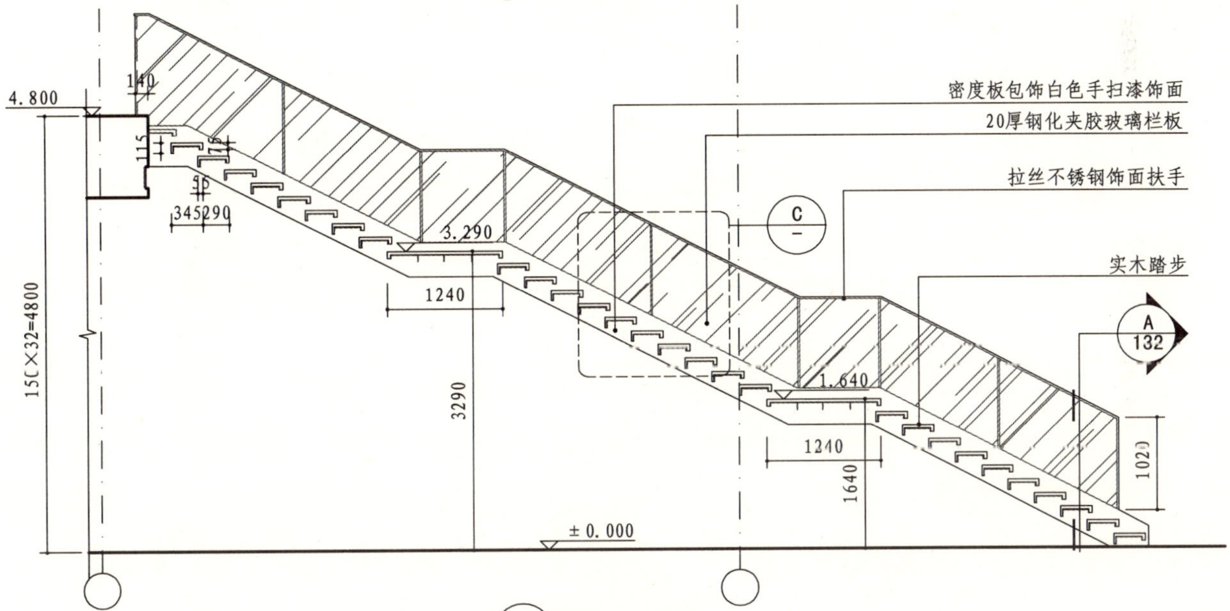

3 剖立面图

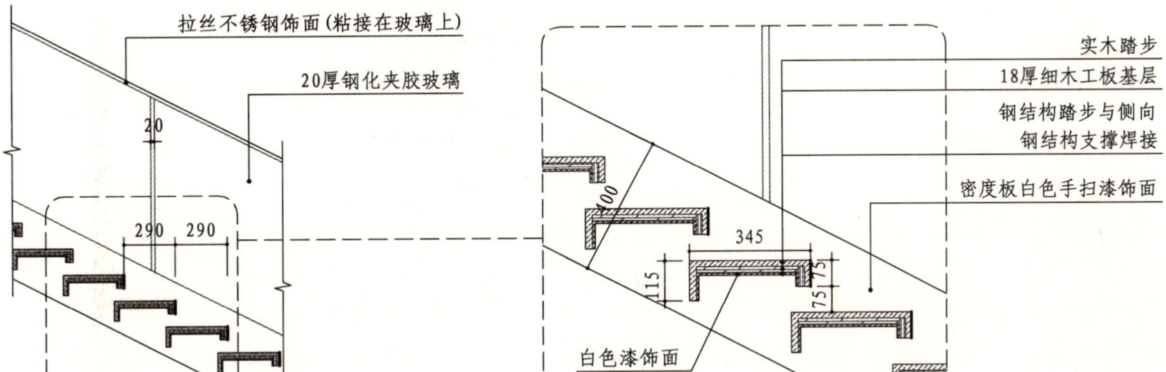

C 楼梯踏步大样图

某门厅楼梯玻璃栏板

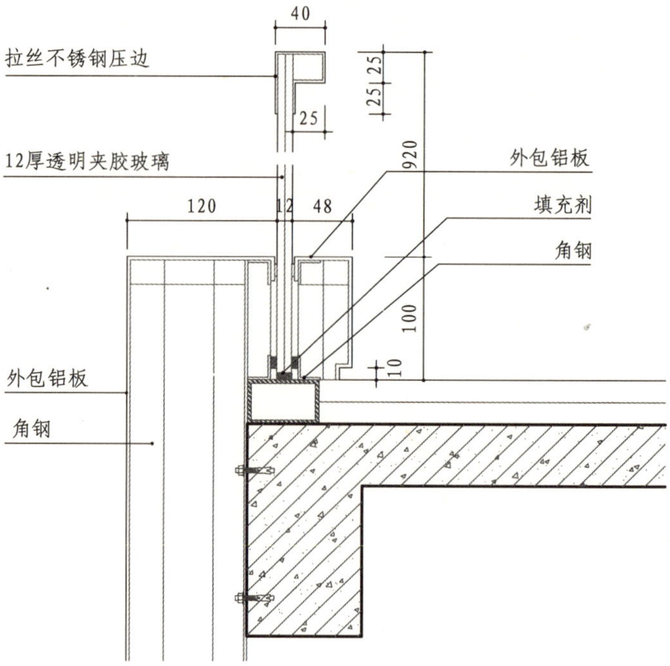

Ⓐ 楼梯平台玻璃栏板大样图

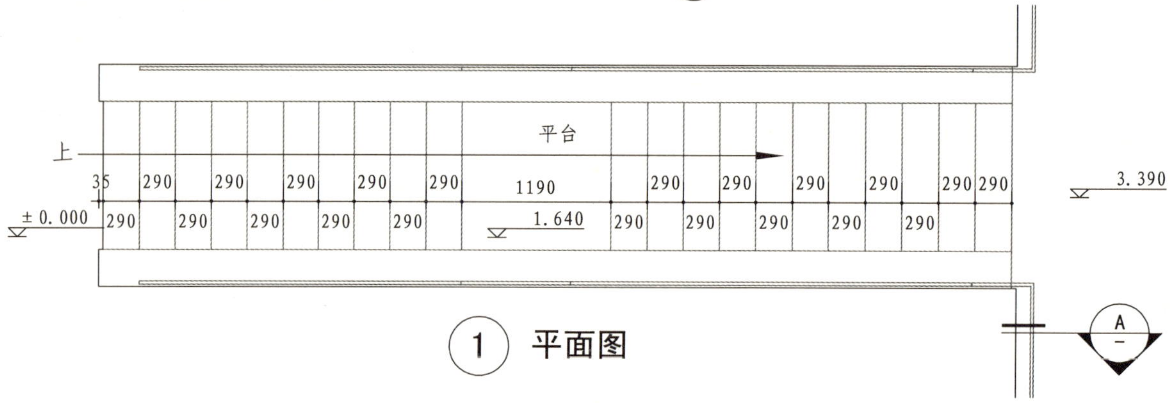

① 平面图

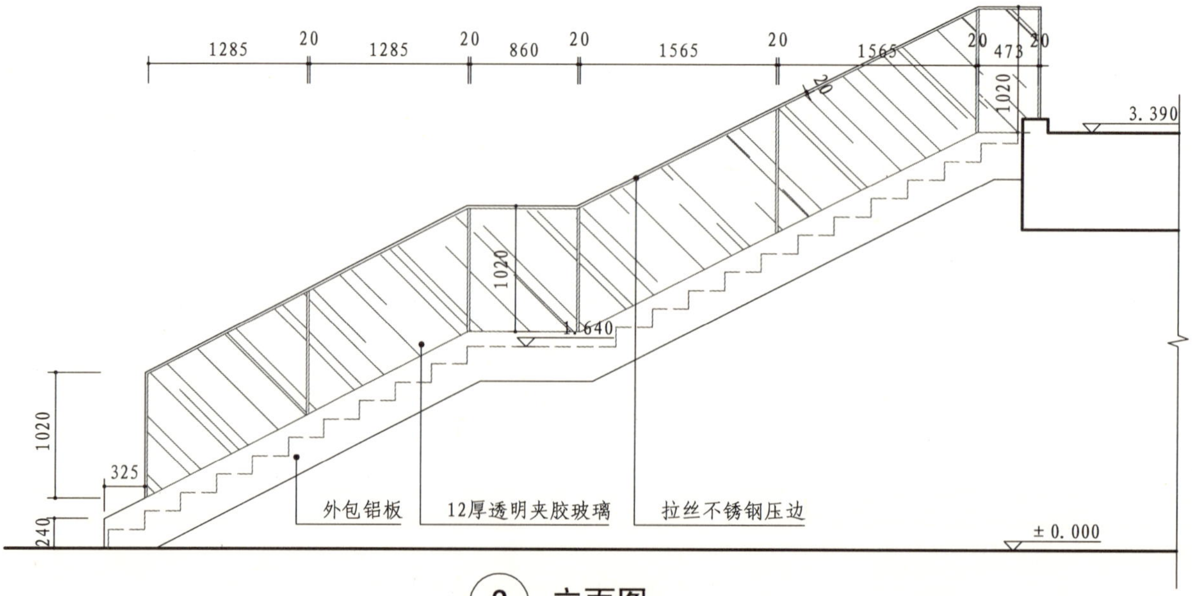

② 立面图

某门厅走廊玻璃栏板

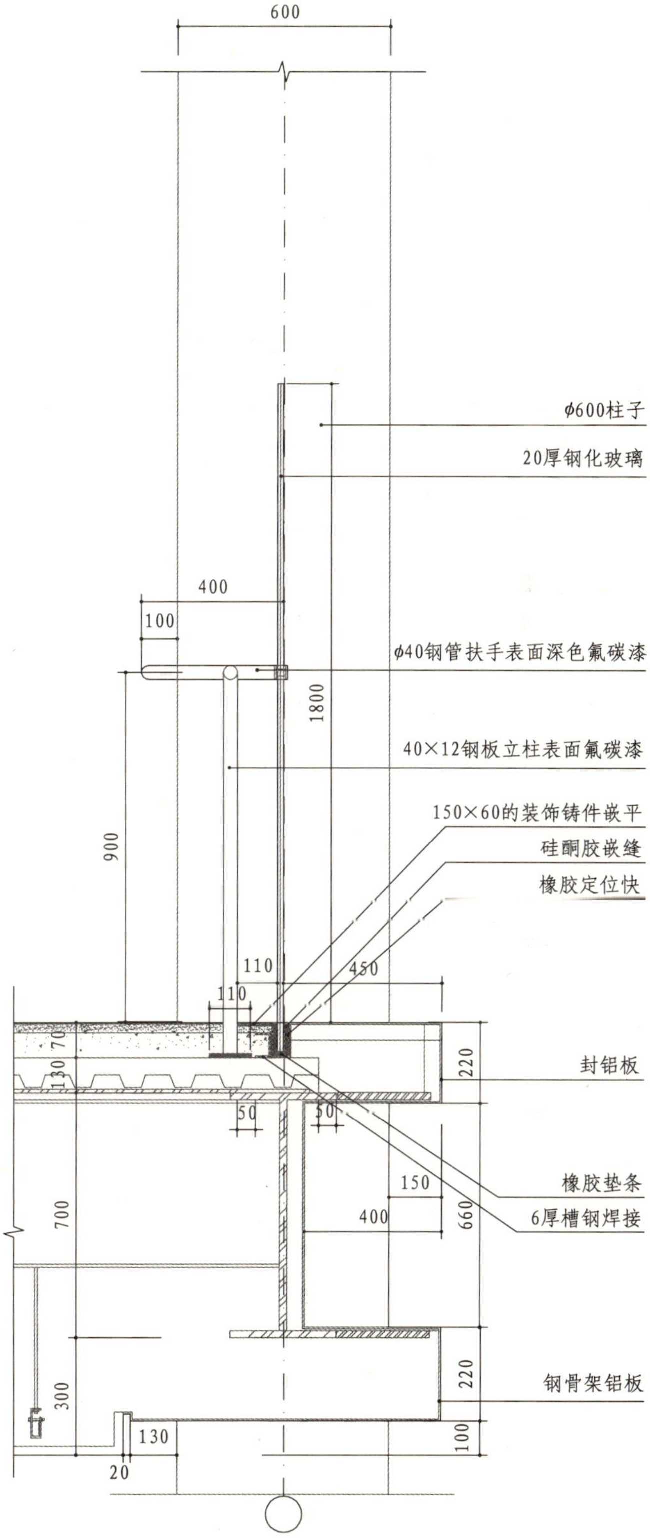

Ⓐ 楼梯平台栏板大样图

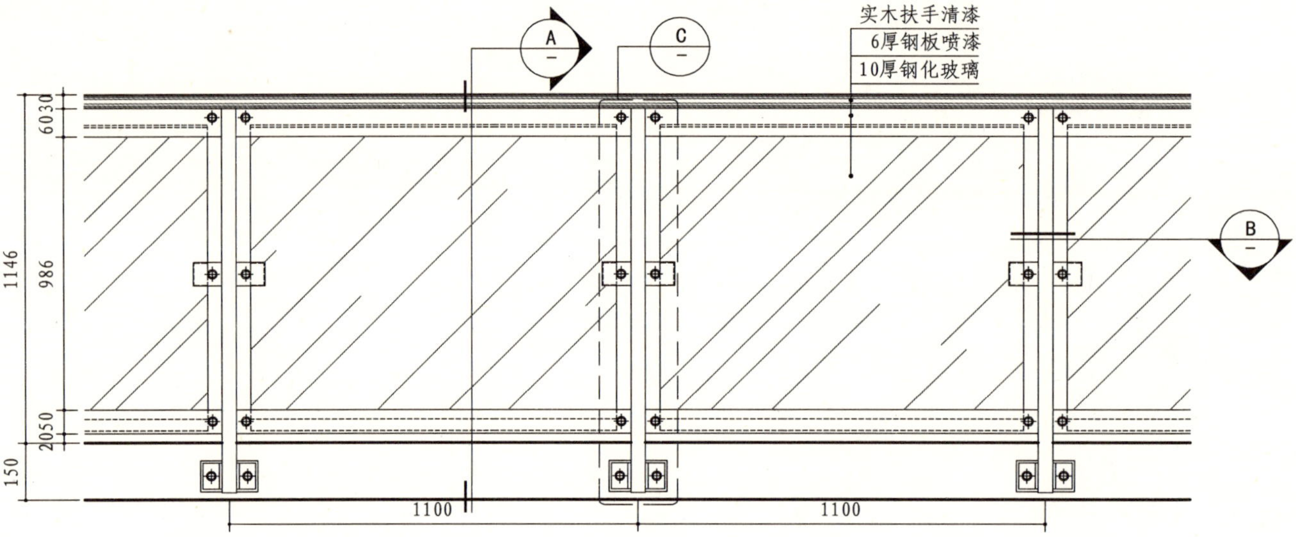

1 立面图

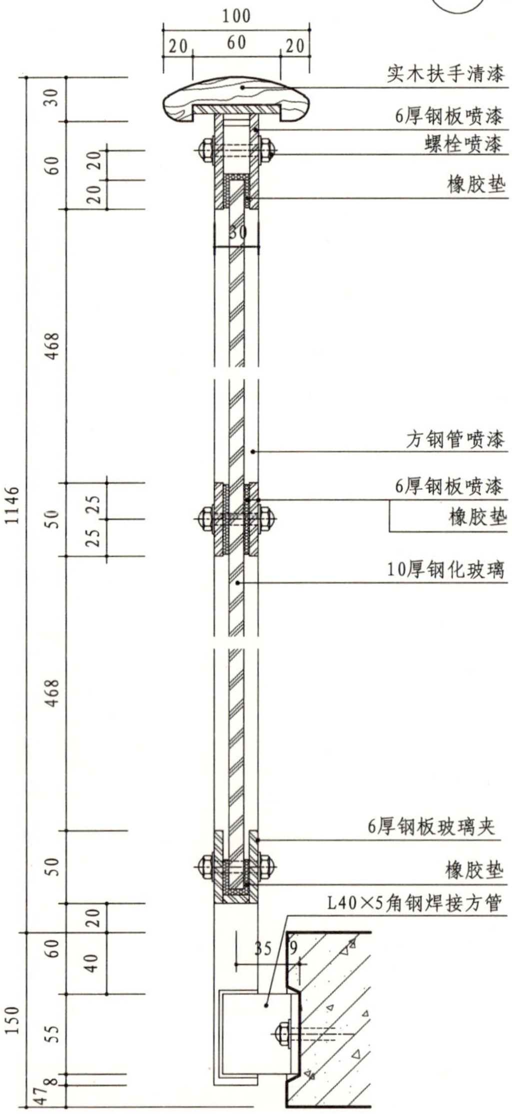

A 剖面图

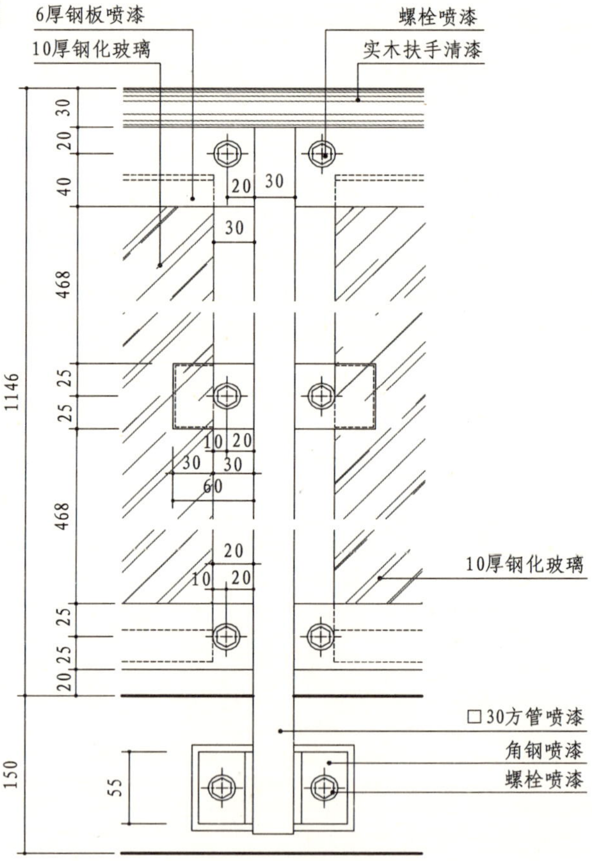

C 大样图

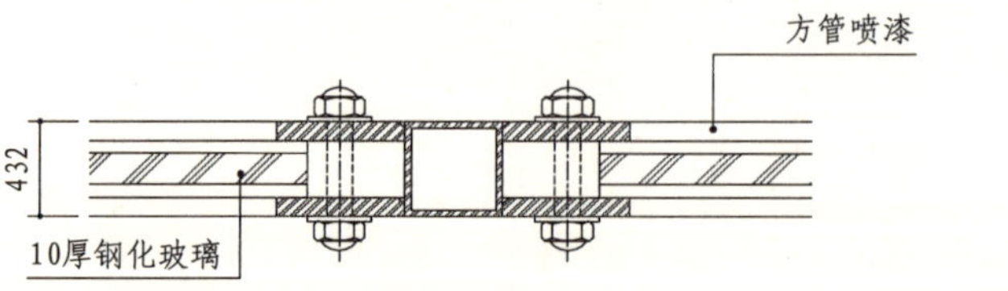

B

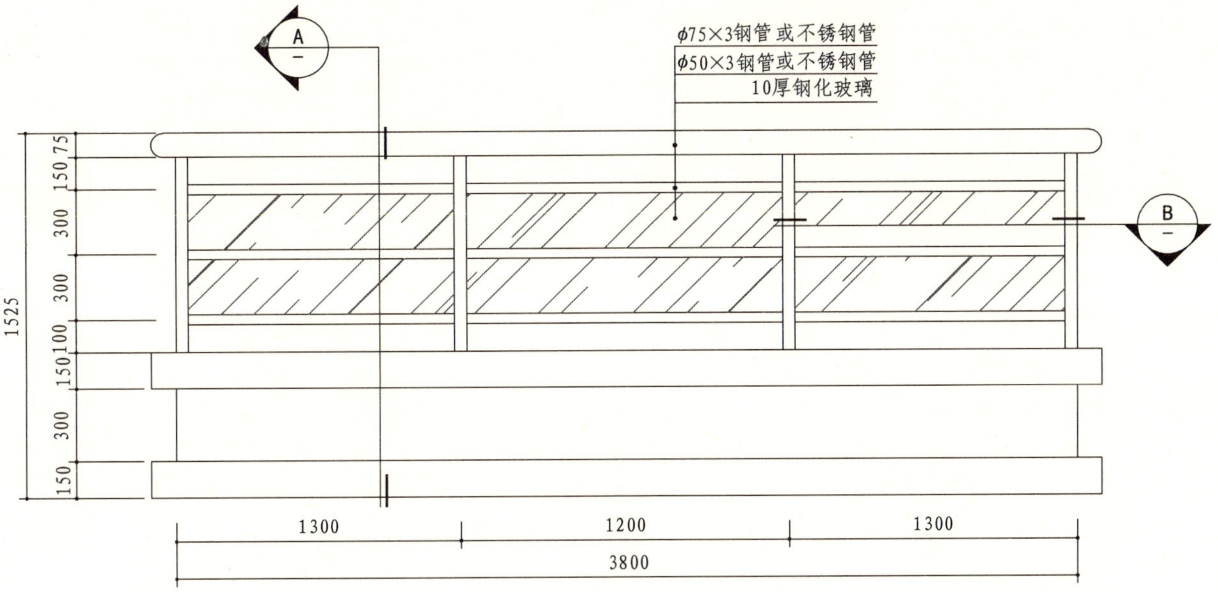
A
B
ϕ75×3钢管或不锈钢管
ϕ50×3钢管或不锈钢管
10厚钢化玻璃
1525
150
75
300
300
100
150
300
150
1300
1200
1300
3800

1 立面图

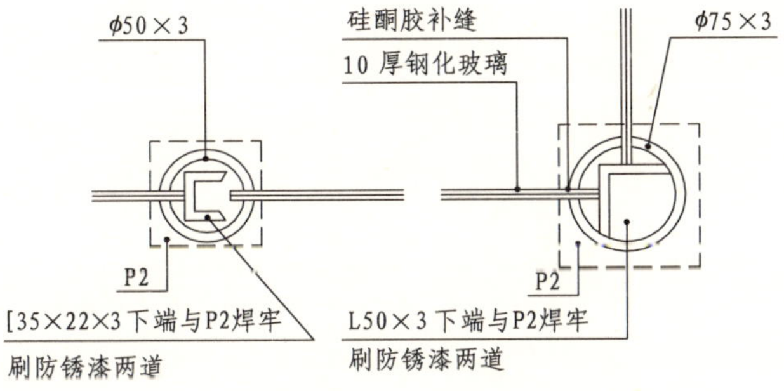
ϕ50×3
P2
[35×22×3 下端与P2焊牢
刷防锈漆两道
硅酮胶补缝
10 厚钢化玻璃
ϕ75×3
P2
L50×3 下端与P2焊牢
刷防锈漆两道

B

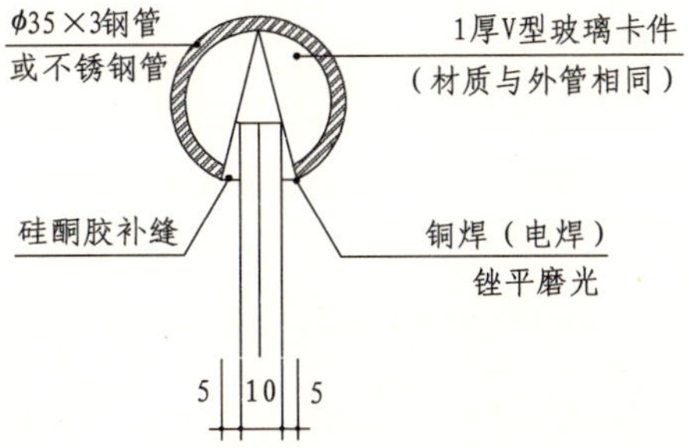
ϕ35×3钢管
或不锈钢管
1厚V型玻璃卡件
（材质与外管相同）
硅酮胶补缝
铜焊（电焊）
锉平磨光
5
10
5

C

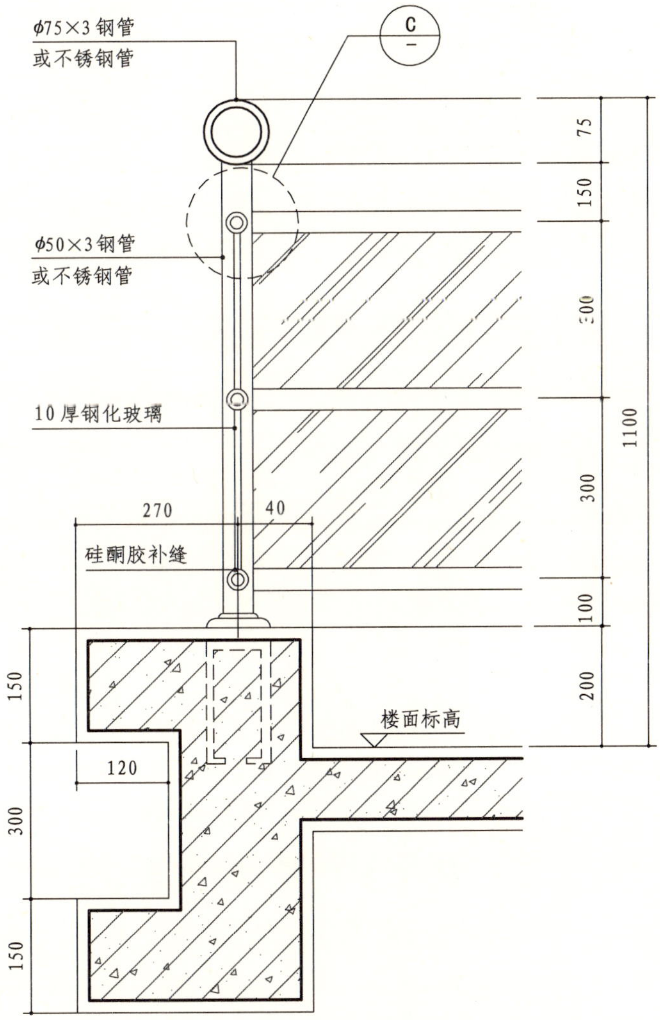
ϕ75×3 钢管
或不锈钢管
C
ϕ50×3 钢管
或不锈钢管
10 厚钢化玻璃
270
40
硅酮胶补缝
楼面标高
120
75
150
300
300
100
200
1100
150
300
150

A 剖面图

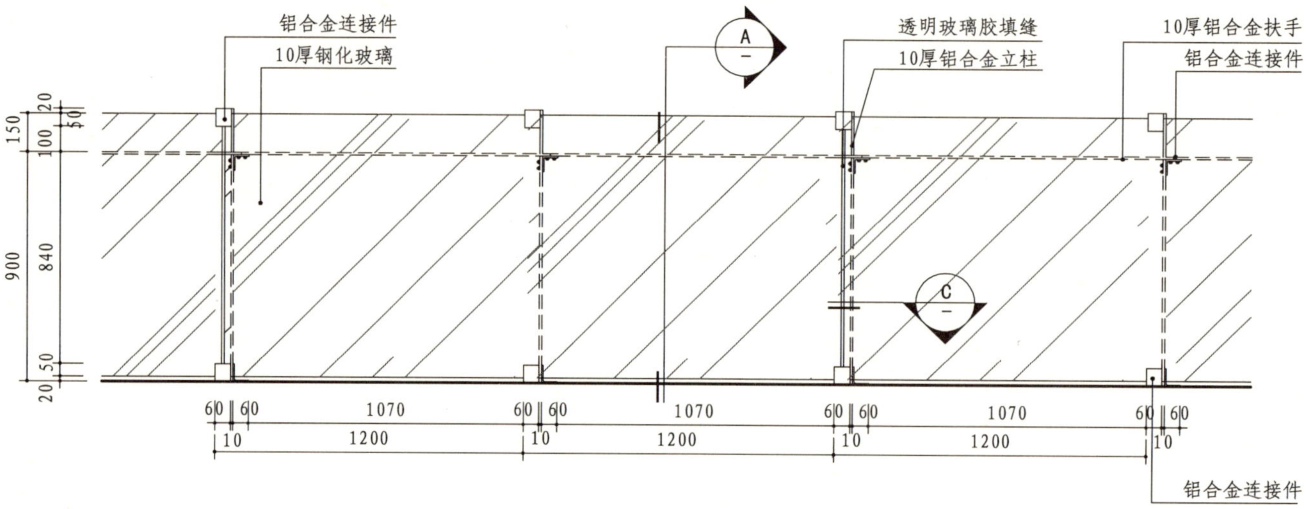

1 立面图

Section2
工程实例
栏杆
栏板
组合栏杆（板）

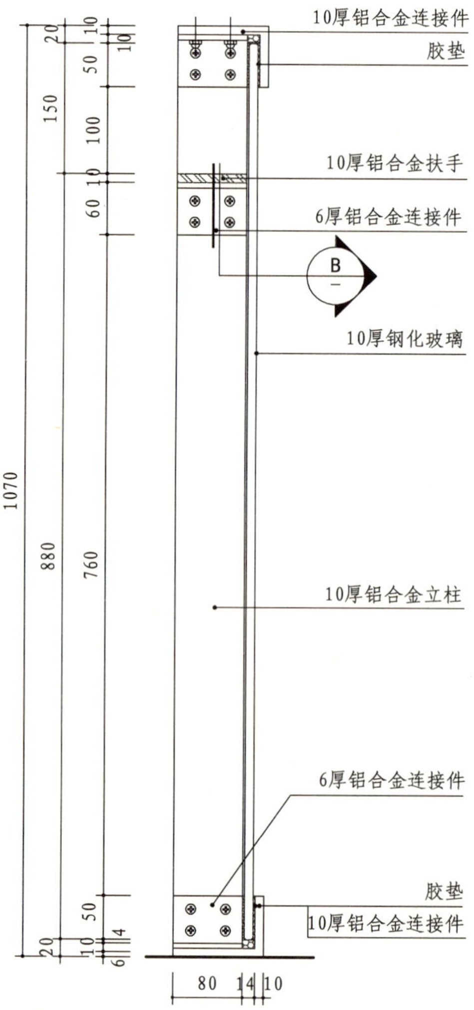

A 剖面图

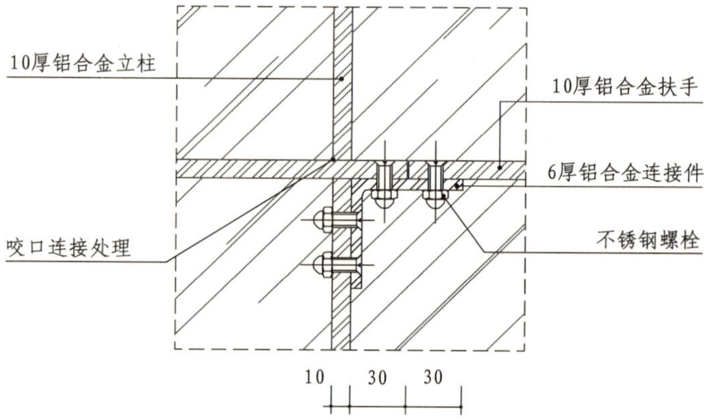

B

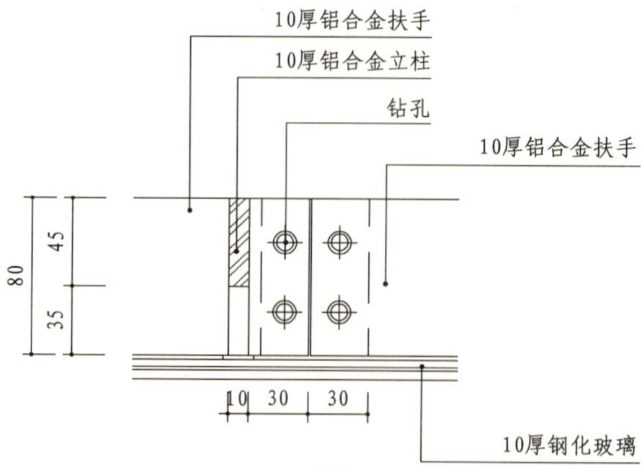

C

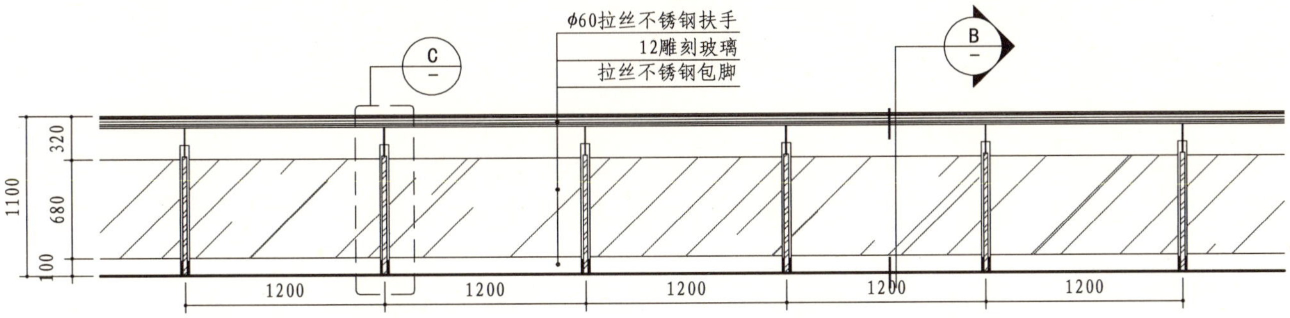

① 立面图

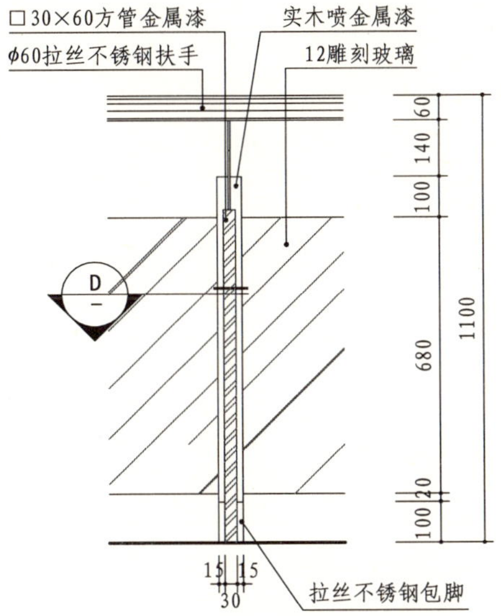

C 立面大样图

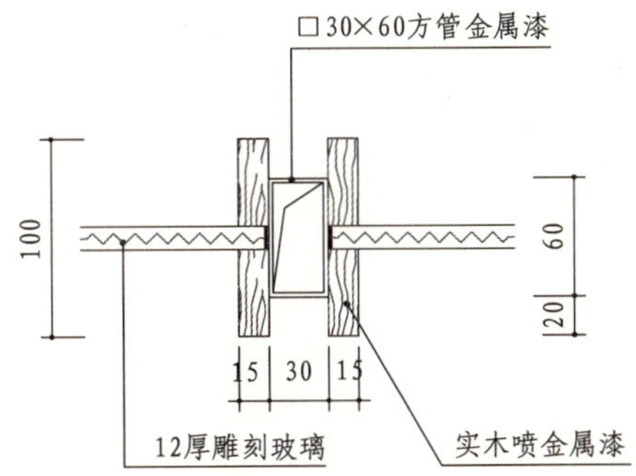

D

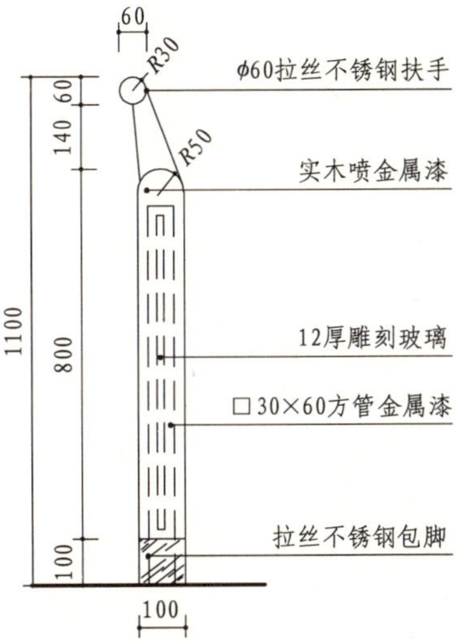

B

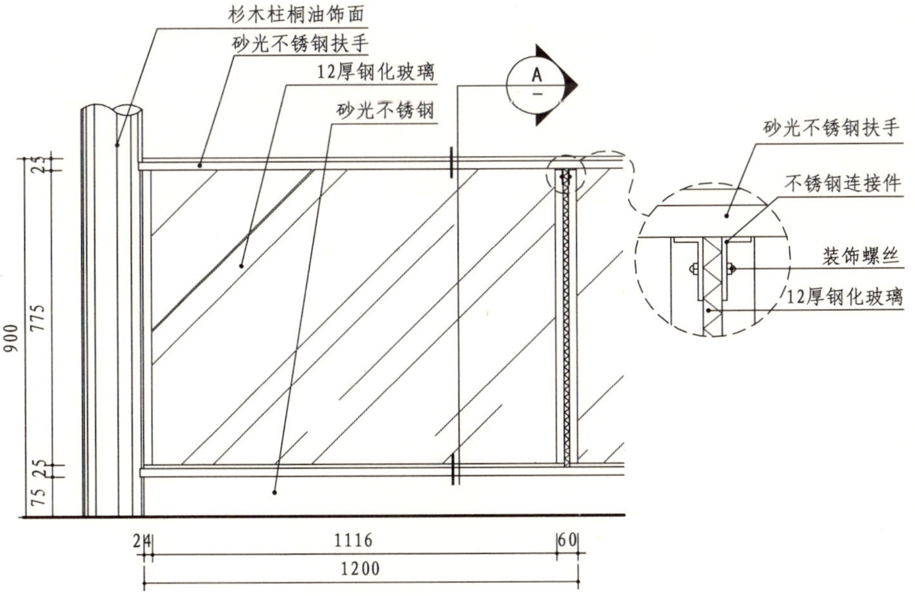

② 立面图

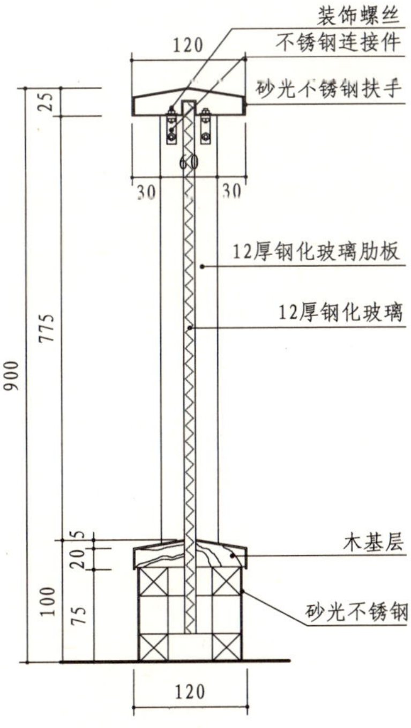

A

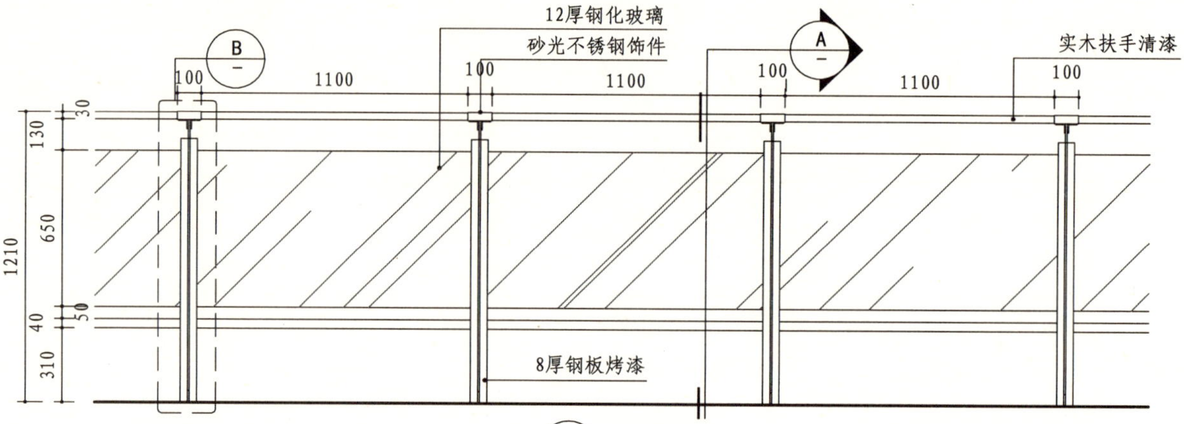
12厚钢化玻璃
砂光不锈钢饰件
实木扶手清漆
8厚钢板烤漆
B
A
100
1100
1210
130
650
310
40
50
30

① 立面图

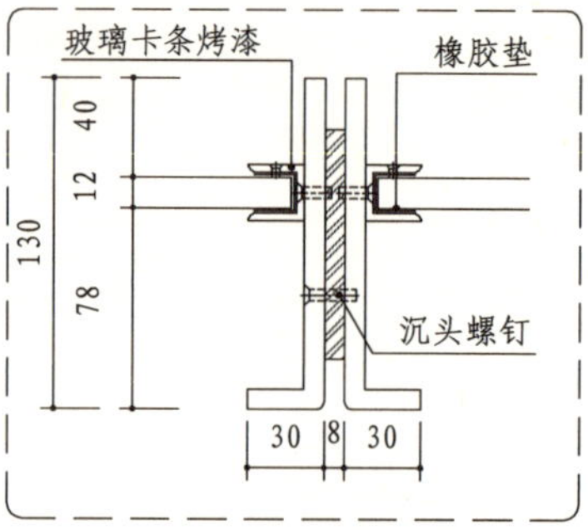
玻璃卡条烤漆
橡胶垫
沉头螺钉
130
40
12
78
30
8
30

Ⓒ

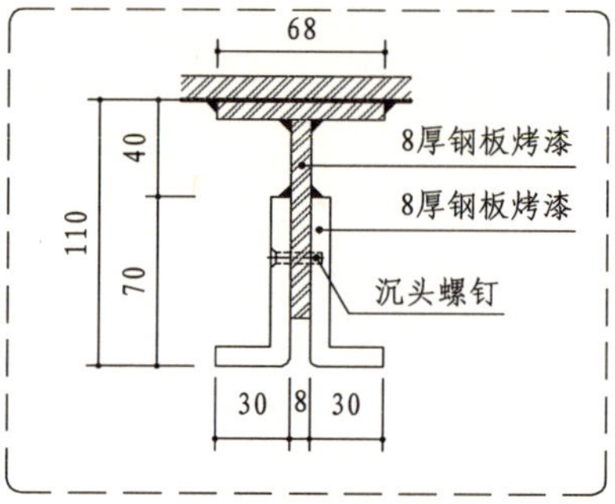
68
8厚钢板烤漆
8厚钢板烤漆
沉头螺钉
110
40
70
30
8
30

Ⓓ

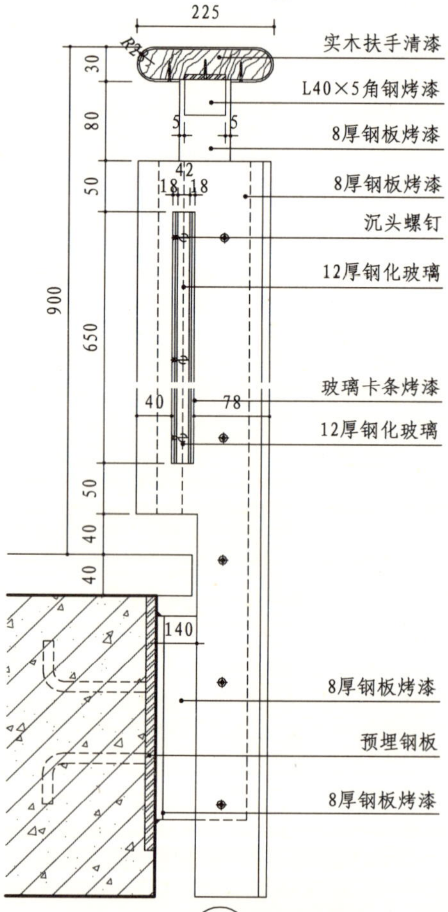
225
实木扶手清漆
L40×5角钢烤漆
8厚钢板烤漆
8厚钢板烤漆
沉头螺钉
12厚钢化玻璃
玻璃卡条烤漆
12厚钢化玻璃
8厚钢板烤漆
预埋钢板
8厚钢板烤漆
900
650
140
42
18
18
40
78

Ⓐ 剖面图

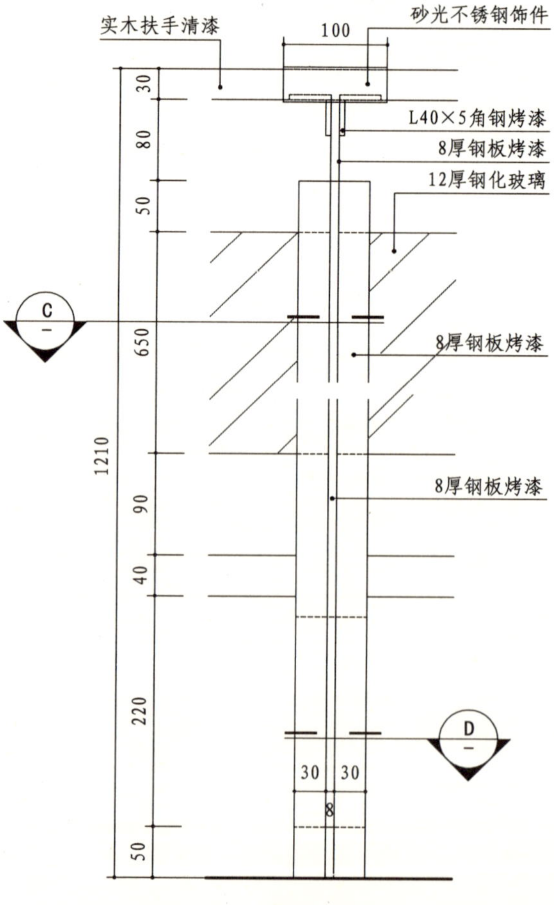
实木扶手清漆
砂光不锈钢饰件
100
L40×5角钢烤漆
8厚钢板烤漆
12厚钢化玻璃
8厚钢板烤漆
8厚钢板烤漆
C
D
1210
30
80
50
650
90
40
220
50
30
30
8

Ⓑ 大样图

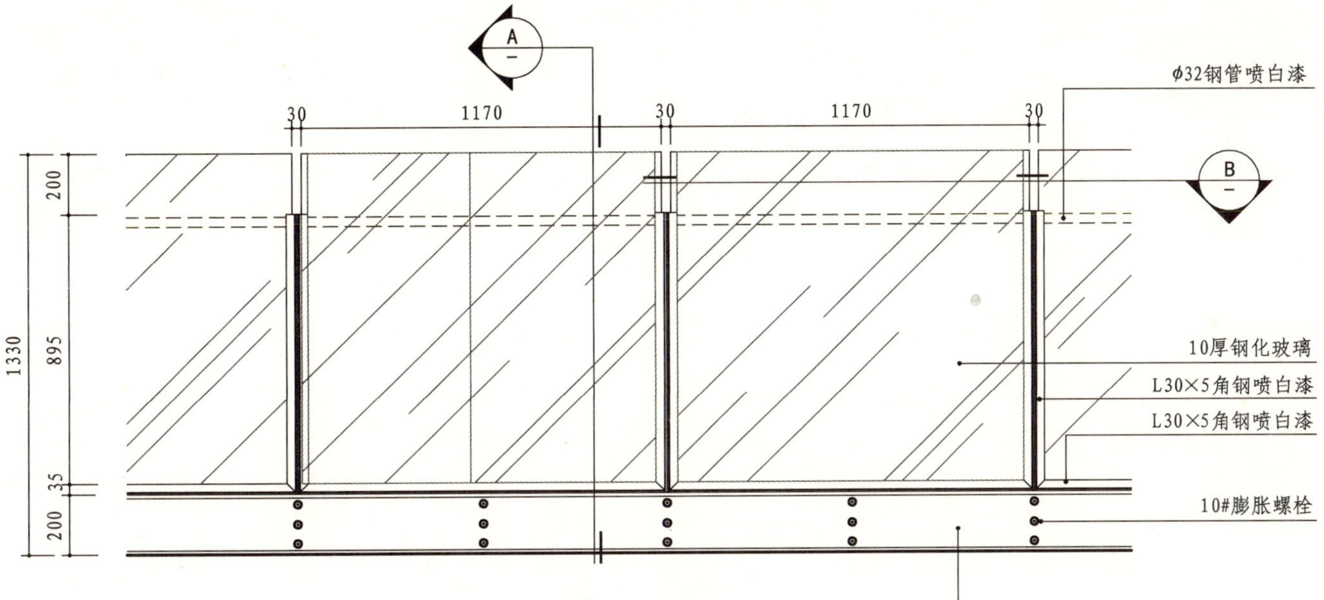
A
B
30
1170
30
1170
30
ϕ32钢管喷白漆
10厚钢化玻璃
L30×5角钢喷白漆
L30×5角钢喷白漆
10#膨胀螺栓
20#槽钢
200
895
35
200
1330

① 立面图

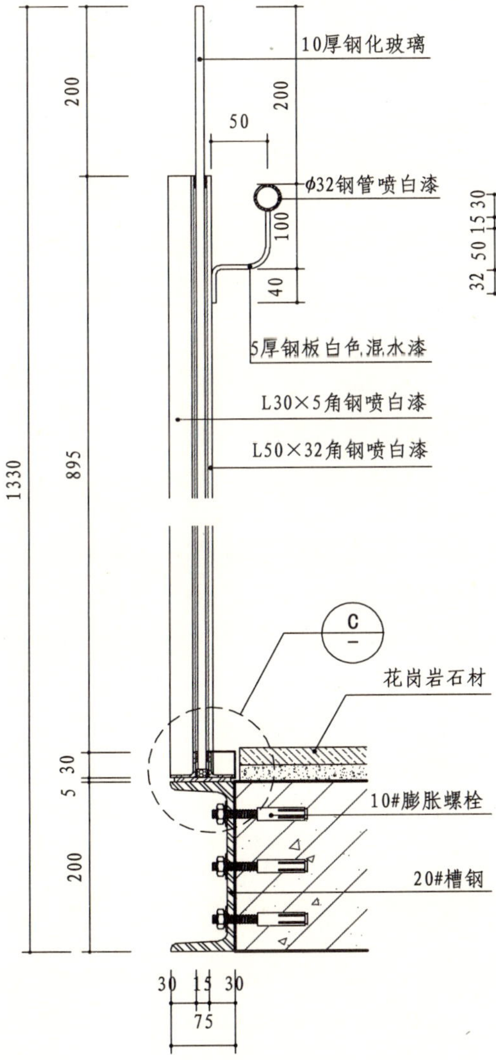
10厚钢化玻璃
ϕ32钢管喷白漆
5厚钢板白色混水漆
L30×5角钢喷白漆
L50×32角钢喷白漆
C
花岗岩石材
10#膨胀螺栓
20#槽钢
50
200
100
40
200
895
1330
30
5
200
30 15 30
75

Ⓐ 剖面图

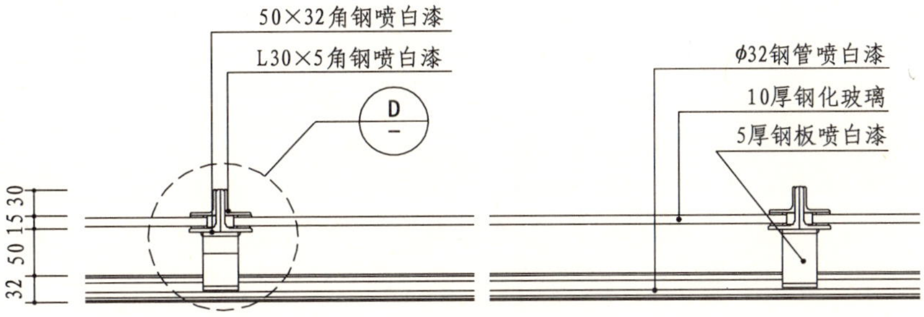
50×32角钢喷白漆
L30×5角钢喷白漆
D
ϕ32钢管喷白漆
10厚钢化玻璃
5厚钢板喷白漆
30
15
50
32

Ⓑ 剖面图

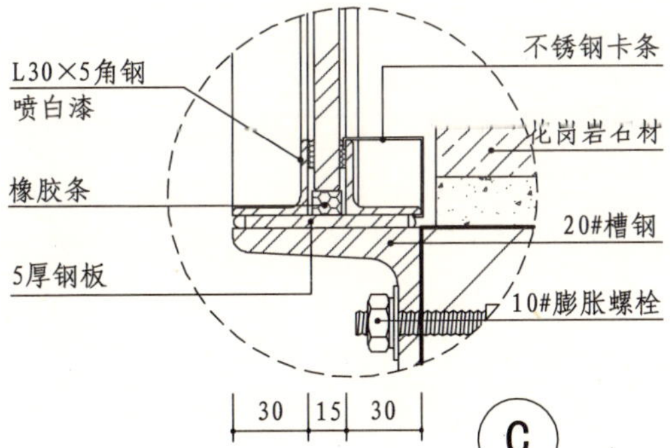
L30×5角钢
喷白漆
橡胶条
5厚钢板
不锈钢卡条
花岗岩石材
20#槽钢
10#膨胀螺栓
30
15
30

Ⓒ

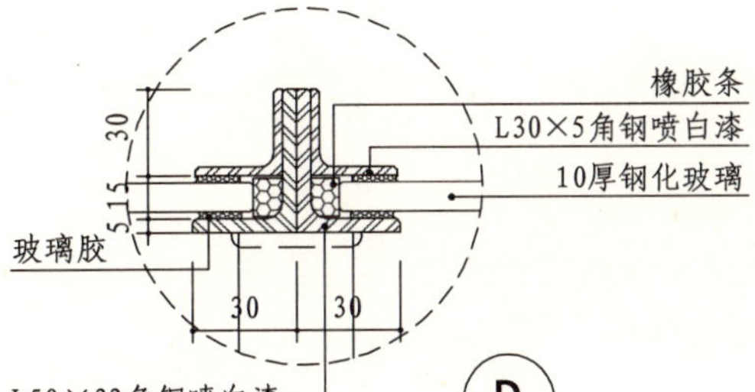
橡胶条
L30×5角钢喷白漆
10厚钢化玻璃
玻璃胶
L50×32角钢喷白漆
30
5
15
30
30

Ⓓ

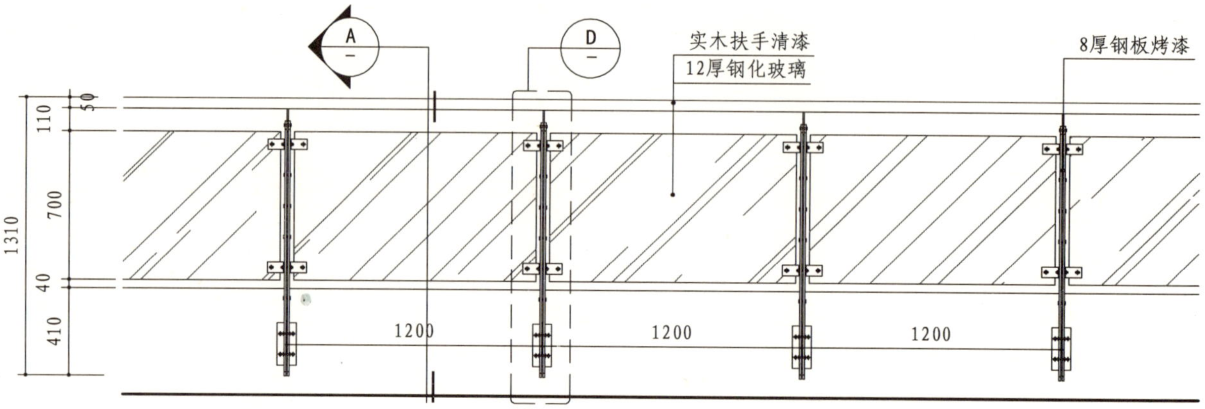

1 立面图

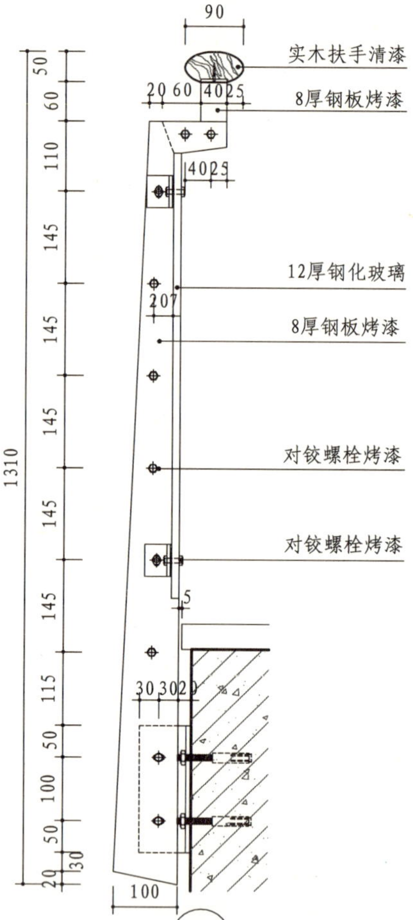

A 剖面图

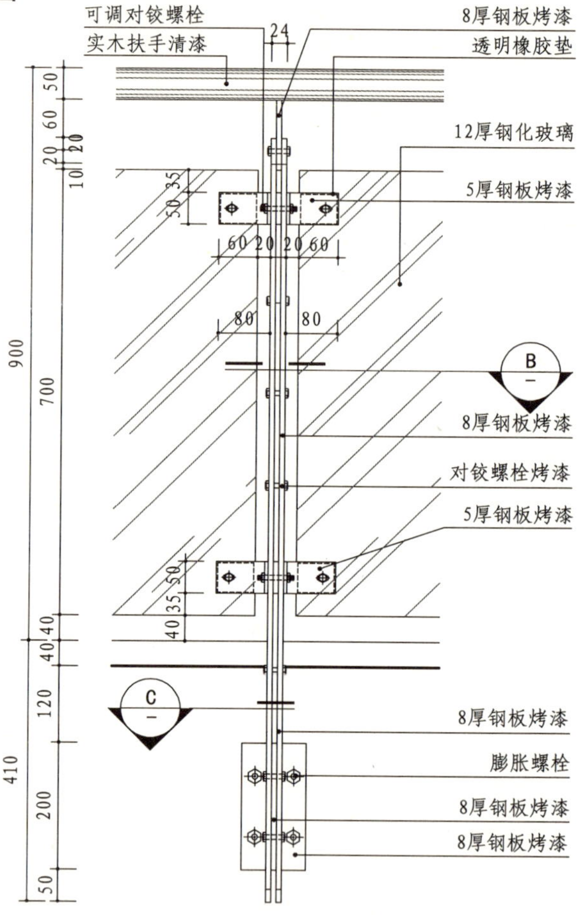

D 大样图

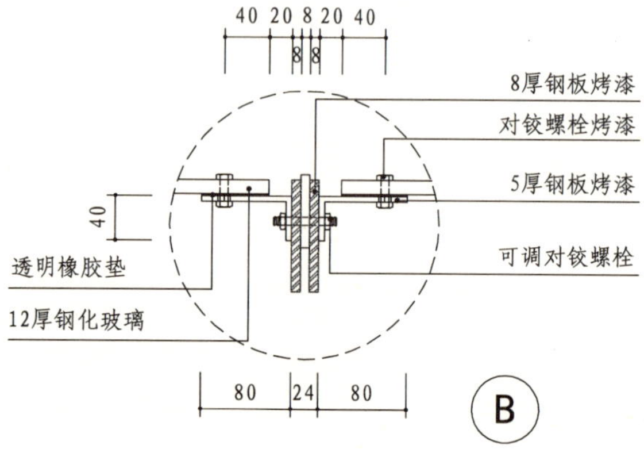

B

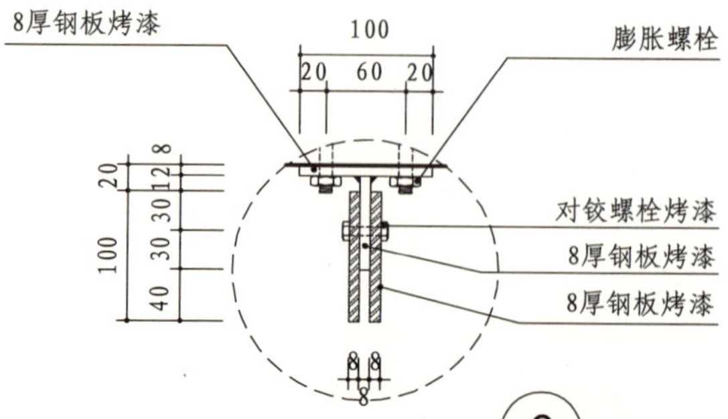

C

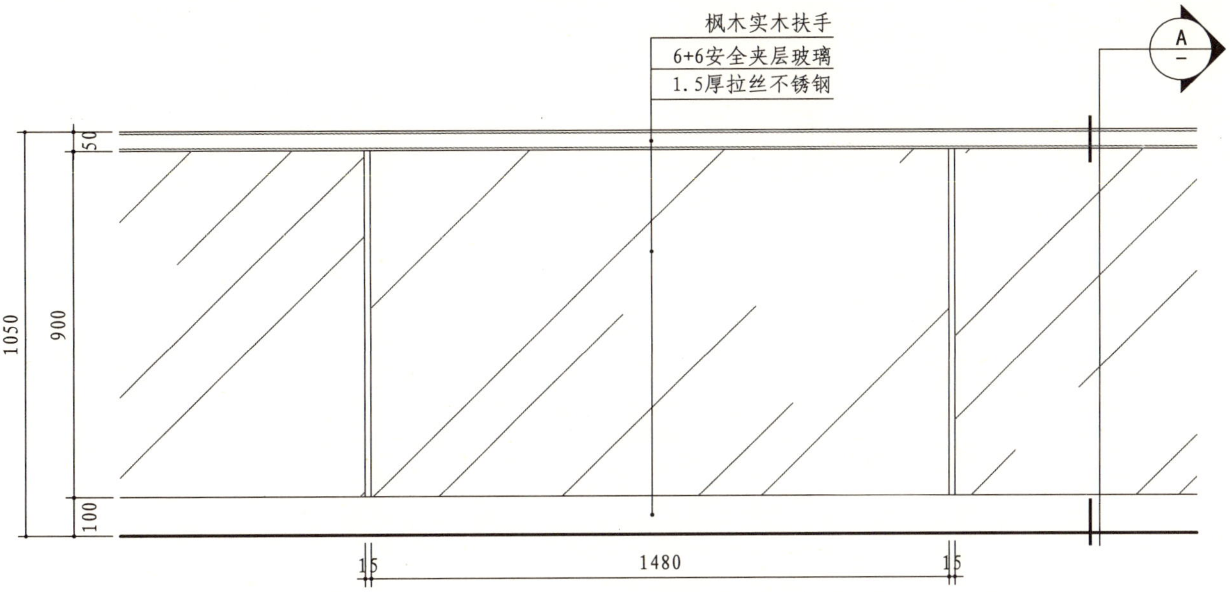

1 立面图

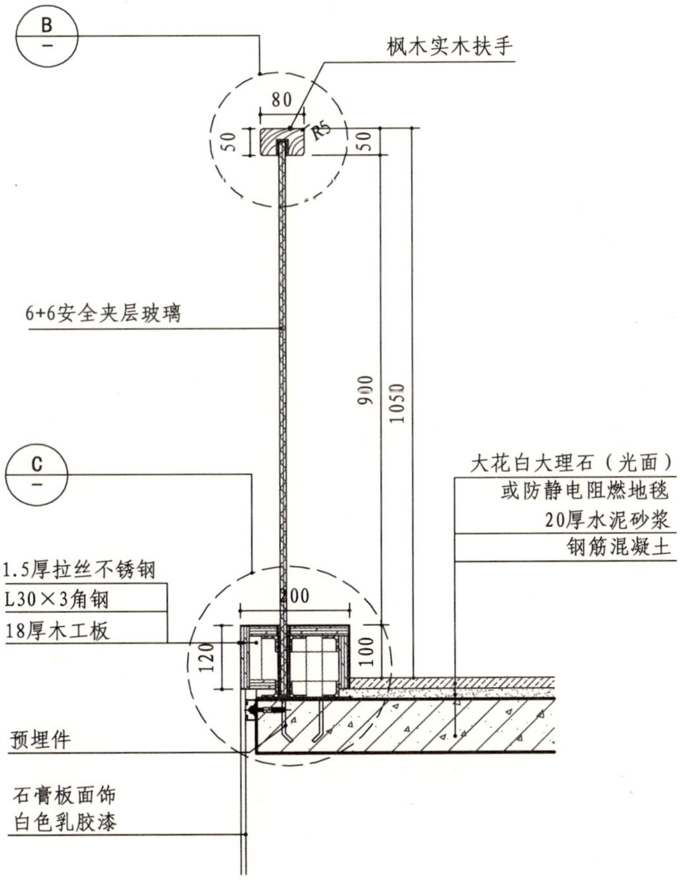

A 剖面图

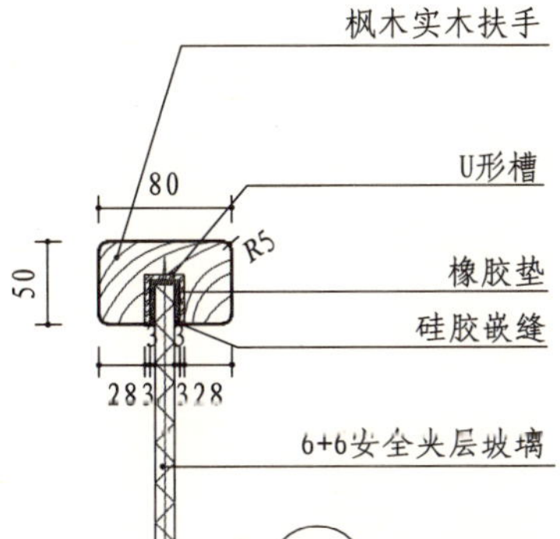

B 大样图

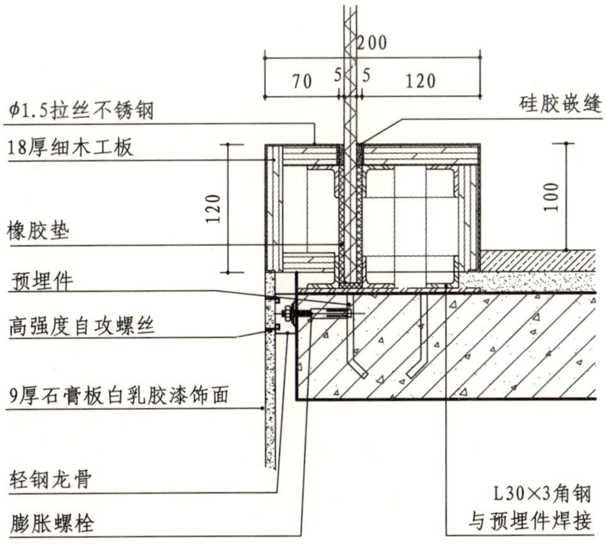

C 大样图

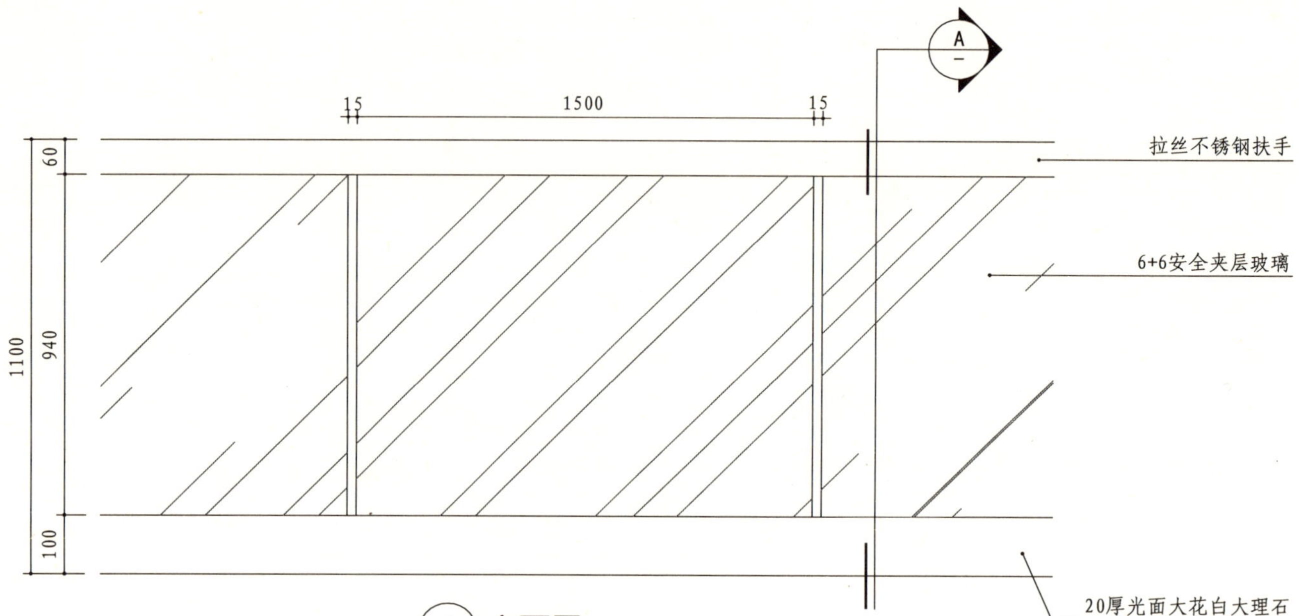
A
15
1500
15
60
940
1100
100
拉丝不锈钢扶手
6+6安全夹层玻璃
20厚光面大花白大理石

① 立面图

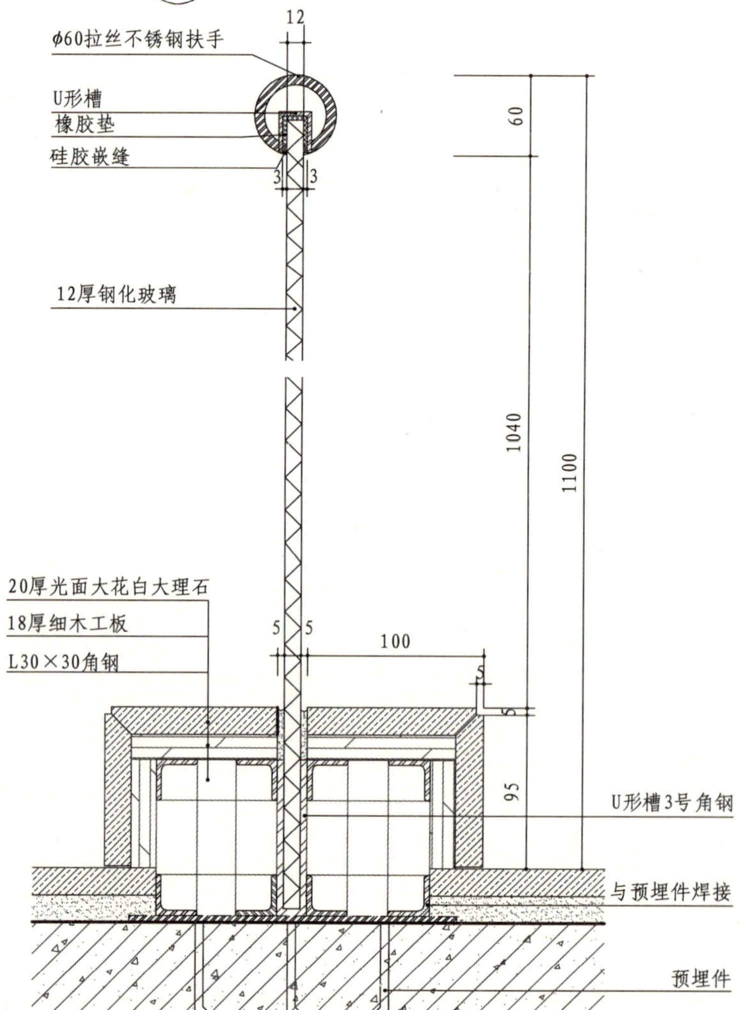
12
ϕ60拉丝不锈钢扶手
U形槽
橡胶垫
硅胶嵌缝
3
3
60
12厚钢化玻璃
1040
1100
20厚光面大花白大理石
18厚细木工板
L30×30角钢
5
5
100
5
5
95
U形槽3号角钢
与预埋件焊接
预埋件

Ⓐ

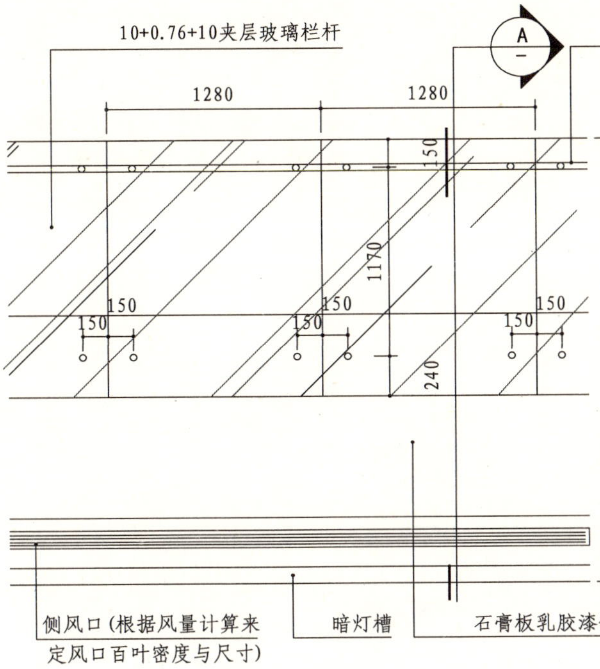

① 立面图

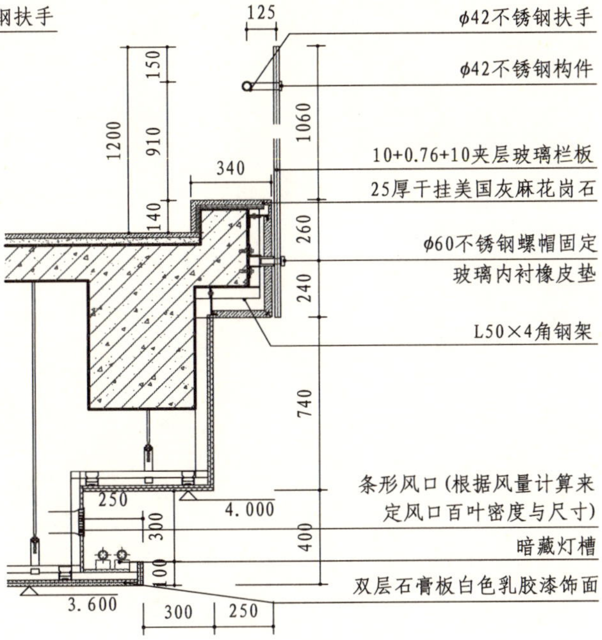

Ⓐ 剖面图

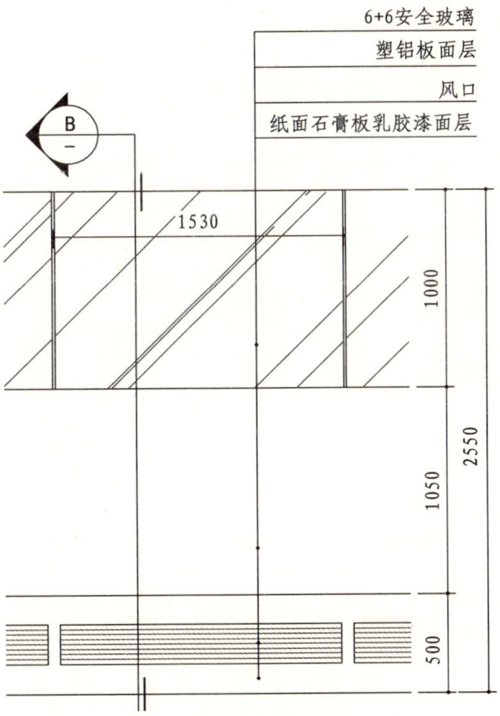

② 立面图

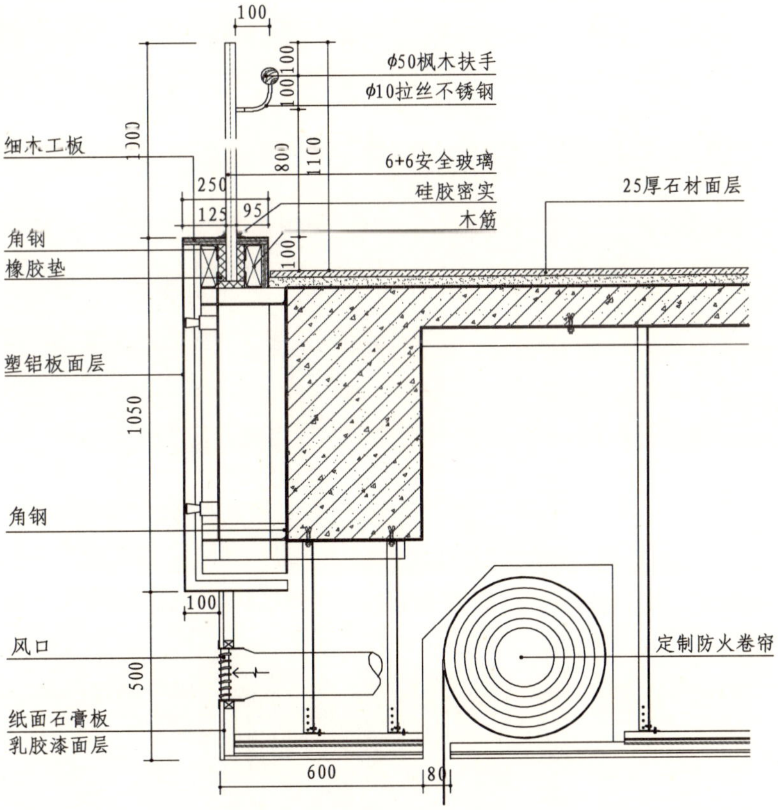

Ⓑ

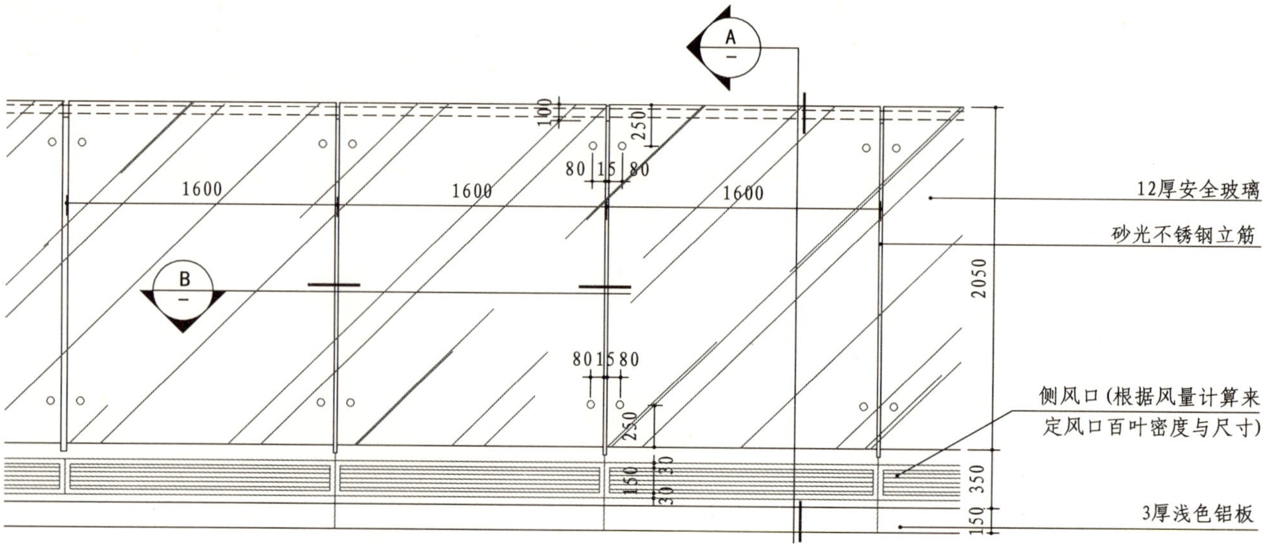

① 立面图

Section2
工程实例
栏杆
栏板
组合栏杆（板）

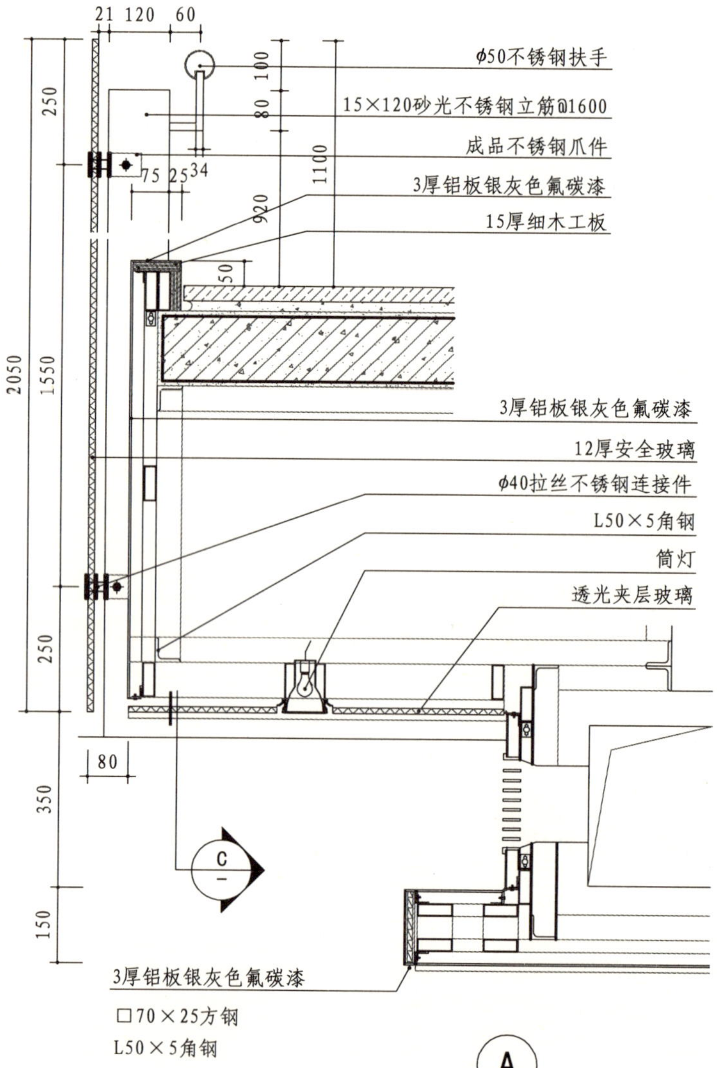

Ⓐ

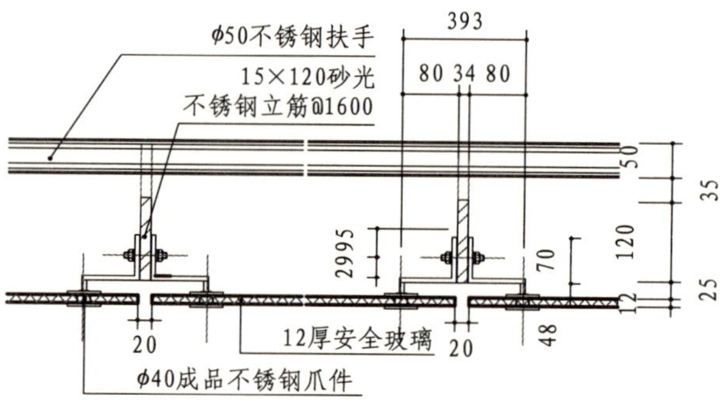

Ⓑ

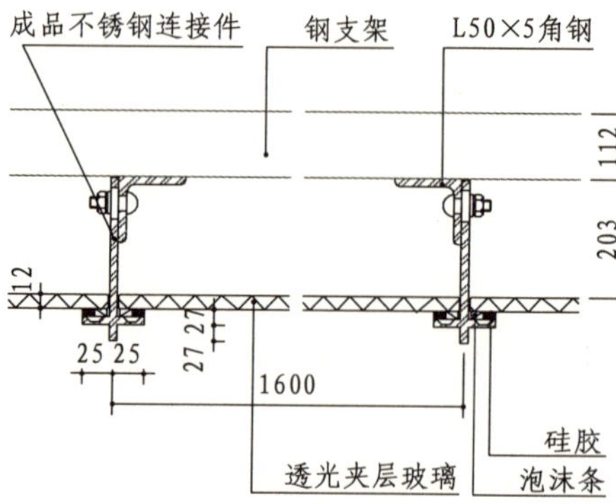

Ⓒ

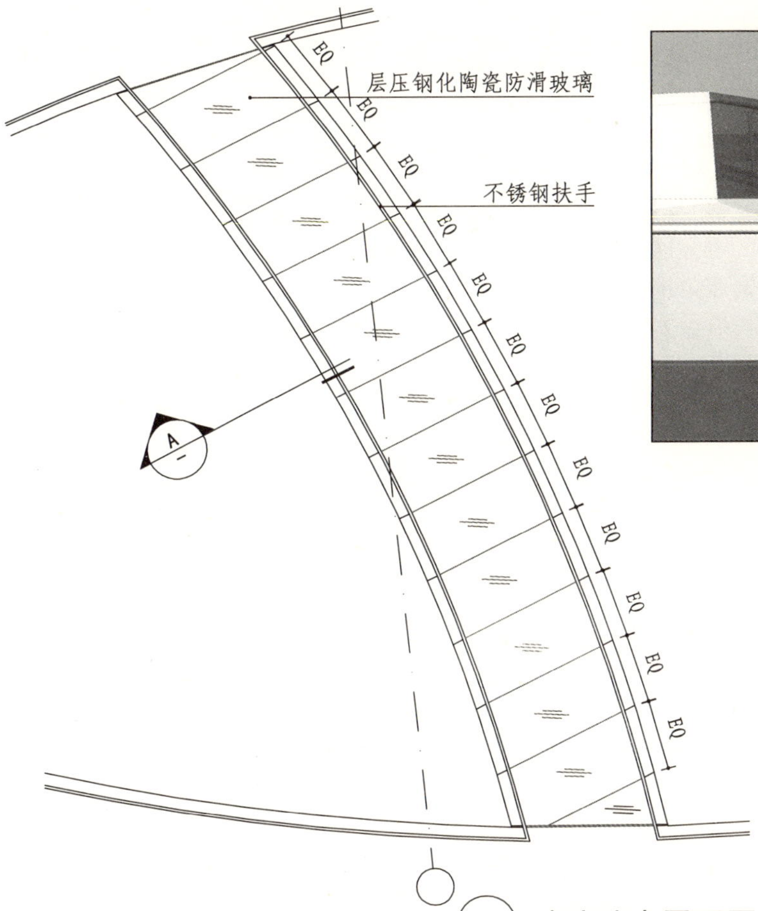

① 玻璃踏步平面图

玻璃踏步示意图

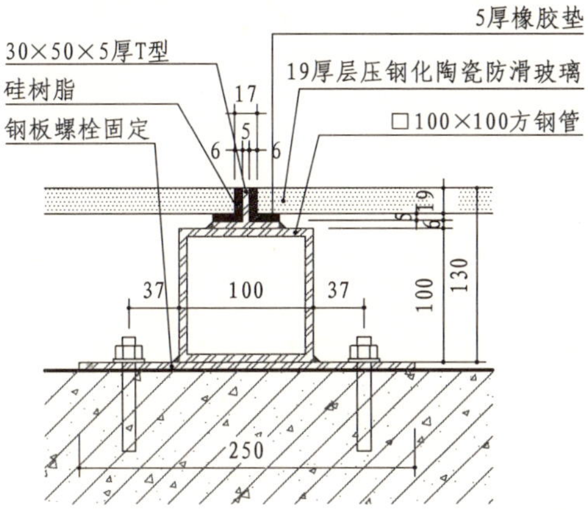

B

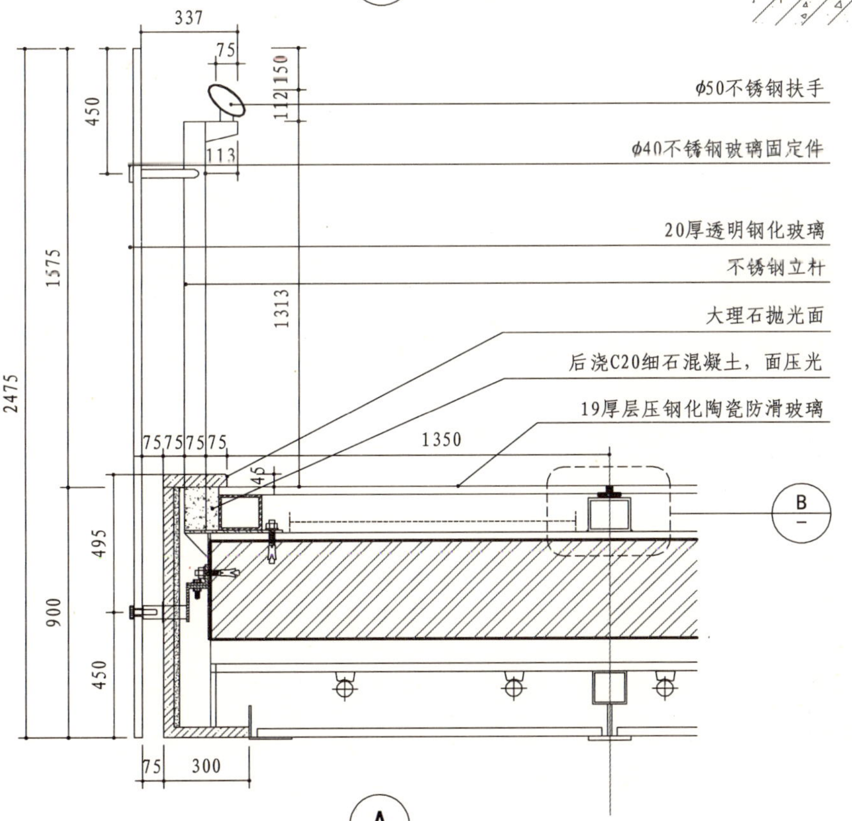

A

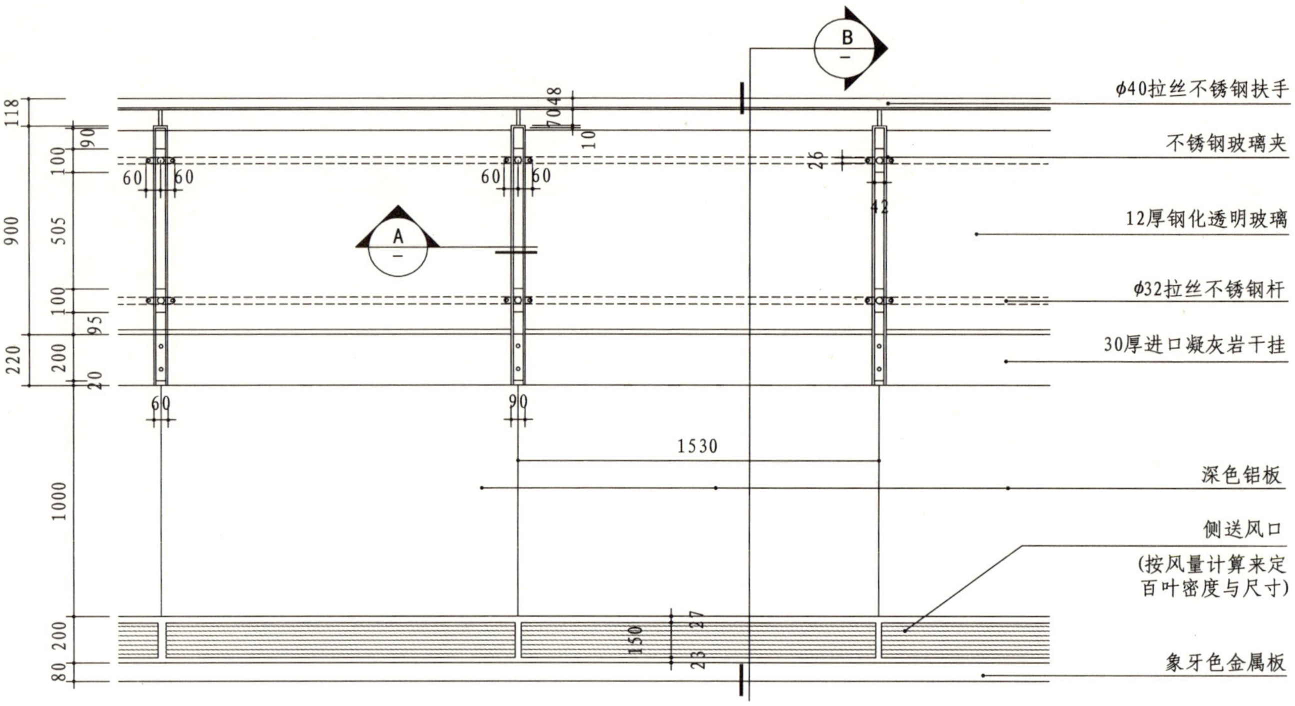

1 玻璃栏板立面图

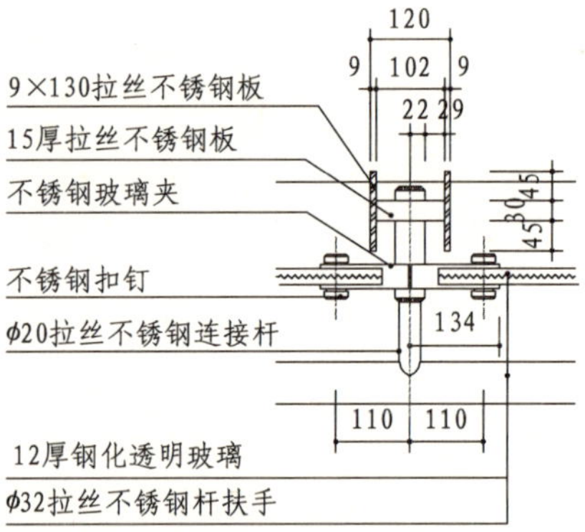

A

玻璃栏板示意图

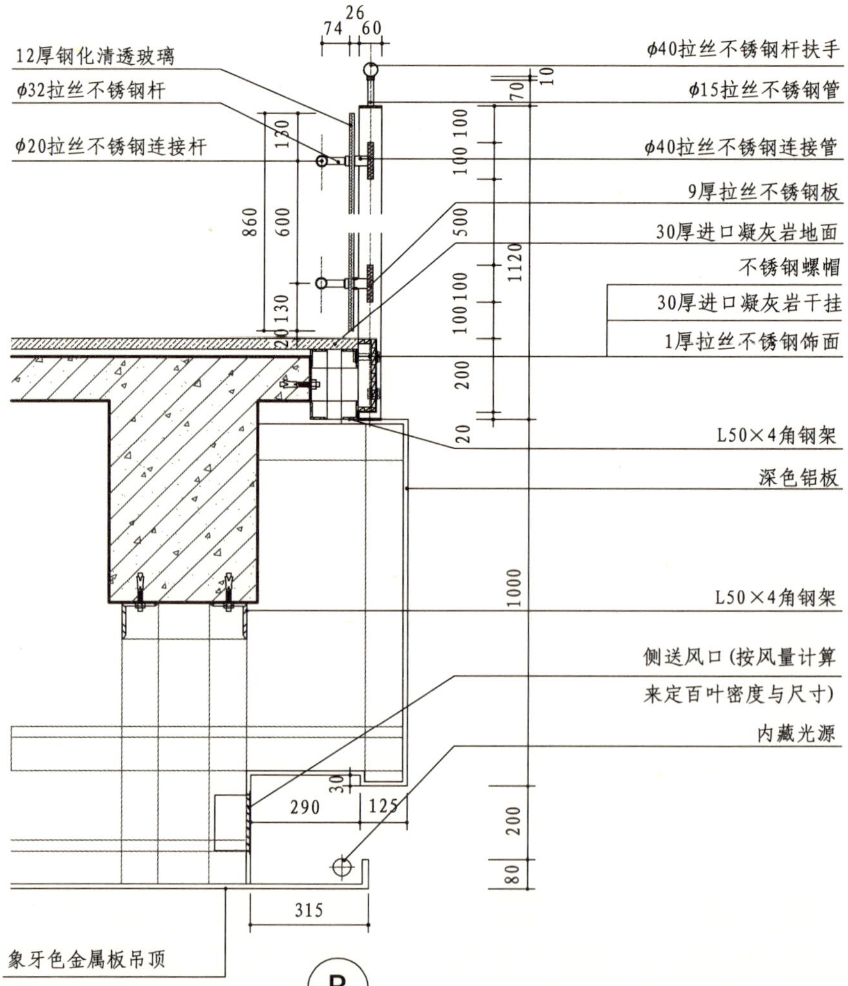

B

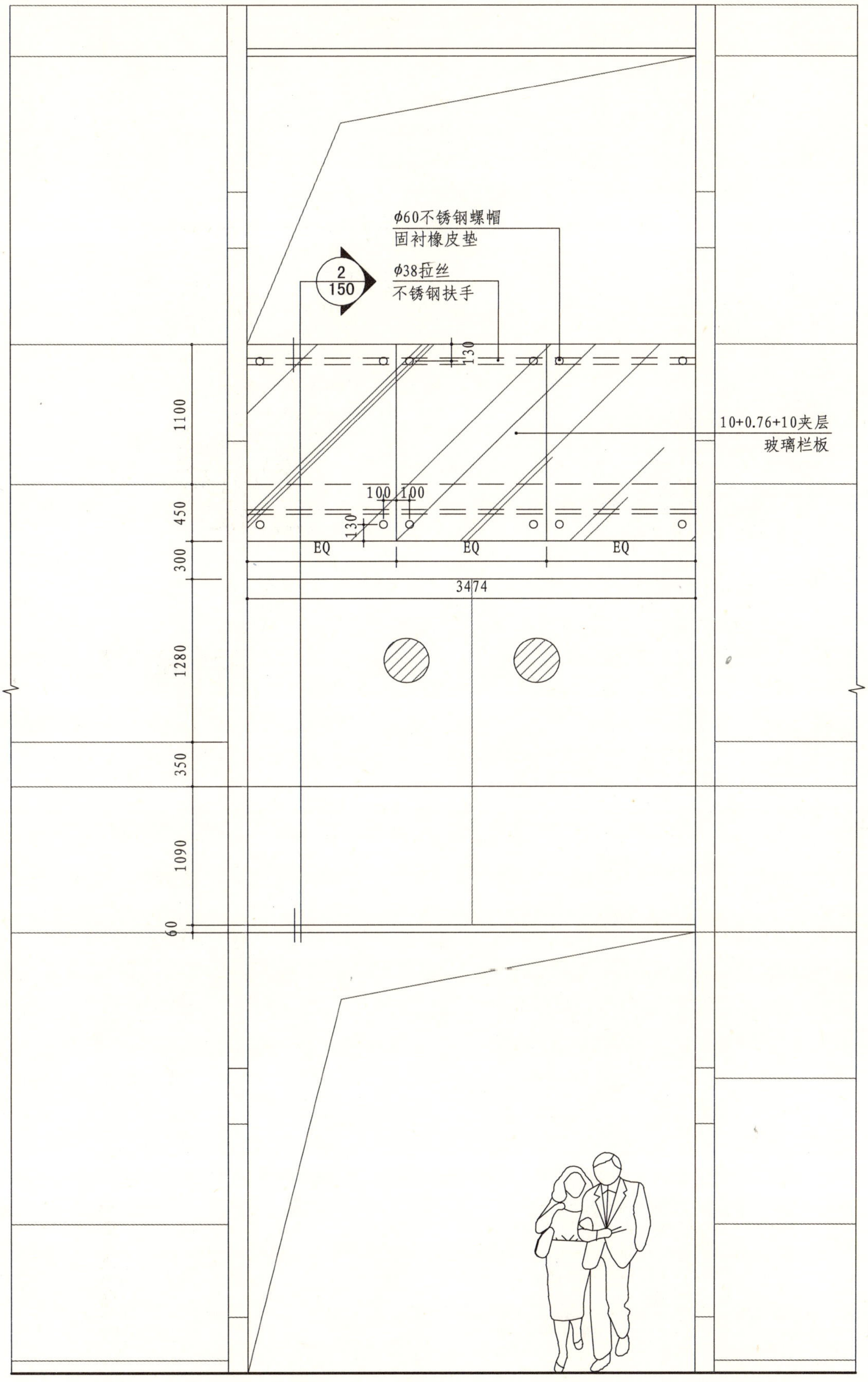

φ60不锈钢螺帽
固衬橡皮垫
2
150
φ38拉丝
不锈钢扶手
130
10+0.76+10夹层
玻璃栏板
1100
450
300
100 100
130
EQ
EQ
EQ
3474
1280
350
1090
60

① 玻璃栏杆立面图

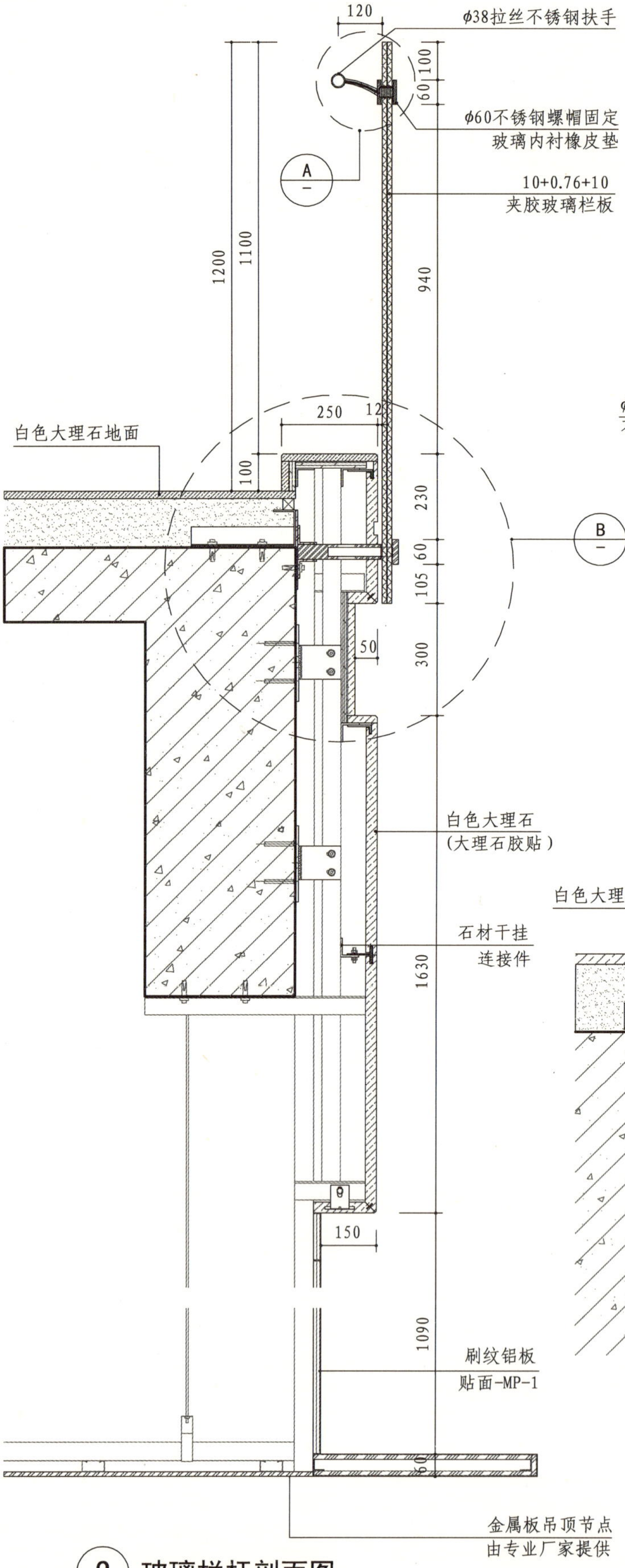

2 玻璃栏杆剖面图

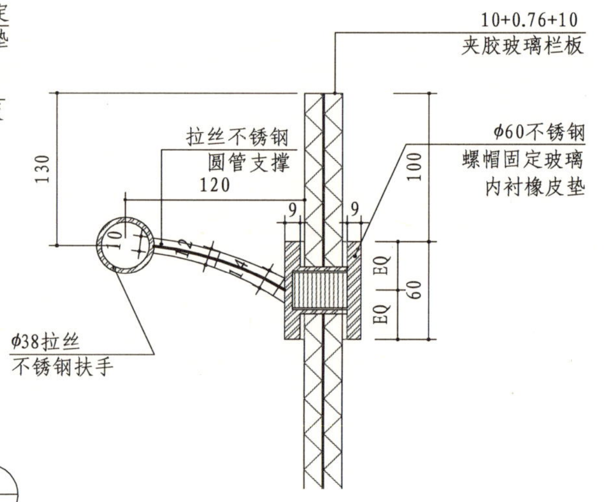

A 大样图

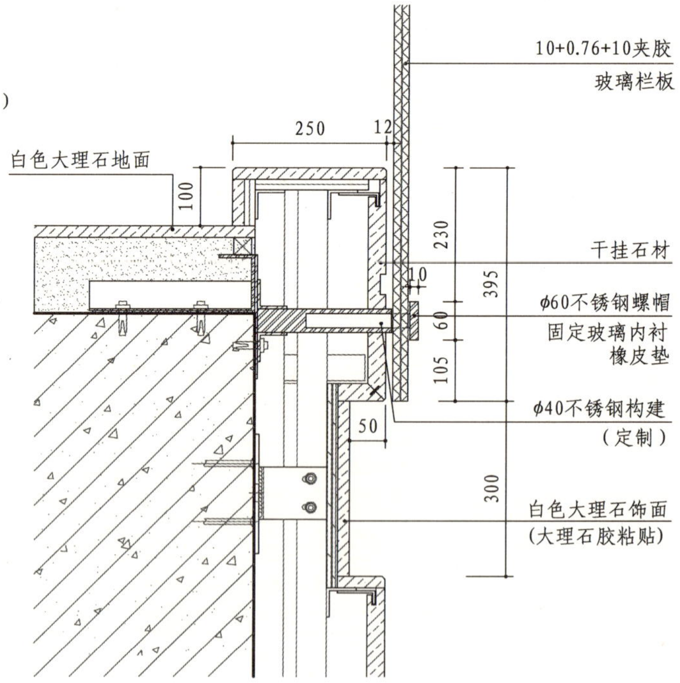

B 大样图

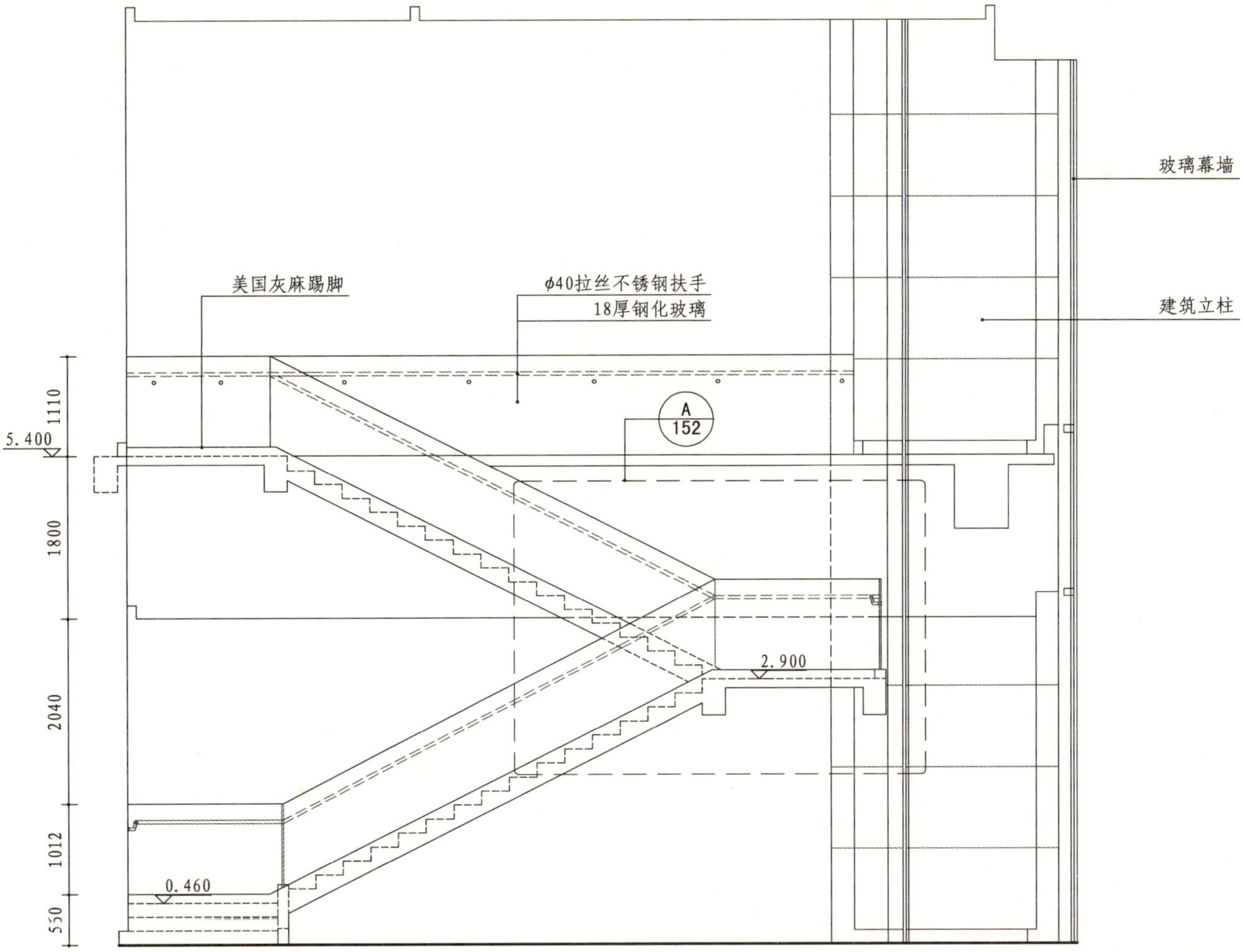

1 某行政办公楼大厅楼梯立面图

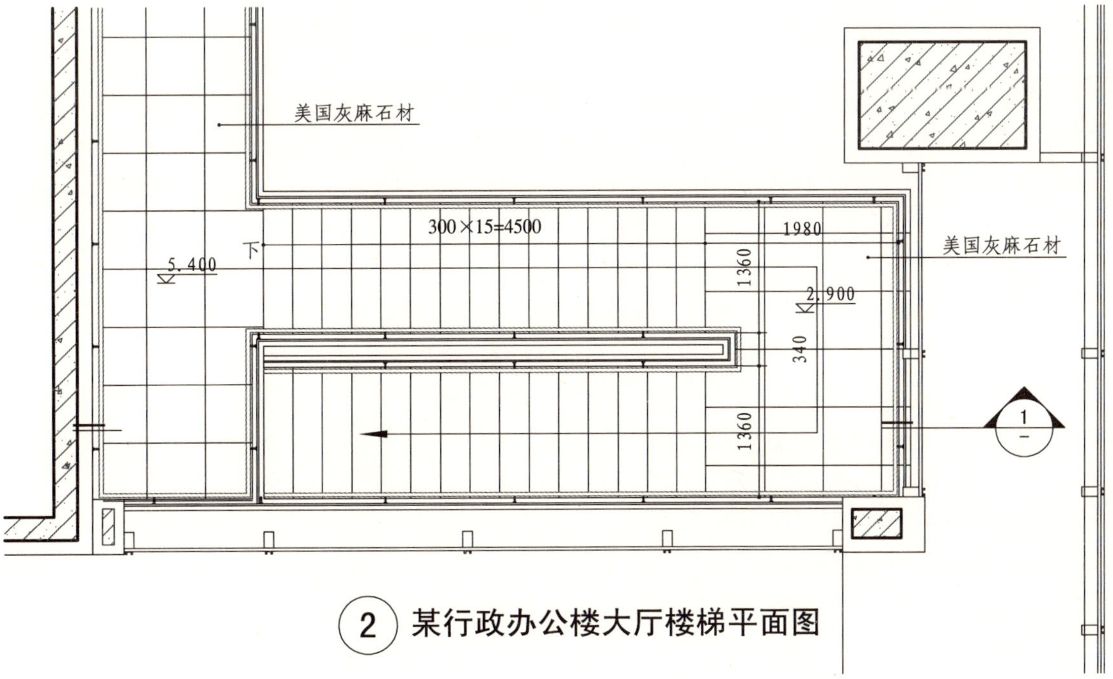

2 某行政办公楼大厅楼梯平面图

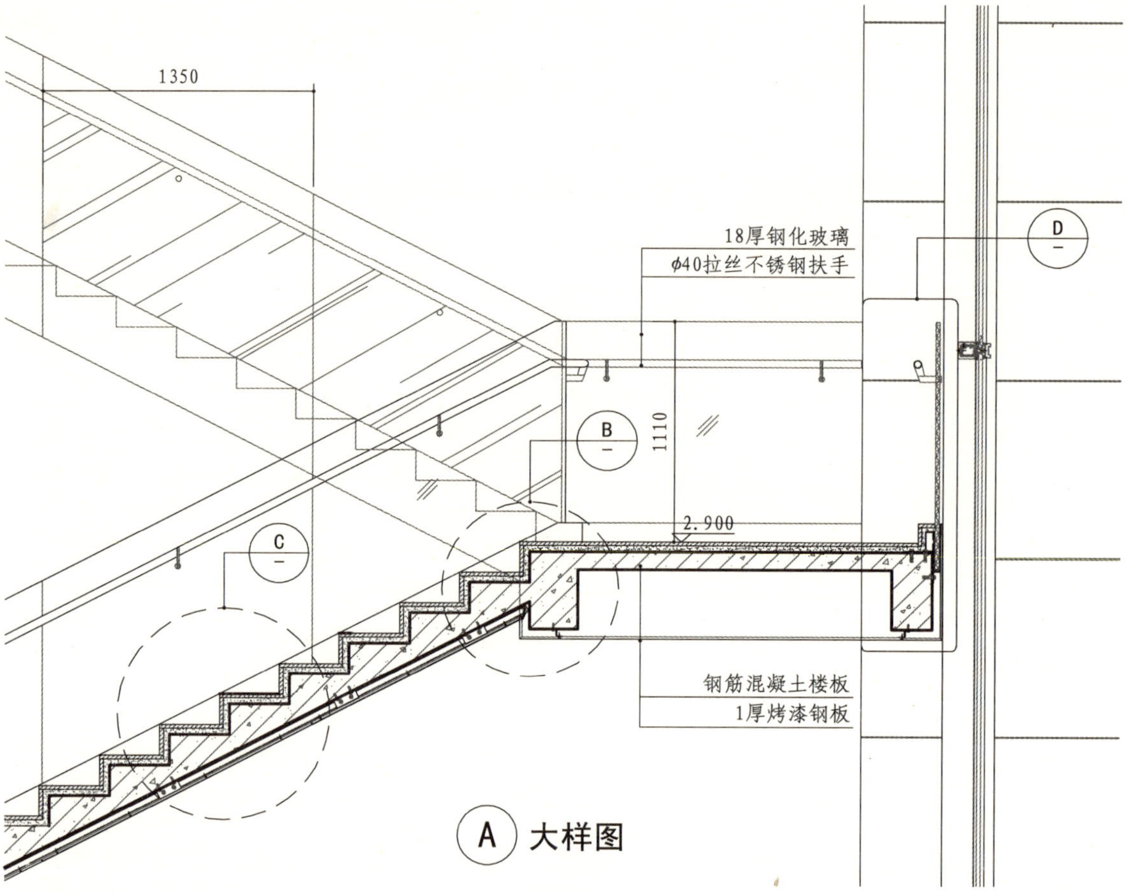
1350
18厚钢化玻璃
ϕ40拉丝不锈钢扶手
D
B
1110
2.900
C
钢筋混凝土楼板
1厚烤漆钢板

A 大样图

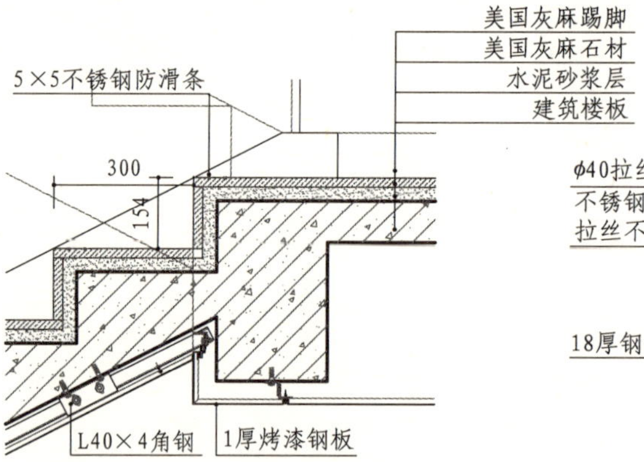
美国灰麻踢脚
美国灰麻石材
水泥砂浆层
建筑楼板
5×5不锈钢防滑条
300
154
L40×4角钢
1厚烤漆钢板

B

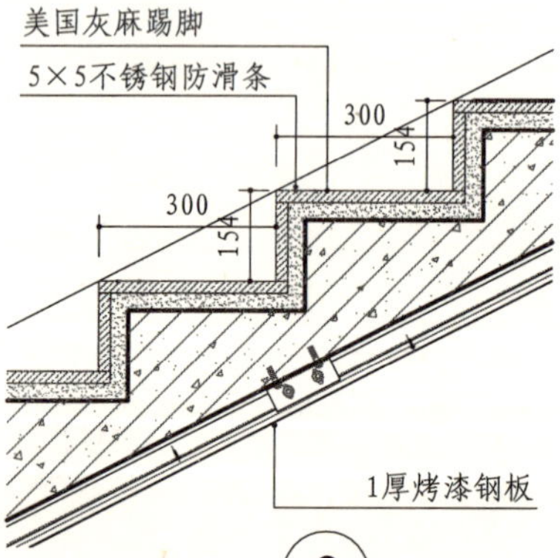
美国灰麻踢脚
5×5不锈钢防滑条
300
154
300
154
1厚烤漆钢板

C

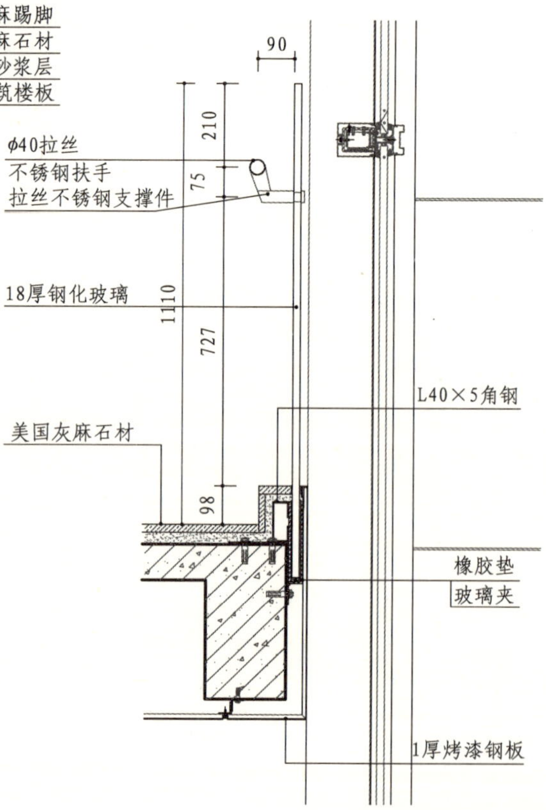
90
ϕ40拉丝
不锈钢扶手
拉丝不锈钢支撑件
210
75
18厚钢化玻璃
1110
727
L40×5角钢
美国灰麻石材
98
橡胶垫
玻璃夹
1厚烤漆钢板

D 大样图

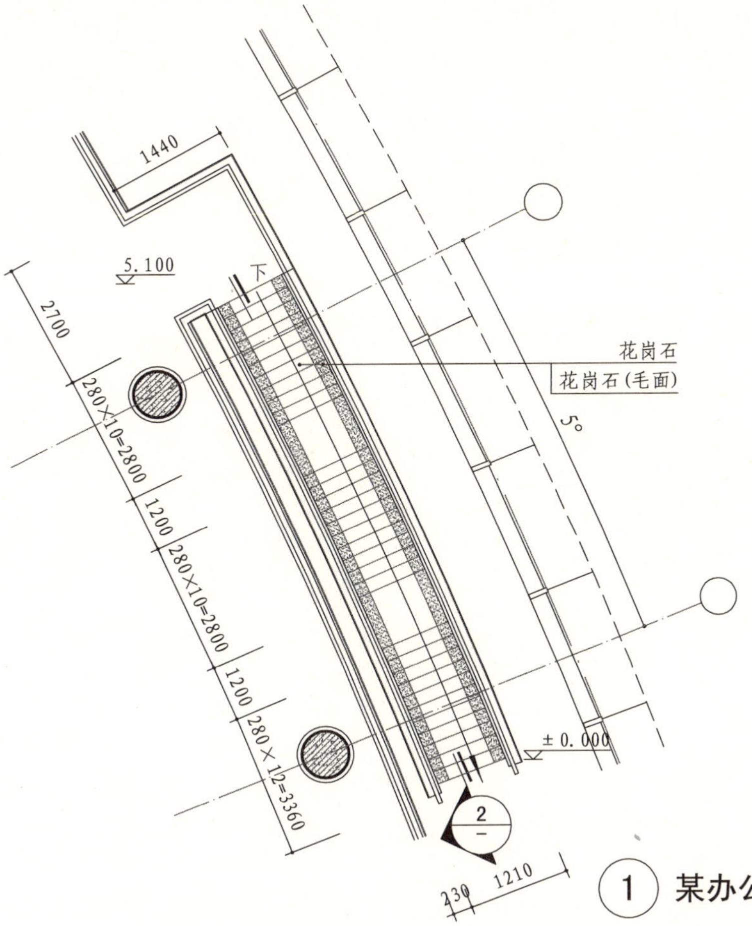

① 某办公楼室内楼梯平面图

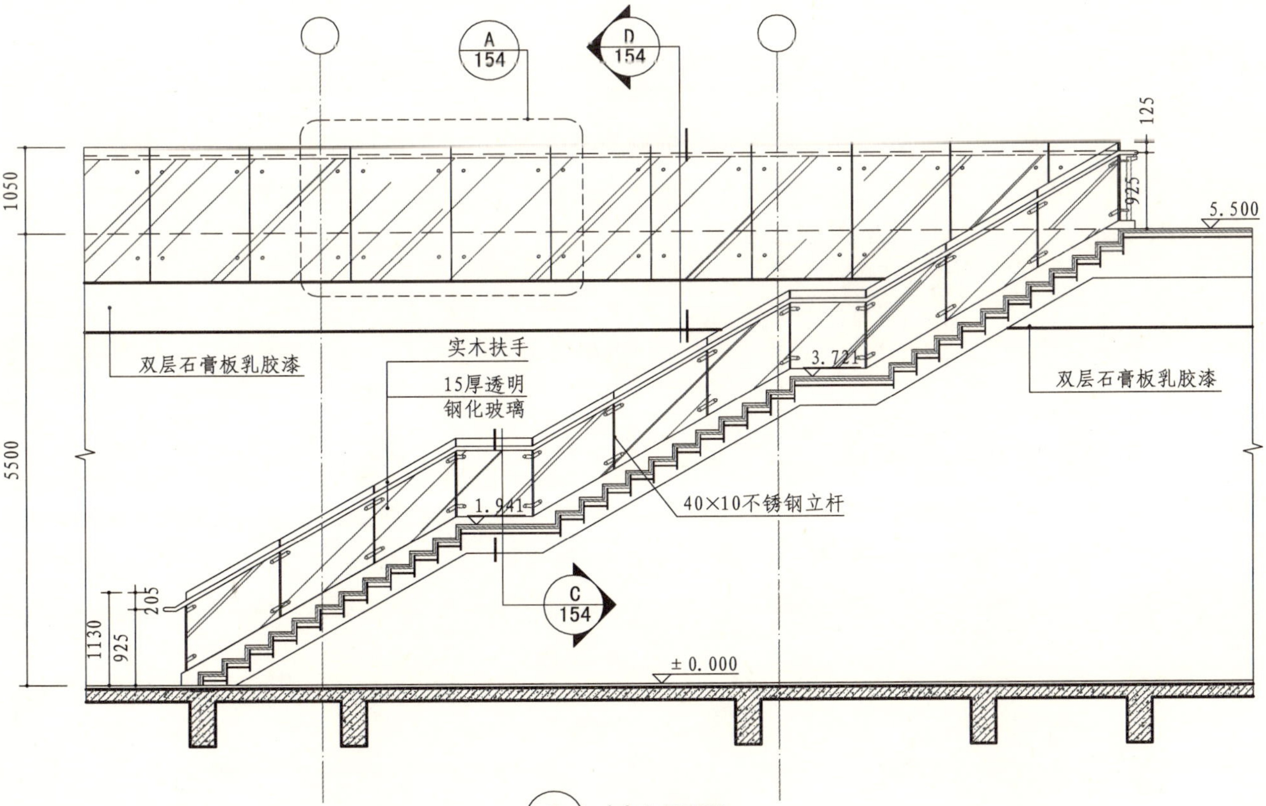

② 剖立面图

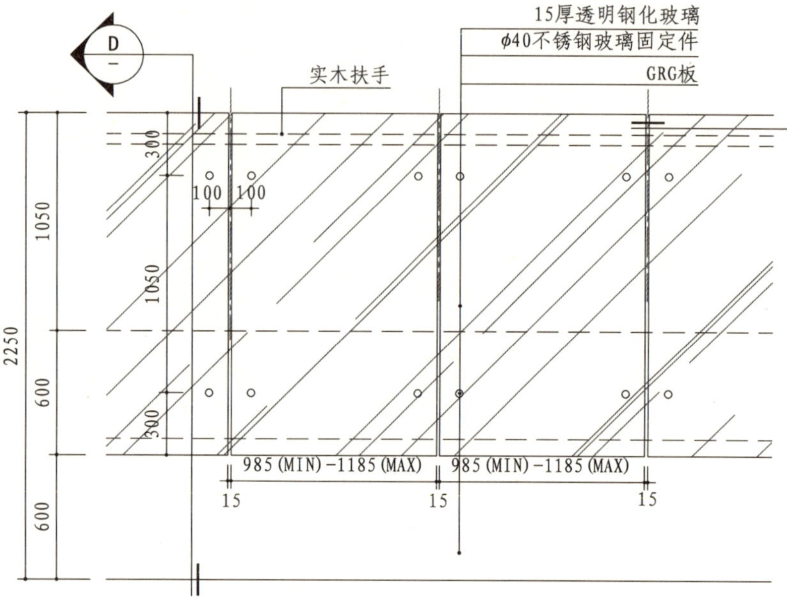

A 大样图

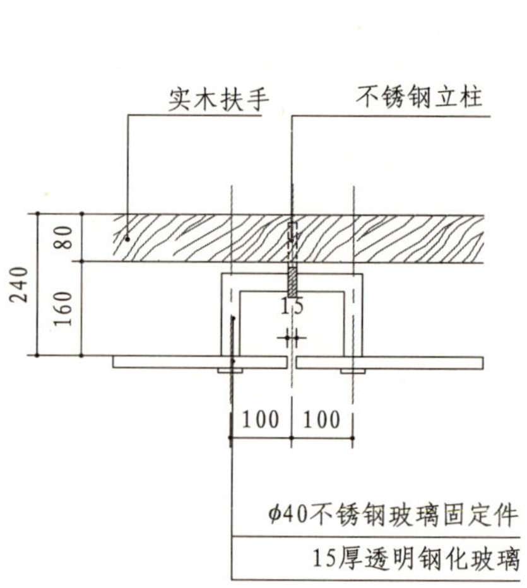

B 大样图

Section2
工程实例
栏杆
栏板
组合栏杆（板）

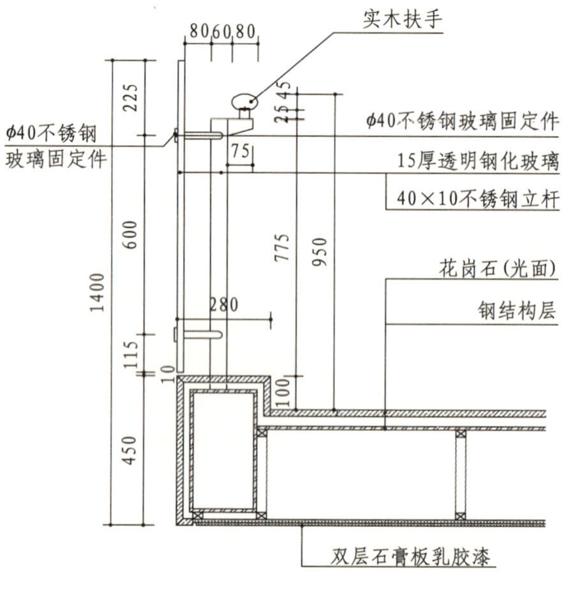

C 大样图

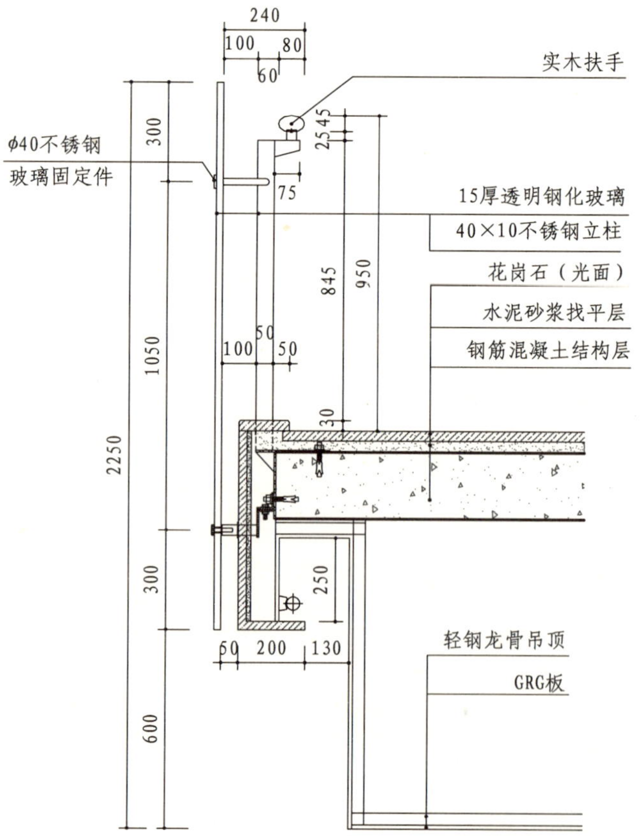

D 大样图

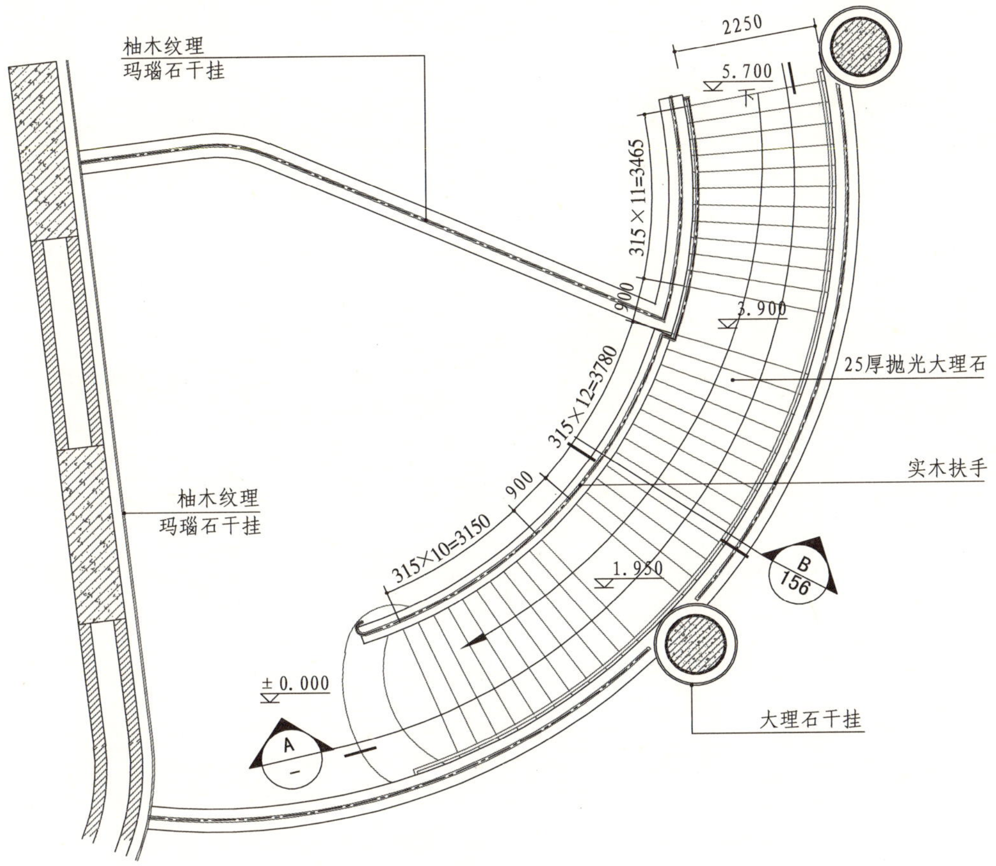
柚木纹理
玛瑙石干挂
2250
5.700
下
315×11=3465
900
3.900
25厚抛光大理石
315×12=3780
实木扶手
900
柚木纹理
玛瑙石干挂
315×10=3150
1.950
B
156
±0.000
A
大理石干挂

① 平面图

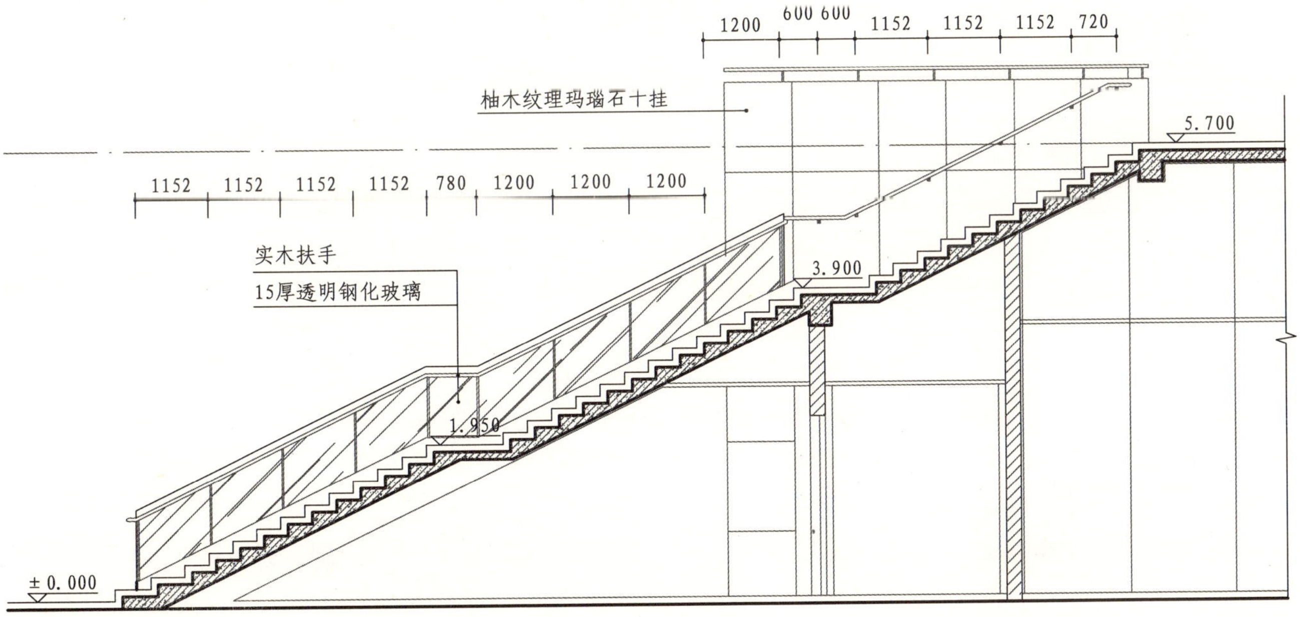
1200
600 600
1152
1152
1152
720
柚木纹理玛瑙石干挂
5.700
1152
1152
1152
1152
780
1200
1200
1200
实木扶手
15厚透明钢化玻璃
3.900
1.950
±0.000

Ⓐ 剖立面图

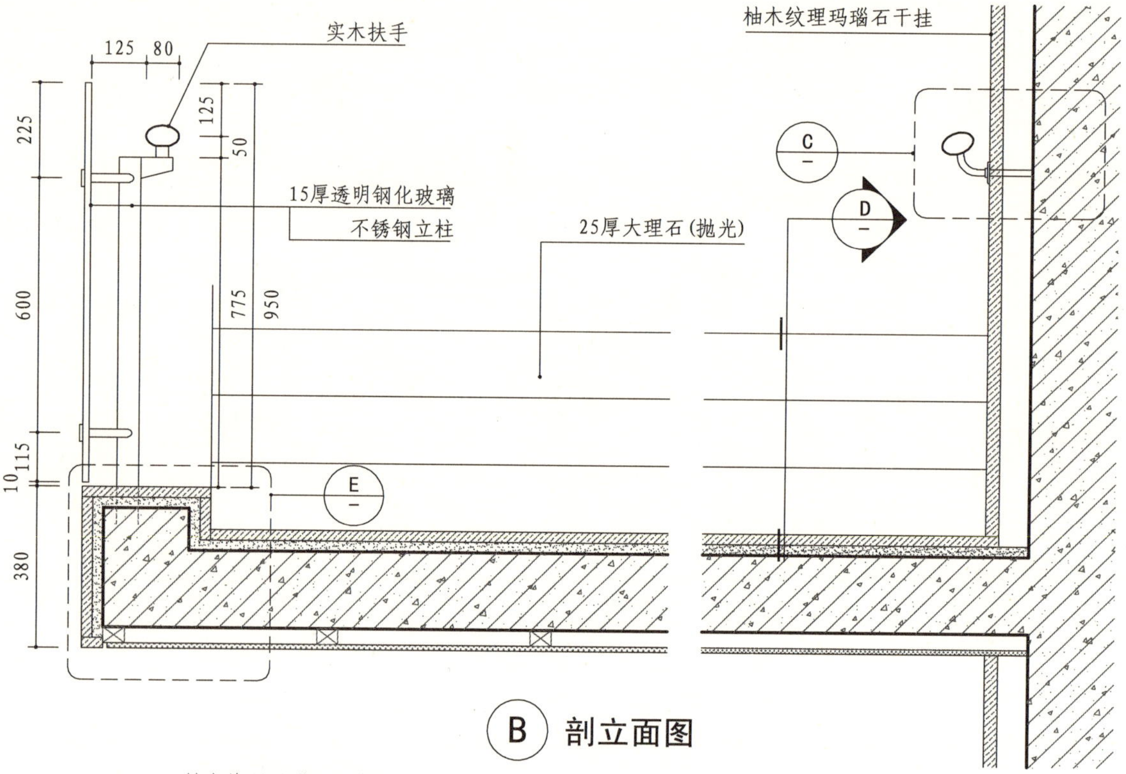

B 剖立面图

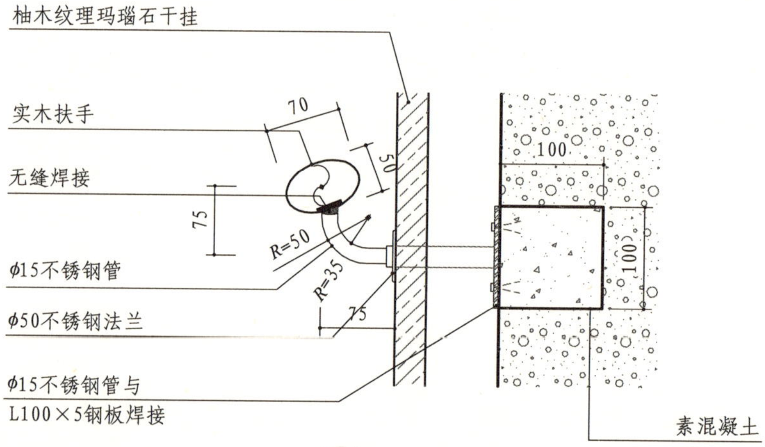

C 剖立面图

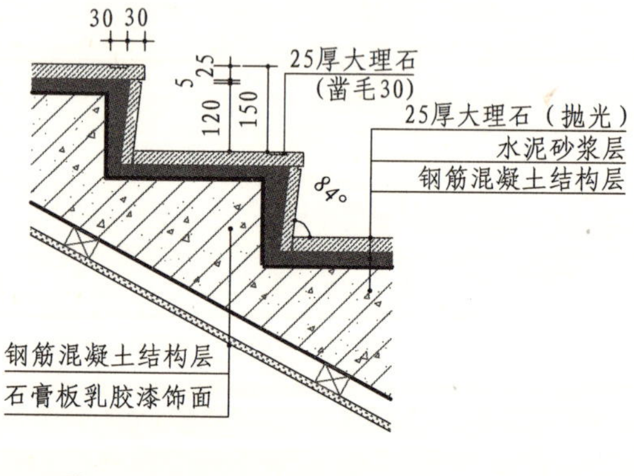

D 剖立面图

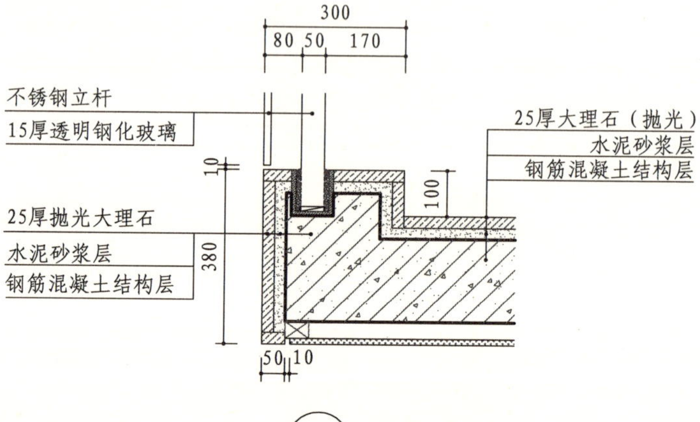

E 剖立面图

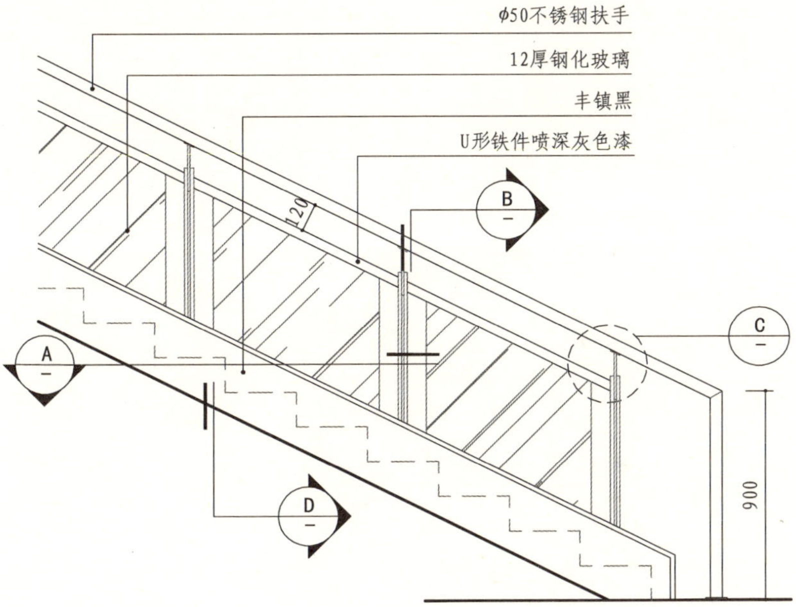
ϕ50不锈钢扶手
12厚钢化玻璃
丰镇黑
U形铁件喷深灰色漆
120
B
A
C
D
900

1 立面图

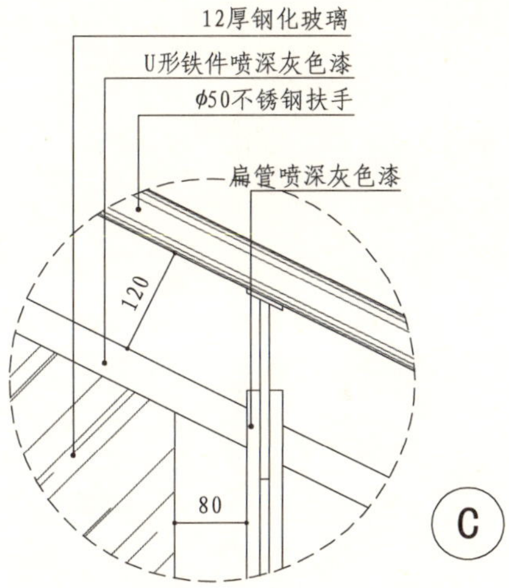
12厚钢化玻璃
U形铁件喷深灰色漆
ϕ50不锈钢扶手
扁管喷深灰色漆
120
80
C

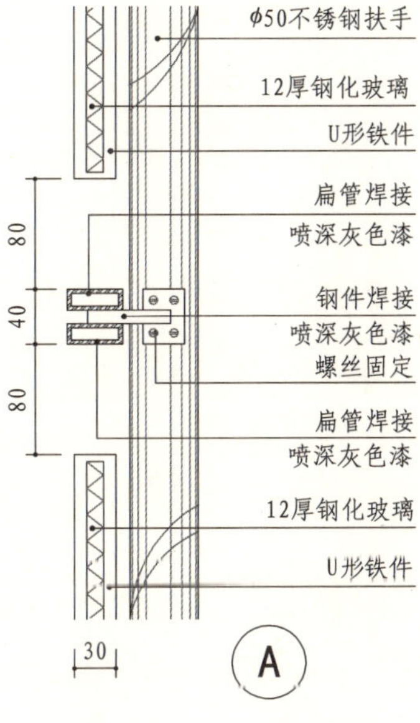
ϕ50不锈钢扶手
12厚钢化玻璃
U形铁件
扁管焊接
喷深灰色漆
钢件焊接
喷深灰色漆
螺丝固定
扁管焊接
喷深灰色漆
12厚钢化玻璃
U形铁件
80
40
80
30
A

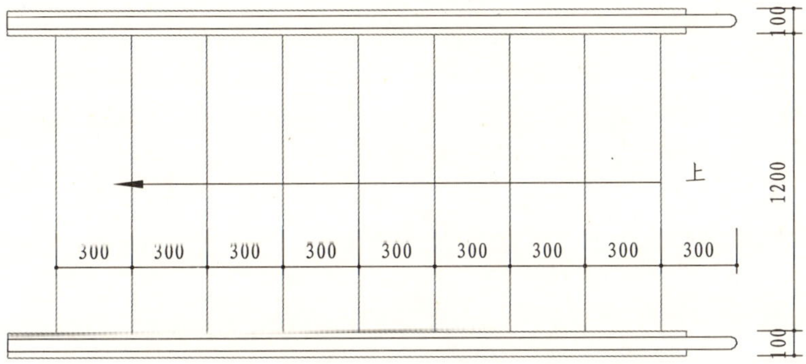
上
300
300
300
300
300
300
300
300
300
100
1200
100

2 平面图

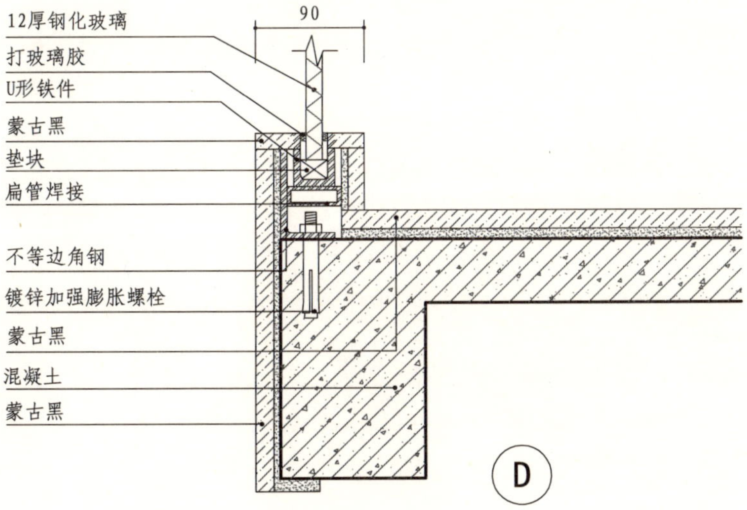
12厚钢化玻璃
打玻璃胶
U形铁件
蒙古黑
垫块
扁管焊接
不等边角钢
镀锌加强膨胀螺栓
蒙古黑
混凝土
蒙古黑
90
D

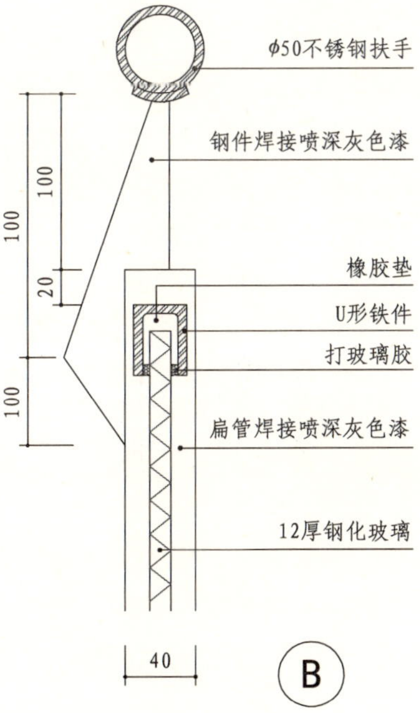
ϕ50不锈钢扶手
钢件焊接喷深灰色漆
橡胶垫
U形铁件
打玻璃胶
扁管焊接喷深灰色漆
12厚钢化玻璃
100
100
20
100
40
B

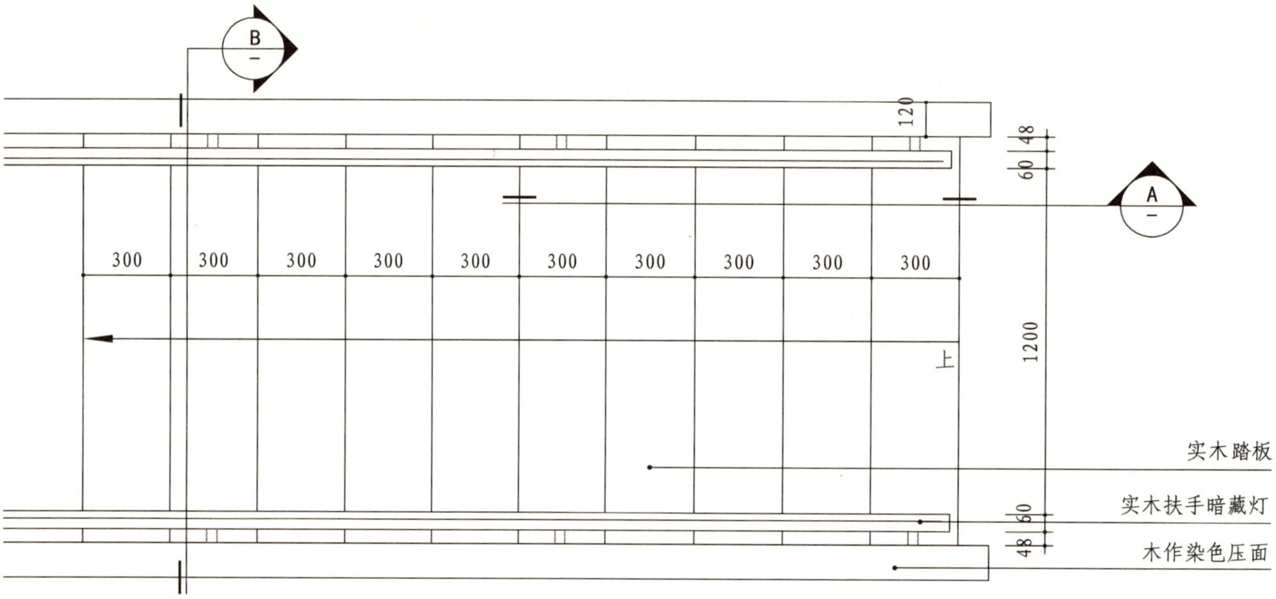
B
A
300
300
300
300
300
300
300
300
300
300
120
48
60
1200
60
48
上
实木踏板
实木扶手暗藏灯
木作染色压面

① 平面图

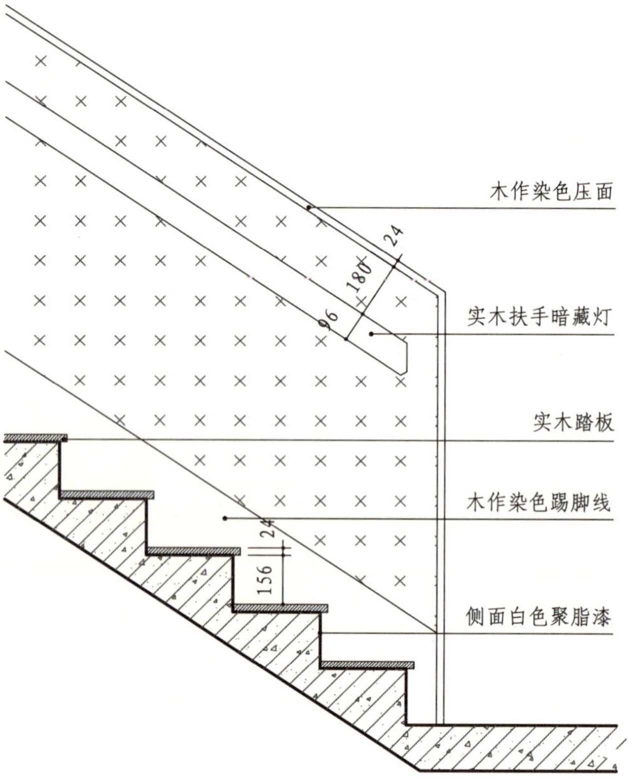
木作染色压面
实木扶手暗藏灯
实木踏板
木作染色踢脚线
侧面白色聚脂漆
24
180
96
24
156

Ⓐ 剖面图

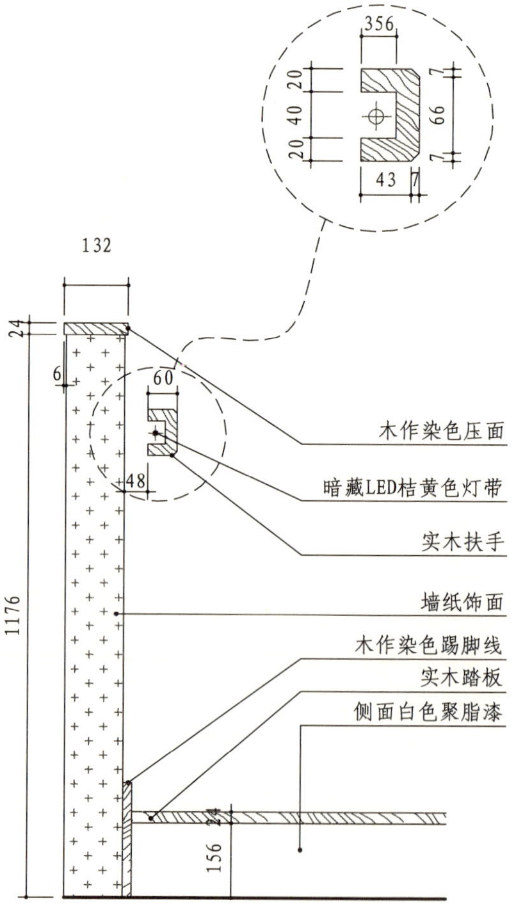
356
20
40
20
7
66
7
43
7
132
24
6
60
48
1176
24
156
木作染色压面
暗藏LED桔黄色灯带
实木扶手
墙纸饰面
木作染色踢脚线
实木踏板
侧面白色聚脂漆

Ⓑ 剖面图

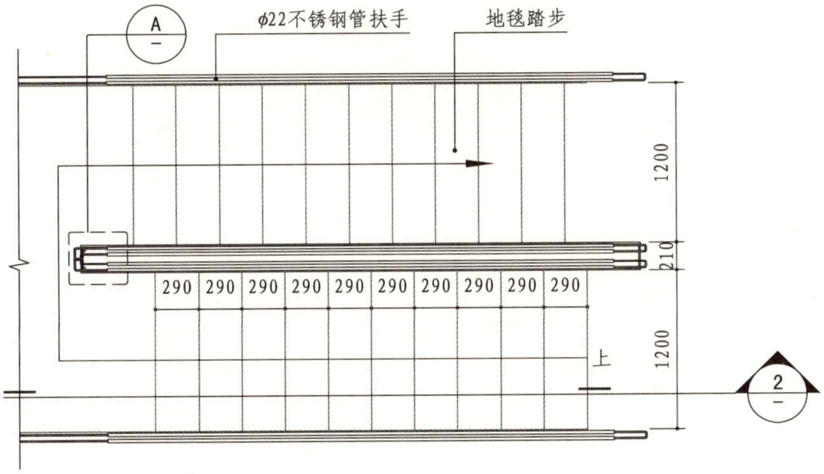

① 平面图

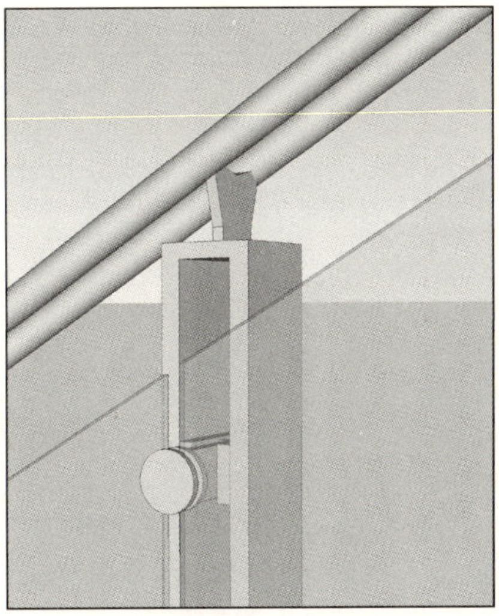

玻璃栏板扶手示意图

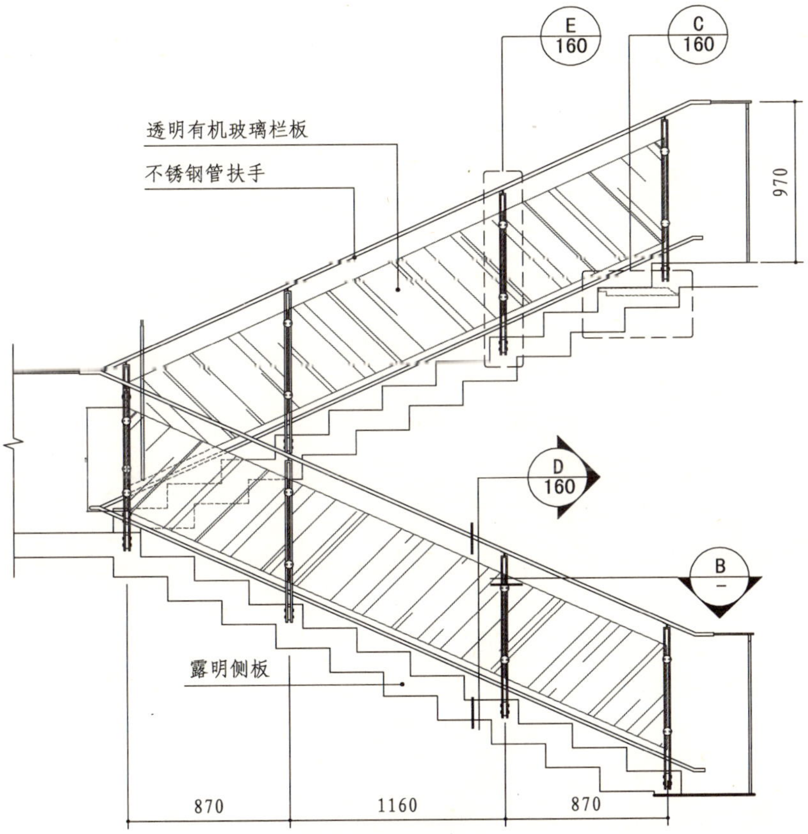

② 立面图

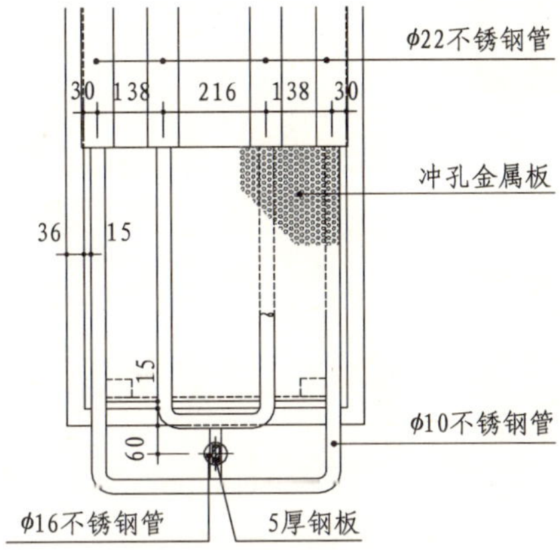

Ⓐ 大样图

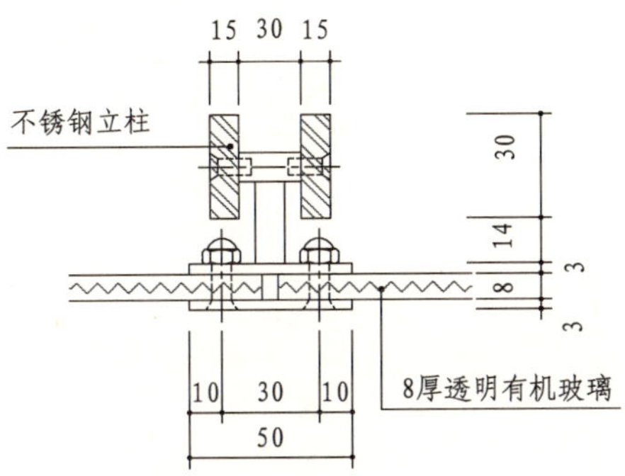

Ⓑ 大样图

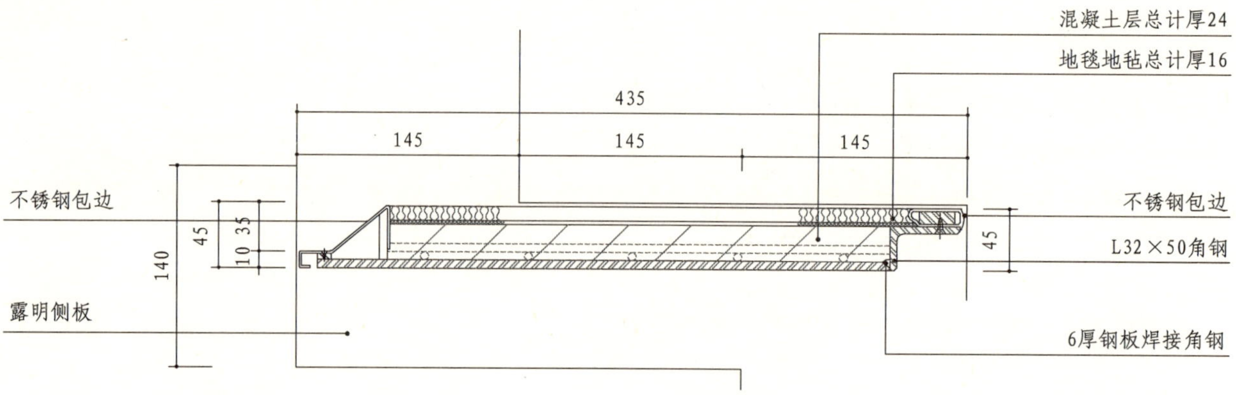

C 大样图

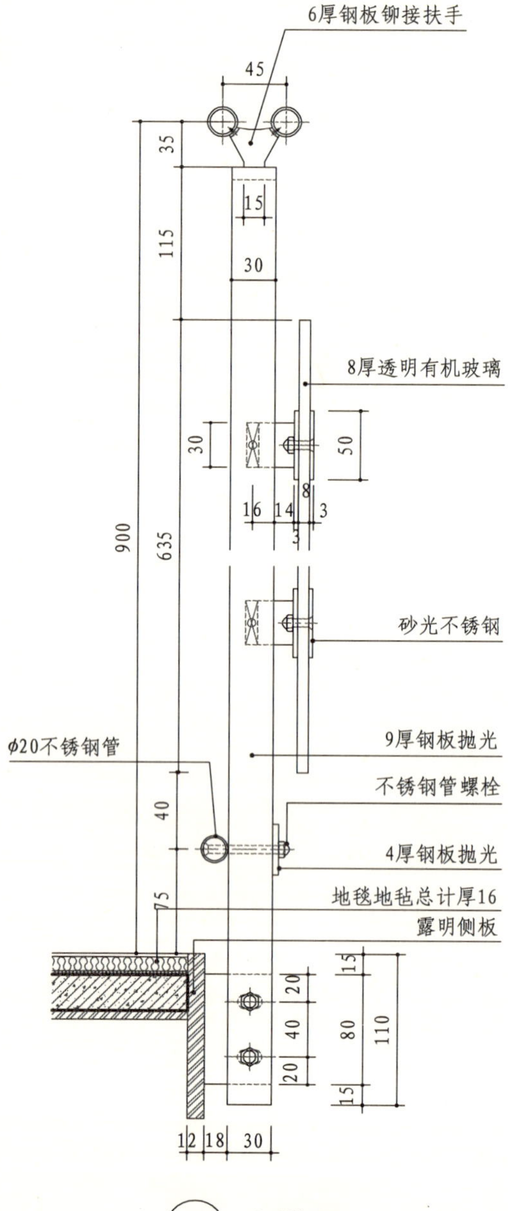

D 大样图

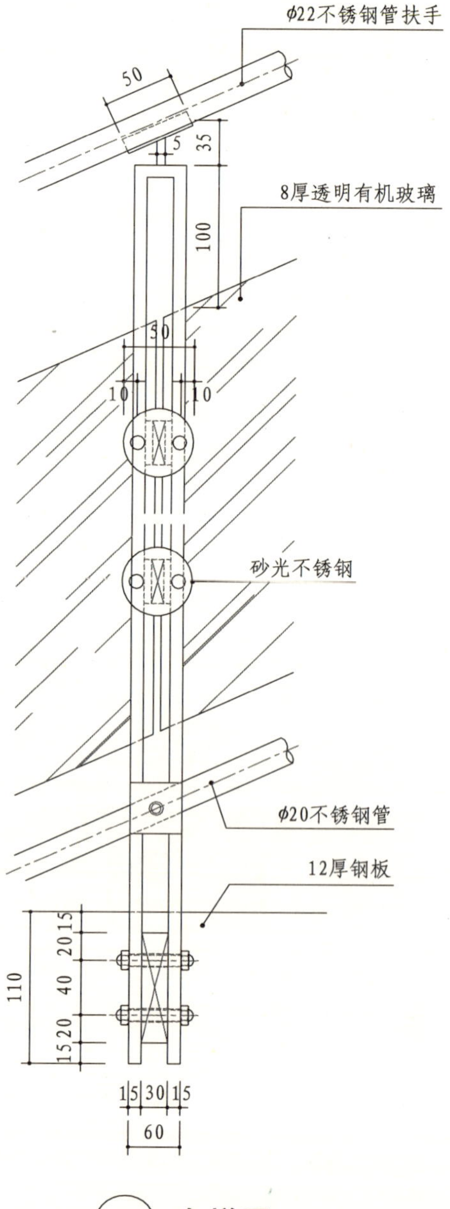

E 大样图

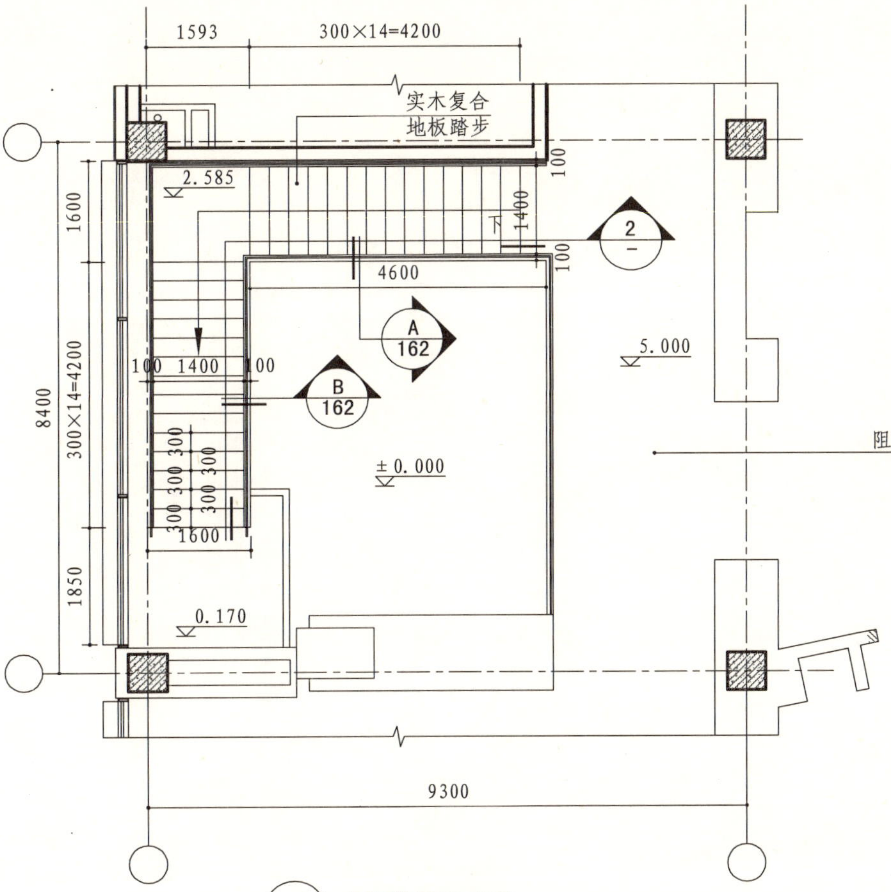

1 楼梯平面图

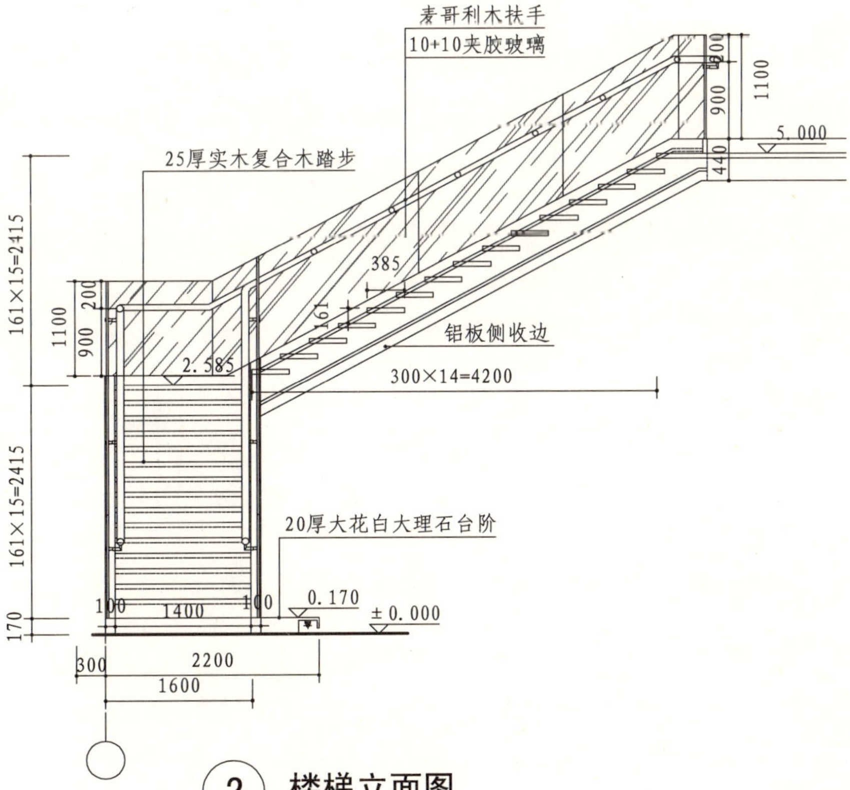

2 楼梯立面图

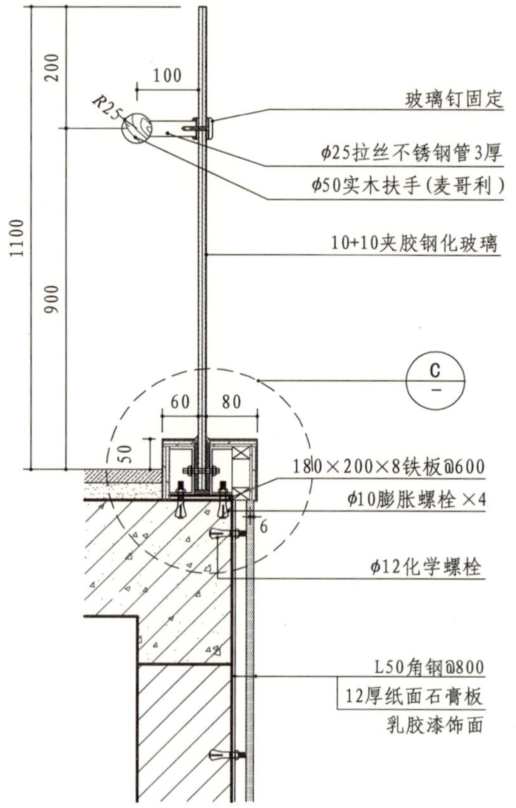

A 楼梯栏板节点图

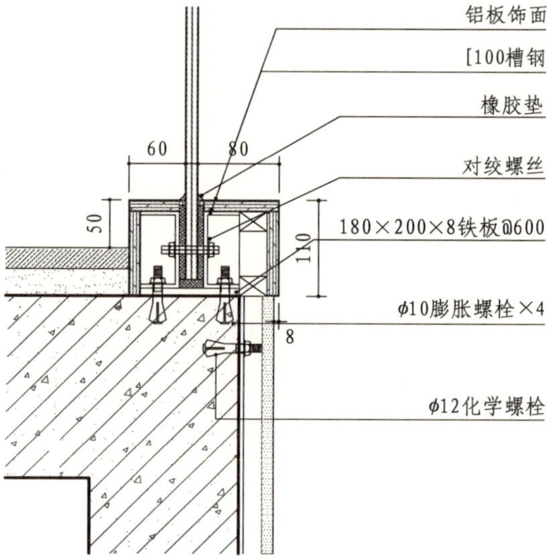

C 大样图

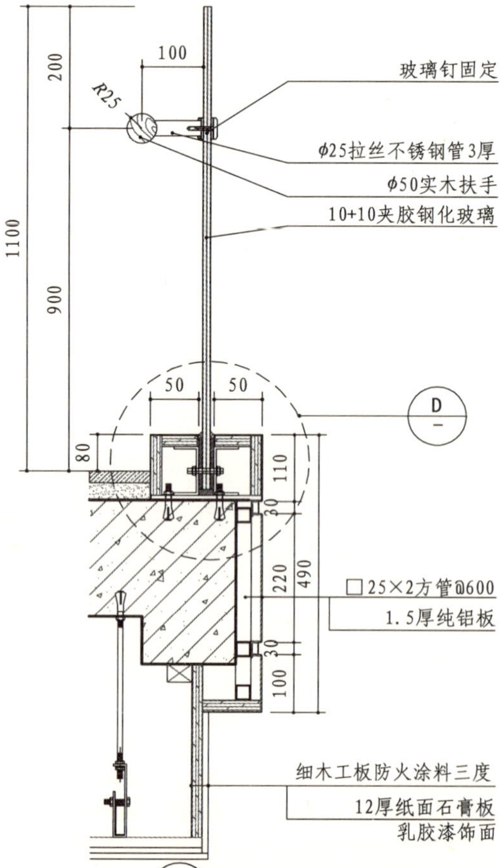

B 楼梯栏板节点图

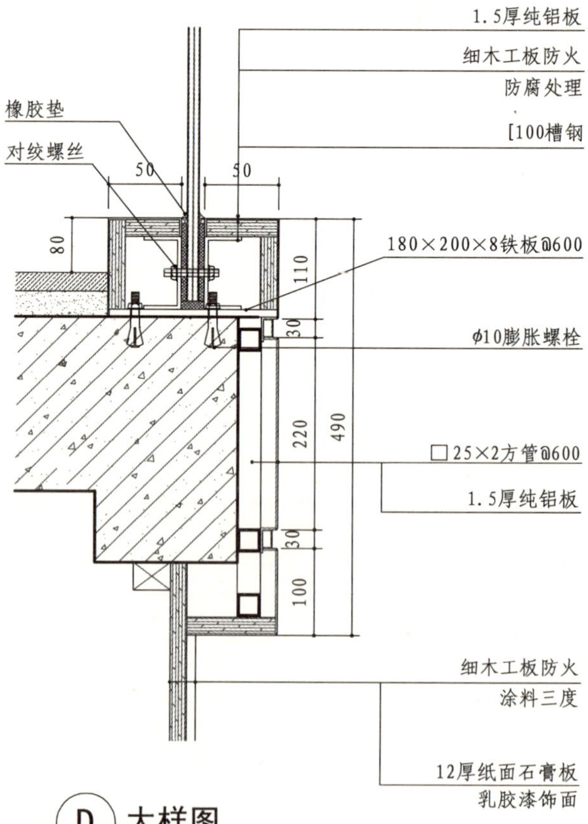

D 大样图

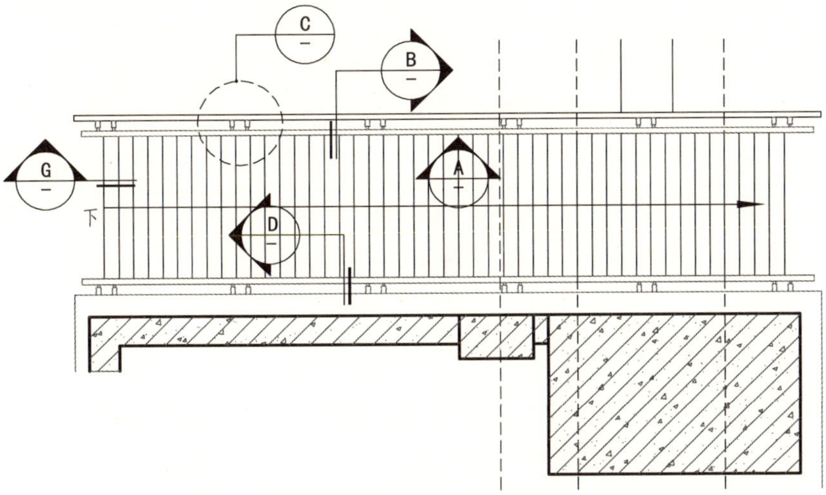

1 某行政办公楼室内坡道栏板

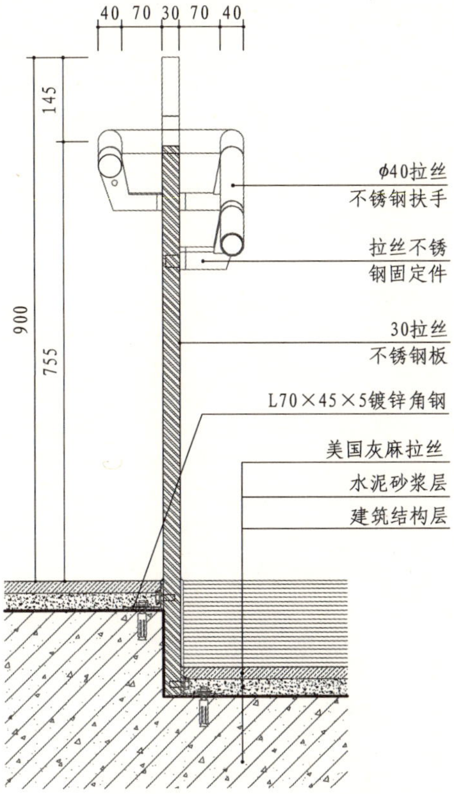

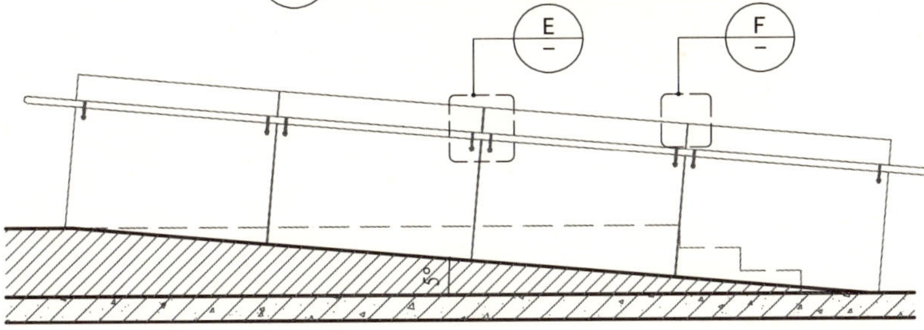

A 剖立面图

B 剖面图

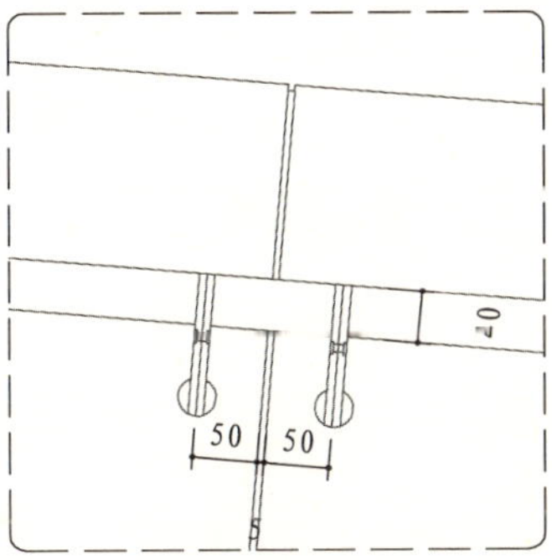

E 大样图

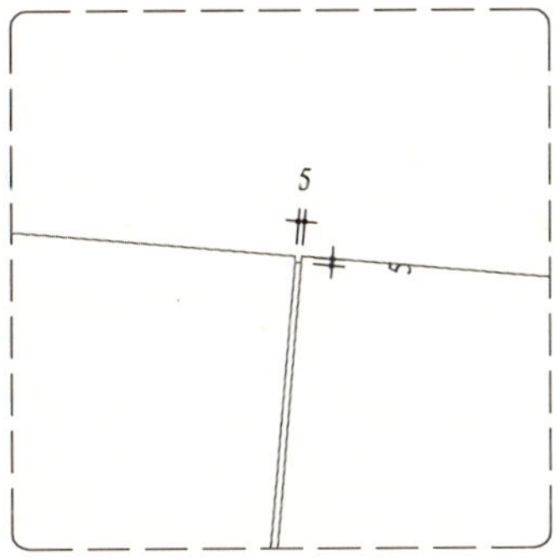

F 大样图

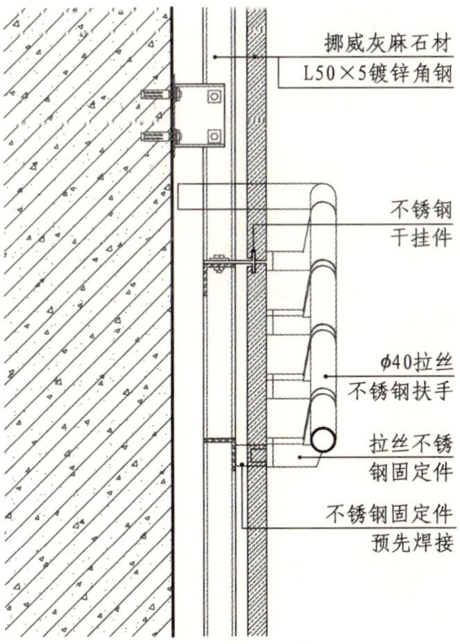

D 大样图

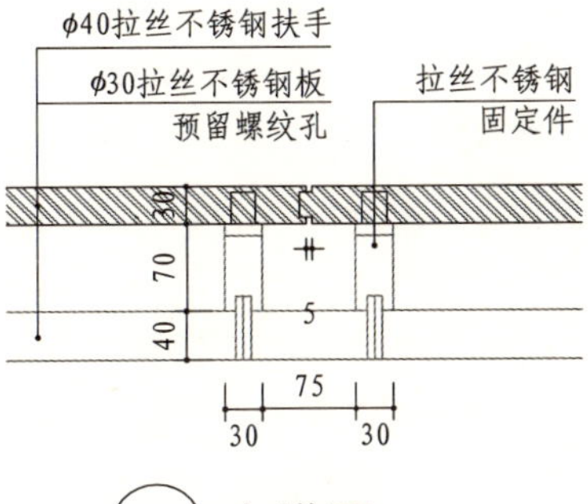

C 大样图

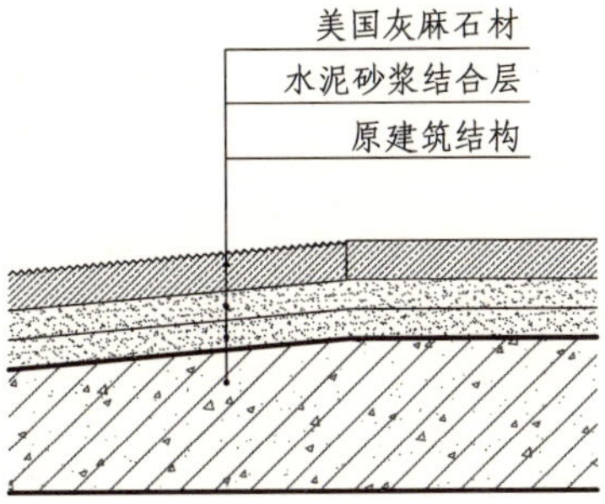

G 大样图

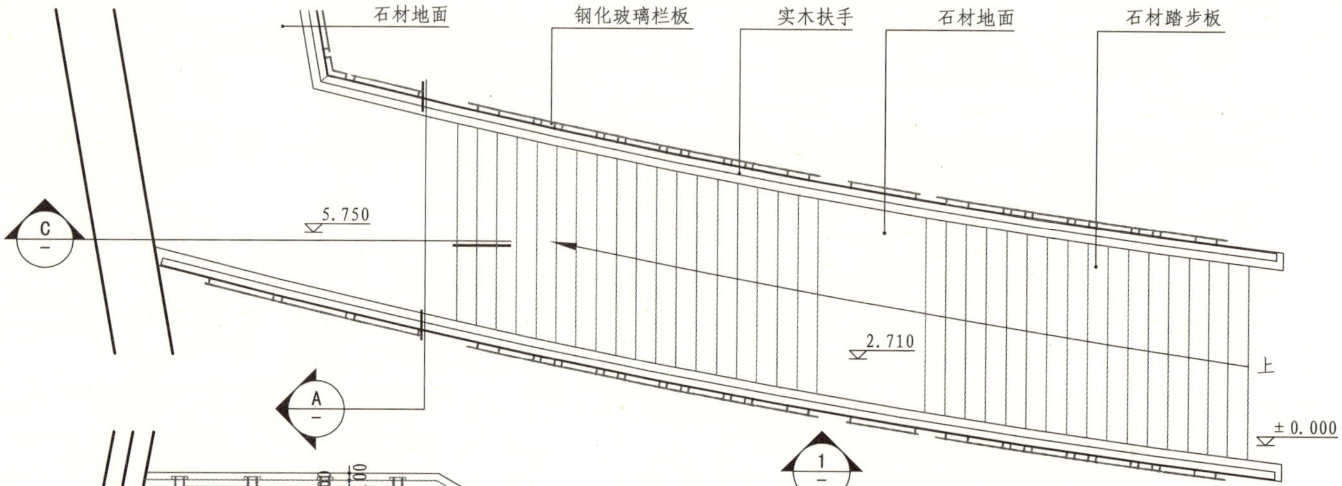

钢结构楼梯平面图

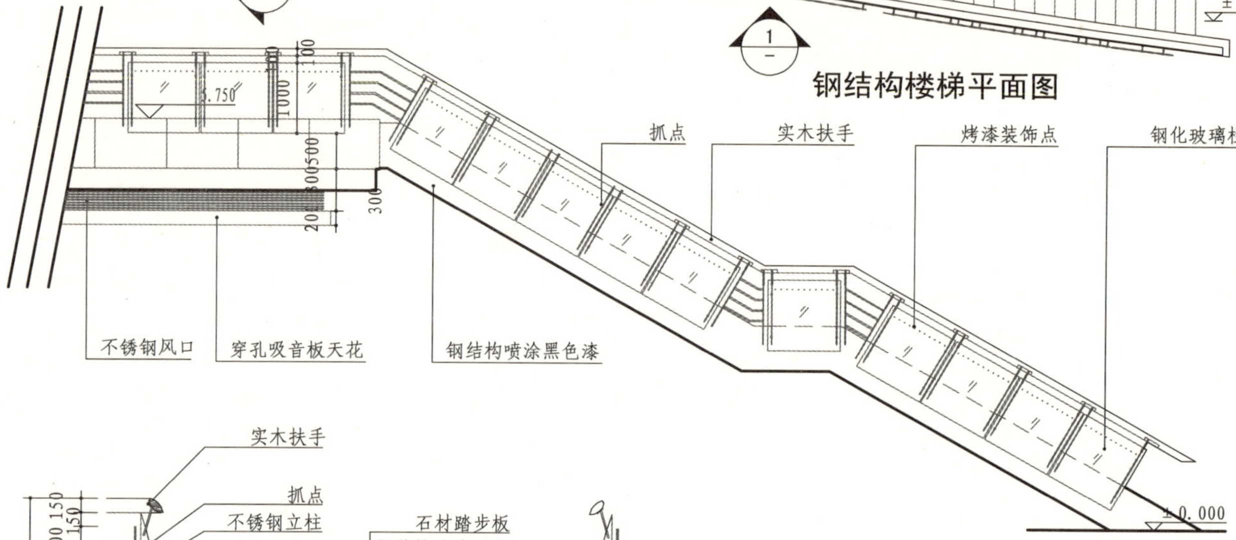

1 钢结构楼梯立面图

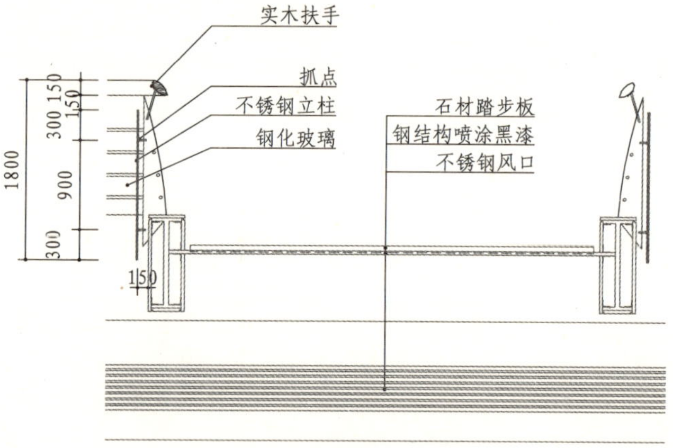

A 大样图

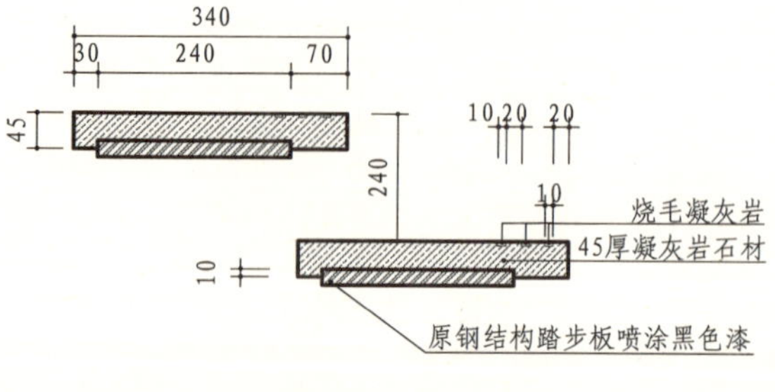

B 大样图

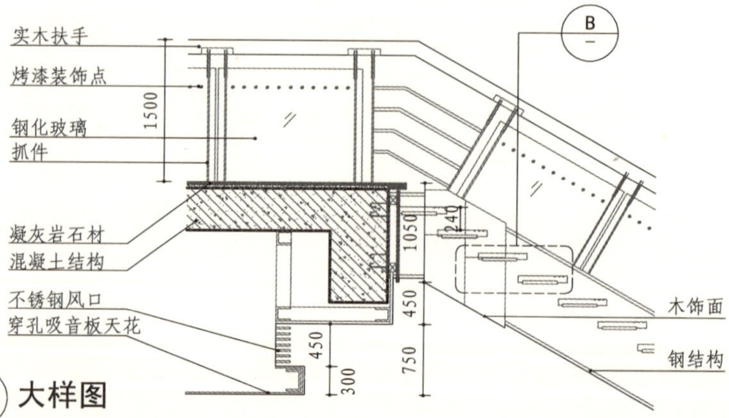

C 大样图

Section2
工程实例
栏杆
栏板
组合栏杆（板）

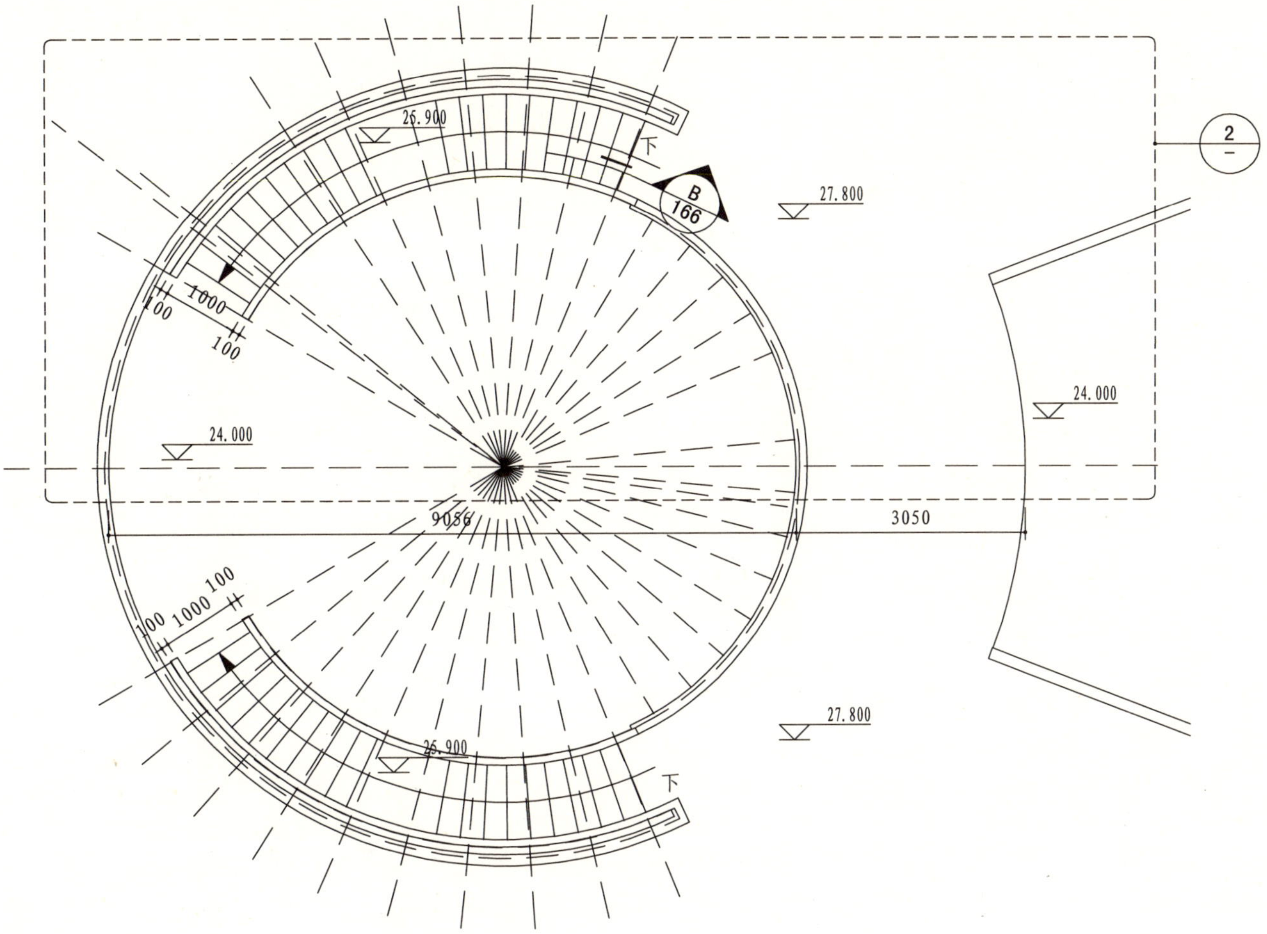

① 平面图

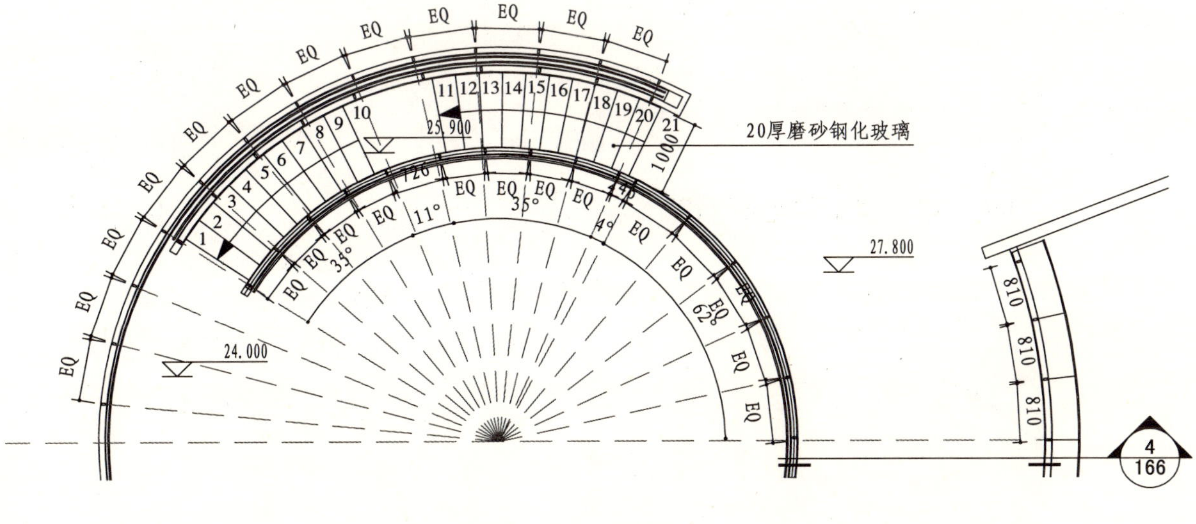

② 局部放大平面图

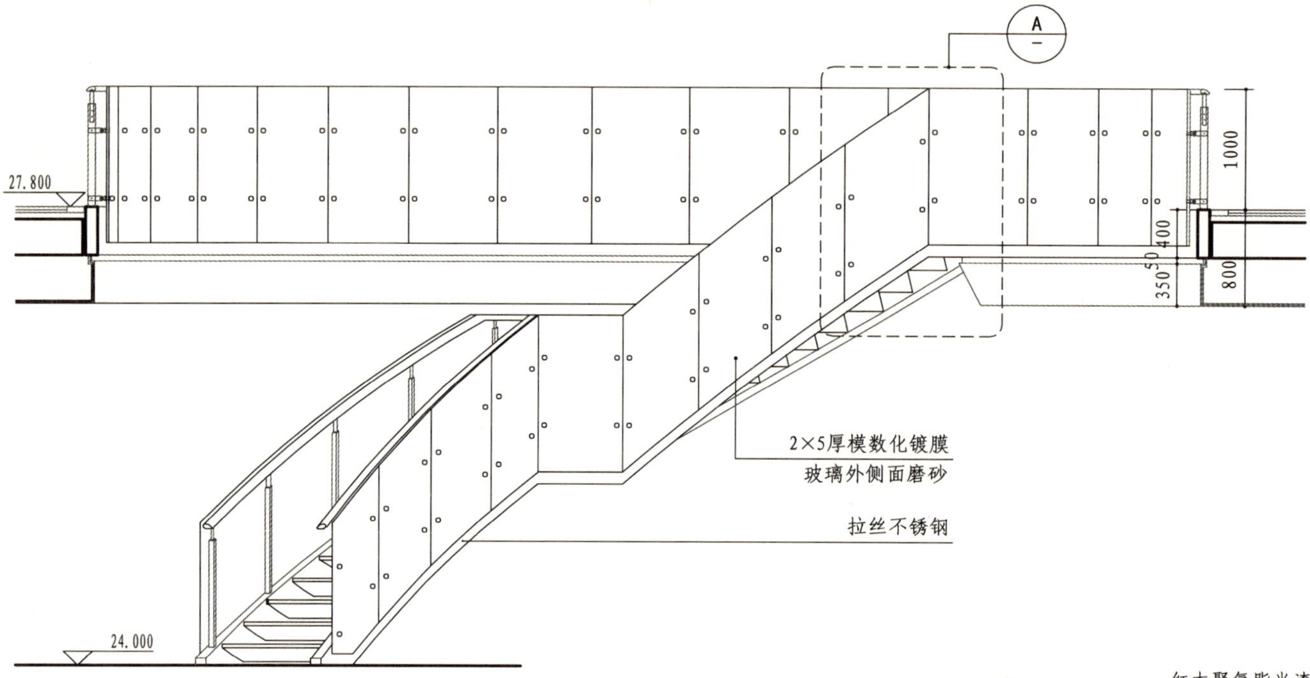

3 立面图

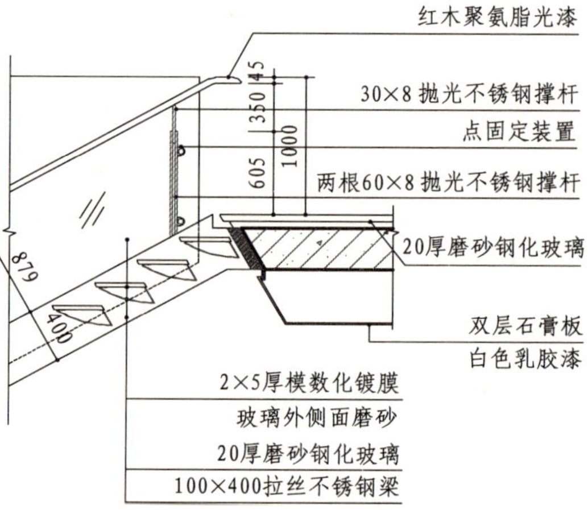

B 楼梯剖立面大样图

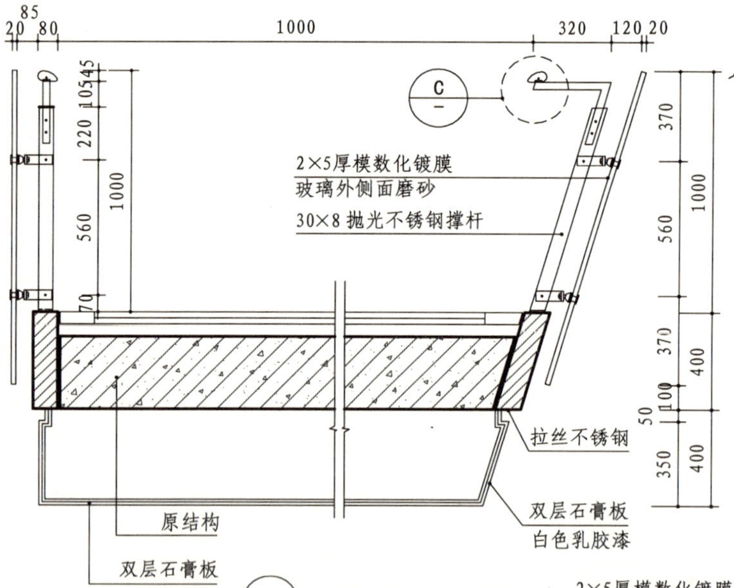

4 楼梯平台剖面图

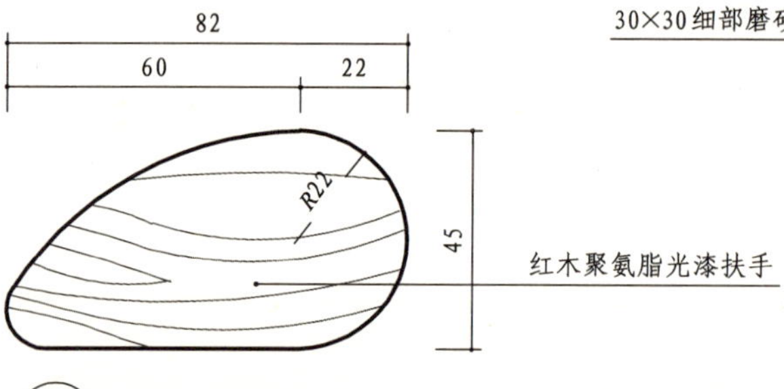

C 楼梯扶手大样图

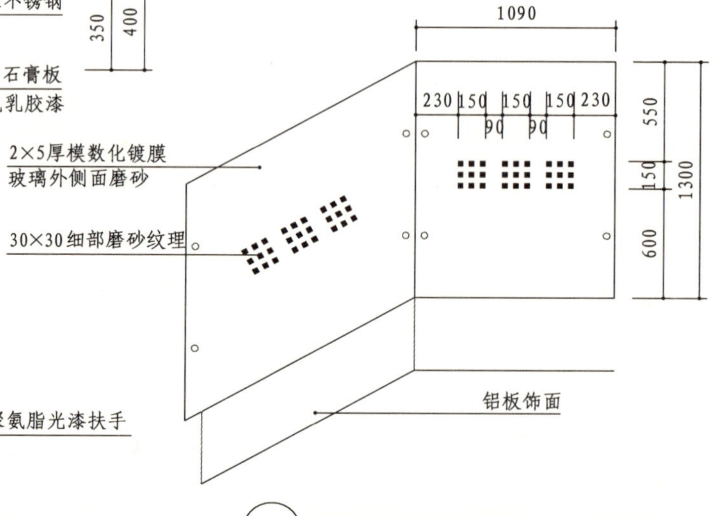

A 楼梯玻璃栏板立面大样图

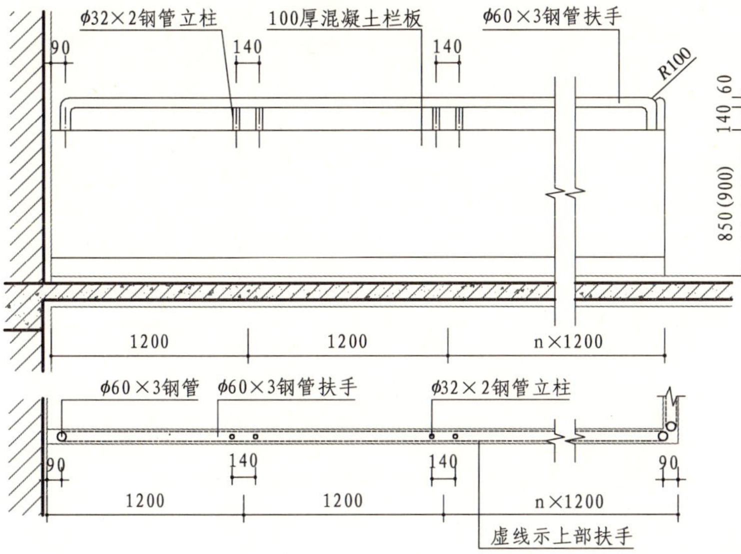

φ32×2钢管立柱
100厚混凝土栏板
φ60×3钢管扶手
R100
90
140
140
140 60
850(900)
1050(1100)
1200
1200
n×1200
φ60×3钢管
φ60×3钢管扶手
φ32×2钢管立柱
90
140
140
90
虚线示上部扶手

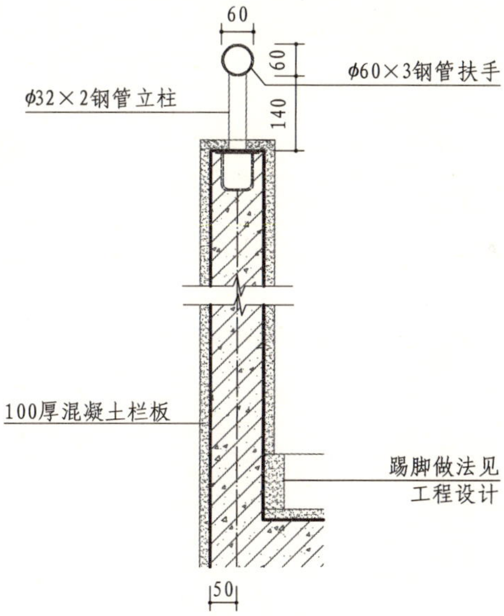

60
60
φ60×3钢管扶手
φ32×2钢管立柱
140
100厚混凝土栏板
踢脚做法见
工程设计
50

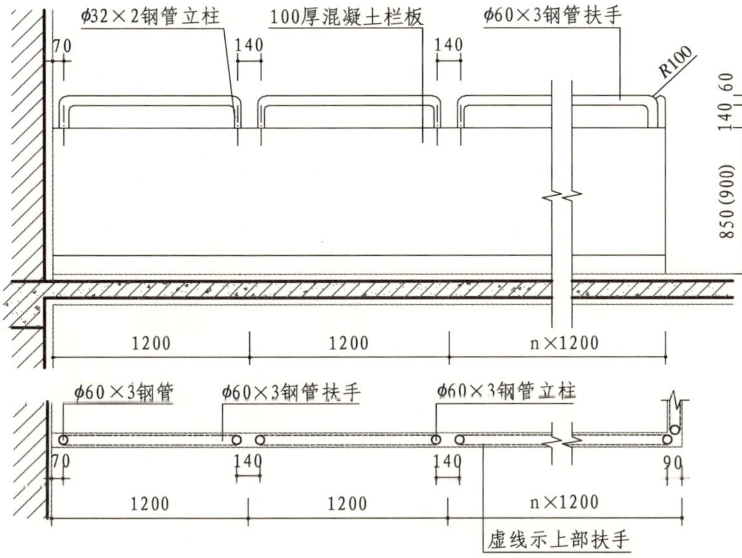

φ32×2钢管立柱
100厚混凝土栏板
φ60×3钢管扶手
R100
70
140
140
140 60
850(900)
1050(1100)
1200
1200
n×1200
φ60×3钢管
φ60×3钢管扶手
φ60×3钢管立柱
70
140
140
90
虚线示上部扶手

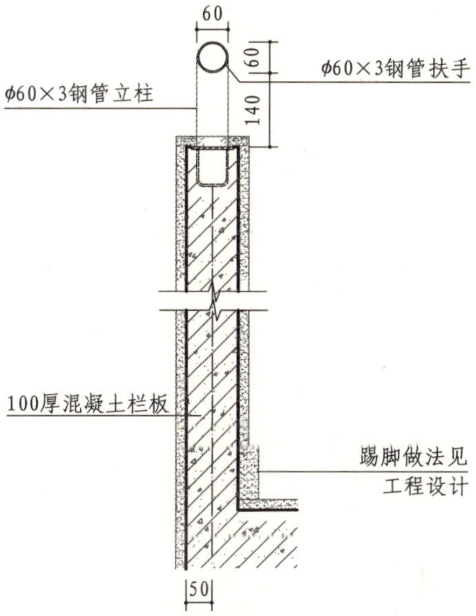

60
60
φ60×3钢管扶手
φ60×3钢管立柱
140
100厚混凝土栏板
踢脚做法见
工程设计
50

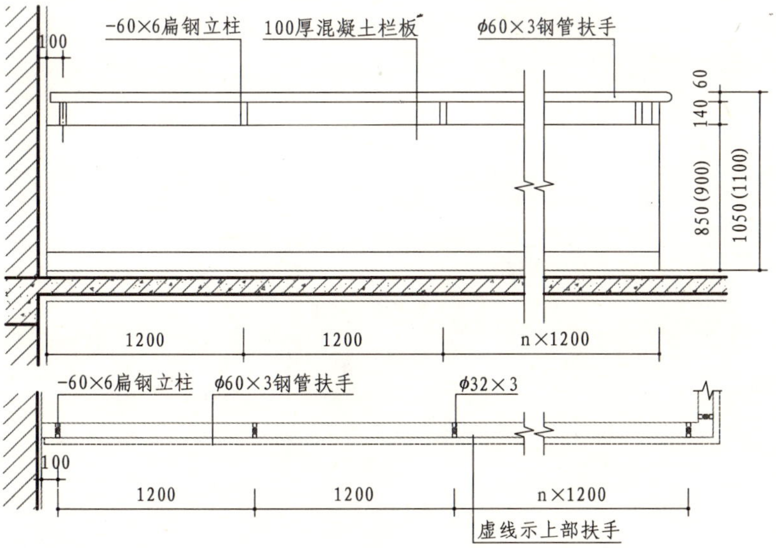

-60×6扁钢立柱
100厚混凝土栏板
φ60×3钢管扶手
100
140 60
850(900)
1050(1100)
1200
1200
n×1200
-60×6扁钢立柱
φ60×3钢管扶手
φ32×3
100
虚线示上部扶手

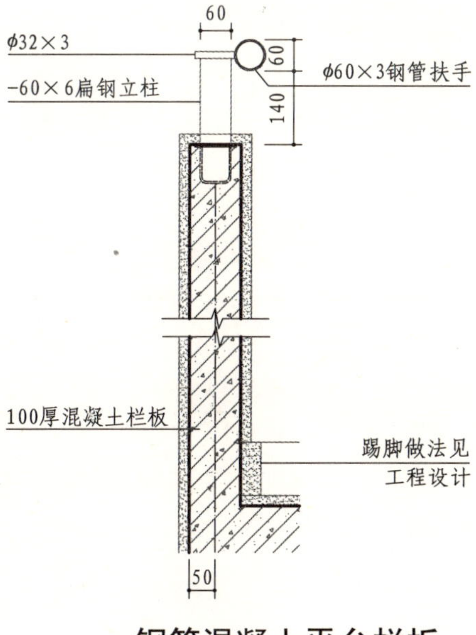

60
φ32×3
-60×6扁钢立柱
60
φ60×3钢管扶手
140
100厚混凝土栏板
踢脚做法见
工程设计
50

钢筋混凝土平台栏板

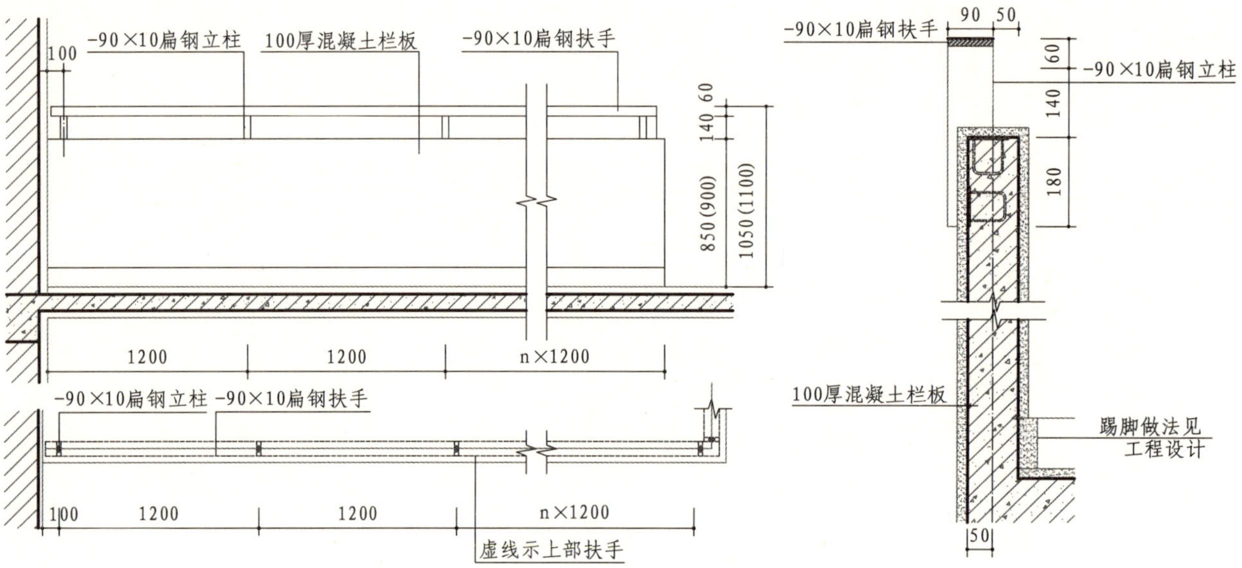
-90×10扁钢立柱
100厚混凝土栏板
-90×10扁钢扶手
100
140 60
850(900)
1050(1100)
1200
1200
n×1200
-90×10扁钢立柱
-90×10扁钢扶手
100
1200
1200
n×1200
虚线示上部扶手
90 50
-90×10扁钢扶手
60
-90×10扁钢立柱
140
180
100厚混凝土栏板
踢脚做法见
工程设计
50

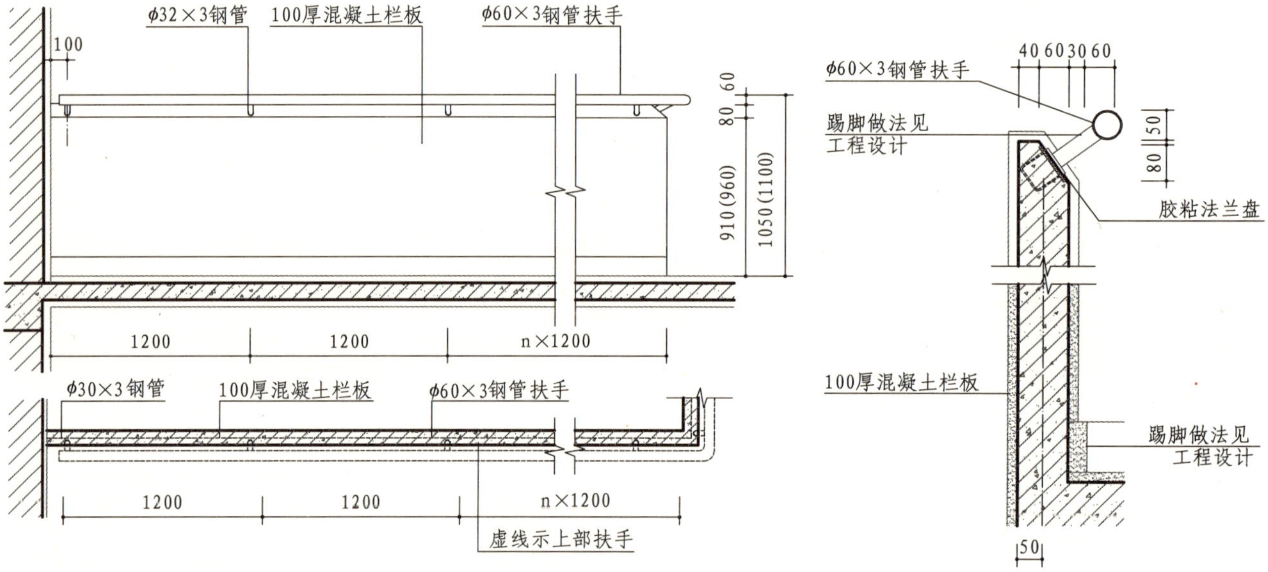
ϕ32×3钢管
100厚混凝土栏板
ϕ60×3钢管扶手
100
80 60
910(960)
1050(1100)
1200
1200
n×1200
ϕ30×3钢管
100厚混凝土栏板
ϕ60×3钢管扶手
1200
1200
n×1200
虚线示上部扶手
40 60 30 60
ϕ60×3钢管扶手
踢脚做法见
工程设计
50
80
胶粘法兰盘
100厚混凝土栏板
踢脚做法见
工程设计
50

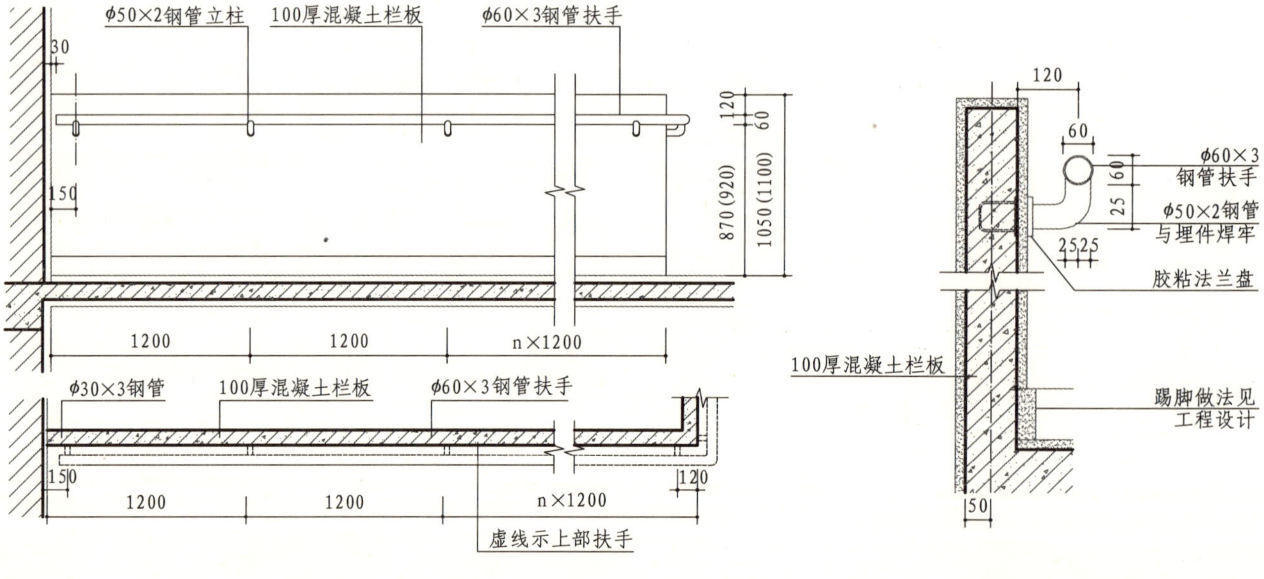
ϕ50×2钢管立柱
100厚混凝土栏板
ϕ60×3钢管扶手
30
150
120
60
870(920)
1050(1100)
1200
1200
n×1200
ϕ30×3钢管
100厚混凝土栏板
ϕ60×3钢管扶手
150
120
1200
1200
n×1200
虚线示上部扶手
120
60
ϕ60×3
钢管扶手
60
25
ϕ50×2钢管
与埋件焊牢
25 25
胶粘法兰盘
100厚混凝土栏板
踢脚做法见
工程设计
50

钢筋混凝土平台栏板

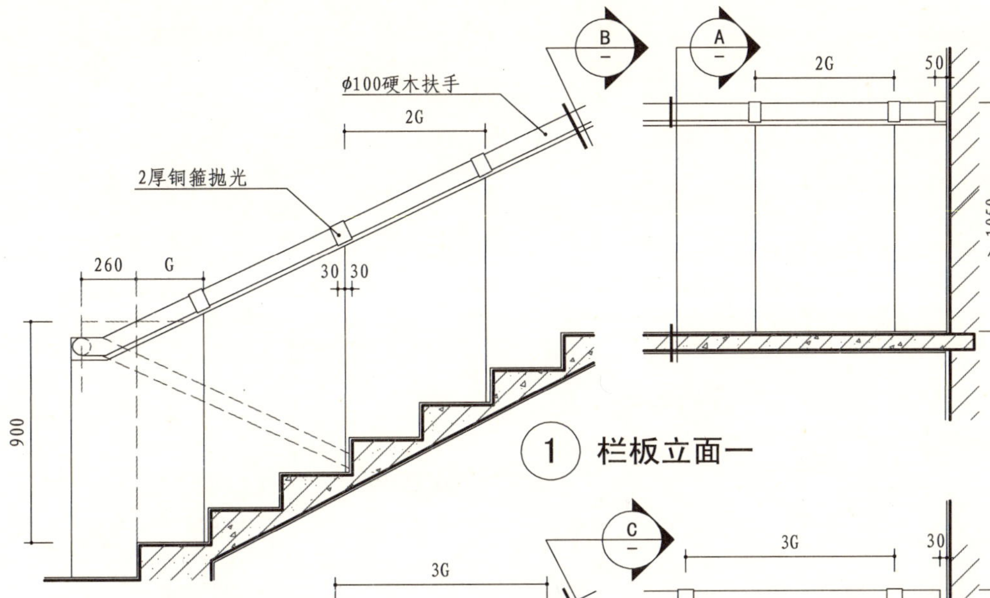

1 栏板立面一

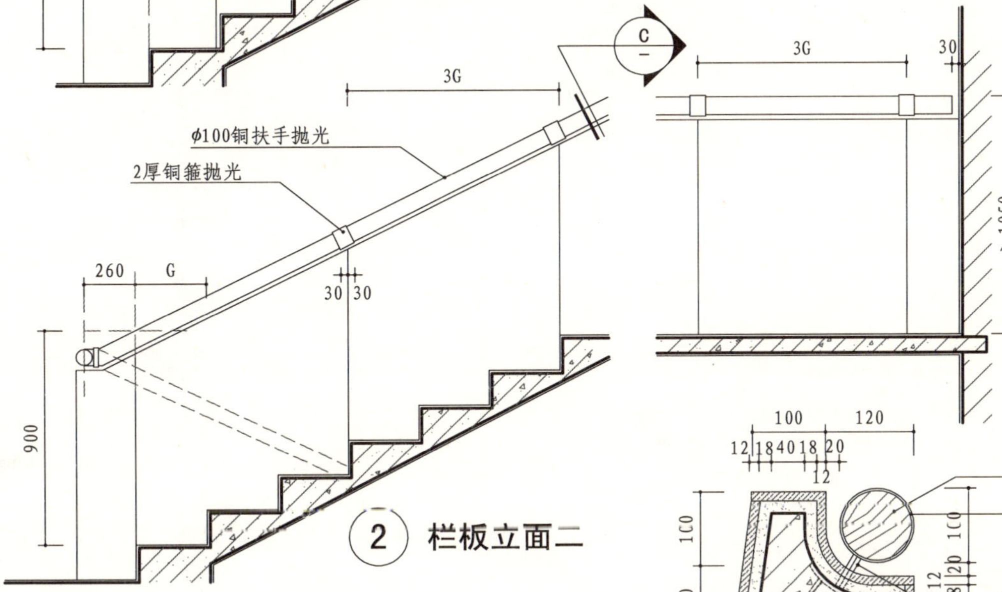

2 栏板立面二

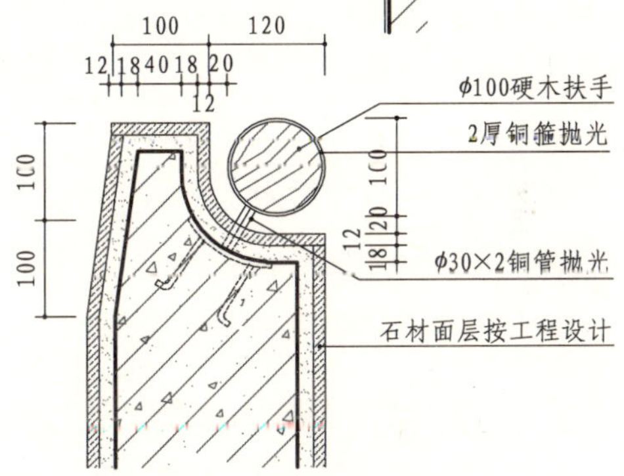

B 硬木扶手

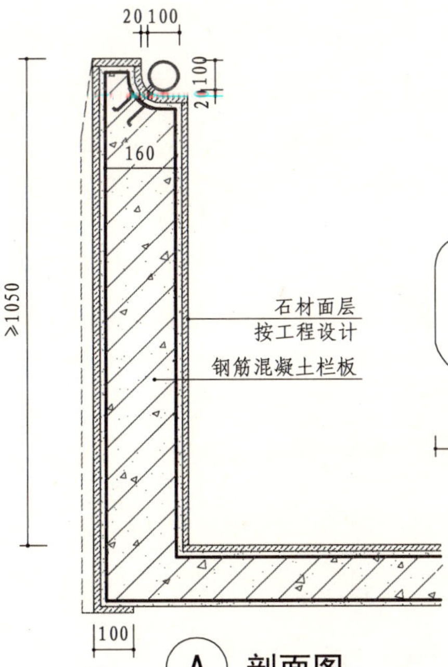

A 剖面图

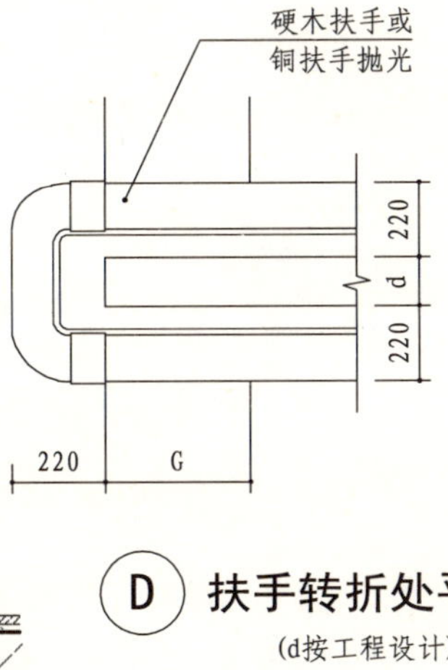

D 扶手转折处平面

(d按工程设计)

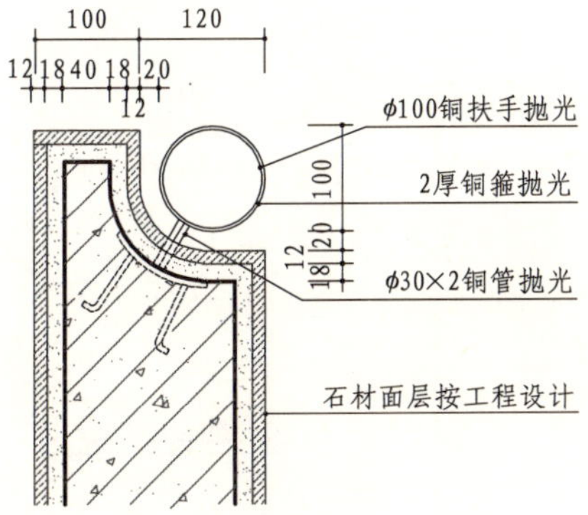

C 铜扶手

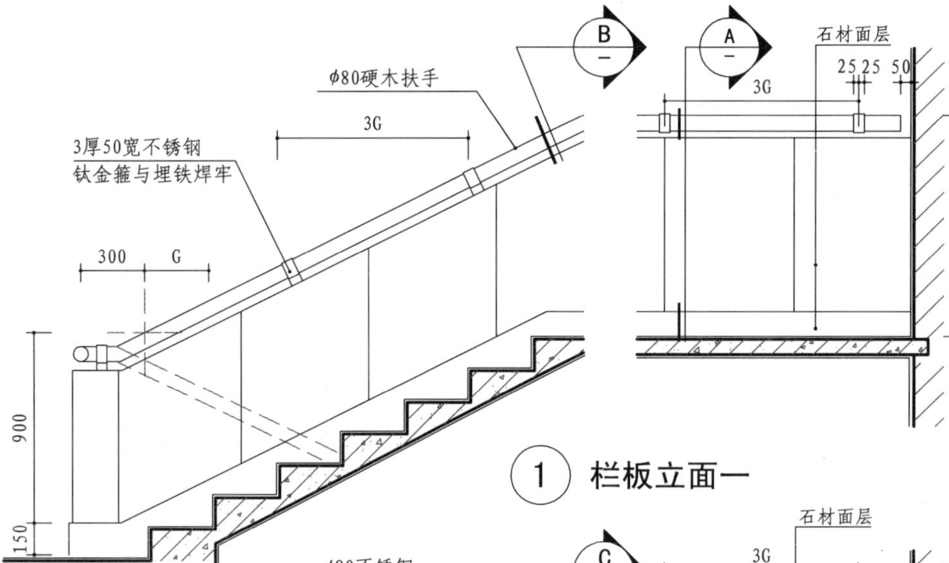

① 栏板立面一

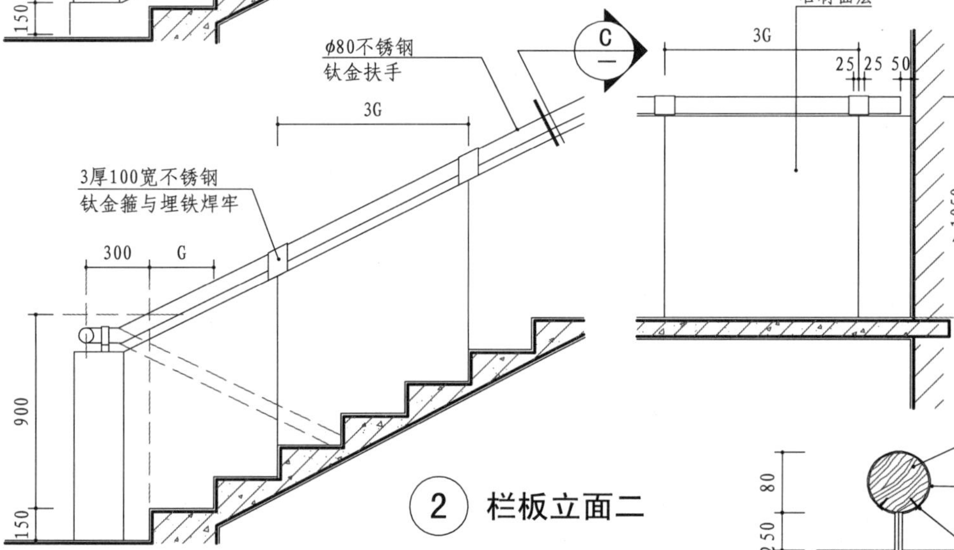

② 栏板立面二

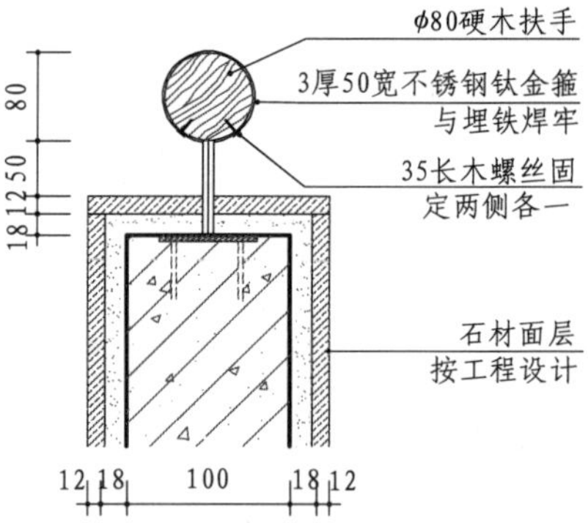

Ⓑ 硬木扶手

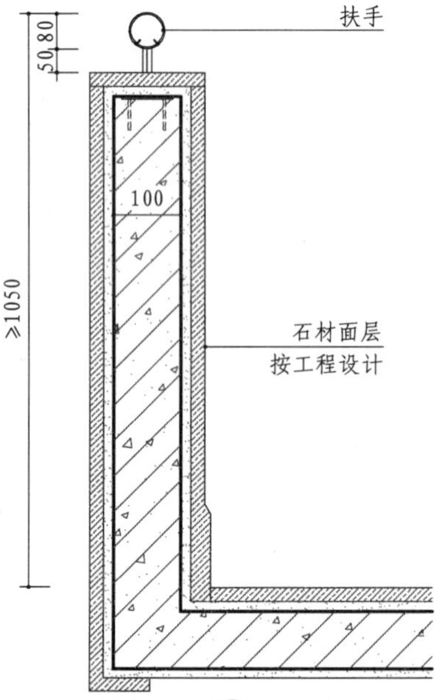

Ⓐ 剖面图

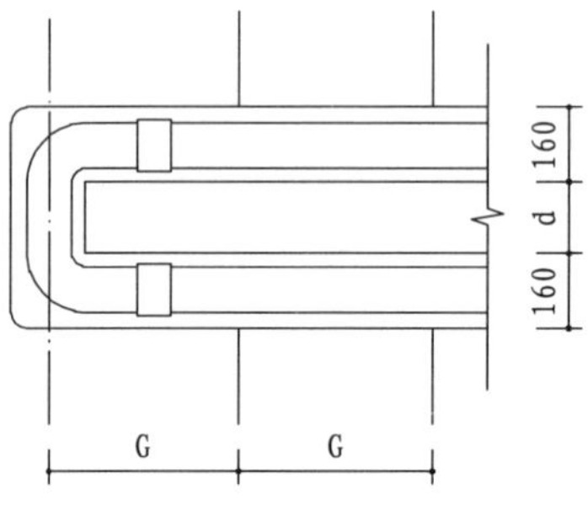

Ⓓ 扶手转折处平面

(d按工程设计)

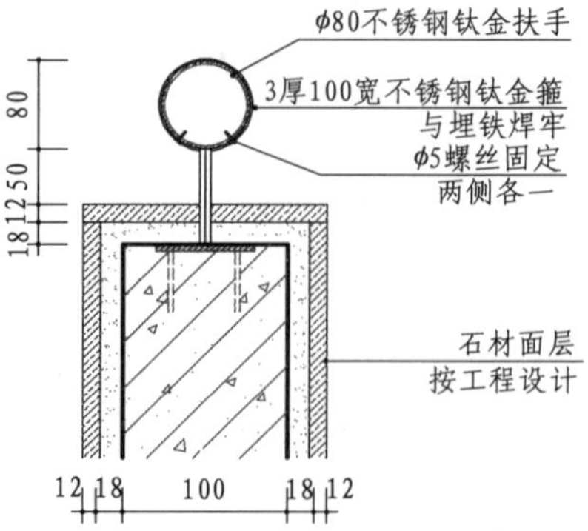

Ⓒ 不锈钢钛金扶手

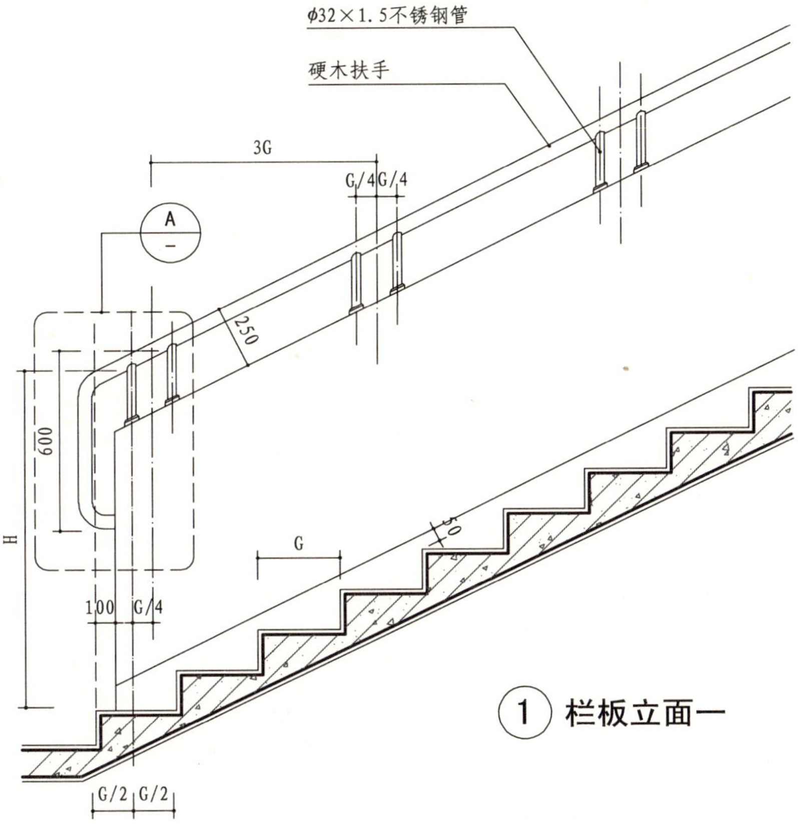

1 栏板立面一

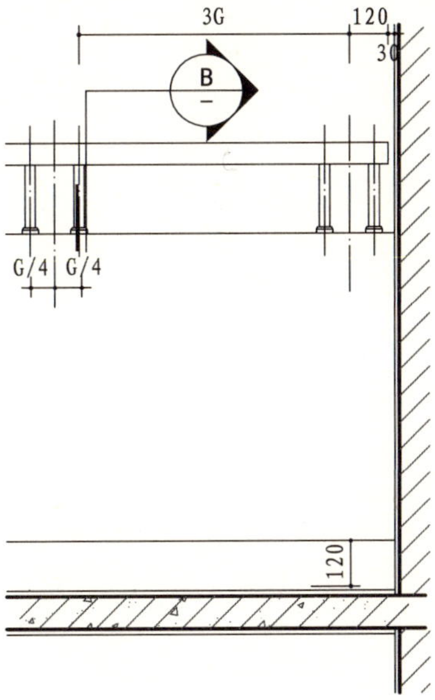

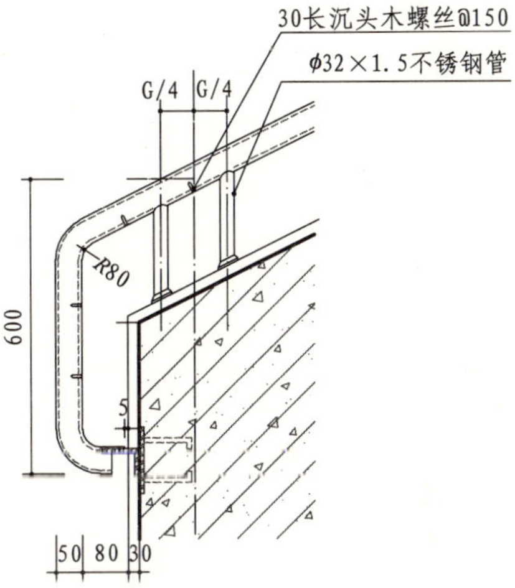

A

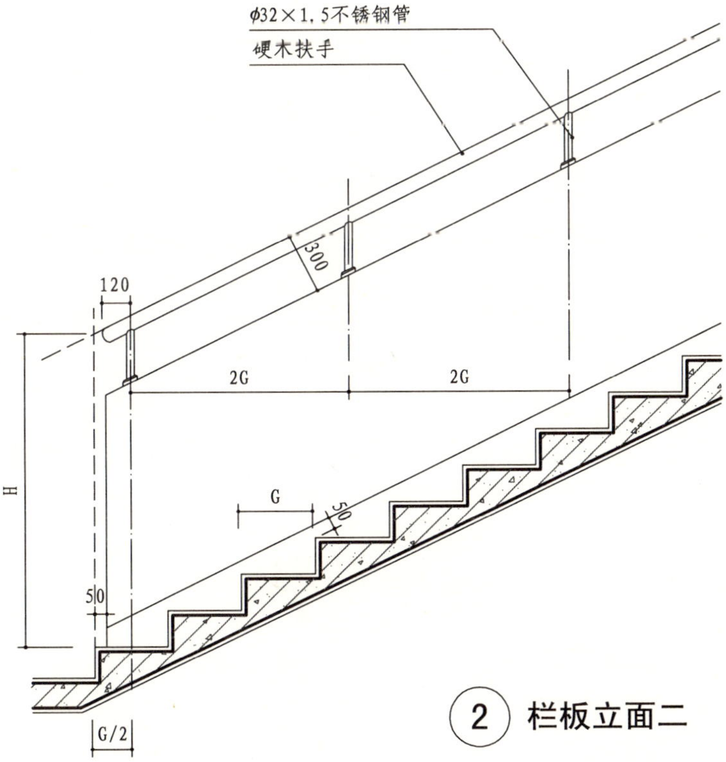

2 栏板立面二

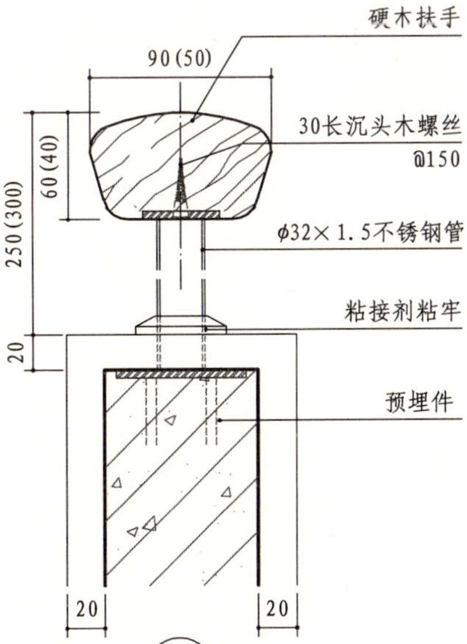

B

Section2
工程实例
栏杆
栏板
组合栏杆（板）

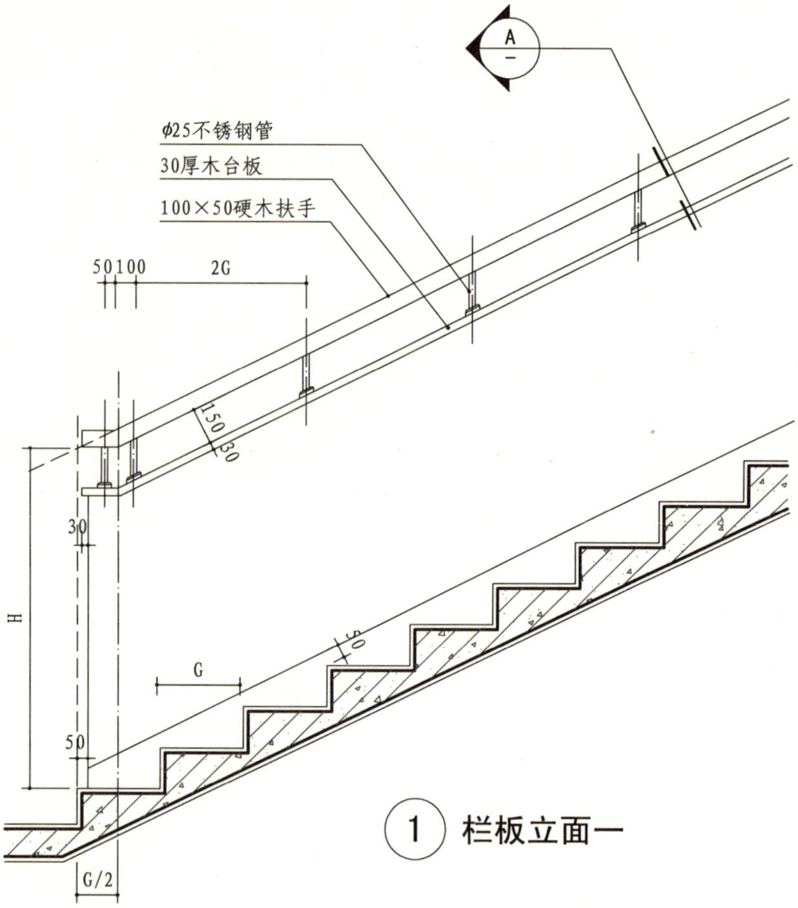

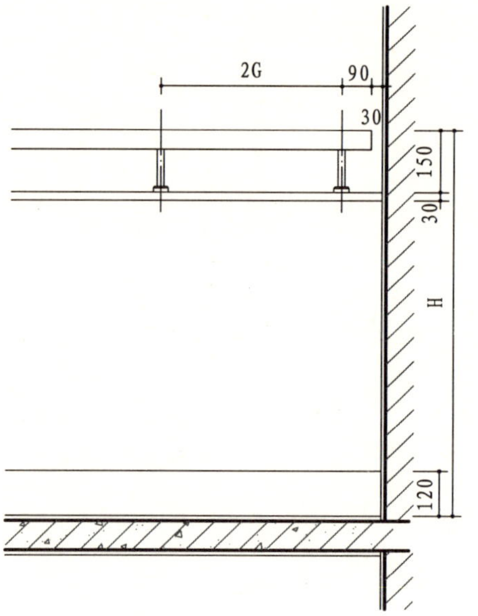

1 栏板立面一

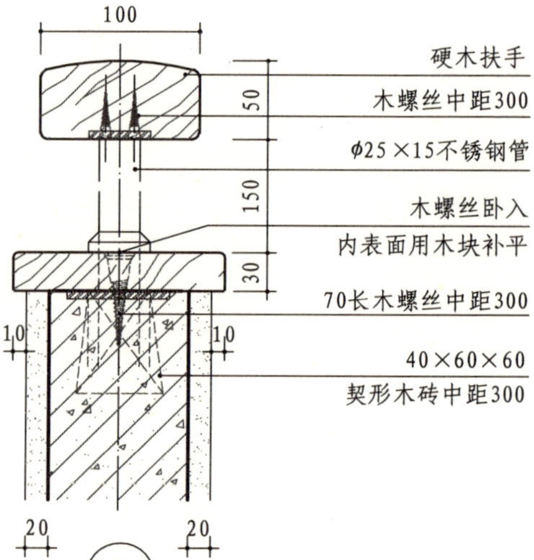

A

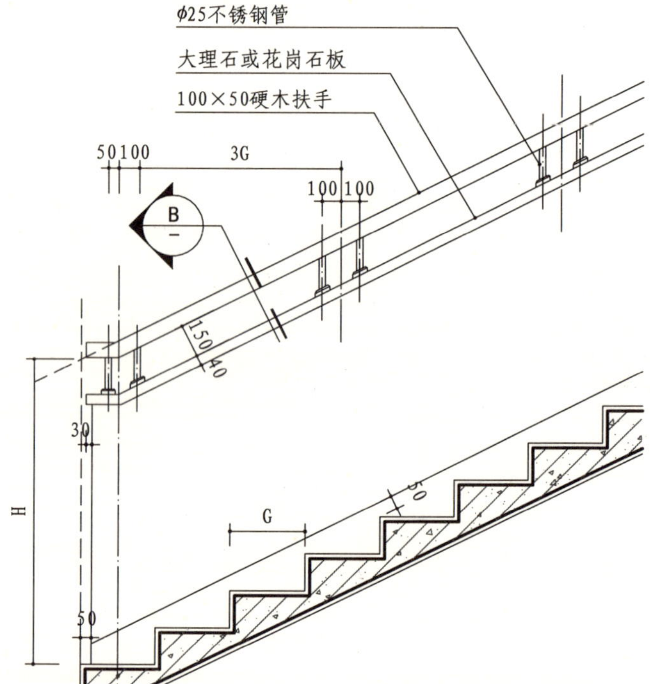

2 栏板立面二

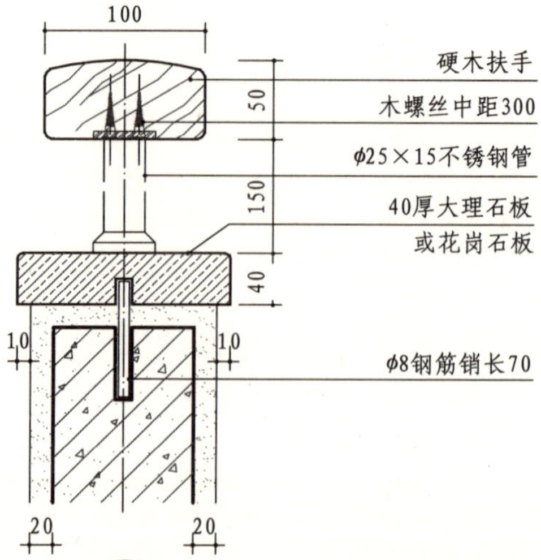

B

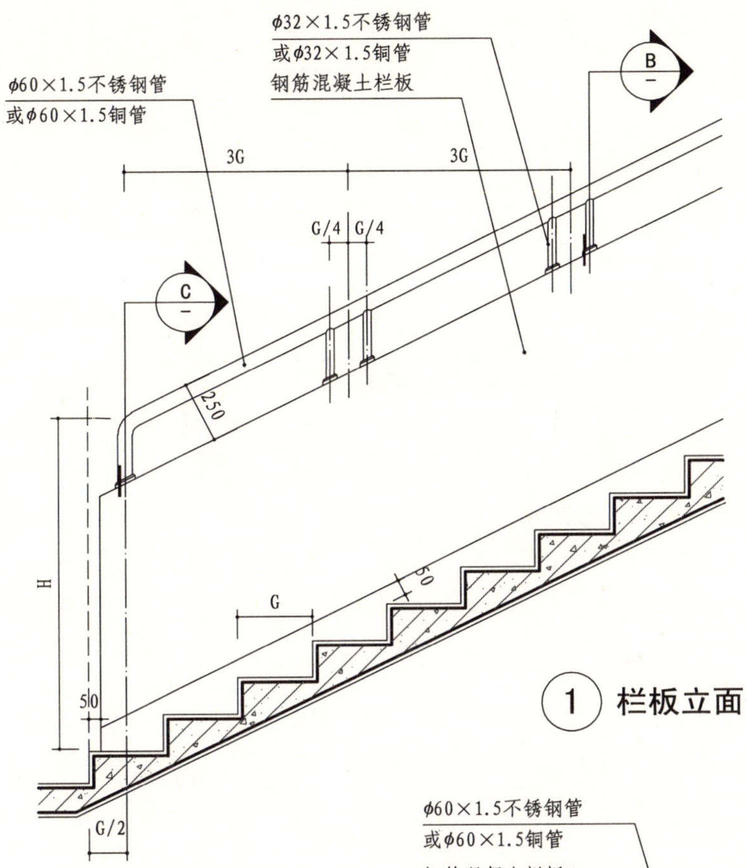

① 栏板立面一

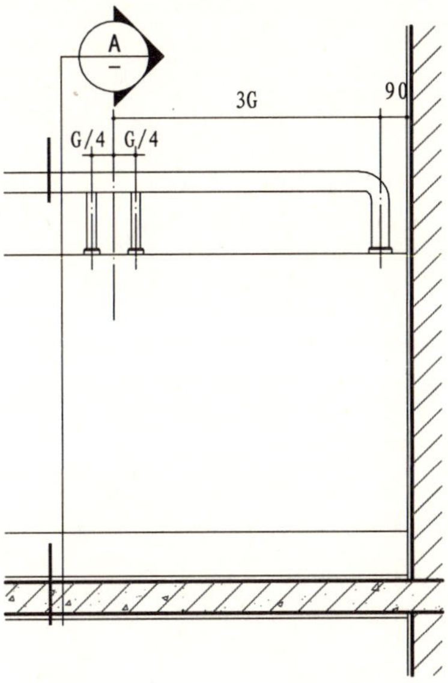

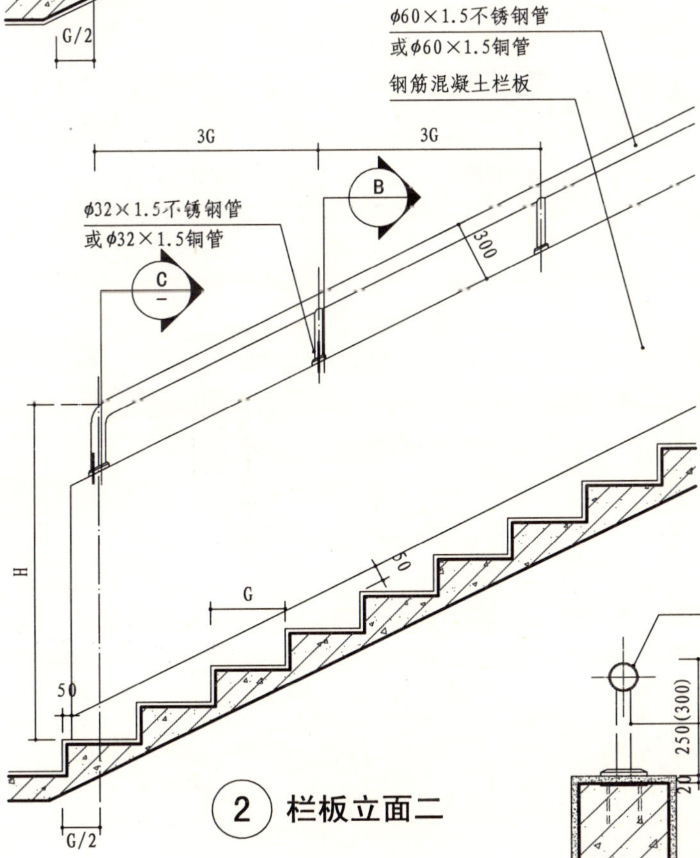

② 栏板立面二

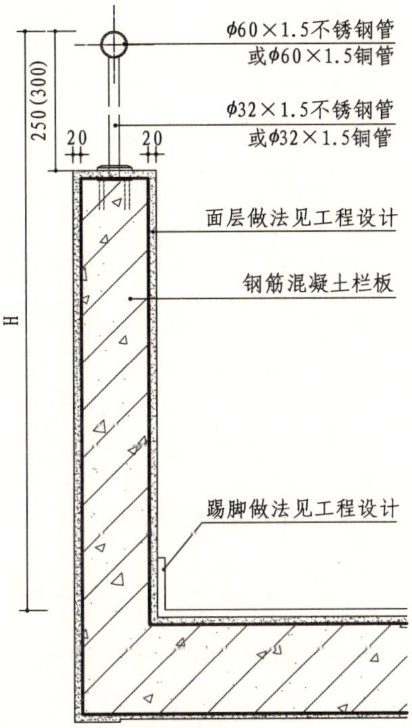

A

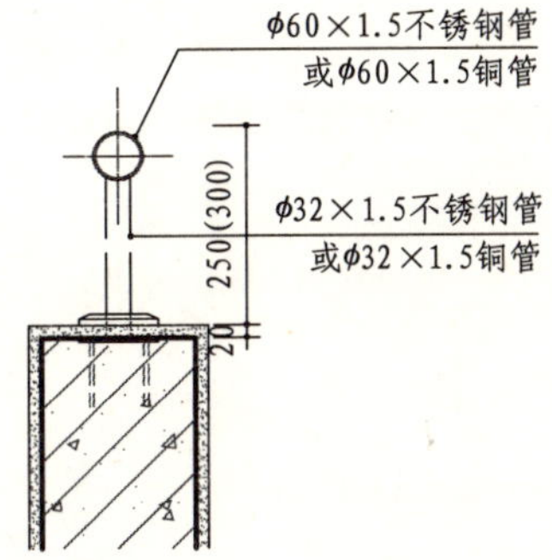

B

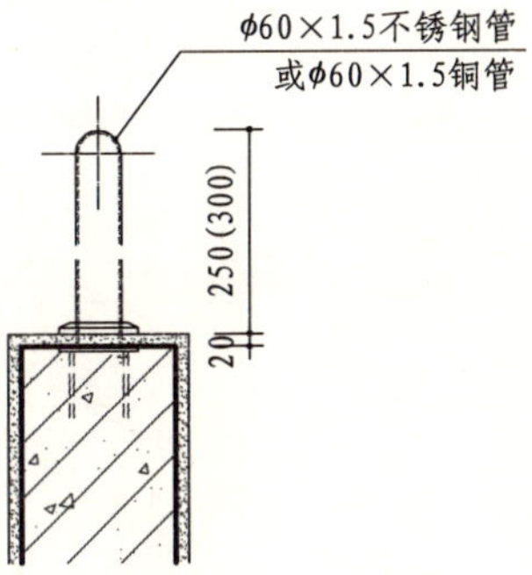

C

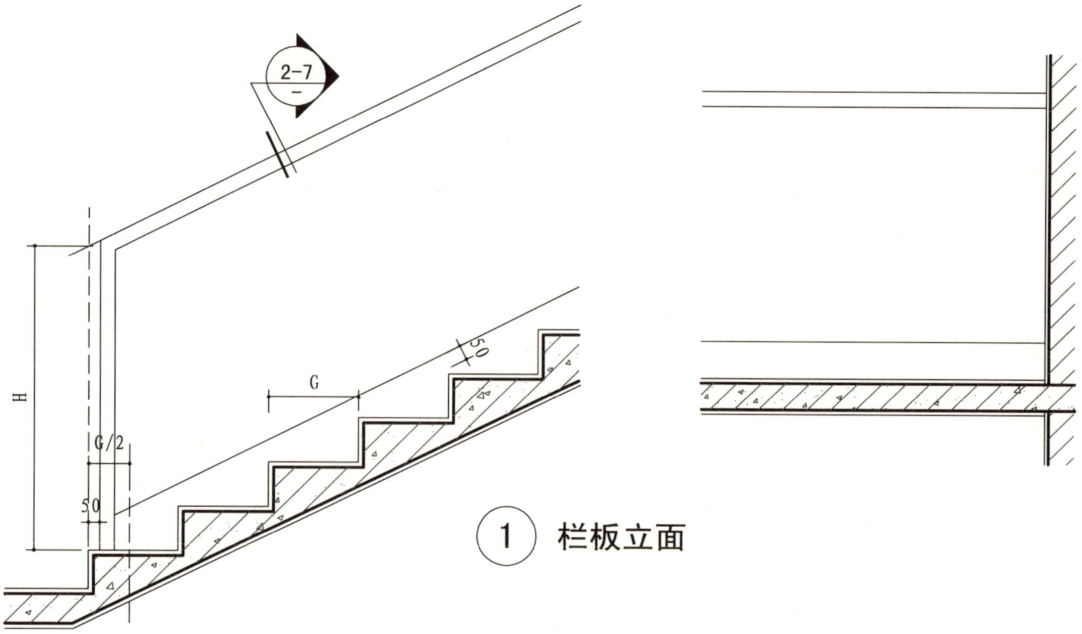

① 栏板立面

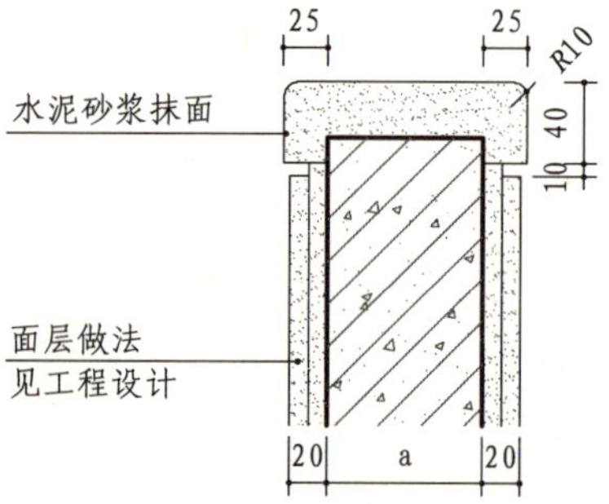

② 水泥砂浆抹面扶手

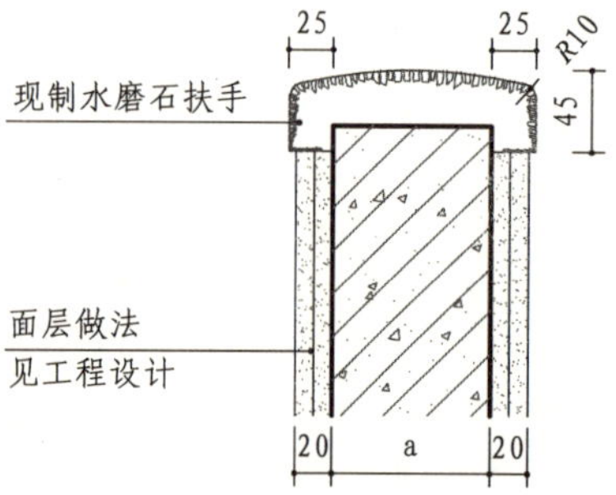

③ 现制水磨石扶手

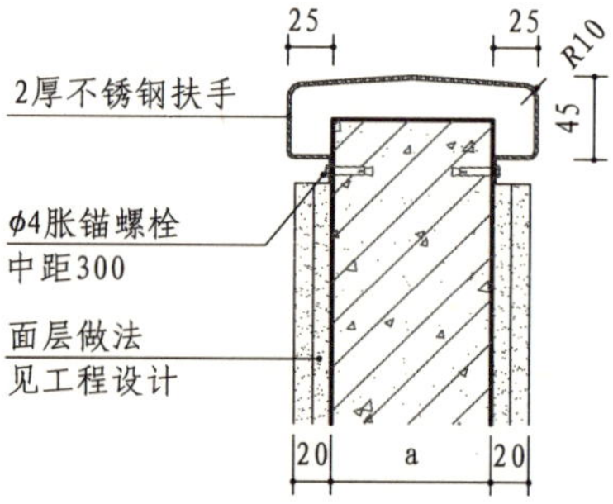

④ 不锈钢扶手

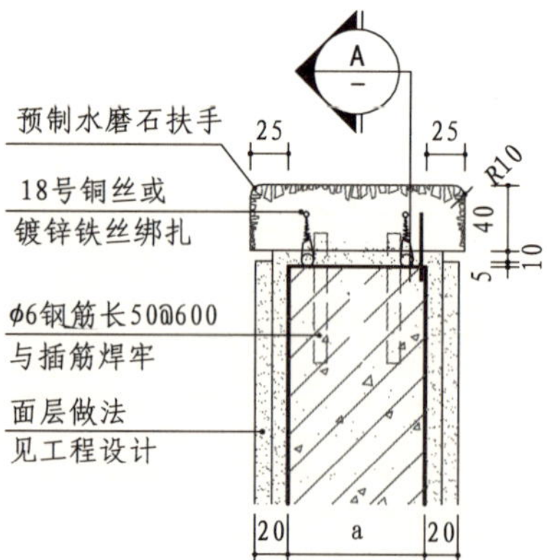

⑤ 预制水磨石扶手

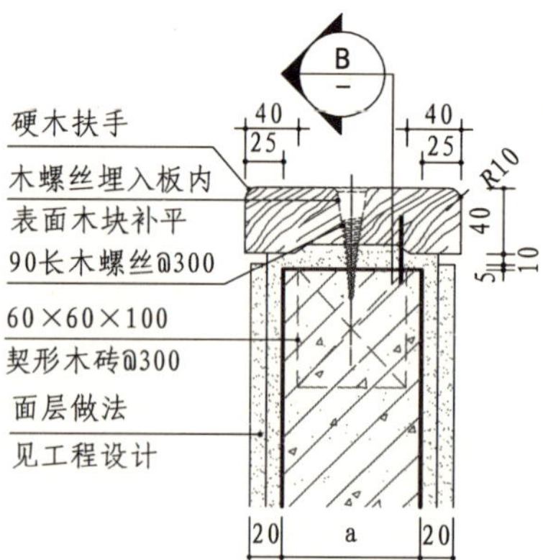

⑥ 硬木扶手

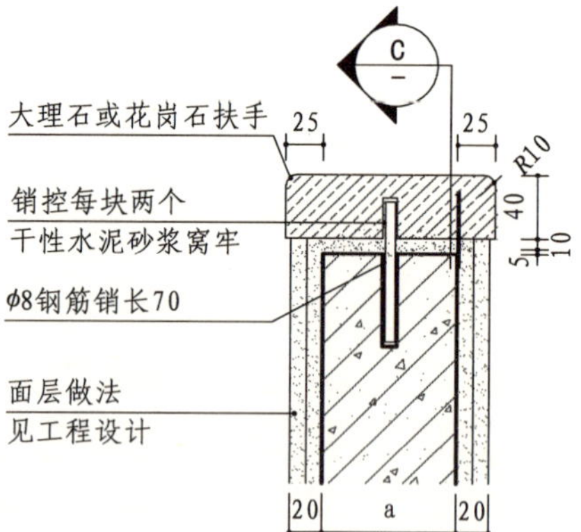

⑦ 大理石或花岗石扶手

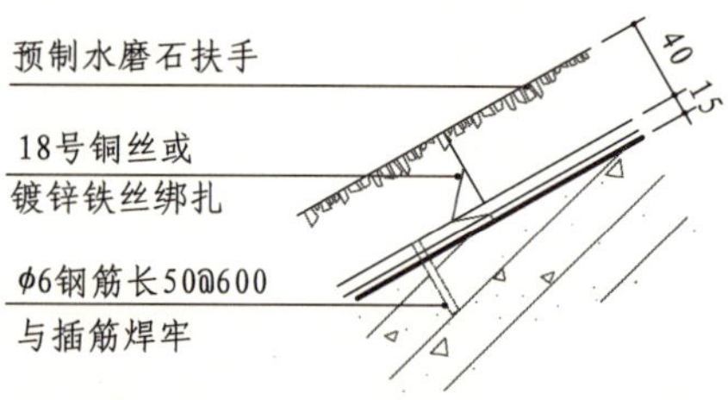

Ⓐ

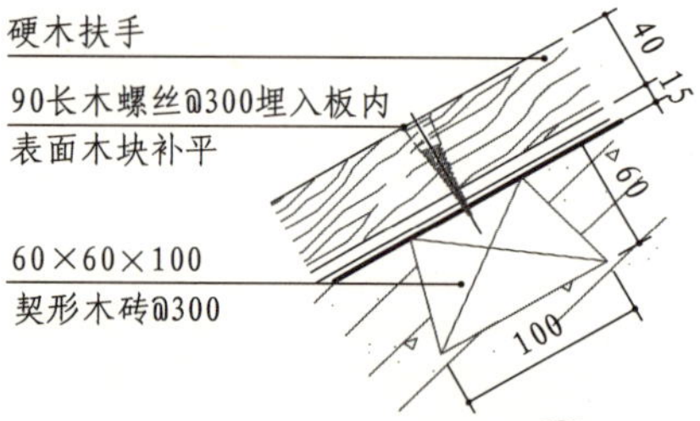

Ⓑ

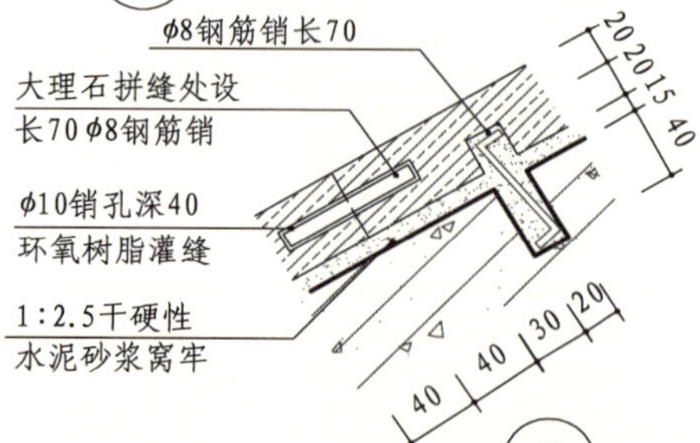

Ⓒ

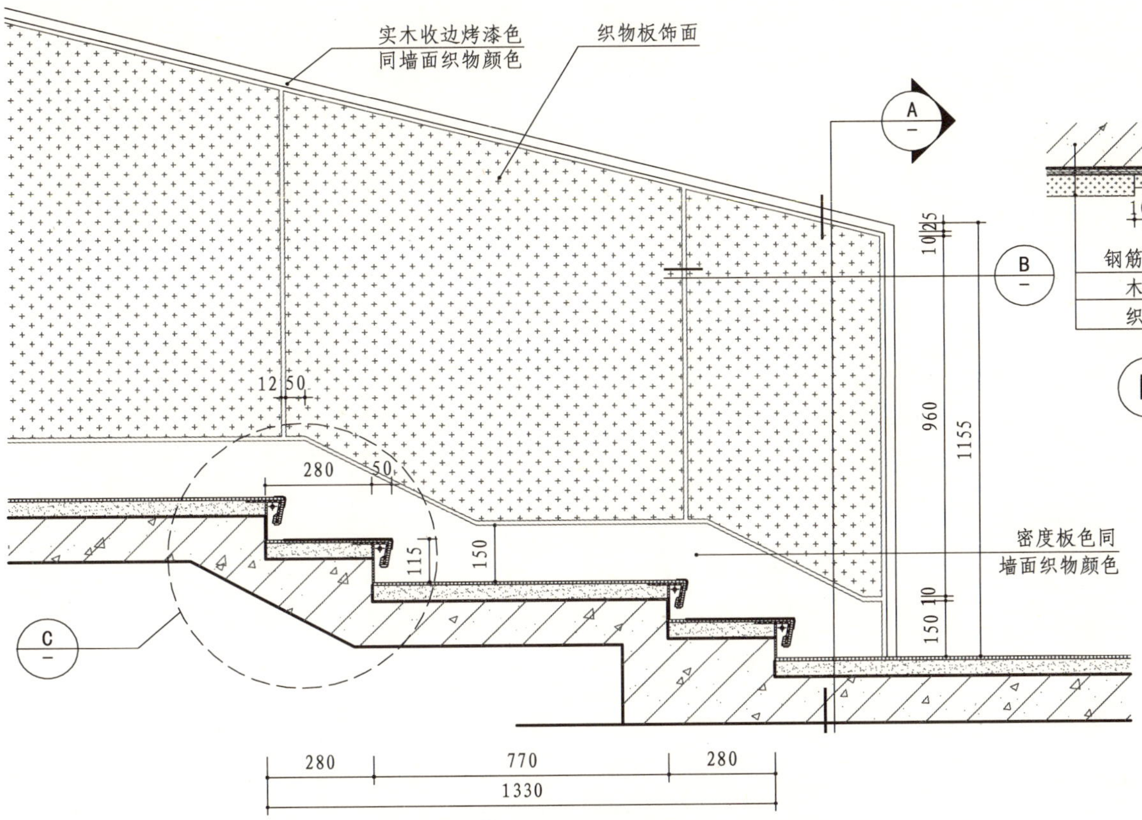

① 木质软包栏板立面图

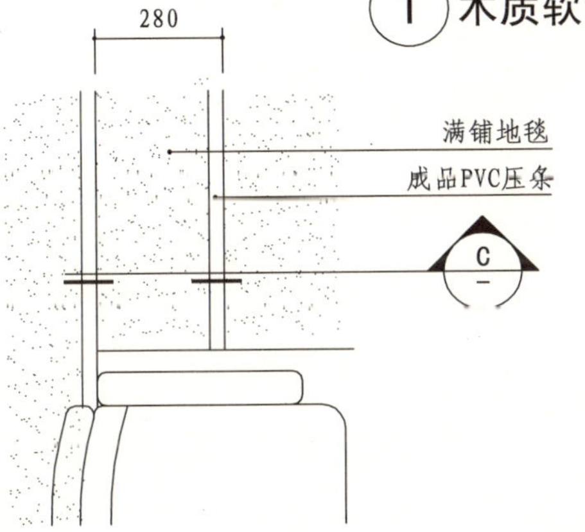

② 踏步平面图

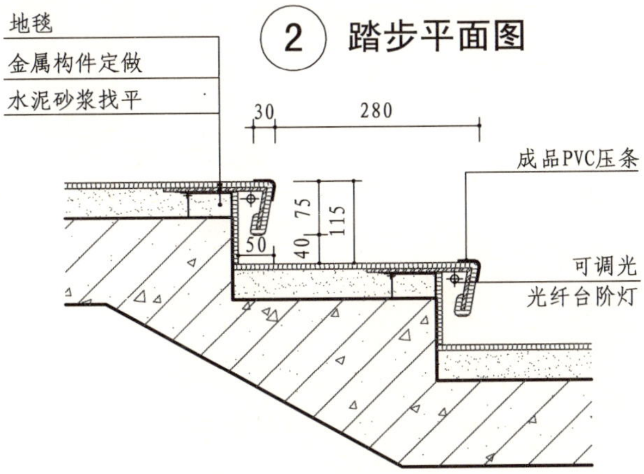

Ⓒ 踏步大样图

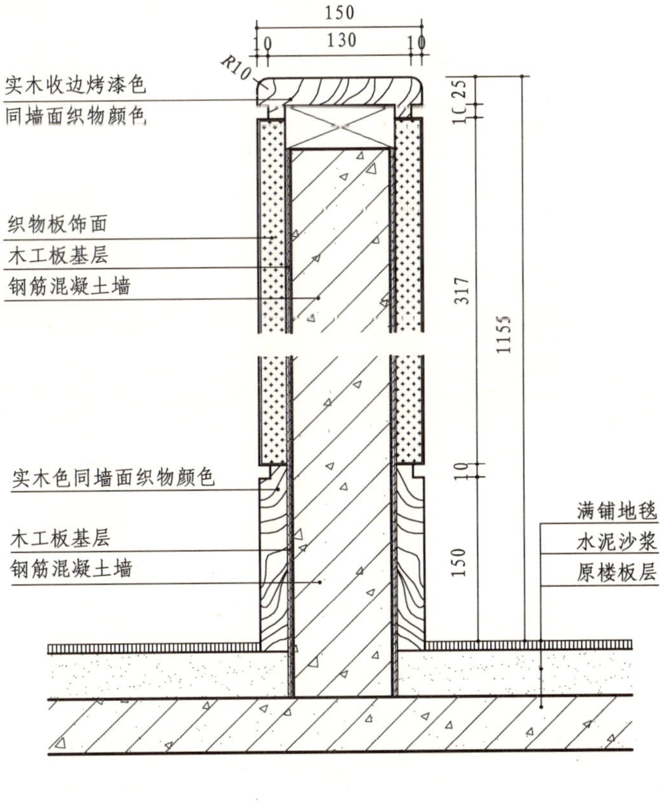

Ⓐ 软包栏板剖面图

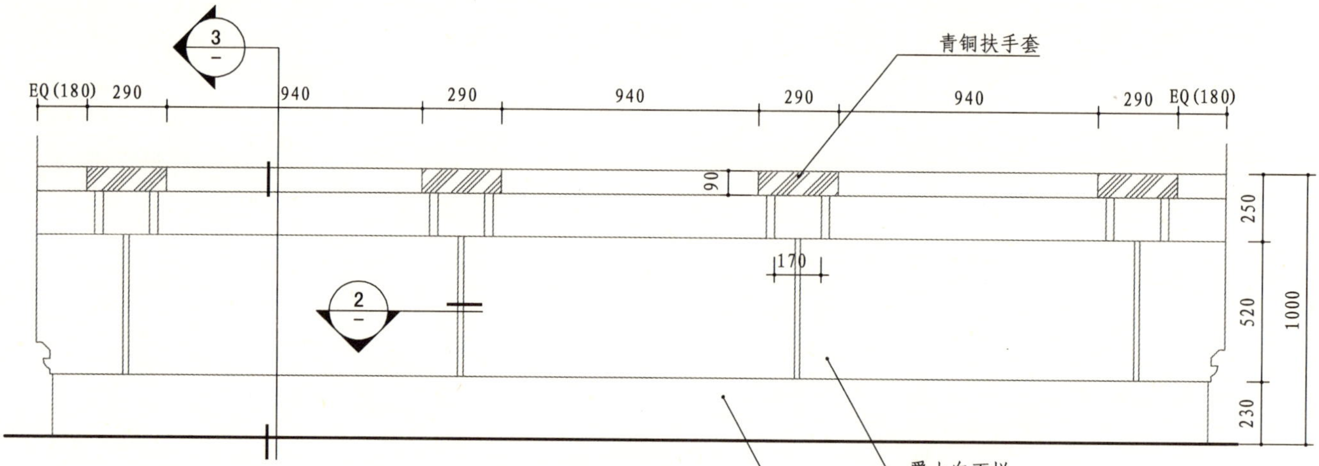
青铜扶手套
EQ(180) 290 940 290 940 290 940 290 EQ(180)
90
170
250
520
1000
230
爵士白石栏
莎安娜米黄板材踢脚

① 栏板立面

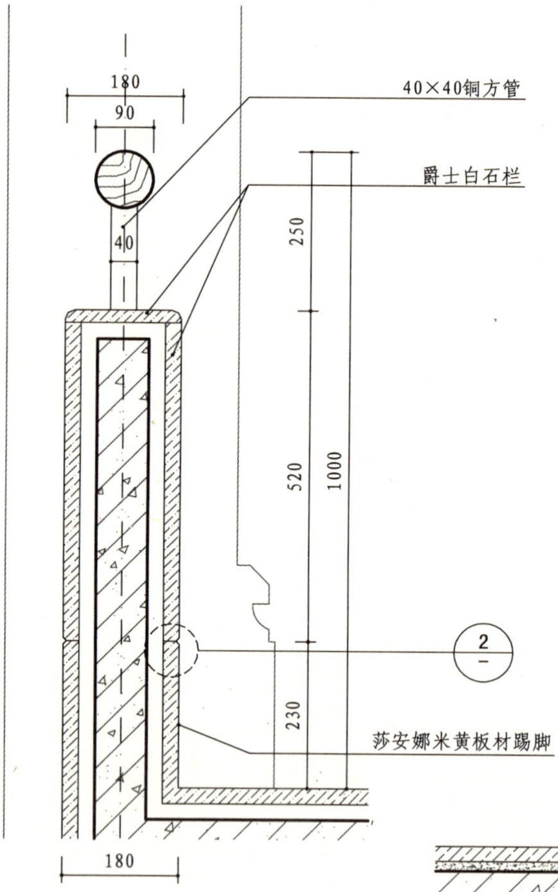
180
90
40×40铜方管
爵士白石栏
40
250
520
1000
230
莎安娜米黄板材踢脚
180

③

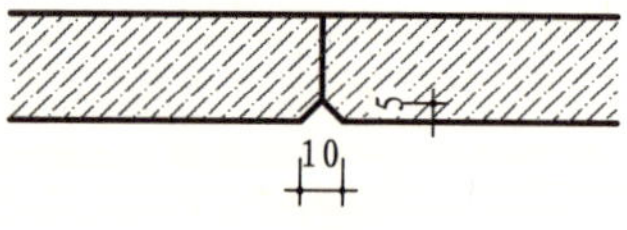
10

②

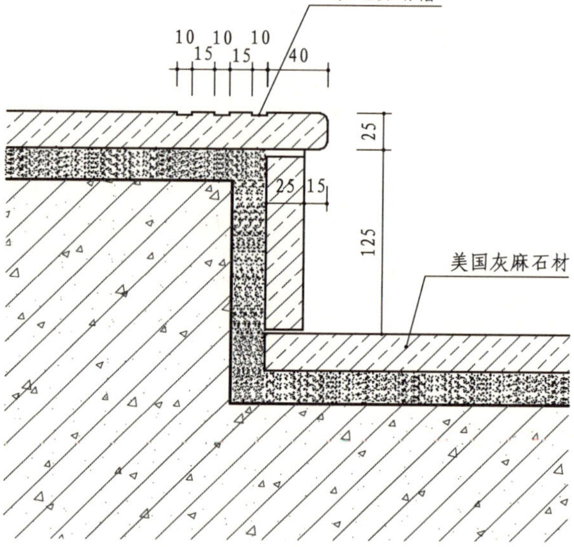
拉毛防滑槽
10 10 10
15 15 40
25
25 15
125
美国灰麻石材

⑤

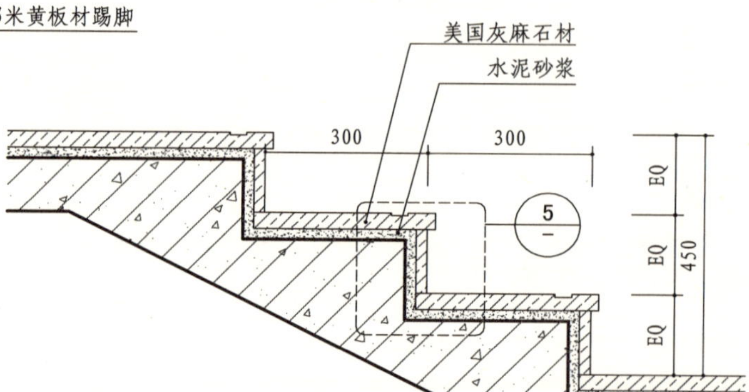
美国灰麻石材
水泥砂浆
300 300
EQ
EQ
EQ
450

④

某大剧院观众厅

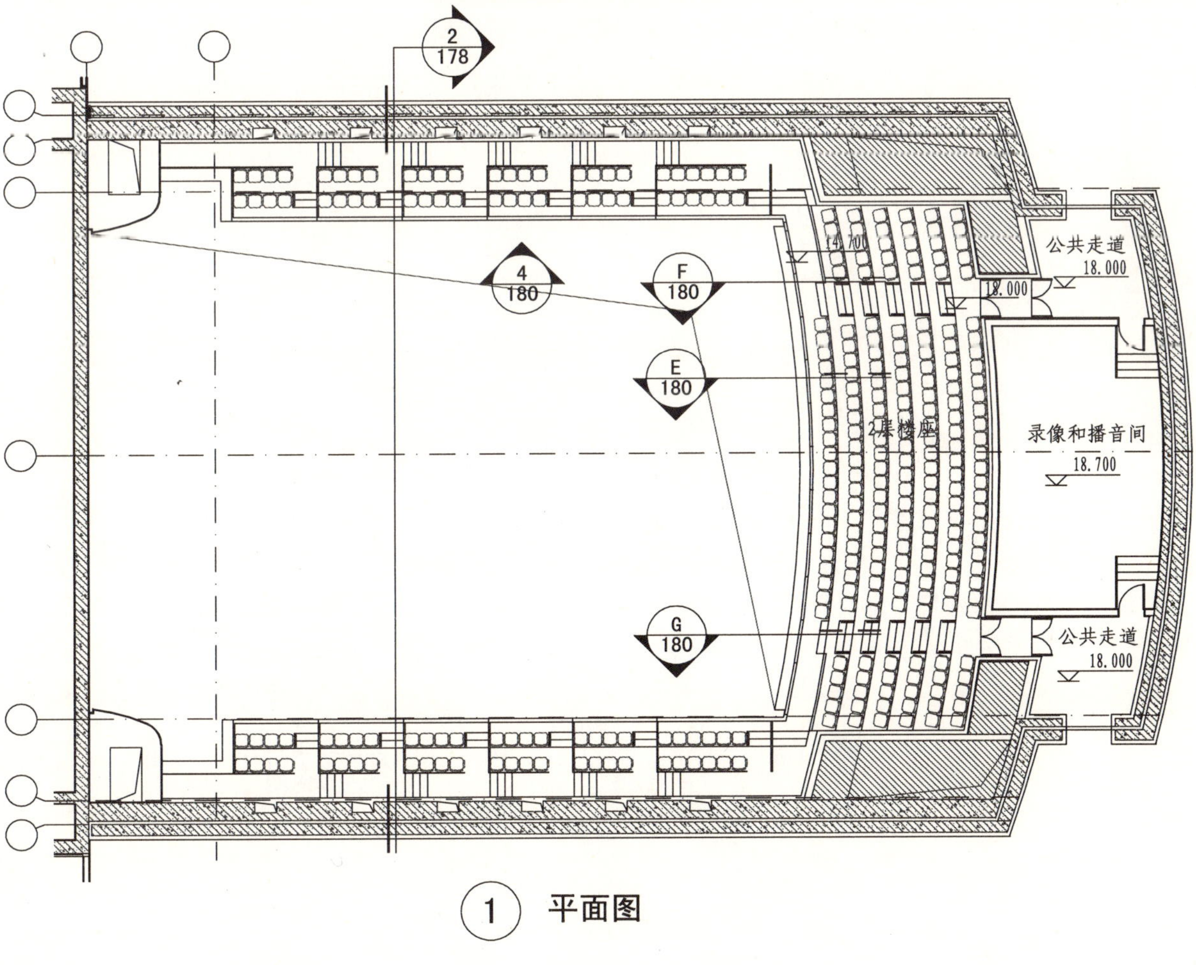

① 平面图

某大剧院观众厅

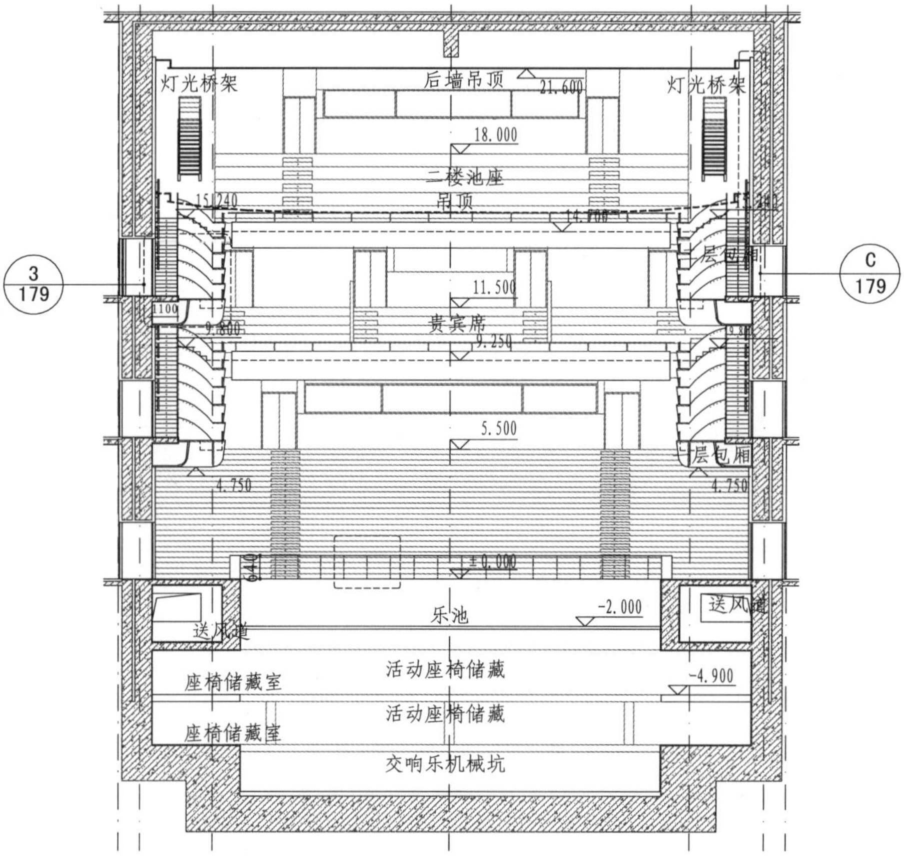

2 剖立面图

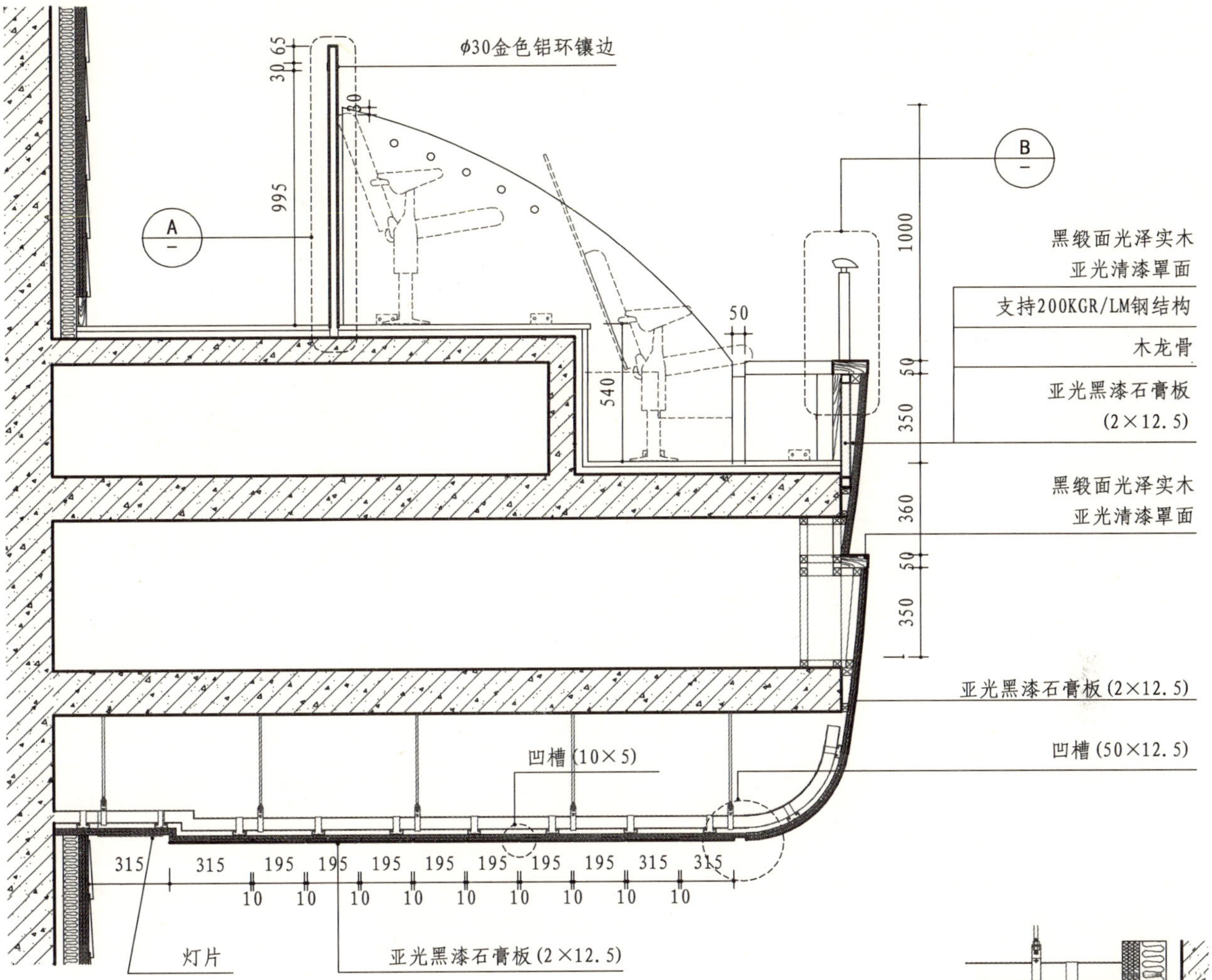

③ 剧场包厢大样图

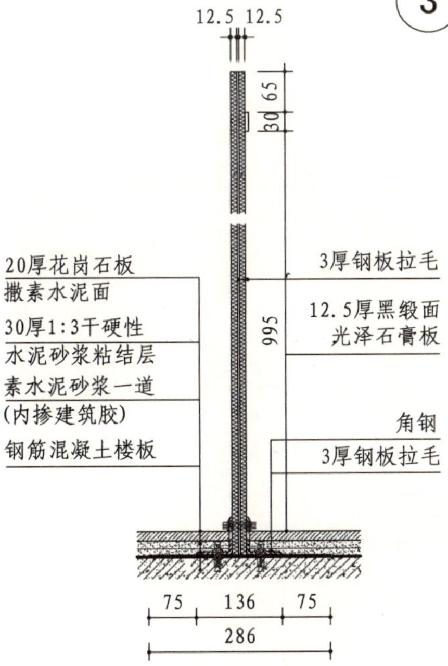

Ⓐ 大样图

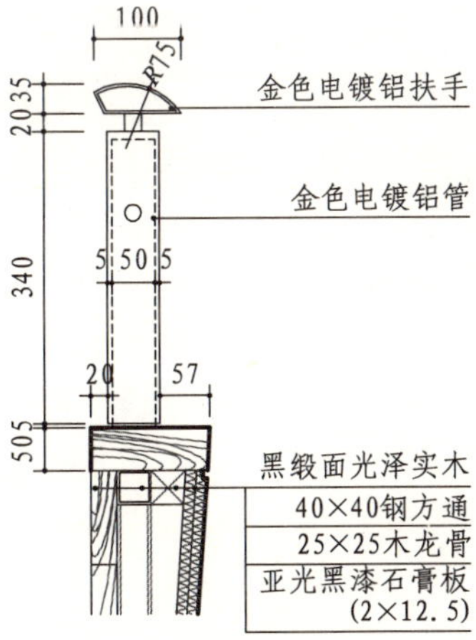

Ⓑ 大样图

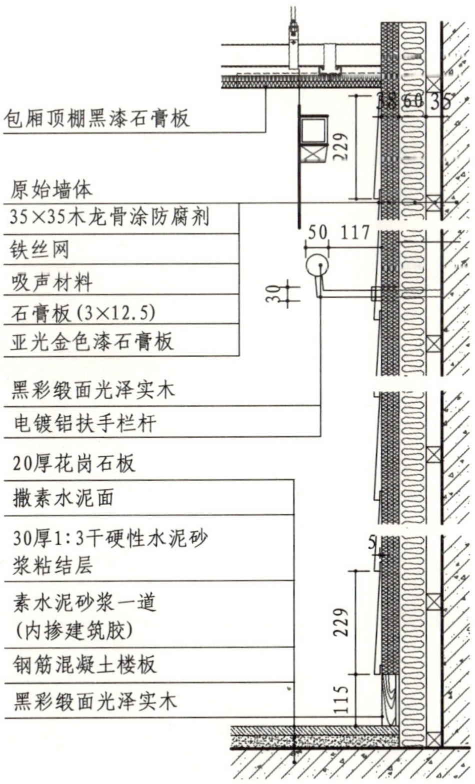

Ⓒ 墙面扶手大样图

Section2
工程实例
栏杆
栏板
组合栏杆（板）

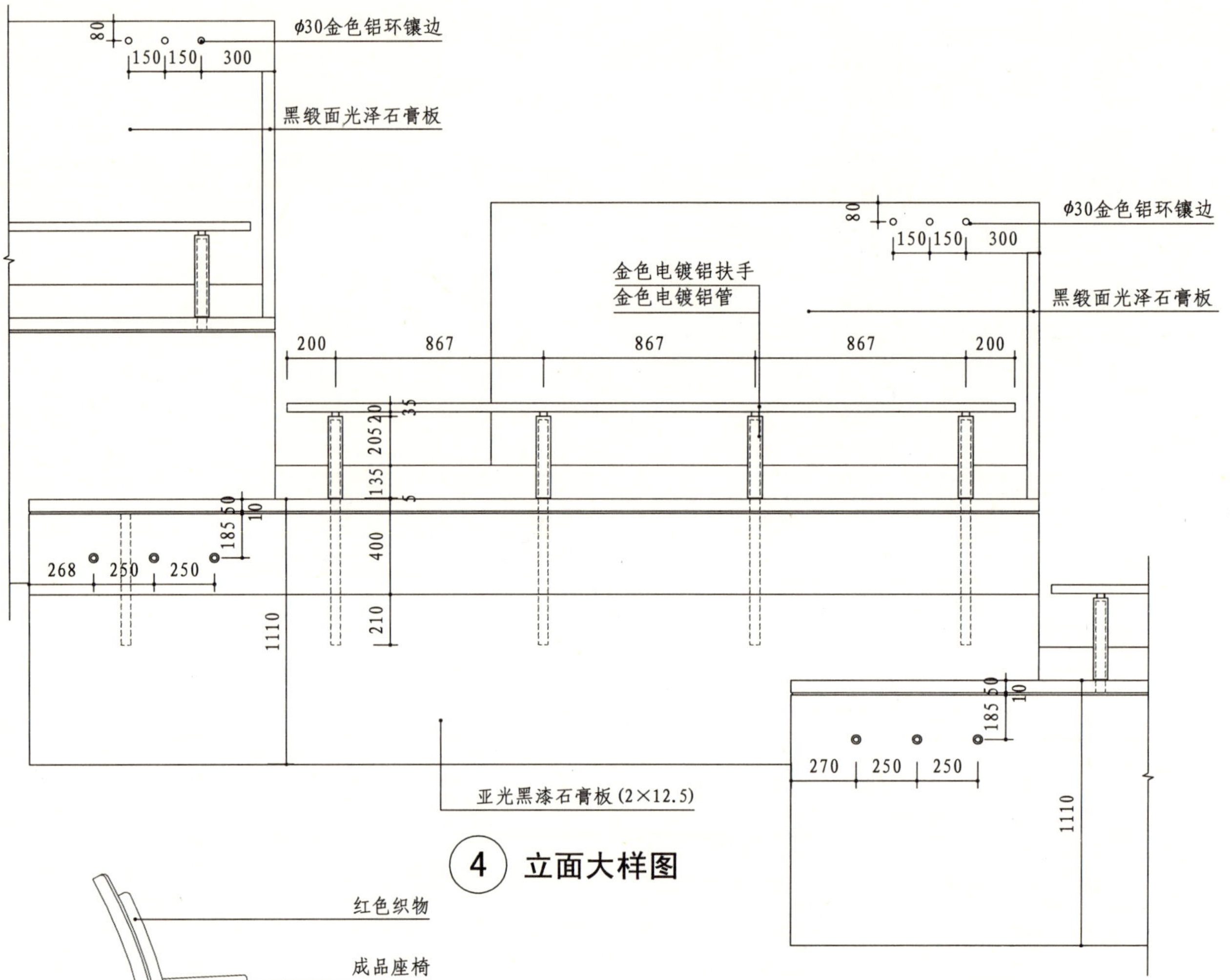

4 立面大样图

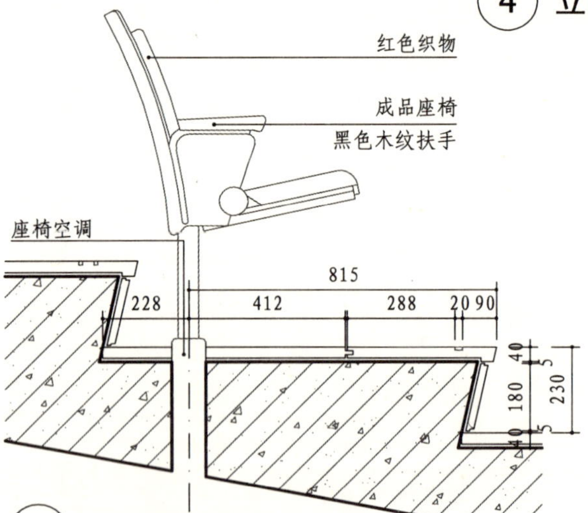

D 剧场楼座踏步大样图

备注：空调必须通过座椅发散，
座椅设计须支持

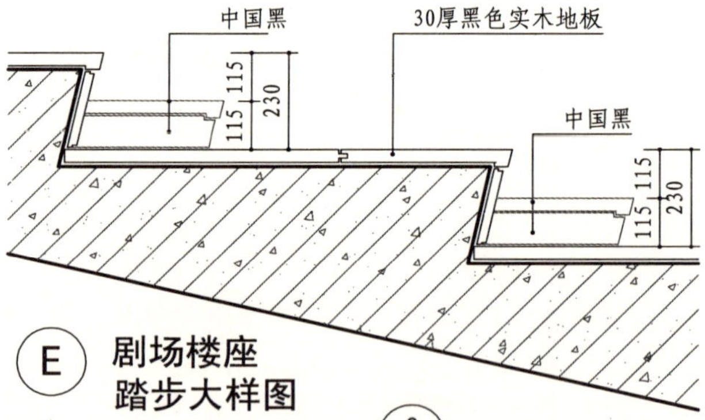

E 剧场楼座踏步大样图

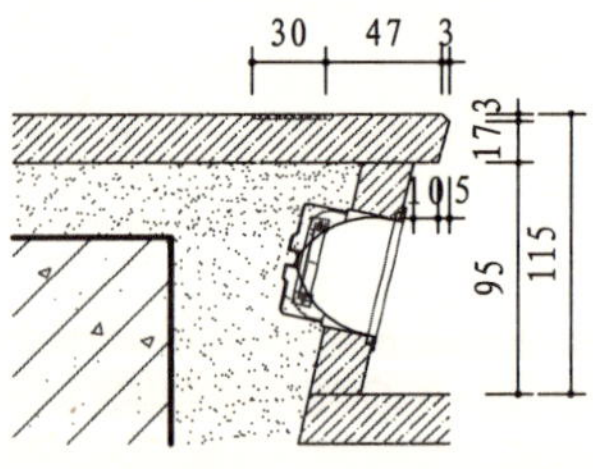

G

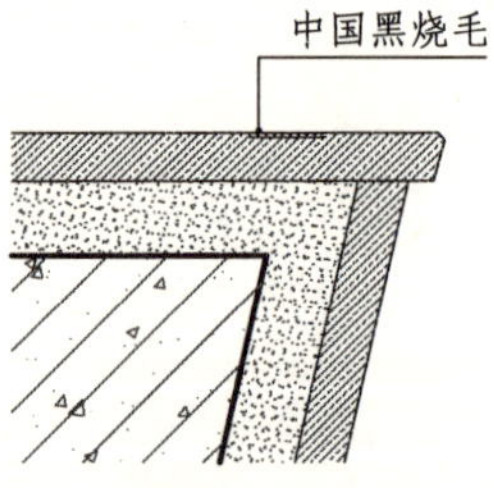

H

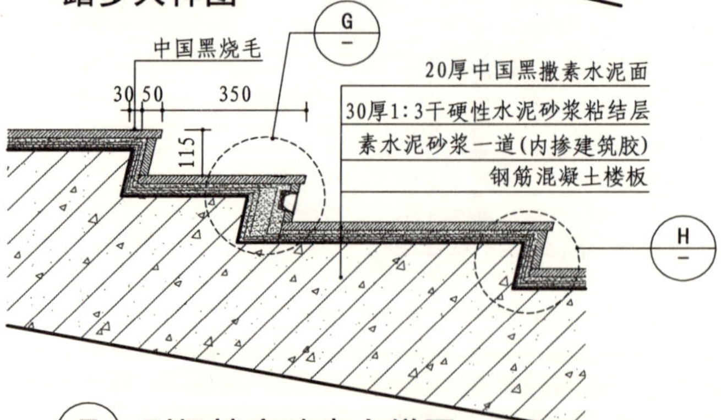

F 剧场楼座踏步大样图

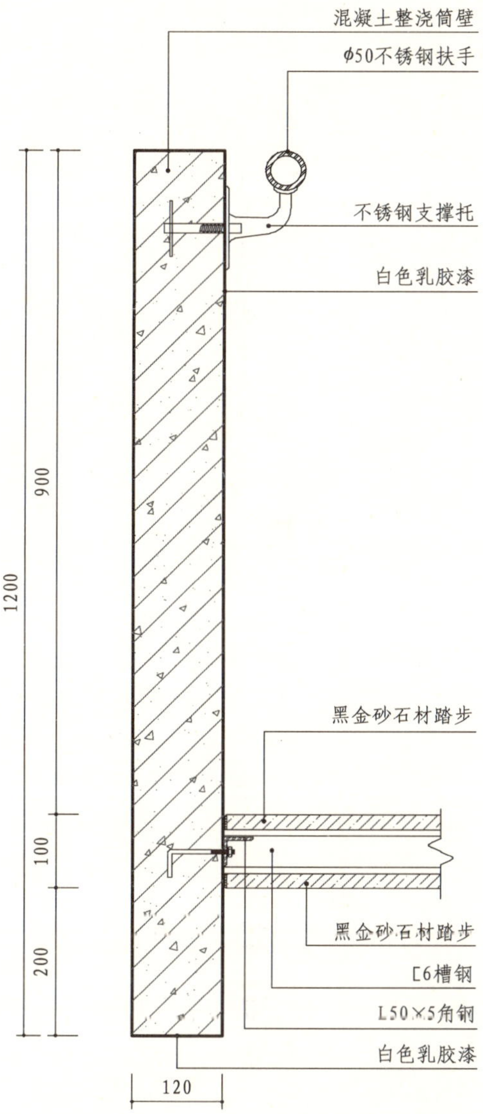

③ 楼梯扶手剖面图

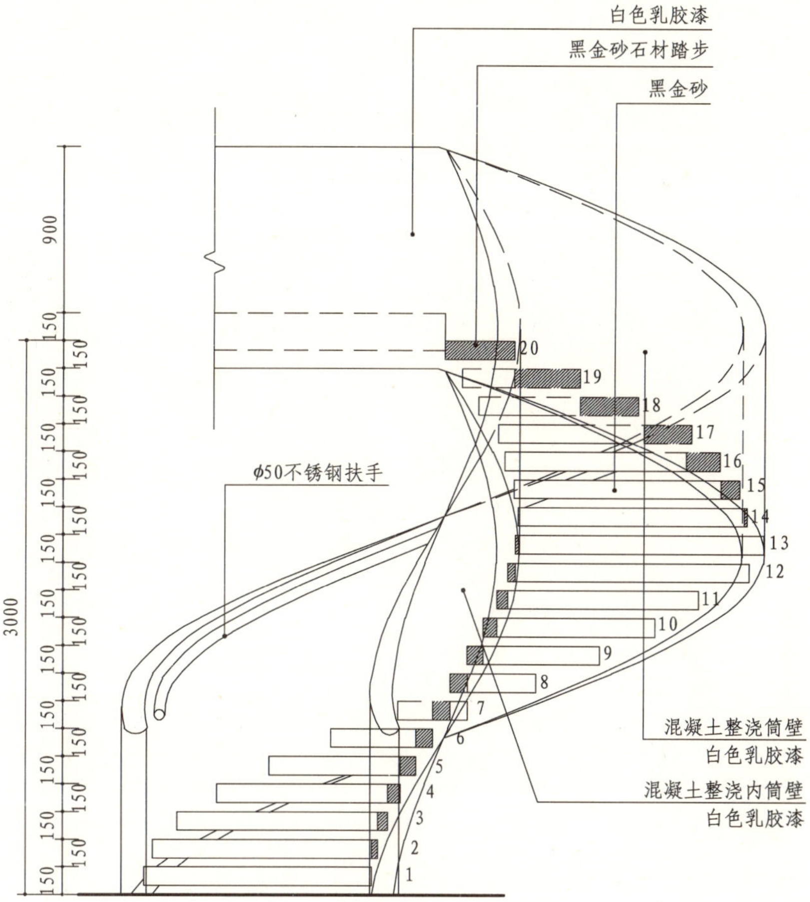

② 立面图

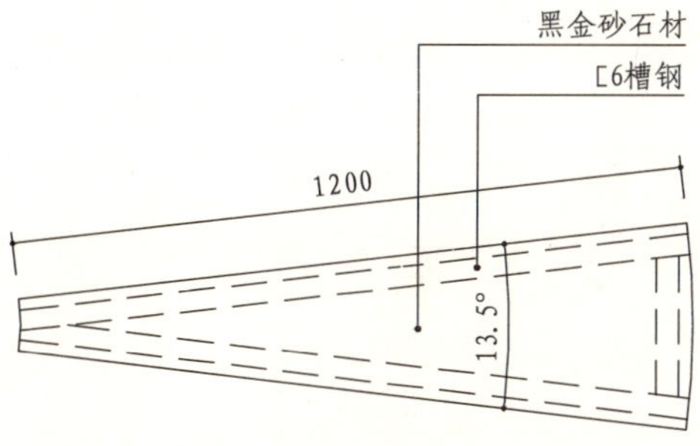

④ 踏步大样图

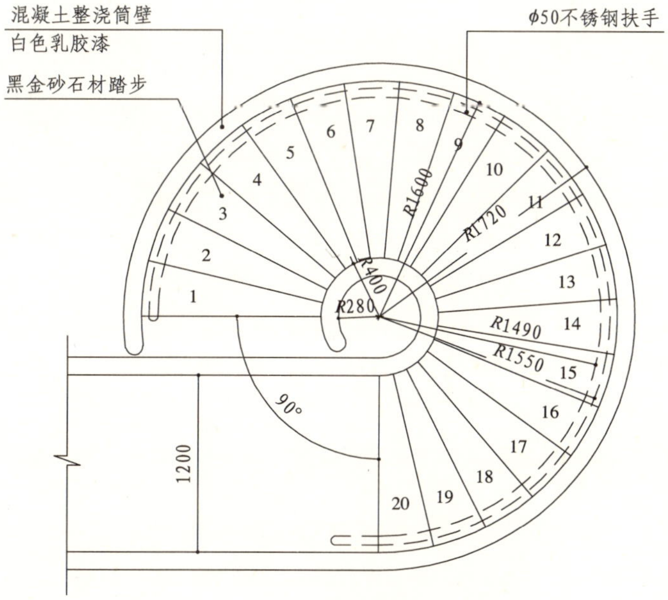

① 平面图

第三节　组合栏杆（板）

一、产品材质及选用

常用不锈钢化学成分，非铸造件符合 ASTM A276-08a、ASTM A269-07、ASTM A666-03；铸造件符合 ASTM A743/A743M-06 的相关要求，常用原材料材质如下：

· 热轧板、冷轧板、装饰管以 316L、304 为主；

· 工业钢管（无缝钢管）以 TP316L、304 为主；

· 不锈钢棒以 316、304 为主；

· 铸造件以 CF8M、CF8 为主。

材质采用优质的奥氏体不锈钢，有力保证了产品的耐高温、耐腐蚀、抗氧化性能良好的特点。

二、产品类型

<table>
<tr><td rowspan="23">护栏产品</td><td colspan="2" rowspan="12">护栏立柱系列</td><td rowspan="6">玻璃护栏立柱</td><td colspan="2">圆管立柱（BY）</td><td rowspan="6">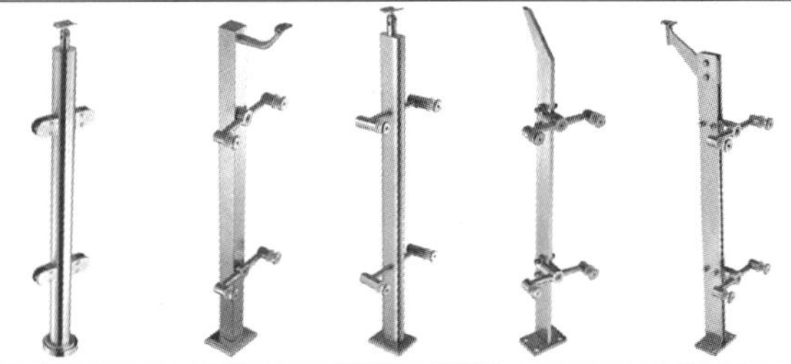</td></tr>
<tr><td colspan="2">方管立柱（BF）</td></tr>
<tr><td colspan="2">矩形管立柱（BJ）</td></tr>
<tr><td colspan="2">平椭圆管立柱（BP）</td></tr>
<tr><td colspan="2">单板立柱（BD）</td></tr>
<tr><td colspan="2">双板立柱（BS）</td></tr>
<tr><td rowspan="6">杆件护栏立柱</td><td colspan="2">圆管立柱（GY）</td><td rowspan="6"></td></tr>
<tr><td colspan="2">方管立柱（GF）</td></tr>
<tr><td colspan="2">矩形管立柱（GJ）</td></tr>
<tr><td colspan="2">平椭圆管立柱（GP）</td></tr>
<tr><td colspan="2">单板立柱（GD）</td></tr>
<tr><td colspan="2">双板立柱（GS）</td></tr>
<tr><td colspan="2" rowspan="9">玻璃隔断系列</td><td rowspan="7">玻璃隔断立柱</td><td colspan="2">圆管立柱（DY）</td><td rowspan="7">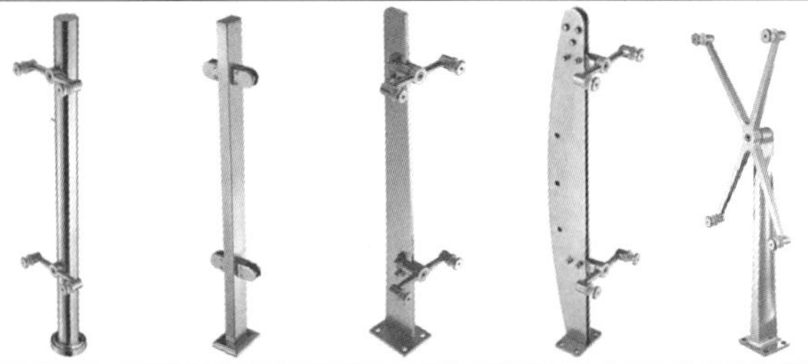</td></tr>
<tr><td colspan="2">方管立柱（DF）</td></tr>
<tr><td colspan="2">矩形管立柱（DJ）</td></tr>
<tr><td colspan="2">平椭圆管立柱（DP）</td></tr>
<tr><td colspan="2">单板立柱（DD）</td></tr>
<tr><td colspan="2">双板立柱（DS）</td></tr>
<tr><td colspan="2">铸造立柱（DZ）</td></tr>
<tr><td colspan="2" rowspan="2">玻璃隔断支撑件（YM）</td><td>正装型</td><td rowspan="2">
侧装型　正装型</td></tr>
<tr><td>侧装型</td></tr>
<tr><td rowspan="2">立柱配件</td><td rowspan="2">玻璃夹具</td><td colspan="3">夹持型玻璃夹 (B)</td><td rowspan="2">
夹持型　承托型</td></tr>
<tr><td colspan="3">承托型玻璃夹 (CB)</td></tr>
</table>

续表

护栏产品	立柱配件	驳接爪件	点接型驳接爪件 (T)	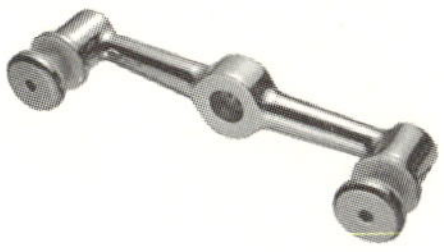 点接型  肋用型
			肋用型驳接爪件 (LT)	
	扶手配件	扶手支撑件	装玻璃型 (ZCF)	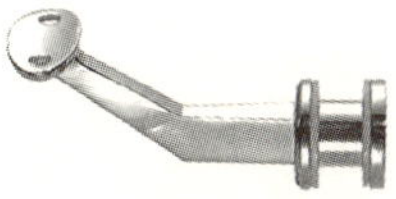 装玻璃型 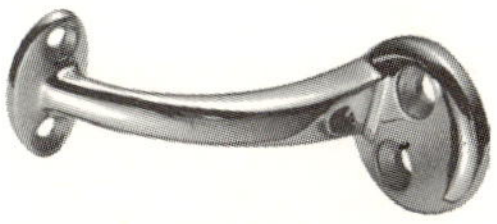 装墙壁型
			装墙壁型 (ZCF)	
		扶手连接件	弯头 (L JW)	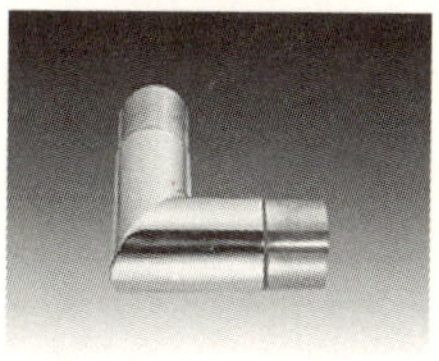 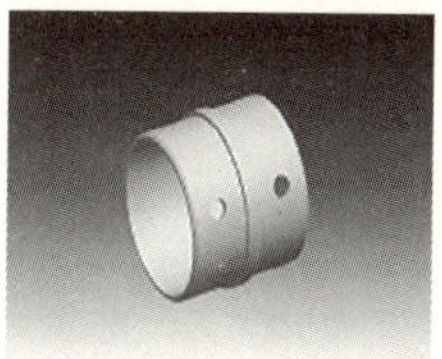
			封口盖 (L JK)	
			连接套 (L JL)	
			3 通 (L JS)	
			4 通 (L JF)	
			装饰盖 (L JZ)	
			固定座 (L JG)	
	组合楼梯配件		N01 系列	 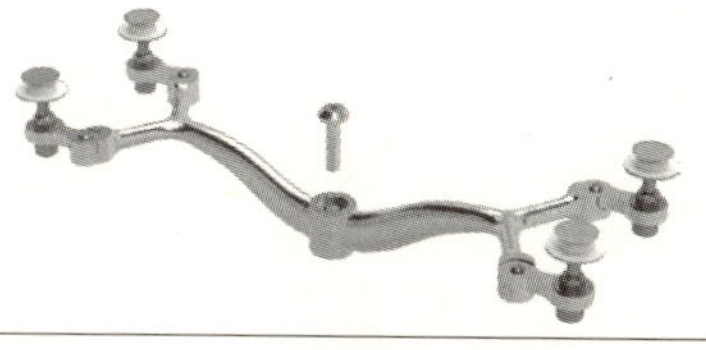
护栏产品			N02 系列	 
			N03 系列	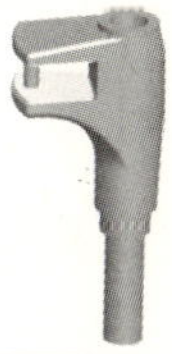 
	细索配件			  
	钣金产品			 

三、产品表面处理

镜光、亚光、拉丝、喷砂处理。

四、质量控制标准

五金全面按照质量管理体系进行质量控制，并要求通过英国 BSI 公司的 ISO9001 认证。

五、品质检验控制

1. 原材料均须先进的光谱分析仪复验；
2. 铸造件浇铸均进行炉前化验分析；
3. 铸造件每件都经过 X 射线探伤检查和物理力学性能试验；
4. 依据楼梯栏杆、护栏规范做立柱抗倾覆力学试验。

六、工程实例

1. 适用景观范围：

市政建设

景观维护

阳台护栏

楼梯护栏

中庭护栏

连桥护栏

幕墙隔离护栏

桥梁护栏

通道隔离护栏

景观维护护栏

室内装饰

雨篷（立柱侧装）

楼梯护栏

侧装平台、楼梯隔断

正装通道隔离

2. 其他产品工程：

七、工程实例（P_{189}—P_{255}）

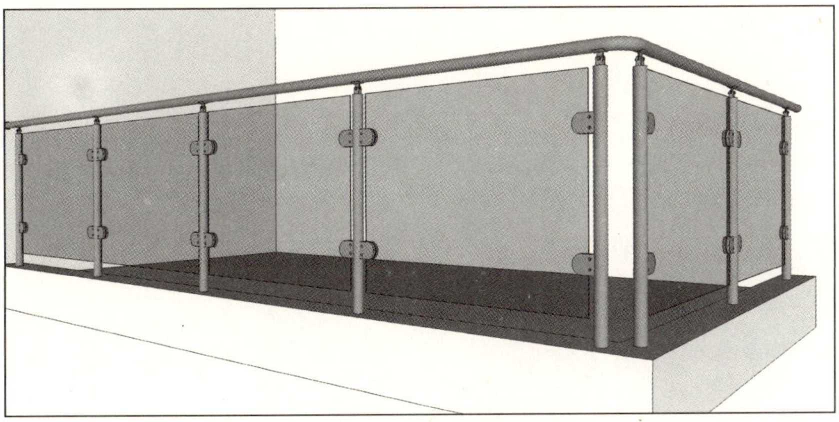

护栏立柱正装玻璃夹系列

平台安装技术要求：
此护栏栏杆适用于室外阳台及平台上，此时立柱固定方式应采取底板与预埋件固定。扶手支撑头为可调式的，所以也适合于楼梯等有坡度的场合。若用膨胀螺栓连接，则膨胀螺栓一定要伸到建筑结构层内。
注：本图资料由广东坚朗提供。

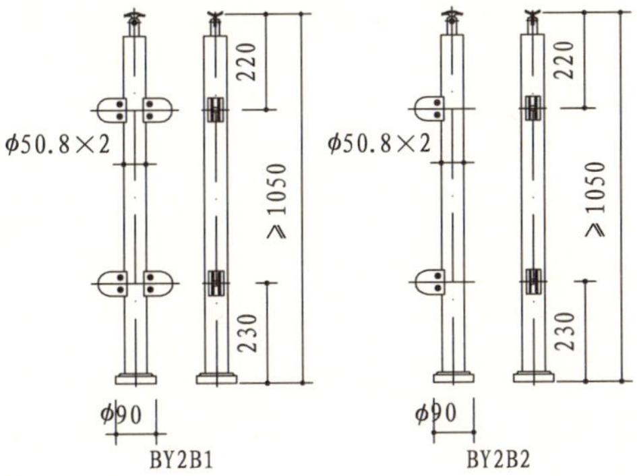

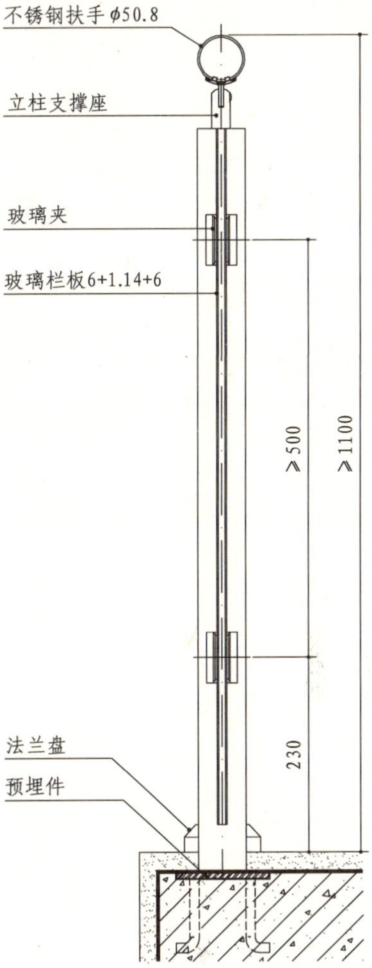

③ 2-2剖面图

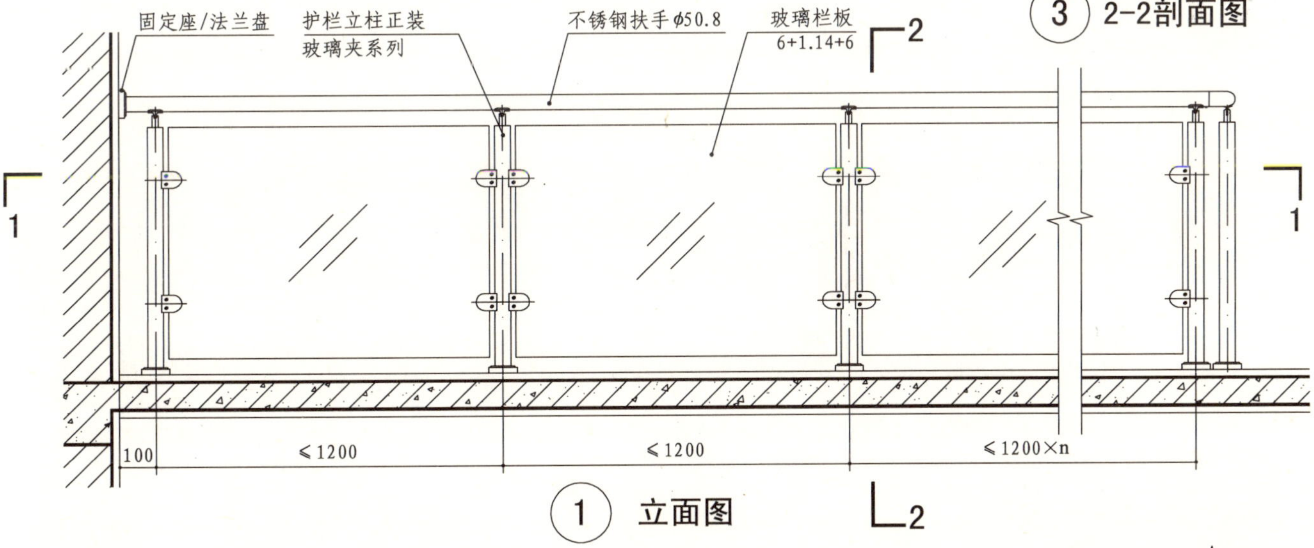

① 立面图

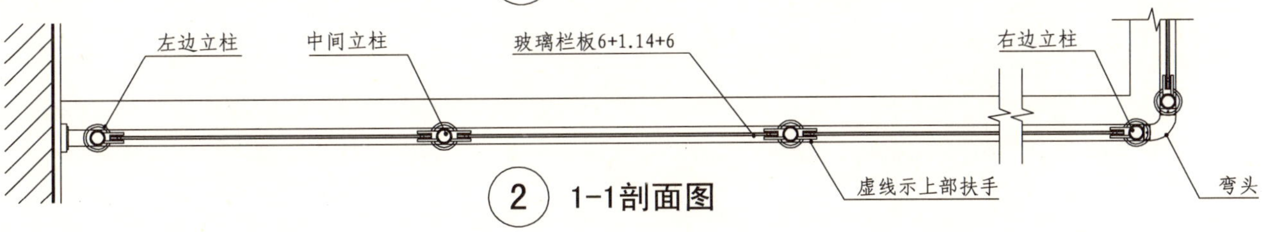

② 1-1剖面图

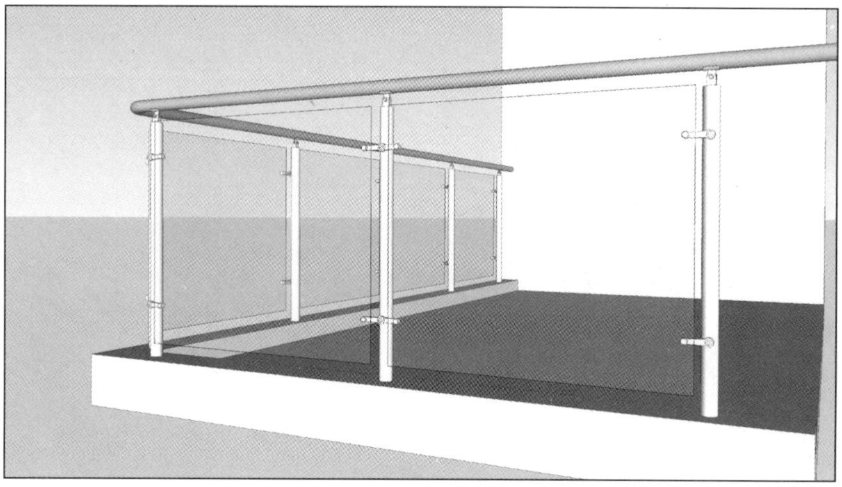

护栏立柱正装爪件系列

平台安装技术要求：
此护栏栏杆适用于室外阳台及平台上，可夹持较厚的玻璃，此时立柱固定方式应采取底板与预埋件固定。扶手支撑头为可调式的，所以也适合于楼梯等有坡度的场合，若用膨胀螺栓连接，则膨胀螺栓一定要伸到建筑结构层内。
注：本图资料由广东坚朗提供。

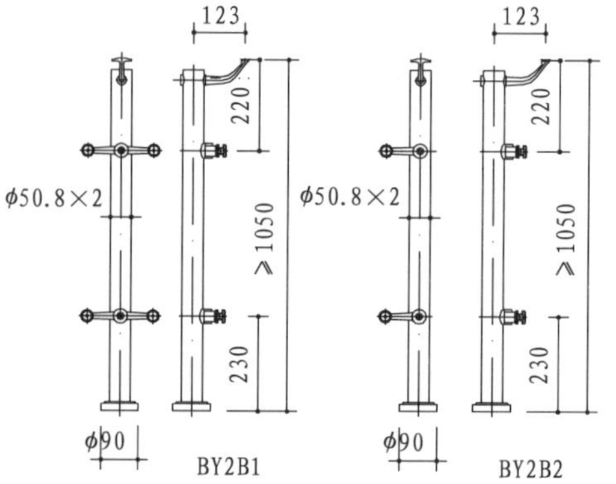

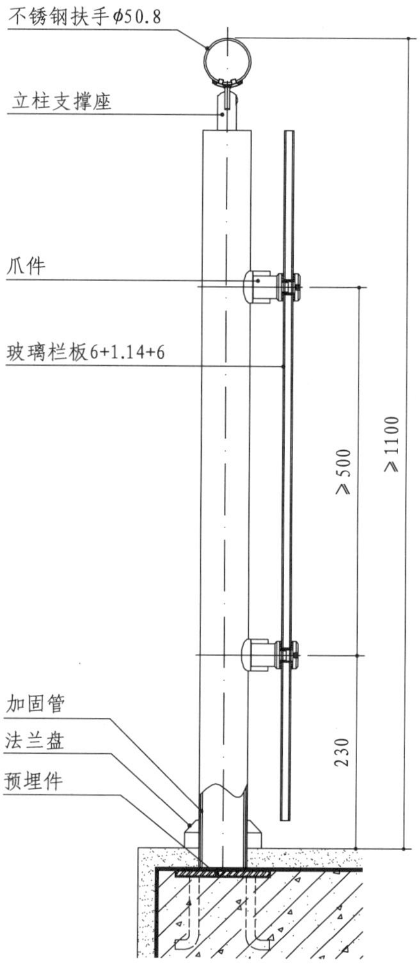

3 2-2剖面图

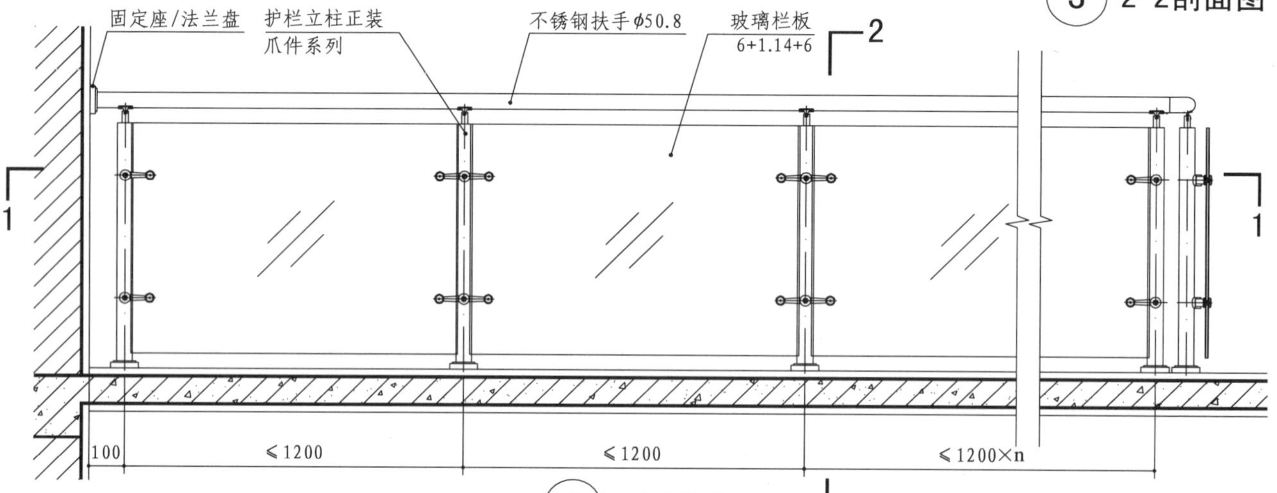

1 立面图 2

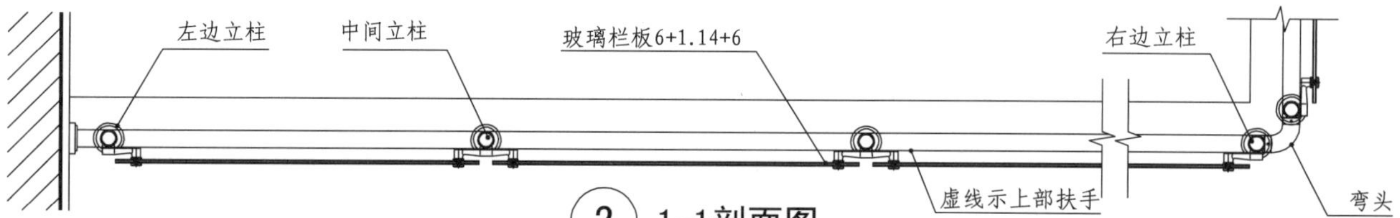

2 1-1剖面图

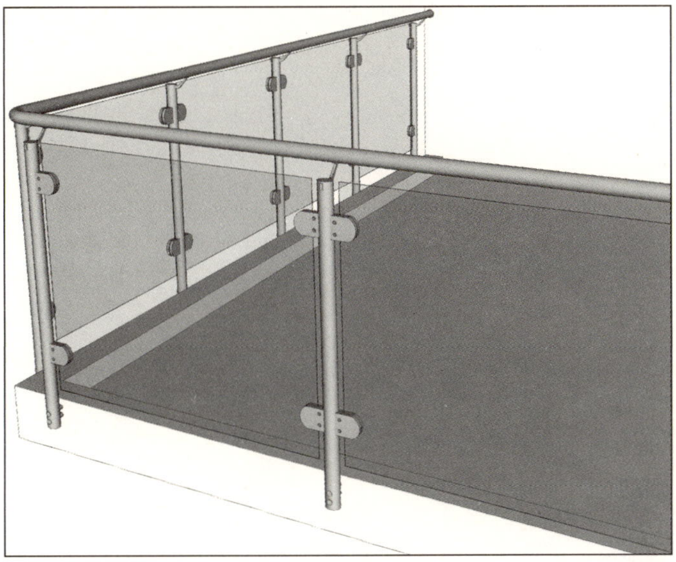

护栏立柱侧装玻璃夹系列

平台安装技术要求：

栏杆高度适用于临空高度在24m以下建筑的室外阳台栏杆和室内楼梯栏杆。对楼面装饰层较厚的场合也适合用此侧装法，底板与预埋件固定或用膨胀螺栓与建筑结构层连接。扶手支撑头为可调式的，所以也适合于楼梯等有坡度的场合。和正装相比侧面安装可以增加楼道宽度。支撑头为可调式的，所以也适合于楼梯等有坡度的场合。若用膨胀螺栓连接，则膨胀螺栓一定要伸到建筑结构层内。

注：本图资料由广东坚朗提供。

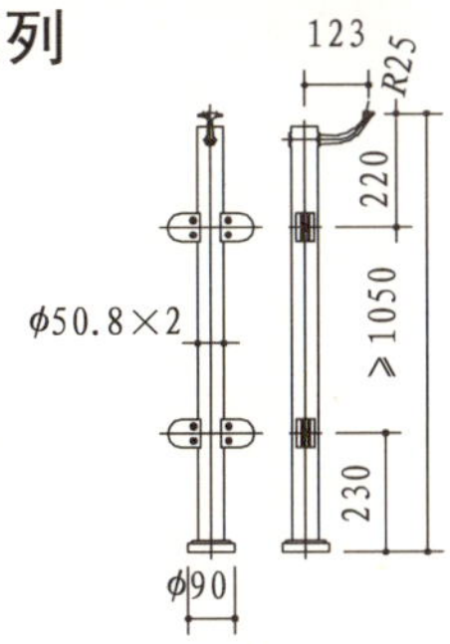

BY2A1

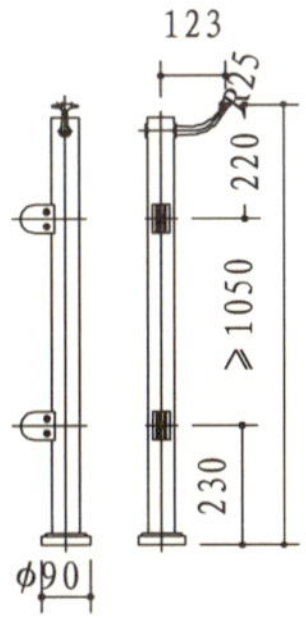

BY2A2

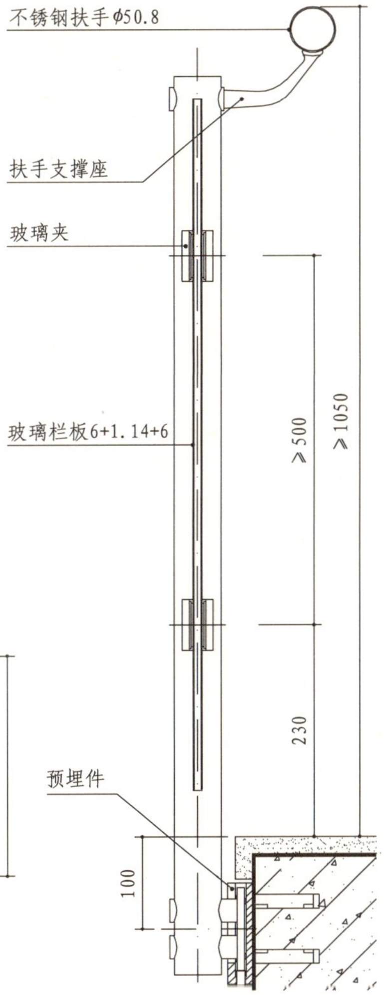

3 2-2剖面图

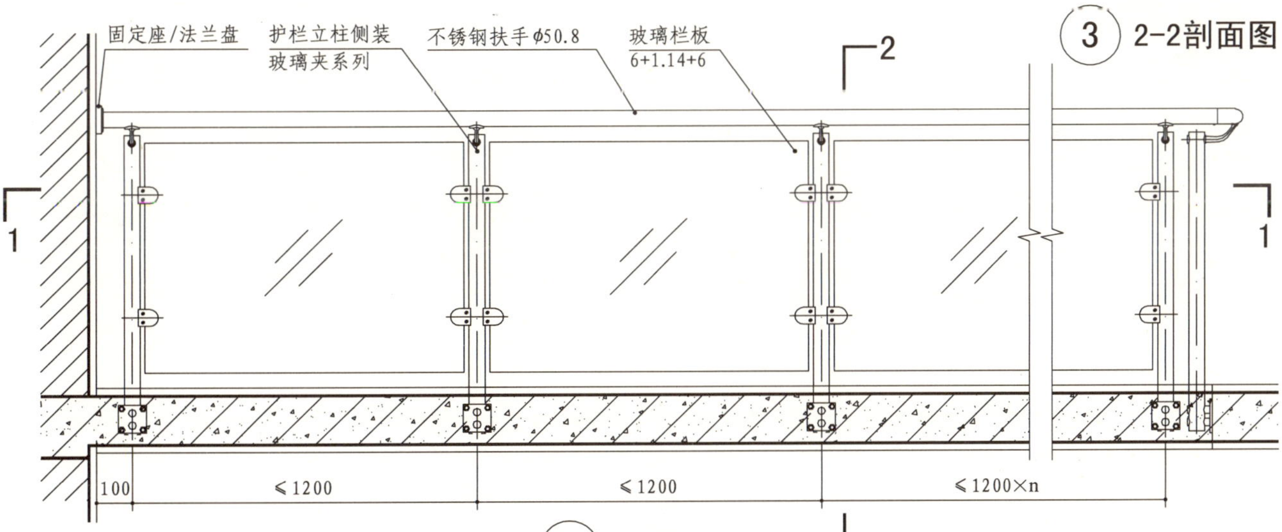

1 立面图

2 1-1剖面图

护栏立柱侧装爪件系列

平台安装技术要求：
栏杆高度适用于临空高度在24m以下建筑的室外阳台栏杆和室内楼梯栏杆。对楼面装饰层较厚的场合也适合用此侧装法，底板与预埋件固定或用膨胀螺栓与建筑结构层连接。扶手支撑头为可调式的，所以也适合于楼梯等有坡度的场合，和正装相比侧面安装可以增加楼道宽度。若用膨胀螺栓连接，则膨胀螺栓一定要伸到建筑结构层内。
注：本图资料由广东坚朗提供。

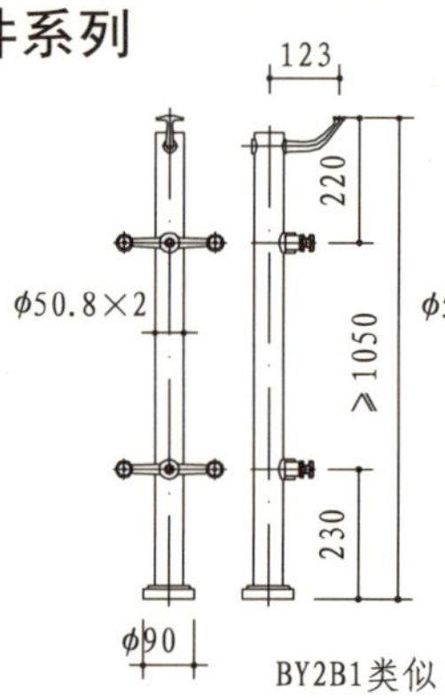

BY2B1类似

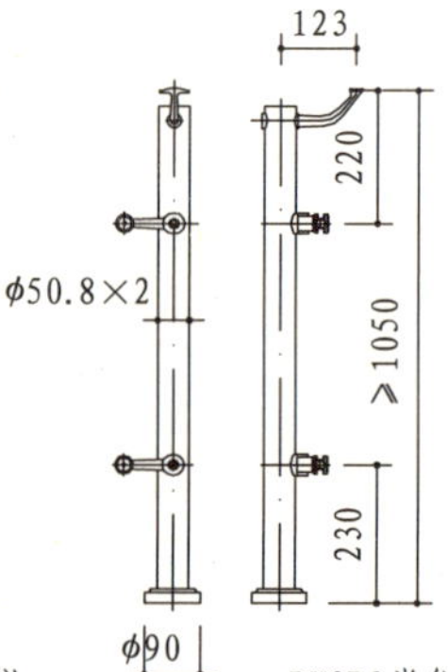

BY2B2类似

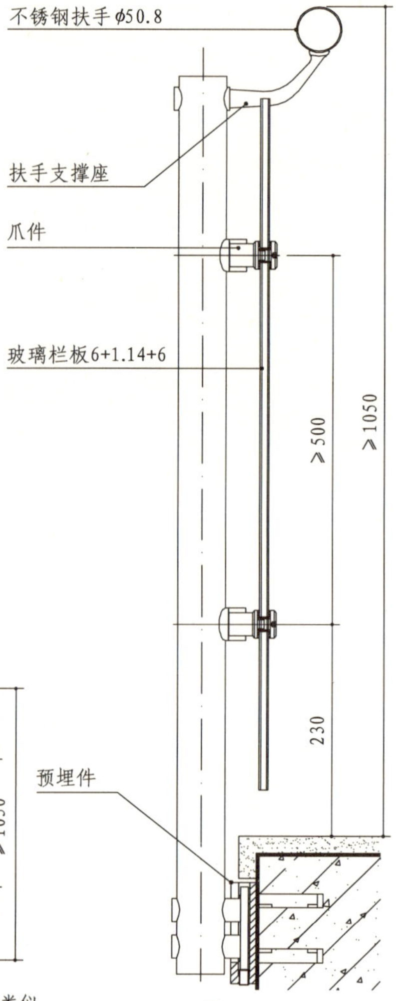

3 2-2剖面图

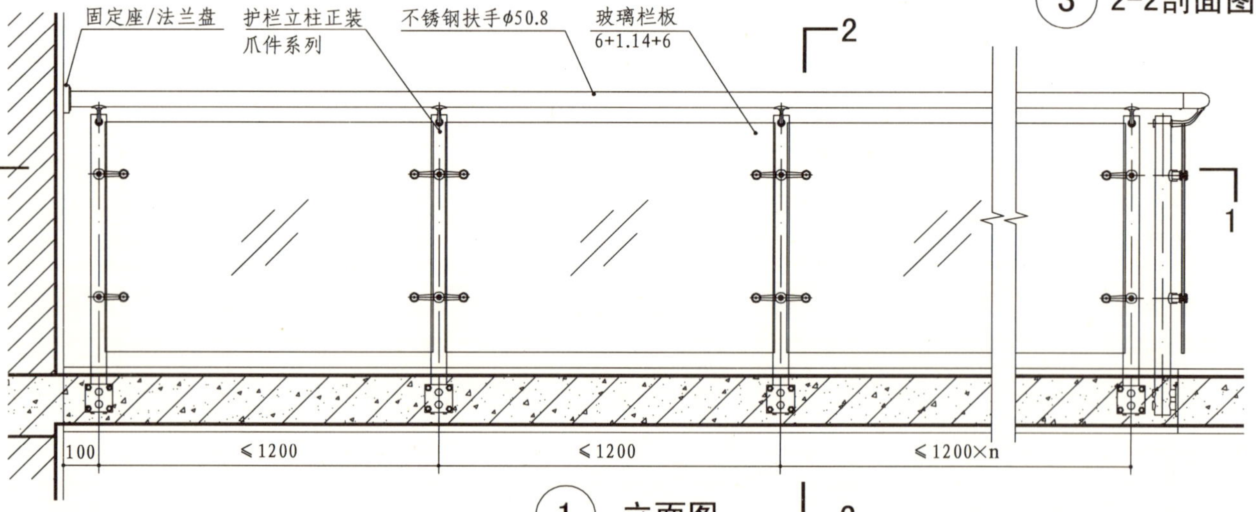

1 立面图

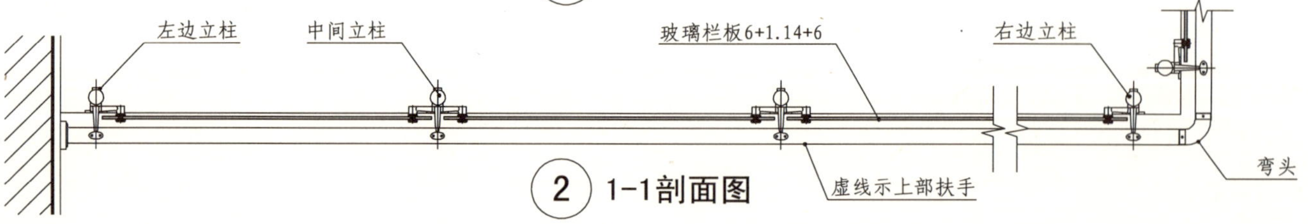

2 1-1剖面图

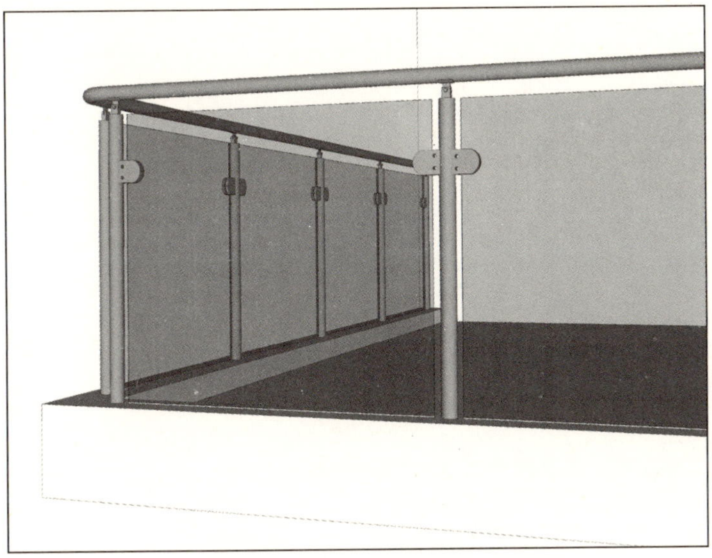

护栏立柱正装玻璃夹系列

平台浅预埋安装技术要求:

栏杆高度适用于临空高度在24m以下建筑的室外阳台。对玻璃较厚、承受风压较大的场合，底板用膨胀螺栓与建筑结构层连接。扶手支撑头为可调式的，所以也适合于楼梯等有坡度的场合。若用膨胀螺栓连接，则膨胀螺栓一定要伸到建筑结构层内。

注：本图资料由广东坚朗提供。

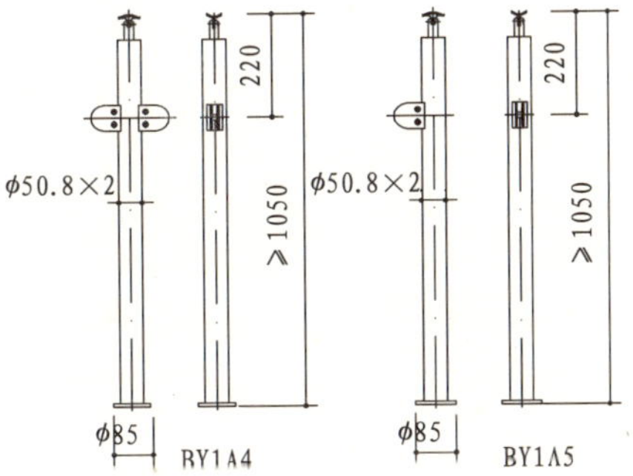

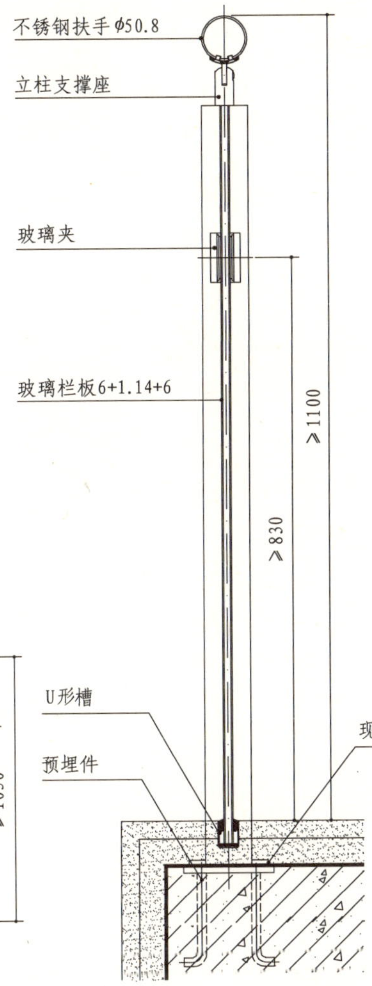

③ 2-2剖面图

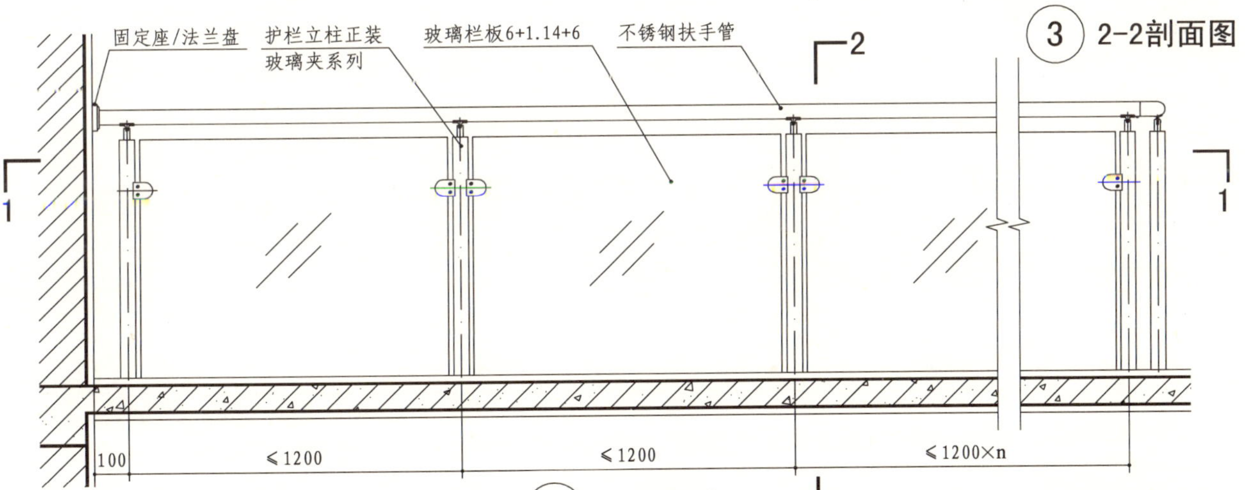

① 立面图

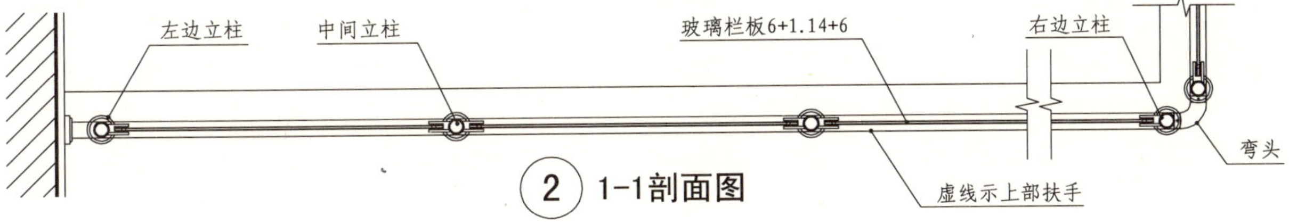

② 1-1剖面图

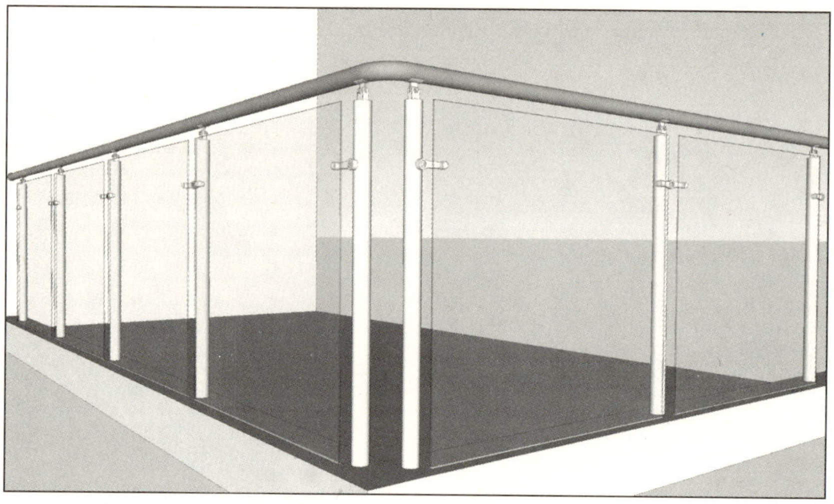

护栏立柱正装爪件系列

平台浅预埋安装技术要求：
栏杆高度适用于临空高度在24m以下建筑的室外阳台。对玻璃较厚、承受风压较大的场合，底板用膨胀螺栓与建筑结构层连接。扶手支撑头为可调式的，所以也适合于楼梯等有坡度的场合。若用膨胀螺栓连接，则膨胀螺栓一定要伸到建筑结构层内。
注：本图资料由广东坚朗提供。

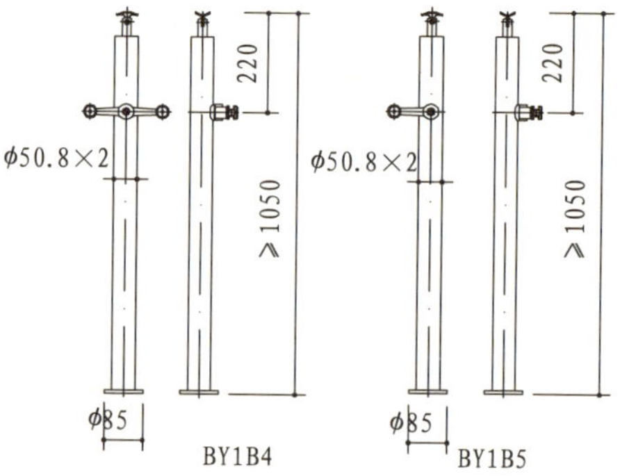

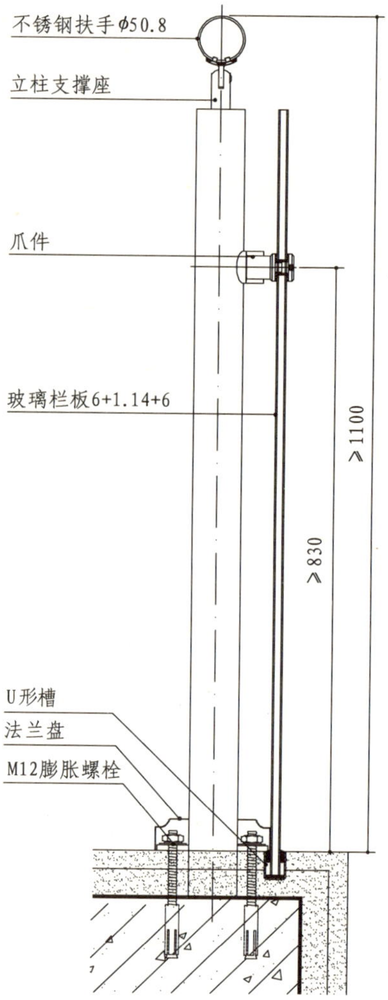

③ 2-2剖面图

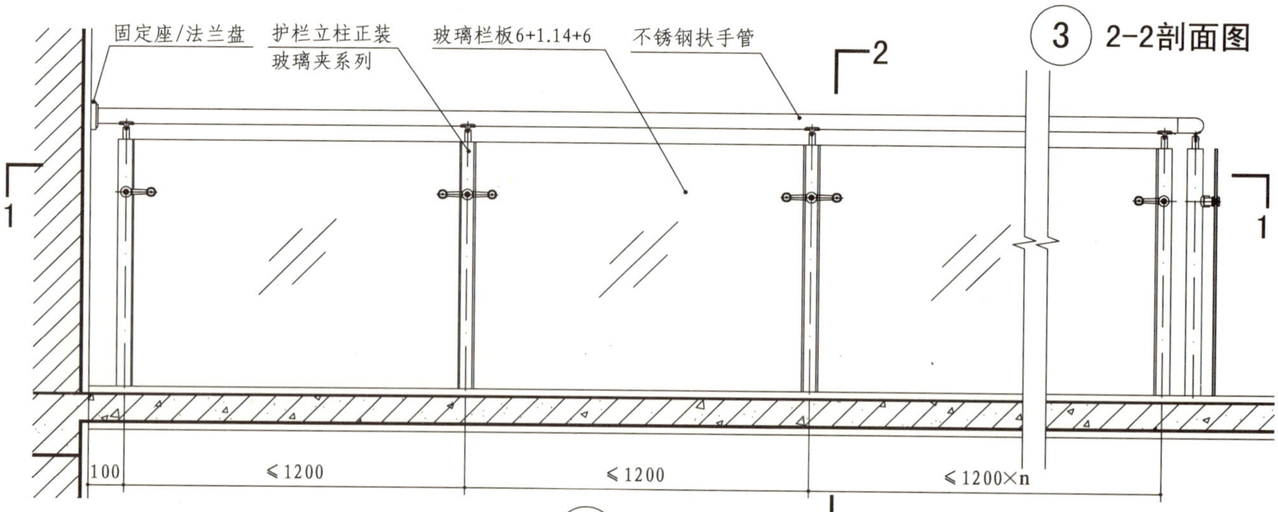

① 立面图

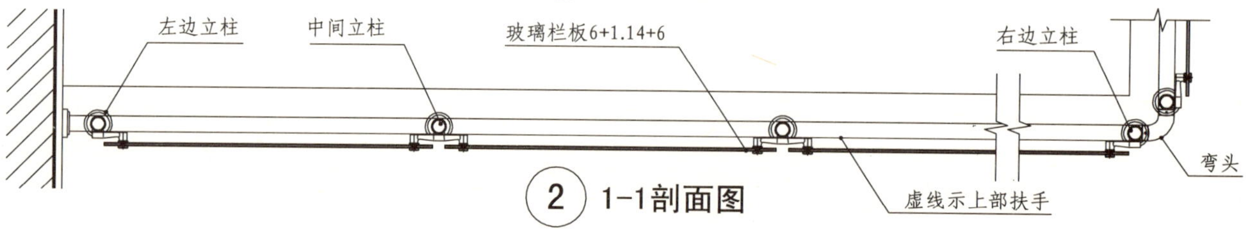

② 1-1剖面图

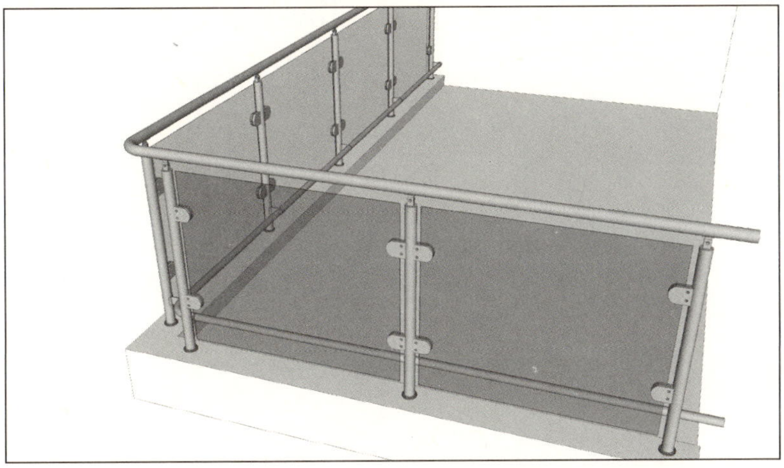

护栏立柱正装玻璃夹系列

平台浅预埋安装技术要求：

栏杆高度适用于临空高度在24m以下建筑的室外阳台，也适合于商场、车站等公共场所。底板与预埋件固定或用膨胀螺栓与建筑结构层连接，防撞管能有效地保护玻璃，安全性好。若用膨胀螺栓连接，则膨胀螺栓一定要伸到建筑结构层内。

注：本图资料由广东坚朗提供。

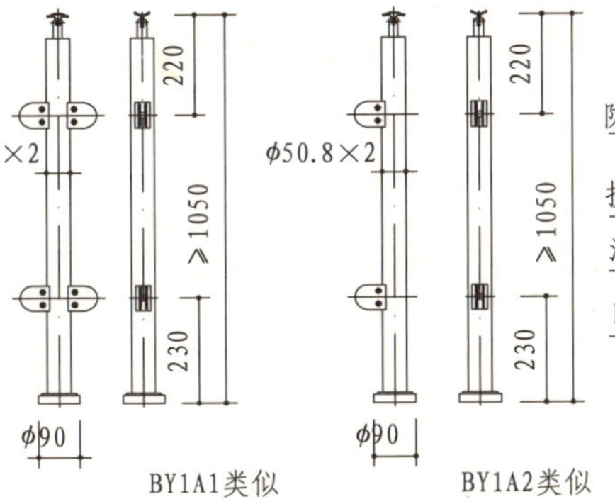

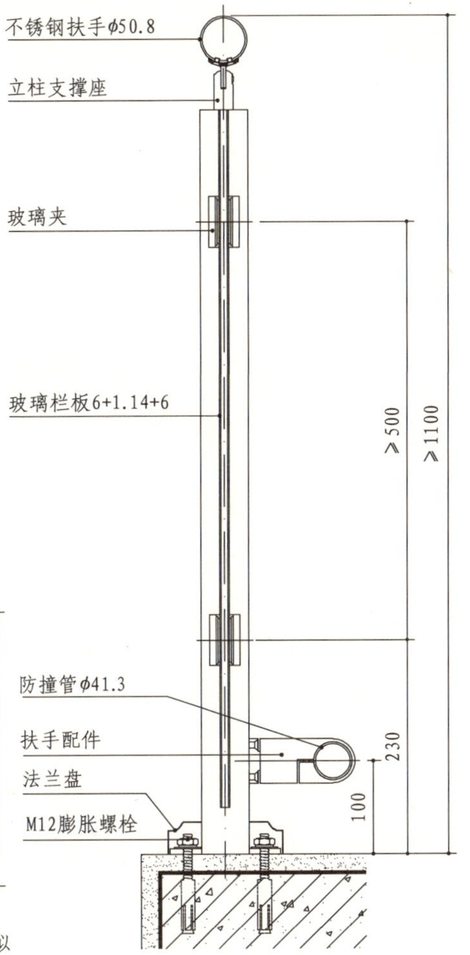

③ 2-2剖面图

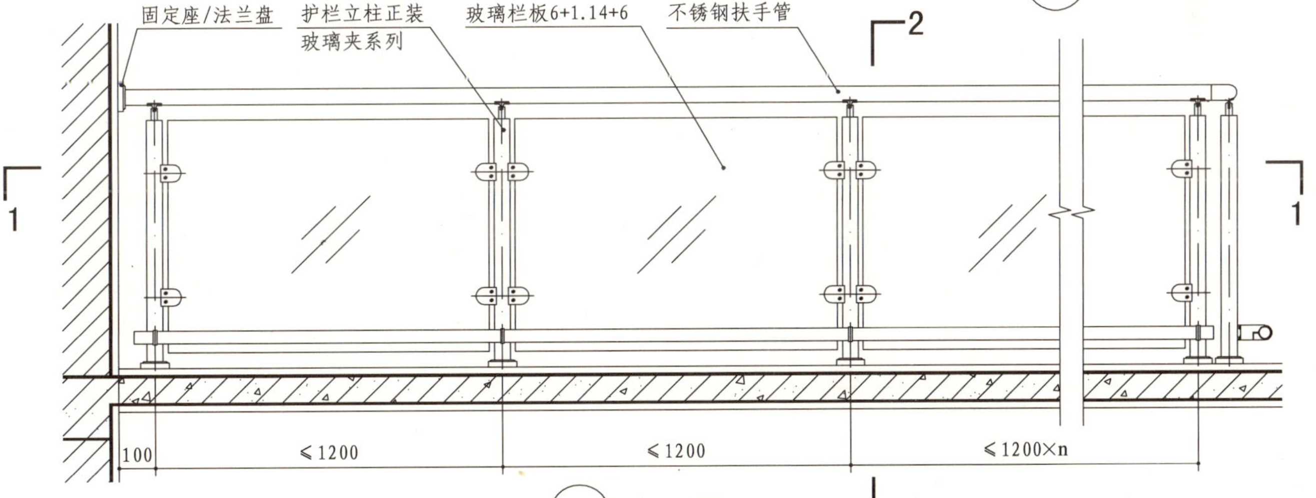

① 立面图

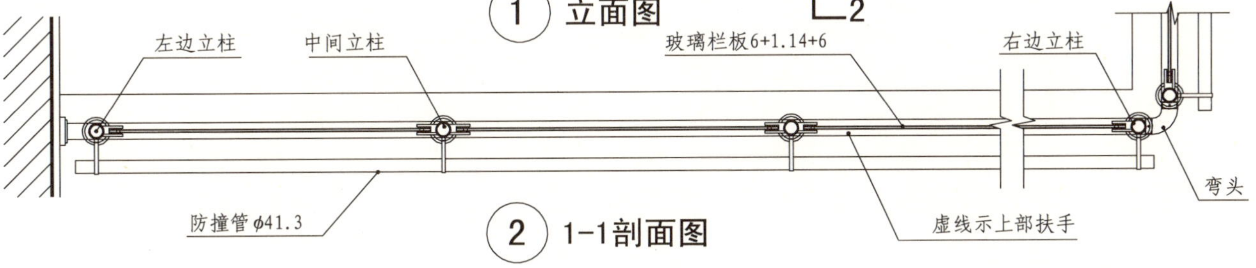

② 1-1剖面图

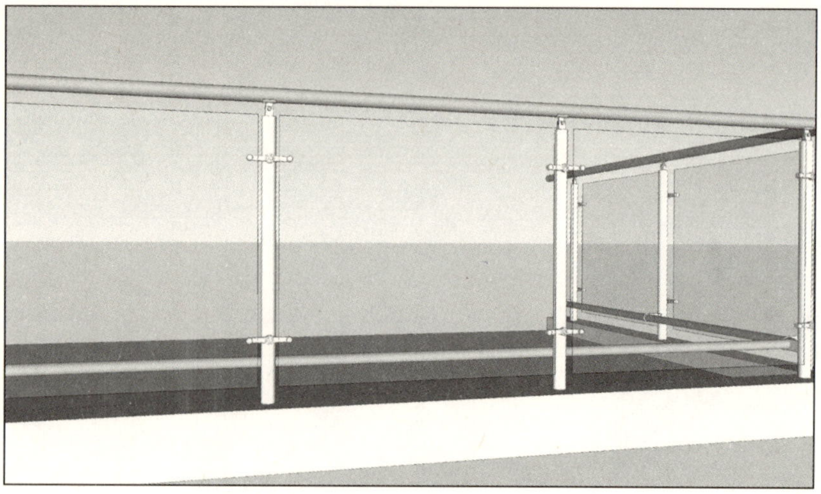

护栏立柱正装爪件系列

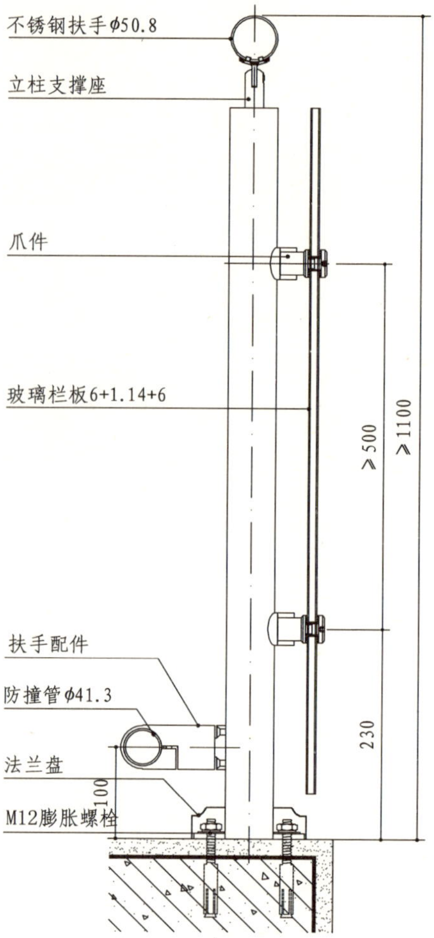

3 2-2剖面图

平台浅预埋安装技术要求：

栏杆高度适用于临空高度在24m以下建筑的室外阳台，也适合于商场、车站等公共场所。底板与预埋件固定或用膨胀螺栓与建筑结构层连接，防撞管能有效地保护玻璃，安全性好。若用膨胀螺栓连接，则膨胀螺栓一定要伸到建筑结构层内。

注：本图资料由广东坚朗提供。

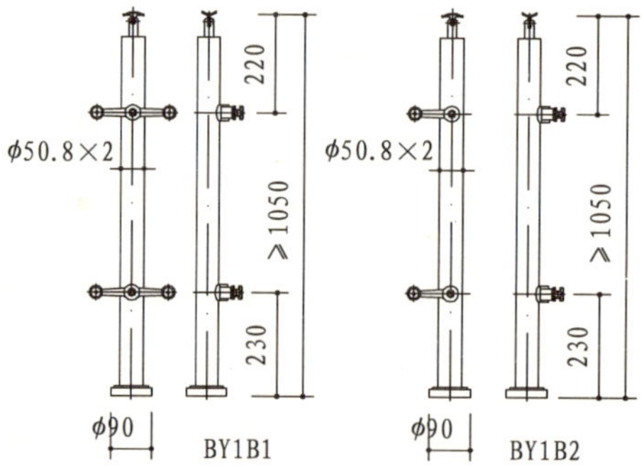

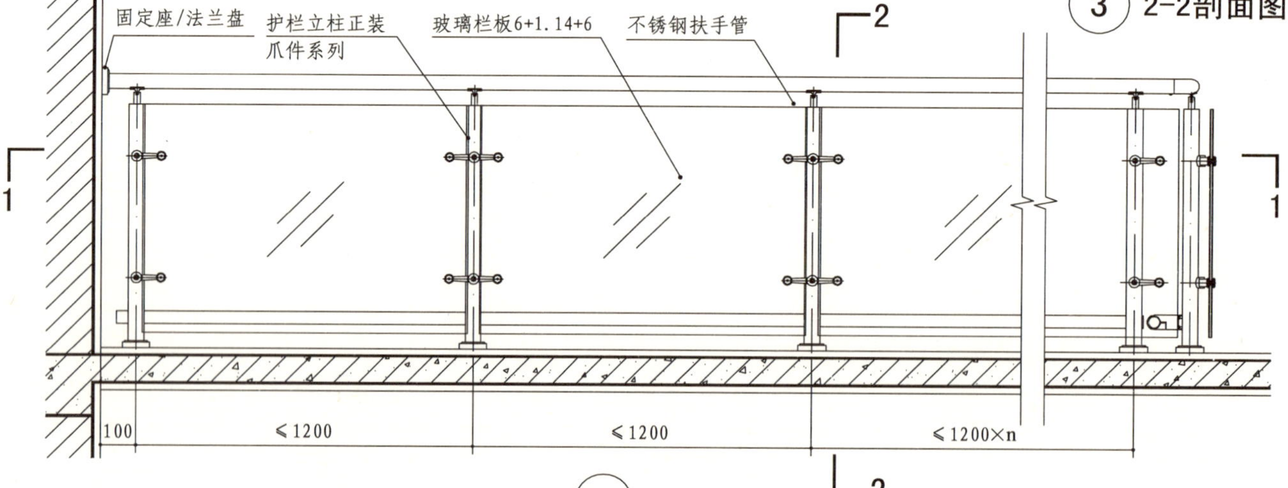

1 立面图

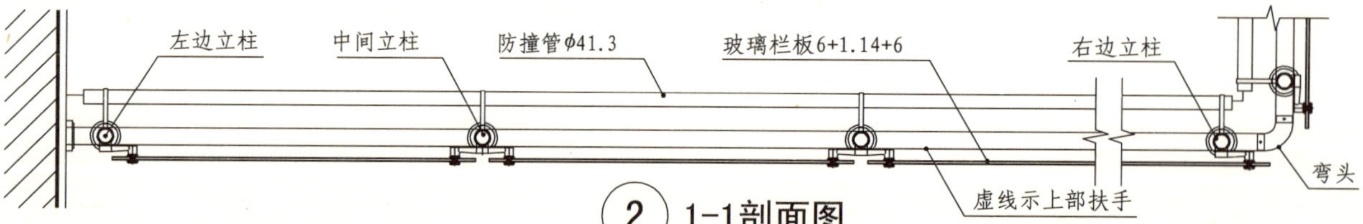

2 1-1剖面图

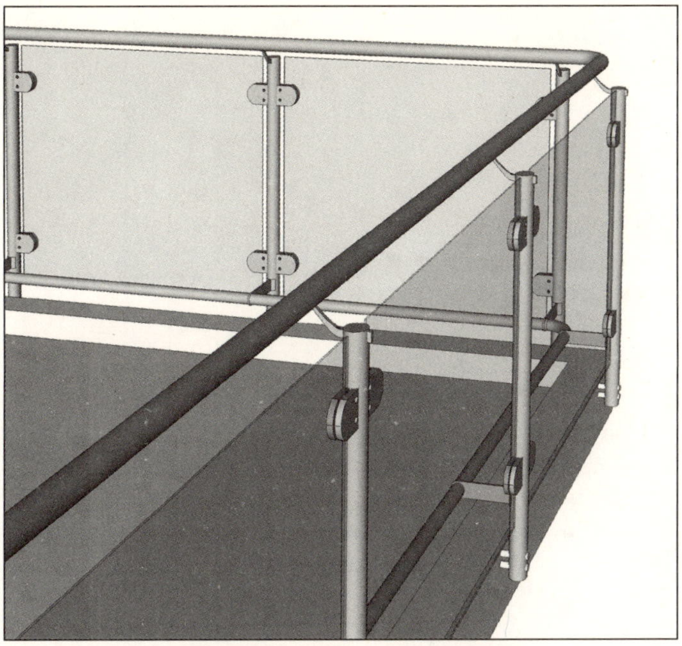

护栏立柱侧装玻璃夹系列

平台浅预埋安装技术要求：

栏杆高度适用于临空高度在24m以下建筑的室外阳台，也适合于商场、车站等公共场所。对楼面装饰层较厚的场合也适合用此侧装法。底板与预埋件固定或用膨胀螺栓与建筑结构层连接，防撞管能有效地保护玻璃，安全性好。和正装相比侧面安装可以增加走廊宽度。若用膨胀螺栓连接，则膨胀螺栓一定要伸到建筑结构层内。

注．本图资料由广东坚朗提供。

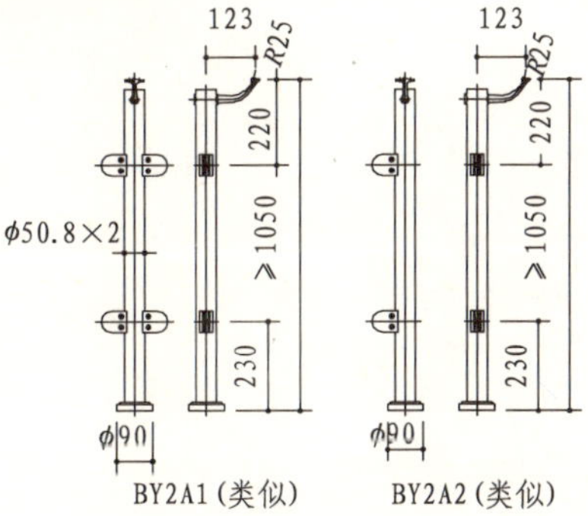

BY2A1（类似）　BY2A2（类似）

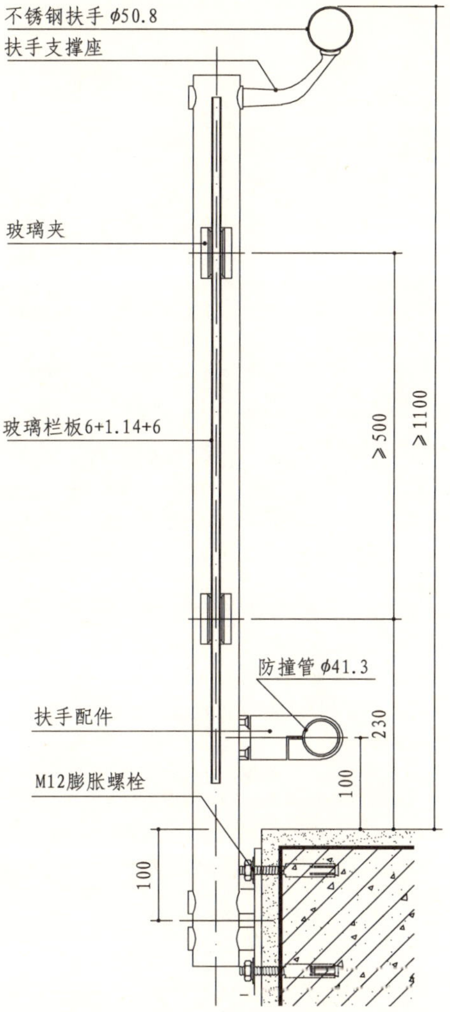

③ 2-2剖面图

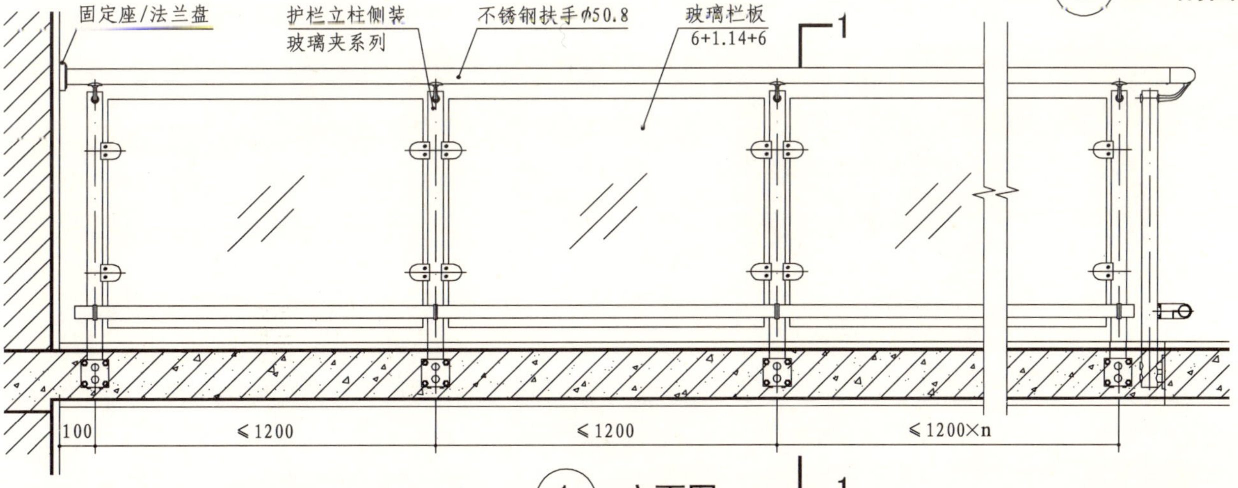

① 立面图

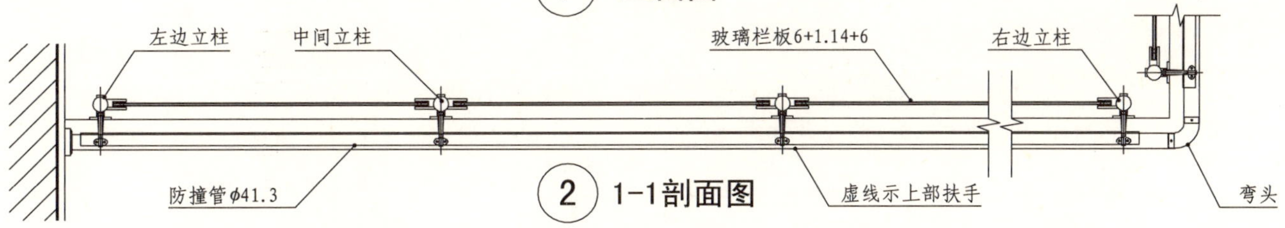

② 1-1剖面图

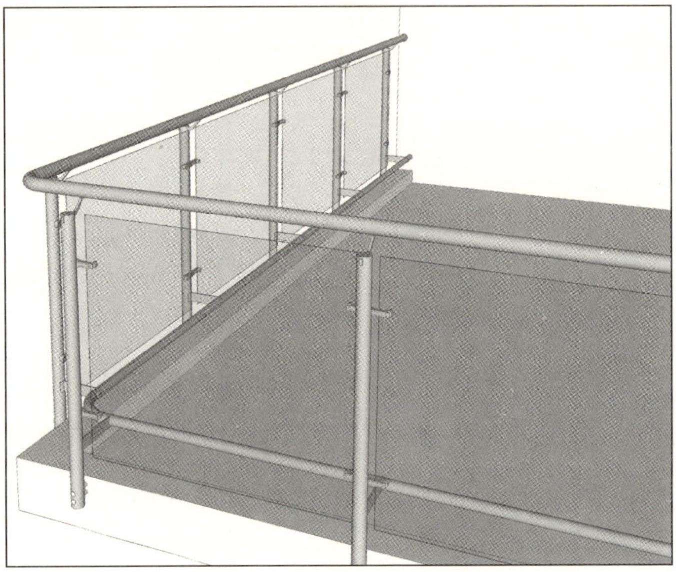

护栏立柱侧装爪件系列

平台浅预埋安装技术要求：

栏杆高度适用于临空高度在24m以下建筑的室外阳台，也适合于商场、车站等公共场所。对楼面装饰层较厚的场合也适合用此侧装法。底板与预埋件固定或用膨胀螺栓与建筑结构层连接，防撞管能有效地保护玻璃，安全性好。和正装相比侧面安装可以增加走廊宽度。若用膨胀螺栓连接，则膨胀螺栓一定要伸到建筑结构层内。

注：本图资料由广东坚朗提供。

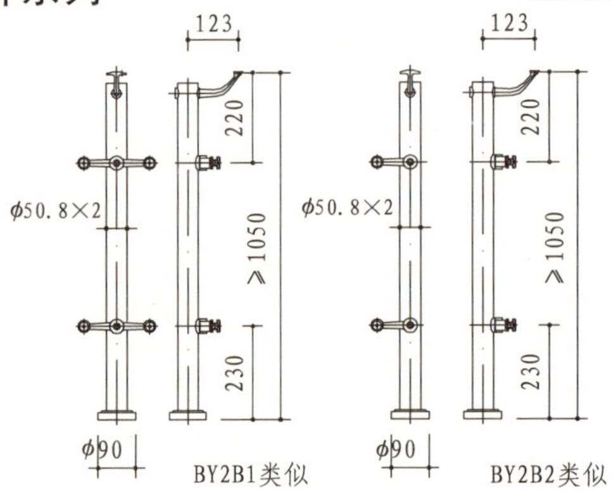

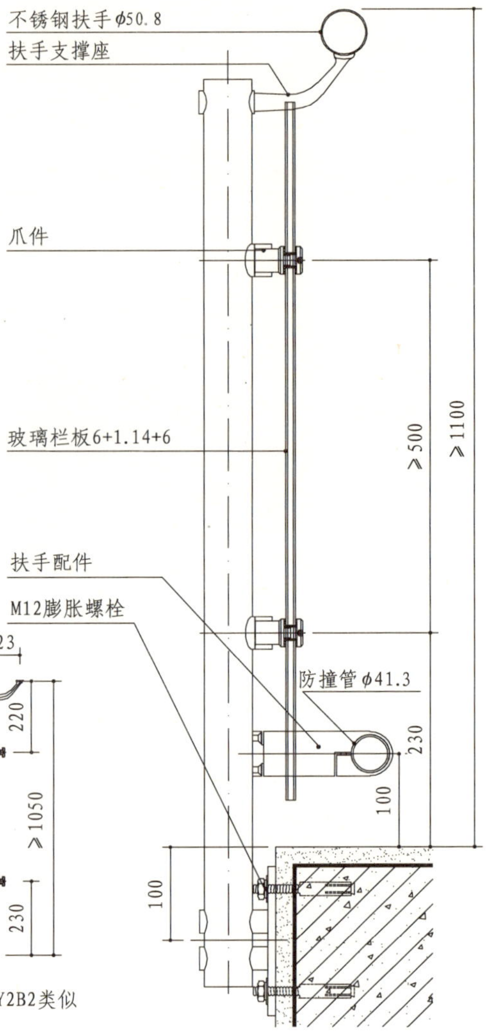

③ 2-2剖面图

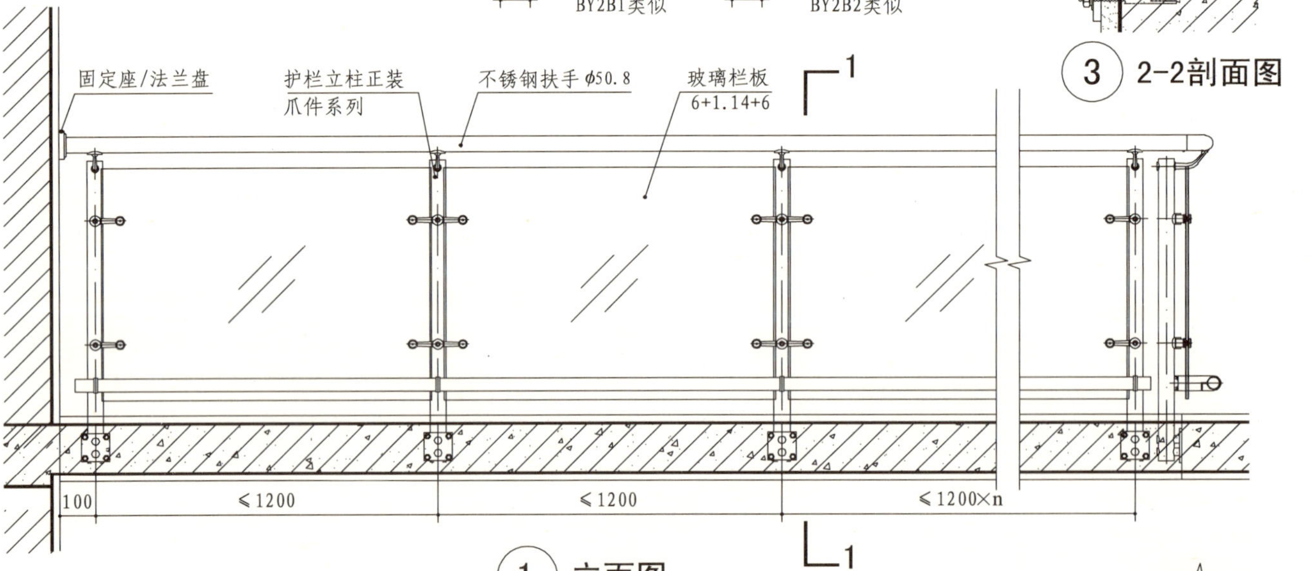

① 立面图

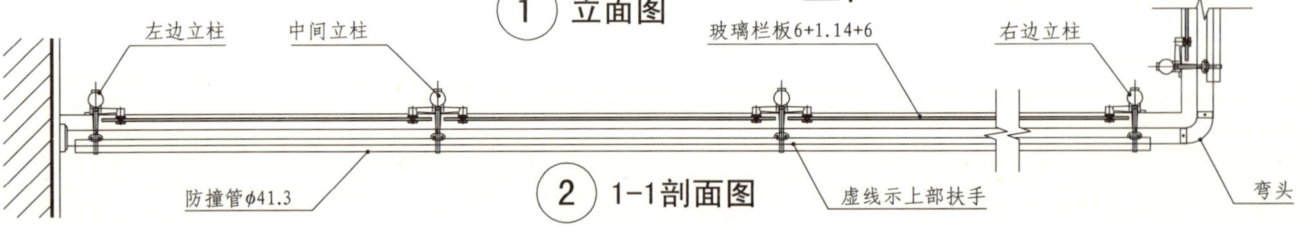

② 1-1剖面图

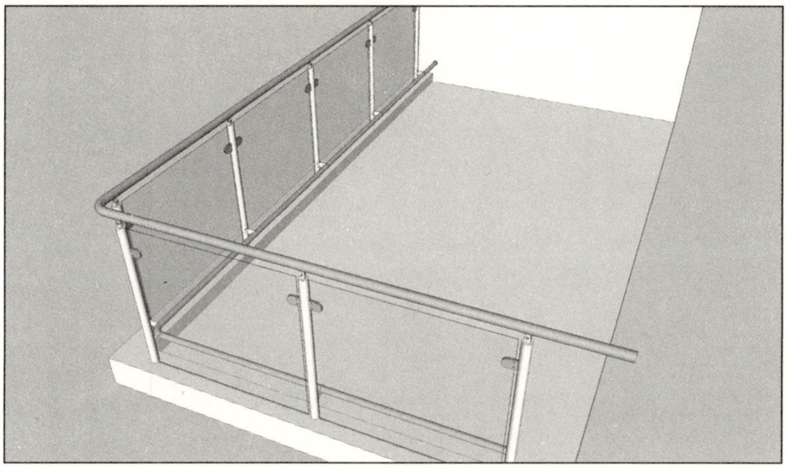

护栏立柱正装玻璃夹系列

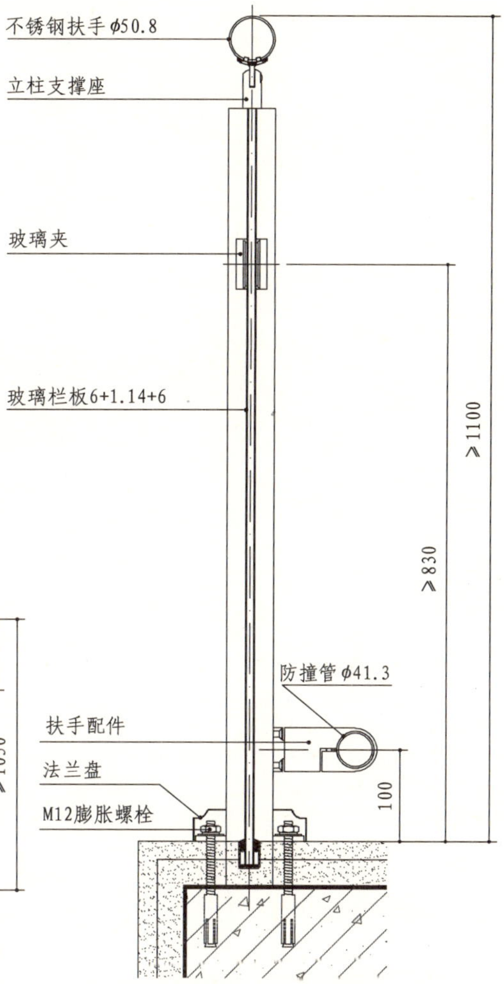

平台浅预埋安装技术要求：

栏杆高度适用于临空高度在24m以下建筑的室外阳台，也适合于商场、车站等公共场所。对玻璃较厚、承受风压较大的场合，对楼面装饰层较厚的场合也适合用此正装法。底板与预埋件固定用膨胀螺栓与建筑结构层连接，防撞管能有效地保护玻璃，安全性好。若用膨胀螺栓连接，则膨胀螺栓一定要伸到建筑结构层内。

注：本图资料由广东坚朗提供。

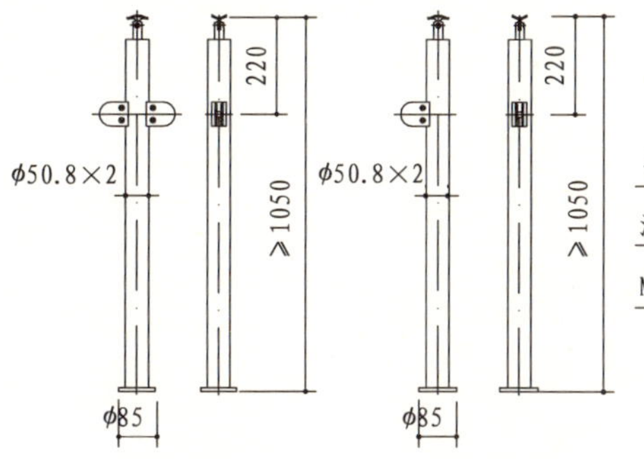

③ 2-2剖面图

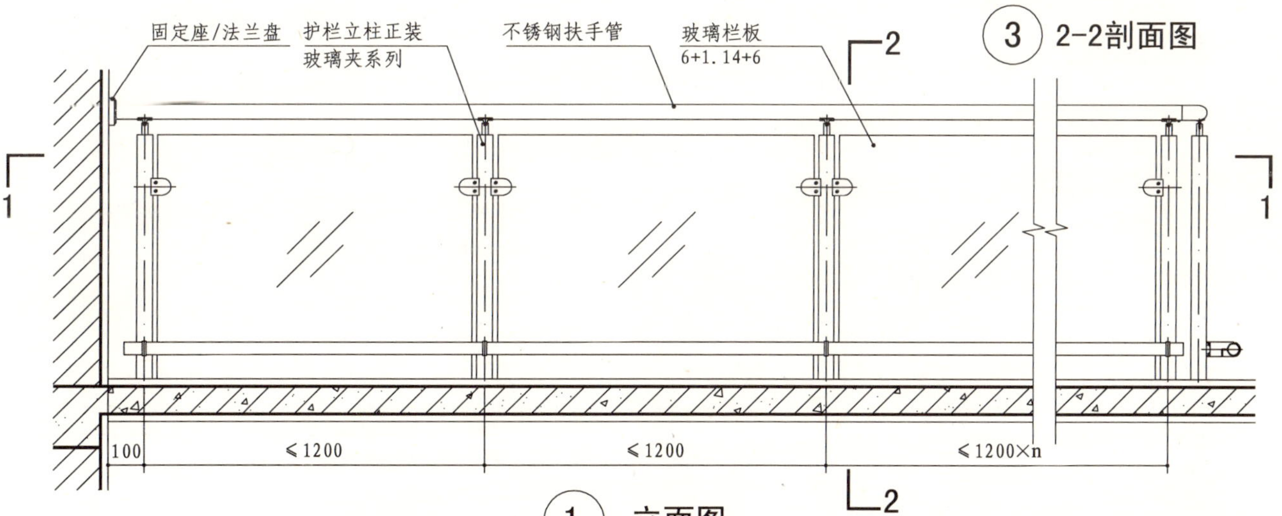

① 立面图

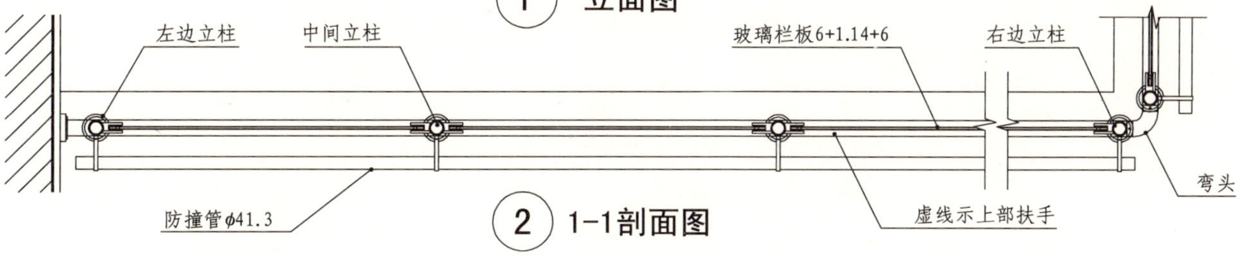

② 1-1剖面图

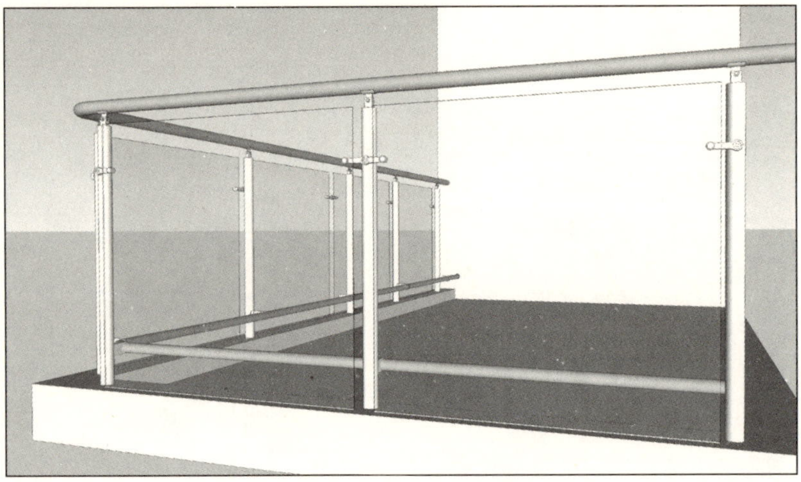

护栏立柱正装爪件系列

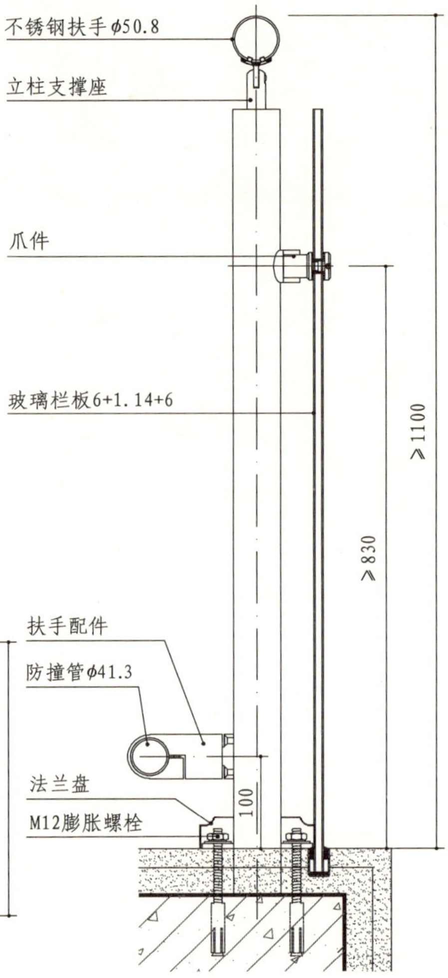

③ 2-2剖面图

平台浅预埋安装技术要求：

栏杆高度适用于临空高度在24m以下建筑的室外阳台，也适合于商场、车站等公共场所。对玻璃较厚、承受风压较大的场合，楼面装饰层较厚的场合也适合用此正装法。底板与预埋件固定用膨胀螺栓与建筑结构层连接，防撞管能有效地保护玻璃，安全性好。若用膨胀螺栓连接，则膨胀螺栓一定要伸到建筑结构层内。

注：本图资料由广东坚朗提供。

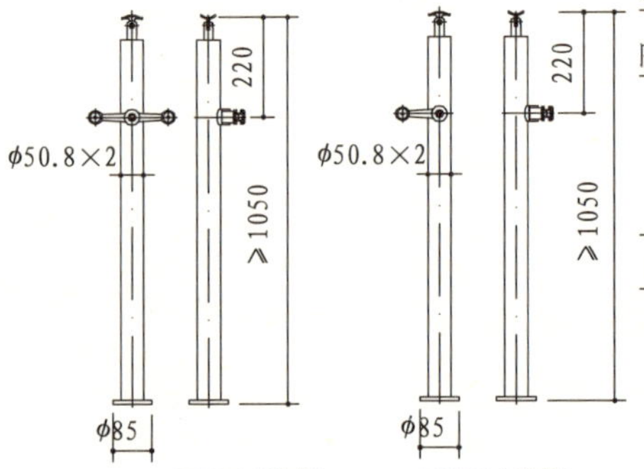

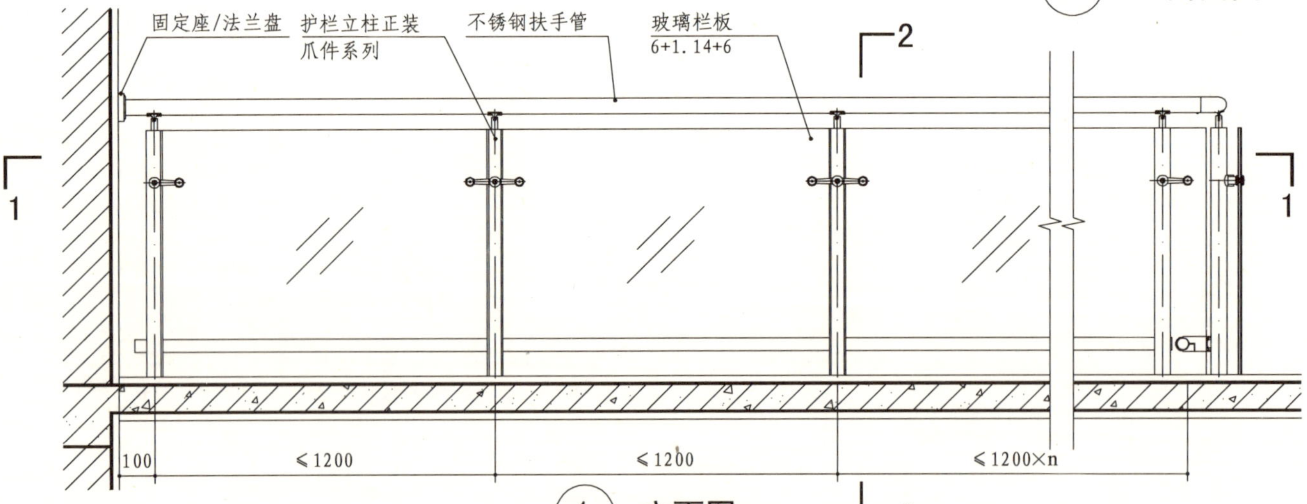

① 立面图

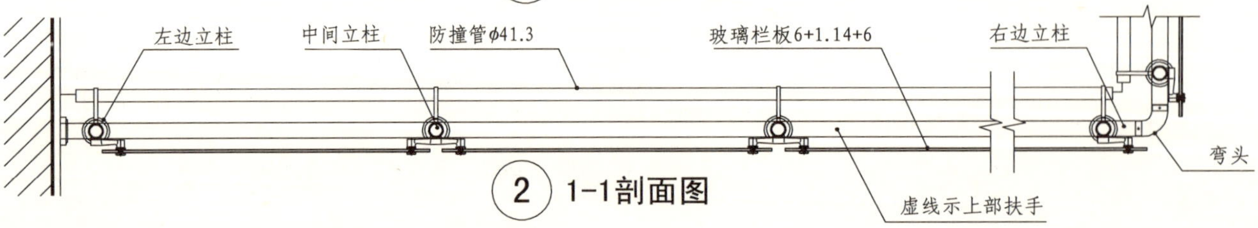

② 1-1剖面图

护栏立柱侧装索杆配件系列

竖拉索平台安装技术要求：
适合于休闲场所、花园护栏等地面护栏。对楼面装饰层较厚的场合也适合用此侧装法。和正装相比，侧面安装可以增加楼道宽度。底板与预埋件固定或用膨胀螺栓与建筑结构层连接。
注：本图资料由广东坚朗提供。

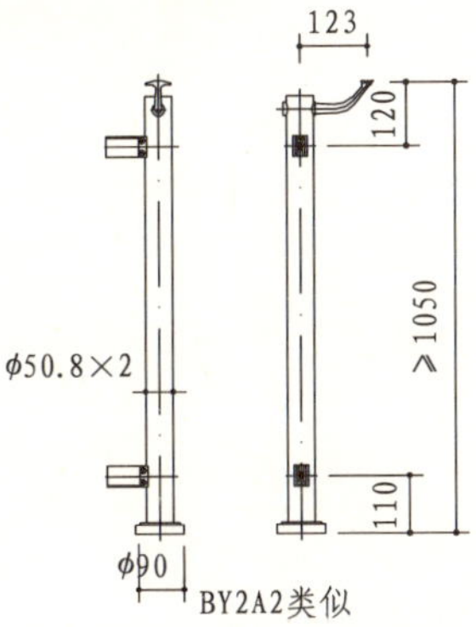

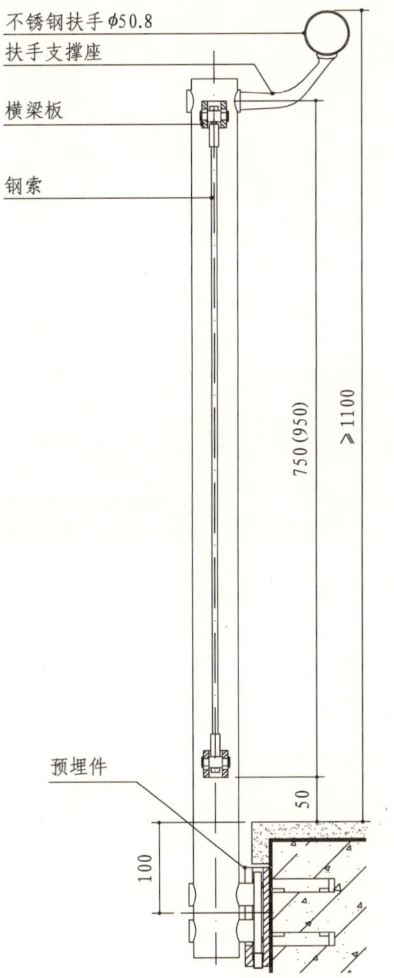

③ 2-2剖面图

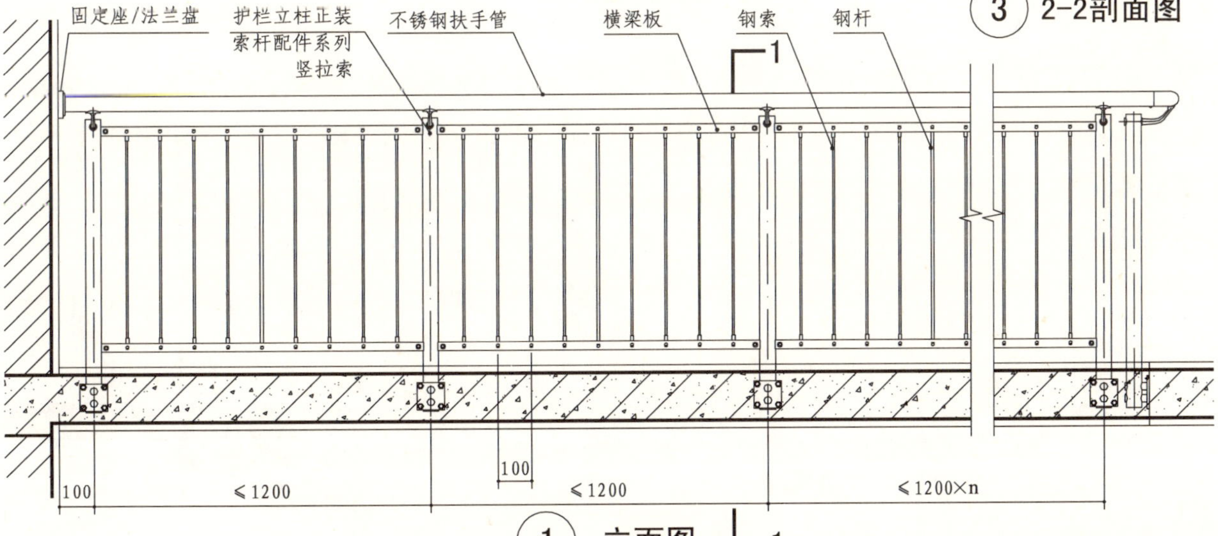

① 立面图

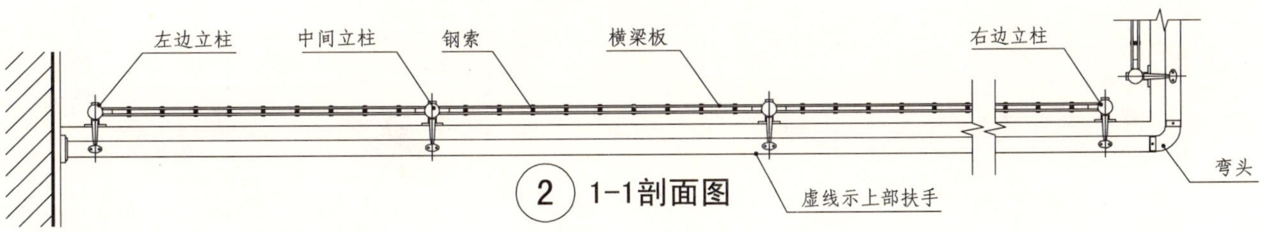

② 1-1剖面图

护栏立柱正装索杆配件系列

竖拉索平台安装技术要求：
适合于休闲场所、花园护栏等地面护栏。
对楼面装饰层较厚的场合，底板与预埋件固定或用膨胀螺栓与建筑结构层连接。
注：本图资料由广东坚朗提供。

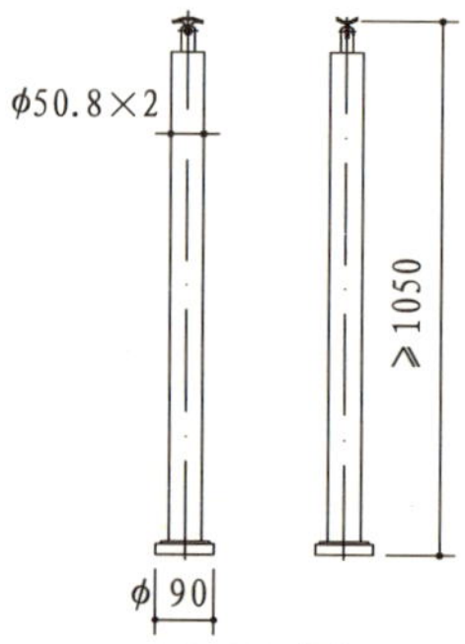

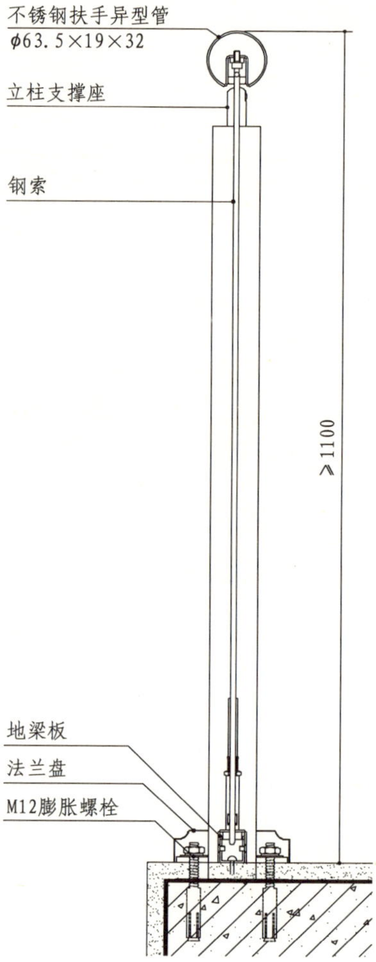

③ 2-2剖面图

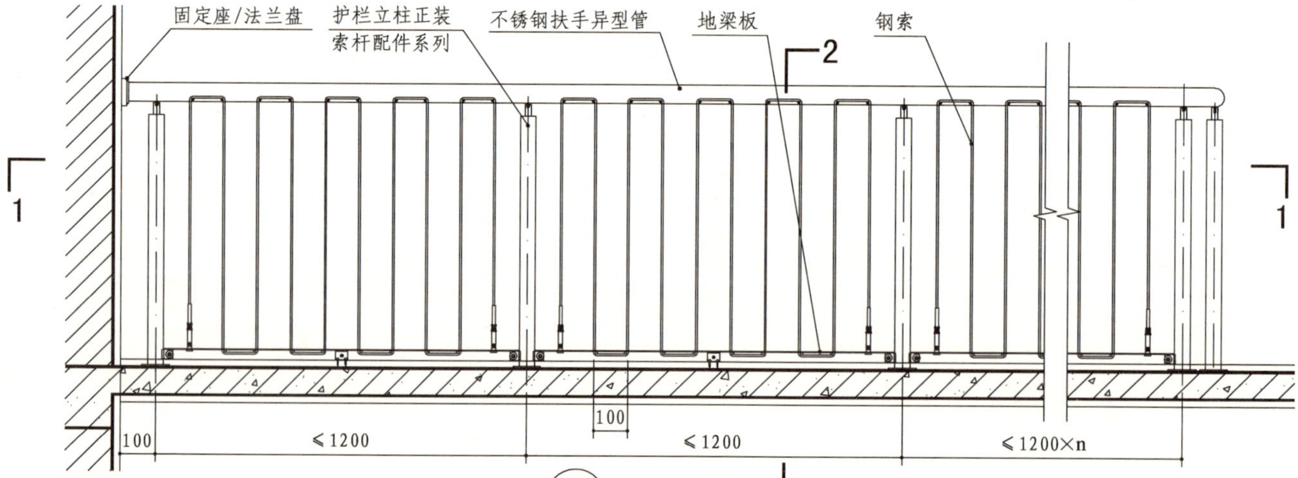

① 立面图

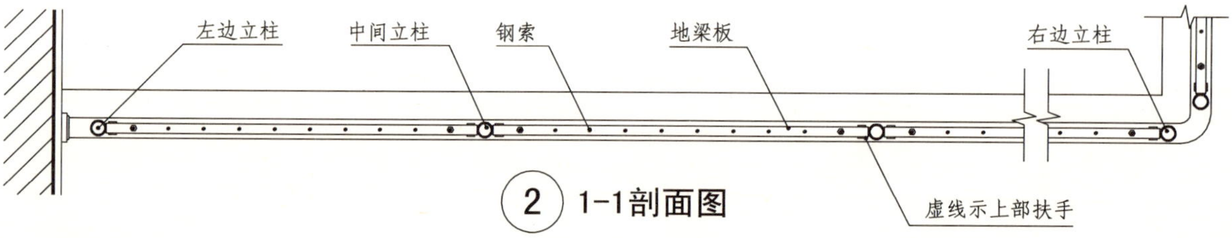

② 1-1剖面图

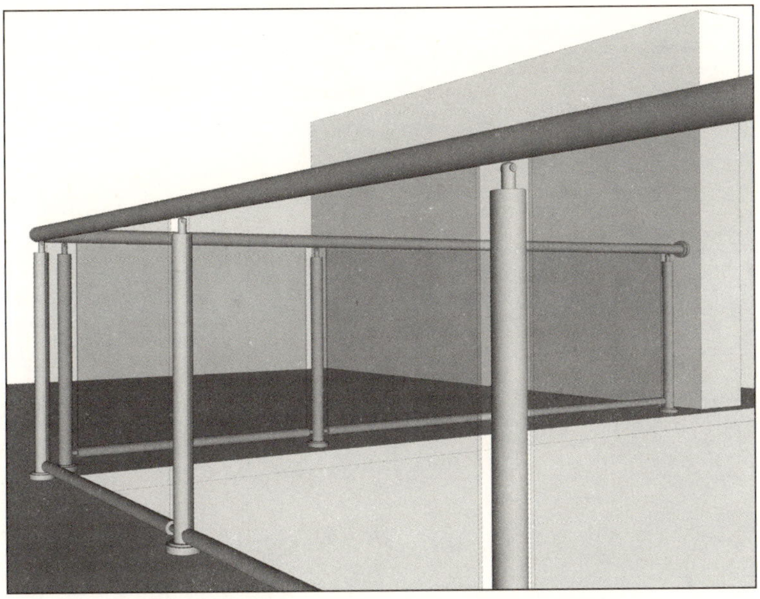

正装异型管固玻璃护栏管状立柱系列

平台安装技术要求：
栏杆高度适合于临空高度在24m以下建筑的室外阳台护栏，可夹持较厚的玻璃，此时立柱固定方式应采取底板与预埋件固定。扶手支撑头为可调式的，所以也适合于楼梯等有坡度的场合。若用膨胀螺栓连接，则膨胀螺栓一定要伸到建筑结构层内。
注：本图资料由广东坚朗提供。

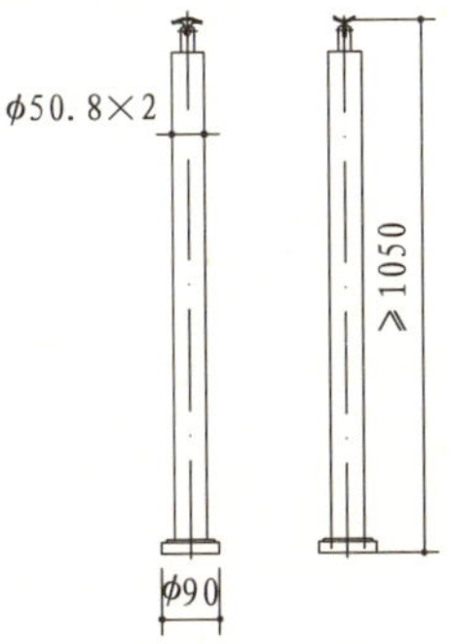

BY1A5-02类似

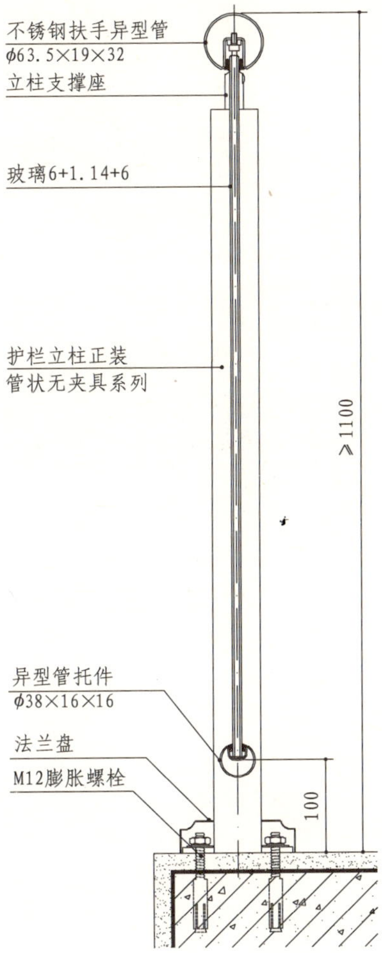

③ 2-2剖面图

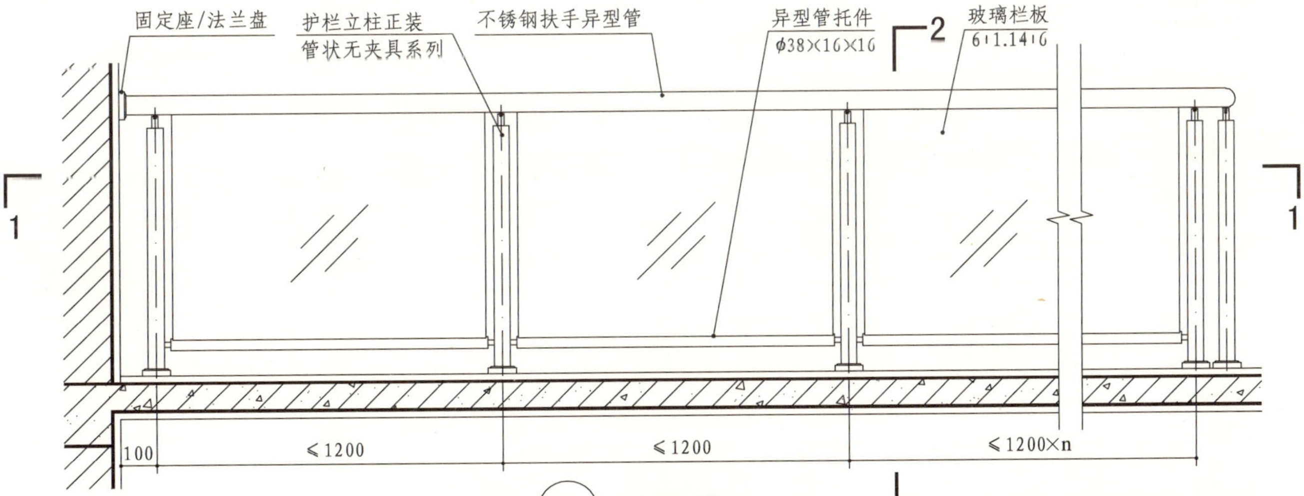

① 立面图

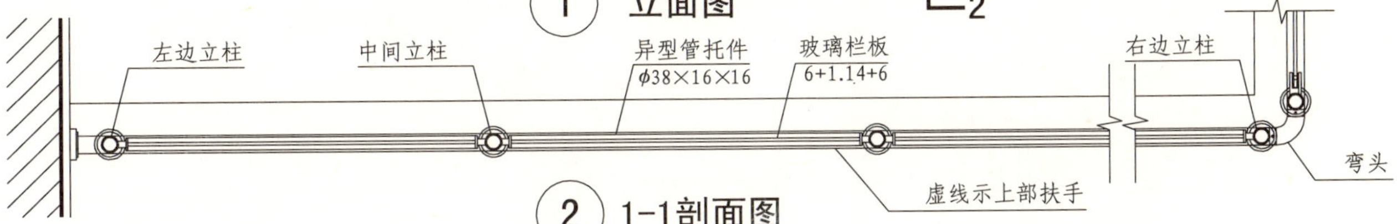

② 1-1剖面图

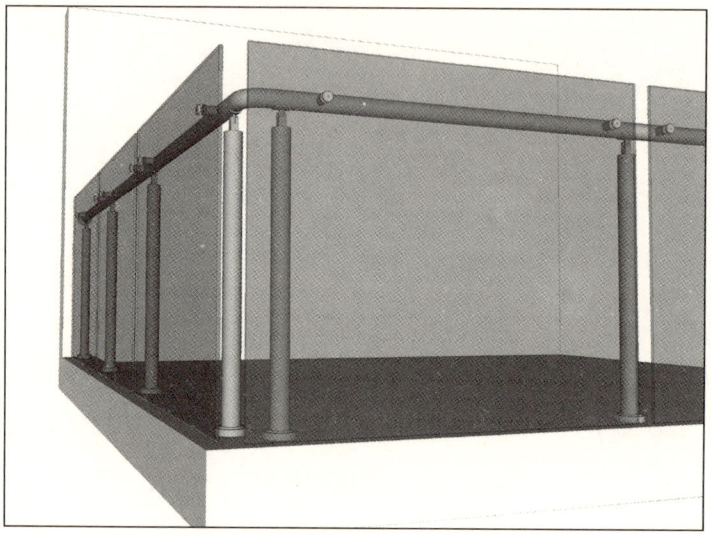

护栏立柱正装爪件系列

平台浅预埋安装技术要求：
栏杆高度适用于临空高度在24m以下建筑的室外阳台栏杆。对玻璃较厚、承受风压较大的场合，底板与预埋件固定或用膨胀螺栓与建筑结构层连接。扶手支撑头为可调式的，所以也适合于楼梯等有坡度的场合。若用膨胀螺栓连接，则膨胀螺栓一定要伸到建筑结构层内。
注：本图资料由广东坚朗提供。

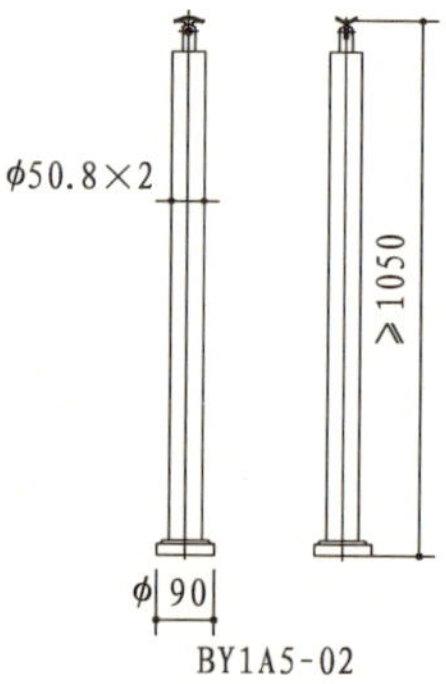

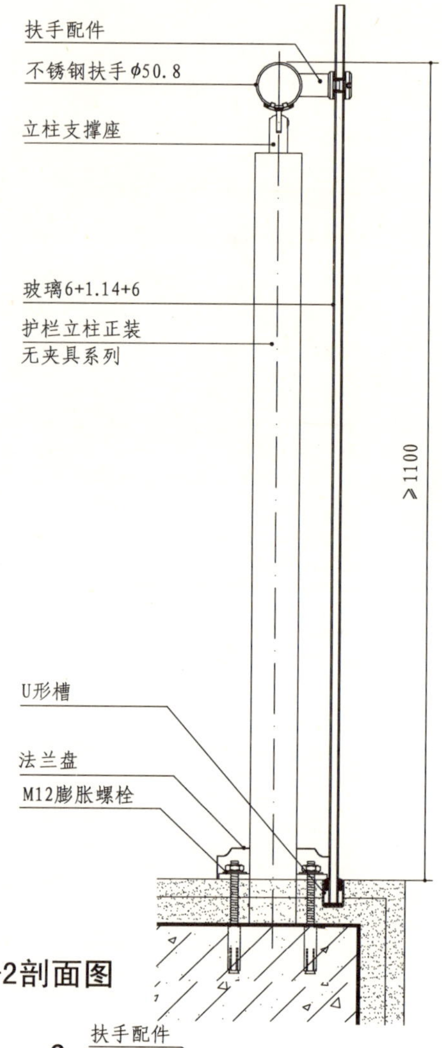

③ 2-2剖面图

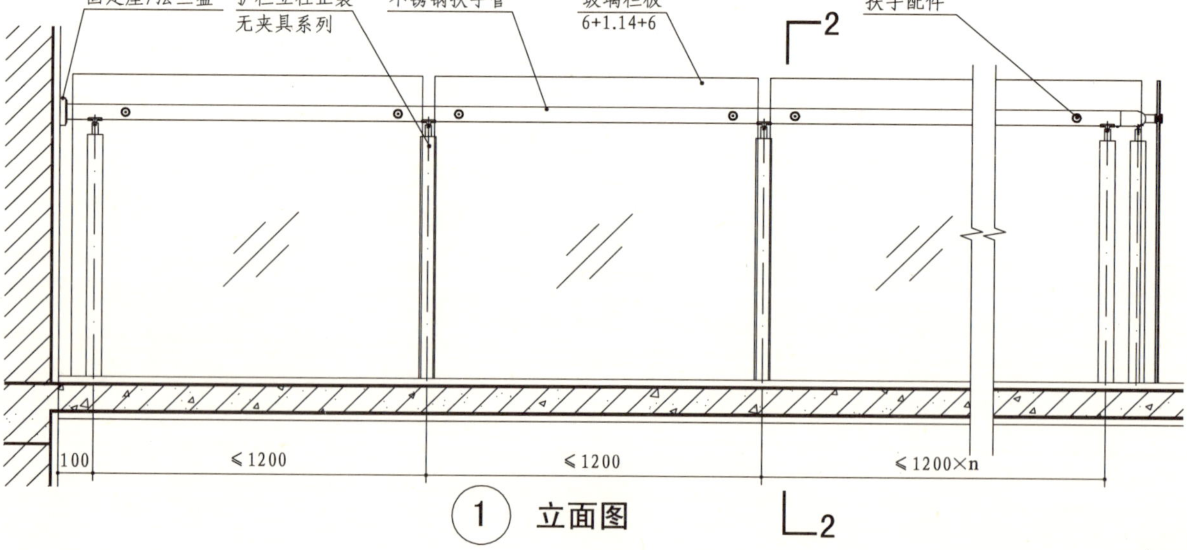

① 立面图

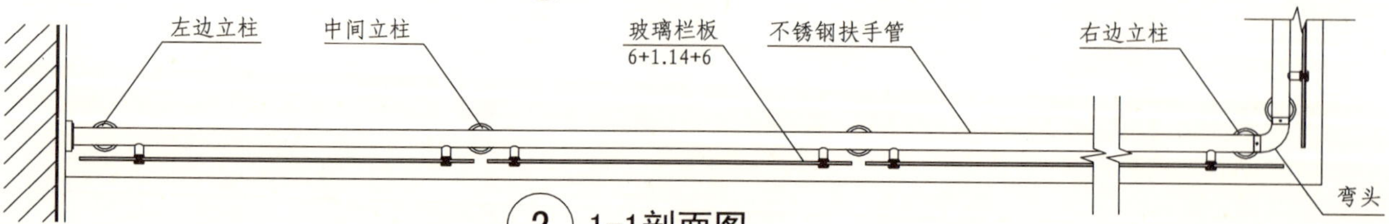

② 1-1剖面图

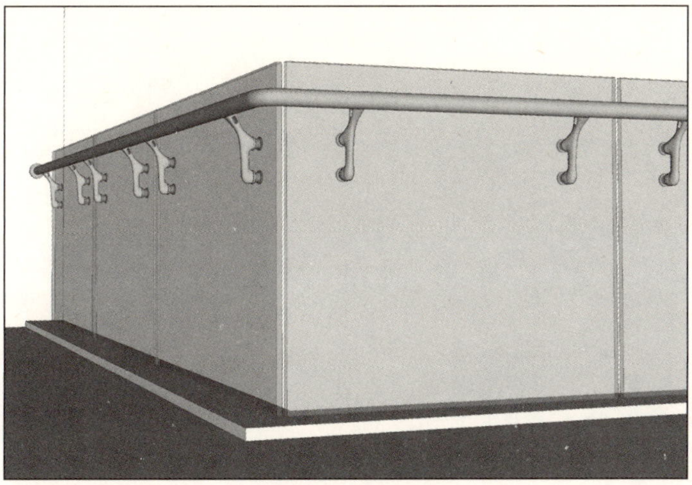

预埋件系列

平台安装技术要求:

栏杆适用于临空高度在24m以下建筑的室外阳台栏杆，或室内内天井平台处栏杆，侧装于结构层侧面，此时固定方式应采取U槽板与结构层用膨胀螺栓来连接固定。

注：本图资料由广东坚朗提供。

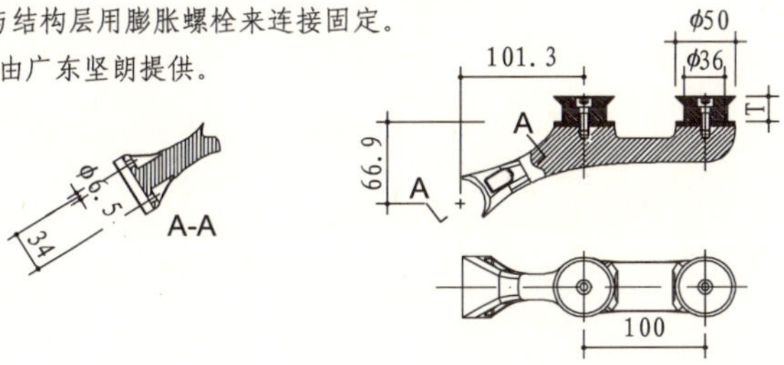

ZCF14

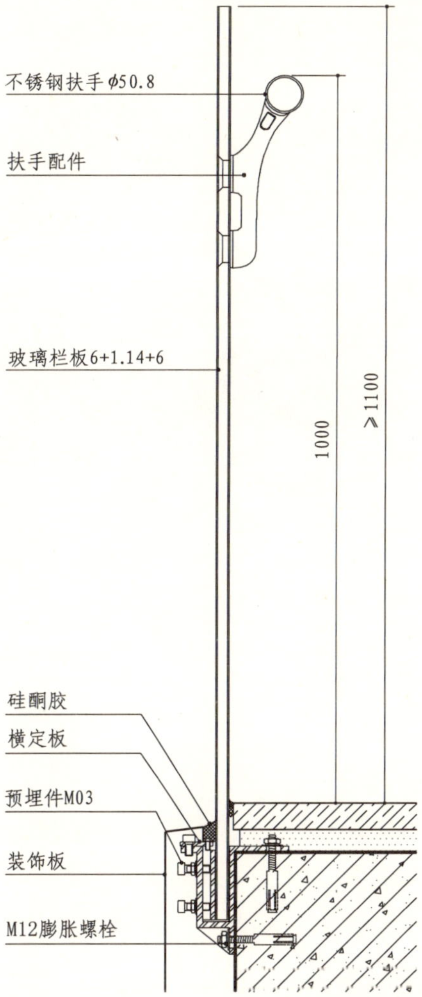

3 2-2剖面图

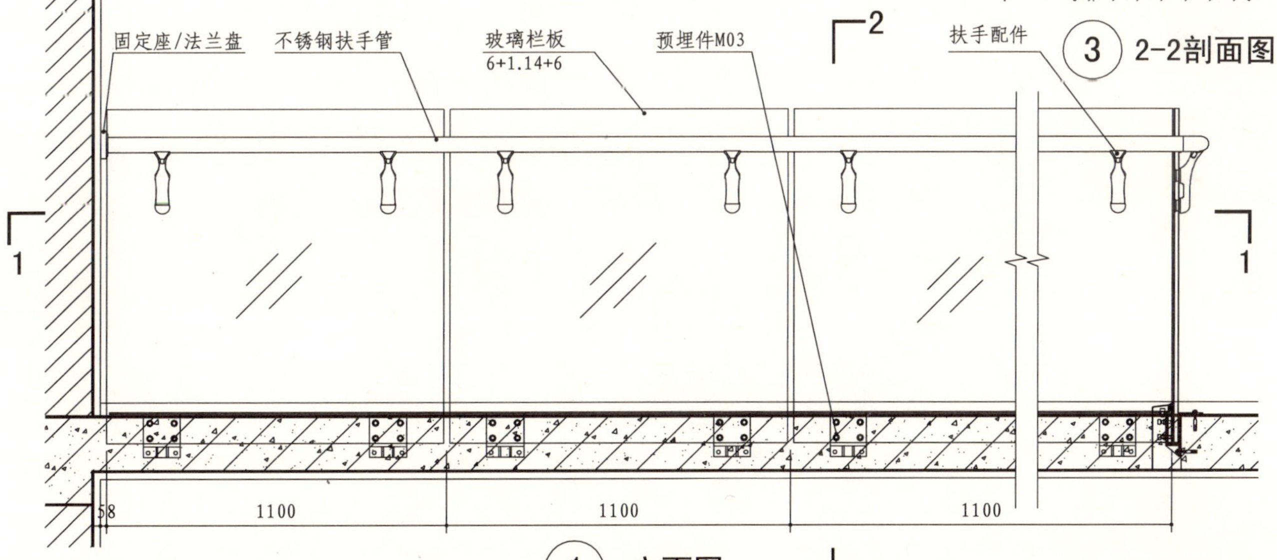

1 立面图

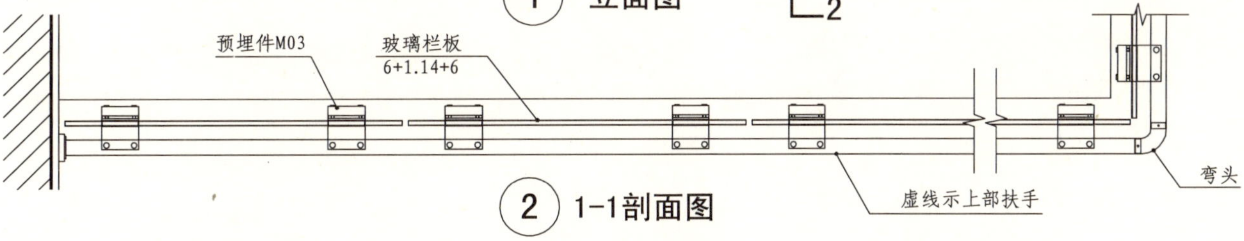

2 1-1剖面图

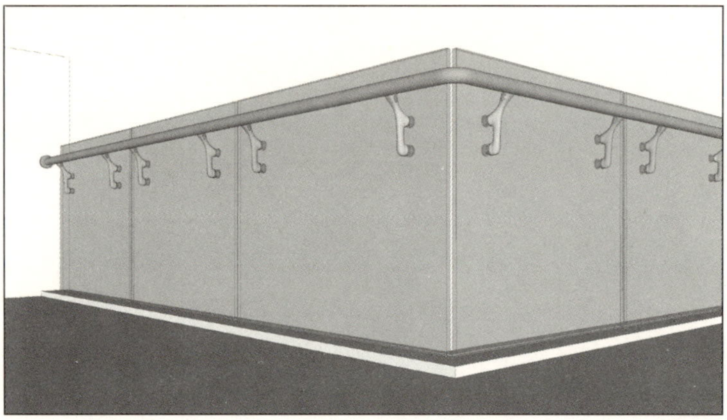

预埋件系列

平台安装技术要求：

栏杆适用于临空高度在24m以下建筑的室外阳台栏杆，或室内内天井平台处栏杆，侧装于结构层侧面，此时固定方式应采取U槽板与结构层用膨胀螺栓来连接固定。

注：本图资料由广东坚朗提供。

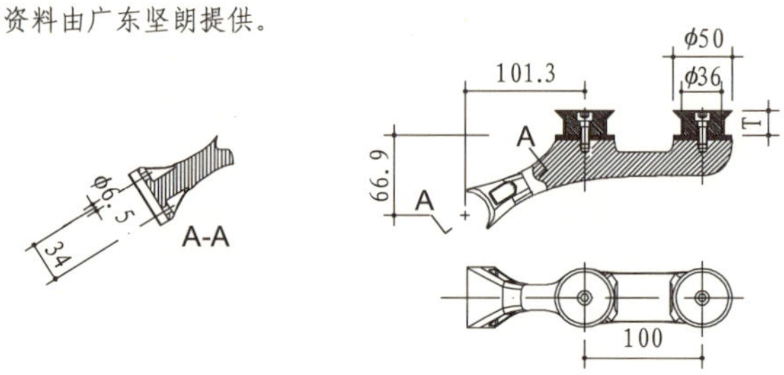

ZCF14

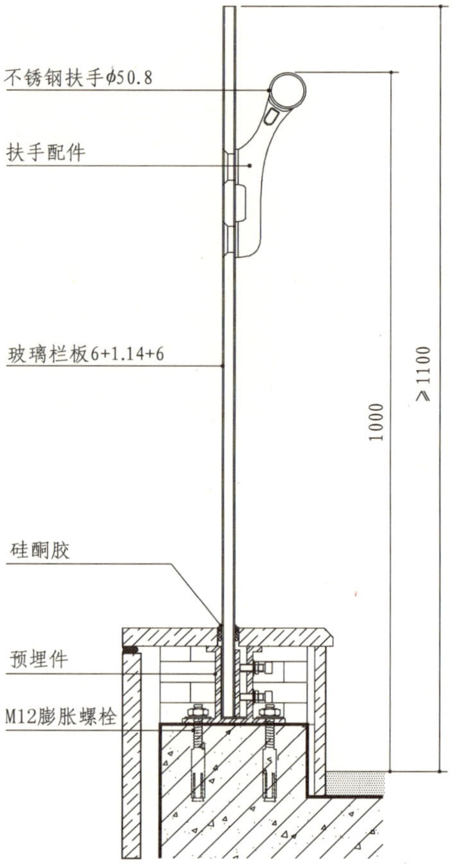

③ 2-2剖面图

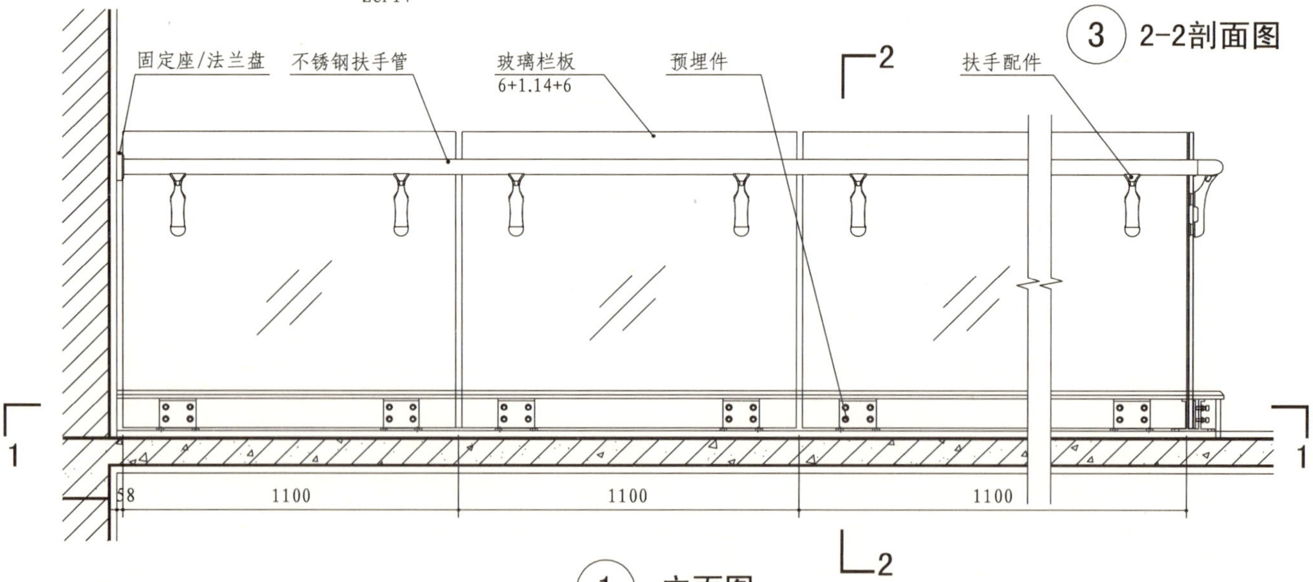

① 立面图

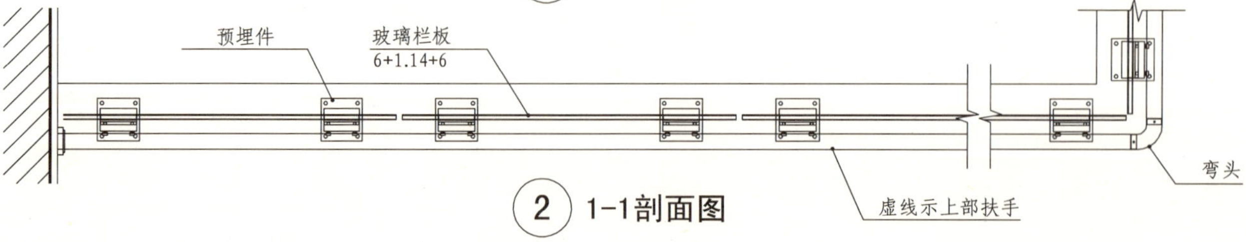

② 1-1剖面图

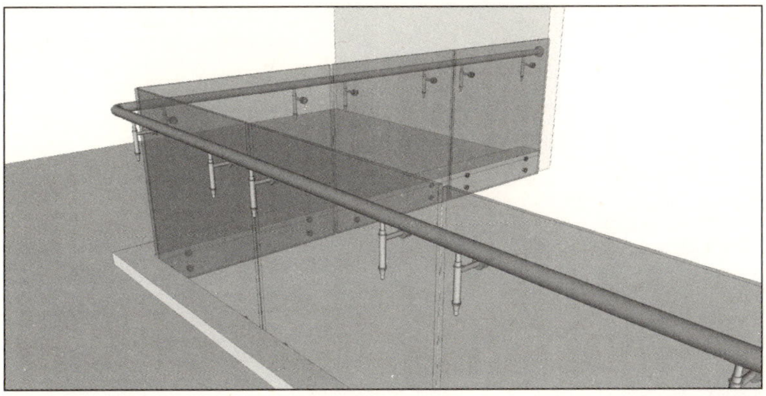

预埋件系列

平台安装技术要求：
栏杆适用于临空高度在24m以下建筑的室外阳台栏杆，或室内内天井平台处栏杆，侧装于结构层侧面，此时固定方式采用膨胀螺栓来连接固定。
注：本图资料由广东坚朗提供。

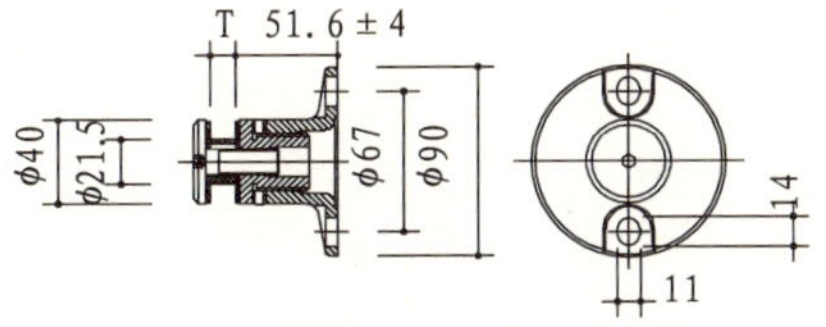

YM02

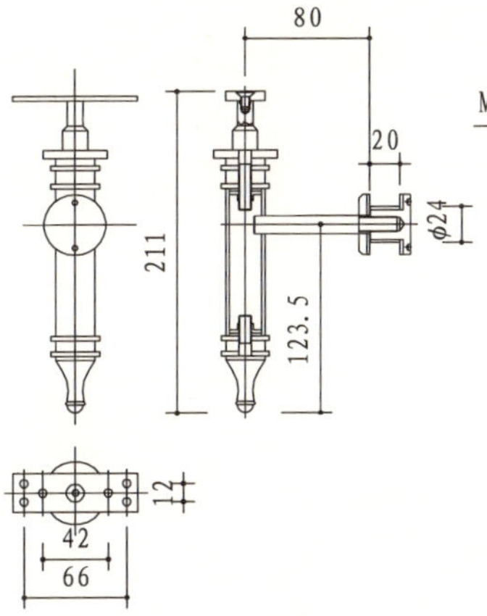

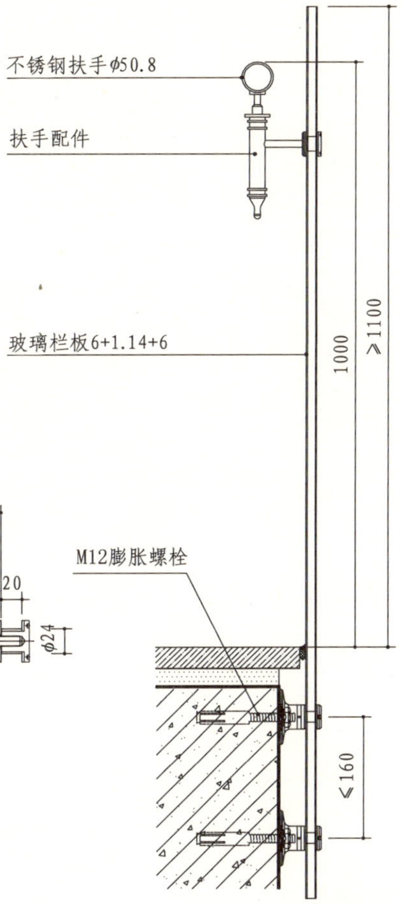

3 2-2剖面图

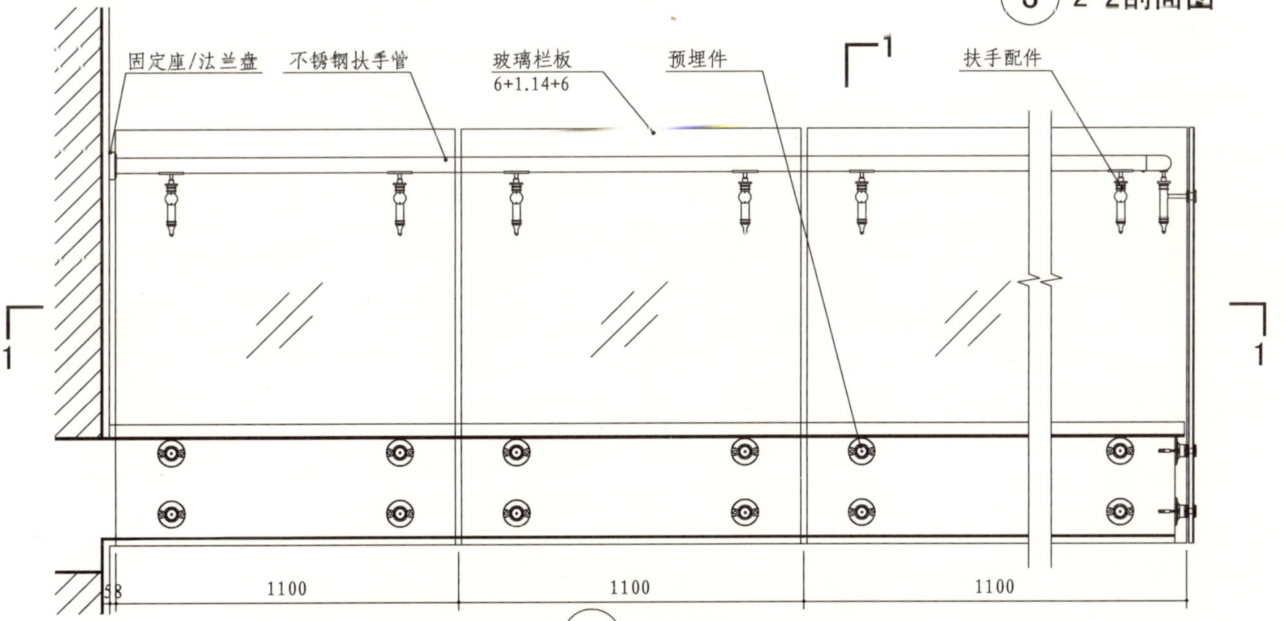

1 立面图

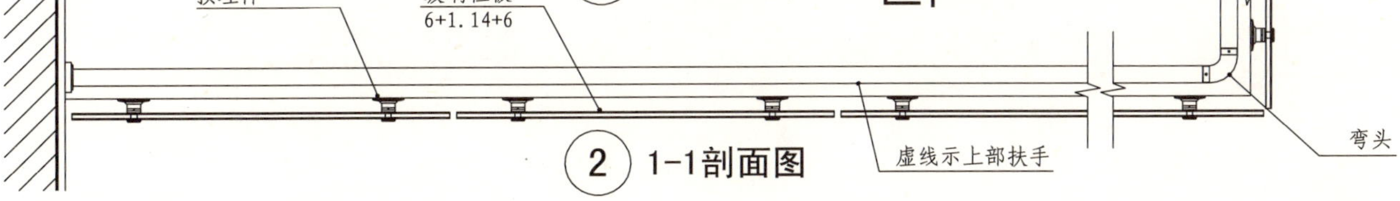

2 1-1剖面图

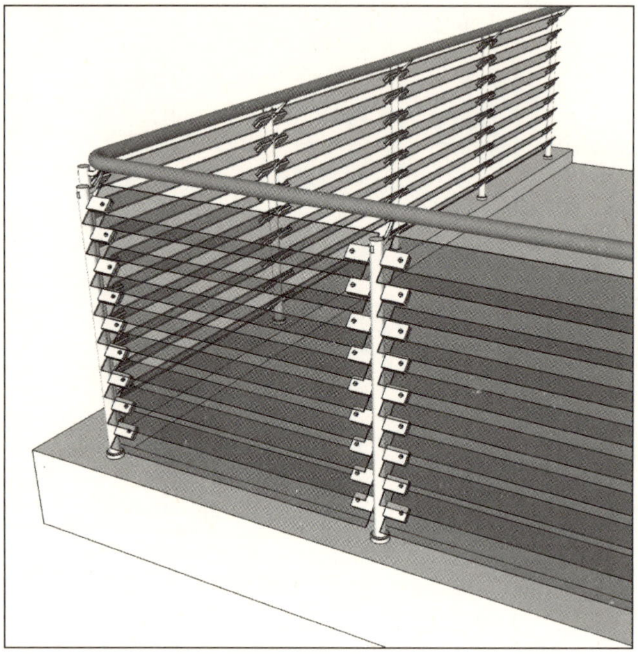

百叶护栏

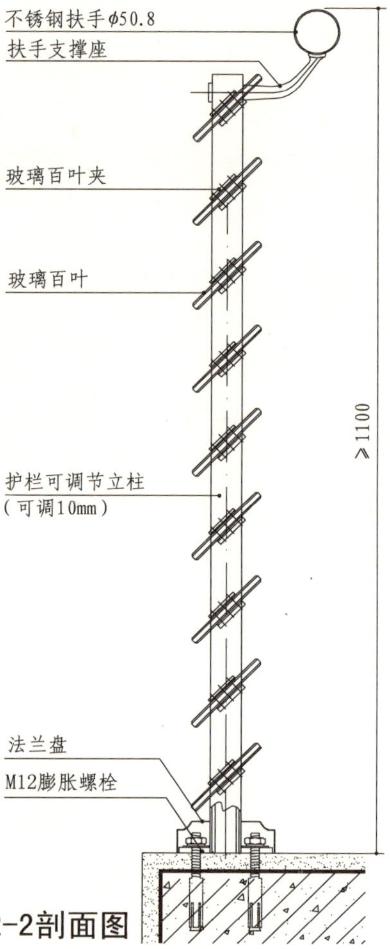

③ 2-2剖面图

平台安装技术要求：
栏杆适用于临空高度在24m以下建筑的室外阳台栏杆，或室内内天井平台处栏杆，每一块小玻璃均可以转动；用于东北密封阳台，便于通风、透气。此时固定方式采用膨胀螺栓来连接固定。
注：本图资料由广东坚朗提供。

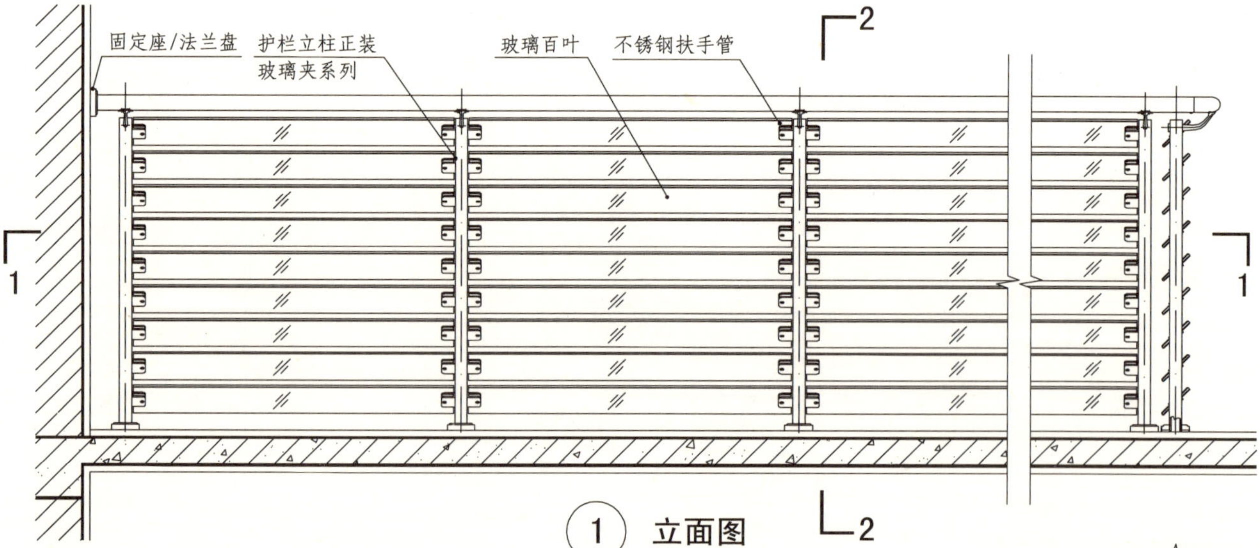

① 立面图

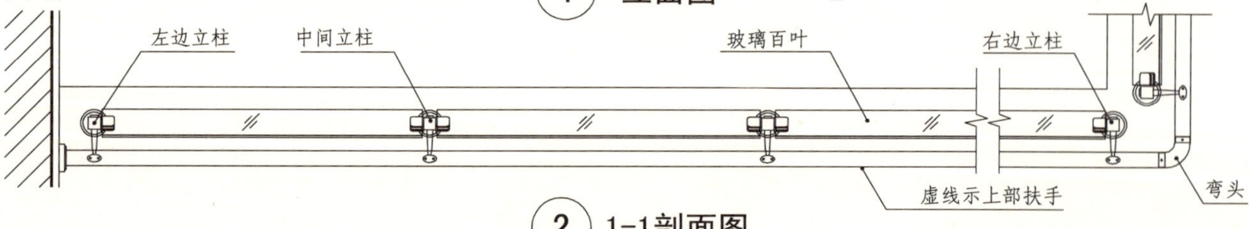

② 1-1剖面图

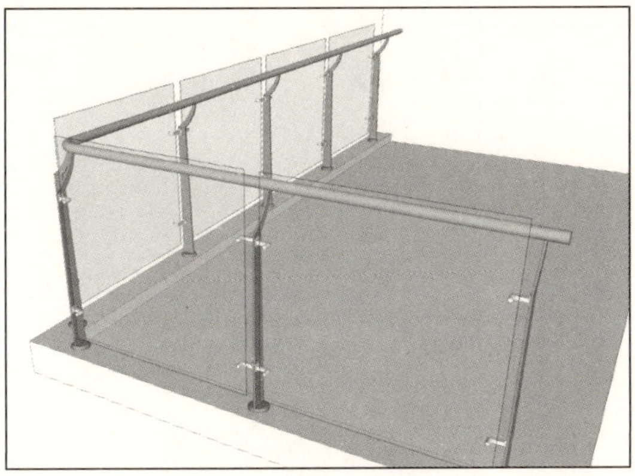

平台式护栏系列

安装技术要求：
此栏杆适用在平台上，要注意安装时的垂直度，注意其安装时的高度及其打膨胀螺栓距边线的距离。此时立柱固定方式应采用膨胀螺栓将立柱固定。
注：本图资料由广东坚朗提供。

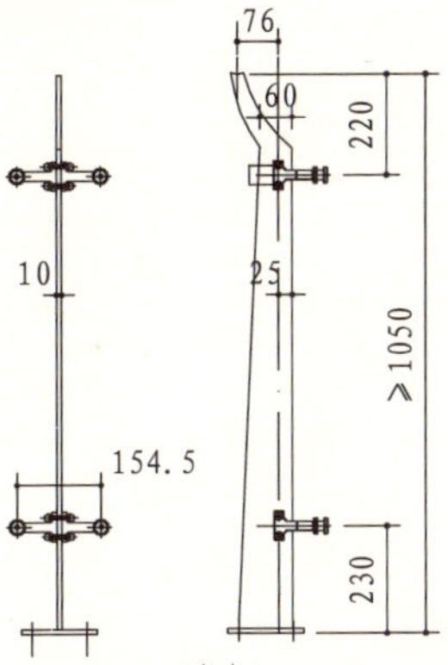

BD4B1(类似)

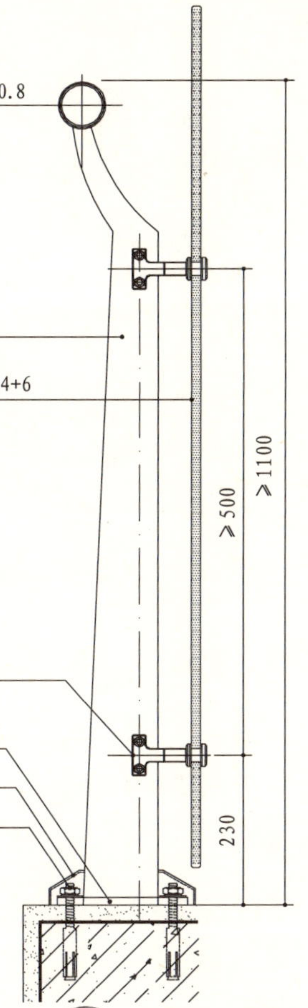

③ 2-2剖面图

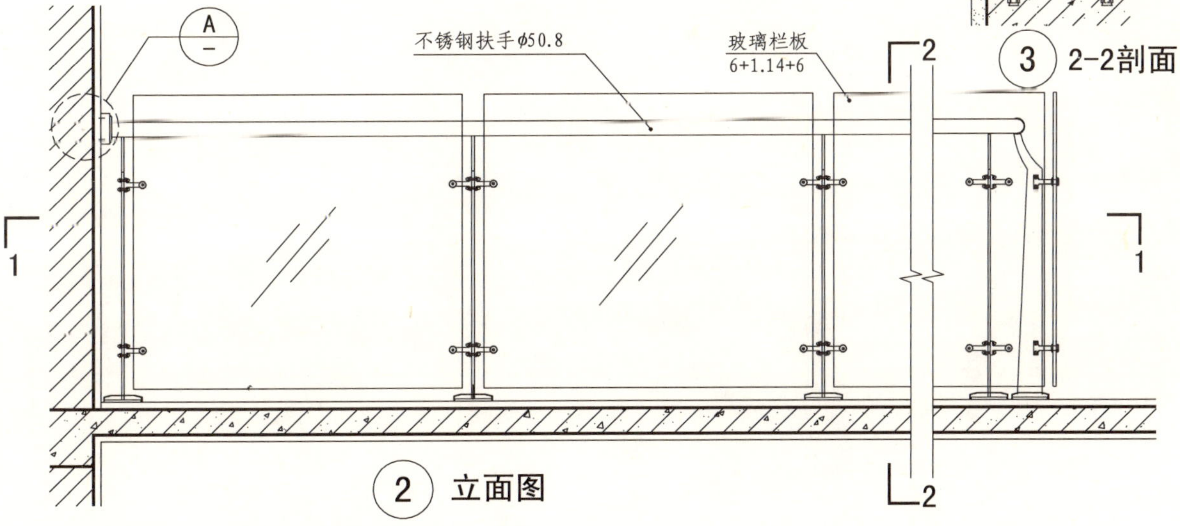

② 立面图

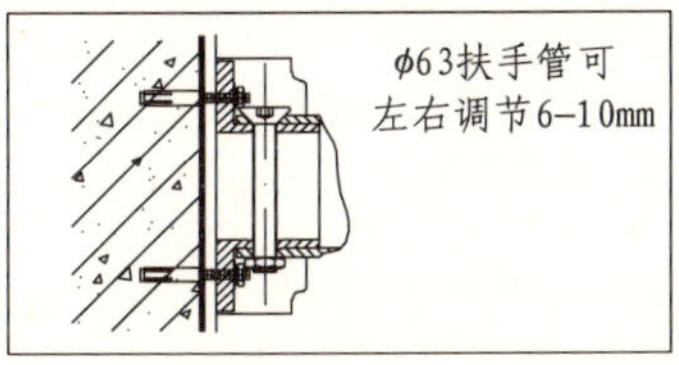

Ⓐ

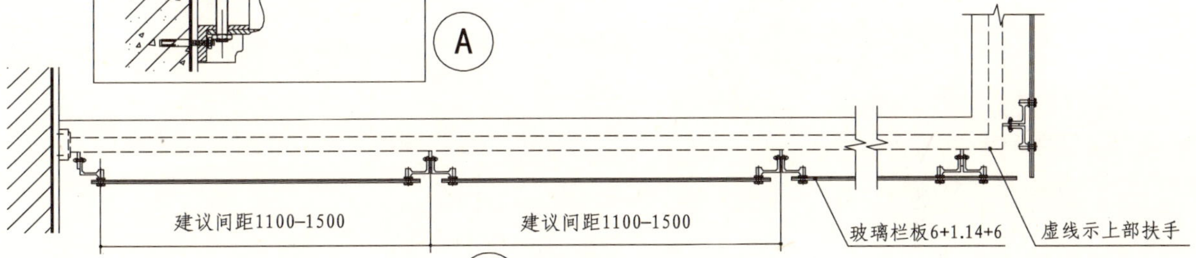

① 平面图

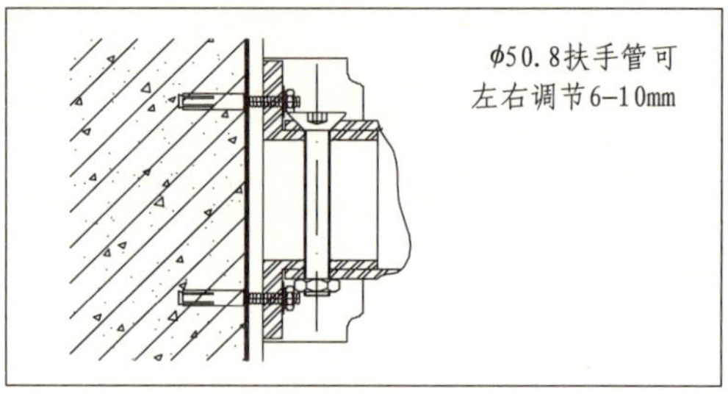

A

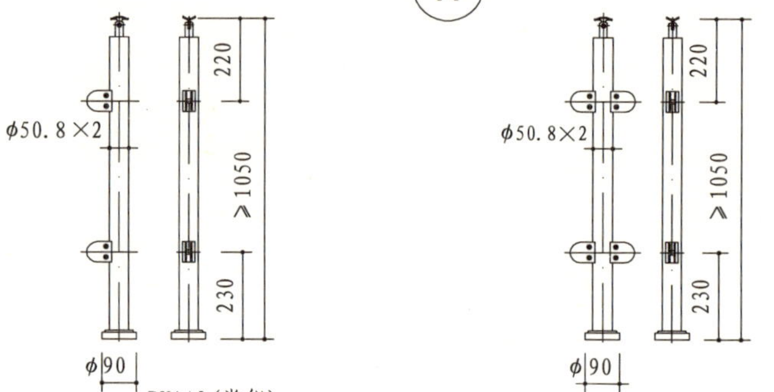

BY1A2(类似)　　BY1A1(类似)

平台式护栏系列

技术要求：
栏杆高度适用于临空高度在24m以下建筑的室外阳台栏杆，此时立柱固定方式应采取底板与预埋件固定。
注：本图资料由广东坚朗提供。

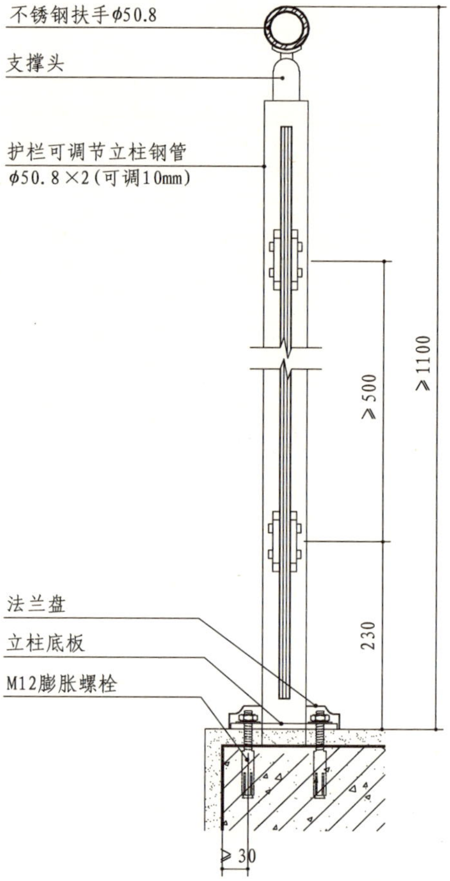

3 2-2剖面图

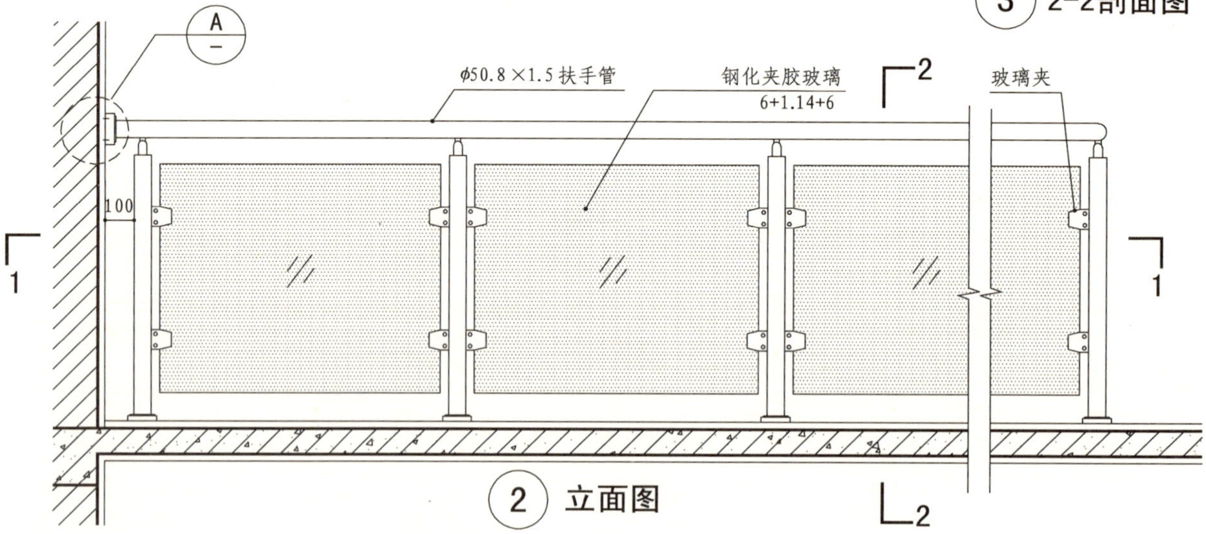

2 立面图

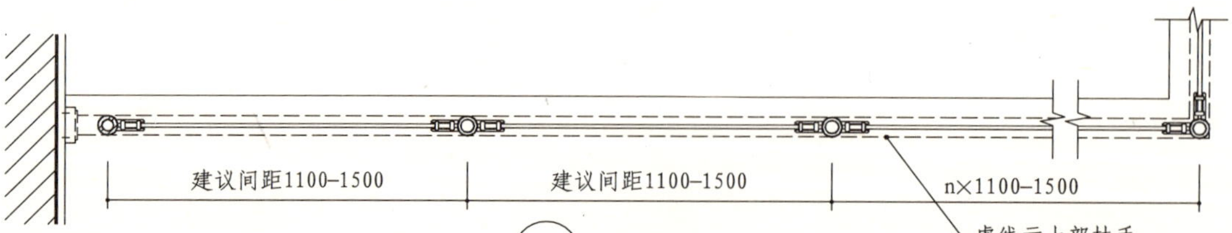

1 平面图

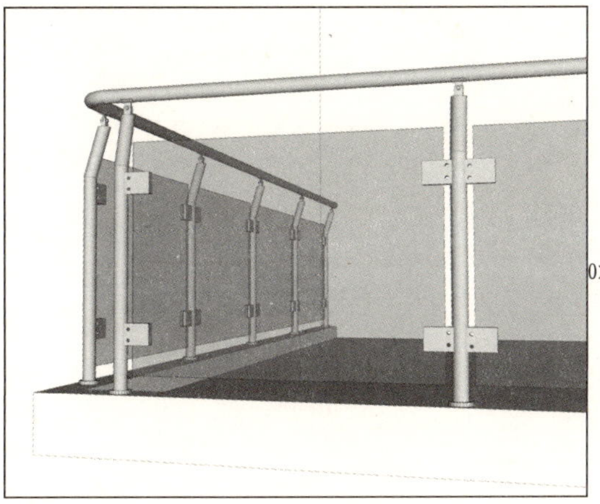

平台式护栏系列

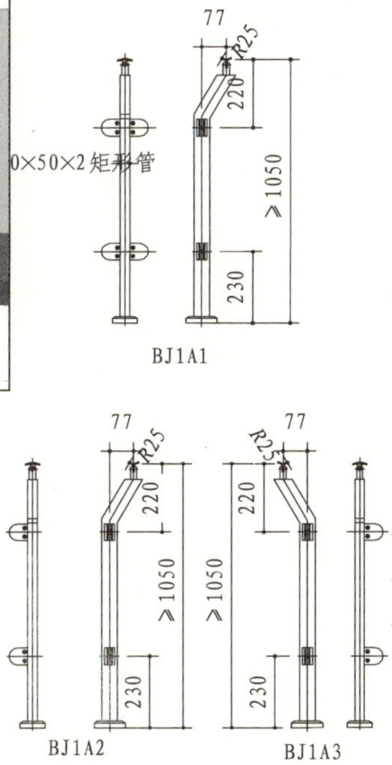

安装技术要求：
此栏杆适用在平台上，要注意安装时的垂直度，注意其安装时的高度及其打膨胀螺栓距边线的距离。此时立柱固定方式应采用膨胀螺栓将立柱固定。
注：本图资料由广东坚朗提供。

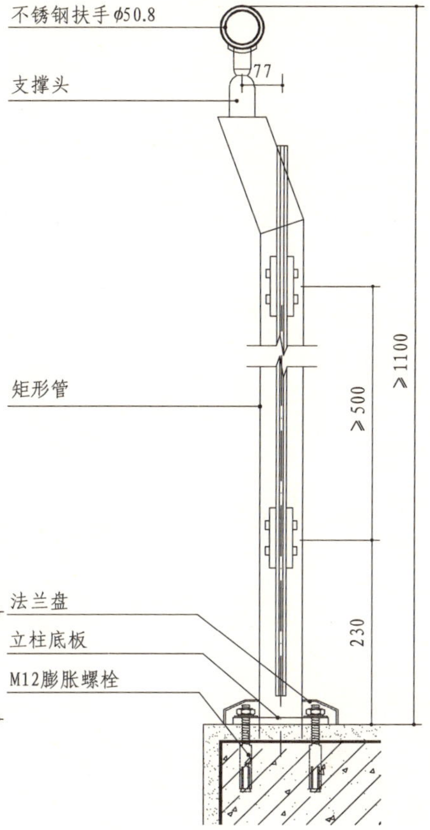

3 2-2剖面图

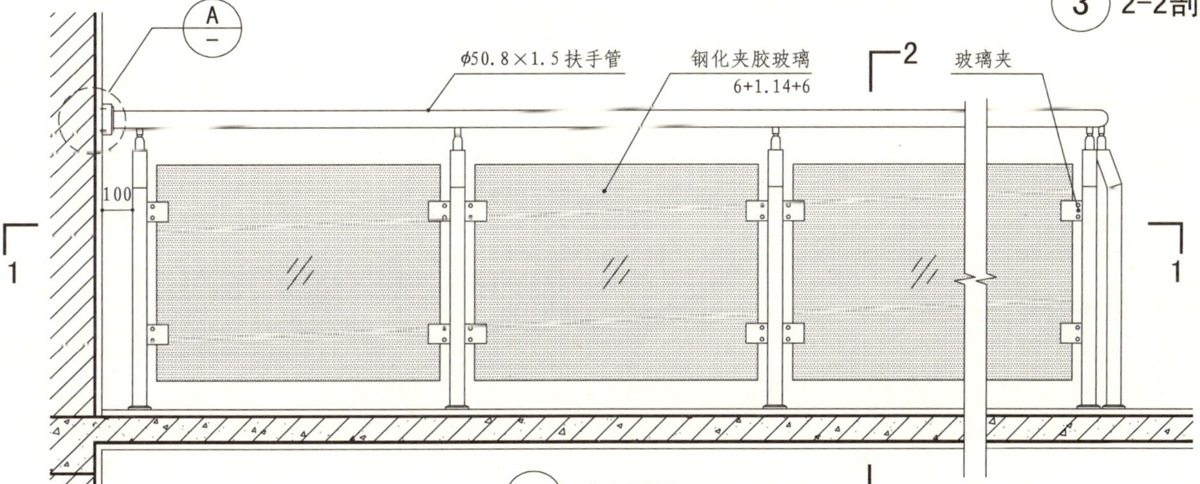

2 立面图

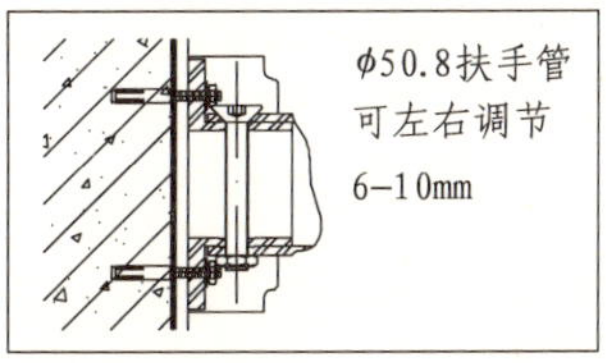

A

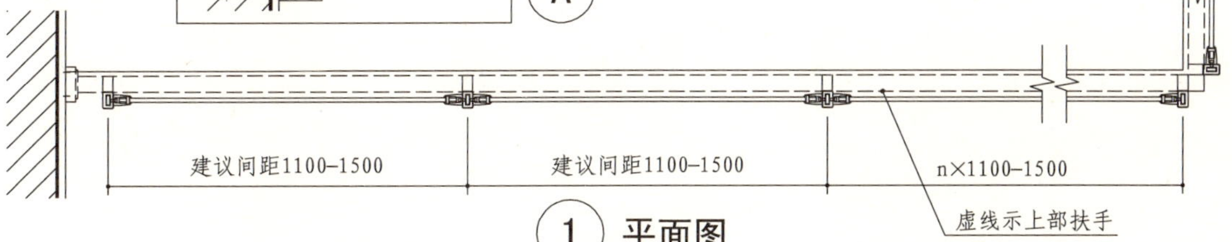

1 平面图

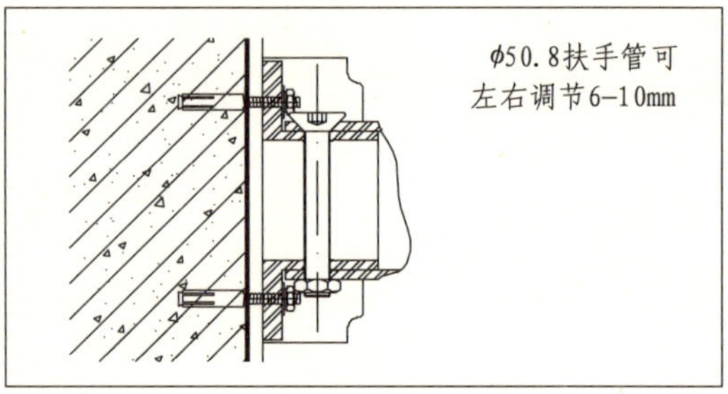

A

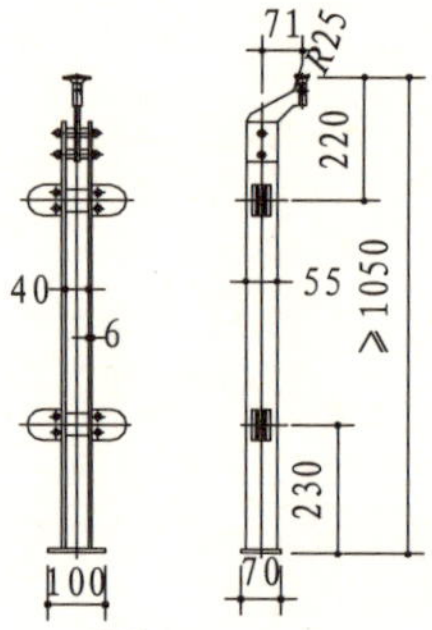

BS2A1

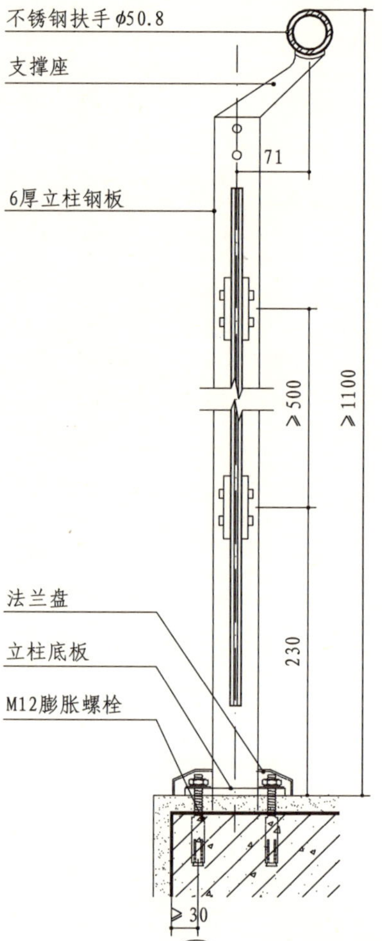

3 2-2剖面图

平台式护栏系列

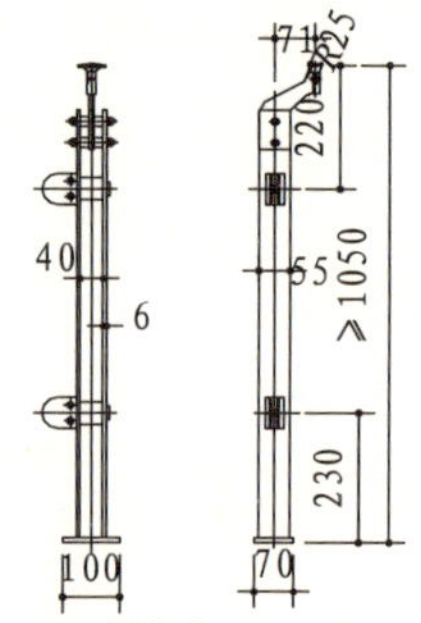

BS2A2

技术要求:

栏杆高度适用于临空高度在24m以下建筑的室外阳台栏杆，此时立柱固定方式应采用底板与预埋件固定。

注：本图资料由广东坚朗提供。

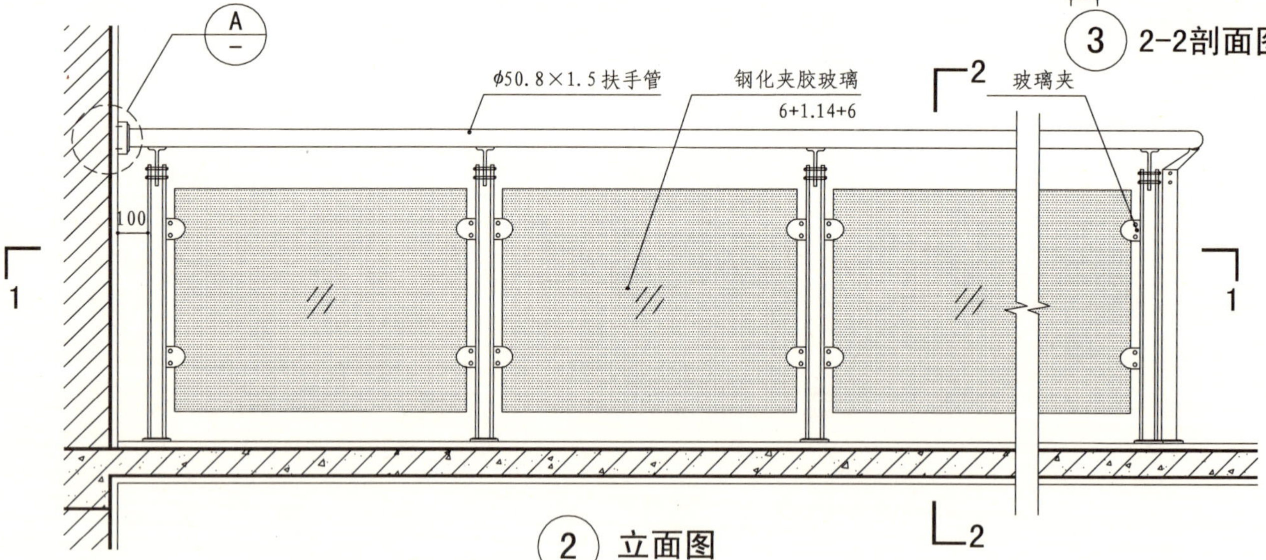

2 立面图

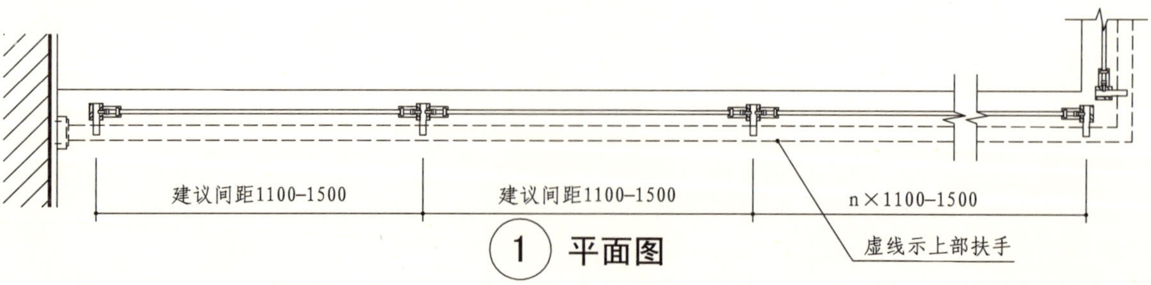

1 平面图

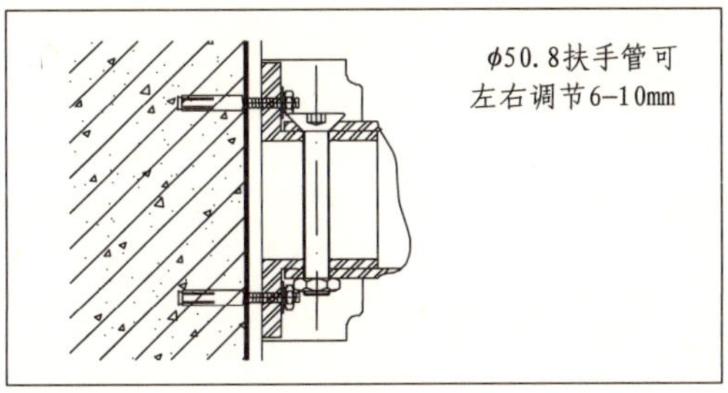

A

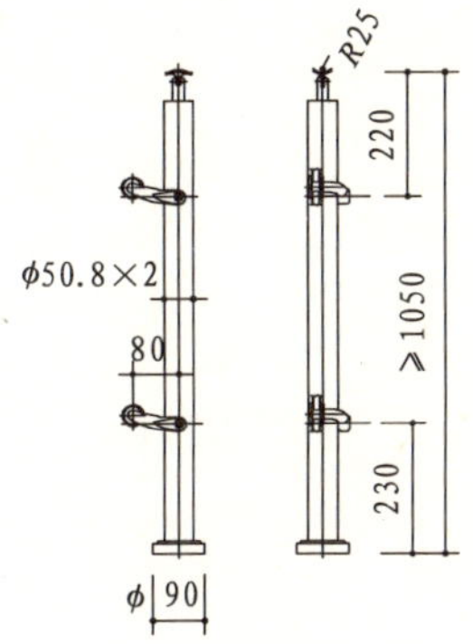

类似BY1B2

平台式护栏系列

安装技术要求：
此栏杆用在平台上，要注意安装时的垂直度，注意其安装时的高度及其打膨胀螺栓距边线的距离。此时立柱固定方式应采用膨胀螺栓将立柱固定。
注：本图资料由广东坚朗提供。

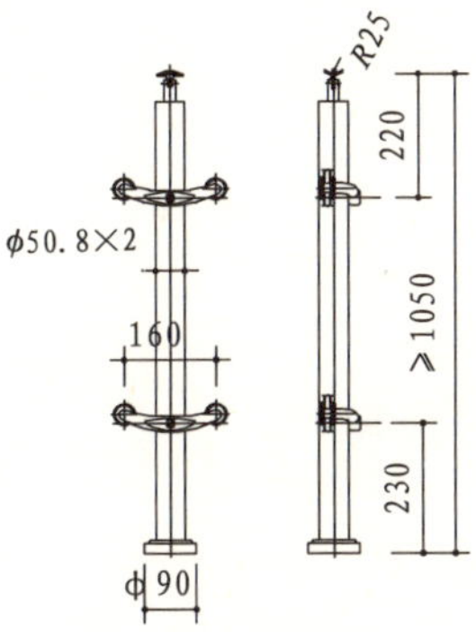

类似BY1B1

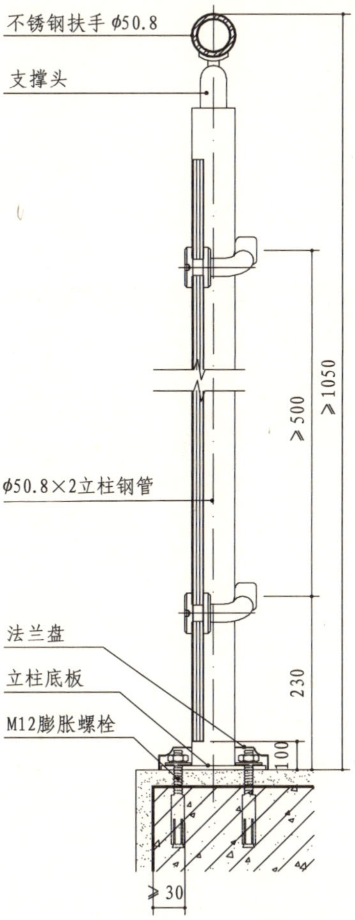

3 2-2剖面图

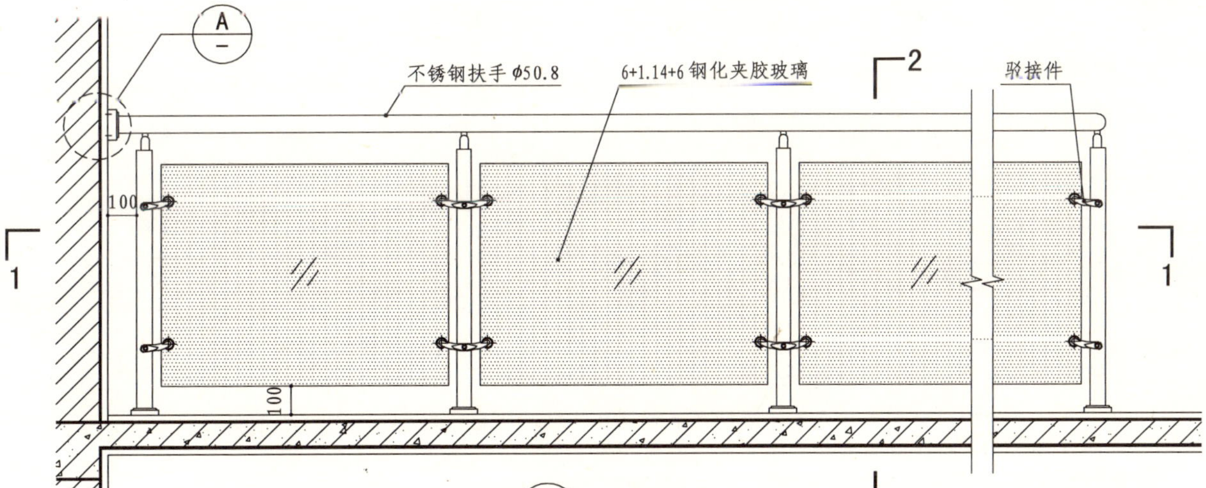

2 立面图

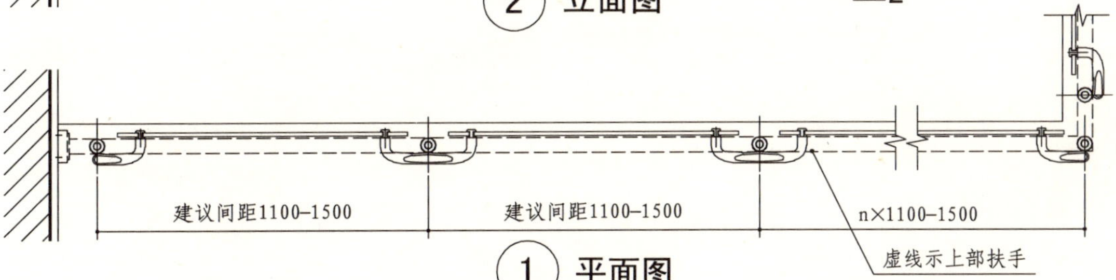

1 平面图

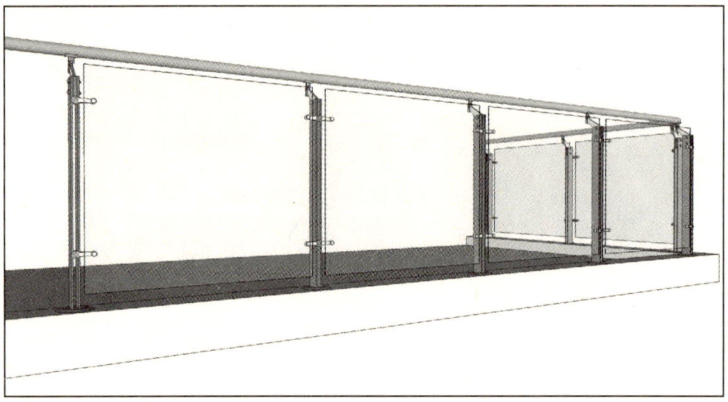

平台式护栏系列

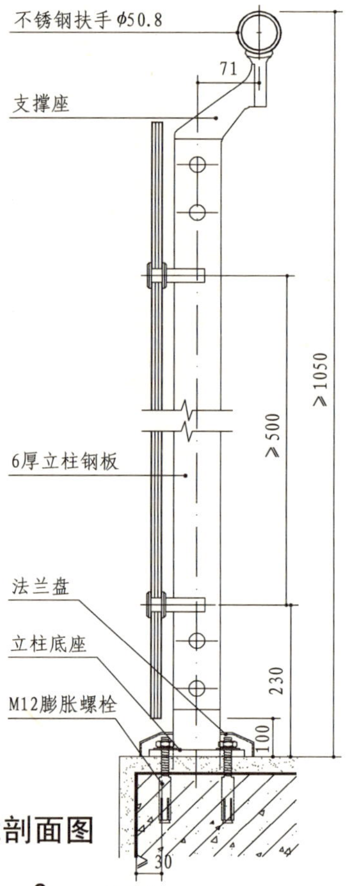

③ 2-2剖面图

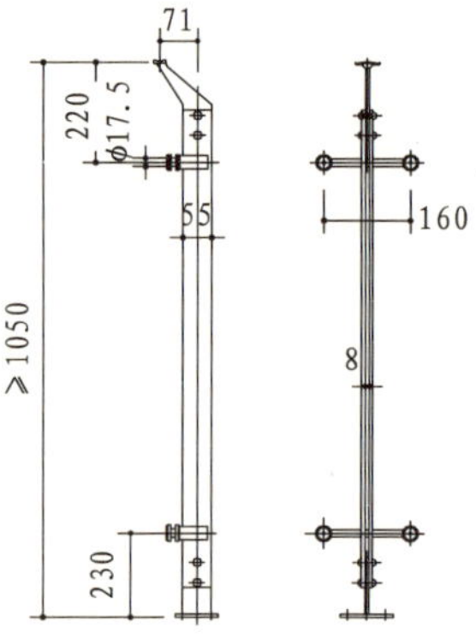

BS1B1

安装技术要求：
此栏杆用在平台上，要注意安装时的垂直度，注意其安装时的高度及其打膨胀螺栓距边线的距离。此时立柱固定方式应采用膨胀螺栓将立柱固定。
注：本图资料由广东坚朗提供。

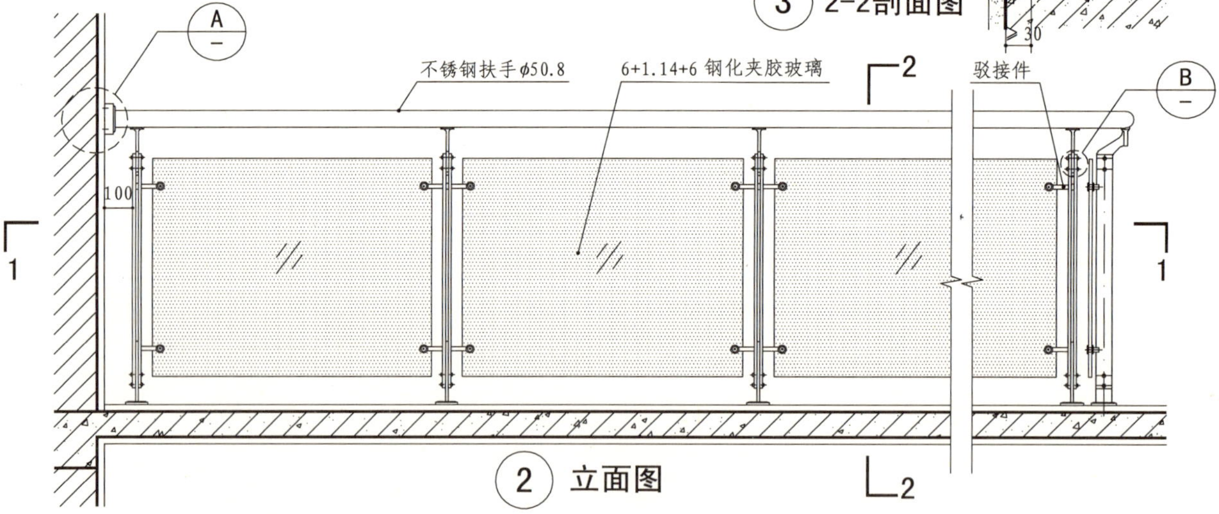

② 立面图

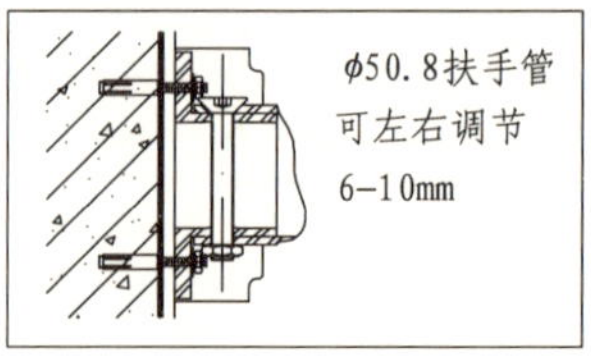

A

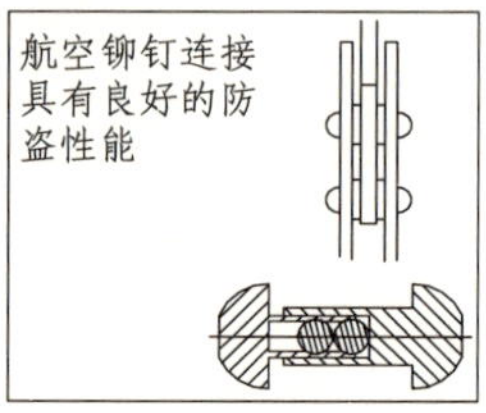

B

① 平面图

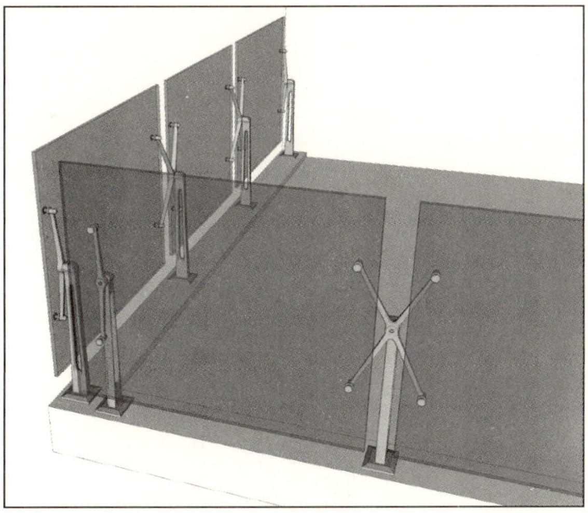

平台式护栏系列

安装技术要求：

此栏杆适用于正装在平台上，主要用于隔断场地。

此时立柱固定方式应采用膨胀螺栓将立柱固定。

注：本图资料由广东坚朗提供。

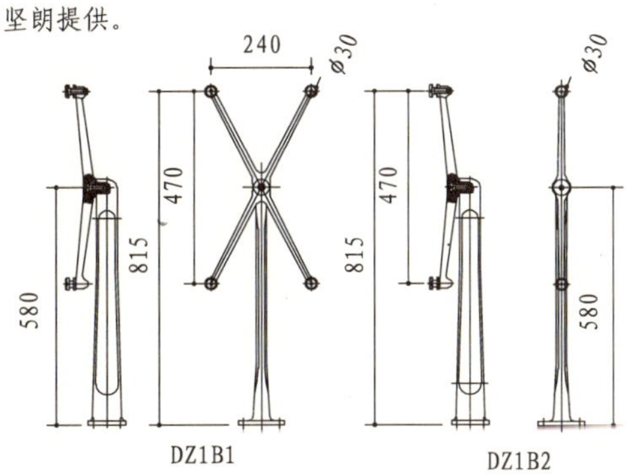

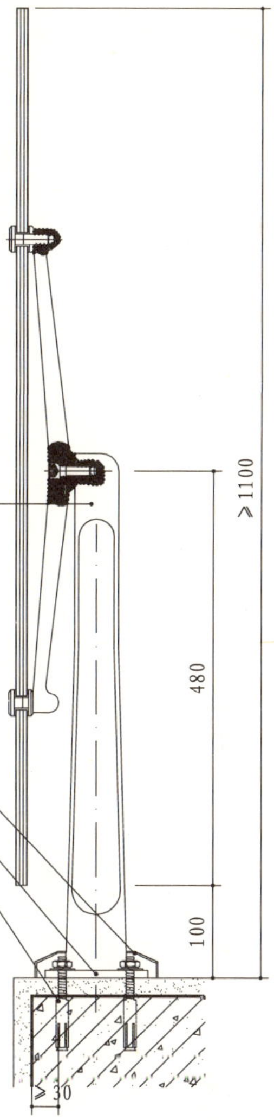

③ 2-2剖面图

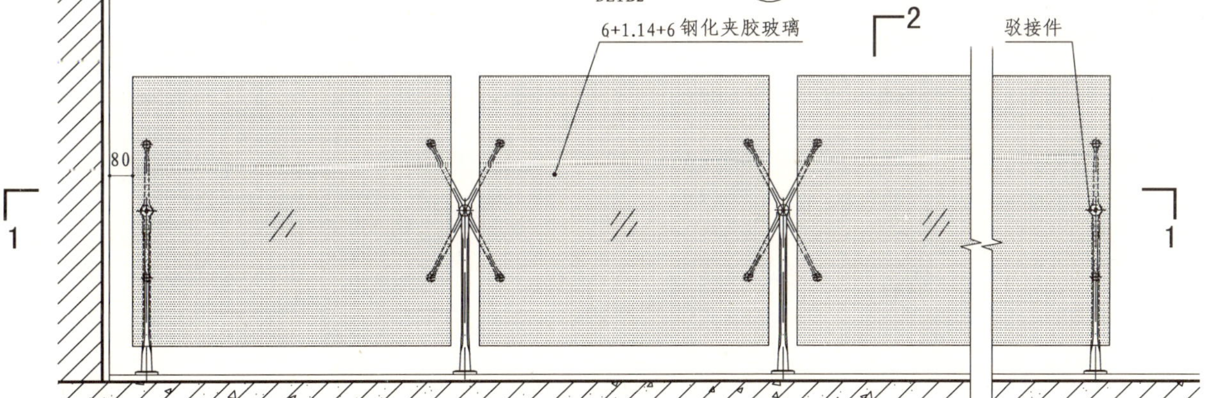

② 立面图

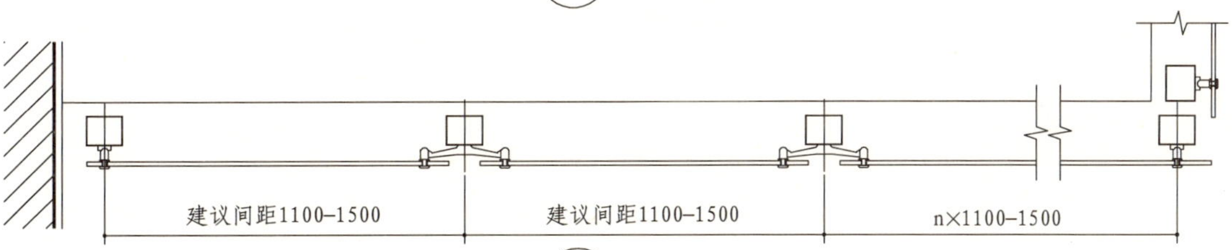

① 平面图

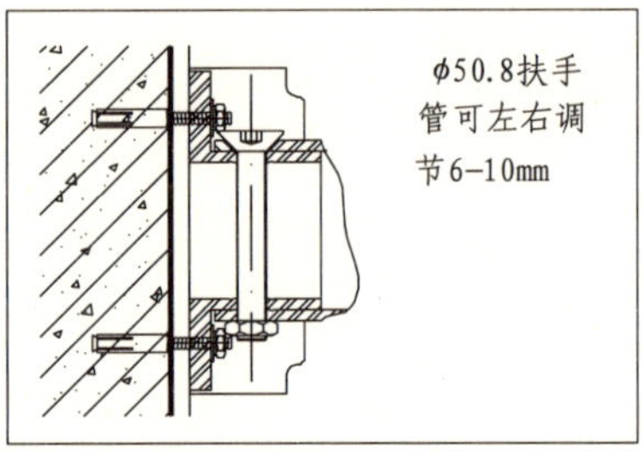

A

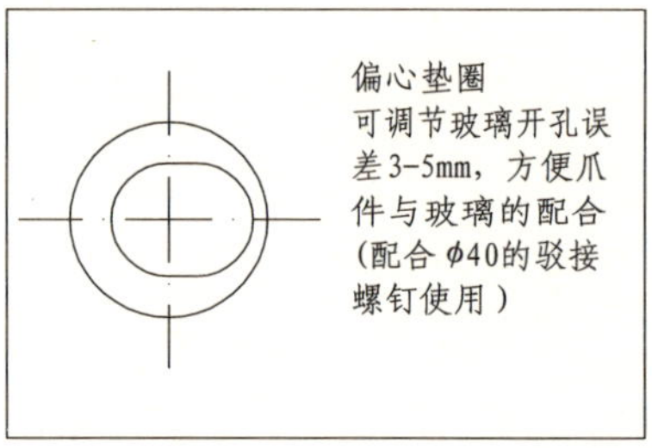

B

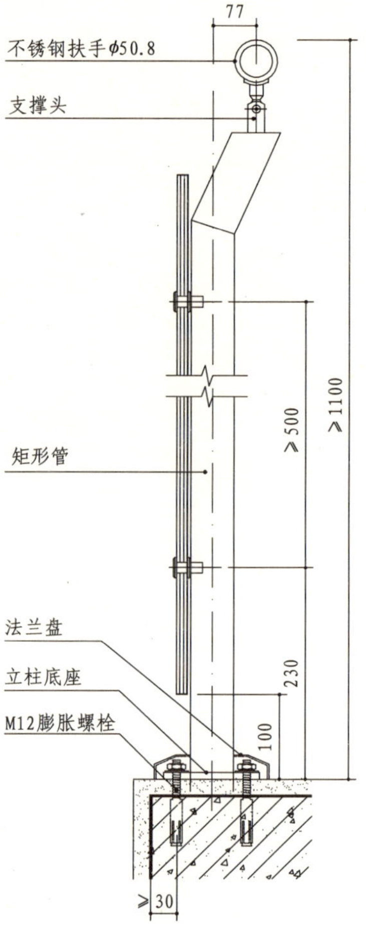

3 2-2剖面图

平台式护栏系列

技术要求:

栏杆高度适用于临空高度在24m以下的建筑室外阳台栏杆，此时立柱固定方式应采取底板与预埋件固定。

注：本图资料由广东坚朗提供。

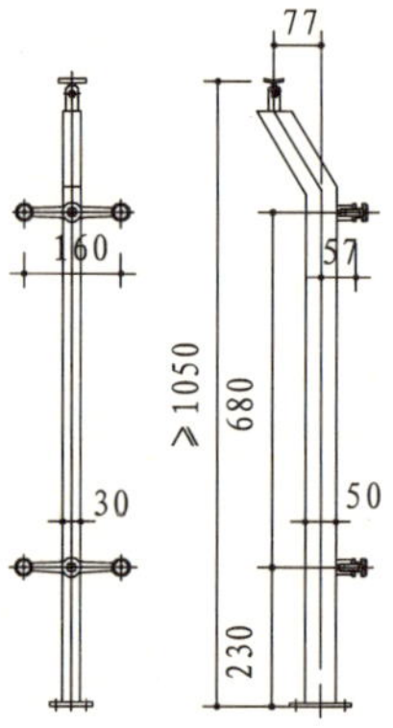

BJ1B1

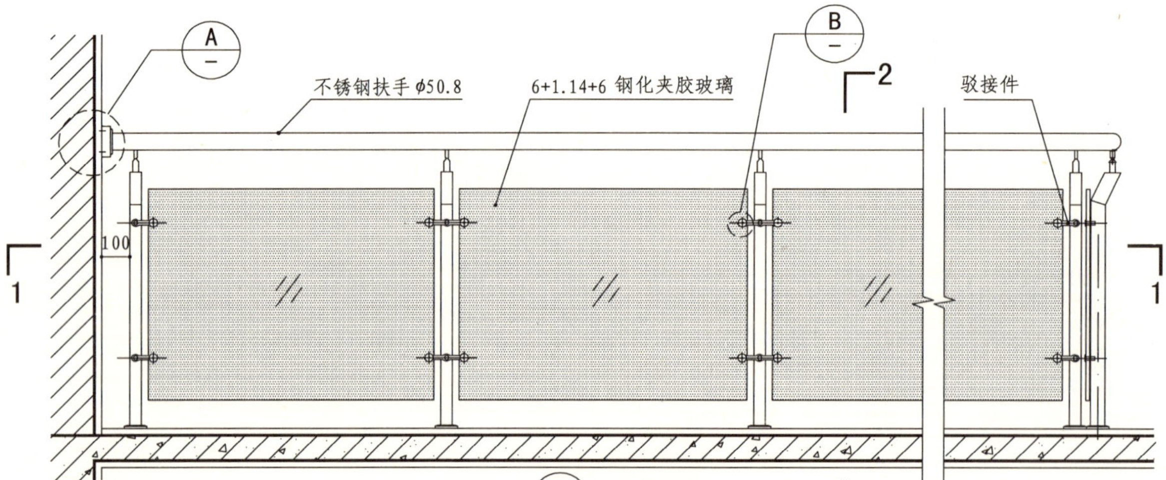

2 立面图

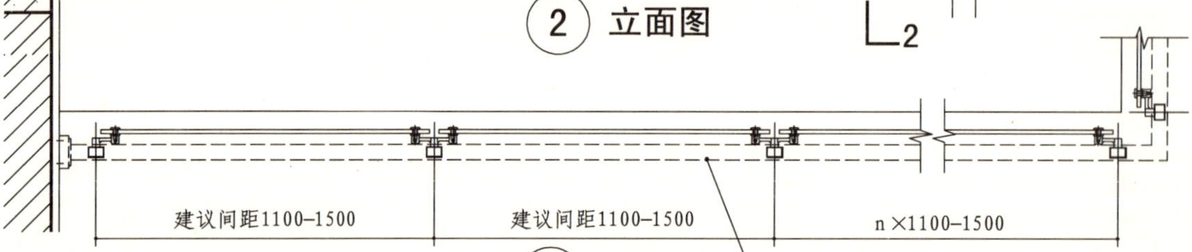

1 平面图

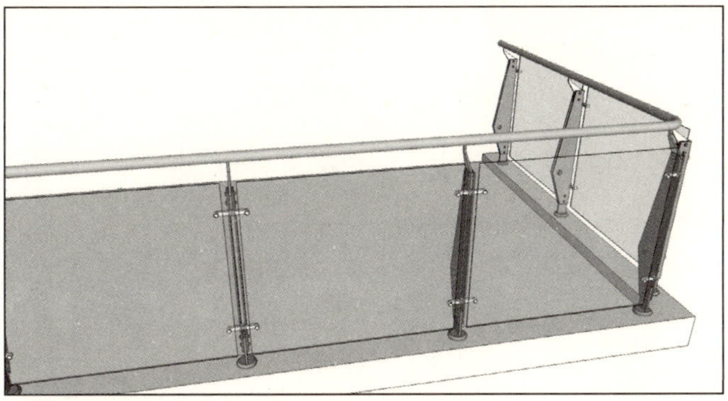

平台式护栏系列

技术要求：
栏杆高度适用于临空高度在24m以下建筑的室外阳台栏杆，此时立柱固定方式应采用底板与预埋件固定。
注：本图资料由广东坚朗提供。

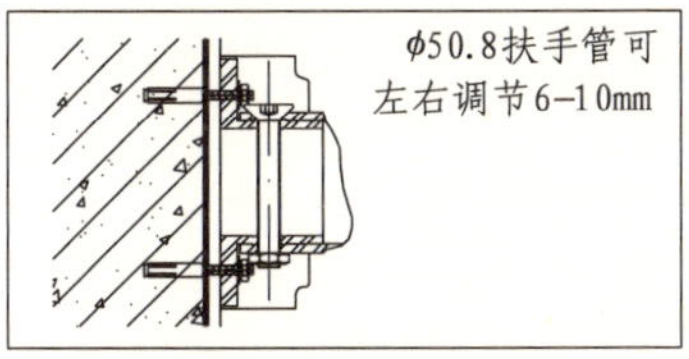

A

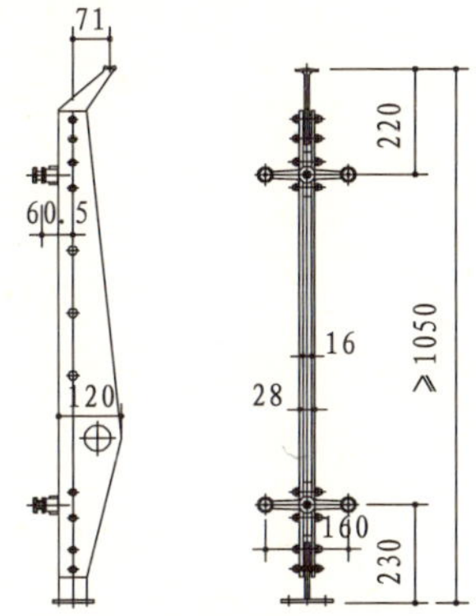

BS4B1

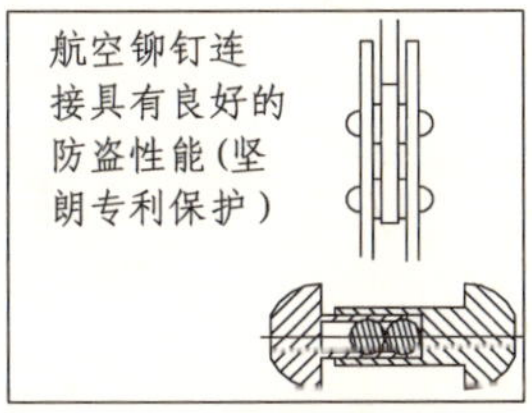

B

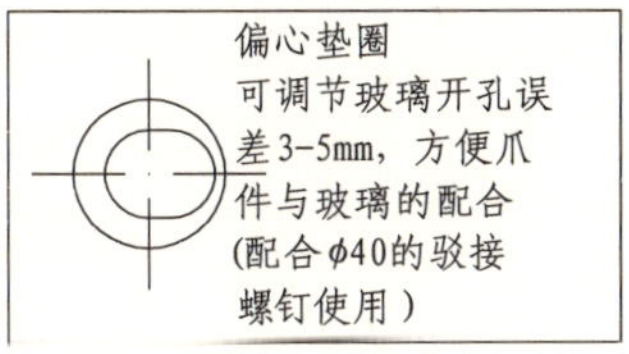

C

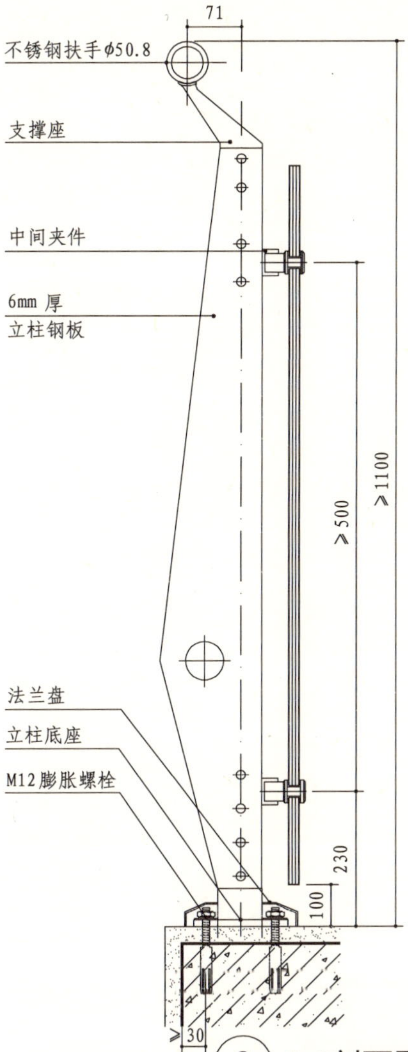

3 2-2剖面图

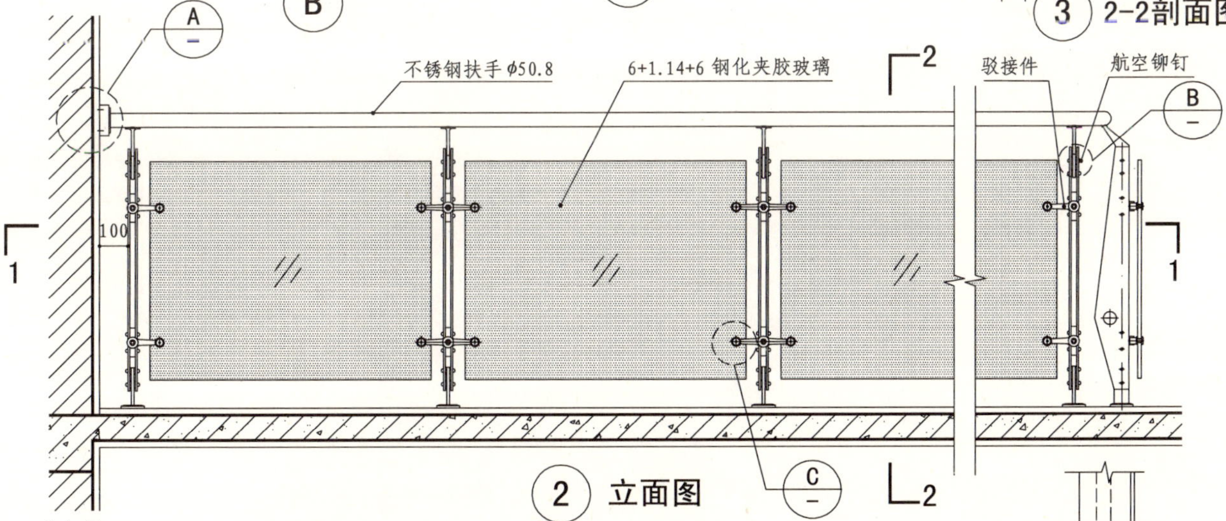

2 立面图

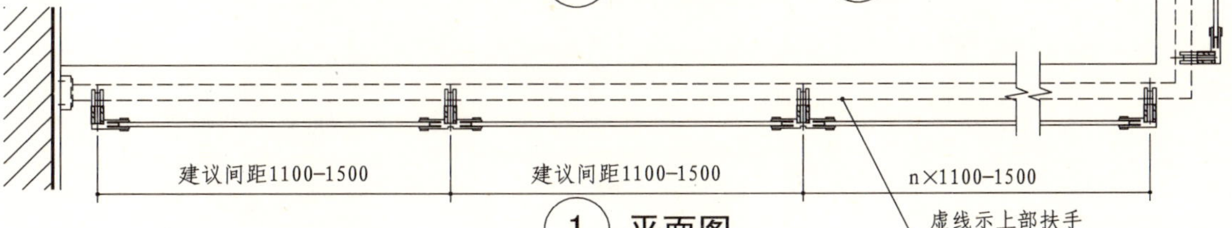

1 平面图

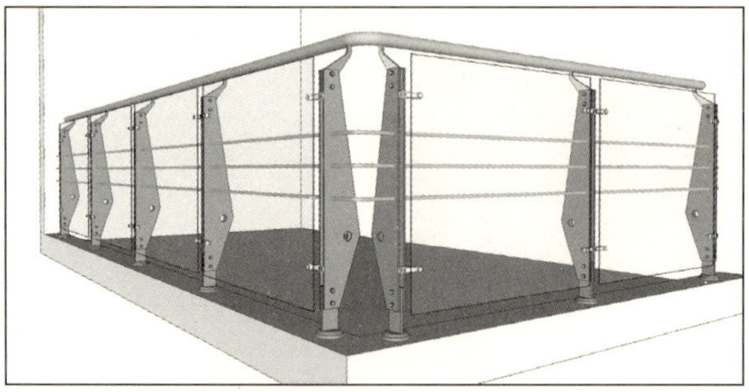

平台式护栏系列

技术要求：
栏杆高度适用于临空高度在24m以下建筑的室外阳台栏杆，此时立柱固定方式应采用底板与预埋件固定。
注：本图资料由广东坚朗提供。

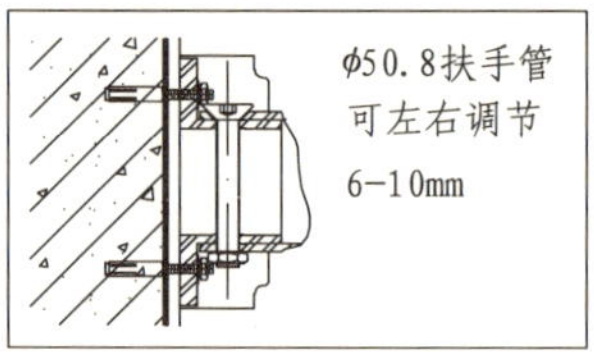

A

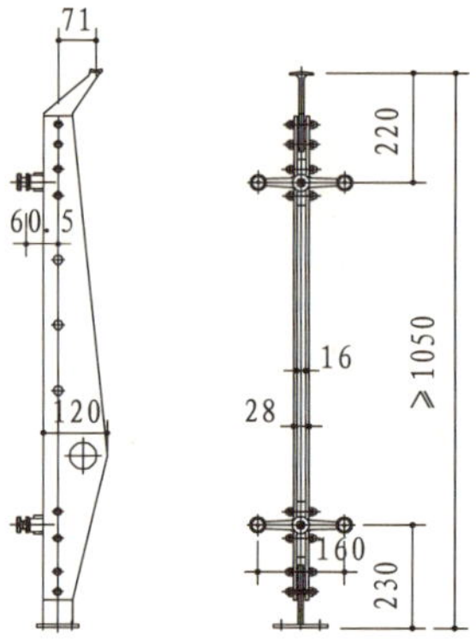

BS4B1

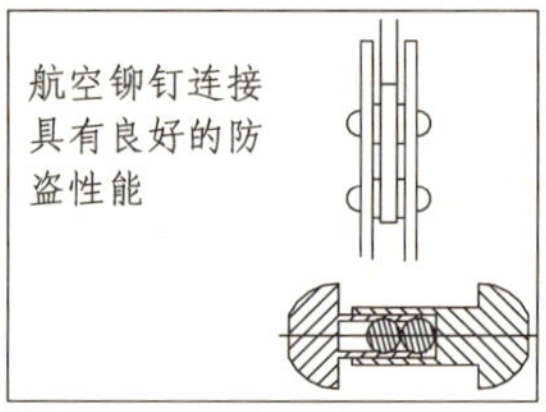

B

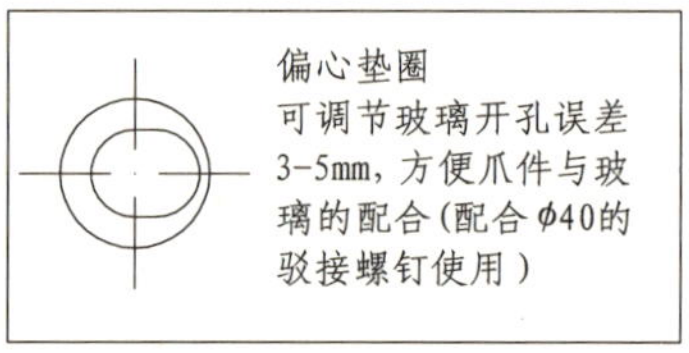

C

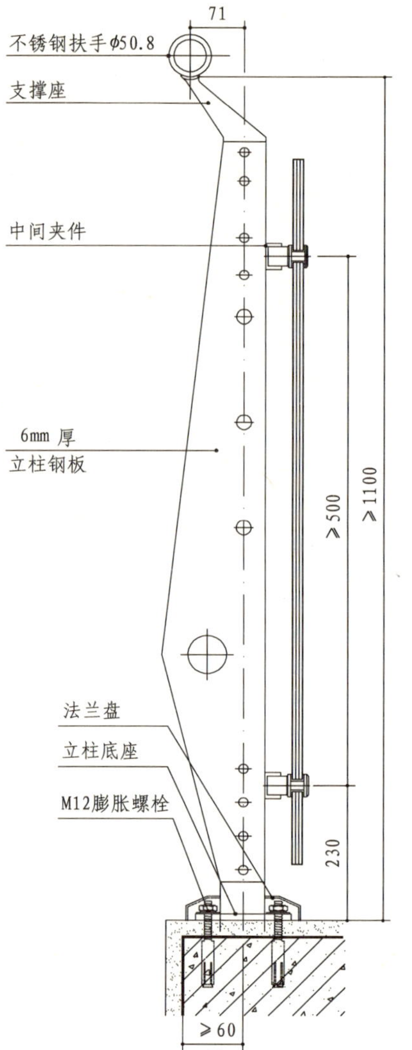

3 2-2剖面图

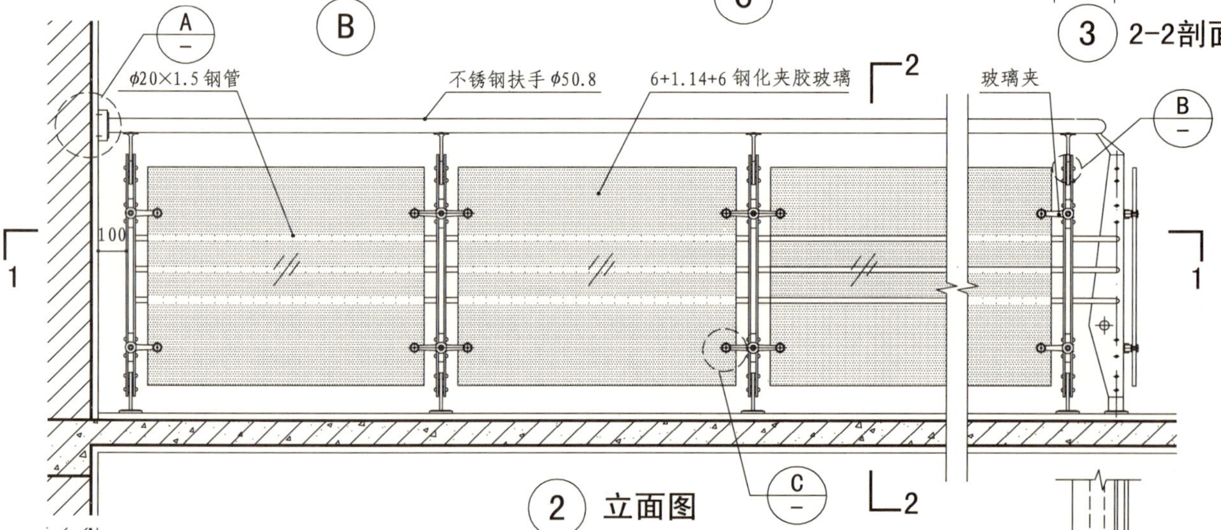

2 立面图

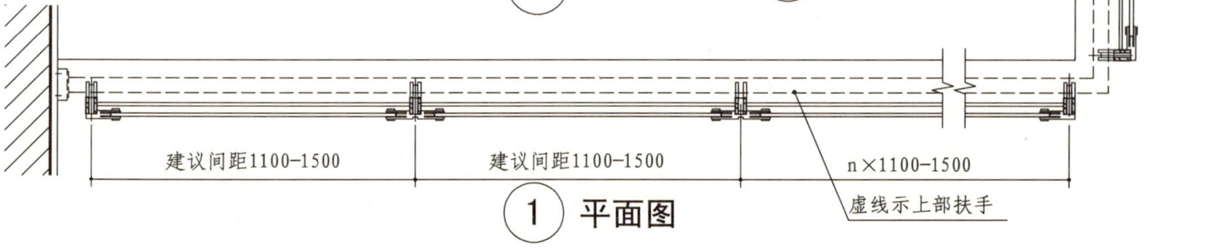

1 平面图

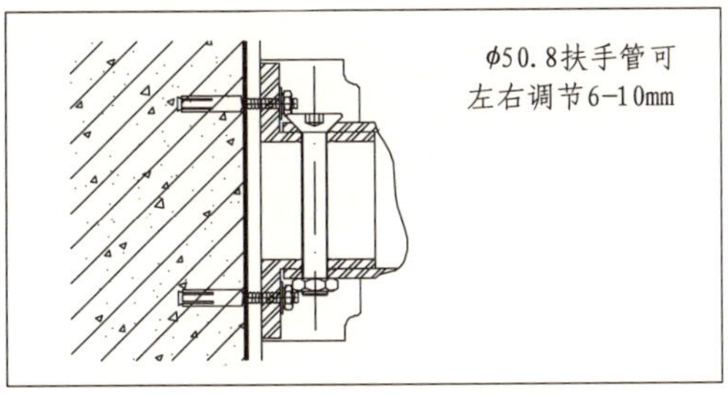

A

平台式护栏系列

技术要求：
栏杆高度适用于临空高度在24m以下建筑的室外阳台栏杆，此时立柱固定方式应采用底板与预埋件固定。
注：本图资料由广东坚朗提供。

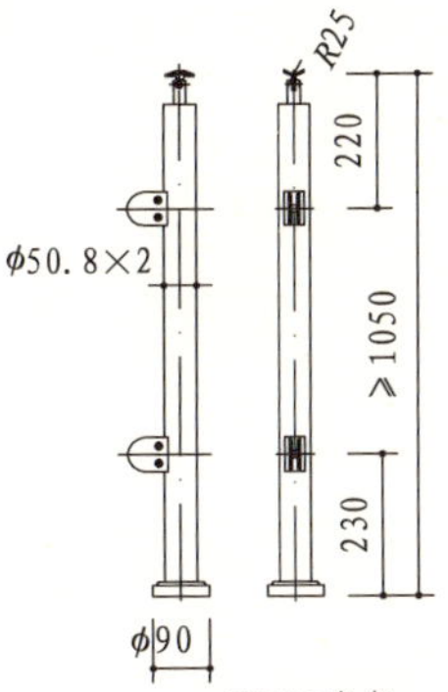

BY1A2类似

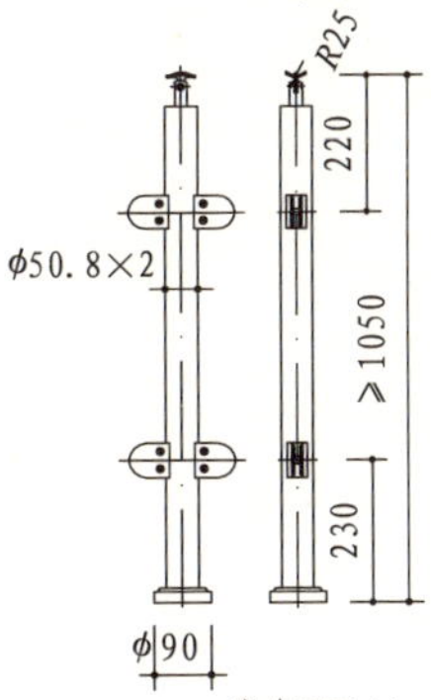

类似BY1A1

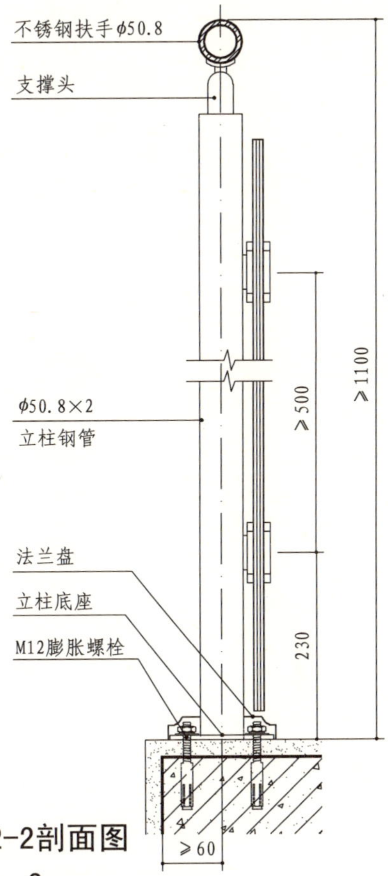

3 2-2剖面图

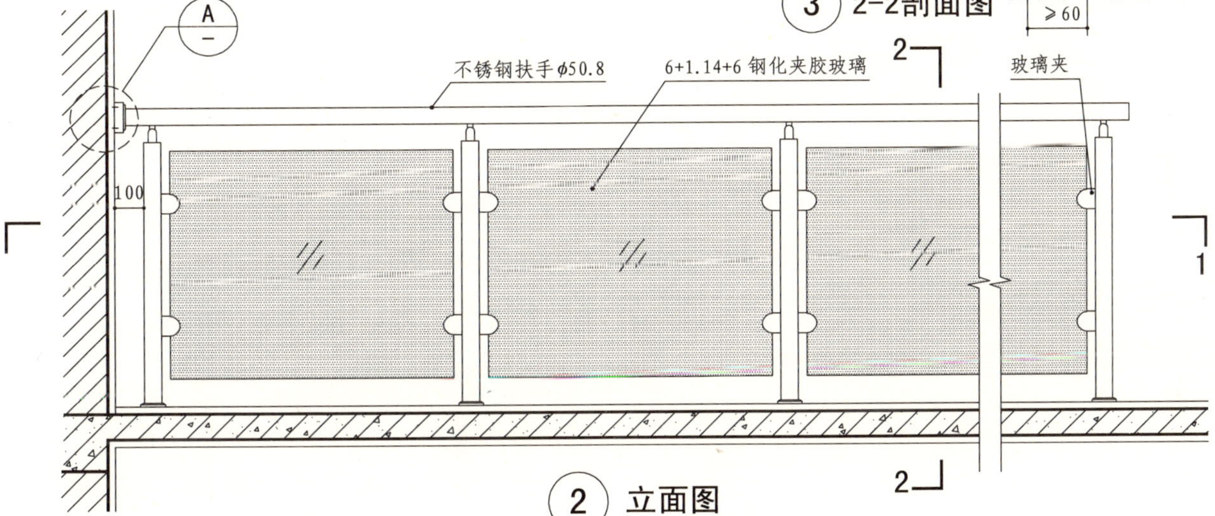

2 立面图

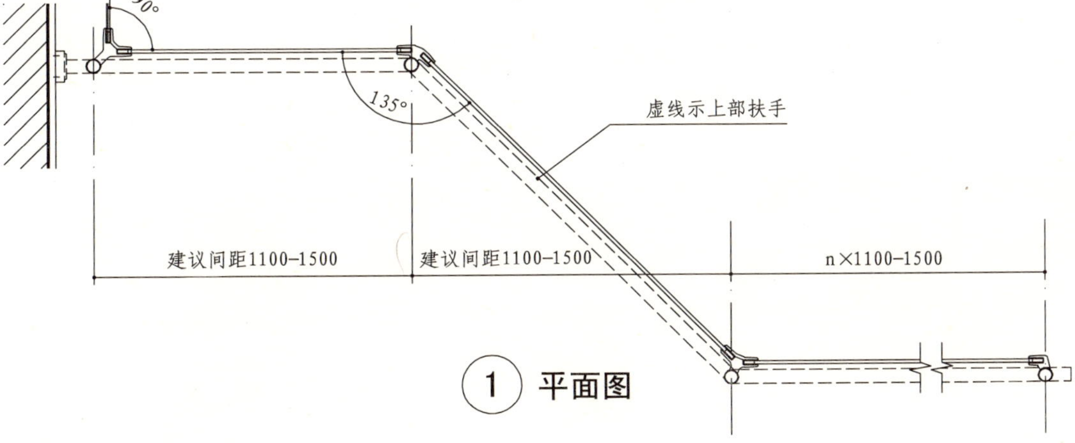

1 平面图

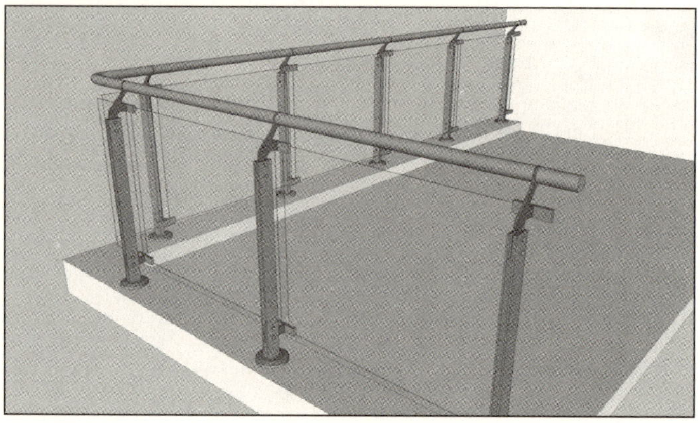

平台式护栏系列

技术要求：

栏杆高度适用于临空高度在24m以下建筑的室外阳台栏杆，此时立柱固定方式应采用底板与预埋件固定。

注：本图资料由广东坚朗提供。

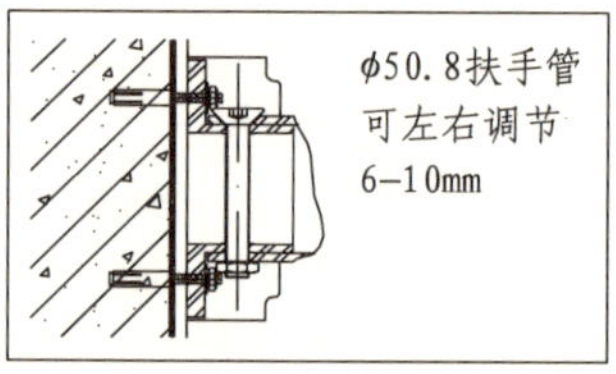

A

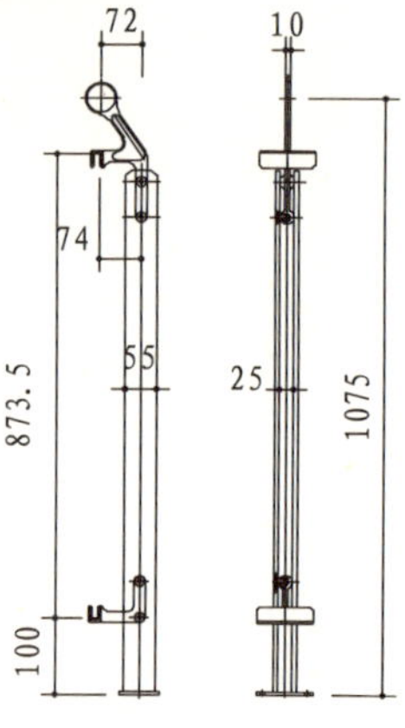

BS10

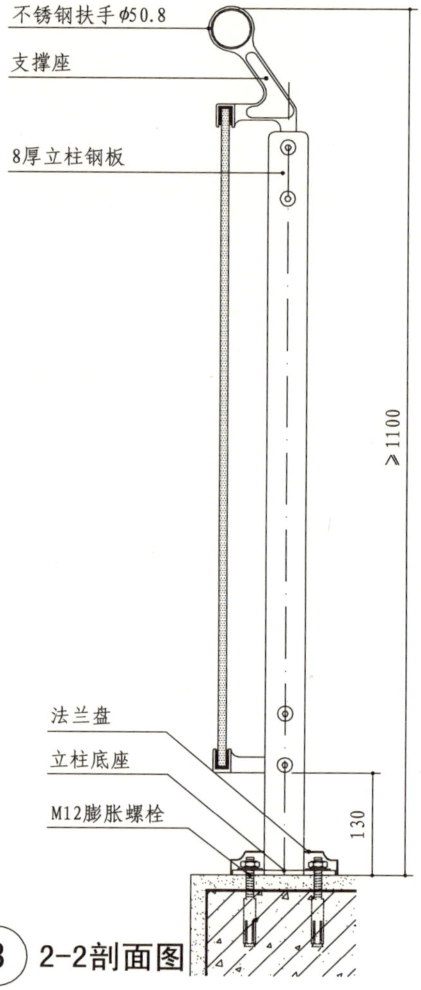

3 2-2剖面图

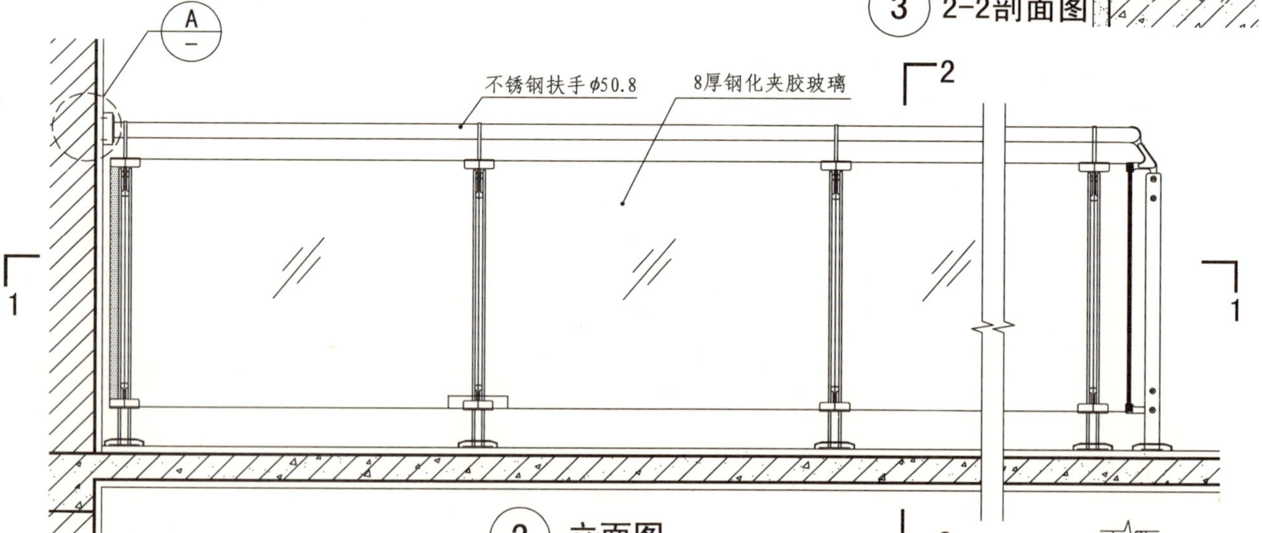

2 立面图

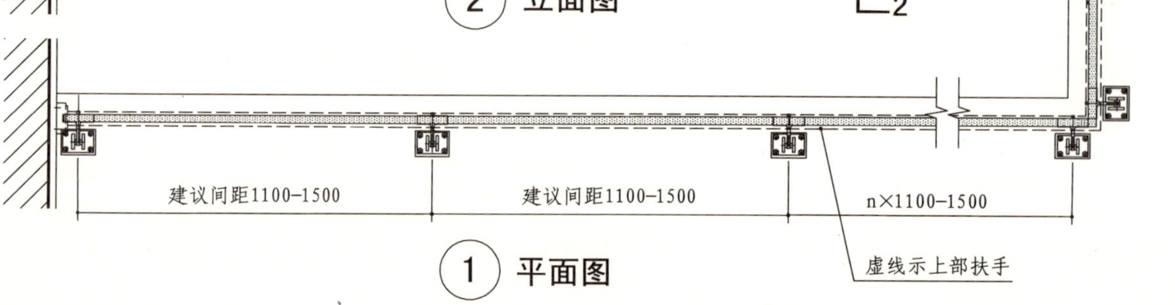

1 平面图

Section2
工程实例
栏杆
栏板
组合栏杆（板）

平台式护栏系列

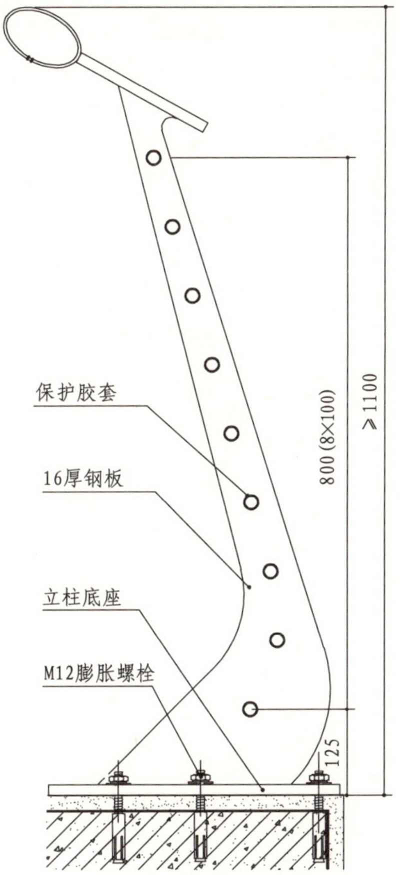

③ 2-2剖面图

技术要求：
此立柱栏杆适用于户外(如桥梁，公园等公共场所，环境设施围护结构)。
立柱具有一定的倾斜角度，本身就具有反爬功能。
由于侧面孔位较多，所以安装时一定要做好定位工作。
注：本图资料由广东坚朗提供。

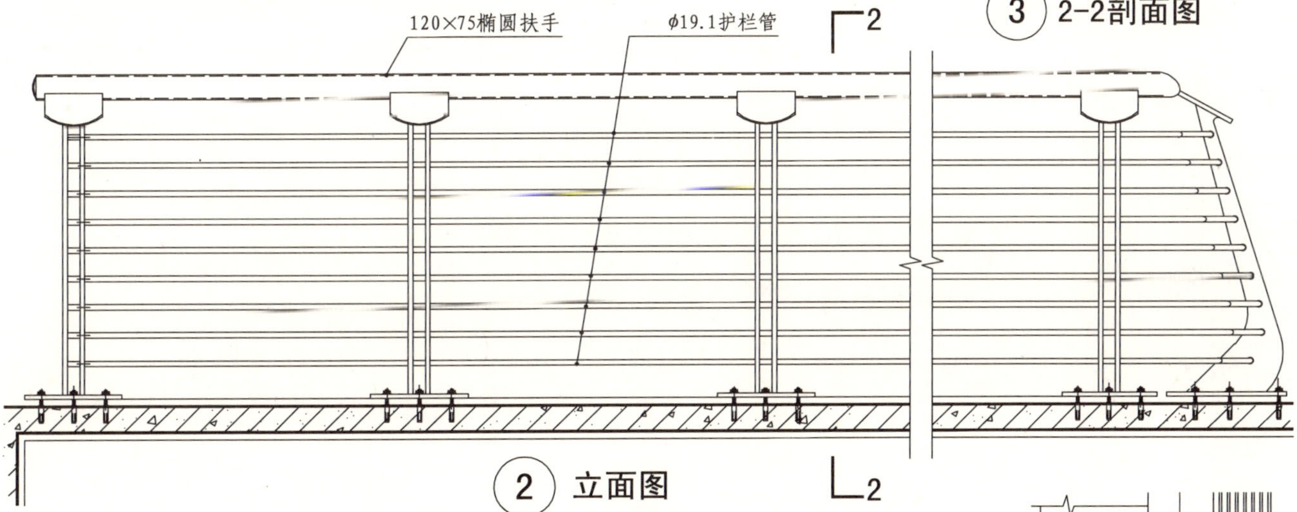

② 立面图

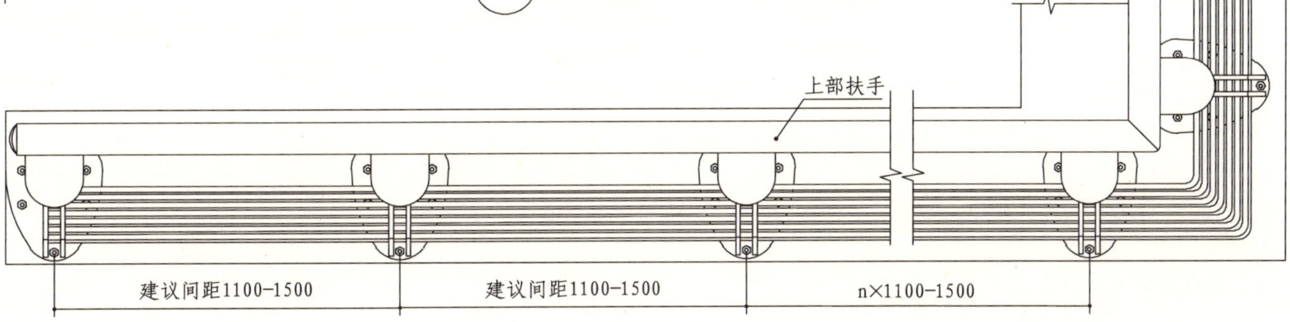

① 平面图

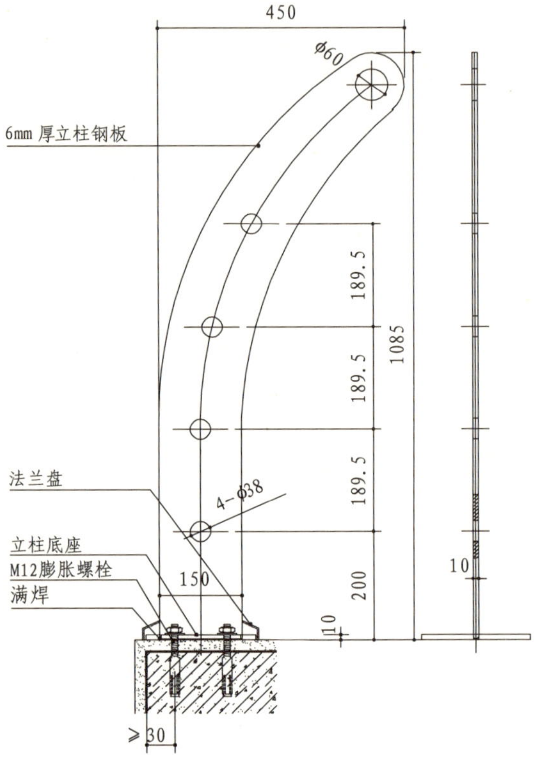

③ 2-2剖面图

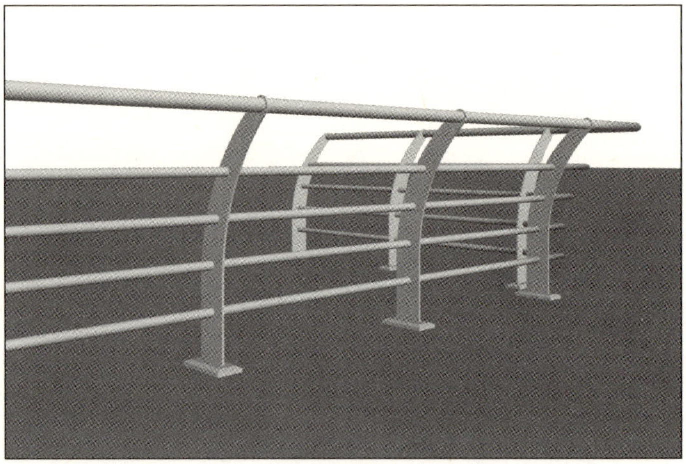

平台式护栏系列

技术要求：

此立柱栏杆适用于户外(如桥梁，公园等公共场所，环境设施围护结构)。

立柱具有一定的倾斜角度，本身就具有反爬功能。

由于侧面孔位较多，所以安装时一定要做好定位工作。

注：本图资料由广东坚朗提供。

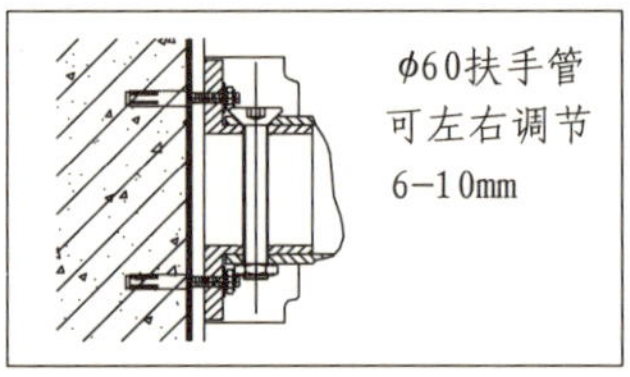

Ⓐ

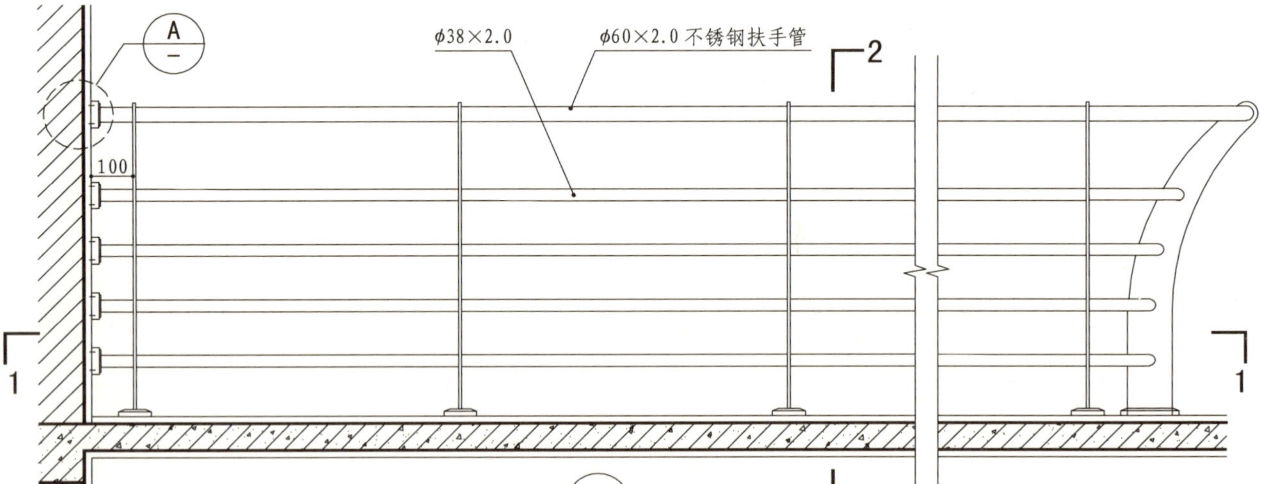

② 立面图

① 平面图

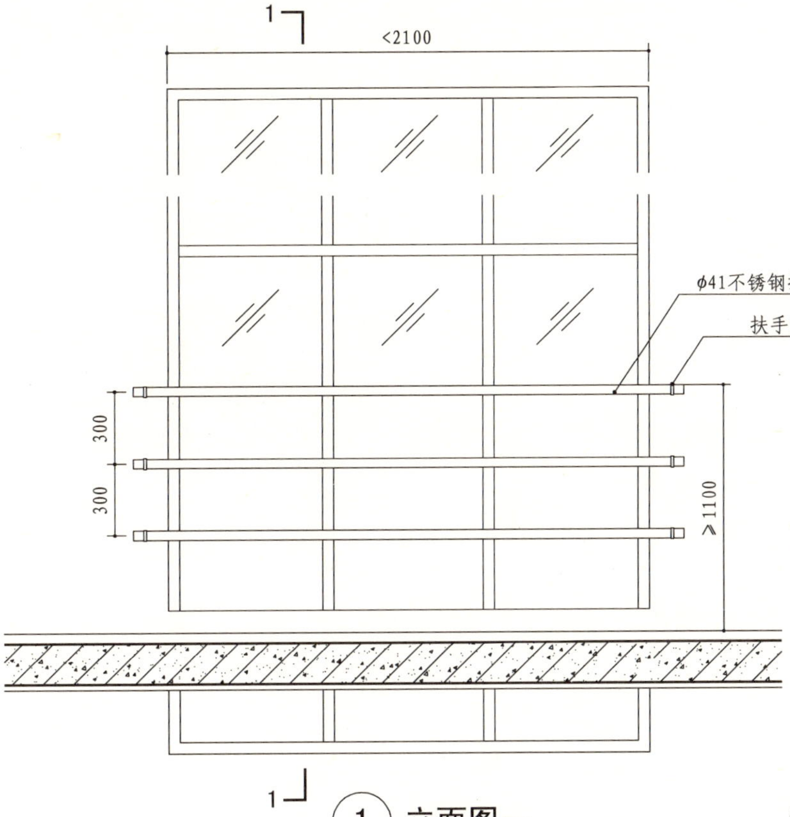

① 立面图一

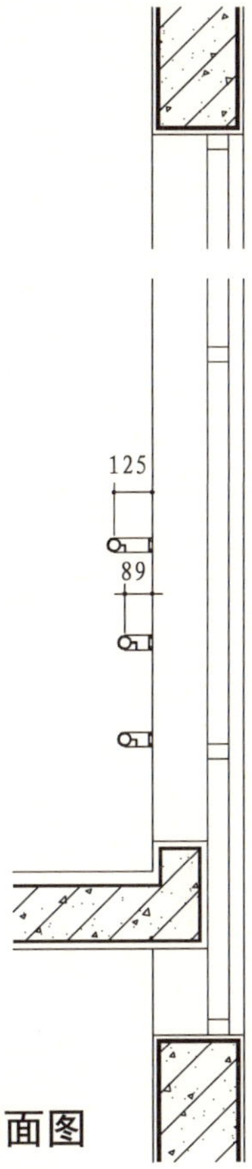

② 1-1剖面图

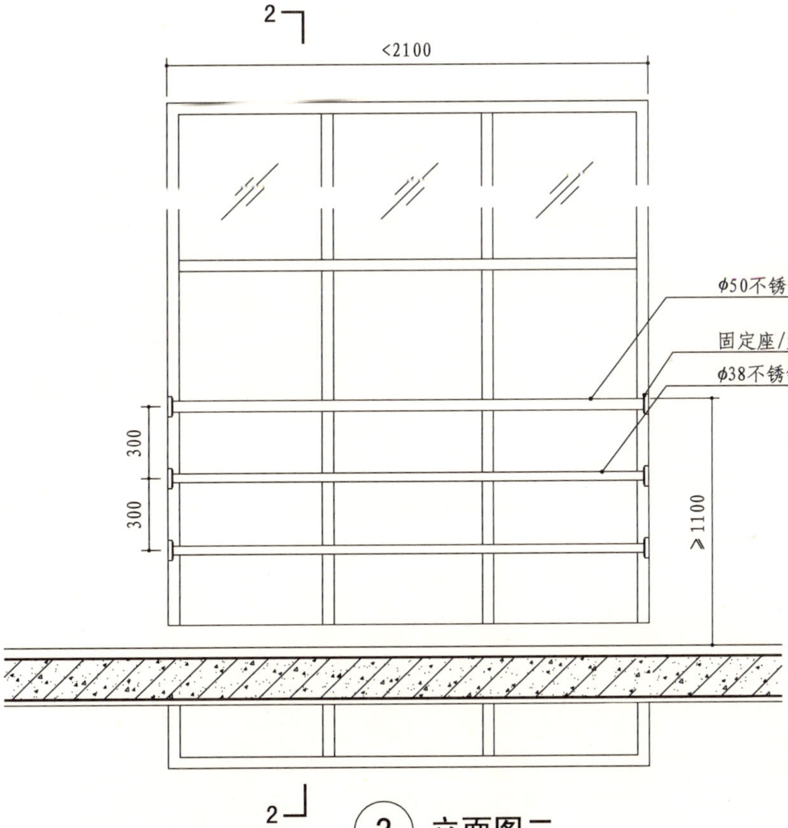

③ 立面图二

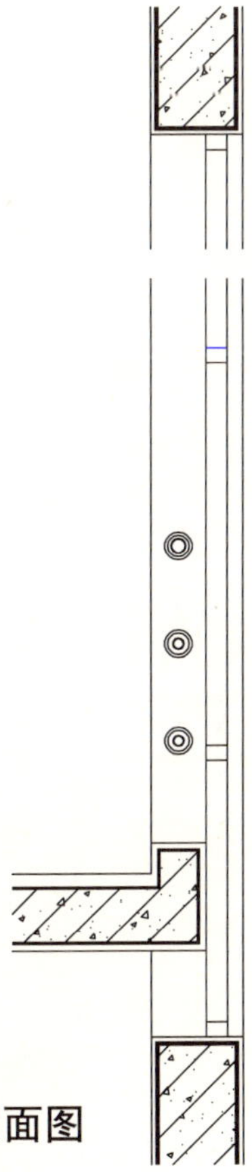

④ 2-2剖面图

注：落地窗护栏安装示意图
本图资料由广东坚朗提供

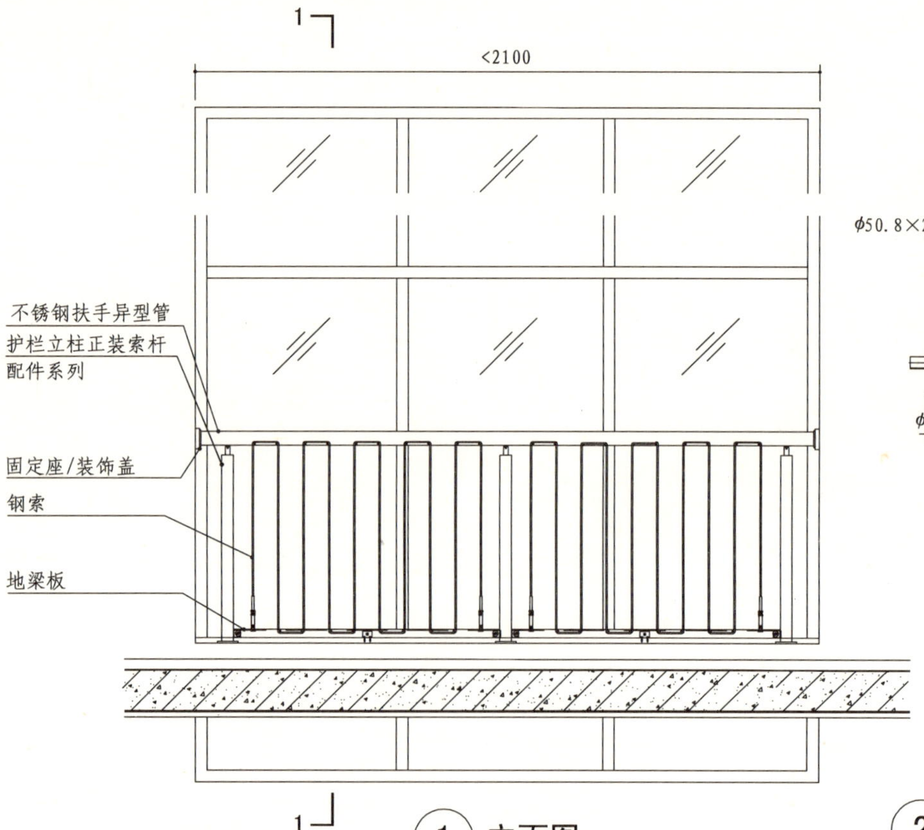

① 立面图一

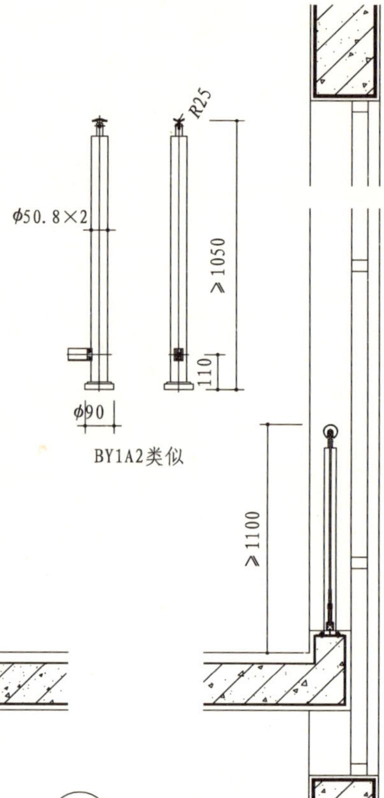

② 1-1剖面图

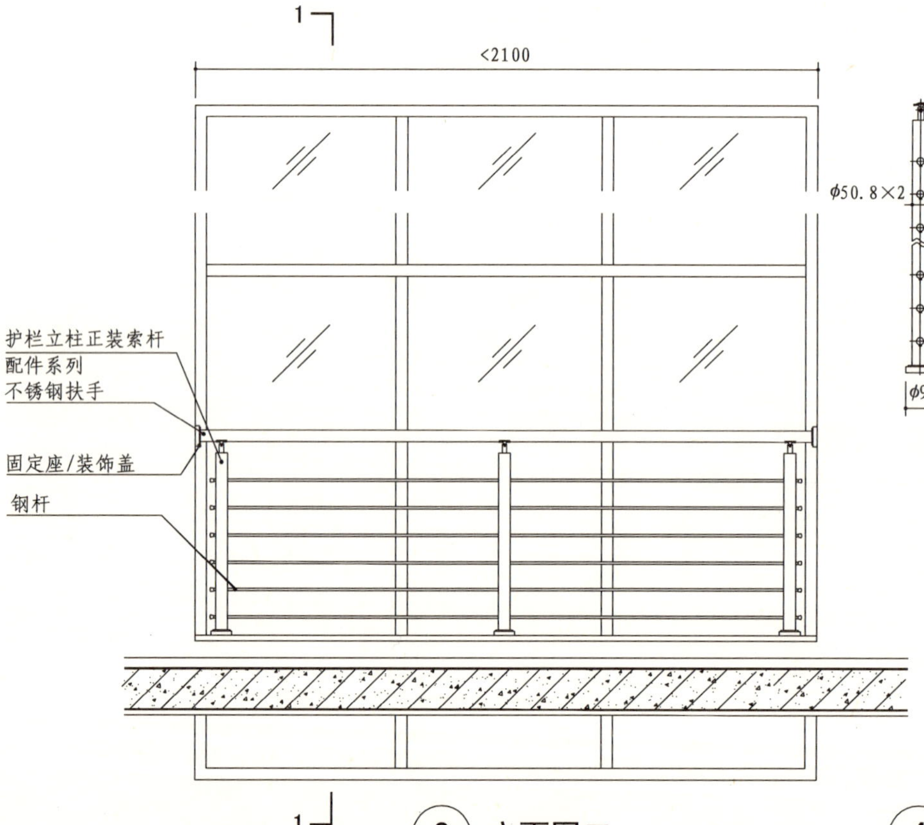

③ 立面图二

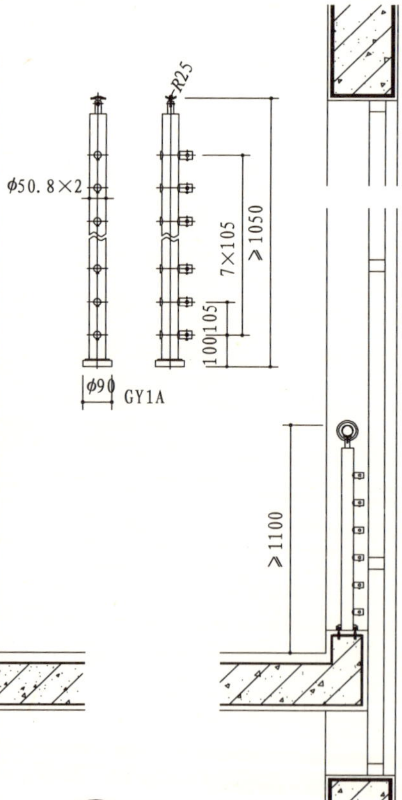

④ 2-2剖面图

注：落地窗护栏安装示意图
本图资料由广东坚朗提供

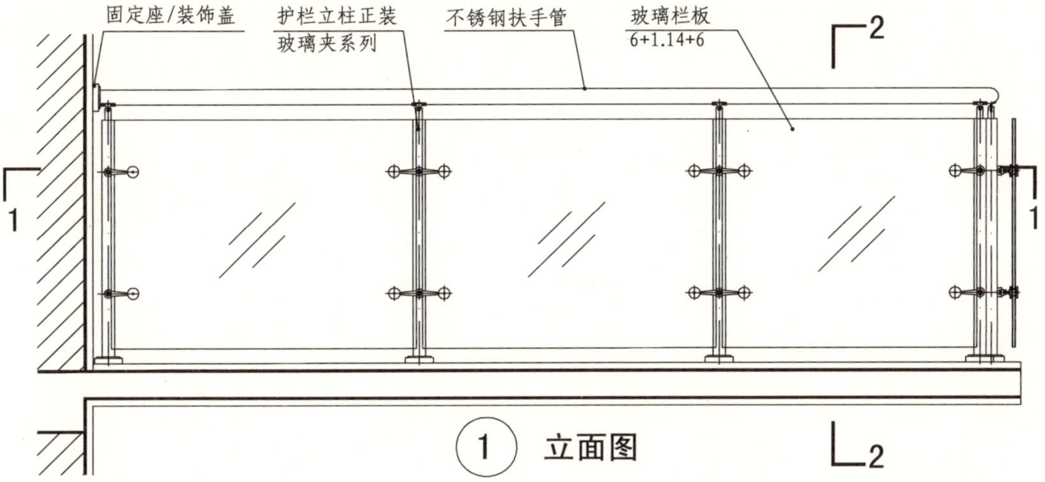

① 立面图

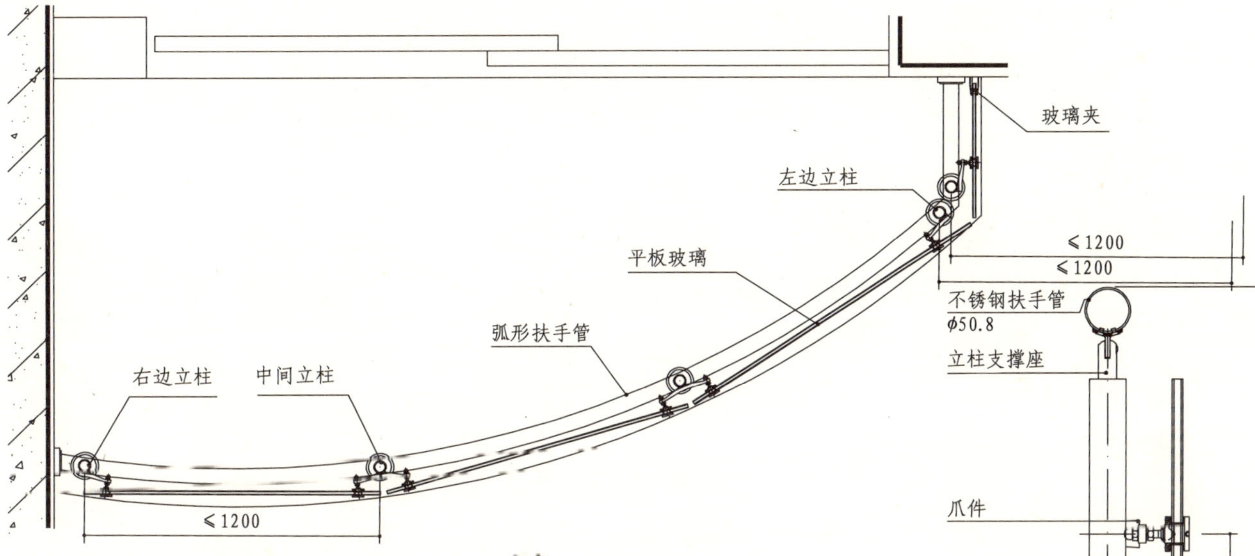

② 1-1剖面图

弧状平台护栏立柱正装爪件系列

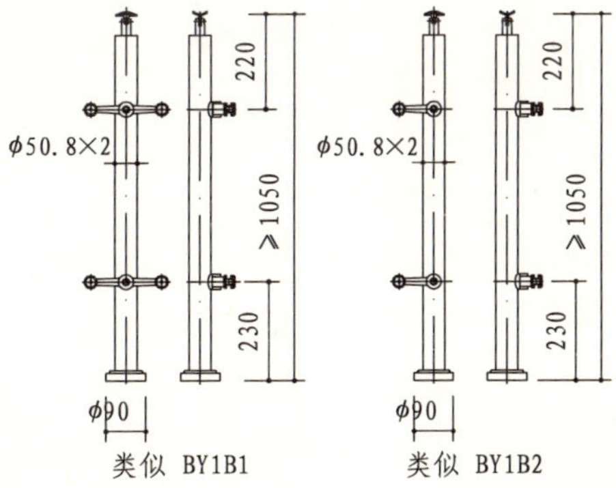

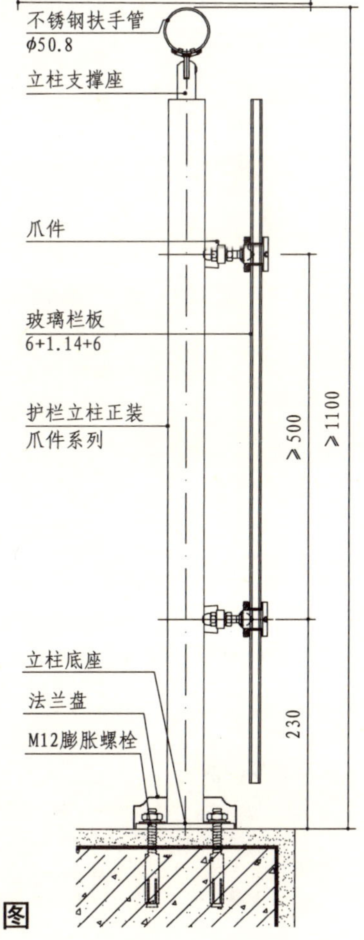

③ 2-2剖面图

技术要求：
栏杆高度适用于临空高度在24m以下建筑的室外阳台栏杆，此时立柱固定方式应采取底板与预埋件固定。安装时，根据具体弧度选择配件。
注：本图资料由广东坚朗提供。

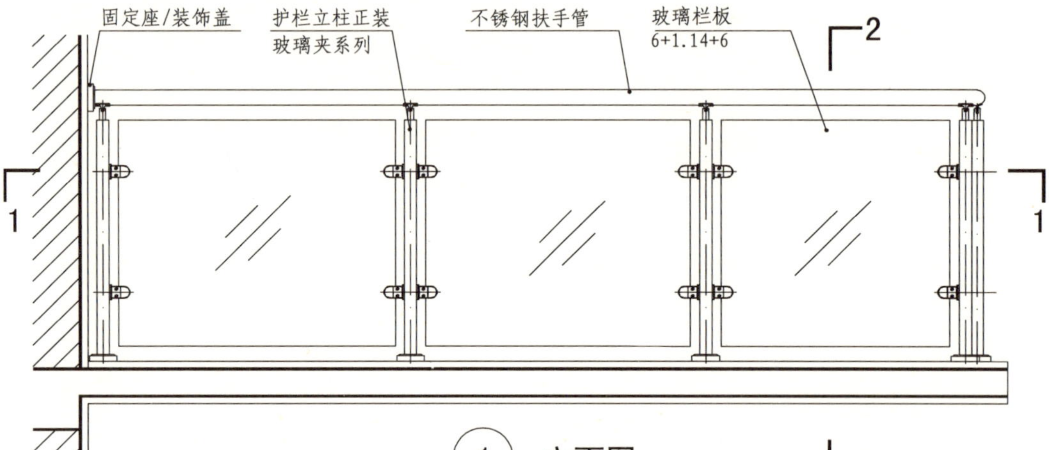

① 立面图

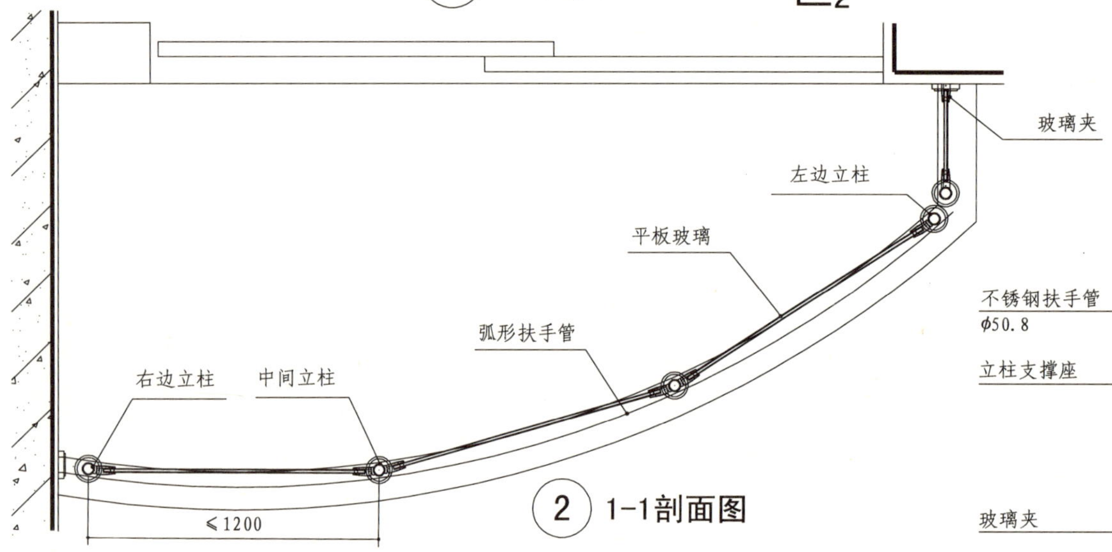

② 1-1剖面图

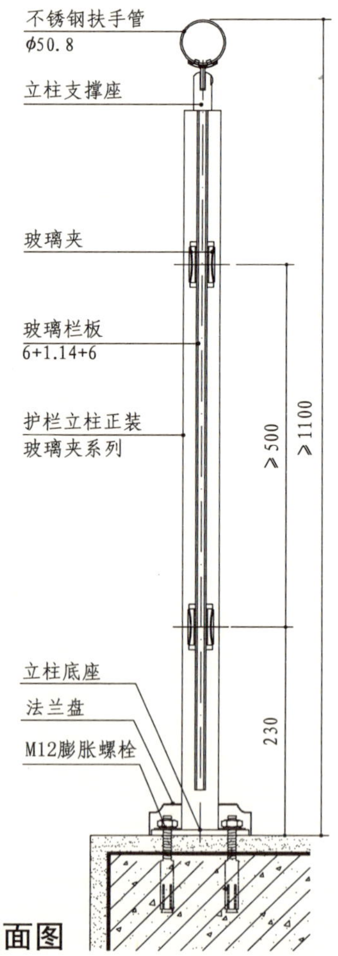

③ 2-2剖面图

弧状平台护栏立柱正装玻璃夹系列

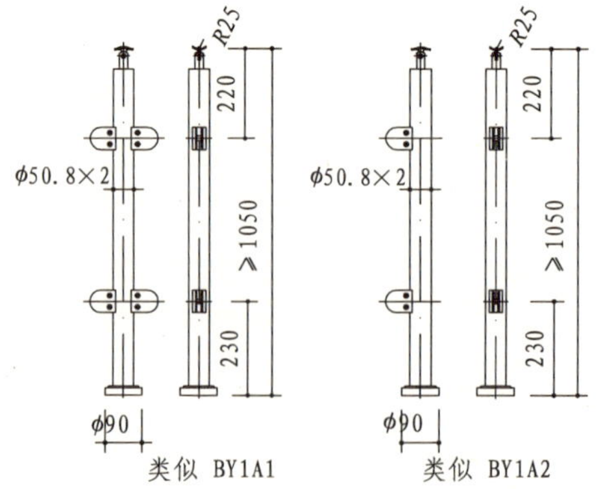

技术要求：

栏杆高度适用于临空高度在24m以下建筑的室外阳台栏杆，此时立柱固定方式应采取底板与预埋件固定。安装时，根据具体弧度选择配件。

注：本图资料由广东坚朗提供。

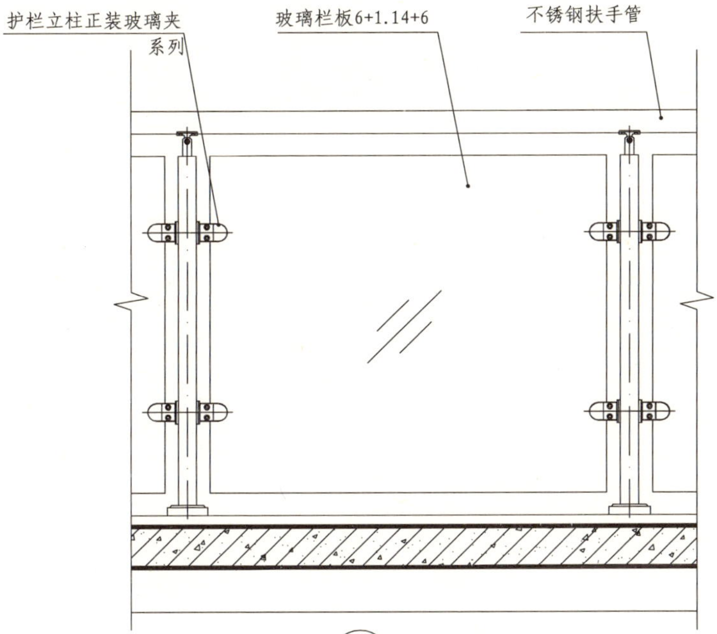

① 立面图

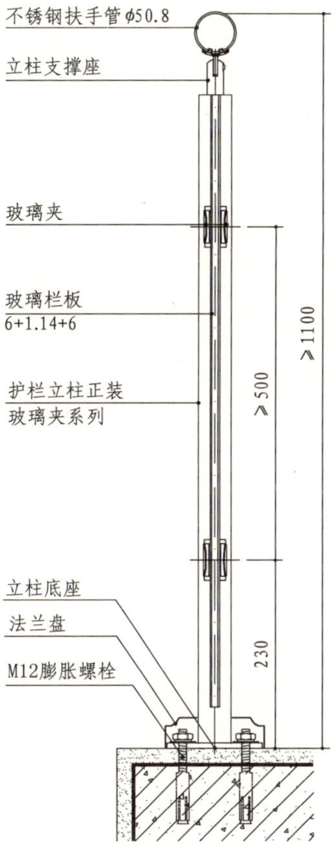

③ 2-2剖面图

弧状平台护栏立柱正装玻璃夹系列

技术要求：
栏杆高度适用于临空高度在24m以下建筑的室外阳台栏杆，此时立柱固定方式应采取底板与预埋件固定。安装时，根据具体弧度选择配件。
注：本图资料由广东坚朗提供。

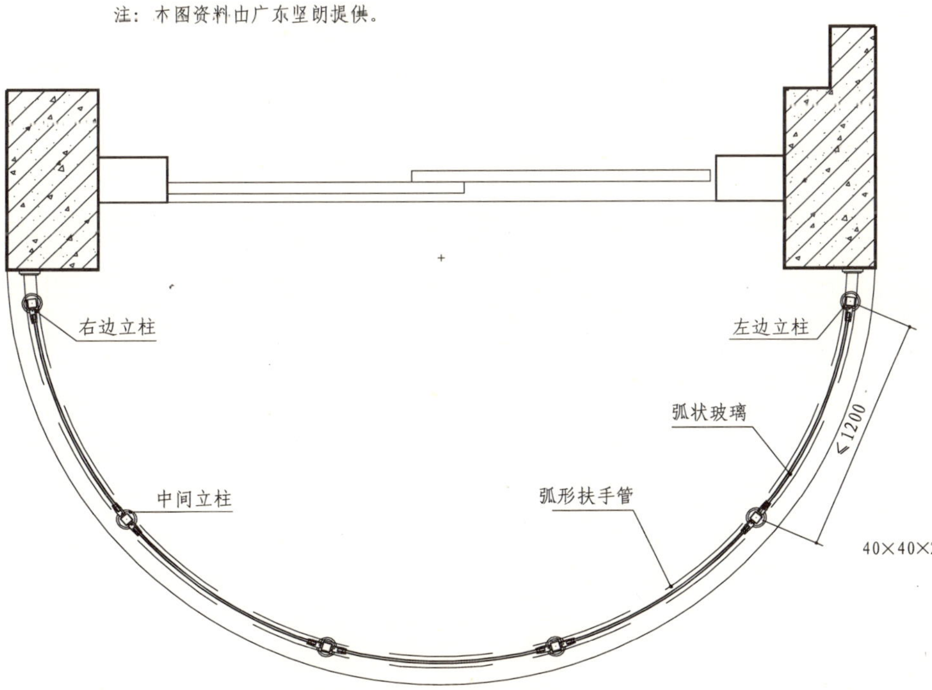

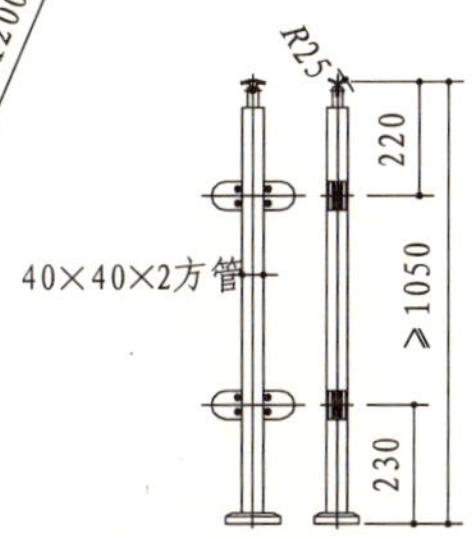

类似 BF1A1

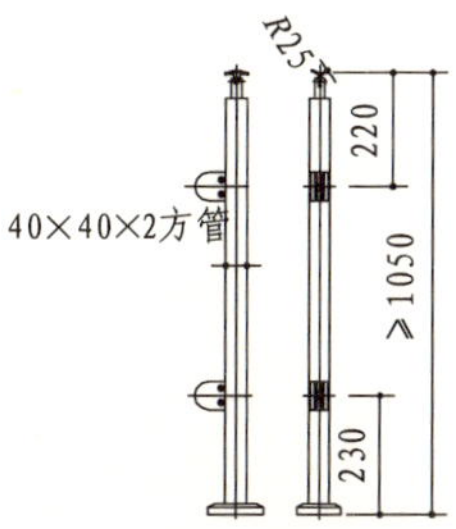

类似 BF1A2

② 1-1剖面图

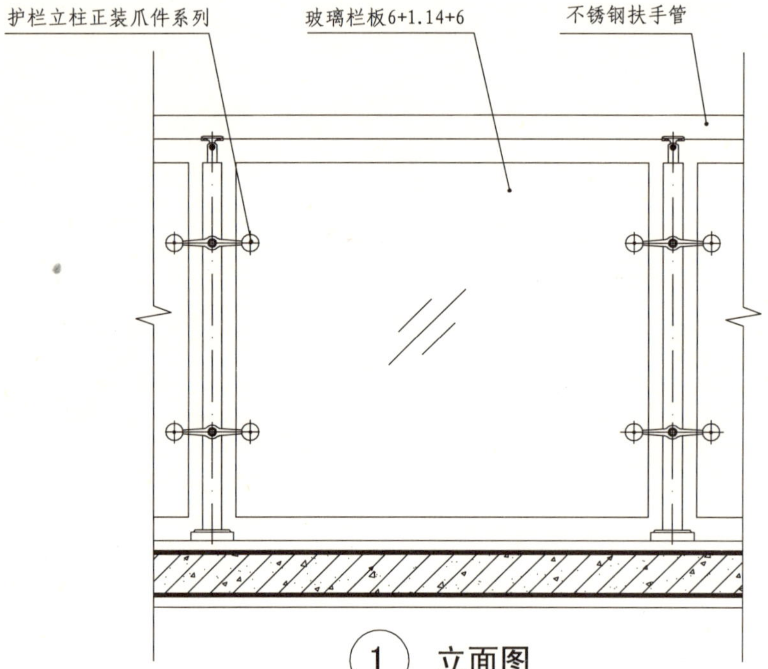

① 立面图

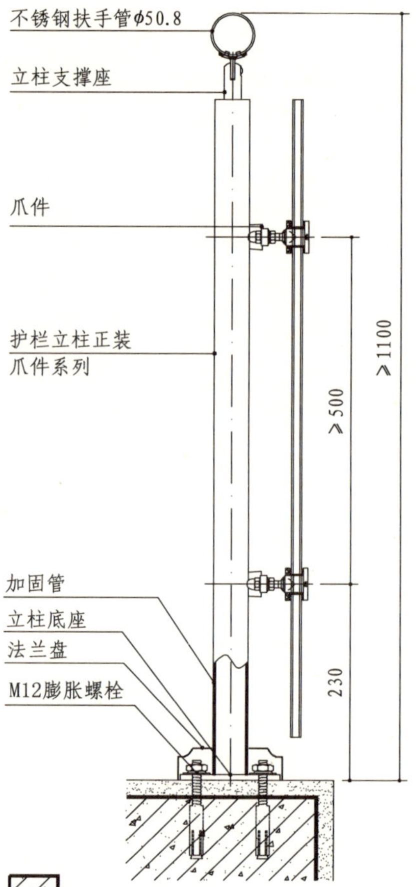

③ 2-2剖面图

弧状平台护栏立柱正装爪件系列

技术要求：

栏杆高度适用于临空高度在24m以下建筑的室外阳台栏杆，此时立柱固定方式应采取底板与预埋件固定。

注：本图资料由广东坚朗提供。

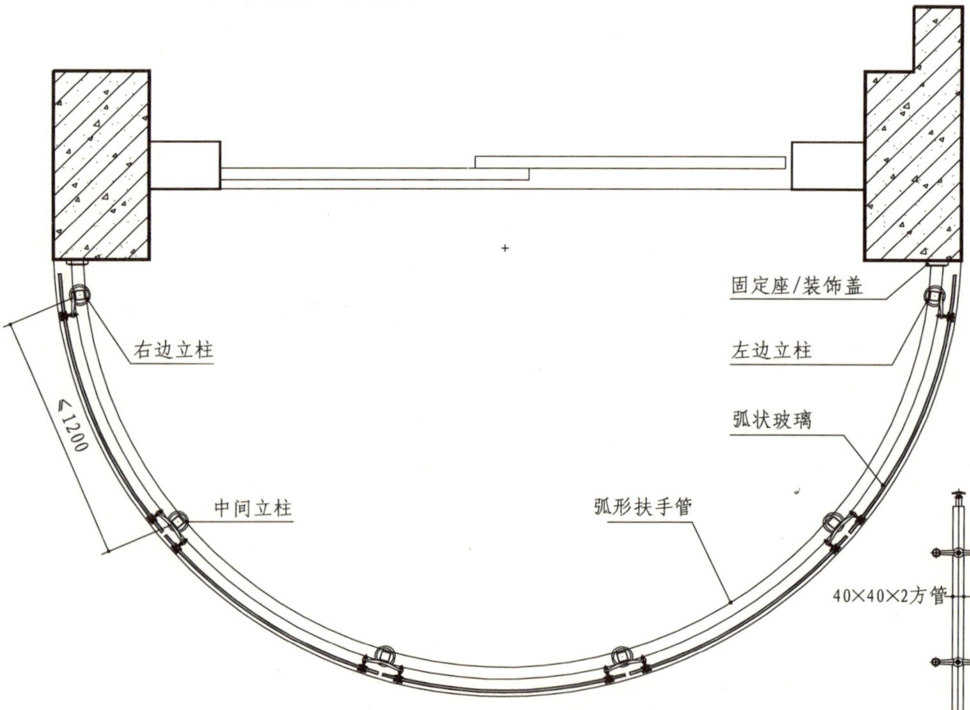

② 1-1剖面图

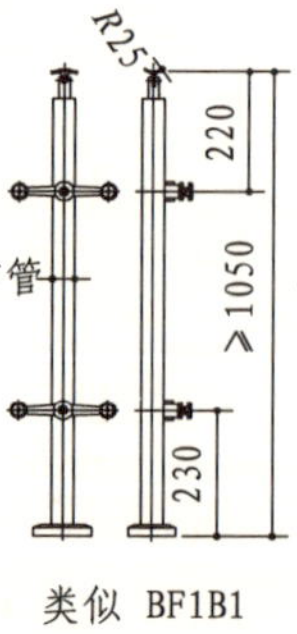

类似 BF1B1

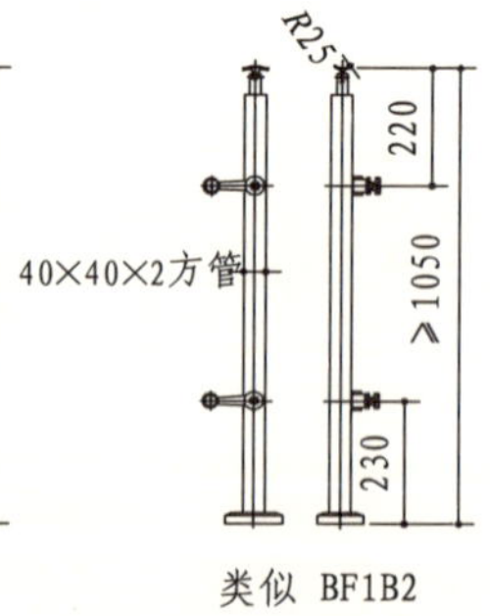

类似 BF1B2

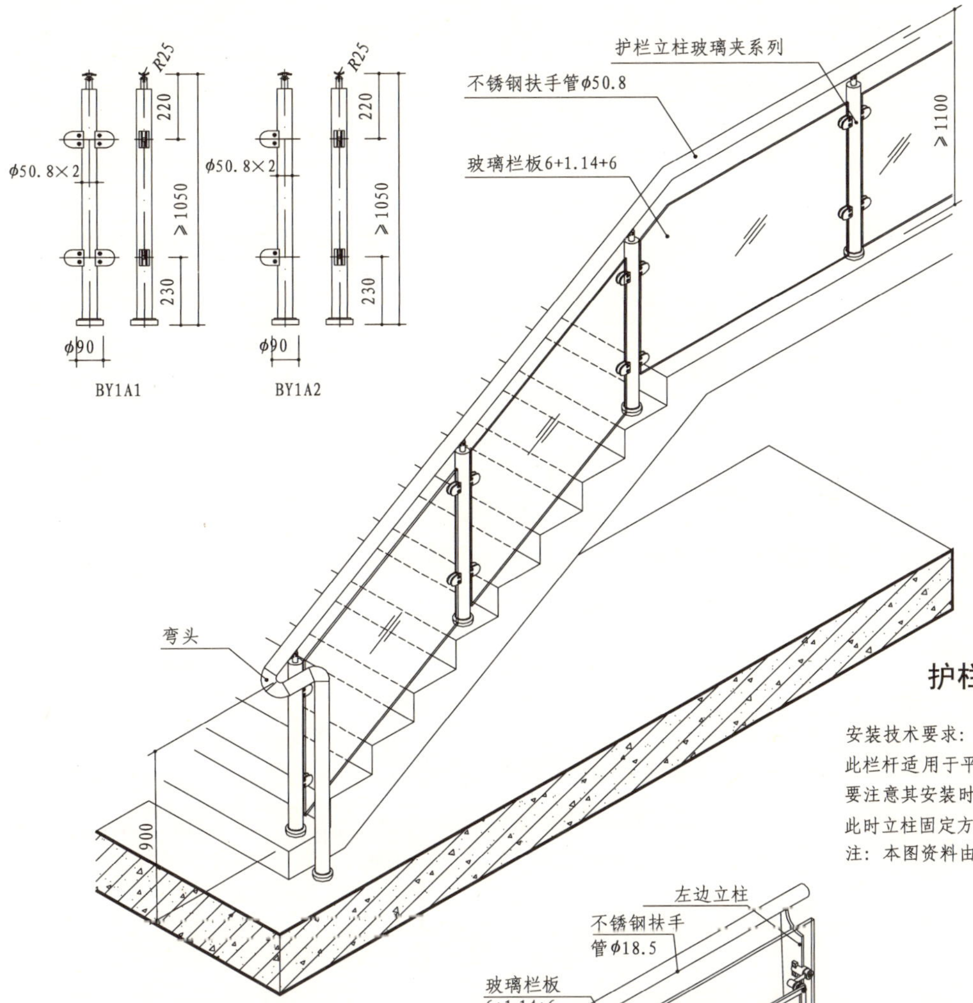

① 透视图一

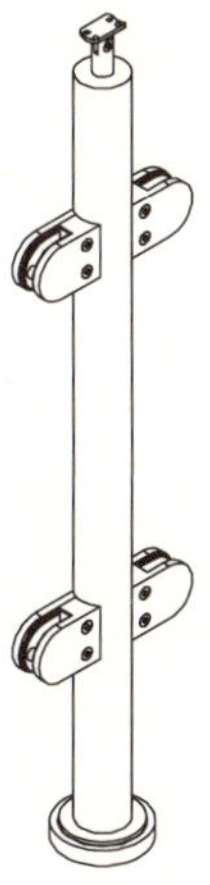

② 玻璃夹大样图

护栏立柱正装玻璃夹系列

安装技术要求：

此栏杆适用于平台、楼梯均可，安装时要注意转角处的处理。要注意其安装时立柱的位置，以及其打膨胀螺栓距边线的距离。此时立柱固定方式应采取膨胀螺栓将立柱固定。

注：本图资料由广东坚朗提供。

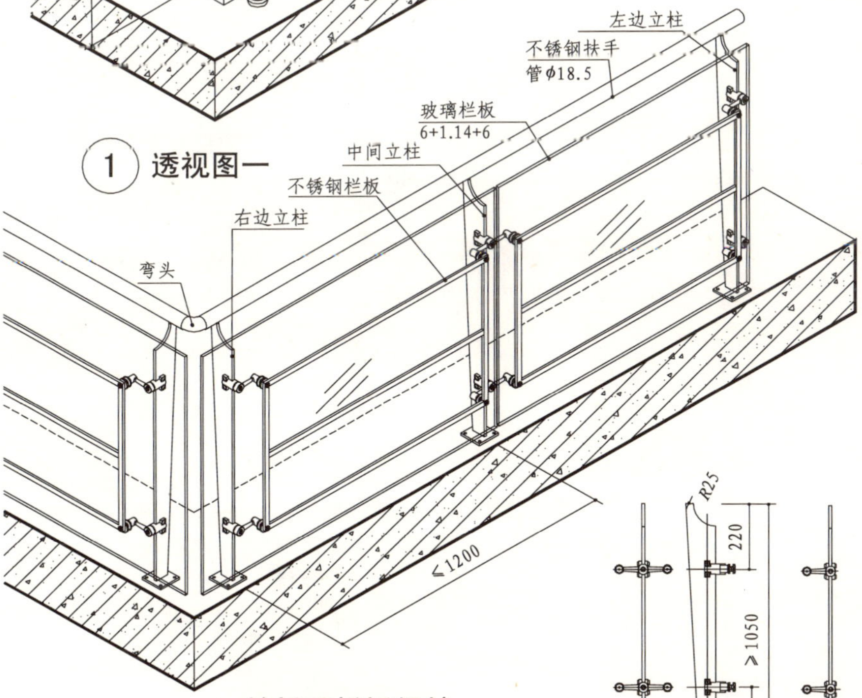

护栏双栏板保护

③ 透视图二

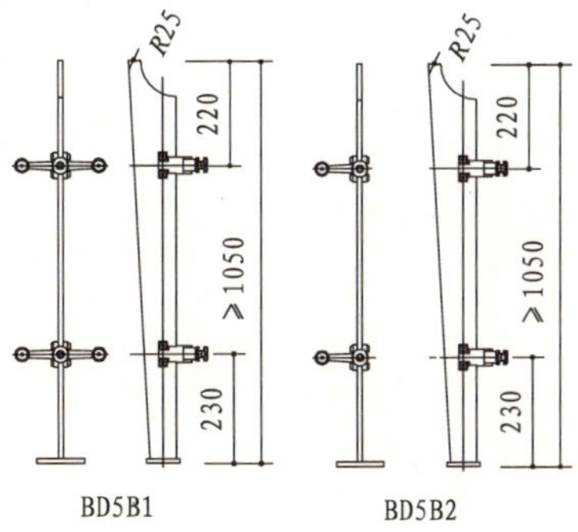

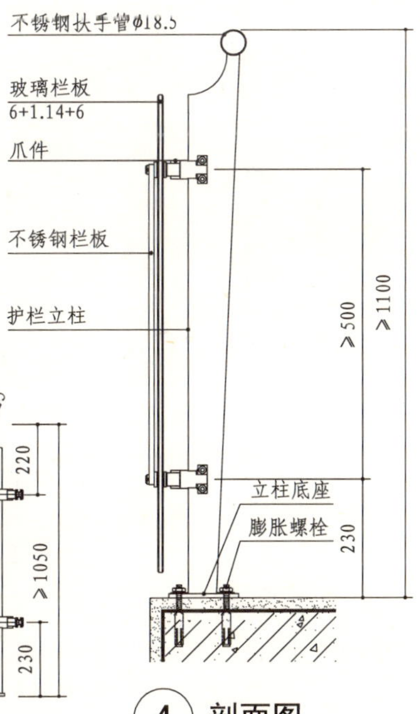

④ 剖面图

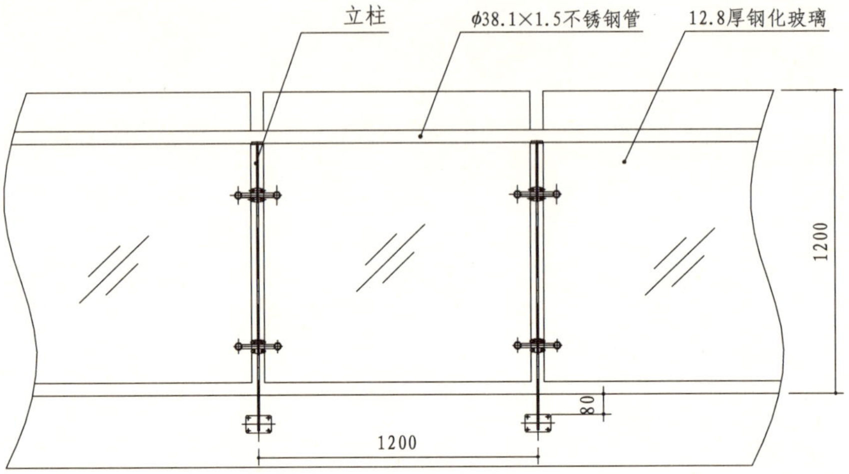

① 立面图

平台角度护栏立柱正装爪件系列

技术要求：
栏杆高度适用于临空高度在24m以下建筑的室外阳台栏杆，此时立柱固定方式应采取膨胀螺栓将底板与结构层固定。
注：本图资料由广东坚朗提供。

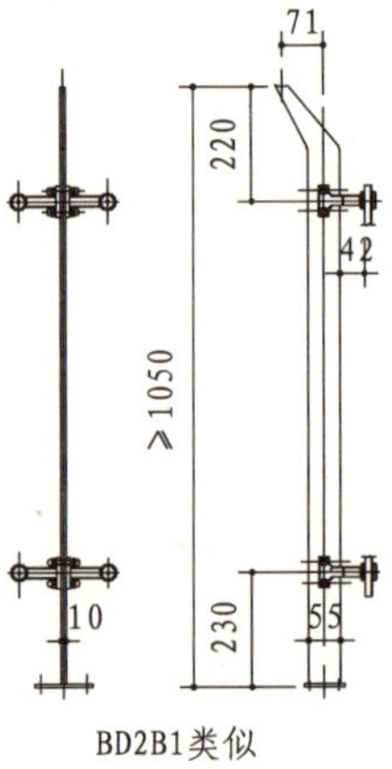

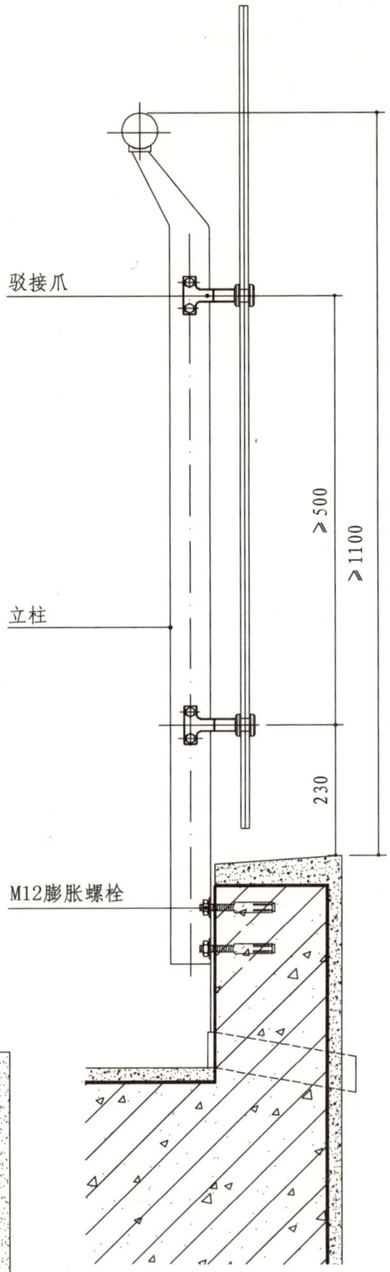

③ 剖面图

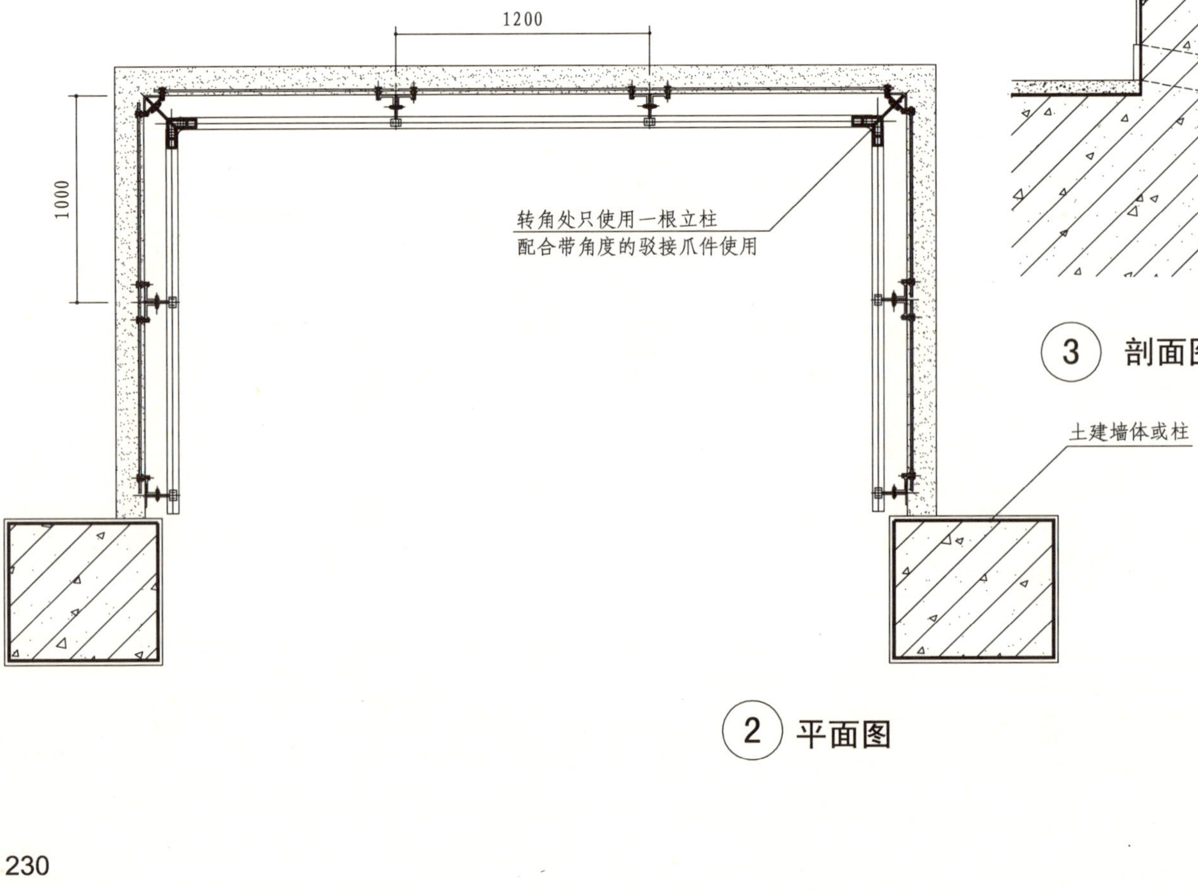

② 平面图

安装技术要求：
此栏杆用于正装在平台上，主要用于隔断场地。
此时立柱固定方式应采取膨胀螺栓将立柱固定。
注：本图资料由广东坚朗提供。

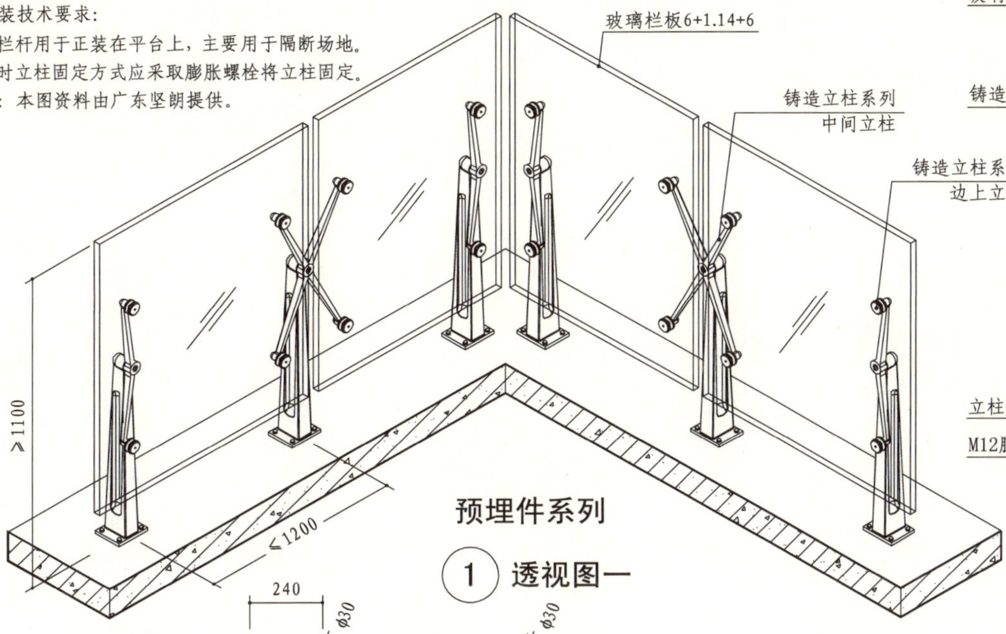

① 透视图一

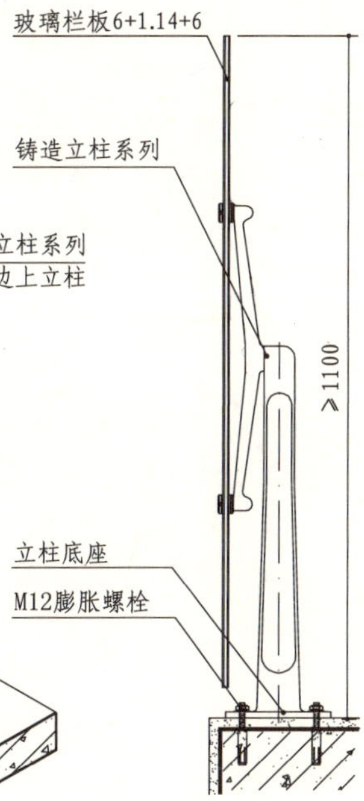

② 剖面图一

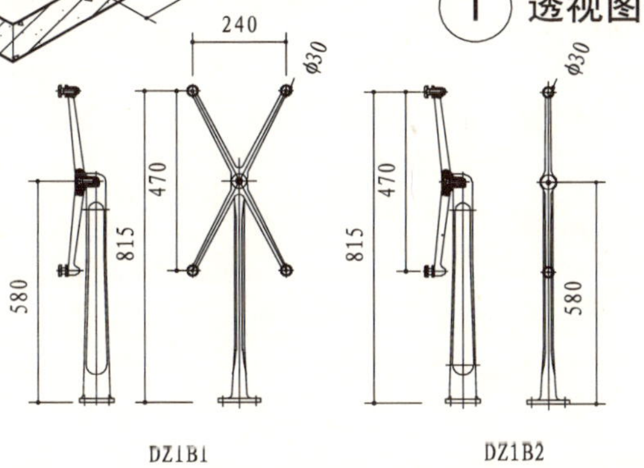

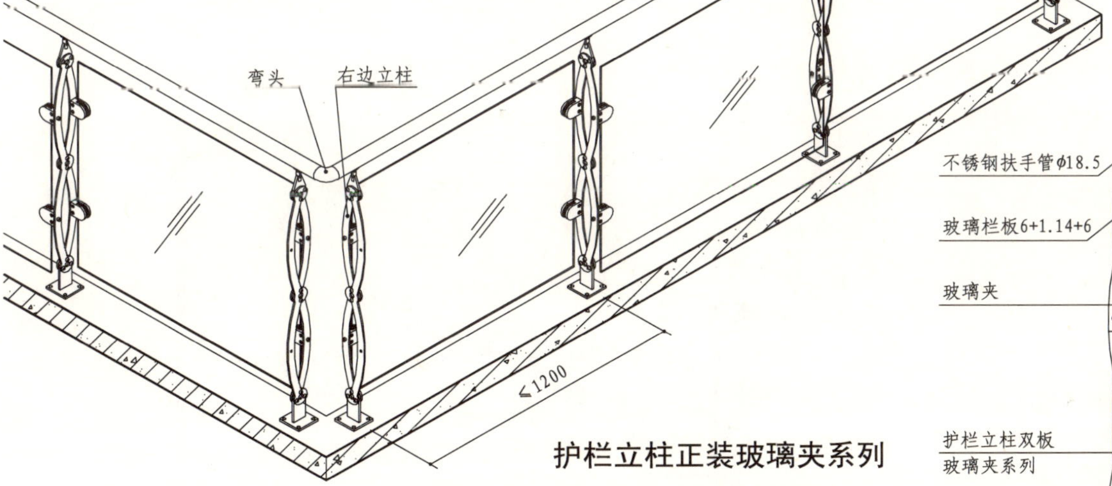

③ 立面图二

安装技术要求：
此栏杆用在平台上，要注意安装时的垂直度，注意其安装时的高度及其打膨胀螺栓距边线的距离。
此时立柱固定方式应采取膨胀螺栓将立柱固定。
注：本图资料由广东坚朗提供。

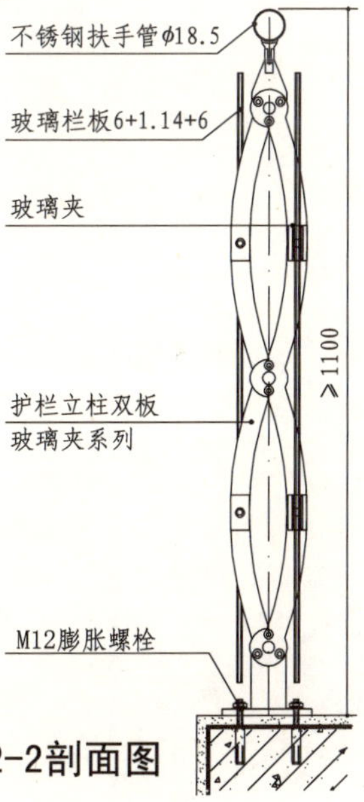

④ 2-2剖面图

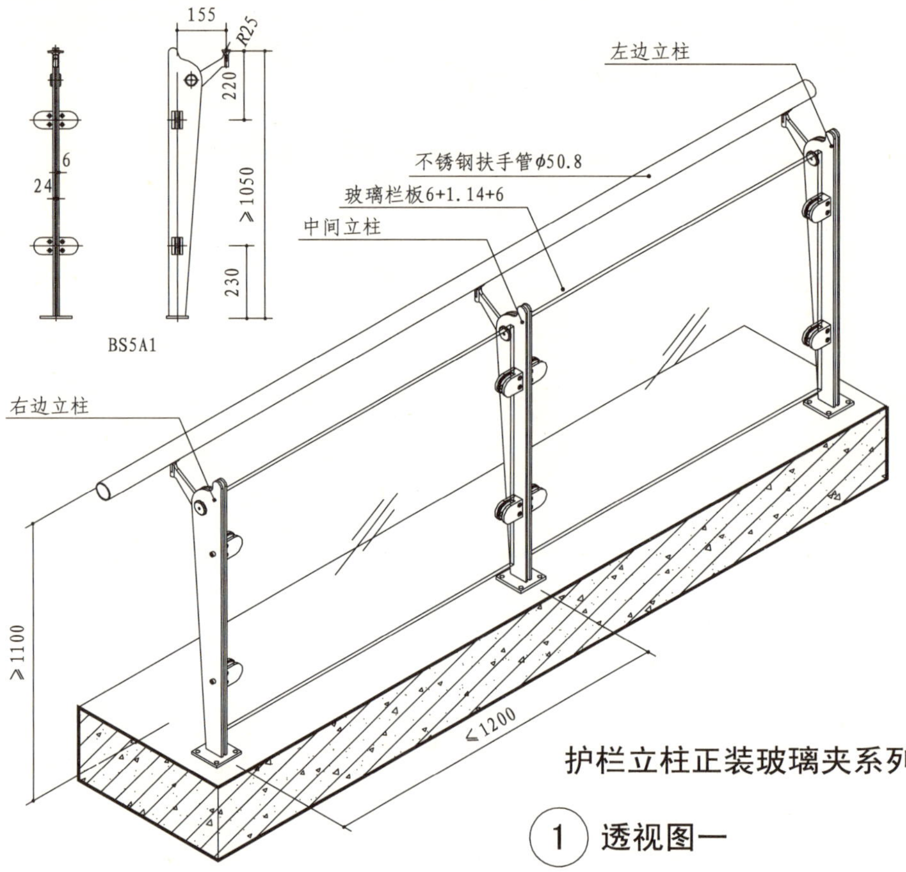

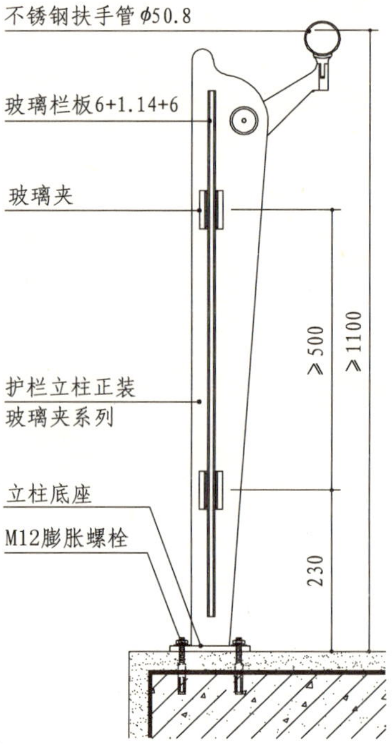

护栏立柱正装玻璃夹系列

① 透视图一　　② 剖面图一

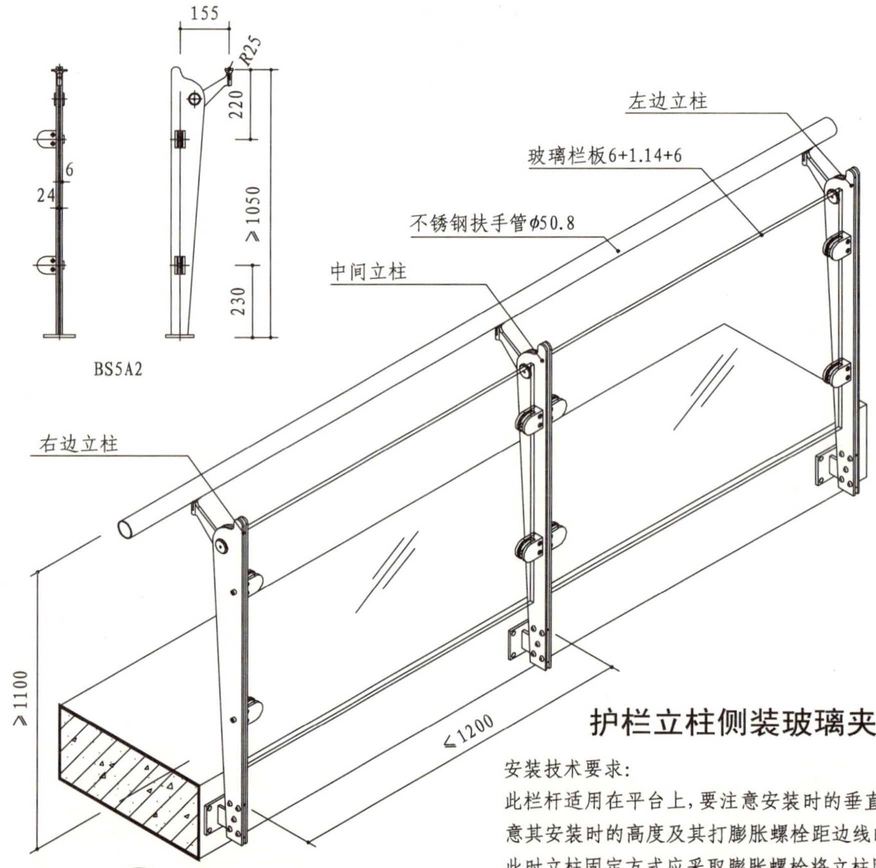

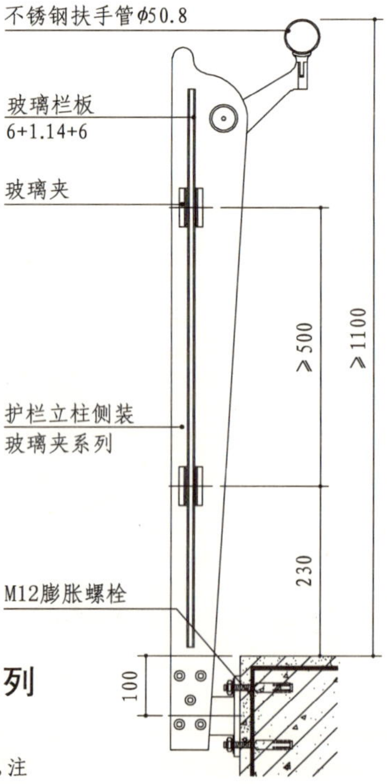

护栏立柱侧装玻璃夹系列

安装技术要求：
此栏杆适用在平台上，要注意安装时的垂直度，注意其安装时的高度及其打膨胀螺栓距边线的距离。此时立柱固定方式应采取膨胀螺栓将立柱固定。
注：本图资料由广东坚朗提供。

③ 透视图二　　④ 剖面图二

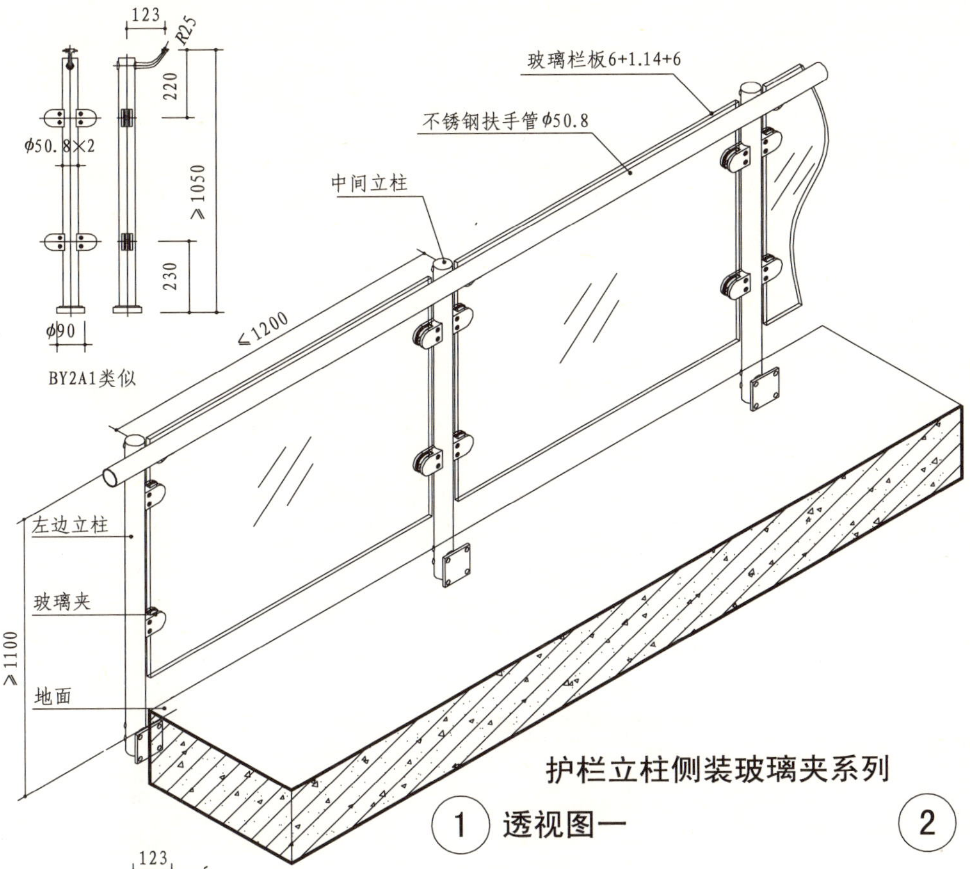

护栏立柱侧装玻璃夹系列

① 透视图一

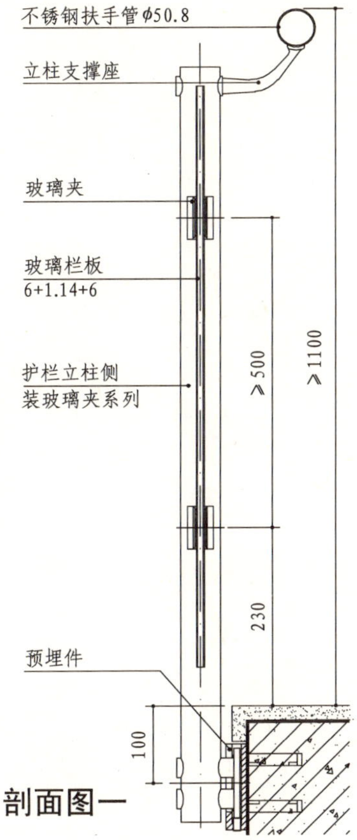

② 剖面图一

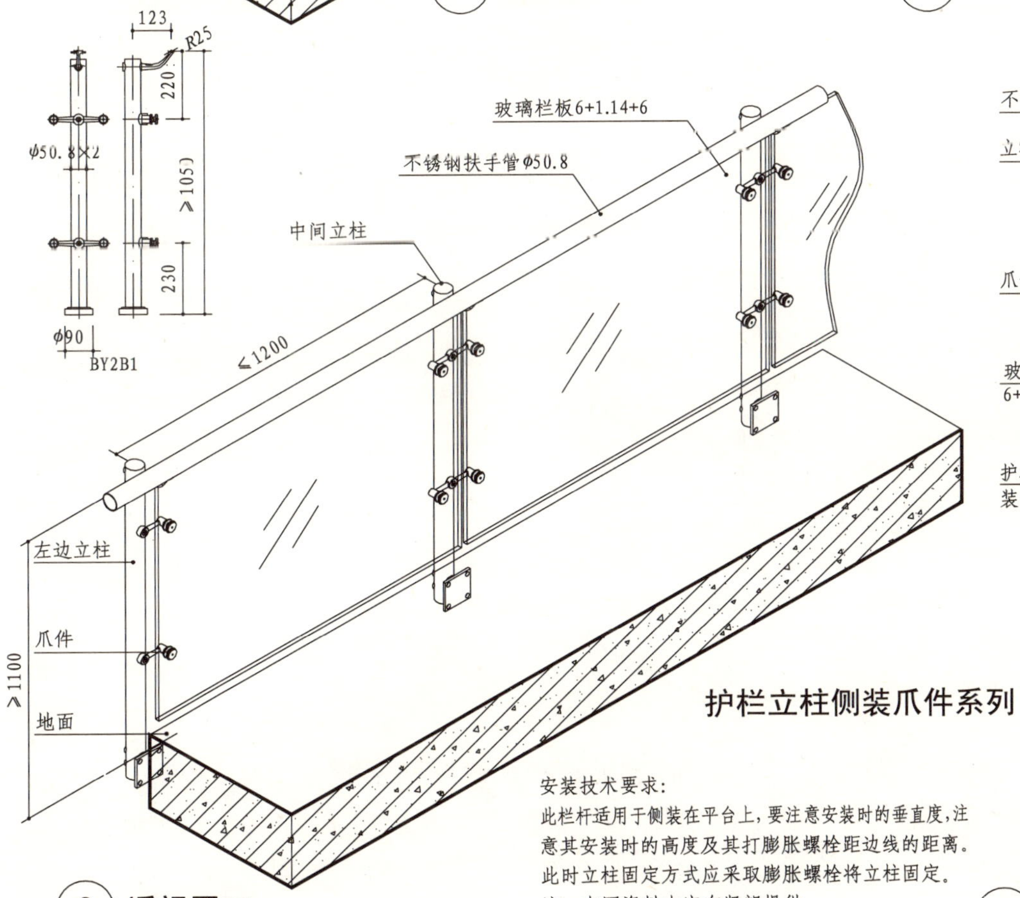

护栏立柱侧装爪件系列

安装技术要求：

此栏杆适用于侧装在平台上，要注意安装时的垂直度，注意其安装时的高度及其打膨胀螺栓距边线的距离。此时立柱固定方式应采取膨胀螺栓将立柱固定。

注：本图资料由广东坚朗提供。

③ 透视图二

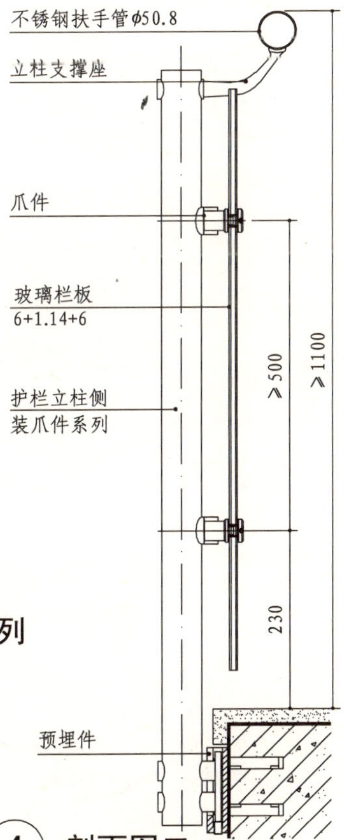

④ 剖面图二

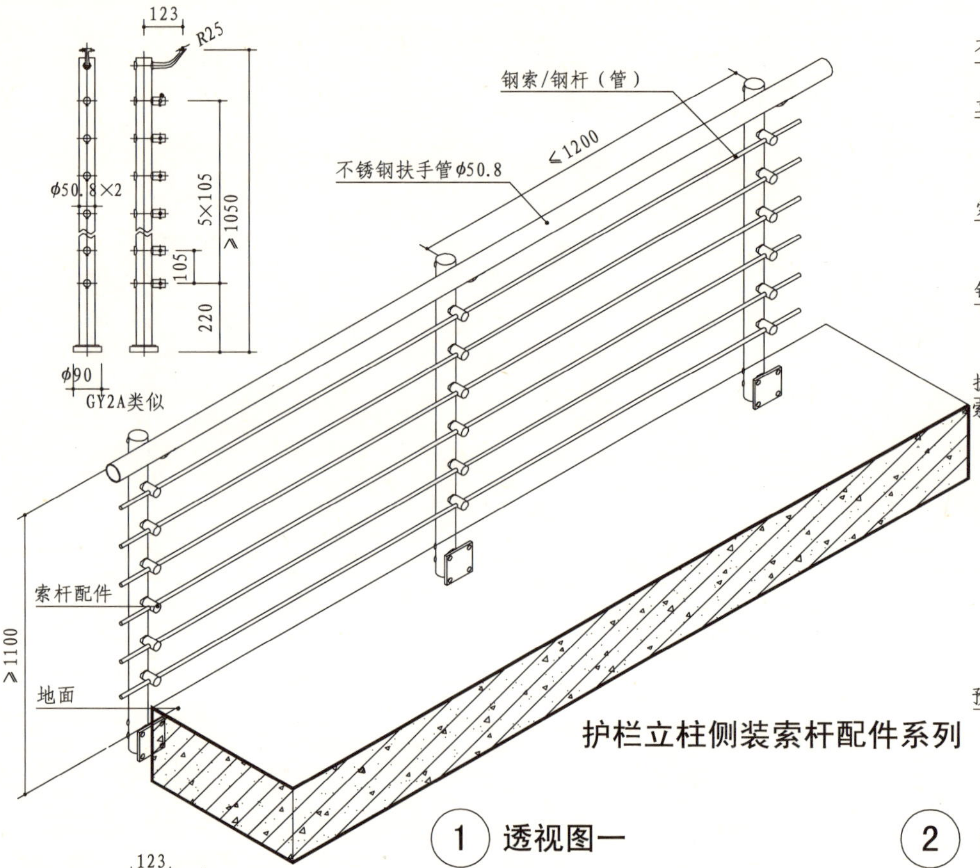

① 透视图一

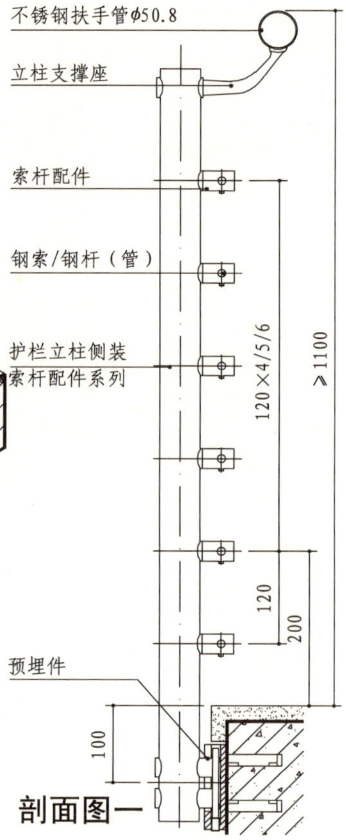

② 剖面图一

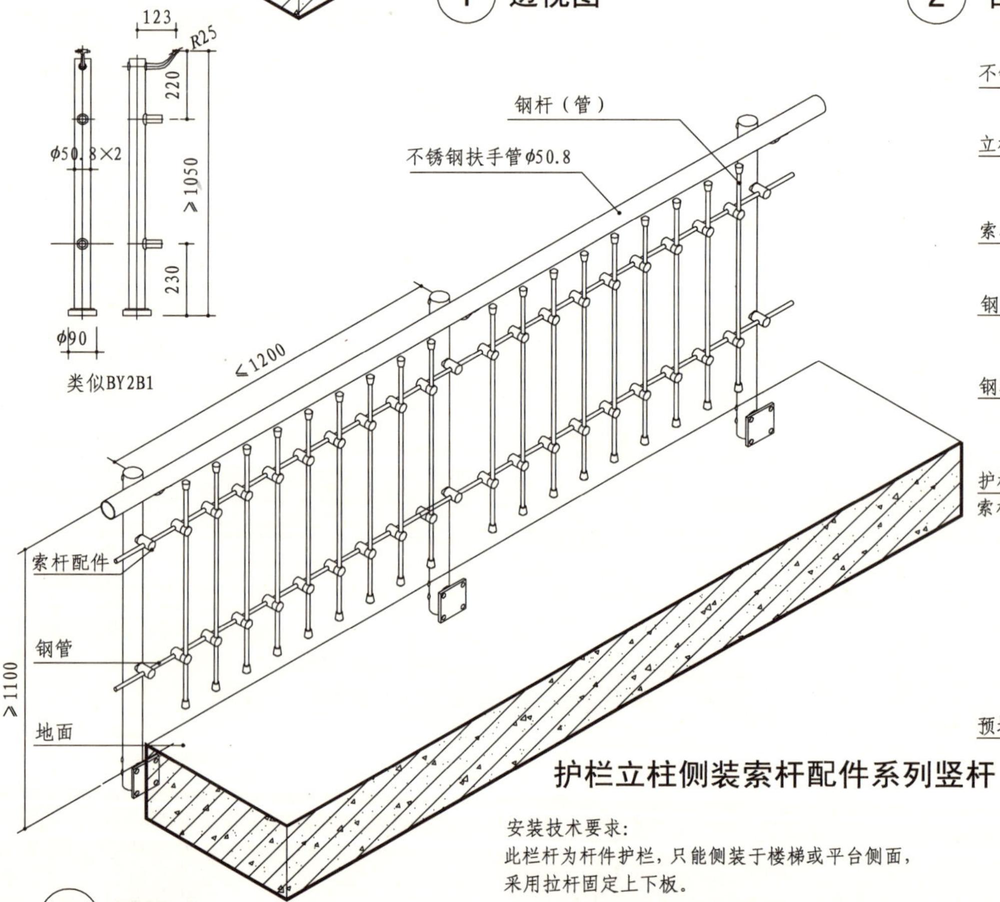

安装技术要求：
此栏杆为杆件护栏，只能侧装于楼梯或平台侧面，
采用拉杆固定上下板。
此时立柱固定方式应采取膨胀螺栓将立柱固定。
注：本图资料由广东坚朗提供。

③ 透视图二

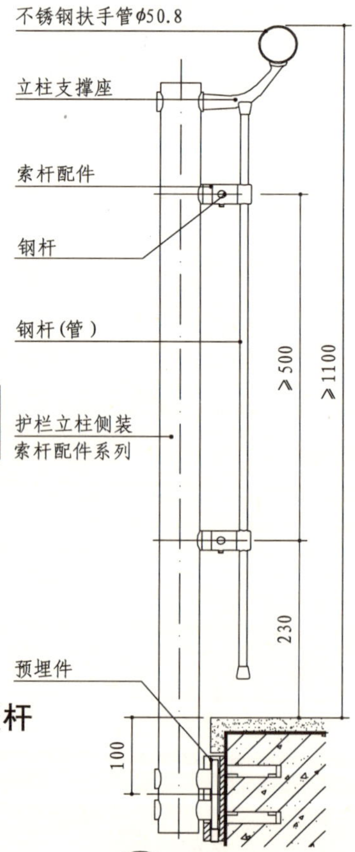

④ 剖面图二

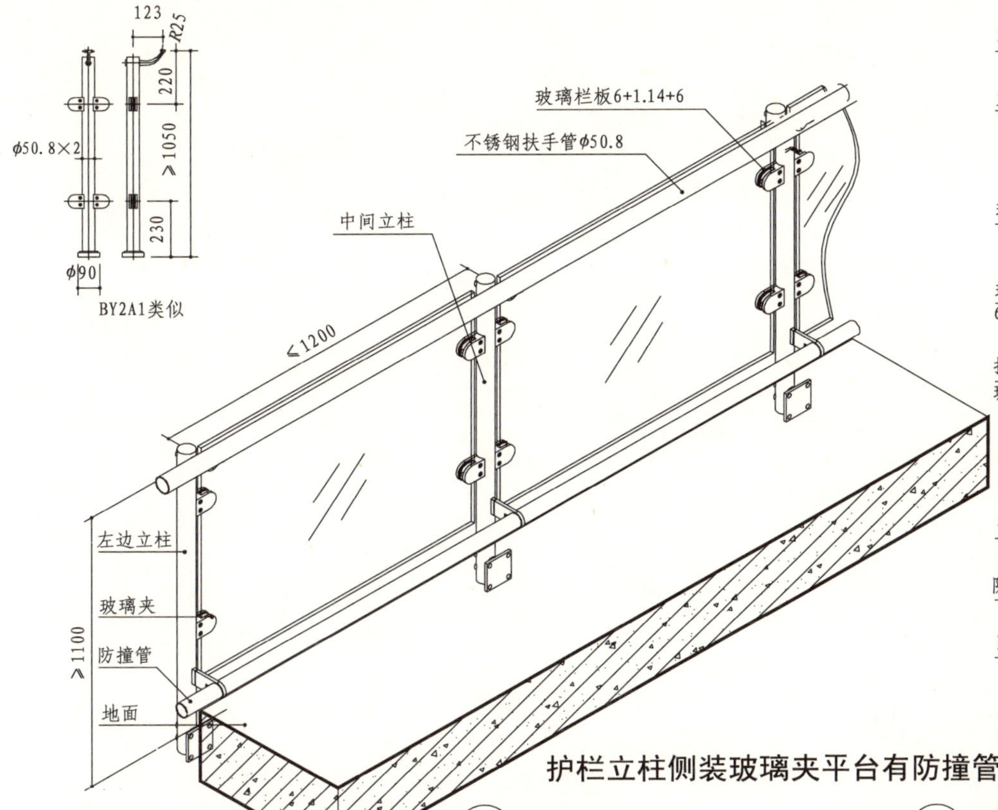

护栏立柱侧装玻璃夹平台有防撞管系列

① 透视图一

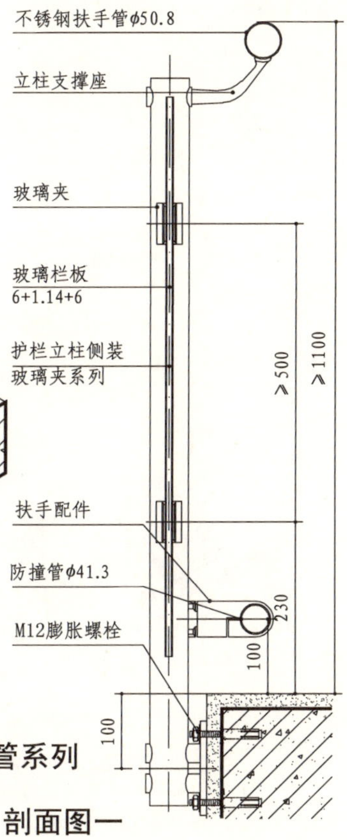

② 剖面图一

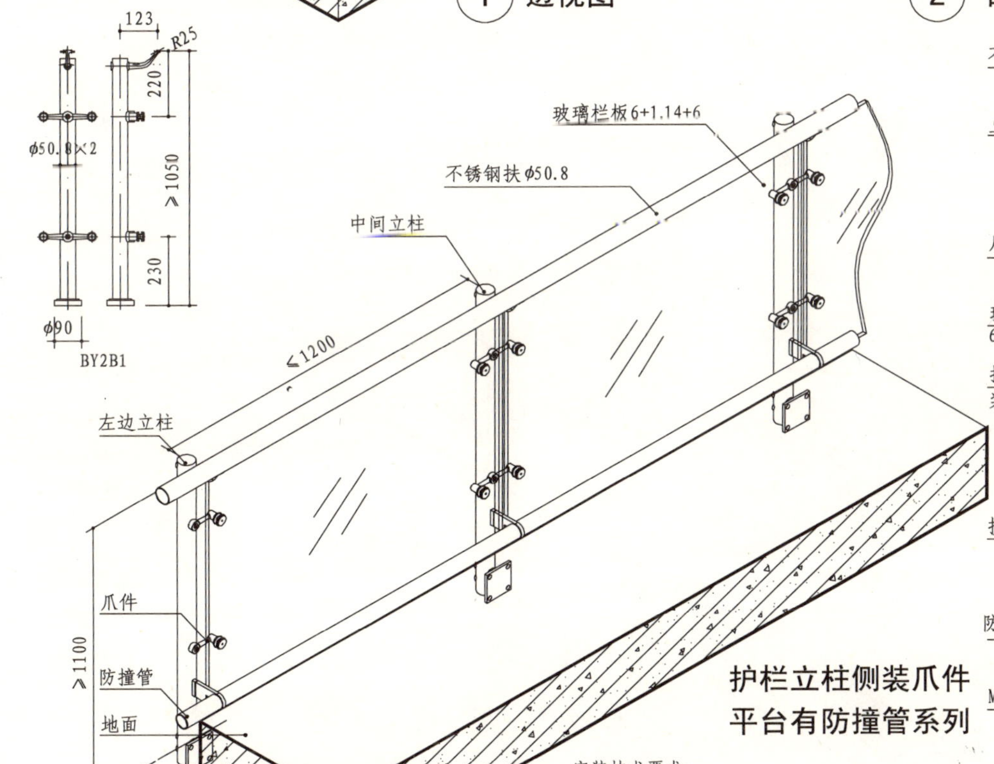

护栏立柱侧装爪件
平台有防撞管系列

安装技术要求：
此栏杆为玻璃栏杆护栏，采用侧装的形式固定；
在立柱底部安装有防撞设备，具有防护功能。
此时立柱固定方式应采取膨胀螺栓将立柱固定。
注：本图资料由广东坚朗提供。

③ 透视图二

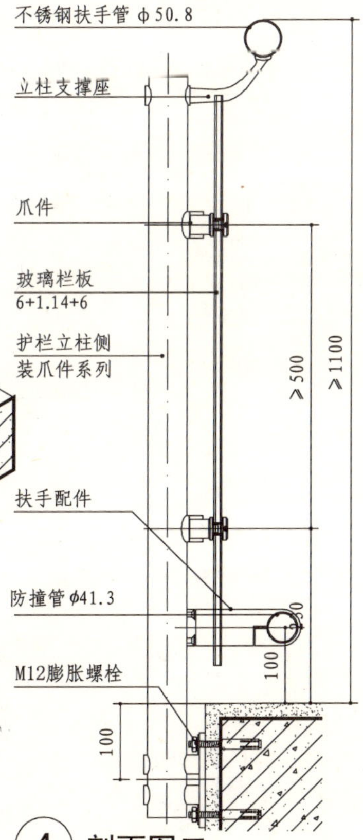

④ 剖面图二

Section2
工程实例
栏杆
栏板
组合栏杆（板）

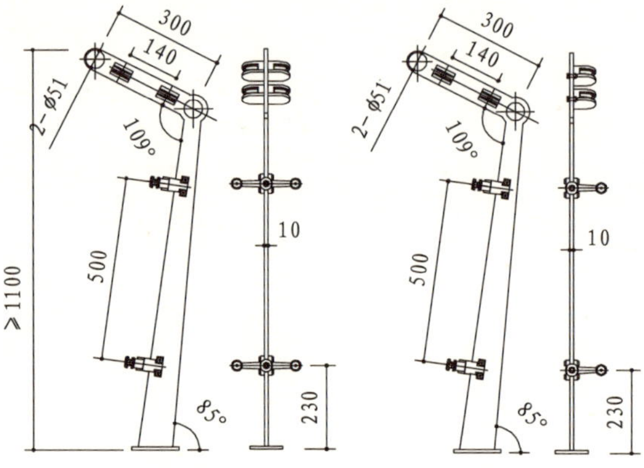

BD7B1　BD7B2

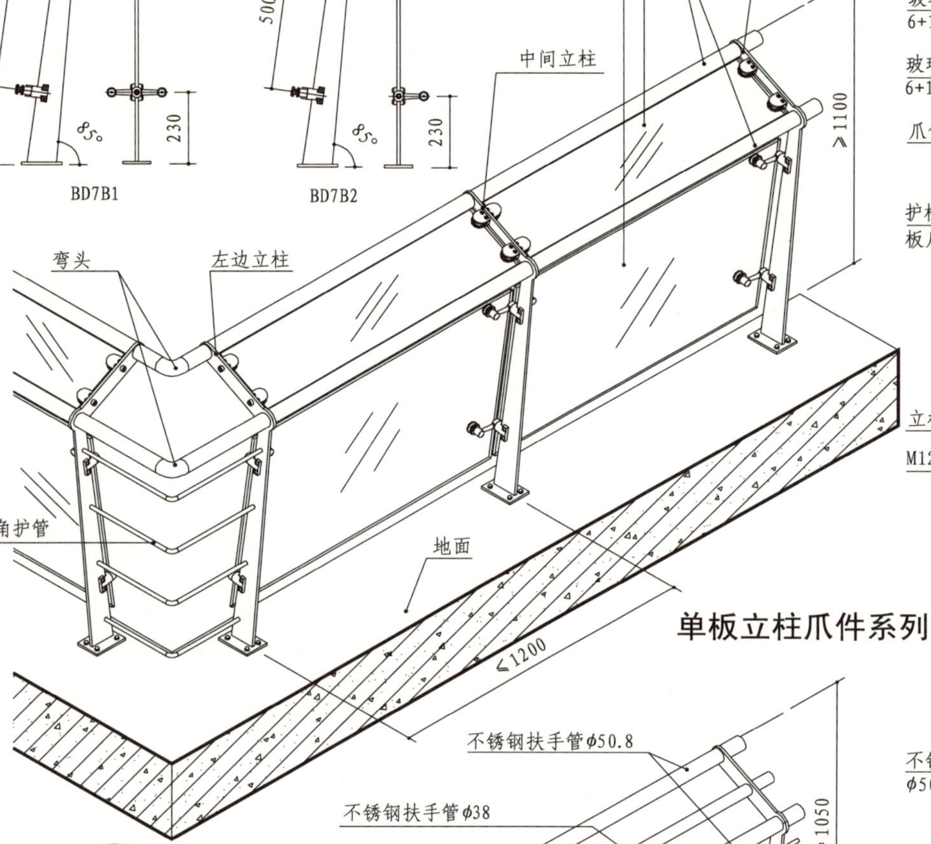

单板立柱爪件系列

1 透视图一

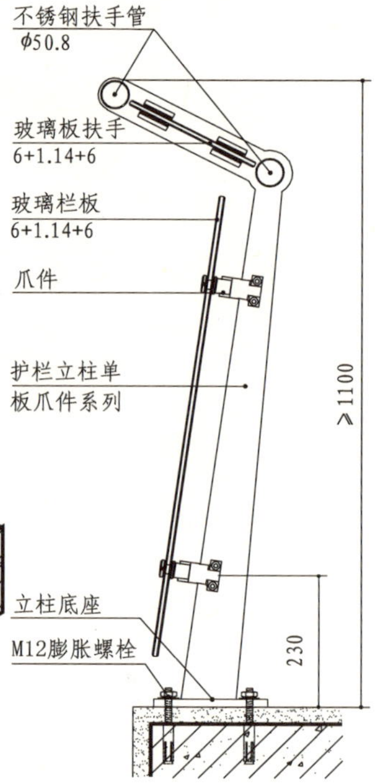

2 剖面图一

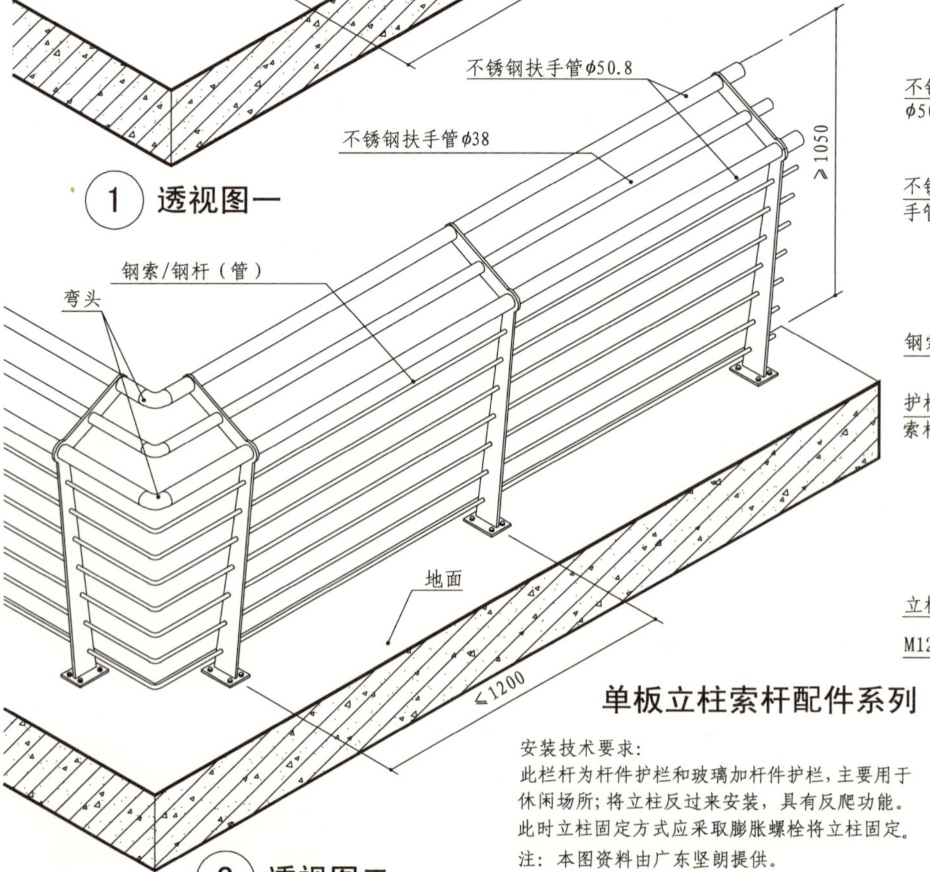

单板立柱索杆配件系列

3 透视图二

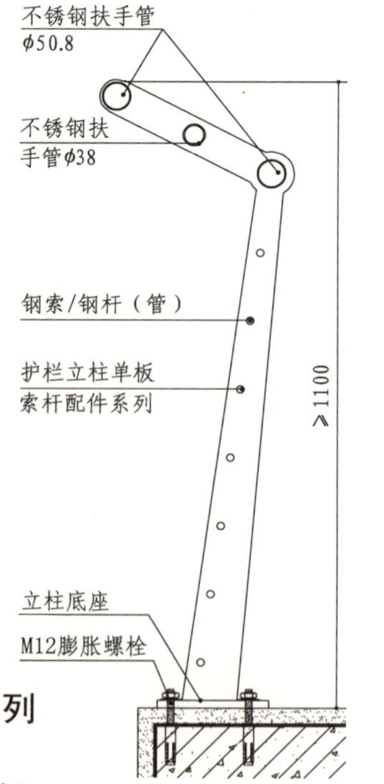

4 剖面图二

安装技术要求：
此栏杆为杆件护栏和玻璃加杆件护栏，主要用于休闲场所；将立柱反过来安装，具有反爬功能。此时立柱固定方式应采取膨胀螺栓将立柱固定。
注：本图资料由广东坚朗提供。

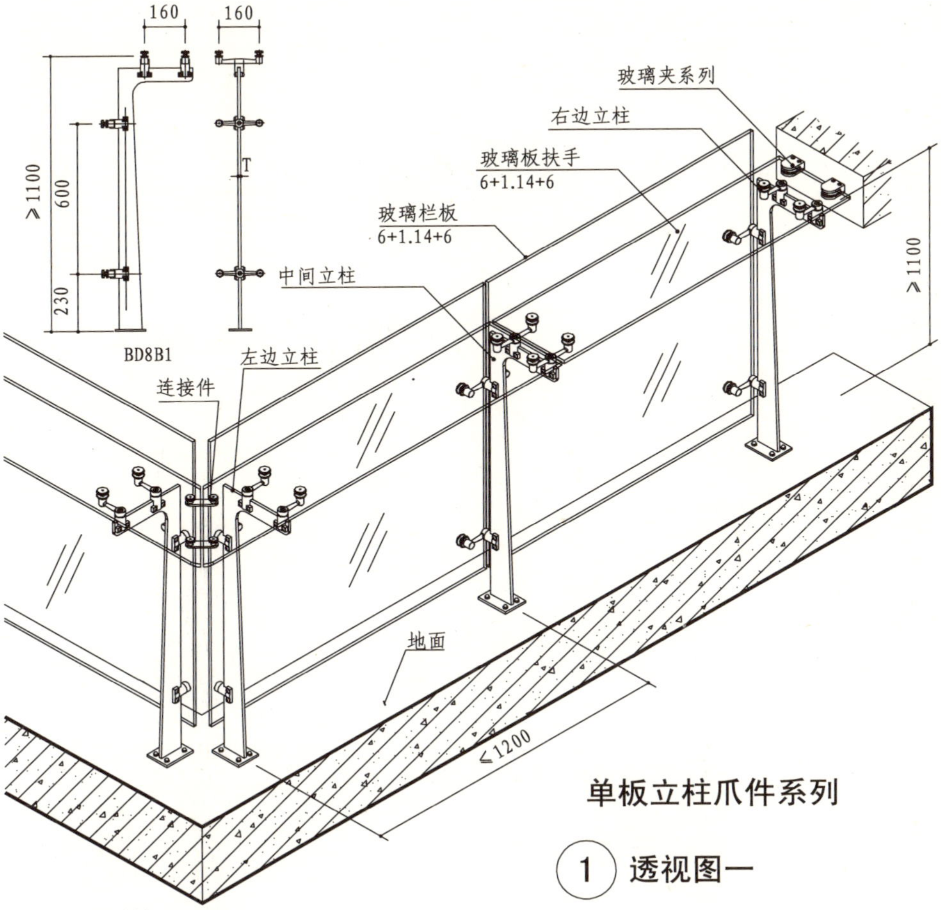

单板立柱爪件系列

① 透视图一

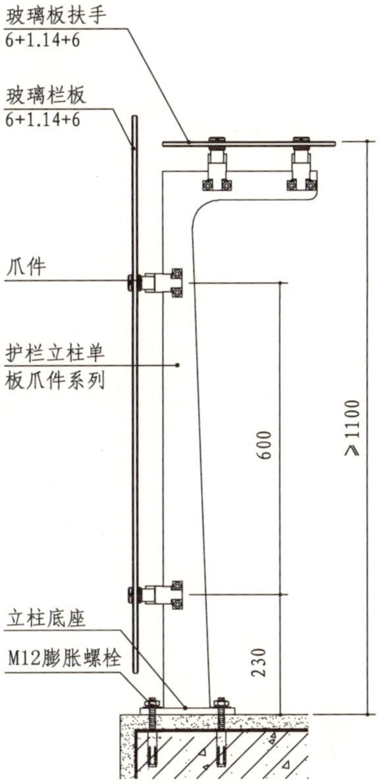

② 剖面图一

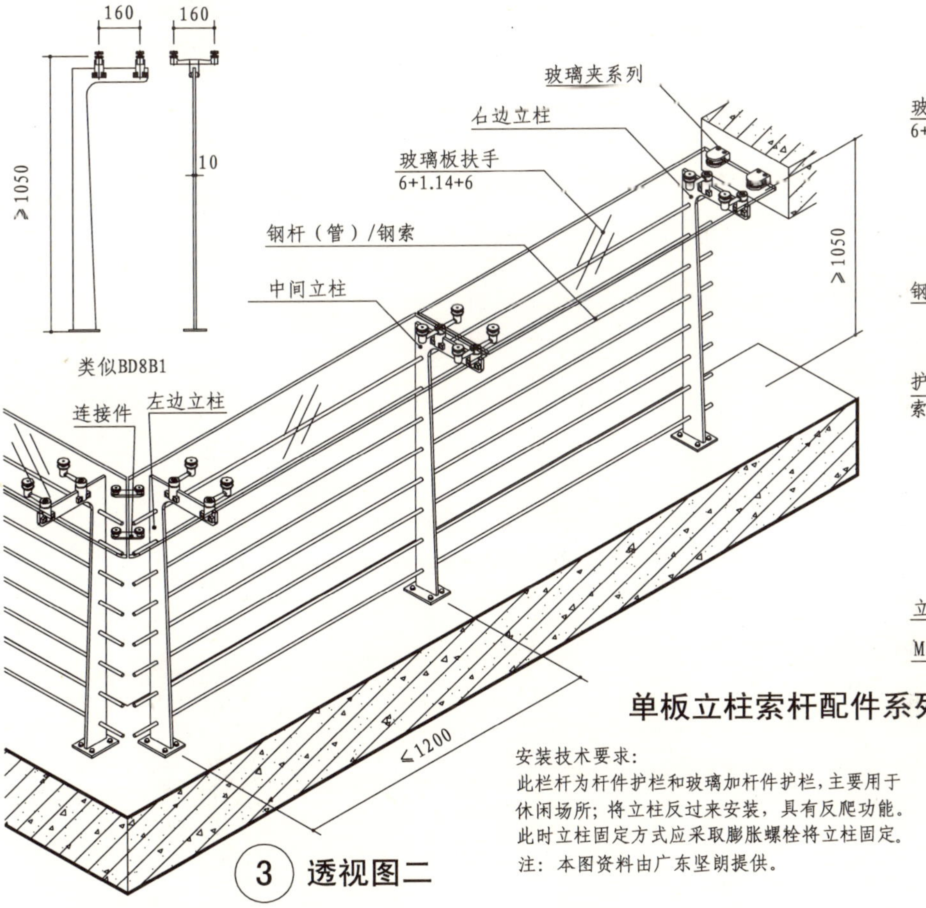

单板立柱索杆配件系列

③ 透视图二

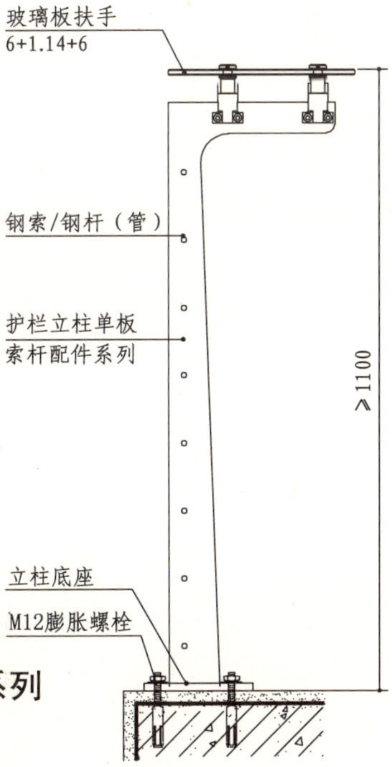

④ 剖面图二

安装技术要求：
此栏杆为杆件护栏和玻璃加杆件护栏，主要用于休闲场所；将立柱反过来安装，具有反爬功能。此时立柱固定方式应采取膨胀螺栓将立柱固定。
注：本图资料由广东坚朗提供。

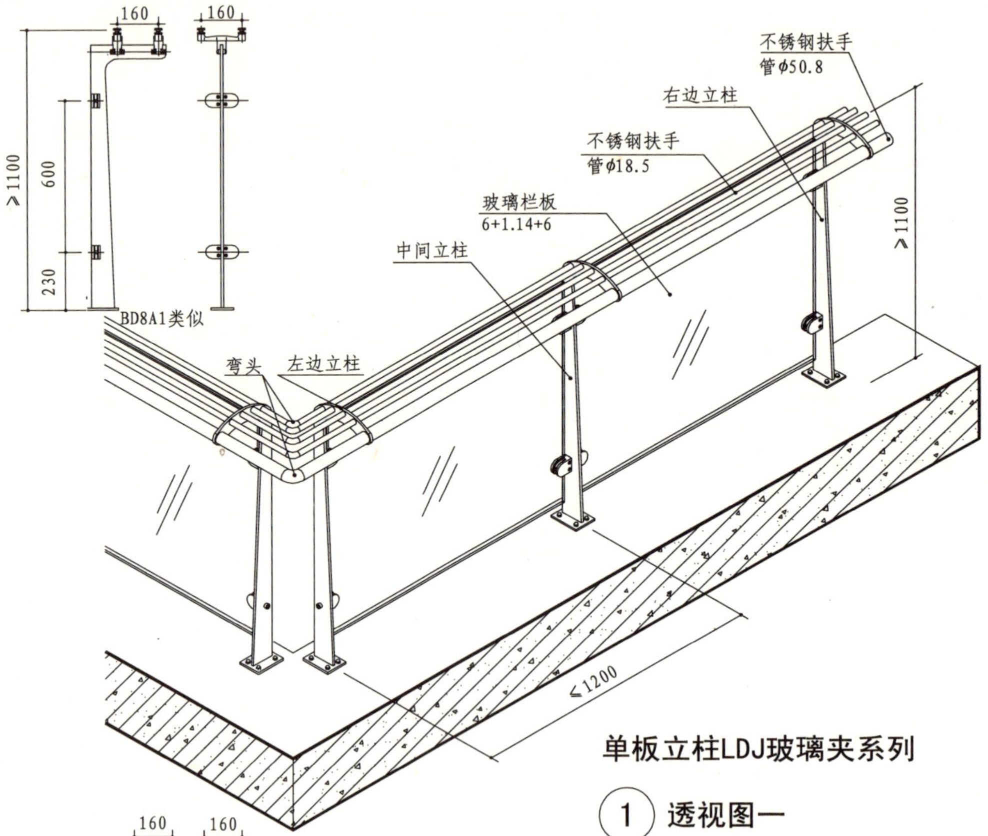

单板立柱LDJ玻璃夹系列

① 透视图一

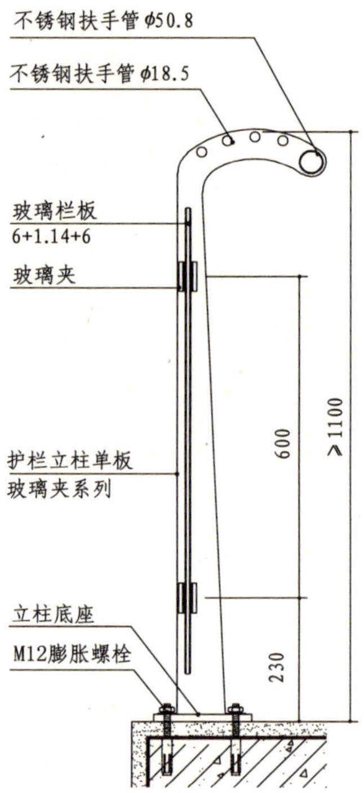

② 剖面图一

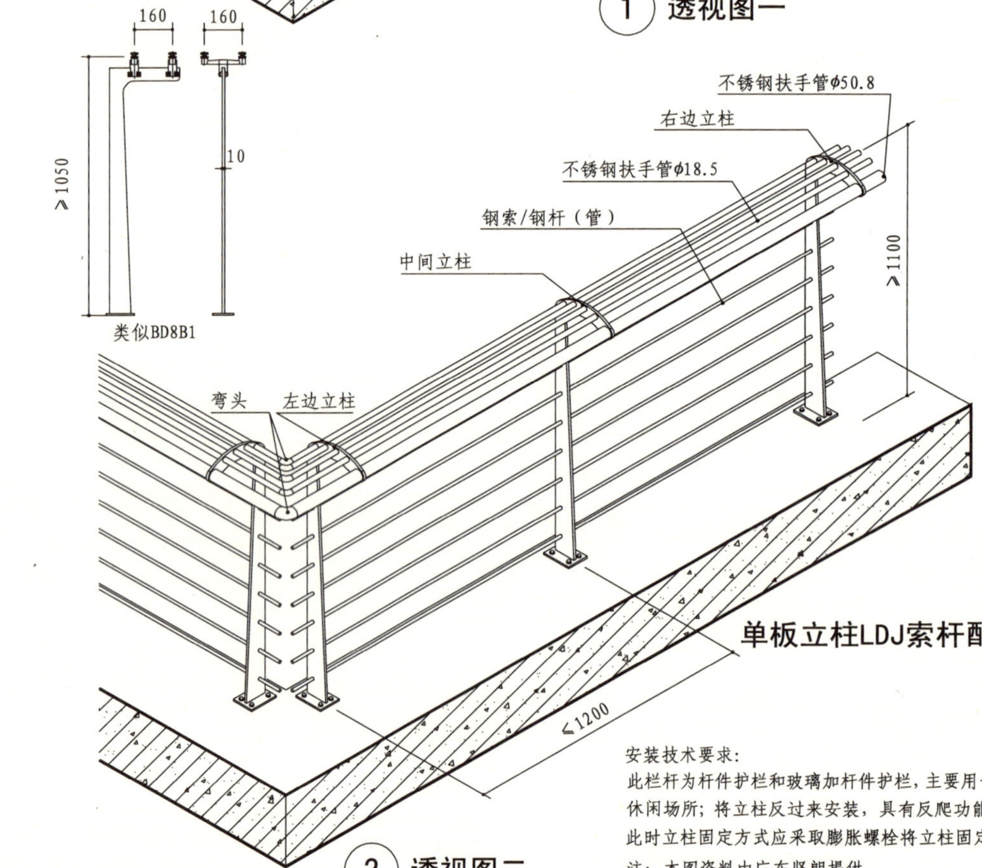

单板立柱LDJ索杆配件系列

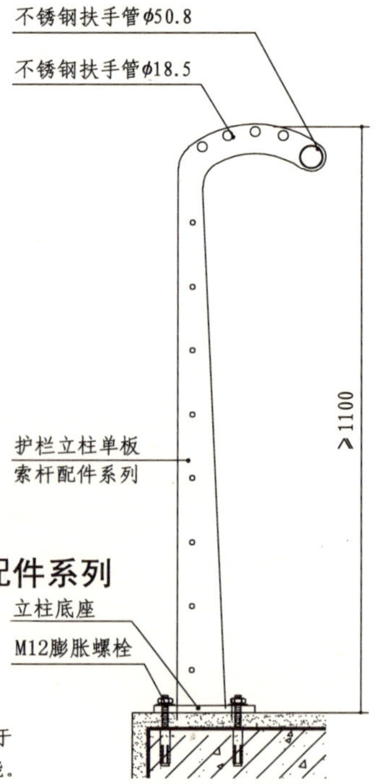

安装技术要求：
此栏杆为杆件护栏和玻璃加杆件护栏，主要用于休闲场所；将立柱反过来安装，具有反爬功能。此时立柱固定方式应采取膨胀螺栓将立柱固定。
注：本图资料由广东坚朗提供。

③ 透视图二

④ 剖面图二

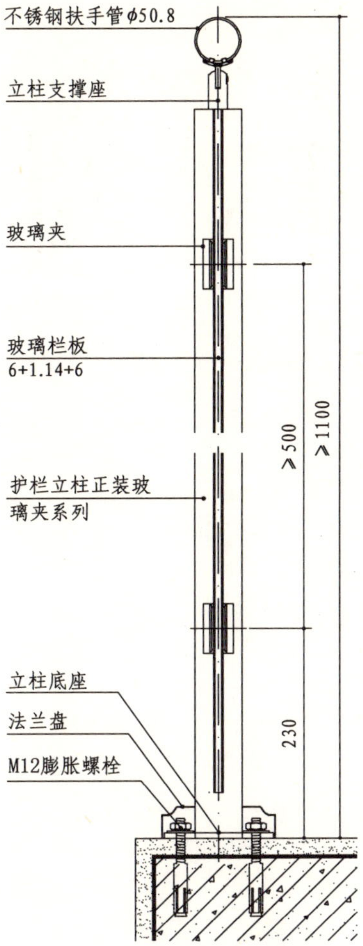

2 1-1剖面图

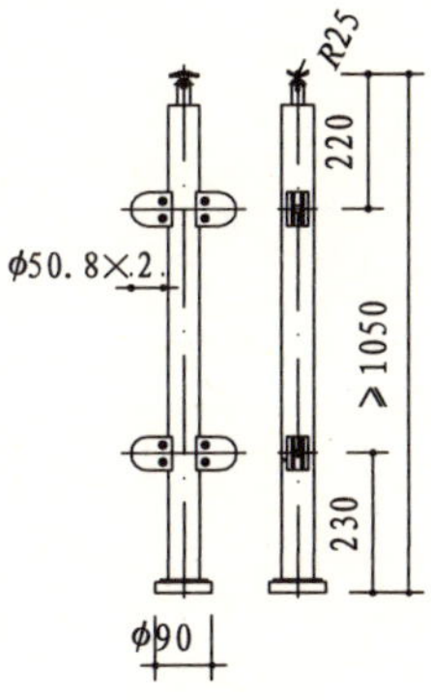

BY1A1

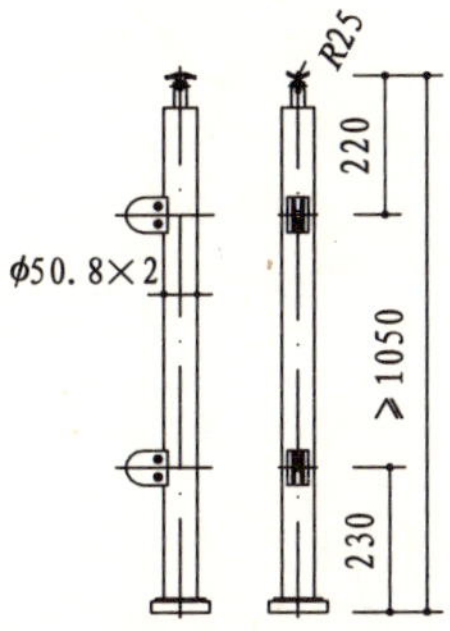

BY1A2

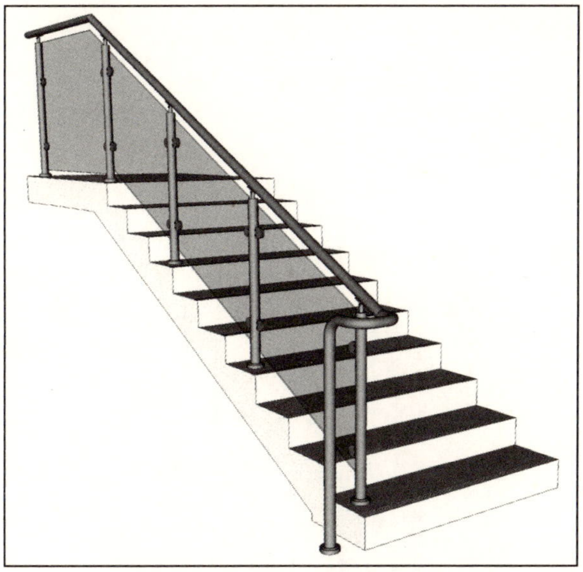

楼梯护栏立柱正装玻璃夹系列

安装技术要求：
此栏杆适用于楼梯及平台上，其楼梯与平台要求立柱高度不一，要注意其安装时的高度配合。
此时立柱固定方式应采取膨胀螺栓将立柱固定。
注：本图资料由广东坚朗提供。

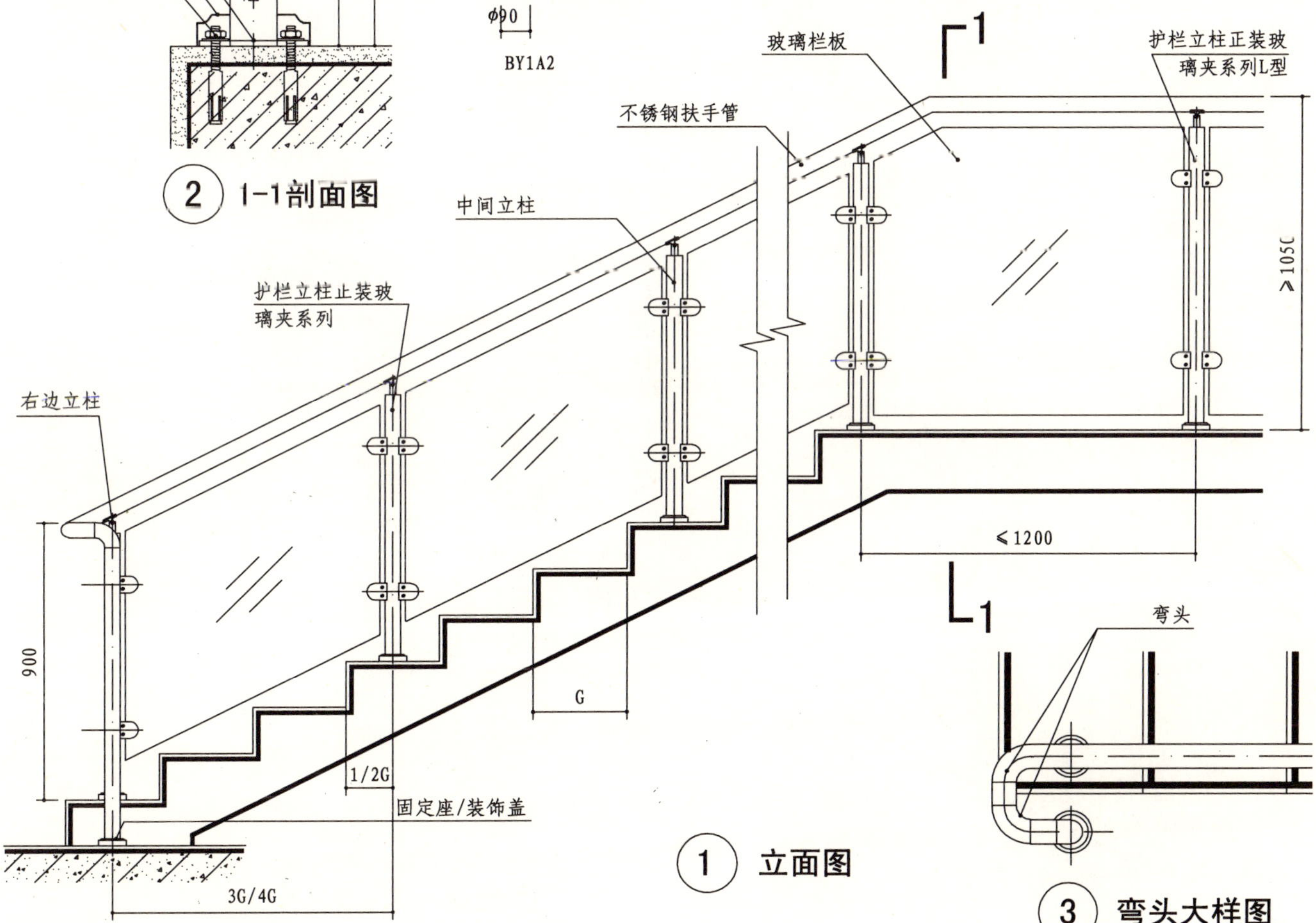

1 立面图

3 弯头大样图

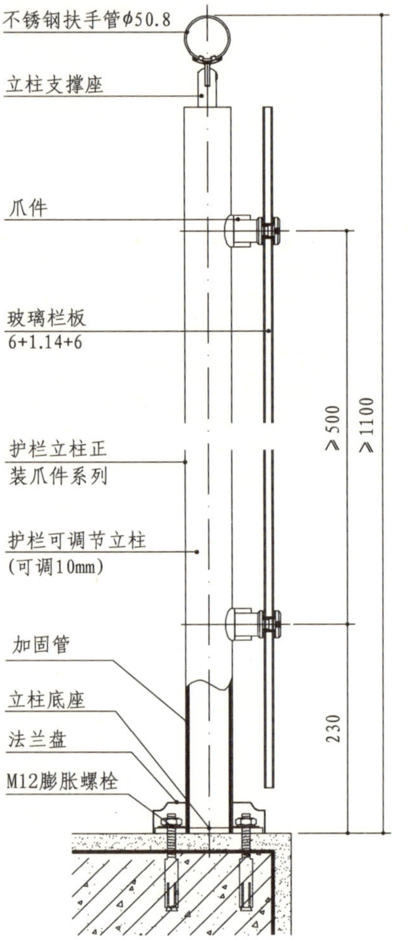

2 1-1剖面图

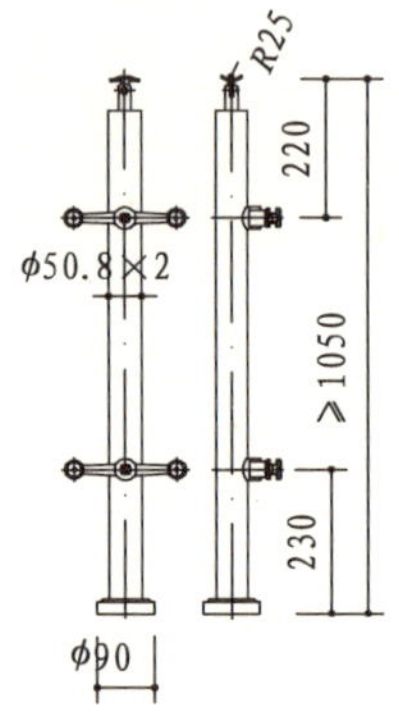

BY1B1

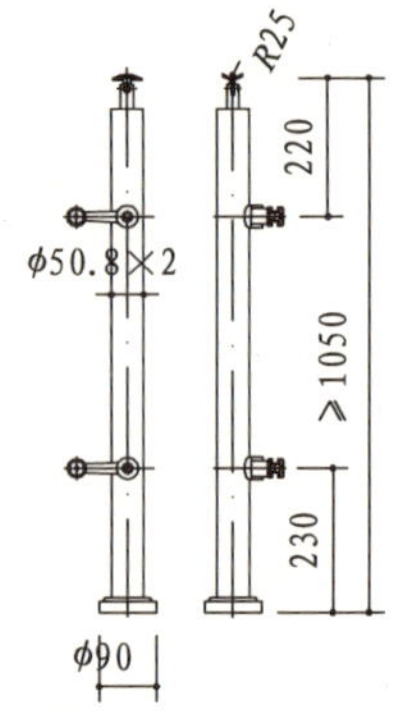

BY1B2

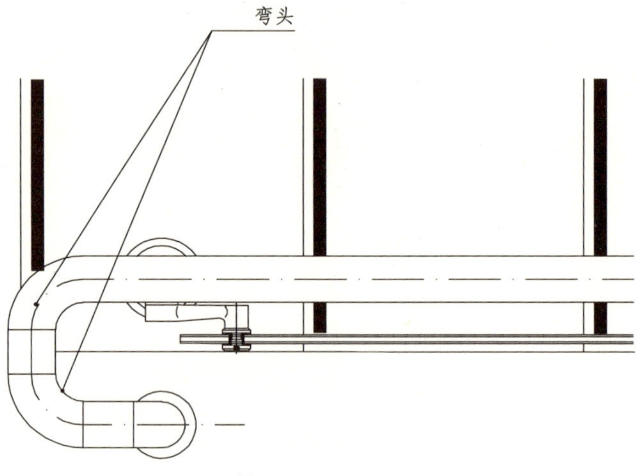

3 弯头大样图

楼梯护栏立柱正装爪件系列

安装技术要求:

此栏杆适用于楼梯及平台上,其楼梯与平台要求立柱高度不一,要注意其安装时的高度配合。

此时立柱固定方式应采取膨胀螺栓将立柱固定。

注：本图资料由广东坚朗提供。

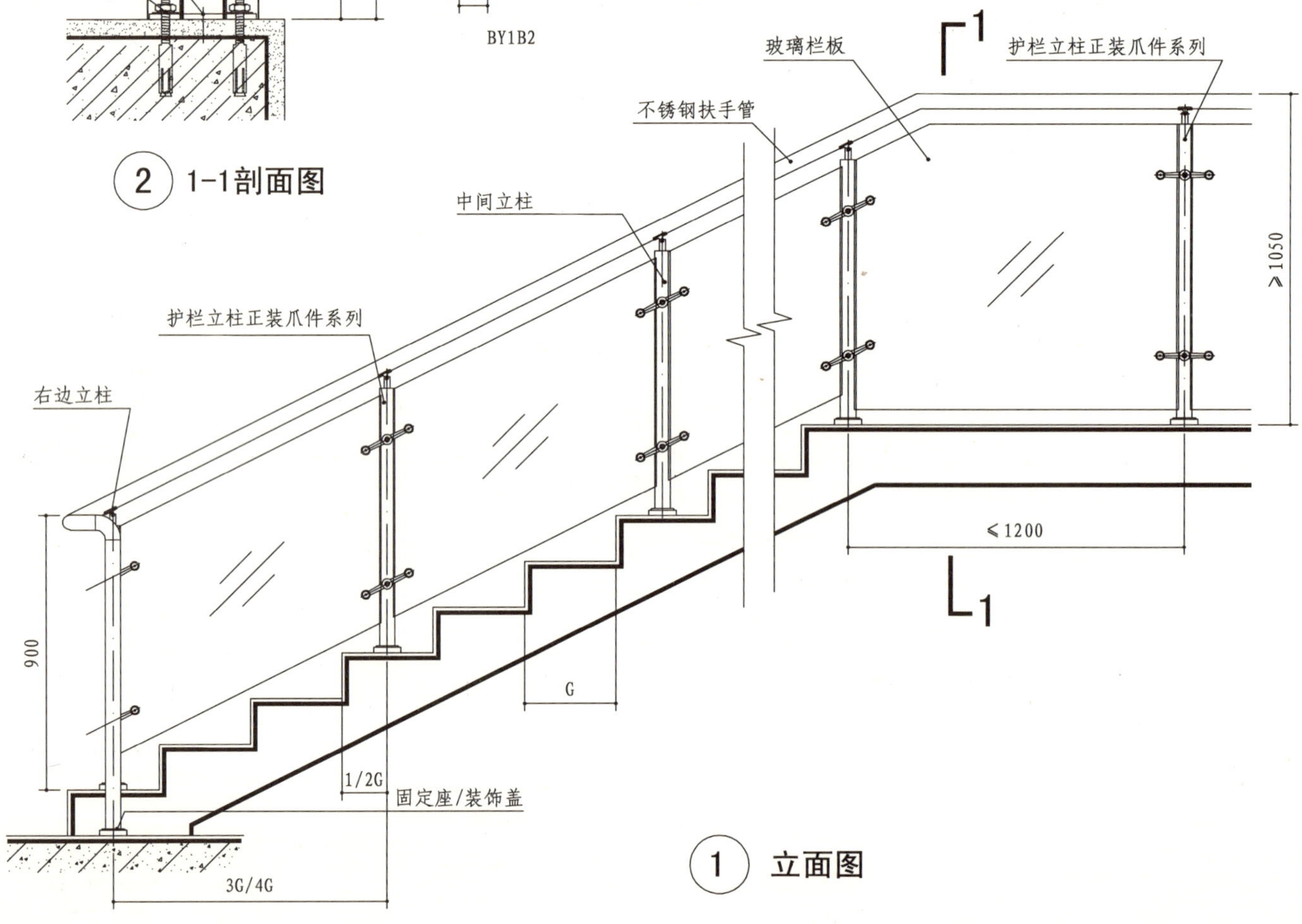

1 立面图

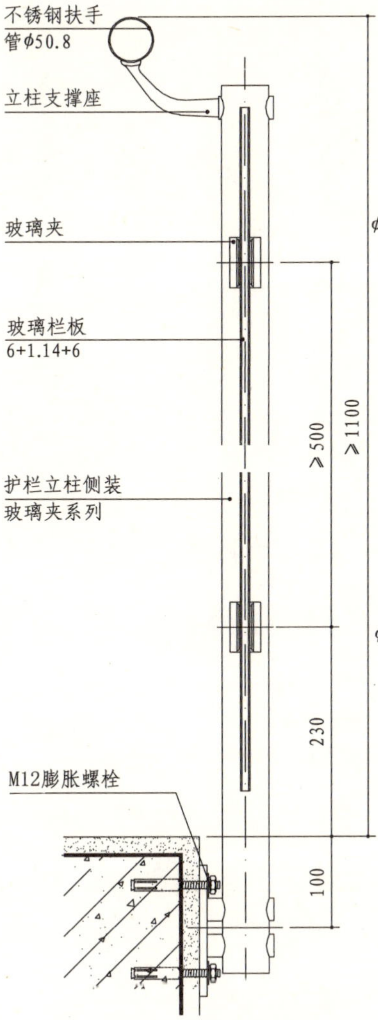

② 1-1剖面图

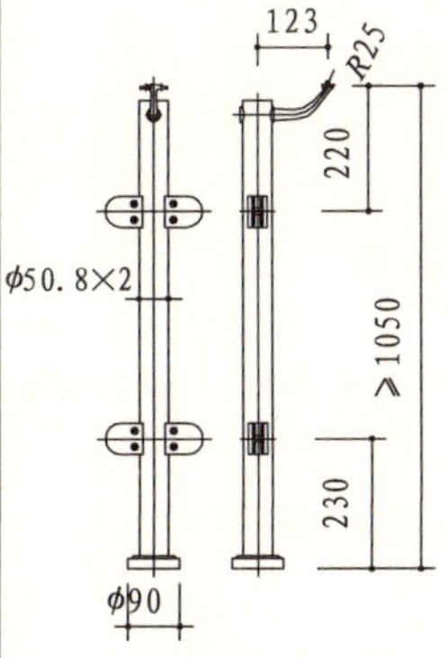

BY2A1

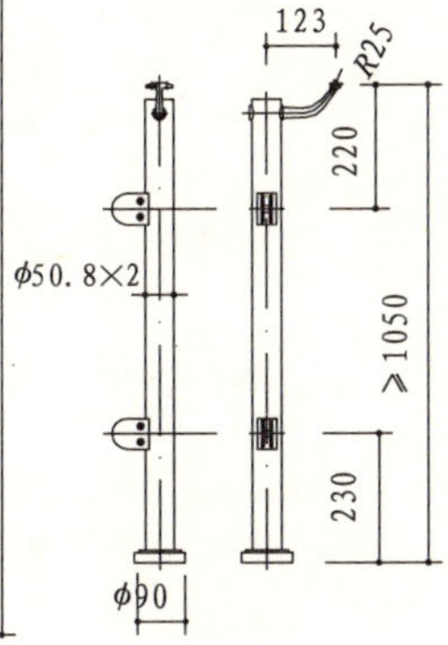

BY2A2

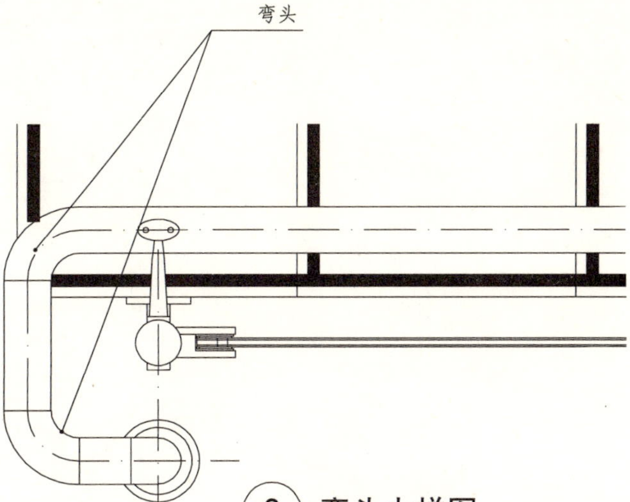

③ 弯头大样图

楼梯护栏立柱侧装玻璃夹系列

安装技术要求：

此栏杆适用于侧装在楼梯及平台上，其楼梯与平台要求立柱高度不一，要注意其安装时的高度配合。此时立柱固定方式应采取膨胀螺栓将立柱固定。

注：本图资料由广东坚朗提供。

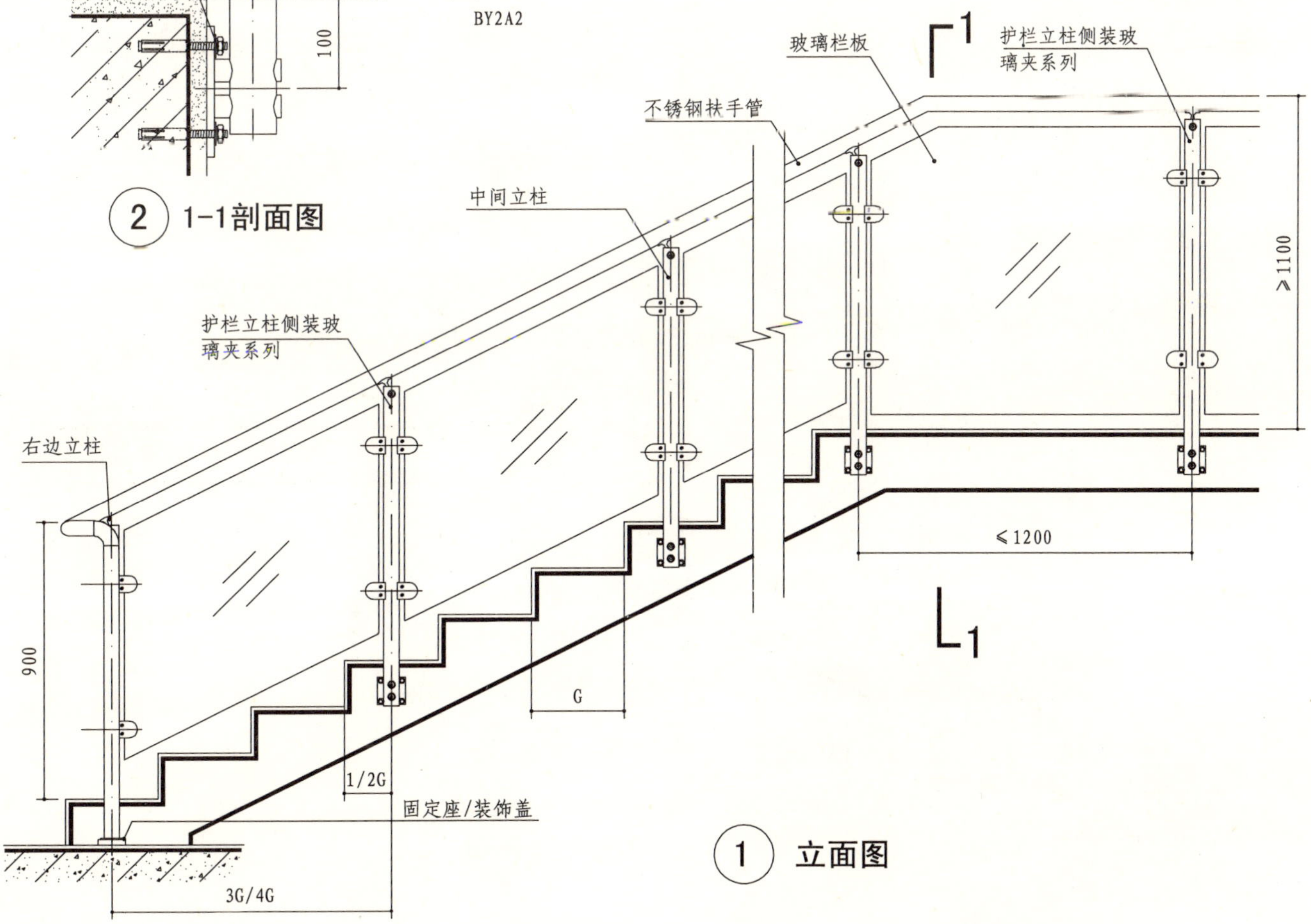

① 立面图

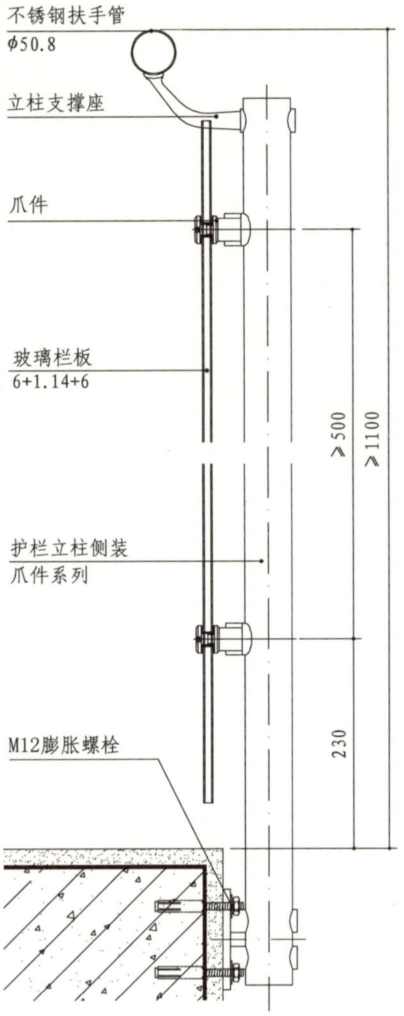

② 1-1剖面图

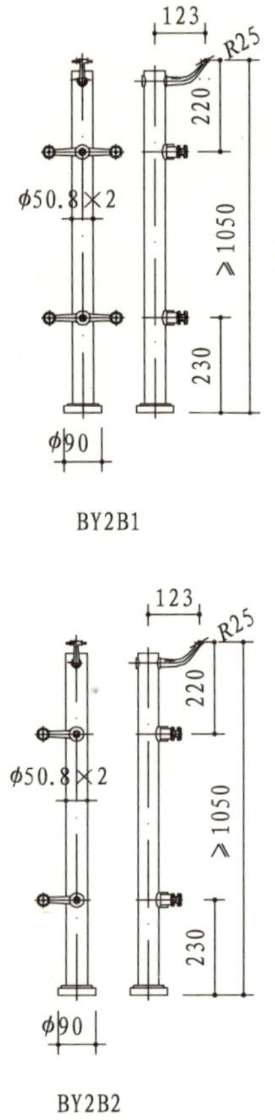

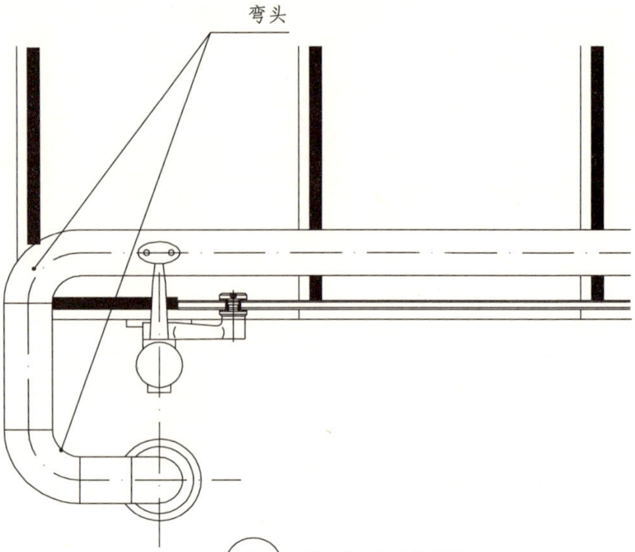

③ 弯头大样图

楼梯护栏立柱侧装爪件系列

安装技术要求：

此栏杆适用于侧装在楼梯及平台上，其楼梯与平台要求立柱高度不一，要注意其安装时的高度配合。此时立柱固定方式应采取膨胀螺栓将立柱固定。

注：本图资料由广东坚朗提供。

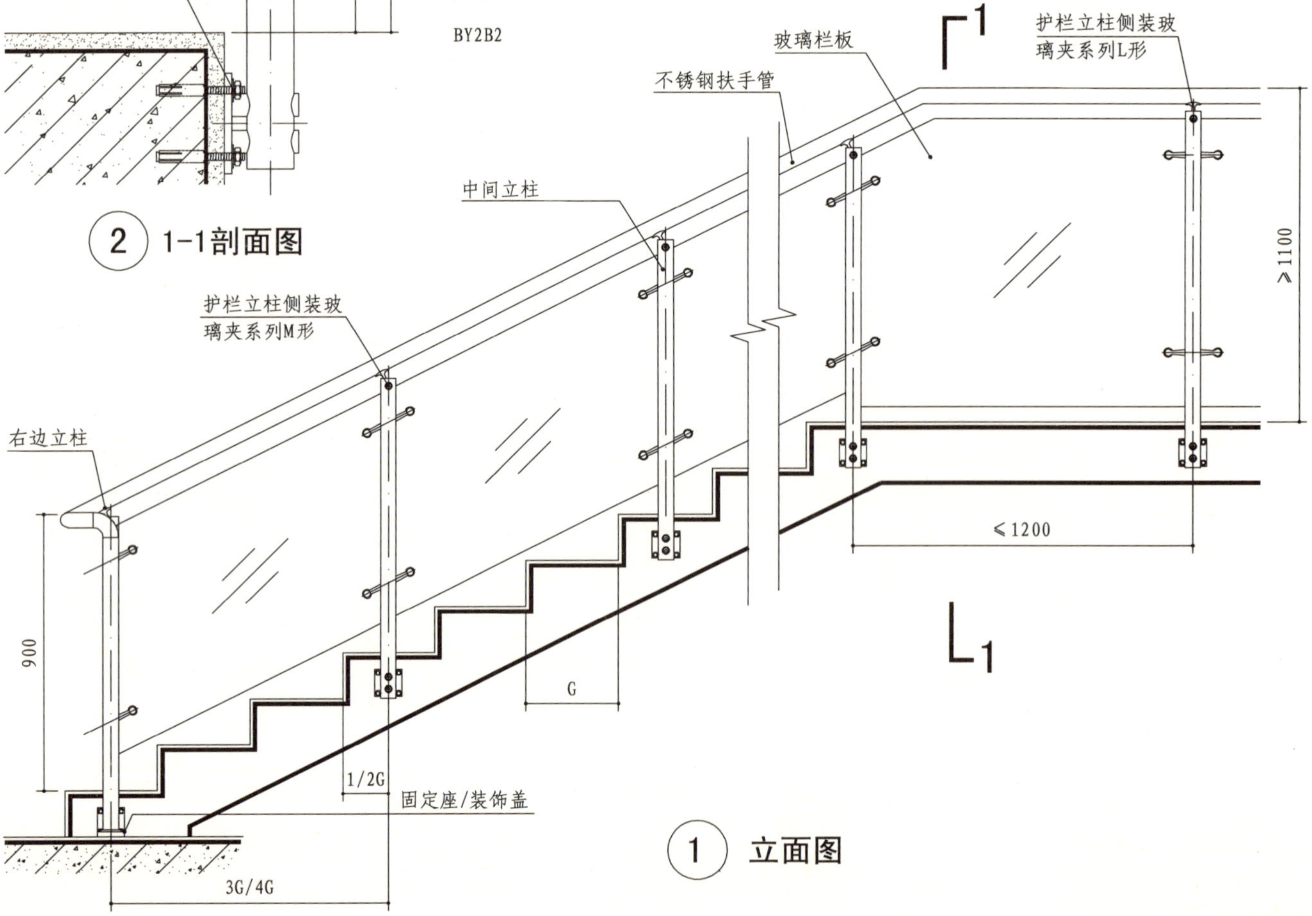

① 立面图

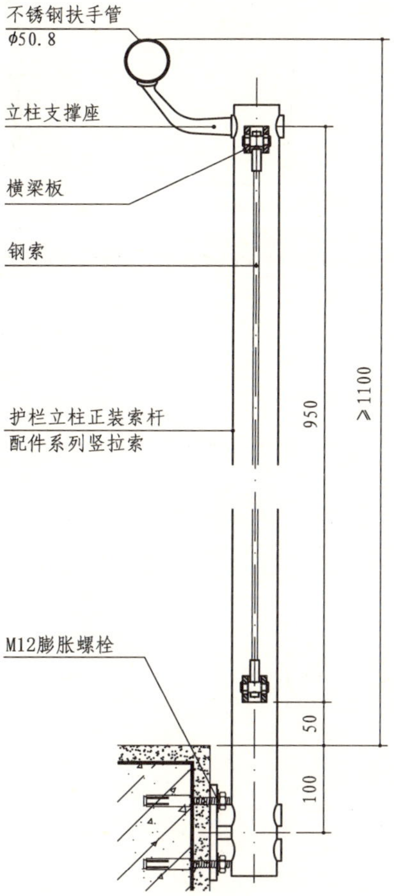

2 1-1剖面图

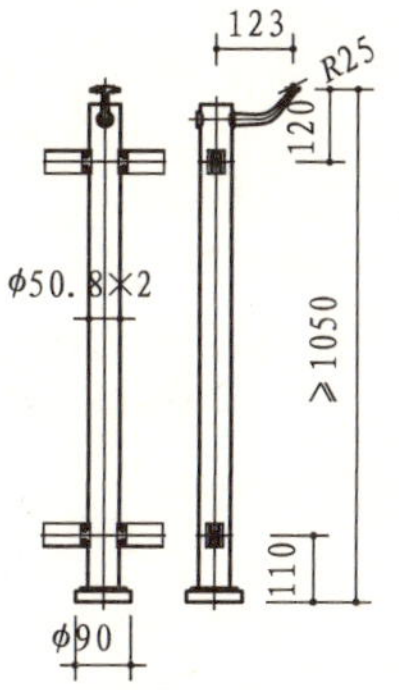

类似BY2A1

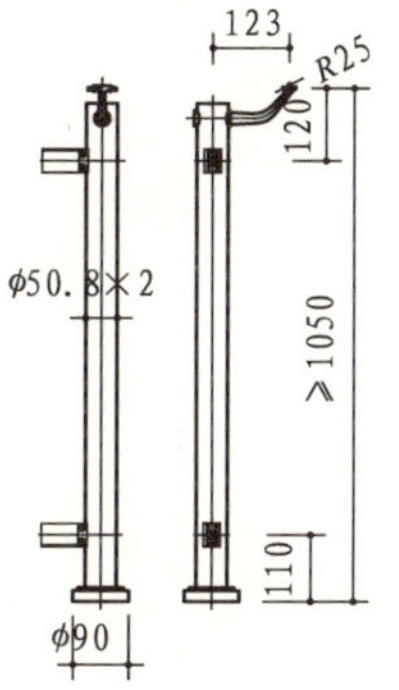

类似BY2A2

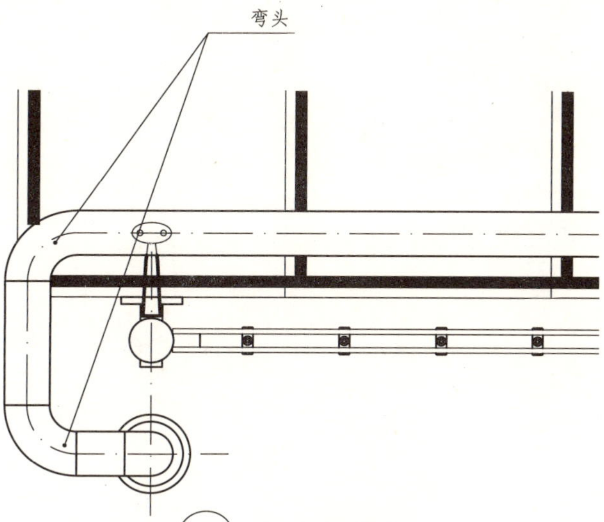

3 弯头大样图

竖拉索楼梯护栏立柱侧装索杆配件系列

安装技术要求：

此栏杆为杆件护栏，只能侧装于楼梯或平台侧面，采用拉杆固定上下板。

此时立柱固定方式应采取膨胀螺栓将立柱固定。

注：本图资料由广东坚朗提供。

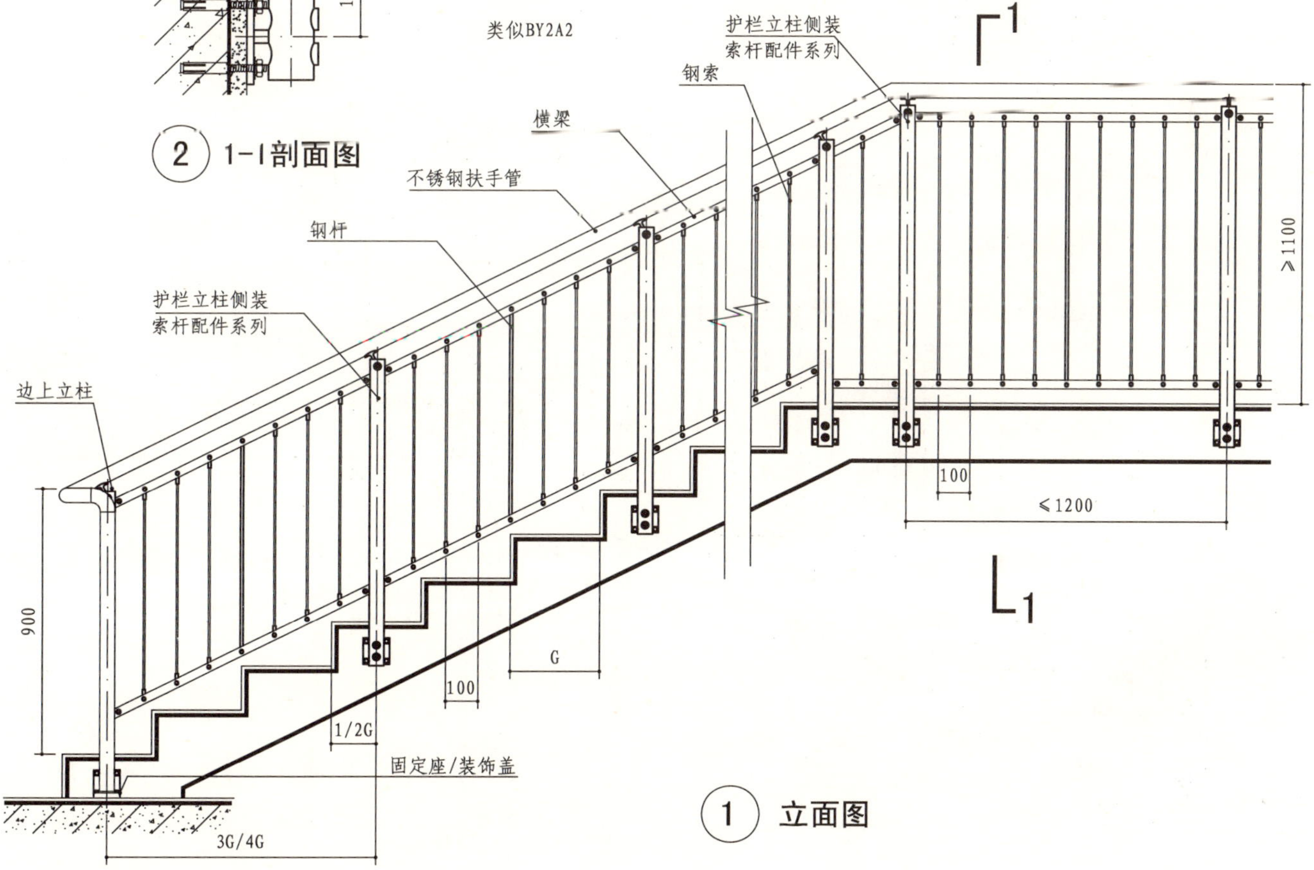

1 立面图

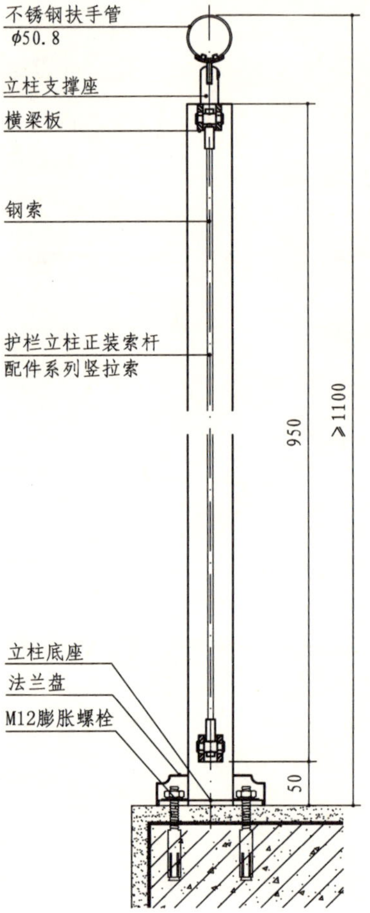

2 1-1剖面图

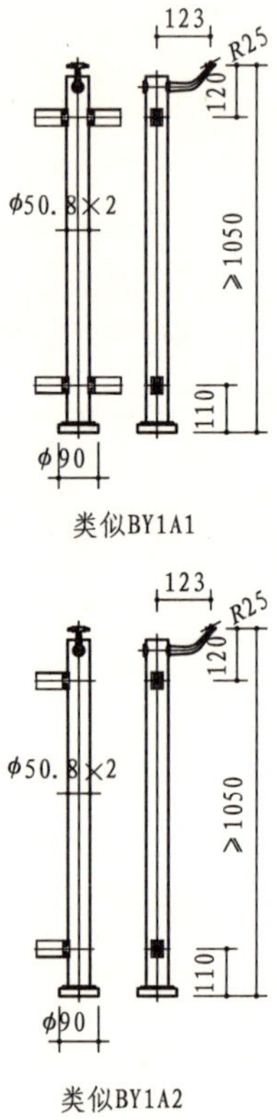

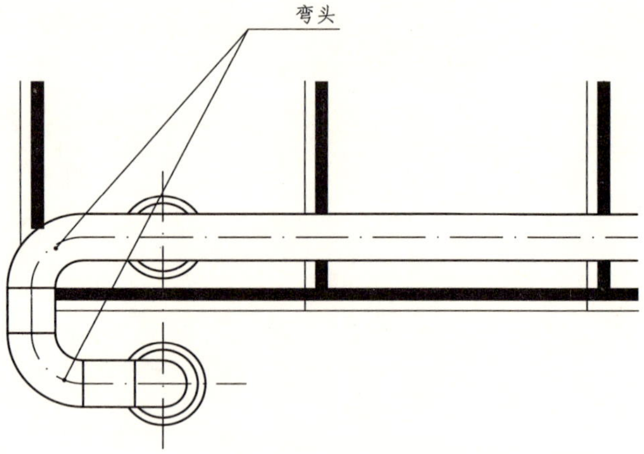

3 弯头大样图

竖拉索楼梯护栏立柱正装索杆配件系列

安装技术要求：

此栏杆为杆件护栏，只能侧装于楼梯或平台侧面，采用拉杆固定上下板。

此时立柱固定方式应采取膨胀螺栓将立柱固定。

注：本图资料由广东坚朗提供。

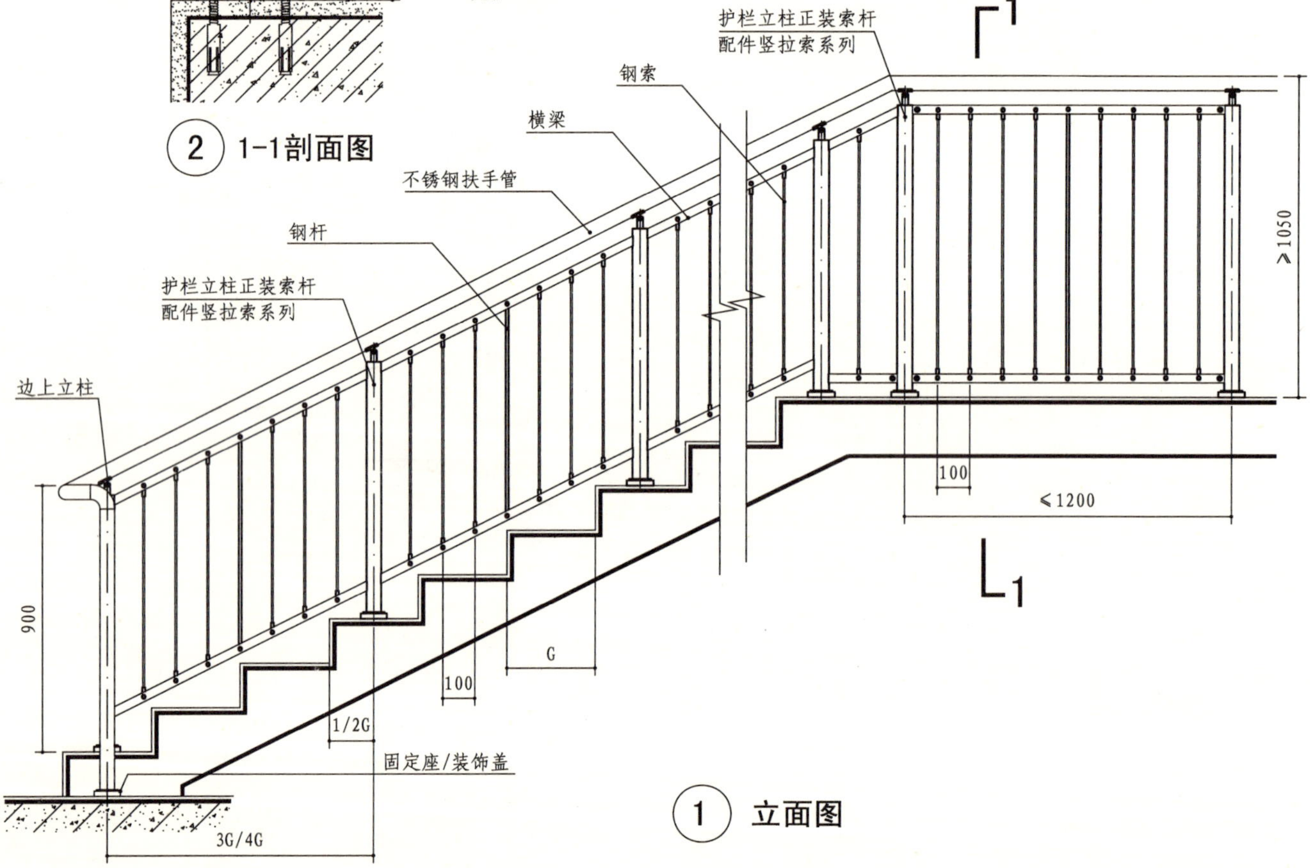

1 立面图

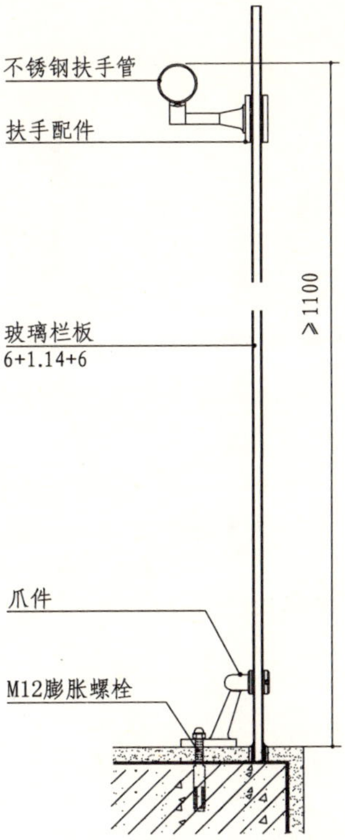

③ 1-1剖面图

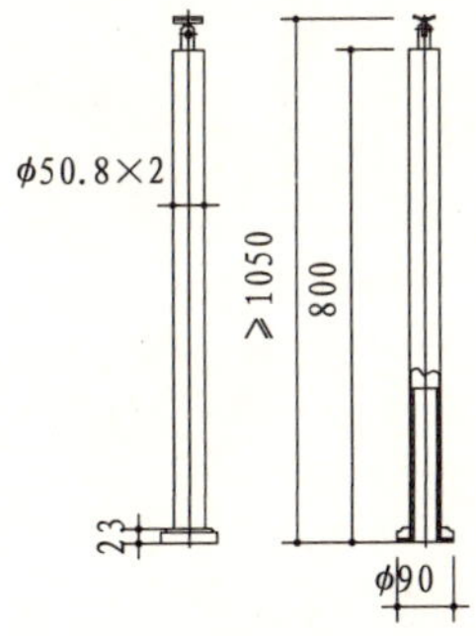

类似BY1

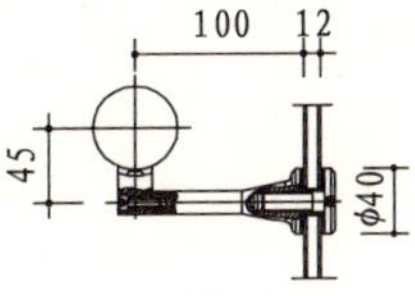

ZCF11

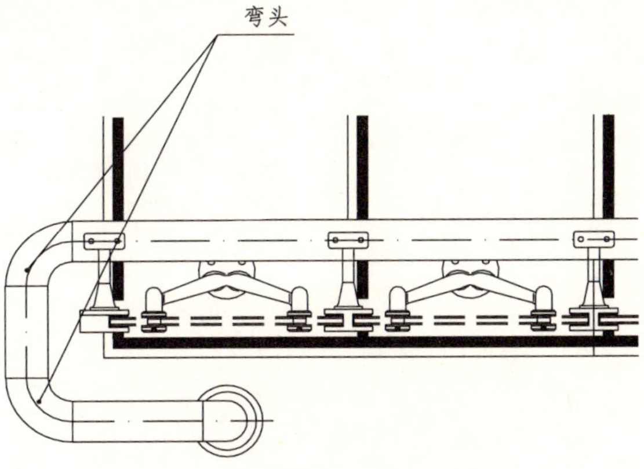

④ 弯头大样图

楼梯护栏爪件系列

安装技术要求：
此栏杆适用于楼梯及平台上，单独的玻璃栏杆护栏具有一定的通透性，安装时要注意玻璃维护。
此时立柱固定方式应采取膨胀螺栓将支撑件固定。
注：本图资料由广东坚朗提供。

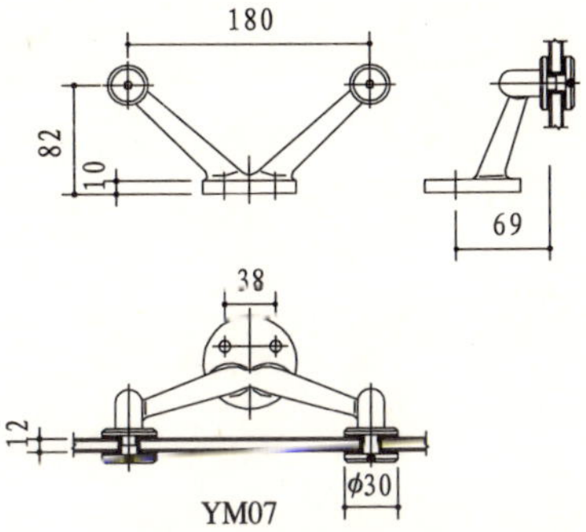

YM07

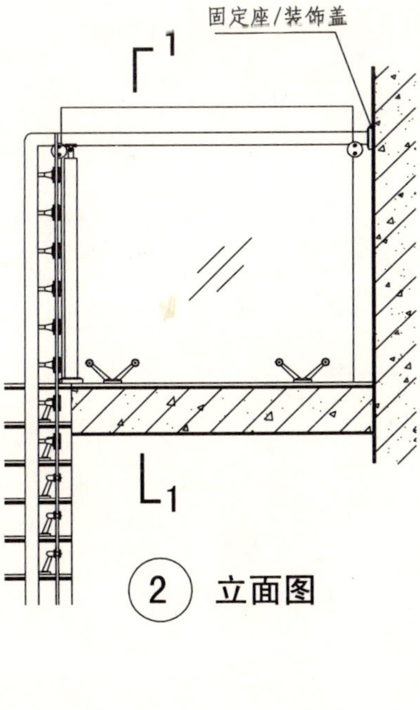

② 立面图

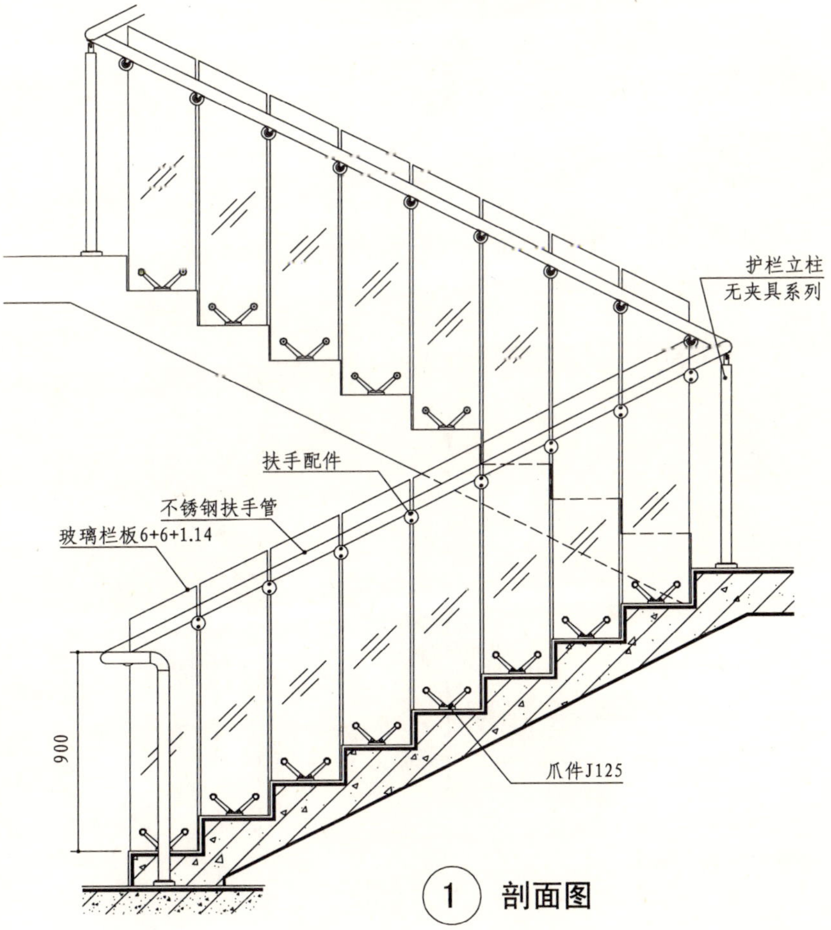

① 剖面图

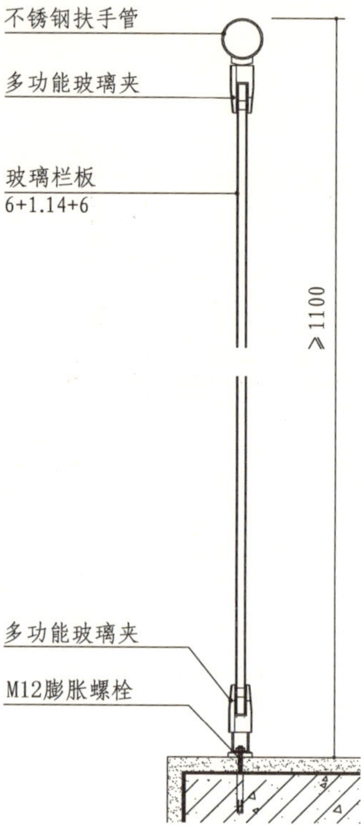

③ 1-1剖面图

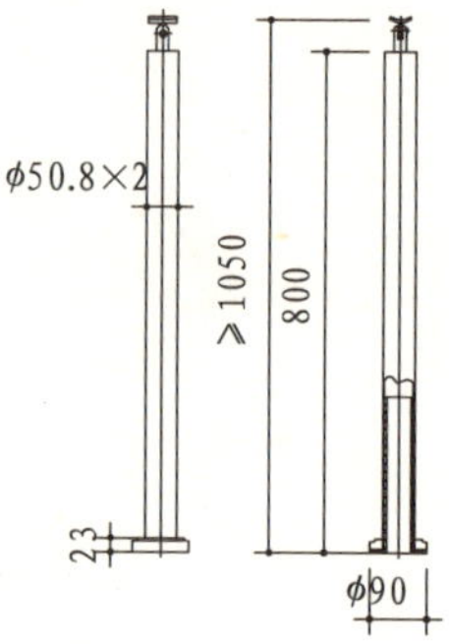

类似BY1

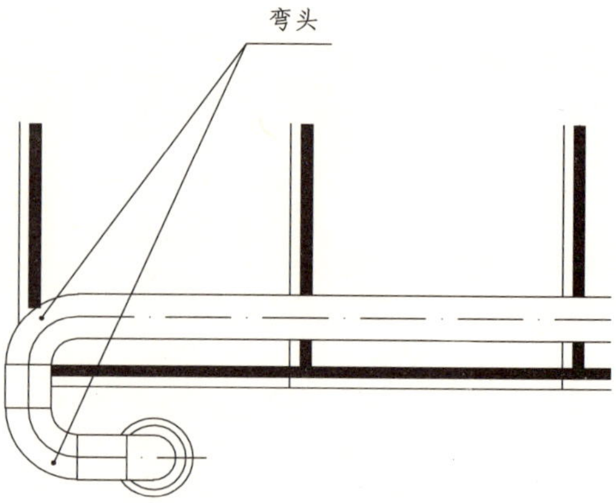

④ 弯头大样图

多功能玻璃夹楼梯护栏系列

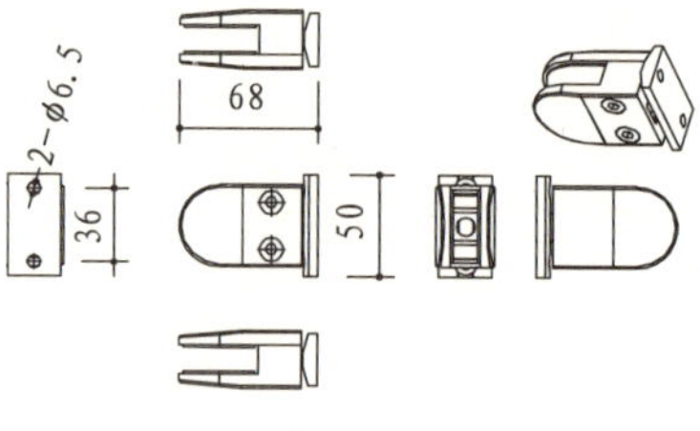

YM08

安装技术要求:

此栏杆适用于楼梯及平台上，单独的玻璃栏杆护栏，具有一定的通透性，安装时要注意玻璃维护。

此时立柱固定方式应采取膨胀螺栓将支撑件固定。

注：本图资料由广东坚朗提供。

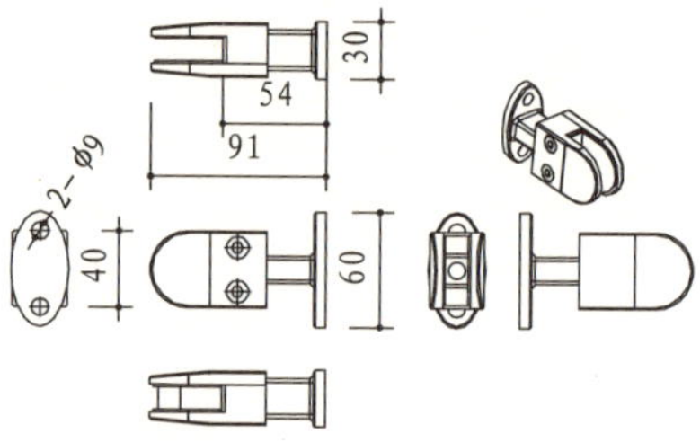

YM08

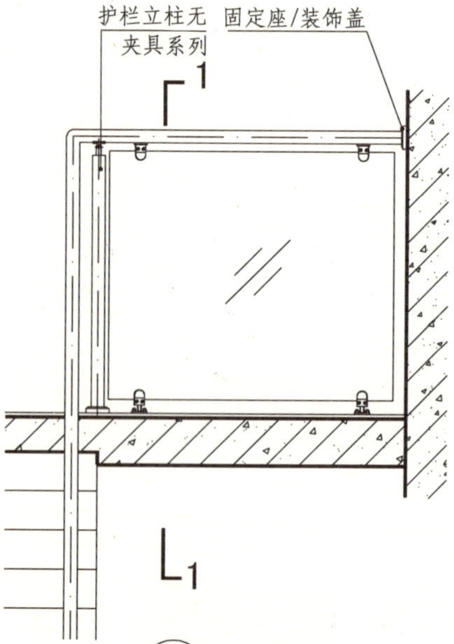

② 立面图

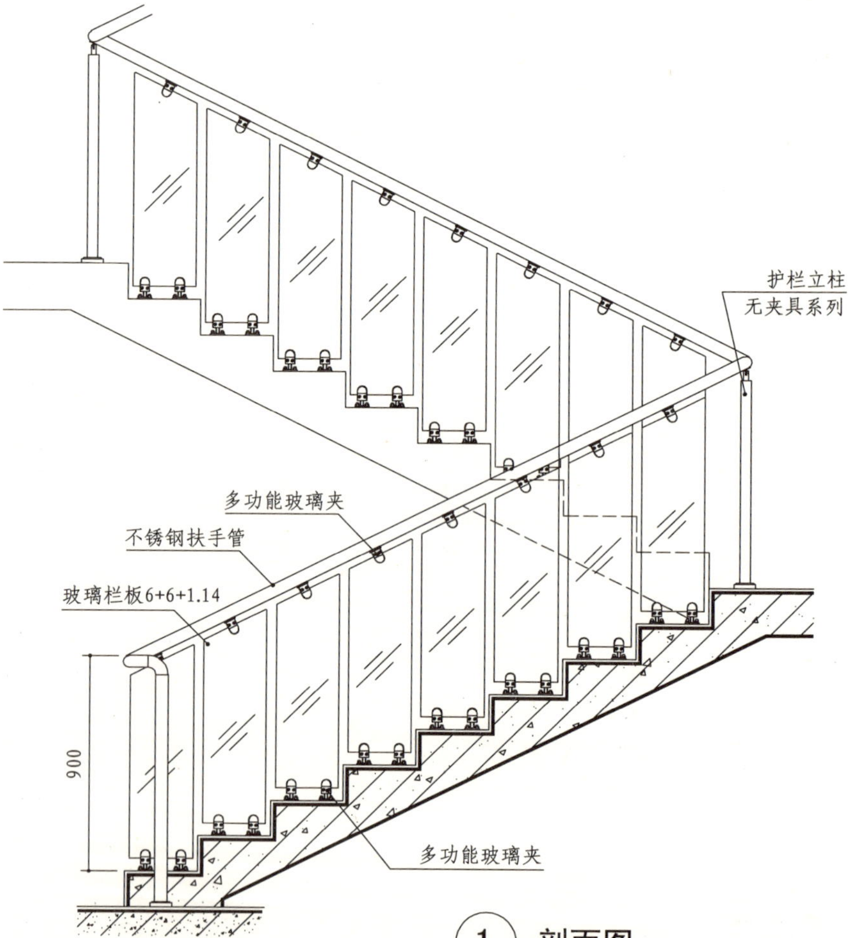

① 剖面图

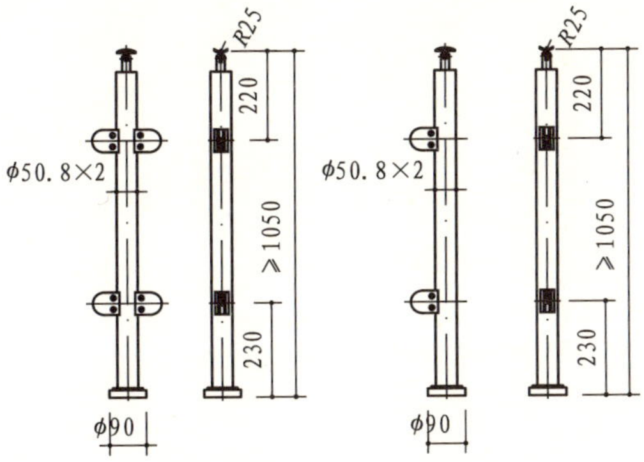

BY1A1　　BY1A2

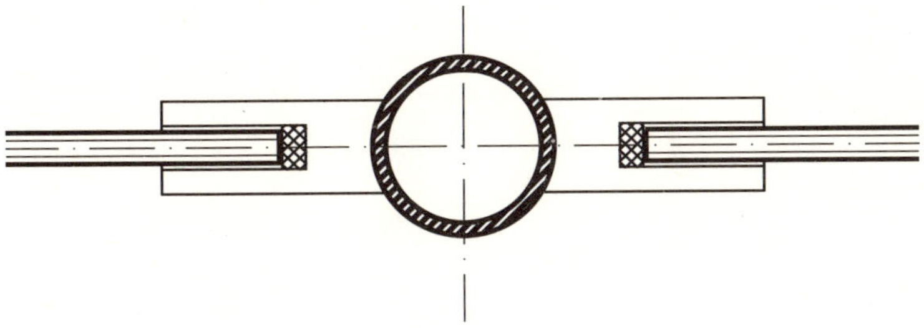

Ⓐ

楼梯式护栏系列

安装技术要求：
此栏杆适用于楼梯及平台上，其楼梯与平台要求立柱高度不一，要注意其安装时的高度配合。
此时立柱固定方式应采取膨胀螺栓将立柱固定。
注：本图资料由广东坚朗提供。

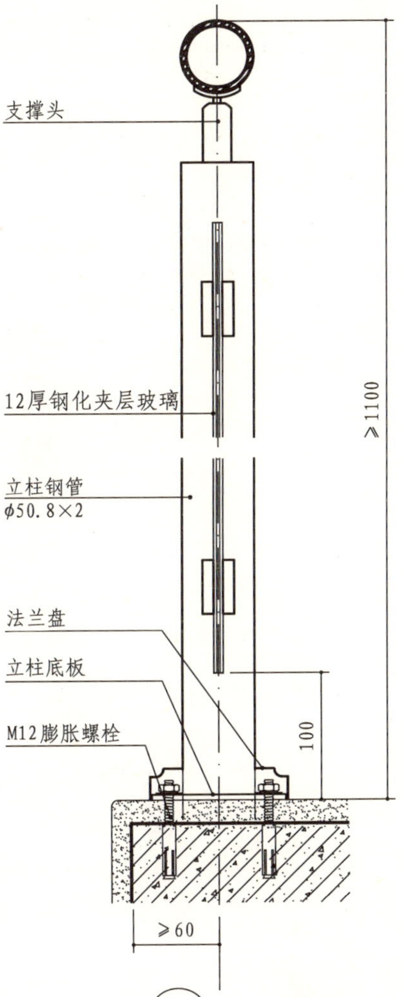

② 1-1剖面图

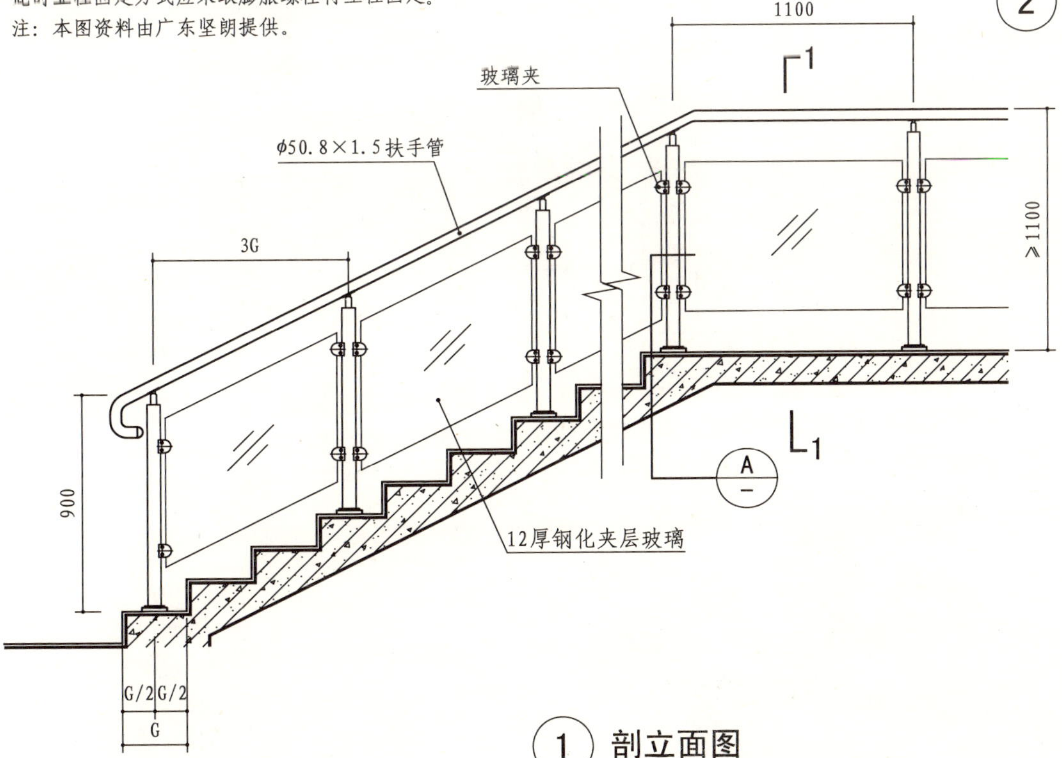

① 剖立面图

楼梯式护栏系列

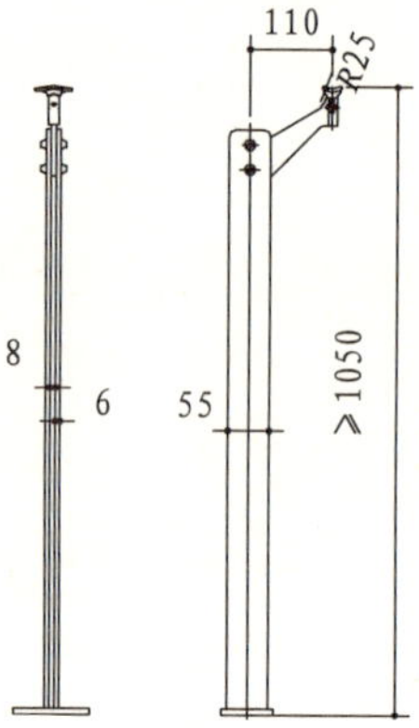

类似BS3

安装技术要求：
此栏杆为杆件护栏，只能用于楼梯上或隔断用。
此时立柱固定方式应采取底板与混凝土固定。
注：本图资料由广东坚朗提供。

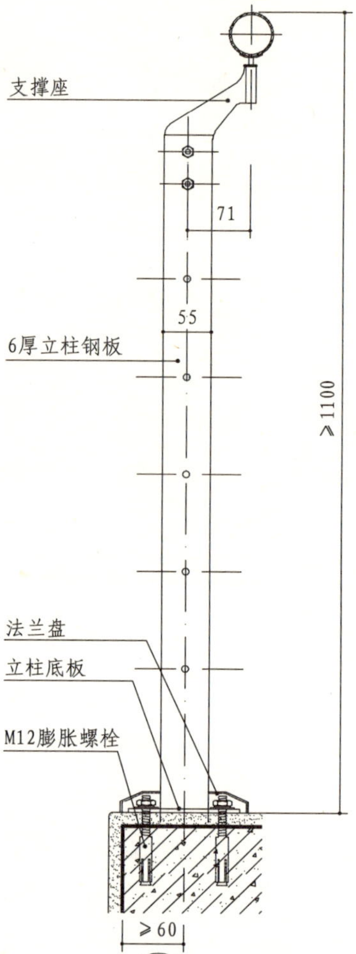

2 1-1剖面图

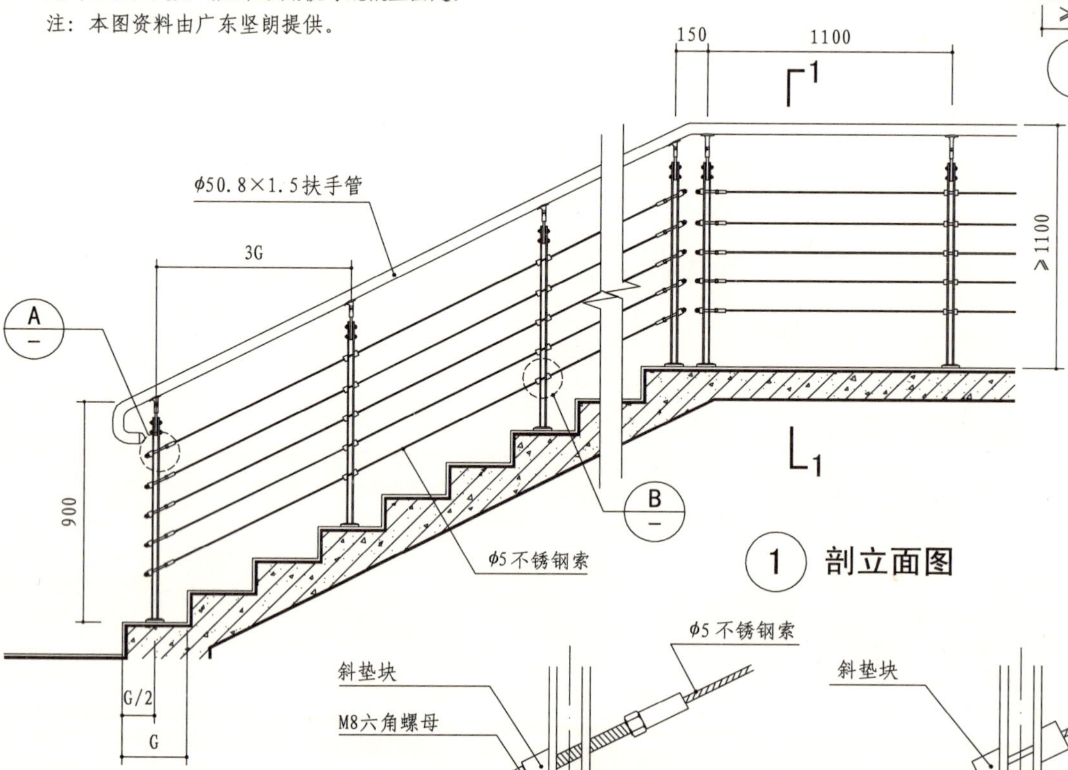

1 剖立面图

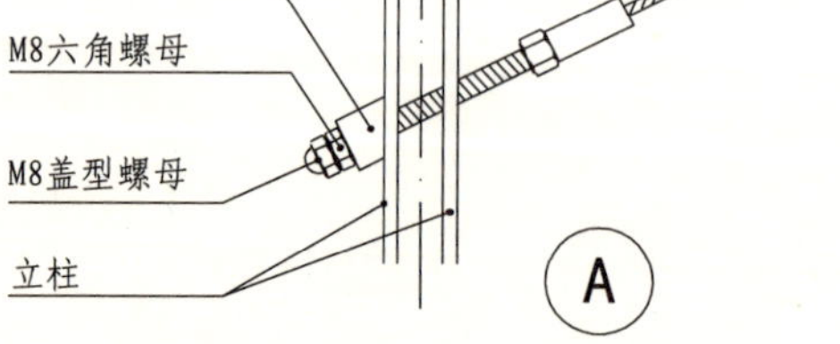

A

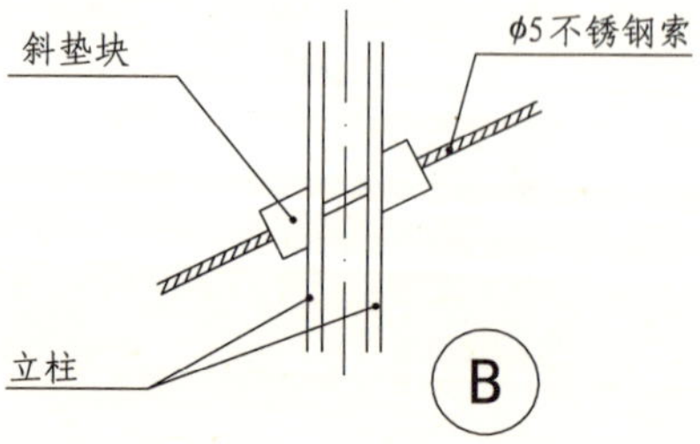

B

楼梯式护栏系列

安装技术要求：
此栏杆为杆件护栏，只能用于楼梯上或隔断用。
此时立柱固定方式应采取底板与混凝土固定。
注：本图资料由广东坚朗提供。

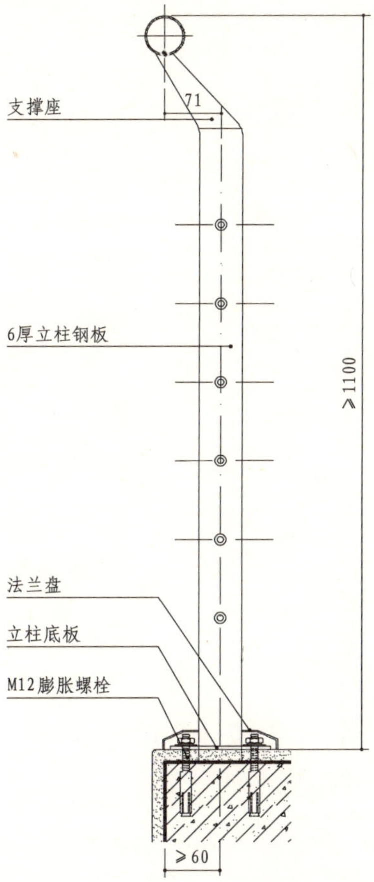

2 1-1剖面图

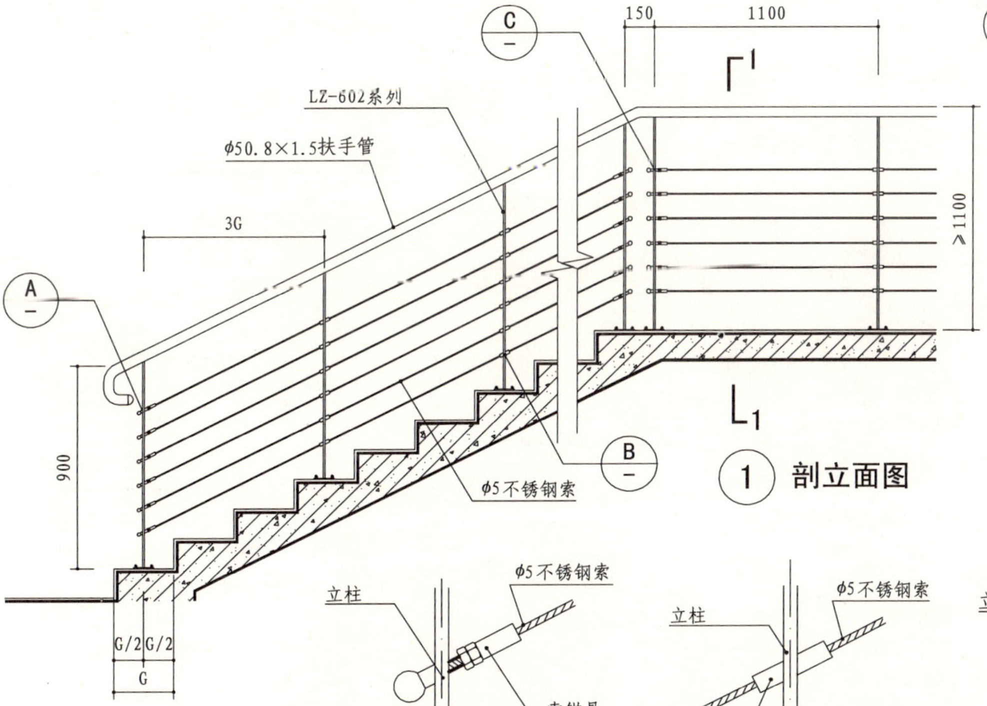

1 剖立面图

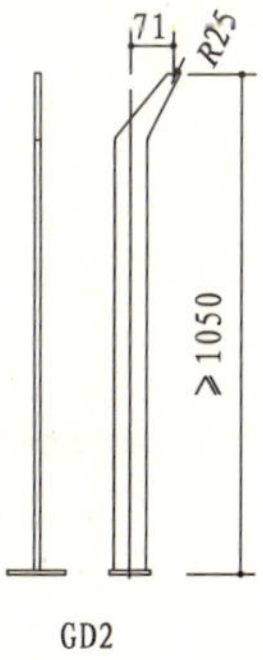

GD2

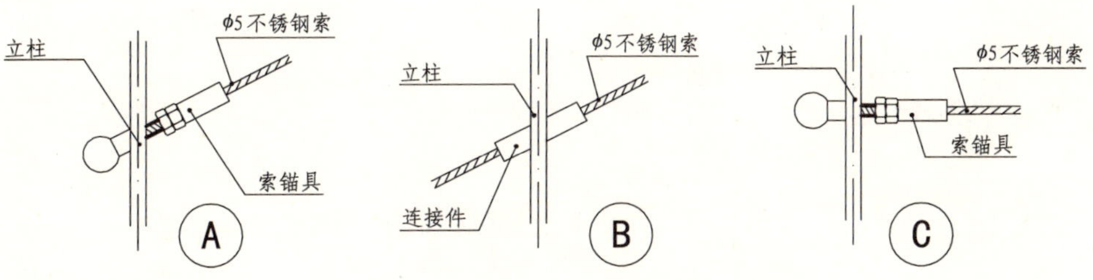

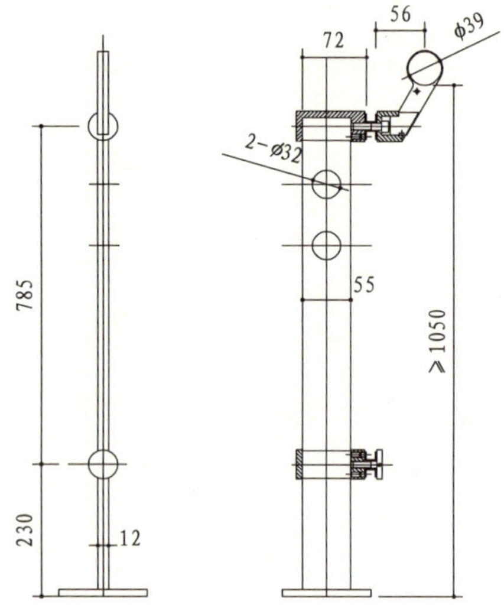

BD9

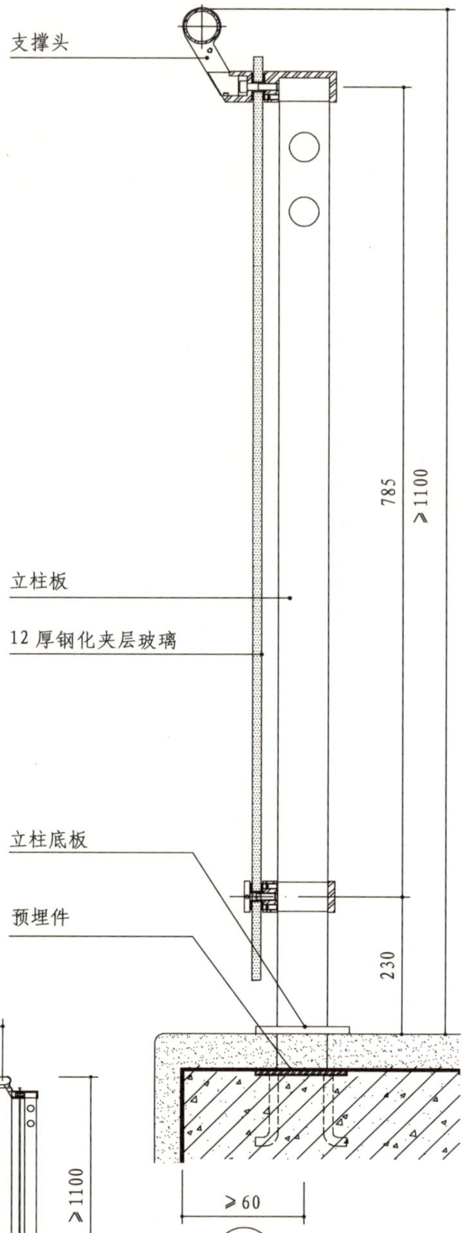

② 1-1剖面图

楼梯式护栏系列

安装技术要求:

此栏杆适用于楼梯及平台上，其楼梯与平台要求立柱高度不一，要注意其安装时的高度配合。

此时立柱固定方式应采取膨胀螺栓将立柱底板固定。

注：本图资料由广东坚朗提供。

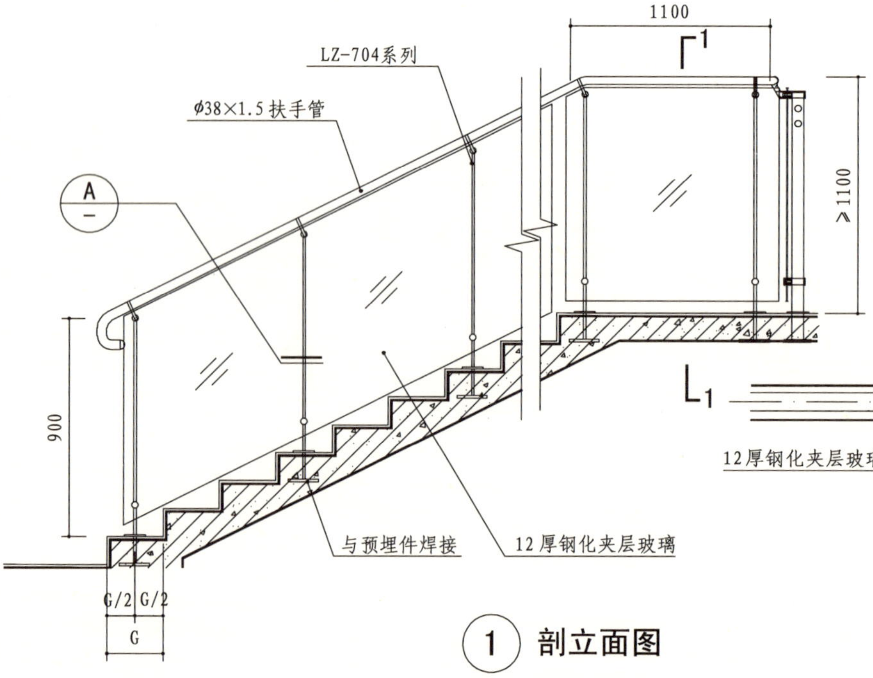

① 剖立面图

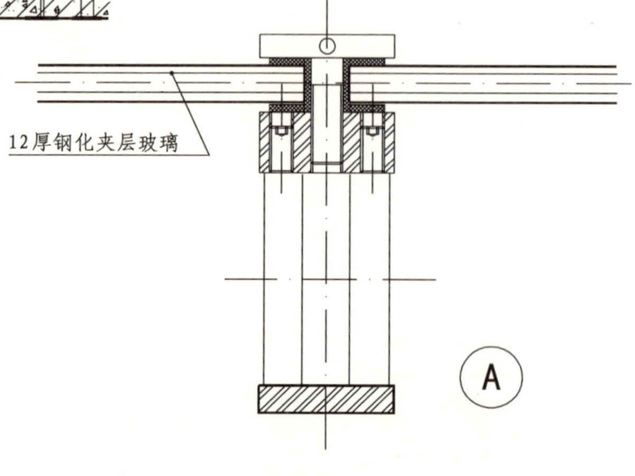

A

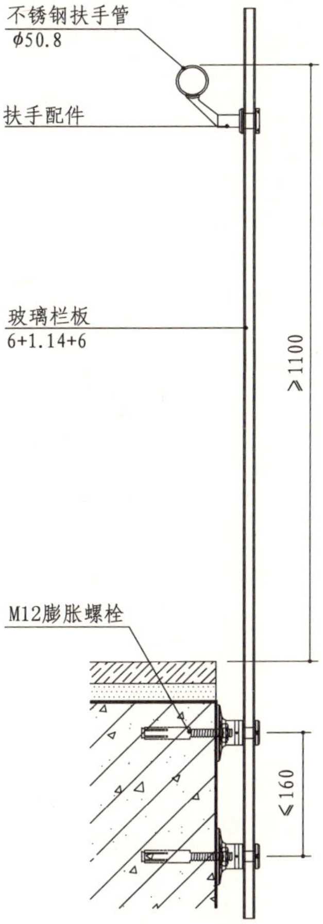

② 1-1剖面图

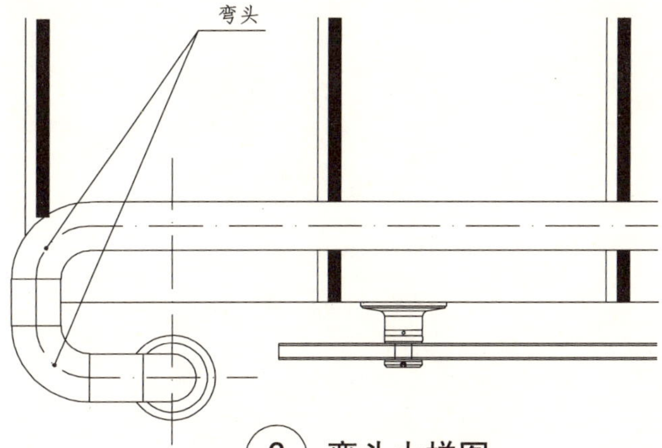

③ 弯头大样图

楼梯栏板预埋件系列

安装技术要求：
此栏杆适用于楼梯及平台上，其楼梯与平台要求立柱高度不一，要注意其安装时的高度配合。
此时立柱固定方式应采取膨胀螺栓将立柱底板固定。
注：本图资料由广东坚朗提供。

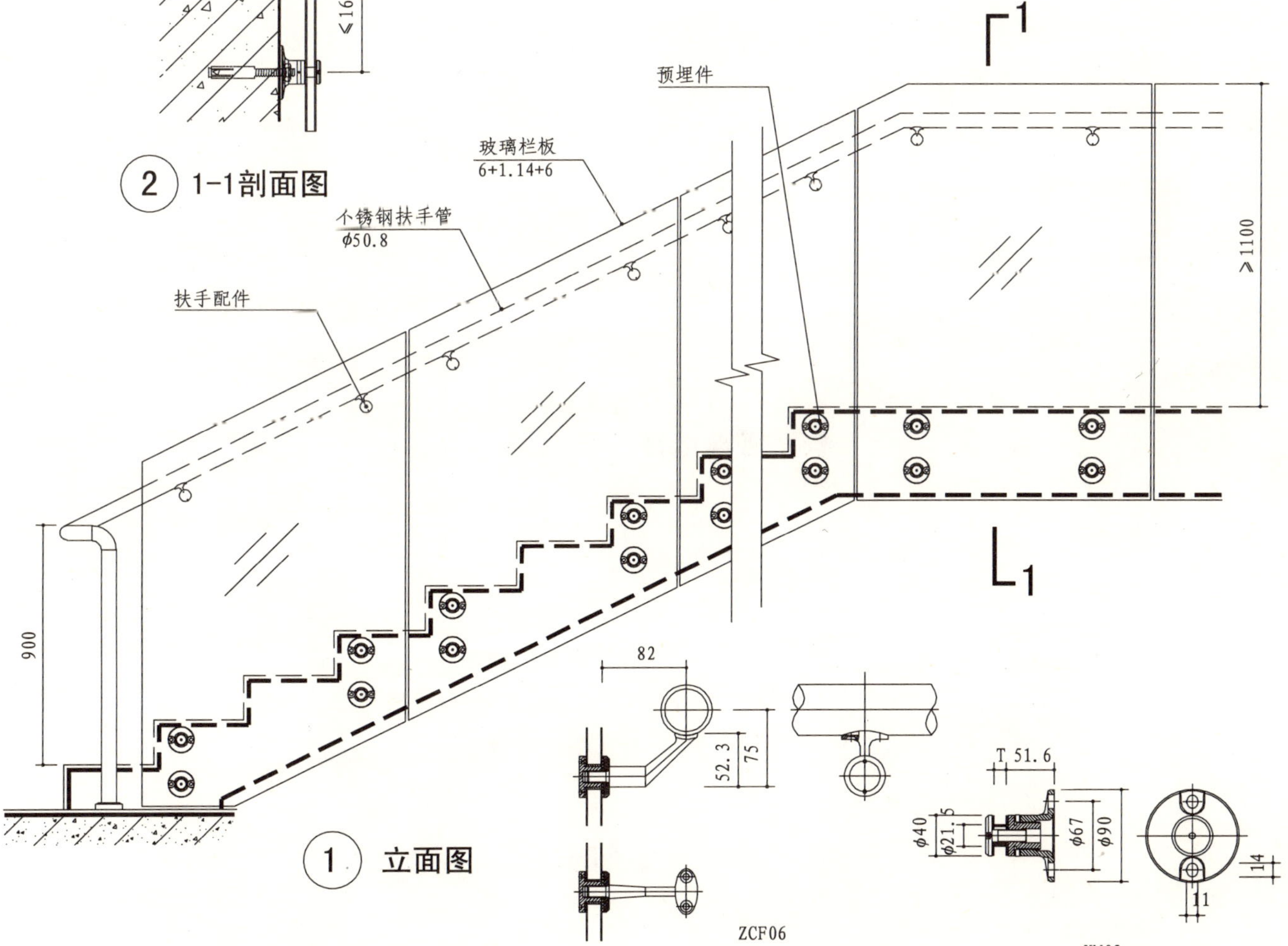

① 立面图

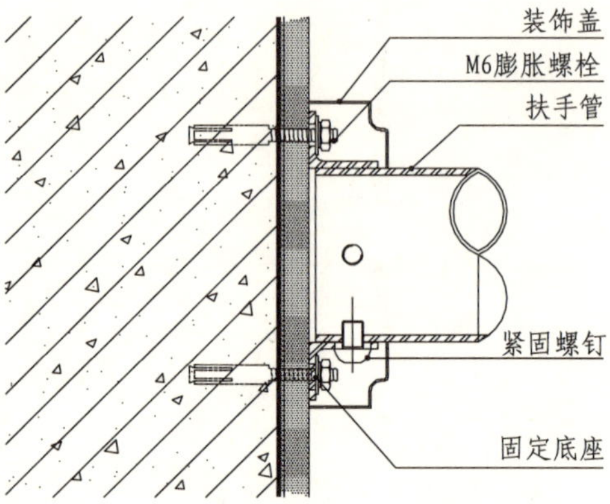

图1

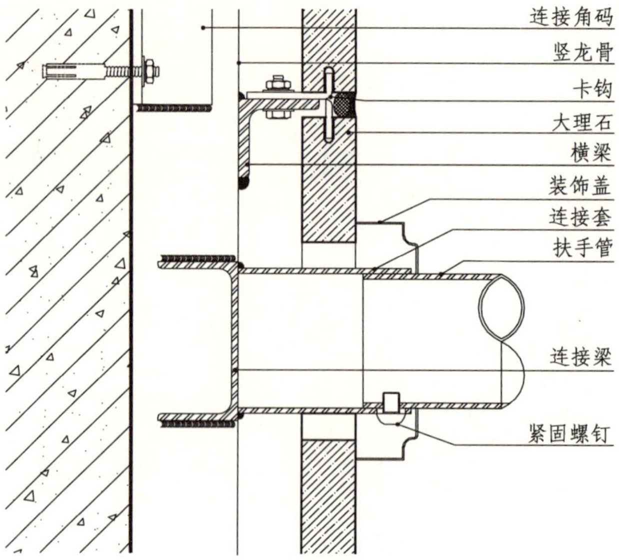

图2

技术说明：
1. 图1扶手管与普通墙面固定连接节点；
2. 图2扶手管与干挂大理石墙面固定连接节点；
3. 扶手管都可用螺钉和抽芯铆钉紧固连接。

① 扶手管与墙连接节点图

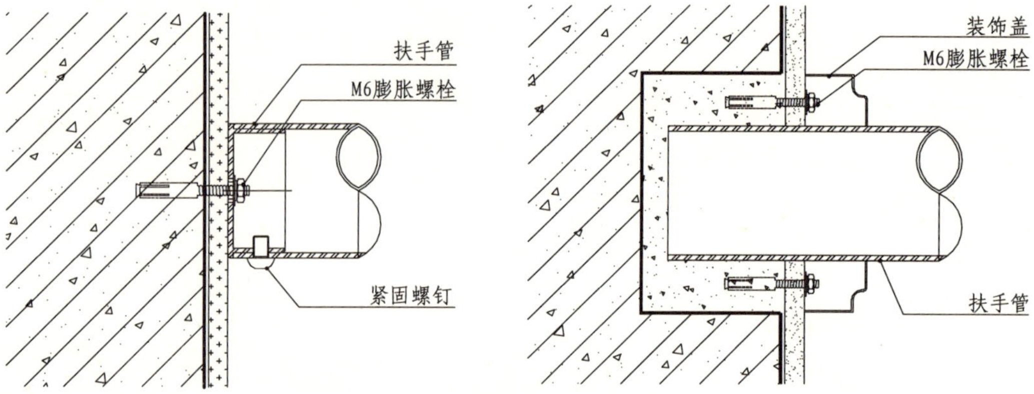

② 扶手管与墙连接节点图

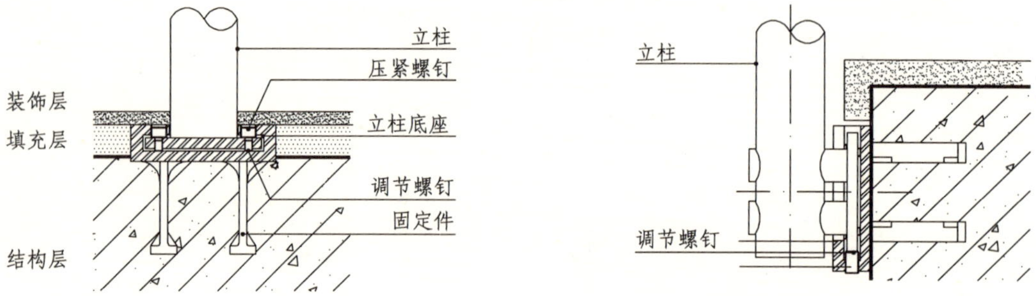

③ 立柱固定槽正装节点图

技术说明：
1. 图1扶手管与普通墙面固定连接节点；
2. 图2扶手管与干挂大理石墙面固定连接节点；
3. 扶手管都可用螺钉和抽芯铆钉紧固连接。

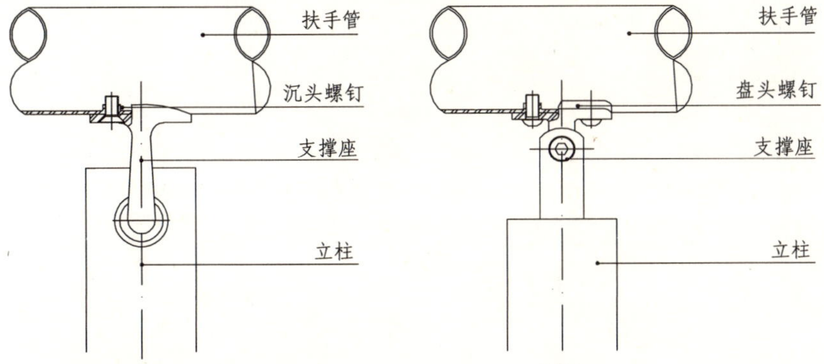

图1　图2

① 扶手管螺钉连接节点图

技术说明：
1. 图1扶手管采用沉头螺钉紧固连接；
2. 图2扶手管采用盘头螺钉紧固连接。

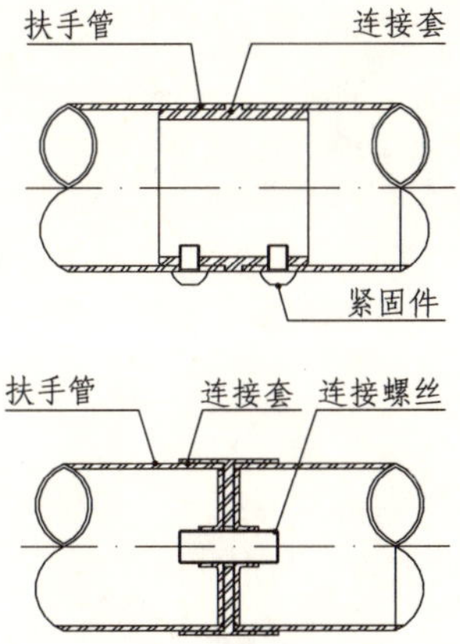

③ 扶手管驳接节点图

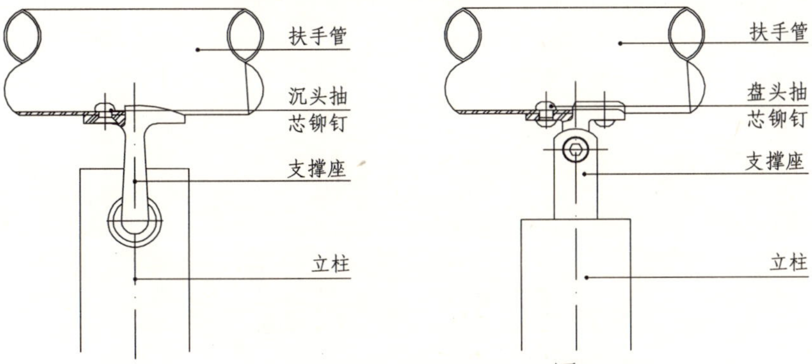

图1　图2

② 扶手管抽芯铆钉连接节点图

技术说明：
1. 图1扶手管采用沉头抽芯铆钉紧固连接；
2. 图2扶手管采用盘头抽芯铆钉紧固连接。

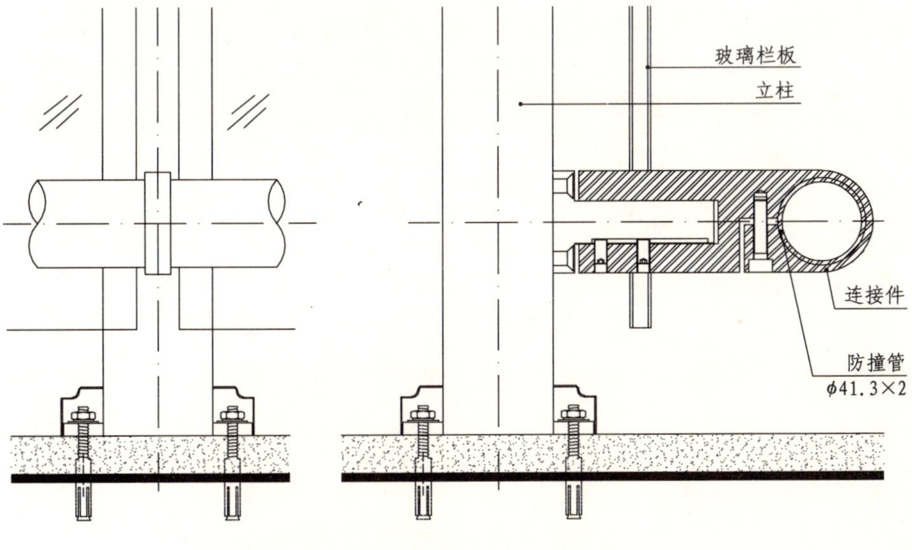

⑤ 防撞管连接节点图

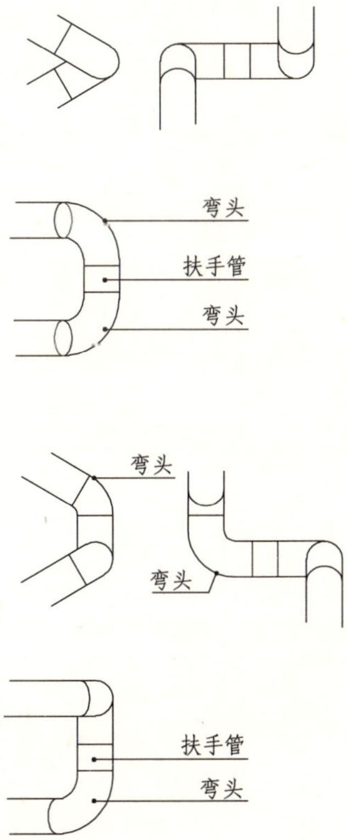

④ 楼梯扶手管转弯处节点图

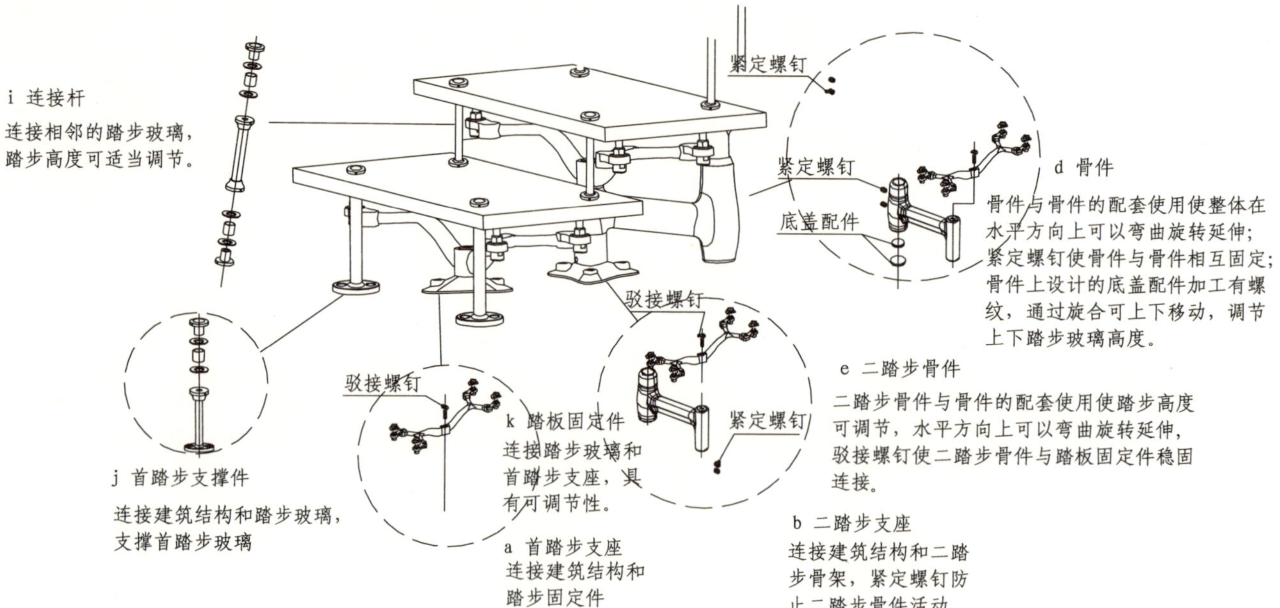
i 连接杆
连接相邻的踏步玻璃，
踏步高度可适当调节。
紧定螺钉
紧定螺钉
底盖配件
d 骨件
骨件与骨件的配套使用使整体在
水平方向上可以弯曲旋转延伸；
紧定螺钉使骨件与骨件相互固定；
骨件上设计的底盖配件加工有螺
纹，通过旋合可上下移动，调节
上下踏步玻璃高度。
驳接螺钉
驳接螺钉
k 踏板固定件
连接踏步玻璃和
首踏步支座，具
有可调节性。
紧定螺钉
e 二踏步骨件
二踏步骨件与骨件的配套使用使踏步高度
可调节，水平方向上可以弯曲旋转延伸，
驳接螺钉使二踏步骨件与踏板固定件稳固
连接。
j 首踏步支撑件
连接建筑结构和踏步玻璃，
支撑首踏步玻璃
a 首踏步支座
连接建筑结构和
踏步固定件
b 二踏步支座
连接建筑结构和二踏
步骨架，紧定螺钉防
止二踏步骨件活动。

组合旋转楼梯局部组合示意图

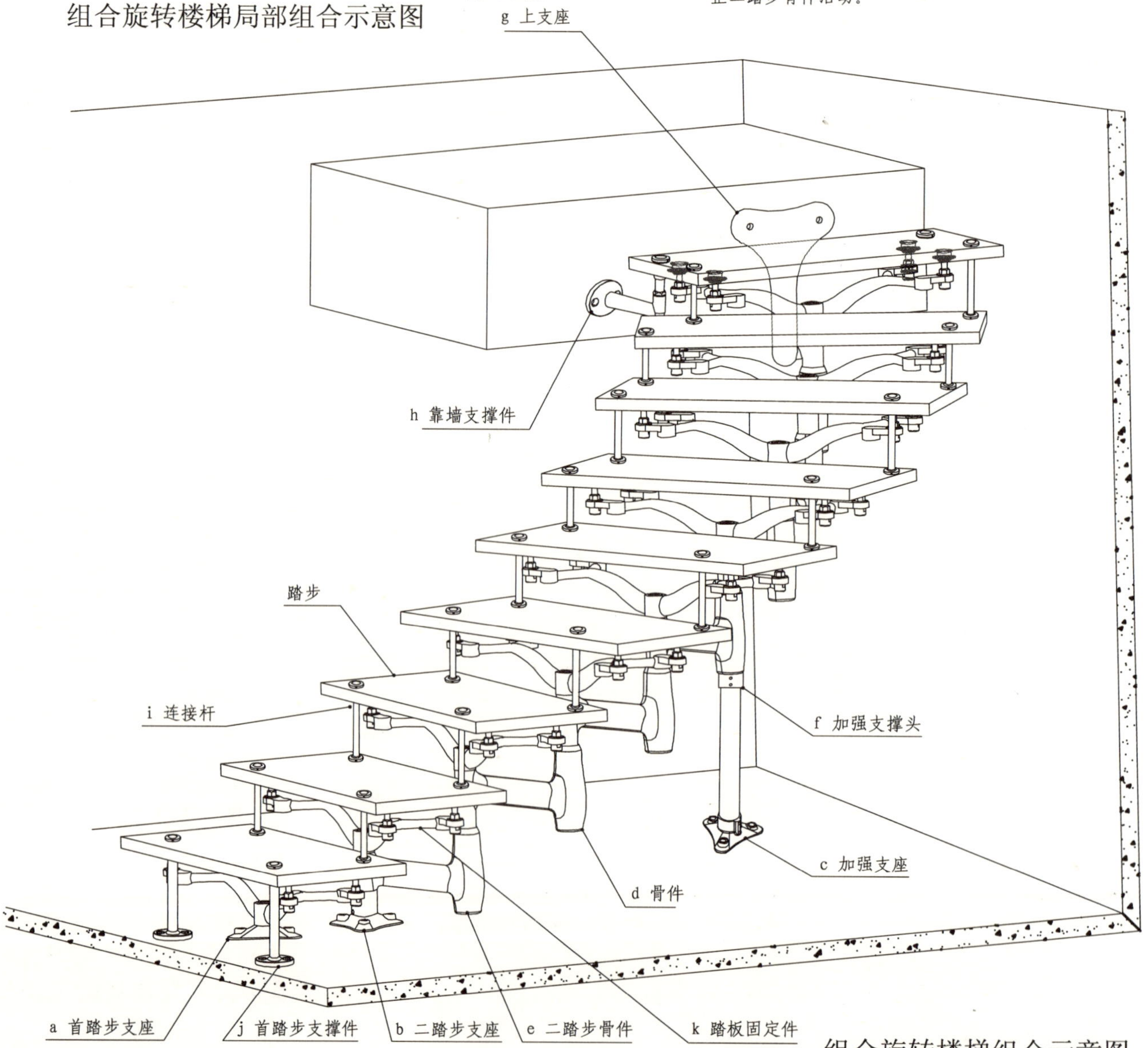
g 上支座
h 靠墙支撑件
踏步
i 连接杆
f 加强支撑头
c 加强支座
d 骨件
a 首踏步支座
j 首踏步支撑件
b 二踏步支座
e 二踏步骨件
k 踏板固定件

组合旋转楼梯组合示意图

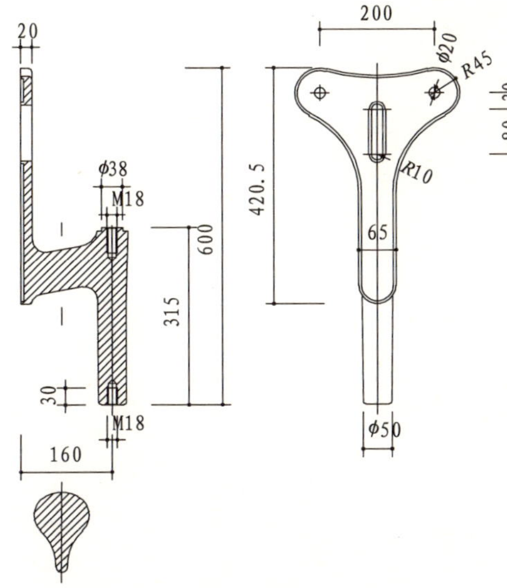

N01-01

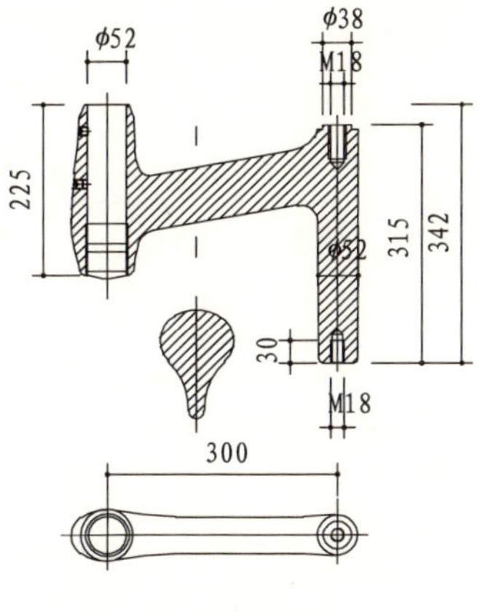

N01-02

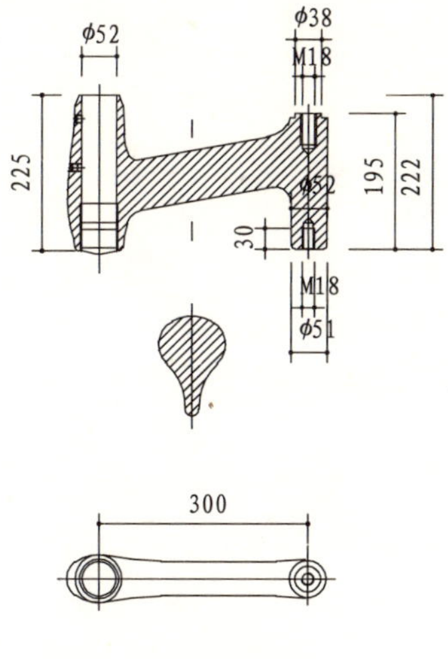

N01-03

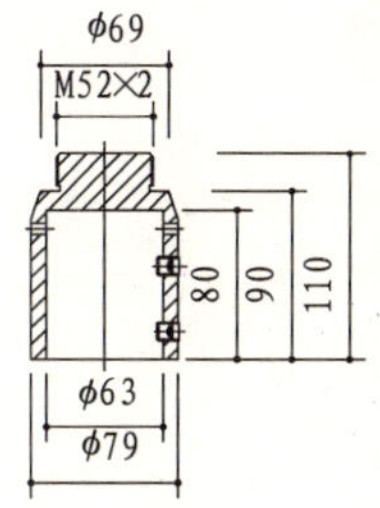

N01-07

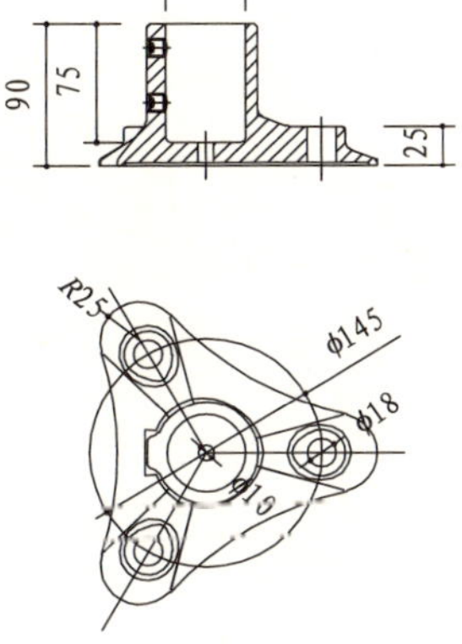

N01-04

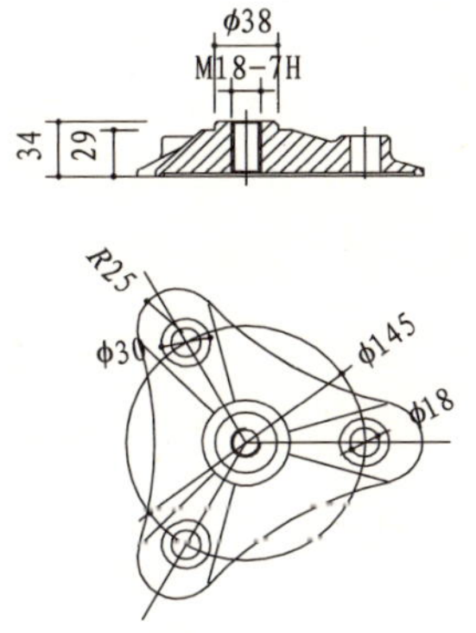

N01-05

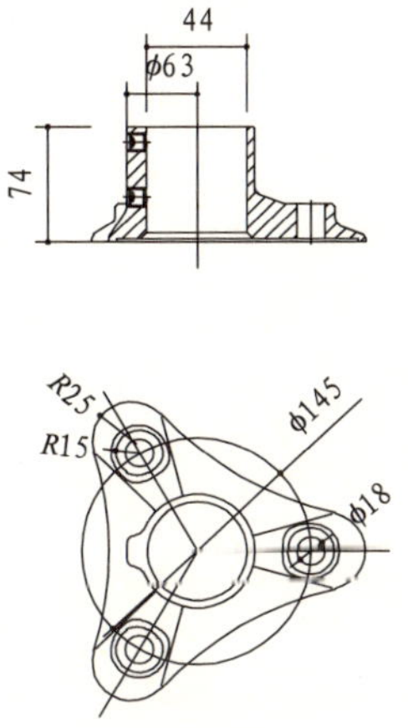

N01-06

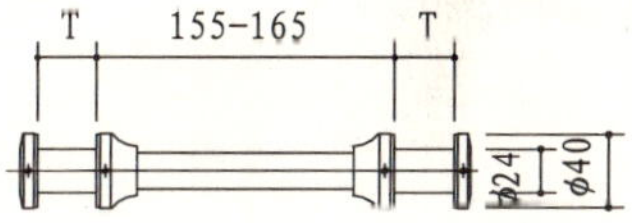

N01-08

注：T的可取值为27–33。

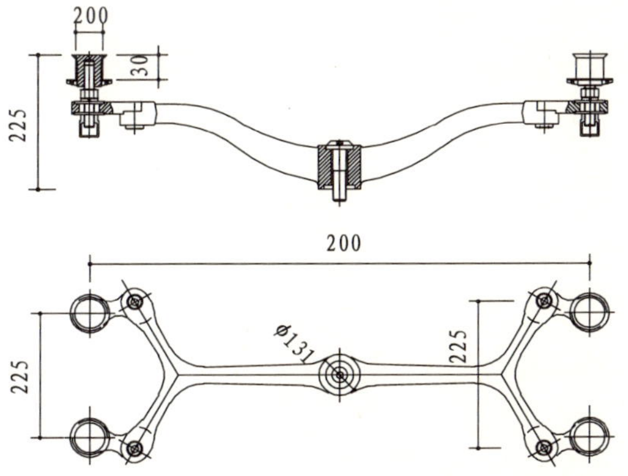

N01-09

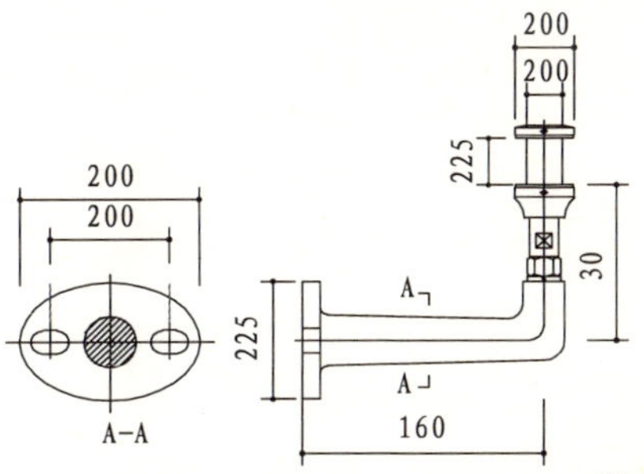

N01-10

注：T的可取值为27–33。

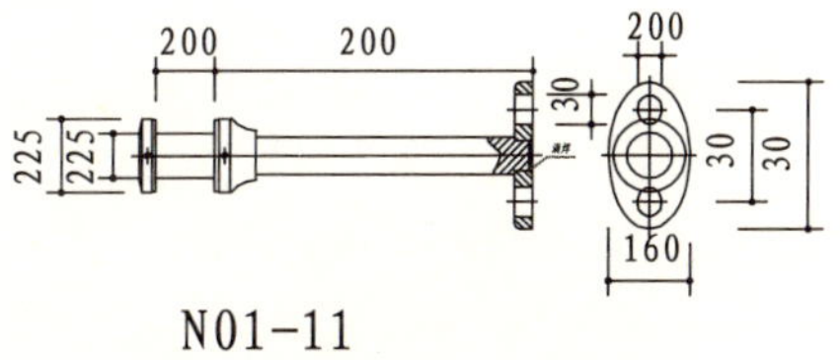

N01-11

注：T的可取值为27–33。

参考文献

[1] 冯建逵，杨令仪．中国建筑设计参考资料图说 [M]．天津：天津大学出版社，2002．
[2] 武峰，尤逸南．CAD 室内设计施工图常用图块 1[M]．北京：中国建筑工业出版社，2001，11．
[3] 王其钧．中国建筑图解词典 [M]．北京：机械工业出版社，2008．
[4] 中华人民共和国建筑工程部设计总局北京工业设计院编．中国古建筑参考图集 栏杆 拱券 柱础 墙面装饰 [M]．北京：建筑工程出版社，1955．
[5] 建筑设计资料集 1 [M]．第二版 北京：中国建筑工业出版社，1994．
[6] 内装修 室内（楼）地面及其它装修构造 03J502-3[Z]．北京：中国计划出版社，2004．
[7] Silvio San Pietro & Paola Gallo．*Stairs Scale*．Edizioni L'Archivolto，2001．
[8] 楼梯 栏杆 栏板（一）06J403-1[Z]．北京：中国计划出版社，2006．
[9]《建筑创作》杂志社承编．国家大剧院 · 设计卷 [M]．天津：天津大学出版社，2008．